嘉卉

百年
中国植物
科学画

◆
◆ ◆
◆ ◆
◆

BLOOMING · INFINITE
100 Years of Chinese Botanical Illustration

张寿洲

马　平

主　编

刘启新

杨建昆

副主编

江苏

凤凰科学技术

出版社

编者简介

张寿洲

生于 1964 年，陕西澄城人。深圳市中国科学院仙湖植物园副主任、研究员，中国植物学会理事，中国植物学会植物园分会常务理事、蕨类专业委员会副主任、系统与进化专业委员会委员，中国科学技术协会第五批系统与进化植物学首席科学传播专家。从事系统与进化植物学、植物资源调查和引种驯化等研究。主持国家及省市级科研项目十余项，发表论文 80 余篇，参与编著《深圳植物志》（任副主编）等图书 13 部，获得深圳市自然科学奖和广东省科技进步三等奖各一项。

马平

生于 1953 年，江苏苏州人。内蒙古大学生物系实验师、香港中文大学生命科学学院访问学者及客座研究员。《内蒙古植物志》主绘，为《澳门苔藓植物志》绘制全部插图。参加《中国植物志》《香港植物志》等多部著作绘图工作。1989—2006 年在香港中文大学参加哈佛大学胡秀英博士及毕培曦教授研究项目，并作为共同作者发表多个新种。曾在香港、深圳、北京等地举行画作联展及个展。

刘启新

生于 1958 年，安徽合肥人。江苏省中国科学院植物研究所二级研究员，江苏省植物学会植物分类专业委员会主任。曾任江苏省中国科学院植物研究所植物系统与演化中心主任、植物标本馆馆长，中国植物学会植物分类专业委员会委员，中国植物学会药用植物及中药专业委员会委员。主要从事植物系统分类学研究工作，主攻伞形科和植物多样性，主持和完成国家自然科学基金项目 4 项及省级科研项目 10 余项。主编《江苏植物志》（第 2 版，共 5 卷），并主持编写《泛喜马拉雅植物志》（伞形科）。

杨建昆

生于 1959 年，云南昆明人。中国科学院昆明植物研究所高级实验师。曾参加《中国植物志》《西藏植物志》《云南植物志》等 50 余部专著及多种学术专刊的绘图工作。2017 年作品《粉褶菌》获"第 19 届国际植物学大学植物艺术画展"铜奖。受云南邮电管理局之邀设计的特种邮票《百合花》被评为"2003 年度优秀邮票"。出版《云南少数民族传统造纸》《云南民族生态绘画》等著作。

撰　稿（按汉语拼音音序排序）

艾　侠　陈　璐　陈　奇　陈广宁　陈鸿志　陈瑞龙　陈瑞梅　陈月明　崔　璨　单晓燕
邓新华　丁以诺　端木婷　龚奕青　顾有容　韩　婧　杭悦宇　郝　爽　胡征宇　胡宗刚
黄锦秋　黄中敏　郎校安　黎红新　李　峰　李　梅　李　珊　李　威　李爱莉　李丽拉
李文艳　李秀英　梁　璞　林漫华　林文龙　刘启新　柳晓萍　马　平　卯晓岚　穆　宇
彭丽芳　秦　枫　施　践　斯文·兰德雷恩　孙久琼　汪劲武　王　青　王　燕　王　颖
王　钊　王立松　王　韬　王文广　王永强　邬红娟　吴　璟　吴兴亮　谢云文　邢军武
许东先　杨　永　杨　梓　杨建昆　杨蕾蕾　杨祝良　姚张秀　殷天颖　余　峰　余　岚
余天一　曾艳莉　张　力　张林海　张玲玲　张荣生　张寿洲　张苏州　张卫哲　张宪春
张燕斐　钟　鑫　钟　智　钟培星　周浙昆　朱　红　朱龙建　朱启兰　邹贤桂　左　勤

画作提供（个人）（按汉语拼音音序排序）

白建鲁　陈　笺　陈丽芳　陈利君　陈荣道　陈月明　崔丁汉　戴　越　冯金环　冯晋庸
冯明华　傅季平　高　栀　顾建新　顾子霞　郭木森　过立农　何瑞华　何顺清　胡冬梅
胡征宇　胡宗刚　黄介民　黄门生　冀　军　贾展慧　金孝锋　黎兴江　李　楠　李　沅
李爱莉　李聪颖　李诗华　李小东　李玉博　李赞谦　李振起　李志民　梁惠然　廖信佩
林文宏　刘　然　刘丽华　刘林翰　刘运笑　鲁益飞　马　平　马洁如　卯晓岚　孟　玲
钱　斌　钱存源　裘梦云　沈　骅　石淑珍　史云云　孙　西　孙英宝　谭丽霞　汤海若
唐振缩　田震琼　童　弘　童军平　王　凌　王　颖　王红兵　王立松　王利生　王文采
王迎辉　王永强　王幼芳　王　宇　韦力生　邬红娟　卫兆芬　吴鹏程　吴兴亮　吴秀珍
肖　溶　谢　华　辛茂芳　邢　杨　邢军武　徐丽莉　徐璆声　许梅娟　严　岚　阎翠兰
颜　丹　颜　济　杨建昆　余　峰　余汉平　余天一　余志满　曾孝濂　张　磊　张大成
张荣生　张泰利　赵大昌　赵晓丹　钟培星　朱玉善　朱运喜　邹贤桂

画作提供（机构）（按汉语拼音音序排序）

广西壮族自治区中国科学院广西植物研究所　　韩山师范学院食品工程与生物科技学院
江苏省中国科学院植物研究所　　　　　　　　南京林业大学
深圳市中国科学院仙湖植物园　　　　　　　　中国科学院华南植物园
中国科学院昆明植物研究所　　　　　　　　　中国科学院沈阳应用生态研究所
中国科学院水生生物研究所　　　　　　　　　中国科学院西北高原生物研究所
中国科学院植物研究所　　　　　　　　　　　LIAN 博物绘画发展中心

✦

凡　例

1. 植物概念及其分类群　为了便于全面展现和表述我国植物科学画，本书采用二界生物系统的植物概念，即包含了藻类、菌类、地衣类、苔藓类、蕨类、种子植物类等大类群，并依次分设了真菌、藻类、苔藓植物、石松类和蕨类植物、裸子植物、被子植物 6 个部分。

2. 画作收载时限　自我国植物科学画（以下简称画作）诞生至本书出版。

3. 画作遴选原则　① 科学性和艺术性的表现力。② 画作中的植物在分类群中的代表性。③ 画作作者（以下简称绘者）的代表性。

4. 分类群排列　遵循从原始到进化的原则，体现植物进化的脉络，具体排列依据分类系统。其中，藻类依据卡瓦利埃－史密斯系统（Cavalier-Smith, 2015），真菌依据目前真菌分类领域多数同行的共识整理而成，苔藓依据弗雷系统（Frey, 2009），石松类和蕨类依据 PPG I 系统（2016），裸子植物依据克里斯滕许斯系统（Christenhusz, 2011），被子植物依据 APG IV 系统（2016）。

5. 大类群的内容与结构　每个大类群依次包括 4 个部分，即一篇类群的概述、一幅体现类群物种多样性的画作（生态性或宣传性）、一张类群的系统发育简树（或分类系统简图）、若干植物画及其画评和画中种类信息介绍。

6. 画作说明　① 反映物种多样性的画作，另行配一幅标出不同植物所在位置的示意图，并按序编号，依序注明各植物的名称（包括中文名和拉丁名）。② 反映植物特征的画作，均注明画作中植物的种类及其隶属的分类等级（含中文名和拉丁名）。③ 辅助说明画作的创作年份、画种类型、来源文献等信息。④ 所有画作均注明绘者名或单位名。

7. 画作图注　① 尽量保持画作中图注的原有状态，包括序号、标尺和文字的式样。② 对于有分图且未予编号的画作，另行依次编号。③ 凡有分图编号的画作，均在其下方按号、依序对分图予以注释。④ 含 2 种以上植物的画作，图注中分别写明各种类的名称，并用句号予以分隔。

8. 种类名称　画作中涉及的种类名称均包括中文名和拉丁名，其中"第二篇"画作中的物种拉丁名均写成"属名 + 种加词 + 定名人"的完整形式，且定名人为标准缩写形式。

9. 种类信息与分布　① 种类信息主要包括形态特征、地理分布、生境特点、用途与开发利用，以及与种类相关的其他知识。② 种类分布主要列举我国省级行政名称；具有特殊产地的，写明省级以下的具体产地；产地涉及范围较大且连续分布的，按行政大区依次列举（顺序由北至南、由东至西），如东北、华北、西北等；广布种或几乎分布于我国绝大部分省（区、市）的，写成"产于全国各地"或"几布全国"；引种于国外的种类或归化种，可不列举国内分布区。③ 文字力求通俗易懂。④ 种类信息介绍的作者随文署名。

10. 画评　① 画评的内容或角度，可以是所画植物处理的科学性或表达方式，可以是绘画的技法、画作的构图、画作的色彩，也可以是对画作的感受，或者是绘者信息、绘画过程、绘画趣闻，甚或是画作欣赏要点等。② 画评的作者随文署名。

序 一

现代植物学起源于西方，中国近代植物分类学的研究从 20 世纪初开始起步到 1949 年的 30 余年间，我国植物学界主要是进行研究机构的筹建、标本采集，以及一些专科专属的基础研究工作。可以说，这个时期是我国近代植物分类学开始的一个准备阶段。中华人民共和国成立后，《中国植物志》的编写工作被正式提上日程。1959 年，《中国植物志》第二卷（蕨类）率先出版。20 世纪 50 年代中期到 60 年代初，先后出版了《东北树木图志》《广州植物志》《陕甘宁盆地植物志》《江苏南部种子植物手册》《东北植物检索表》《北京植物志》《海南植物志》等，这些著作的问世拉开了我国地区植物志编写工作的序幕。1966 年"文化大革命"开始后，科研工作基本陷入停顿，但从 1969 年起至 1970 年，全国掀起了一个中草药普查的热潮。在这个热潮中，因鉴定大量的中草药植物标本，植物分类学研究工作得到了促进。在"文化大革命"后期，中草药普查工作尚未完全结束时，另一个编写地区植物志的热潮接着兴起了。这个热潮来势颇为迅猛，在其后近 20 年的时间里，我国多数省、区都出版了自己的植物志、检索表或名录等。在大量地区植物志出版的同时，《中国植物志》的编写工作仍持续进行。在我国植物分类学研究历史还不足 80 年的时间中，能从无到有，做出如此众多的成果，实属不易。植物志书为开发、利用我国丰富的植物资源和研究我国植物区系等方面都提供了极为宝贵的基础资料，对我国的经济建设和植物学的进一步发展有着积极、深远的意义。

从全世界看，植物志书编写最先进行的当数欧洲。据英国雷丁大学（University of Reading）V.H. 海伍德（V.H. Heywood）教授所言（1978），在 17 世纪，M.J. 奎尔（M.J. Quer）已编出巨著《西班牙植物志》（*Flora Española*）。到了 18 世纪，林奈的《植物种志》（*Species Plantarum*）和欧洲其他国家的植物志陆续出版。欧洲编写植物志的最盛时期在 19 世纪。其时，欧洲各国出版的植物志有数百种之多。我在 1991 年 6 月得到一次机会访问了著名的英国皇家植物园邱园（Royal Botanic Gardens, Kew）的标本馆，在其图书馆（可能是世界上收藏植物分类学著作最全的图书馆）中，我看到了欧洲 19 世纪的大量植物志书籍。其编写格式多种多样，有大部头的百科全书式的，有袖珍手册式的；描述内容或繁或简，插图数量有多有寡，或为黑白线条图，或为彩色图，形式五彩缤纷，令我惊叹不已。

植物科学画是植物学研究的重要组成部分。植物科学画画家们为植物学研究服务。对于发表新科、新属、新种，科学画的作用尤其重要——对抽象、专业的植物分类学进行描述，以形象、直观、准确、明了的方式展现出来。文字和图版相辅相成，密不可分。从老一辈植物学家钱崇澍先生、胡先骕先生、陈焕镛先生开创中国植物学起，就高度重视植物图谱的绘制工作。钱老主编的《中国森林植物志》，胡老、陈老主编的《中国植物图谱》，胡老主编的《中国森林树木图志》，秦仁昌先生主编的《中国蕨类植物图谱》，其中每种植物都绘制了精美的墨线图。在胡老担任主编的《中国植物学杂志》中，冯澄如先生还开创性地探索出石版套色印刷的方式，制印出精美的彩色图版，他是当之无愧的中国植物科学画的奠基人。尤其了不起的是，冯澄如先生还为我国的植物科学画培养了大量绘画人才。

在我参加编写的《中国植物志》、主持编纂的《中国高等植物图鉴》等志书中，全国多位科学画画家参加了绘图工作，做出了重要贡献，其中绝大部分画作都非常精彩。我尤其熟悉几位与我共事多年的老一代画家，如冯晋庸先生、张荣厚先生、刘春荣先生、张泰利先生、吴彰桦先生、冀朝祯先生、郭木森先生等，他们的绘画造诣都很深厚。在《中国植物志》中，张泰利先生为我主编的毛茛科卷绘制了许多精彩的图版。冀朝祯先生为《中国高等植物图鉴》画了大量杜鹃花科植物，叶子画得尤为精彩。曾经有过合作的江苏省中国科学院植物研究所的蒋杏墙先生、史渭清先生，也是非常优秀的科学画大家；曾孝濂先生不仅科学画功力深厚，还创作了大量植物艺术画，达到了很高境界。

印象还很深刻的是1968年，在完成一项多个单位参加的军马草科研任务中，我与冯晋庸等先生同往广西龙州，共事近2个月，我采样、分类之后，冯先生就在简易的茅棚里开始绘图。当时是5月，天气潮热，毒虫尤多，特别是当地人称作"小黑咬"的蚊子，个头虽小，咬人极痛。冯先生不顾蚊虫叮咬、郁热难捱，一画就是数个小时，极为专注，素描勾线之后还要上色，都是彩画，十分精彩，其敬业精神令人感佩。

出版《嘉卉　百年中国植物科学画》是多年来植物分类学界一直想做但是由于诸多原因未能做成的，我认为意义非凡。中国植物学的历史已有包括胡宗刚先生在内的生物史学家进行了较为深入的研究，著作颇丰，但中国植物科学画的历史却尚未有完整系统的一部历史文献，实属遗憾。这部书填补了这一空白，具有重要历史文献价值，所收录的许多画作历经辗转征集而来，异常珍贵。画作多为精选，许多作品都令人叹为观止，展现了多种多样的绘画风格，堪称中国植物科学画的"百花齐放、百芳共妍"。一些画作展现了中国特有植物的奇珍异态，如《伯乐树》等；一些画作如邹华根先生的《微观世界》，把微观世界里的各种藻类的奇妙形态展现得栩栩如生，非常有意思；还有一些出自分类学工作者的画作，精彩之至，令我大开眼界。编委会诸多先生为本书的编纂付出了巨大辛劳，为中国植物学做了一件居功至伟的事情。

　　翻阅此书，内心觉得异常欣悦与欣慰。作为一名从事植物学研究多年的工作者，我向本书的所有编创人员，以及出版单位江苏凤凰科学技术出版社，致以深深的敬意，并对本书的出版表示祝贺。

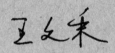

中国科学院院士
中国科学院植物研究所研究员
王文采

2019 年 6 月

这是一本沉甸甸的书。说它沉，不光是页码多，而是它承载着近100年来中国几代植物科学画工作者的毕生心血和奉献。

《中国植物志》的编纂工程，促使中国在极短的时间里，培养出一大批植物科学画画师，我也是其中一员。植物科学画画师是一个特殊群体，其中许多人倾其一生都在为植物画像，用写实而朴素的绘画语言，展现各种植物的生长规律和形态特征，帮助人们一目了然地认识和观赏这些植物。他们是植物分类学家的朋友和助手，成年累月一起工作。其中的大多数人，终生与植物标本为伴，默默无闻地度过了宁静而忙碌的一生。他们的作品一般只以插图的形式出现在有关的植物学专业著作中，是这些著作不可或缺的组成部分，而他们却从不邀功，甘当配角，极少有人举办过个人作品展或出版过个人作品集。他们参与多项国家下达的编纂任务，仅《中国植物志》一部巨著就耗时45年，近500人全力以赴，投入了毕生的精力，其中包括了164位插图画家的心血与付出。他们从不吝惜自己的才能，为了完成任务不遗余力，用辛勤的汗水为国家做了许多实实在在的事。如今，他们中间多数人已经离世了。偶有机会打开那些被历史尘封了数十载的老作品，光彩依旧，一花一叶皆生命，一笔一画仍出彩。老同事和长辈们的往事历历在目，缅怀之情，油然而生。这些已被历史尘封的墨线图见证了他们数十年间对中国植物学事业的默默奉献。缅怀之余，更让人肃然起敬。

虽然植物科学画必须以植物分类学知识作为支撑，但是它和别的绘画艺术门类在本质上是一致的，它是具有个性的，不同的绘者描绘同一个绘画对象，一定会因为每个人的审美情趣和艺术风格不同而不同。越具有个人特点，就越具有价值，也越值得赞赏。已故的冯澄如、张荣厚、刘春荣、冯钟元、蒋杏墙、韦光周等老一辈植物科学画画家，他们对植物形态的精准把握和线描技法的独到功力，开创了带有中国特色的黑白插图的一代先河。随之而起的邓盈丰、余汉平、黄少容、吴彰桦、冀朝祯、史渭清、陈荣道、肖溶、李锡畴、吴锡麟、陈月明、仲世奇、王颖等一大批中坚之才，继承和发扬了老一辈的严谨作风，又逐步形成了鲜明的个性特点。老一辈画家们还留下了很多精美的彩图，他们把西方经典绘画的技法与中国传统绘画技法相结合，走出了自己的路。尤其是冯晋庸先生的《红皮糙果茶》和《浙江红山茶》，形象生动，色彩柔和，叶片和花瓣质感强烈，显示出高深的造诣。岁月流逝，泛黄的纸张掩盖不住昔日的光彩，老一辈风华依旧。

绘画艺术有抽象的，有具象的。植物科学画的服务对象决定了它是具象艺术中最为写实的一种，与其他绘画形式比较而言，最大的区别是它首先必须要有严格的科学性，符合分类学特征。运用最多的、最为典型的科学画，主要是以腊叶标本为依据的黑白线描图，虽不乏美感，但有一套近乎程式的绘画语言，重在准确地传达物种特征。每画一张图，都必须打草稿，给分类学家审阅，根据分类学家的审阅意见修改，确认了再上墨。无论是表现形式还是线条的结构，都需要一点一滴的积累。

标本对于科学画非常重要。画科学画必须要有"无一花无出处，无一叶无根据"的穷根究底的精神。我们所绘的图版上一定要写上根据某一标本而作。我始终认为也始终坚持的一个职业准则是：没有标本就不能画也不应该画，画干标本一般要把整个花取下来放到水里煮开，让它的形态尽可能复原，复原后再在解剖镜下面观察结构。做这行要坐得住冷板凳。"冷板凳"有两层含义：一个是心静，这是搞好工作的前提，意味着一种孤独、寂寞，而且是长年累月的；另外一个含义是心诚，这考验的是绘画者如何对待自己的绘画对象，是否真的很虔诚地对待工作。

绘制科学画，离不开分类学家的指导。我很感谢在我职业之初时所遇见的蔡希陶先生、吴征镒先生，还有其他曾经共事的分类学家们。当时《中国植物志》的绘图工作任务繁重、紧张，画师们常常没有时间去钻研标本、琢磨细节。这些老先生们不仅不催我们，反而尽量帮助我们，有时还会跟我们一起解剖采来的花。就这样，在专家们的指导下，绘画人员逐渐开始熟悉不同植物的特征，比如雄蕊的长短、雌蕊花盘的性状，把每个科的特征熟悉了，也就慢慢掌握了一些规律，再面对干标本时就容易得多了。

好的科学绘画作品，不但要画得准确，还应该尽量表现出生命活力，讴歌多彩自然。虽然现在摄影技术发达，信息网络便捷，但从事科学绘画的人，必须尽一切可能，深入荒野，与自己的绘画对象面对面，体验大自然磅礴辉煌的交响乐。20世纪70年代，我承担了为昆明植物园绘制彩色《茶花图谱》的任务。那时候彩色胶卷并不普遍，就靠硬画。我几乎天一亮就起来，到植物园去摘一朵山茶花，跑回办公室插在瓶子里。然后赶紧去吃早点，随便吃点就跑回来画，一直画到十二点半，吃午饭。五个钟头期间，不喝水、不上厕所，全神贯注。那朵花从植物园摘下那一刻，就会慢慢开，若画慢了，就找不着它与原植物的关系，花瓣本来朝上的，它会慢慢朝下，所以非常紧张。而且画这个不能构好图再画，必须一个花瓣一个花瓣地画，从最靠近你的那瓣开始。半天画一朵，下午研究怎么搭配、画叶子。就这样一直画了好几个月，虽然非常辛苦，但是也得到了很多的锻炼。

2017年，第19届国际植物学大会在中国举办。主办方想到了这些老一辈植物科学画画师为中国植物学所做的贡献，会议期间举办了国际植物艺术画画展，并由江苏凤凰科学技术出版社出版了画集《芳华修远》。令人喜出望外的是，展览和画集获得了观众和读者的欢迎和好评。一个专业之外鲜为人知的小画种，成了大众喜闻乐见的艺术形式。现在，植物科学画的黄金时代结束了，更具大众普及性的博物画时代到来了。博物绘画不仅可以描绘物种形态，还可以描绘生境，表现物种之间的关系、特定生态群落的结构。它是一个非常具有大众品格的画种，贴近自然，反映自然，既有审美的属性，又具有鉴别的功能。

更可喜的是，大批的爱好者和美术工作者加入到博物绘画行列中来，其中不乏在校的中小学生，他们从小就开始懂得亲近自然，关爱生命，观察记录和描绘，为植物画的普及、提高和发展开创了空前广阔的前景。他们正在成为植物绘画的主力军。

《嘉卉 百年中国植物科学画》在《芳华修远》的基础上进行了大幅度的调整和充实。编委会成员辗转各地、多方征集，汇集到更多不同时期的代表作品，还有更多新生代的新作品，蕴含着清新的气息，堪称反映中国植物绘画历史和现状的集大成之作。该书由多位知名植物学者撰写文字并进行点评，图的顺序按最新的植物系统排列。相信此书的出版定能获得更多读者的关注和认同，将会把已经形成的雨后春笋般涌现的植物绘画热潮，推向一个更理性、更持久的新高度。

原中国植物学会植物科学画专业委员会主任
中国科学院昆明植物研究所教授级高级工程师
曾孝濂

2019 年 6 月

前　言

《嘉卉　百年中国植物科学画》是《芳华修远——第19届国际植物学大会植物艺术展画集》（下称《芳华修远》）的姊妹篇。在《芳华修远》的编纂过程中，该书编辑和画展专家委员会成员发现有许多植物科学画尘封于各专业机构，多数画作除了在植物志书中应用外，很少为外界所知。然而，囿于《芳华修远》的篇幅和出版时间，许多画作未能收录，大家遂萌生深入发掘和整理我国植物科学画，普及植物学知识与植物艺术的想法。为此，江苏凤凰科学技术出版社组织人力，遍访相关研究机构，与科学家和画家面对面进行交流，广泛调研，多次论证。从策划到编纂，前后历经3年，遂成本书。

本书由多位优秀的科学家与植物科学画画家携手合作，以图像为本，从植物科学画的内涵、我国植物科学画的发展、各重要科研机构的绘图队伍、绘者记略等多个角度，全面呈现了中国植物科学画的百年历史。对历史照片，尽量做到逐一考证人物、时间、地点；对画作，专家严格审图，力求保证其绘画的代表性以及种类的科学性。同时，由专家对画作从分类学角度、艺术角度进行解读，帮助读者了解植物科学画所蕴含的科学性，绘者的精妙技法和艺术风格。本书将植物科学画的图像历史与艺术解读相结合，在中国出版史上尚属首次，真正地做到了科学、艺术与人文通融交汇、相得益彰。

我国植物科学画画家为中国植物学发展做出了不可磨灭的贡献。仅就《中国植物志》而言，80卷126册的《中国植物志》是目前世界上最大型、种类最丰富的植物志，其中既有全国80余家科研、教学单位的312位植物分类学研究者的卓绝奉献，更离不开164位绘图人员的精勤工作，他们为该套巨著绘制了近万幅精彩的黑白墨线图。

植物科学画画师是一个既平凡又非凡的职业。从冯澄如创立中国植物科学画起，中国植物科学画画师经历了几代传承。植物科学画画师是植物学家的亲密伙伴和忠诚助手。他们甘坐"冷板凳"，以孜孜不倦、追求极致的工匠精神，将包含丰富而准确的科学信息的植物画像绘制在一张张精美的图版上。植物科学画的创作过程迥异于一般的艺术绘画，要求绘者在具有一定的绘画功底之外，还必须具备良好的植物学素养。画师们面对干枯的腊叶标本、抽象的物种文字描述，在画作中复原植物的生姿，绘出具有典型分类特征的植物肖像。这一职业必须遵从"科学性第一位、艺术性第二位"的金科玉律，需要沉心静气的专注、精益求精的技艺，还必须具有甘于人后、忠诚服务的职业操守。这一集体，是工匠精神的典范和代表。中国植物科学画将中国传统绘画的技法与起源于西方科学画技法相融合，探索出诸多富有中国特色的风格。从本书中一幅幅精美的作品中，我们可以感受到强烈而鲜明的中国特色、中国风格、中国气派。

本书系统梳理了自 20 世纪初我国植物学起步阶段到以《中国植物志》为代表的中国植物学大发展时期约 100 年间，我国植物科学画的百年历史、代表人物及其代表作品，精选了近 600 幅植物科学画画作，收录大量珍贵的文献图像，共计 120 万字。画作绘者涉及 110 余位职业画师、多位科学家以及近 20 位年轻绘者，展示中国植物科学绘画薪火相传、推陈出新的精神面貌。

20 世纪八九十年代是中国植物科学画的黄金时代，举行过三次重要的全国植物科学画画展。当时，这一集体充满生机与活力，学术交流频繁，留下了许多精彩作品。随着植物志时代渐近尾声，大多数职业画师步入晚年，这一职业的从业者也日渐稀少。由于这一职业多隶属于研究机构，且属于科研支撑体系，加之这一门类的特殊性，与主流美术界长期缺乏交流沟通，故而虽然这些画作精细入微、令人赞叹，但在社会上却知之者少，关注者乏。本书广泛发掘、征集了许多尘封于各个研究机构或散存于社会的植物科学画画作，是一项抢救性的出版工程。这一工作，凝聚了专家团队的巨大辛劳与付出。诸多作品是当年三次全国植物科学画画展的精品佳作，如过立农的《金钗石斛》、廖信佩的《金花茶》等；或者被西方重要机构如英国皇家植物园邱园收藏并多次出版，但在国内年轻一代中却无人知晓的经典作品，如冯晋庸的《浙江红山茶》、张泰利的《银杏》等；《微观世界》是中国科学院水生生物研究所老画师邬华根先生生前留下的唯一彩色画作，这幅巨作呈现了显微镜下60多种淡水藻的多样形态，本书第一次邀请淡水藻分类学家对这一画作进行了准确的物种鉴定，使得这一作品再次焕发新的生命力。

老一辈的分类学家，大都有着深厚的文化素养，其中不乏工诗善绘者，不少老一辈的分类学家都会亲自绘制墨线图。本书特别收录了各个时代部分分类学家的画作，如海藻学泰斗曾呈奎院士，植物学泰斗吴征镒院士、王文采院士，艺术修养深厚的淡水藻大家饶钦止，农学大家颜济，真菌学家臧穆、卯晓岚，苔藓学家黎兴江等，他们或彩或墨，有着丰富科学内涵的一幅幅画作，无不体现着科学家们严谨求真的治学精神与笃志弥坚的治学情怀。

本书的另一大特点，是通过植物分类系统展示植物画作，方便读者了解系统与进化植物学研究的进展，更好地了解不同植物类群在系统发育树上的位置。同时，本书结合植物学的发展，对物种学名、分类归属、图版注释、图版勘订、物种特征做出专业介绍。书中植物的概念是基于林奈（1735）的二界系统（植物界和动物界），而未采用目前普遍被接受的魏泰克（R.H. Whittaker, 1969）生物分类系统——五界系统（含原核生物界、原生生物界、真菌界、植物界和动物界），将真菌、部分藻类包括在内，最大程度地呈现科学发展的历程。画作的遴选与排序，基于从低等植物到高等植物的进化系统，并分为藻类、真菌、苔藓植物、石松类和蕨类植物、裸子植物、被子植物六大类。本书收录画作所涉及的物种大多为我国原生物种，展现了我国的生物多样性。物种介绍方面邀请了国内知名的科普专家撰稿，内容包括其系统位置、主要形态特征和种类背后的故事，内容通俗，也不乏专业性。

本书的编纂过程虽然历经了重重困难和周折，诸多专家和编辑人员付出了巨大辛劳，然而大家的热诚与初心始终未改。我们希望以艺术为媒介普及科学知识，打造有温度、有高度、有色彩的科学艺术经典，并希望能通过本书的出版，推动我国植物科学画事业继往开来、薪火相传。本书兼具艺术欣赏和典藏价值、工具书和历史文献价值，适于艺术爱好者、植物爱好者、高校及中小学生、植物学专业研究人员及科学史研究人员使用。

　　本书有少部分引自相关著作的文图，因作者联系方式不详，无法取得联系，敬请拥有著作权的作者尽快联系出版社，以便支付稿酬，并致谢忱。

　　最后，谨以此书献给为中国植物学事业做出巨大贡献的植物学家与植物科学画画师们。

本书编委会
2019 年 9 月

CONTENTS

目　录

第一篇

解读植物科学画

解读植物科学画

◆

马　平

杨建昆

穆　宇

文

植物科学画（Botanical Illustration），是以植物为对象，以绘画为手段，对植物物种整体形态或局部形态特征进行精确描绘的特殊艺术表现形式，服务于植物分类学研究、各类植物学著作及论文，有着明确的描绘对象和科学目的。植物科学画是随着西方植物学的确立而起源于西方的特殊艺术门类。

17世纪中叶，植物研究取得重大进步，显微镜的发明为通过科学仪器延伸肉眼观察提供了思路。最早的显微镜是16世纪末期由荷兰人制作出来的，放大倍数10～30倍。将显微镜运用于科学并有重大发现的，当属后来的英国科学家罗伯特·胡克（Robert Hooke，1635—1703）与荷兰人安东尼·范·列文虎克（Antonie van Leeuwenhoek，1632—1723）。1665年，时任英国皇家学会实验部主任的罗伯特·胡克出版了影响深远的《显微图谱》（Micrographia）一书。该书共66个专题，书中38幅插图皆由胡克本人绘制，其中最大的一幅《人蚤》（Pulex irritans）成为显微绘图的经典作品。这本书的成果，基于他与人合作研制的能放大140倍的光学显微镜。他观察了软木薄片，发现许多小室，并将之命名为细胞（cell），开启了细胞领域的研究。列文虎克对细菌学和原生动物学研究起到了奠基作用。他虽未受过正统的学院教育，但自幼喜欢磨制透镜，技术精湛。他一生磨制了400多个透镜，最小的只有针头那样大，有的放大率可达270倍，适当的透镜配合起来最大放大倍数可达300倍。他的显微研究成果有许多发表在英国《皇家学会哲学学报》（Philosophical Transactions of the Royal Society）上，1683年，由他绘制的世界上第一幅细菌图也在该学报刊出。

显微镜
罗伯特·胡克／绘
《显微图谱》插图

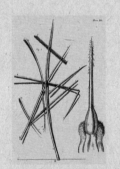

异株荨麻 Urtica dioica
罗伯特·胡克／绘
《显微图谱》插图

植物科学画的起源

列文虎克 像

罗伯特·胡克 像

林奈 像　　　　　　　《植物图集》中的艾雷特像

植物的性分类系统（24纲）图　艾雷特 / 绘

　　显微镜揭示了植物器官构成的奥秘，大大拓展了植物学的研究视域。瑞典人卡尔·林奈（Carl Linné，1707—1778）借助于显微镜观察了花的基本结构，清晰了解了雌蕊、雄蕊、子房的心皮及胚珠等一系列显微特征。林奈根据雄蕊的解剖情况，将植物分成了 24 大类，每一大类又根据雄蕊的数目进一步分成小类。林奈于 1737 年出版的《植物属志》（*Genera Plantarum*）以及 1753 年出版的《植物种志》（*Species Plantarum*），将植物分为 24 纲、116 目、1 000 多属、10 000 多种，创建了现代植物分类学和分类系统，用人为分类体系和双名法结束了混乱的植物分类状态。林奈的植物性别系统简单、独创、科学，以花朵的雄性和雌性部分数量为计算基础。植物果实部位的数目和排列是分类的依据，通过详细描绘这些部分及其结构，人们可以通过图谱确定植物身份。基于林奈的分类系统，植物科学画才逐渐确立起一套程式化的规范标准，代表人物是德国植物画家格奥尔格·狄奥尼修斯·艾雷特（Georg Dionysius Ehret，1708—1770）。艾雷特是 18 世纪中期到 19 世纪上半叶欧洲最重要的植物画家，比享誉世界的花卉画家皮埃尔 - 约瑟夫·雷杜德（Pierre-Joseph Redouté，1759—1840）要早半个世纪。艾雷特游历欧洲各国期间，结识了不少著名的植物学家，得到他们的赏识和推荐，后来成为英国皇家学会的会员。如今现存的他的作品有 3 000 多幅，被收藏在欧美各大知名的博物馆和学术机构里。他为植物学家约翰·魏因曼（Johann Weinmann）的《植物图像》（*Phytanthoza Iconographia*）绘制了部分插图，1789 年版的《邱园辑录》（*Hortus Kewensis*）有其作品，他还出版了一部精美的图谱《稀有植物、蝴蝶和蛾》（*Plantae et Papiliones Rariores*）。艾雷特与植物学家克里斯托

弗·特鲁（Christopher Trew，1695—1769）私交甚笃，特鲁对艾雷特极为欣赏，艾雷特为其《植物图集》（*Plantae Selectae*）绘制插图，此书插图下方加上植物二名法的命名，图版除了植物主体外，其周边是花及果的解剖图，且明显地呈现雄蕊及雌蕊的构造与数目，以符合植物性分类系统的编目架构，成为后续植物科学插图重要的形式。这本书中甚至还收录了艾雷特的画像，较之于当时很多植物学书籍绘图者连署名都难的情况，这是非同寻常之举。在两人的合作中，就美学和绘画技巧方面而言，特鲁留给了艾雷特充分自由发挥的空间。而就植物主体而言，特鲁会特别强调植物学上的精确性和完整性，如必须包含植物花、果实、种子等关键器官的各个细节，且一幅画里只能有一种植物。这部《植物图集》和艾雷特后来参与的《最美丽的花园》（*Hortus Nitidissimis*）成为艾雷特最具代表性的作品。艾雷特于 1736 年在荷属东印度公司富商乔治·克利福德（George Clifford，1685—1760）的消夏私家花园哈特坎普（Hartecamp）结识了林奈。当时林奈受克利福德委托正在编纂《克利福德植物名录》（*Hortus Cliffortianus*）一书。艾雷特在哈特坎普小住期间为克利福德绘制了 20 幅作品，了解到林奈的植物分类系统。他曾坦白不喜欢在画中表现雄雌蕊一类的细节形态，但在林奈引导下，他开始在画中加入必要的解剖部分，以至于后来他逐渐迷上这样的绘图，在植物横切面和花部解剖的描绘上技艺精湛。在离开哈特坎普后不久，艾雷特发表了单幅作品《植物的性分类系统（24 纲）图》（*Methodus Plantarum Sexualis in Systemate Nature Decripta*，又称 *The Tabella*），该画运用林奈的植物性状分类系统描绘了多枚雄蕊。在画的正上方，艾雷特大方地向林奈致谢。之后，林奈将这幅作品收入了他的《植物属志》一书中。林奈在此书中介绍了基于性别特征的植物分类法，加之艾雷特的精湛插图，随即在植物艺术界引起了热烈反响，催生了新的植物绘画方法。1738 年，林奈与艾雷特合作的《克利福德植物名录》正式出

时钟花 *Turnera ulmifolia* 艾雷特／绘

《克利福德植物名录》插图

射干 *Belamcanda chinensis* 艾雷特／绘

版，艾雷特首次采用二名法命名系统及提供花部构造的方式绘制图版，这是运用林奈植物分类系统正式出版的第一部著作，影响深远。

奥地利人弗朗兹·鲍尔（Franz Bauer，1758—1840）对花粉粒的刻画，是首次尝试刻画植物解剖细节的图版。弗朗兹·鲍尔和他的弟弟费迪南德·鲍尔（Ferdinand Bauer，1760—1826）的绘画影响了19世纪后期的植物画画家，对于后来植物学著作中大量使用的黑白钢笔墨线图有着重要的影响。虽然林奈的性分类系统在19世纪逐渐被其他植物学家提出的新分类架构所取代，但花及果的特征仍是重要的分类特征，一直保留为重要元素，并随着显微技术的发展，有更多的细节被呈现出来。早期的植物图谱多为彩色绘画，黑白钢笔素描图的大量使用是在后期出现的。从19世纪开始，全世界植物分类学志书中全部采用黑白植物科学画作为插图画种，并且一直沿袭至今。

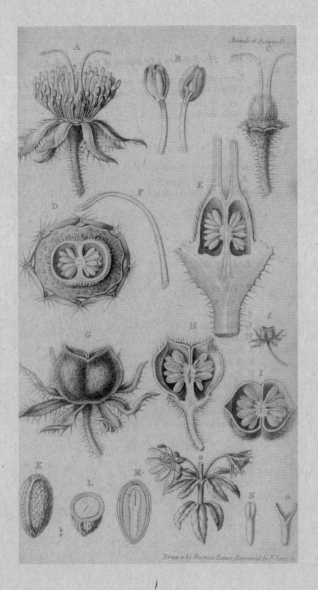

Bauera rubioides　弗朗兹·鲍尔/绘
1805年首次发表于《植物志》（*Annals of Botany*），现藏于伦敦自然历史博物馆

与以往插图相比，这幅图的图注是一大进步。图中标注从A到O，达到14个，用大写字母表示放大，用小写字母表示未经放大。更具重要意义的是图中几个细节：花药的背面观和腹面观，胚胎与胚乳分离，这种处理在此前描绘该物种的插图中从未出现过。此作品也充分展现了弗朗兹·鲍尔的特长——他精于使用锋利的小刀和针头对植物的细小部位进行刻画，并对其构造进行详细、精微地记录。

木棉标本

采集者：尹文清

采集地：云南省双柏县

采集时间：1957年3月29日

中国科学院植物研究所植物标本馆藏

二　科学性是第一属性

植物分类学的出现，规范、完善了描述植物形态的科学术语，专业人员应用这些术语共享、传递科学研究信息，准确了解植物的具体形态特征。但是，文字描述无法直观呈现植物基本形态和性器官细部特征，这还得仰赖植物绘画图像。植物科学画结合研究者的文字描述，通过形象的方式客观展示该物种的形态特征，区分不同物种间的差别，以供鉴定和识别植物。植物新分类群的发表，除了需要有对该植物性状详细的文字描述外，另一个必须的工作便是新种线条图的绘制。在植物学研究中，对新种图的要求非常严格，植物各个器官的细微结构都要求描绘得准确无误，突出其种类特征，以区别于近缘类群。在绘制图版之前，分类学专家会给植物科学画画师们提供标本及物种描述。这些标本由植物分类学者以严肃缜密的态度加以选择，并以专业术语对物种加以文字描述。

一般来说，植物科学画只选取植株的某一部分加以绘制，尽量在同一图版内完整表现植物花枝、果枝等主要生长阶段的形态。此外，还有一项非常重要的内容，画师们需要对标本中的根、茎、叶、花、果实和种子等部分根据需要进行解剖，并借助解剖镜或显微镜放大观察。如对花的解剖包括花萼、花瓣、雄蕊（包括花药和花丝）、雌蕊（包括花柱、柱头、子房和胚珠）等细部，也常包括子房横面、纵面的解剖；对叶的观察包括叶片的背腹面、叶缘、毛被、腺体等。这些都是分类学的重要依据。

标准的植物科学画图版上还需要标注各部分的序号、放大倍数（或线性比例尺），并在图版外依序标注各部分的名称。包含两种及两种以上的拼图，通常需要由分类学家先确定拼版的物种及代表种，绘者在构图上突出种的特征，其他种则绘出主要区别点即可。有的植物由于植株过大，常截断排列或折成之字形，但总的要求是让花、花序等朝上，根则朝下。有的禾本科植物节间较长，可截断描绘，其截断部分两边的边线用虚线表示截断了一部分。

在我国，植物科学画绘图人员并没有统一的、固定的职业称谓。他们的岗位、职称也无统一标准。这里，我们依照现在人们对这一职业从业者的习惯称谓——植物科学画画师来称呼他们。大多时候，植物科学画画师们面对的是干枯而板滞的腊叶标本。对此，英国著名的植物艺术评论家、伊顿公学（Eton College）资深绘画老师维尔弗里德·布兰特（Wilfrid Blunt）在其著作《植物学插图艺术》（*The Art of Botanical Illustration*）中曾这样评价："标本在为艺术服务的过程中，在不影响其科学性和准确性的情况下，有多少是可以被人为操作的或是被'改进'的？为了达到这种平衡，艺术家必须具备足够的植物学知识，以知晓哪些是物种的典型性状，哪些是所绘标本的特有性状。"的确，植物科学画画师是一门特殊的职业，要求从业者不仅具有基本的绘画技巧，同时还必须具有足够的科学素养。画师在描绘植物的过程中，必须结合自己对标本形态特征的观察和对文字描述的科学理解，按照植物科学画的绘图手法进行艺术处理。他们根据需要作必要的取舍和组合：对一些看上去虽然细微，但在分类学上有重要意义的器官和结构进行局部放大，突出重点；对一些非分类特征的改变，如虫蚀、病变、自然脱落、个体差异等则根据需要进行矫正。画师还可以根据需要，把一种植物不同生长时期的形态，如花期、果期等，画在同一张图版内，以展示植物体完整的生活史。一些标本由于种种原因不完整，画师还需按照文字描述，推理出复原图形补画上去。故而，植物科学画所绘的植物并非是单个植物体，而是通过画师的取舍、整理、提炼与总结，表达这一物种的典型特征。

植物科学画对于线条、构图和色彩相较于其他艺术绘画有着特殊要求。就线条而言，黑白线条图是植物科学画运用最多的形式，线条运用的好坏，常常关系到绘图的成败。不同的线条对于植物的质感、立体感具有不同的表现力。柔而细的线条能够表现娇嫩、柔软的植物，粗而挺的线条则适合表现坚硬、刚直的植物体，线条不同形式的组合更为重要。就色彩而言，自然界的色彩是丰富多样、千变万化、十分复杂的。处于不同环境中的植物，色彩会各有不同，如何表现是绘画中比较难解决的问题。既要看到植物的固有色，同时还要看到光的作用和邻近色的反射。有些植物的色彩在某种情况下是较难肯定的，它本身的色调经阳光的照射，发生复杂的变化。与风景画不同，彩色植物科学画主要以植物固有色反映客观对象，不过分强调光源色和环境色对它的影响。构图则是绘画植物科学画的重要一环。一幅构图好的植物科学画，不但能充分表现和反映植物种的科学形态特征，而且还给人们以一种艺术的享受。在植物学专著中的插图，普遍存在单种图和多种拼图两种情况。单种图以一个单独的种为一幅图，在形式上较自由多样，往往根据植物的生长特点来确定其构图的形式，通常采用的有斜

木棉幼树的树干通常有圆锥状的粗刺。其雄蕊分为内外2轮：内轮的花丝上部分为2叉，内轮雄蕊不分叉；外轮雄蕊集成5束，花丝较长，每束花丝10枚以上；内轮雄蕊10枚，较短；木棉的花柱长于雄蕊。木棉内外轮雄蕊的花药形态不同：内轮花药为螺旋状，外轮花药为扇圆形。雄蕊的花药药室成熟开裂期在雌蕊柱头未展开时，这样能避免自花受粉。内轮雄蕊花药成熟期早于外轮，花丝群比外轮更为坚挺，这是为了保护花柱在鸟类和大型昆虫采集花蜜时不被损坏。

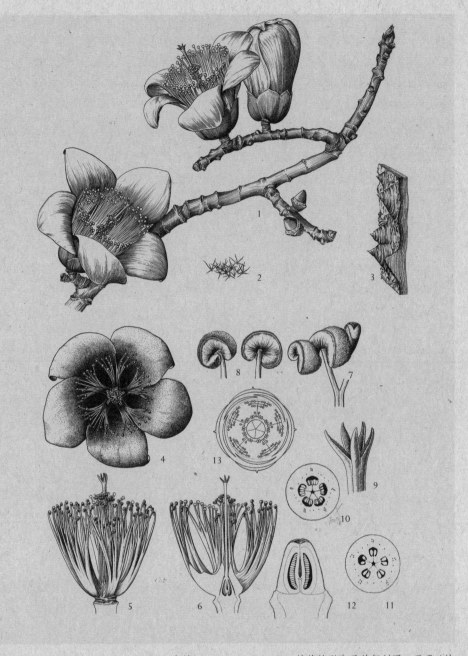

木棉 *Bombax malabaricum* 的花枝形态及其解剖图　马平 / 绘

1. 花枝；2. 星状毛；3. 树皮棘刺；4. 花正面观；5. 雄蕊群及雌蕊；6. 雄蕊群及雌蕊纵切；7. 内轮雄蕊花药；8. 外轮雄蕊花药；9. 柱头；10. 子房上部横切；11. 子房中部横切；12. 子房纵切；13. 花图式

伸式、开展式、直立式、悬吊式、圆弧式、折叠式和分段式等。譬如，对于吊灯花、枫杨、荔枝、杧果，以及葡萄科、葫芦科、兰科的一些种类，采用悬吊式构图；对于一些端直向上的植物，如棕榈科的大王椰子、假槟榔，禾本科的玉米、高粱等，则采用直立式构图。这样既能反映植物的自然形态，又能给人以艺术美感。多种拼图主要用于版面少、科类多的著作。它根据科学分类的要求，把几个种拼在一个图版上。这种拼图既能使画面容量大，又能使物种之间的形态差别互相对照比较，一般有合并式和主从式两种。

综上所述，科学性始终是植物科学画的第一要素，始终贯穿在植物科学画创作的各个环节和方面。它对于绘者的严苛要求，也导致这并不是一般绘者所能轻易掌握的一门技艺的原因。经过专业训练的职业画师，即便再创作其他形式的绘画，往往也会受这种素养的影响，或受益于这种影响。

三 植物科学画的艺术性

植物科学画画师这一职业的特殊性在于兼具科学素养和艺术修养。一幅合格的植物科学画，首先要保证科学性。一幅优秀的植物科学画，则对画作的艺术性有着更高的要求。

虽然曾有人认为植物科学画应该完全尊重腊叶标本的原型，并作一丝不差的呈现，更不应加入任何个人创作的成分。但据这种保守观点绘出的画作十分呆板，很快就被摒弃。纵观历史发展的潮流，科学性与艺术性并重一直是植物科学画的主流。西方探索植物绘画时早有"科学与艺术高度融合"之说，中国植物科学画前辈画师也一直着力倡导植物科学画要"形神兼备"——"形"指向科学，"神"指向艺术。许多画师在程式化的严格规范之内，尝试不同的艺术表现手法，逐渐形成了诸多颇有特色的风格，他们中不乏佼佼者，创作出了许多具有很高艺术价值的植物科学画。

一幅科学画画得好与不好、成与败，关键在于绘者自身的科学素养与艺术修养。绘者在植物分类理论认知多寡、对物种显微解析的能力、艺术修养的深浅、技法的熟练程度，都直接影响到画作的质量。

就创作者的艺术素养和技巧而言，优秀的植物科学画画师必然会有这样的意识——要通过其画笔，展现出植物的勃

植物科学画的艺术性

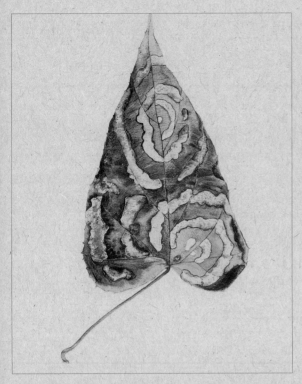

叶上花　陈丽芳 / 绘

这幅作品描绘了一片饱受虫蚀的叶片，斑驳的痕迹在绘者眼中如同一朵朵奇异的花朵。艺术家以此表达出其观察自然的独特视角与感受。一叶一世界，哪怕是一片枯叶也有其别具洞天的大美。但在植物科学画中，这种主观性的感受却必须予以摒弃。

棉角斑病及棉花角斑病菌 *Xanthomonas malvacearum*
引自《中国农作物害虫图谱》

1.子叶的症状；2、3.叶片的症状；4.茎的症状；5.棉铃初期症状；6.棉铃后期症状；7.病原细菌

两幅画作的对比，直观清晰地显示出科学画与艺术画之间的区别。科学画由于具有明确的目的与实用功能，与艺术绘画比较，绘者必须遵从的准则是双重的，甚至是更为严苛的。

勃生机和自然之美。他们绝不会依样画葫芦，将一幅植物科学画绘成一幅僵死的腊叶标本图，而是能够从感性认识上升到理性认识，创作出植物生机盎然、极具美感却又准确严谨的生命形态。他们讲究构图，将包含众多要素的画面调和得既凸显主体，又巧布诸多细部解剖，令其张弛有度、层次分明、密而不乱、松而不散。

不可否认的是，追求严谨准确的植物科学画与以表达自我、追求个性的艺术绘画有着天生的冲突。植物科学画要求绘者精警缜密，摒弃那些飘逸潇洒的线条，用很肯定的笔触直面自然。艺术绘画带给人们纯粹的、个性化的审美体验。在描绘同一自然界的事物时，不同的艺术家会给出不同表达，来彰显个人的审美意趣和思想情感。植物科学画则不然，它不带有绘者个人情绪和主观色彩，只能略带自然适意、随缘任性的点缀。

　　促进对自然万物进行视觉研究的另一项重要创新是摄影技术的发明。可携式木箱照相机自发明伊始，即被探险者、博物学者和植物学者所利用，并记录了大量珍贵历史资料。19世纪末，X光照片的应用为观察学带来了一次革命。这种技术可以在不解剖、不伤害个体的情况下对其形态结构进行研究。随着摄影器材的便携、镜头分辨率的提高，其科学方面的精确度和可信度大幅提升。现代摄影在生物科学领域里如生态坏境、植被及群落、物种个体及显微摄影等方面发挥着越来越重要的功能。

　　在摄影条件还不发达的时代，植物科学画画师大多时候只能从早已失去物种生态形貌的腊叶标本和植物学家提供的文字描述中获取信息，但仅凭借这些资料，光靠绘者的想象还原植物生长形态并非易事。倘若能获得一张活植物照片，画师们常常视之为珍宝，大大提升了再创作空间。

　　随着微距摄影、显微摄影技术的快速发展及扫描电子显微镜的应用，开启了植物影像的新纪元。现代植物分类学者大多把摄影作为采集工作中的主要使用方法，每每采集标本前先鉴定、拍照之后再采集制作成标本。这种一体化流程弥补了前人的不足。专业人士镜头里用于分类研究的植物影像与普通的花卉摄影爱好者拍摄的照片有很大的不同。他们会有选择性地记录植物的生境生态，以及如萼片、腺体、托叶等对分类学有重要价值、一般人却难注意的细节特征。显微摄影、电镜扫描还可以帮

植物科学画与摄影

助植物学家直观记录花粉形态等更为细微的特征。

　　摄影的功能如此强大，是否意味着植物科学画不再有存在的价值？答案是否定的。理由依然要归溯于植物科学画的本质功能。这里需要了解植物分类学上三个重要的概念：模式种（Type species）、模式标本（Type specimen）和模式化（Typification）。植物的演化形成了千姿百态的形态结构和生物学特性，依据花的差异又细分出许多不同类型。植物分类学上，从同类型结构中选出有代表性的方式称"模式"。模式种是某一个属的模式的物种，例如苹果 *Malus pumila* 是苹果属 *Malus* 的模式种。模式标本是植物新种（包括新亚种及新变种）原始记载和定种所根据的标本。模式化是指同一物种由于分布区域、生境、生长期不同可以产生某种差异，但基本科学特征是一致的。

　　植物科学画的功能是要还原物种的生长状态与特征，其所绘的是植物物种肖像，而非个体肖像。植物科学画绘者需要从存在细微差别的众多植物个体标本中选出能表达物种模式化精准细腻的基本特征，在同一画面上，将一个物种生活史中的关键分类特征及其历史性和科学性模式化地展现出来。而植物摄影记录的仅是物种在某一地域、某一时间点的瞬间生态影像，不具有模式性，植物摄影不能被冠以模式摄影图像，故而无法取代植物科学画的功能。在绝大多数植物学权威刊物或平台上发布植物新分类群，新种线条图依然是必需的要素。在植物学研究中，对新种图的要求非常严格，植物各个器官的细微结构都要求描绘得准确无误，突出其种类特征以区别于近缘类群。艺术家李沅曾说："如果说摄影能够记录瞬间，那么科学绘画记录的就是物种的永恒。它从许多具体事物中，舍弃个别非本质的属性，抽出共同的、本质的属性。"维尔弗里德·布兰特在《植物学插图艺术》中也曾说道："真实科学的植物插图不仅代表着模式插图，而且代表了整个物种。"

白头翁 *Pulsatilla chinensis* 陈月明 / 绘

白头翁花序实物照片 顾有容 / 摄

A.花序；B.花序及花解剖

这里通过两组摄影照片及同一物种的植物科学画的对比，呈现了植物绘画和植物摄影之间的差异。绘者为植物科学画艺术家，摄影者则为植物学博士。他们从各自的视角及需要出发，呈现出植物精妙入微的形态结构。

五 结语

  随着经典植物分类学开始向系统进化以及分子生物学的发展，科学画画师这一职业愈渐小众。但是这一艺术所特有的精细入微及科学理性，却正开始影响着越来越多的公众人群。无论在东方还是西方，对于人与自然的关系，都在形成越来越强烈的共识——与自然和谐共生。对自然的保护和利用要基于对自然的科学认知和了解，自带科学基因的植物科学画正在以新的艺术形式和面貌蜕变。艺术家以令人惊叹的精细度描绘一片落叶或一捧橡子，她会告诉你这些果实分别来自壳斗科的哪些属，它们来自哪里，又在什么季节落下；自然观察者用画笔记录物候变化，一个孩子会告诉你，今年紫叶李的花开得比去年早了半个月；蝴蝶爱好者会细心描绘寄主植物并告诉人们，如果这种植物消失，那么蝴蝶的幼虫就会失去食物。人类创造的文明和文化总是会随着时代的变迁而不断演化出新的面貌。植物科学画也是如此，它们正在悄然改变着我们注视自然的方式。

尼泊尔绿绒蒿 *Meconopsis napaulensis*　田震琼／绘

自然笔记帮助人们随时记录身边植物，而具备一定植物分类学素养的绘者常常能够更为细致地观察记录植物的关键形态与生长过程，以便更好地了解植物特点。

珍惜 陈丽芳 / 绘

这幅作品展现了中国珍稀濒危植物的果实。随着人类活动领域的扩张，植物的野生环境正一天天缩小。一些珍稀濒危植物的生存境况令人堪忧，数量岌岌可危。珍稀濒危植物需要我们共同关注和守护，这是创作这幅作品的初衷。

① 羊角槭 *Acer yangjuechi*

② 望天树 *Parashorea chinensis*

③ 银杉 *Cathaya argyrophylla*

④ 水杉 *Metasequoia glyptostroboides*

⑤ 红豆杉 *Taxus wallichiana var. chinensis*

⑥ 金钱松 *Pseudolarix amabilis*

⑦ 金花茶 *Camellia petelotii*

⑧ 普陀鹅耳枥 *Carpinus putoensis*

⑨ 银杏 *Ginkgo biloba*

⑩ 珙桐 *Davidia involucrata*

⑪ 广西火桐 *Firmiana kwangsiensis*

⑫ 滇桐 *Craigia yannanensis*

⑬ 华盖木 *Pachylarnax sinica*

⑭ 绒毛皂荚 *Gleditsia japonica var. velutina*

⑮ 天目铁木 *Ostrya rehderiana*

⑯ 鹅掌楸 *Liriodendron chinense*

⑰ 云南蓝果树 *Nyssa yunnanensis*

⑱ 百山祖冷杉 *Abies beshanzuensis*

⑲ 柏木 *Cupressus funebris*

第二篇

科学画中的植物进化

引言

·

系统学构筑的植物演化之路

✦

钟　鑫

文

植物科学画，是植物系统学研究过程中，科学与艺术相互拥抱的结晶。那么什么是"植物"？什么是"系统学"？

关于植物，每个人都会有一些基本概念，如"绿色的、不会动的、没有自主意识的生命"，而"系统学"对很多人来说，就要陌生得多。在本书中，你可以看到大量珍贵的植物科学画，画中有参天的巨树，有缤纷的野花，有很多蘑菇等大型真菌等。就真菌而言，它看上去不会动，没有自主意识，也没有叶绿素，它究竟算不算植物？这恰恰要用系统学的研究结果来回答。

从人类开始认识自然、认识生命的多样性开始，分类就是绕不过去的第一步：人们认识世界万物，就要把它们分门别类，总结个性和共性。那么生命有机体的多样性是怎么形成的？如何去认识、发现、描述、解释这些生命的多样性？如何综合这些信息，去获得一个具预测性的分类系统？这些就是包括生物分类在内的系统学的实践。

在古代，分类与命名占用了一个自然学家大部分的精力。尽管自林奈以来的系统学家一直以来都致力于对生命有机体进行描述和分门别类，但让分类系统反映演化历史和与此相关的"系统发育关系"——物种之间的亲缘关系，一直到林奈去世后的几十年后才成为系统学的重中之重。这一切，开创于查尔斯·达尔文（Charles Darwin，1809—1882）。1859 年，达尔文出版了《物种起源》（*On the Origin of Species*）一书，提出划时代的自然选择、共同祖先与进化理论，其核心内容是关于物种演化的动力——"自然选择理论"。达尔文认为，生物表现出个体差异，在生存斗争过程中，适者生存。关于物种演化和分类系统的关系，达尔文并未展开分析，但《物种起源》中的一段话值得被铭记："博物学家们认为两个或两个以上的物种间那些表明真实亲缘关系的性状都是从共同祖先遗传下来的，一切真正意义的分类，都依据于种系发生。"而且，在 1837 年的一份手稿中，他就已经清晰地意识到了物种演化的树状结构，那句"I think…"甚至成为演化生物学著名的文化谜团被印在各种 T 恤衫上。

之后，20 世纪的研究者建立现代综合进化学说，明晰了现代演化生物学的研究前景与方向，系统学和演化生物学研究逐渐走到了一起。广泛地说，揭示生命有机体的演化历史，记录这些分支在演化过程中发生的变异，在最大程度上描述物种——这些分支的末端，就成为现代生物系统学的主要目标。

这里涉及演化之树的概念：世界上所有现存的生物，拥有共同的生物学结构基础——核酸和蛋白质。任何两个物种沿着时间轴向前追溯都能够回到一个共同祖先，比如人类与黑猩猩、鲨鱼、蚊子、水杉、蘑菇、细菌等都有共同祖先，彼此的区别只在于这一共同祖先存在的时间，即亲缘关系越近，共同祖先存在的时间就越近；亲缘关系越远，共同祖先也就要追溯到更久远的时间。这样一种物种追溯和连线的拓扑结构，如果画在一张纸上，加上一个时间轴，那就是一棵演化之树，每一个分支的节点就代表了时间轴之后所有物种在这一时间节点的共同祖先。

如果分类的目的是让亲缘关系更近的物种能放在一起，那么演化之树就是天然的分类学基石。在达尔文之前，系统学家们根据自己对"自然"的理解各自建立所谓的自然分类系统。达尔文之后，演化生物学的影响渗透到了分类学，系统学家们渐渐开始使自己的分类系统反映演化历史。但在已建立的诸多植物分类系统以及与之相应的图解表达中，都不可避免地指向混杂的网状进化，或者暗示某个现生类群是原始的而衍生出其他的现生类群——这些是基于对进化的错误理解。即使这些系统提供了大量宏观性状特征，很多时候体现了实用价值，但它们仍缺乏预见性。举一个显著的例子，哈钦松系统把所有的双子叶植物分为草本和木本两大类。这种违反系统发育原则的处理无疑限制了这个系统的延续和应用。

要获得一个自然的分类系统，第一步，我们要了解类群、物种亲缘关系的顺序结构，即系统发育信息（phylogeny）；第二步，如果我们确切

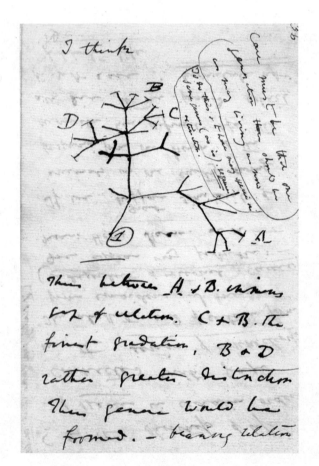

物种演化的树状结构图

这张图出自查尔斯·达尔文1837年的手稿。在根本没有分子手段，甚至遗传学还没有诞生的19世纪初，他清晰地写明了演化的共祖概念和树状结构。

地知道了演化树的结构，那还要给演化树上的分支命名——这看上去很简单，但事实上，直到人类能够大规模进行DNA测序之前，我们在"创造一个'自然'分类系统"这件事上的进展，长期被困在第一步。

根据生物的中心法则：在所有的生物体的细胞结构里，脱氧核糖核酸（DNA）自我复制，所包含的信息转录给核糖核酸（RNA），RNA翻译为蛋白质，蛋白质和其他部分物质决定了生物体的一切，包括细胞结构、外观形态、生理行为等；一旦包含有遗传信息，可以表达的DNA序列（基因）发生变化，则由它决定的这一切也随之发生变化；在种群一级上，则是基因频率的变化——这就是可以看得到的演化。系统学家们试图构建世间万物的系统发育树，可用的数据就在这些演化所改变的东西上，如DNA序列、RNA序列、蛋白质序列、细胞结构、微观形态数据、宏观形态数据、行为学数据等，这些可以统称为"性状"。从某种意义上，任何一级的"性状"都对系统学家推断演化历史有重要意义。当然不同的是，分子序列可用的数据在数量上较之宏观形态要多很多。

在过去，尽管系统学家们努力还原演化历史，但苦于工具所限，从宏观结构到微观结构，再到化学成分，几乎止步于此。20世纪后期的科技成就——包括计算机和大通量的DNA序列测序技术，为分类系统的建立开拓了一片新天地。随着大量关于系统学的文章不断发表，近乎颠覆性地改变了人类对现有生命类群及其亲缘关系的理解。

例如，在今天地球上最繁盛的植物类群——被子植物（即"有花植物"）领域，一些系统学家们组成了APG组（Angiosperm Phylogeny Group，被子植物系统发育组），共同讨论、推进、建立一个基于系统发育（即演化历史）的被子植物分类系统——APG系统。构成这个分类系统有三个重要原则：一是单系（monophyly）原则——每一个被命名的分类阶元或类群应该是单系的，即包含一个共同祖先和它所有的后代；二是稳定性原则——尊重已有的类群名称，维持类群大小的稳定和适中，即如无必要，不增加新的分类阶元或更改现有类群名称；三是易用性原则——各被命名类群应有明显的形态特征。三者之中，第一个原则最为重要。

此外，与演化树和单系息息相关的还有另外一对重要概念：单系群（Monophyletic Group）和并系群（Paraphyletic Group）。单系群即是一个包含共同祖先和它所有后代的类群。这意味着，一个单系群内部成员间的亲缘关系，应近于单系群外成员间的关系。有效的分类阶元必须是单系群，这是现代分类系统的基本原则。举例说明，"双子叶植物"这个分类群，各个旧的被子植物分类系统中几乎都有，其核心性状是"两片子叶"，与单子叶植物的"一片子

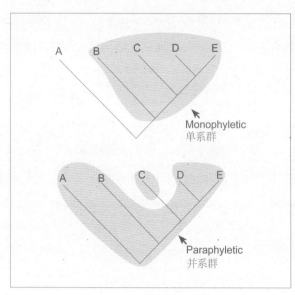

通过演化树（或称系统发育树）图示单系群和并系群的概念

上图：箭头所指、圈内所含有的部分即为一个单系群；下图：箭头所指部分为一个并系群——包含了共同祖先和部分后代，但没有包括所有后代，如C类群被排除在外。

"叶"相对应，将被子植物一分为二。但系统学研究表明，"双子叶植物"中很多成员与单子叶植物的亲缘关系，比它们与"双子叶植物"内部其他成员更近，也就意味着"双子叶植物"并没有包含它们共同祖先的所有后代。自然，它是一个并系群，并且在 APG 分类系统里不予承认，继而被分解成几个部分，其中那些与单子叶植物关系更近的双子叶植物，被称为"真双子叶植物"（Eudicots），那些关系不那么近、同样拥有两片子叶的"双子叶植物"，被分置于木兰类 Magnoliids、金鱼藻目 Ceratophyllales、金粟兰目 Chloranthales 和其他被子植物基部类群 Basal angiosperms 中。

　　稳定性原则应建立在单系原则上。譬如，与之前的系统相比，有花植物中的玄参科 Scrophulariaceae 在 APG 系统中发生了很大的变化——原科被分散在超过 7 个科中。从理解和使用上看，这似乎不便。但从系统发育树和单系原则角度看，若要包含原玄参科所有类群，这将会是一个包含了唇形科 Lamiaceae、马鞭草科 Verbenaceae、狸藻科 Utriculariaceae、胡麻科 Pedaliaceae 等在内的"庞然大物"。因此，在 APG 系统中将原科大部分拆分成多个小科，以维持科的稳定。

APG 系统自 1998 年发表于《林奈学会植物学报》（*Botanical Journal of the Linnean Society*）以来，逐渐被学术界广为采纳，之后根据被子植物系统学的研究进展，每 5 ~ 7 年更新一次，至今已更新到第 4 版（APG IV，2016），并愈趋稳定，内含 64 目 416 科。该系统大小适中，适宜于传播和教学，甚至英国皇家植物园和美国密苏里植物园的标本馆均按 APG 系统对馆藏标本的顺序进行了调整。但是，APG 分类系统在国内还未得到广泛使用。本书被子植物部分使用 APG IV 系统排列，在国内算是开了先河。

除被子植物之外，裸子植物、蕨类植物、苔藓植物系统学的研究也一直有学者在稳步推进。如 2011 年，由英国学者克里斯滕许斯、中国学者张宪春和德国学者哈拉尔德·施耐德（Harald Schneider）在《*Phytotaxa*》期刊上发表的克氏蕨类和裸子植物分类系统，有不少非常有价值的系统观点。如现生的裸子植物，包括买麻藤类是单系群，构成了现生被子植物的姐妹群；传统上的蕨类是并系群，其中石松类 Lycopodiophyta 构成了真叶植物 Euphyllophyte（包括所有真蕨类植物、裸子植物和被子植物）的姐妹群。2016 年，由本书主编之一张寿洲博士参与的蕨类植物 PPG 系统发表于《系统与进化学报》（*Journal of Systematics and Evolution*），基本框架与克氏蕨类系统相同，这也是本书蕨类植物和裸子植物所采用的系统。

到这里，我们可以回过头来看看我们最初的问题：什么是"植物"？

这一问题其实经过了几个世纪以来系统学波澜壮阔的讨论和发展，今天终于可以用支序生物学的方法定义几个清晰的单系群的植物概念：一是现生的陆生植物，即有胚植物 Embryophyta，包括了地钱 *Marchantia polymorpha* L.（属于苔类）与被子植物的共同祖先以及所有后代的类群；二是现生的绿色植物 Viridiplantae，则包括了所有现生绿藻与陆生植物的共同祖先及其所有后代的类群。如果用大家更容易理解的性状来定义，"绿色植物"这一类群的细胞中普遍拥有质体（plastid），其中少数成员营腐生或寄生生活，多数成员因细胞中的质体包括了叶绿体，通过叶绿体进行光合作用而自养。因叶绿素是光合作用的色素，故呈现出绿色。

至此，我们基本划清了植物的边界。如概念再放宽一些，则还有泛植物（或称古色素体生物）Archaeplastida，可包括红藻门 Rhodophyta 和灰藻类 Glaucophytes。而传统概念里的一些"植物"，比如同样可以进行光合作用的褐藻、蓝藻，以及不能自主运动的真菌等，则已被清除出了现代的植物概念。其中真菌 Fungi 与动物的关系要比植物近得多；海带所在的褐藻，属于一类称之为超类群真核生物分类的 SAR 类生物（它包括了不等鞭毛生物 Stramenopiles，或称

Heterokonts、囊泡虫 Alveolates 和有孔虫 Rhizaria）；蓝藻属于光合细菌。由此，原先的"光合作用"和"不能移动"，已不是植物的专利。

能光合作用的不一定是植物，那光合作用是怎么来的？我们的书中包含了一些过去被称为"藻类植物"的类群，它们和我们今天口中的植物究竟是什么关系？深入的系统学研究能讲述一个更加古老的、关于起源的话题。

近18亿年前，地球上还没有真核生物 Eukaryo，当时地球上普遍存在的是两种生命形式：古菌 Archaea 和细菌 Bacteria，它们有些是多细胞聚集，有些为单细胞。在原始海洋中演化了数十亿年，产生了适应于各种环境的细胞生命，有光合自养也有异养，同样也有捕食者和被捕食者。对于古菌和细菌来说，这种捕食常表现为细胞间的"吞噬"。极其偶然的机会，一个古菌吞噬了一个可以在体内进行三羧酸循环产生能量的好氧细菌，却没能把它消化掉，最终细菌在古菌体内生存下来，给用古菌提供的糖酵解产物继续产能，给古菌提供能量，同时部分地将自己的基因转移给了古菌，丧失了独立复制生活的能力。第一个

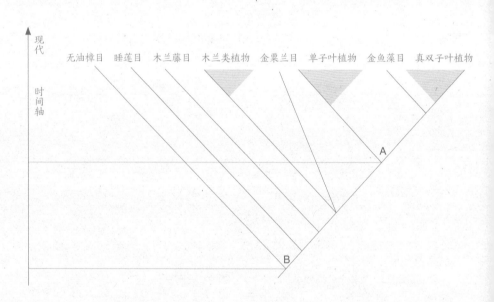

现生被子植物（有花植物）系统发育树简图

从该图可以看出真双子叶植物与单子叶植物之间的亲缘关系更近，其共同祖先A出现的时间节点较之"双子叶植物"共同祖先B出现时间要晚得多。"双子叶植物"是个并系群，在APG系统中不再被认可。拥有2片子叶的"双子叶植物"，如今被分置于除单子叶植物外的所有被子植物中。

真核细胞就此诞生，它是地球上所有真核生物的共同祖先，而这个被吞噬而未消化的细菌后代，就是今天我们所有人、所有动物和植物、所有真核生命细胞内都有的细胞器——线粒体（mitochondrion）。

过了大约 10 亿年后，真核生命蓬勃发展，大体上，根据作为细胞运动器官的鞭毛数量分成了单鞭毛类 Unikonta 和双鞭毛类 Bikonta。类似的故事再次发生，一个双鞭毛真核生物细胞，吞下了一个光合蓝藻而未能把它消化，这个光合蓝藻的后代在真核细胞中继续进行卡尔文循环*，用光合作用的产物交换一些别的好处——第一个叶绿体（chloroplast）就此诞生。这个真核细胞的后代作为本书的主角也在这时产生了：泛植物界/古质体类的生命。被吞噬蓝藻的后代大部分以叶绿体的形式存在，偶尔失去了光合作用成为白色的质体或色素体，在真核细胞里承担了其他作用。

拥有叶绿体的古质体类真核细胞，一部分继续在透过海水的阳光中保留了红色或蓝色的藻胆素，甚至形成了极复杂的多细胞生命体，这是现存红藻 Rhodophyta 和灰藻 Glaucophyta 的祖先；一部分在后来的演化中扔掉了质体，重新成为海洋里的异养生物；另一些则在浅海中失去了藻胆素，部分成为了绿藻 Chlorophyta 和轮藻 Charophyta 的祖先，等待它们的是未知的命运。

吞噬和共存的故事还在继续，距今 10 亿年左右，一个异养的多貌生物吞噬了一个红藻细胞，成为了现存隐藻 Cryptophyta 的祖先；在距今 6 亿年左右，另一个多貌生物吞噬了一个红藻细胞，并且保留了吞噬内凹的食物泡膜，成为了今天一大类拥有四层膜叶绿体结构 SAR 类生物的祖先。未来的 6 亿年里，同样有一些后代丢弃了叶绿体，那些一直保留了四层膜叶绿体的后代，则分别成为了甲藻 Dinoflagellate 以及褐藻 Phaeophyceae、黄藻 Xanthophyceae、金藻 Chrysophyceae、硅藻 Bacillariophyceae 等海洋 - 淡水光合类群的祖先——后面这几大类今天统称为淡色藻类 Ochrophyta。

在这之后呢，如你所料，依然有多貌生物吞噬淡色藻类，形成了定鞭藻类 Haptophyta；在大部分生命分道扬镳很久之后的新生代，一种双鞭毛生物吞噬了一个绿藻——它的现代

---

*美国生物化学家梅尔文·卡尔文（Melvin Calvin, 1911—1997）在20世纪50年代中后期发现了有关植物光合作用的"卡尔文循环"（Calvin cycle），即植物的叶绿体如何通过光合作用把二氧化碳转化为机体内的碳水化合物的循环过程。卡尔文循环首次揭示了自然界最基本的生命过程，对生命起源的研究具有重要意义。卡尔文因此获得了 1961 年的诺贝尔化学奖。

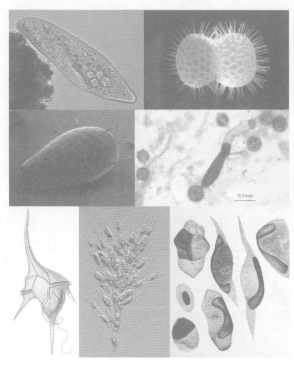

大多数过去被称为"藻类植物"的类群，今天在分类上大多属于SAR类群生物，已经不再作为植物对待。

后裔曾让动植物学家陷入困惑：这是一种既能主动捕食消化，又能光合作用的单细胞生物，动物学家将它命名为眼虫，植物学家命名为裸藻门Euglenophycota，直到非常晚近，系统学才彻底揭开了它的身世。

吞噬共存无疑还在继续，而另一些不被知晓的往事，也在系统学家的实验室里揭开面纱。比如本书中涉及的大量真菌，过去被当做植物来研究，今天的系统学研究让我们明白了，真菌和动物的关系远比和植物更近。

尽管一些大型真菌看上去和植物一样不会动，但地下的菌丝蔓延在以平方千米计量的森林之下，我们吃的蘑菇只是它小小的一部分——用来散播孢子的子实体；而有一部分真菌发生了更奇妙的故事，它们与细菌中的蓝藻或者泛植物类中的绿藻产生了"合作"，由真菌搭建骨架，由藻类居于其中行光合作用，形成一大类被称作地衣（Lichen）的生命。这些地衣常常出现在高山和荒漠之上，通过分泌草酸等物质，一点点将坚硬的岩石侵蚀溶解成为最初的土壤，是地球内陆的拓荒先锋。

　　地球生命的历史数十亿年，大浪淘沙，大量物种在各种自然变迁中灭绝，留存的又适应新的环境而不断分异。想知道与绿藻分道扬镳的那些生命之后的命运吗？它们失去了藻胆素，对透过海水的波长较长的红光不再敏感，也意味着重返湿润、闲适的海洋生活的道路上困难重重，而另一边，是干燥而未知的巨大陆地。我们无从知晓这是一场怎样残酷的战争。我们只知道结果——从那时起，地球在海的蔚蓝和沙漠内陆的昏黄之外，多了一点点绿色。它们演化出了被称为输导组织的获取与运输水分结构，以及高度多样化的生殖方式，占领了海洋边缘直到整个陆地，彻底改变了地球的气体组成和地表结构，统御了这个星球的生态系统。

　　回望过往，我们不难发现，系统学的研究不仅为我们揭示了植物的真实"身份"，而且可以厘清植物演化关系和进化脉络，构筑着植物演化之路。

　　这也是我们所有故事的开始。

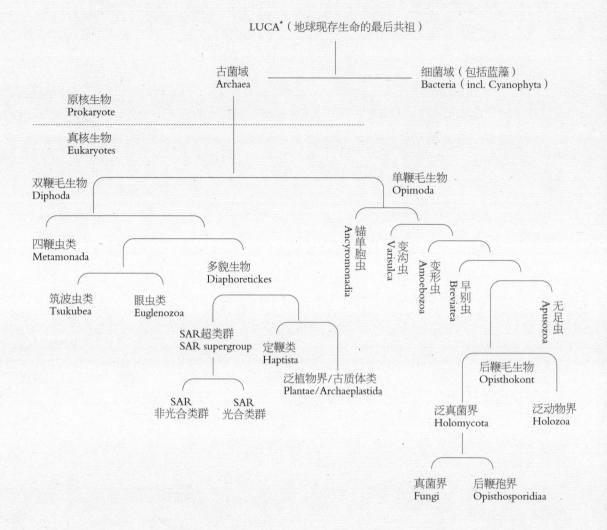

LUCA*（地球现存生命的最后共祖）

古菌域
Archaea

细菌域（包括蓝藻）
Bacteria（incl. Cyanophyta）

原核生物
Prokaryote

真核生物
Eukaryotes

双鞭毛生物
Diphoda

单鞭毛生物
Opimoda

四鞭虫类
Metamonada

多貌生物
Diaphoretickes

锚单胞虫
Ancyromonadia

变沟虫
Varisulca

变形虫
Amoebozoa

早别虫
Breviatea

无足虫
Apusozoa

筑波虫类
Tsukubea

眼虫类
Euglenozoa

SAR超类群
SAR supergroup

定鞭类
Haptista

泛植物界/古质体类
Plantae/Archaeplastida

后鞭毛生物
Opisthokont

SAR
非光合类群

SAR
光合类群

泛真菌界
Holomycota

泛动物界
Holozoa

真菌界
Fungi

后鞭孢界
Opisthosporidiaa

美国微生物学家卡尔·乌斯（Carl Woese）等人在1977年和1990年提出了细胞生命的三域分类，即古菌域、细菌域和真核域。但近年分子生物学研究很大程度确证了"内共生假说"，真核生命嵌入在古菌域。如要保持古菌域的单系性，则所有真核生命将并入古菌域。本图即表达此意，并用虚线标明传统的原核生物与真核生物。限于本书内容，图中不展开介绍古菌域和细菌域的内部演化。

*吕卡（LUCA，又译为"卢卡""露卡"）一词由英文短语"Last Universal Common Ancestor"的首字母缩写而成，生物学上用来特指"地球现存生命的最后共祖"。地球生命拥有共同的物质基础：DNA、RNA和蛋白质，它们必定来自共同的祖先。"吕卡"就是这样一个概念中的生命体，现有研究认为它可能生活在40亿年前的海底热液口附近，由其演化出后来地球所有现存的有机生命。

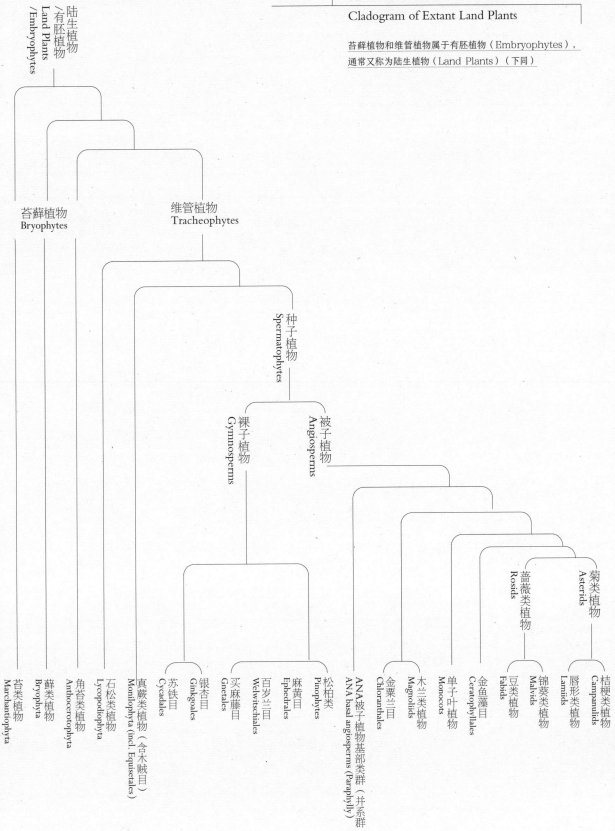

现生陆生植物系统发育简树

Cladogram of Extant Land Plants

苔藓植物和维管植物属于有胚植物（Embryophytes），
通常又称为陆生植物（Land Plants）（下同）

陆生植物
／有胚植物
Land Plants
／Embryophytes

苔藓植物
Bryophytes

维管植物
Tracheophytes

种子植物
Spermatophytes

裸子植物
Gymnosperms

被子植物
Angiosperms

蔷薇类植物
Rosids

菊类植物
Asterids

苔类植物
Marchantiophyta

藓类植物
Bryophyta

角苔类植物
Anthocerotophyta

石松类植物
Lycopodiophyta

真蕨类植物（含木贼目）
Monilophyta (incl. Equisetales)

苏铁目
Cycadales

银杏目
Ginkgoales

买麻藤目
Gnetales

百岁兰目
Welwitschiales

麻黄目
Ephedrales

松柏类
Pinophytes

ANA被子植物基部类群（并系群）
ANA basal angiosperms (Paraphyly)

金鱼藻目
Ceratophyllales

木兰类植物
Magnoliids

单子叶植物
Monocots

豆类植物
Fabids

锦葵类植物
Malvids

唇形类植物
Lamiids

桔梗类植物
Campanulids

一

真菌
Fungi

◆

在地球上，就物种数量而言，真菌*这个大类群位居第二，大约有 300 万种。但截至 2012 年被定名的真菌仅有 10 万余种。真菌的细胞不含叶绿体，不能进行光合作用。和动物一样，它们只能利用有机碳、氮等进行生物合成作用，以满足生长需要。不同的是，动物的营养是将食物吃到体内经过消化得到的，而真菌则从动植物的活体、死体和它们的排泄物，以及断枝、落叶和土壤腐殖质中来吸收和分解其中的有机物，作为自己的营养。根据寄生环境的不同，像蘑菇类真菌在生态学上叫腐生类真菌，一般生存在枯枝烂叶及有机质丰富的土壤中；另一类寄生于动物体内的则可以称之为寄生类真菌，主要寄生在活体生物上。

最常见的真菌是各类蕈菌。蕈菌生长在树林里或草地上，地下部分叫菌丝，能从土壤或朽木里吸取养料，地上部分由帽状的菌盖和杆状的菌柄构成，菌盖能产生孢子，是繁殖器官。真菌的种类很多，有的可以吃，如香菇；有的有毒，如毒蝇蕈。真菌还包括霉菌和酵母。丝状真菌中的霉菌，它们往往能形成分枝繁茂的菌丝体，但又不像蘑菇那样产生大型的子实体。

人类认知真菌最初是将其作为食物，进而进行发酵、酿造开始的。真菌学作为科学学科，发展、成熟于西方。1753—1969 年，科学界一直将广义的真菌（真菌、卵菌及黏菌）作为植物界中的孢子植物或低等植物的组成部分进行研究。1969 年，魏泰克（Whittaker）提出将广义真菌从植物学界分出而独立成真菌界，由此，真菌学成为一门与植物学平行的分支学科。1977—1990 年，随着分子生物学技术的进一步发展，美国芝加哥大学的乌斯（Woese）研究团队提出生物六界与三域系统，他们的研究成果揭示了真菌、卵菌及黏菌，其祖先分隶于三类不同的生物界：真菌界、菌藻界和原生动物界。

---

*虽然自 20 世纪 60 年代开始，科学家已经证明真菌与动物的演化关系要比植物更近，真菌学也从植物学界中分离成一门独立学科，但是在此之前的 200 多年间，真菌都被列入植物界的孢子植物类，许多真菌学研究者、真菌科学画画师，也多就职于各植物学研究机构。本书为展现与纪念真菌科学绘画的历史沿革，特予收录。

早期，中国人的真菌知识体系多融会于本草学和道学之中，以灵芝为中心，多了一些吉祥、爱情寓意和对神灵的膜拜，稍晚一些则见之于农耕园艺中。中国真菌学起步较晚，由戴芳澜教授、邓叔群教授等开创的中国现代真菌学，其真正的发展是在近三四十年。《中国真菌志》陆续出版，各地、各领域的图志、手册、专著更是百卉千葩。中国食用菌产业也得到了长足发展，进入世界先进行列。

地衣是由1种或1种以上真菌与1种藻组合的有机体。因为真菌和藻长期紧密地联合在一起，无论在形态、构造、生理和遗传上都形成一个独立的固定有机体。构成地衣的真菌，绝大多数属于子囊菌亚门的盘菌纲和核菌纲，少数为担子菌亚门的伞菌目和非褶菌目的某些属，还有极少数属于半知菌亚门。地衣中的菌丝缠绕藻细胞，并从外面包围藻类。藻光合作用制造的有机物，大部分被菌类所夺去，藻类和外界环境隔离，不能从外界吸取水、无机盐和二氧化碳，只好依靠菌类供给，这是一种特殊的共生关系。地衣的形态几乎完全由菌类决定。

从共生的绿藻看，地衣与植物不无关系；从共生的蓝细菌看，地衣与原核生物也有密切联系。但在地衣体中共生菌决定着地衣体的形态及物种繁衍，因此现代分类学中使用的地衣物种名称实际是共生菌的名称（也称为"地衣型真菌"），在生物系统中的位置也是真菌的位置，隶属于菌物界（魏江春，1998）。目前，全球已知地衣约有1.9万种，中国已知约2 000种。根据外部形态，地衣一般分为壳状、叶状和枝状。在自然界，地衣一般通过营养性地衣体自身进行繁殖，当地衣体裂片或分枝断裂后，即可分离出新的个体来。也有通过附属结构如粉芽、裂芽和小裂片等脱落后发育成新的个体。地衣的有性繁殖则极为复杂。

大部分地衣具喜光性，对空气质量要求较为苛刻，因此，在人口稠密的工业城市附近，见不到地衣。地衣生长慢，但可以忍受长期干旱，干旱时休眠，雨后恢复生长，因此，可以生长在峭壁、岩石、树皮或沙漠地上。地衣耐寒，因此高山带、冻土带和两极也有地衣的存在。热带、亚热带森林常见的地衣多为壳状，种类丰富，但个体的量较少。寒冷地区的森林则以大型的枝、叶状地衣为主，种类单纯，个体的量较大。（卯晓岚、王立松／文）

雨林地衣 Lichens in the Rainforest　杨建昆 / 绘

① 条衣 *Everniastrum cirrhatum* (Fr.) Hale ex Sipman；② 粒芽斑叶梅 *Cetrelia braunsiana* (Müll. Arg.) W. L. Culb. et C. F. Culb；③ 毛果哑铃孢 *Heterodermia podocarpa* (Bél.) D. D. Awasthi

这幅画绘于 2017 年，水彩＋彩铅，尺寸为 29.7 cm×42 cm。该画取材于云南西双版纳纳板河流域国家级自然保护区。该保护区是我国生态系统保存比较完整、面积最大的热带原始林区。画中地衣葱茏恣意，苔藓茂生于枝干上，显示出这片热带雨林良好的生态环境。远景与近景的对比处理，使得微小地衣在高大树木前面也显得霸气十足；对地衣形态的精微刻画，更展现出常人难以注意到的物种的非凡之美。（穆宇 / 文）

真菌分类简树简图
Cladogram of Fungi

真菌界
Fungi

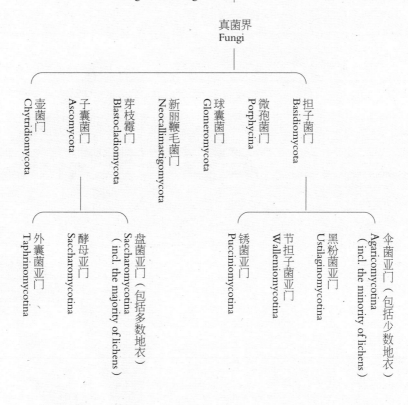

壶菌门
Chytridiomycota

子囊菌门
Ascomycota

芽枝霉门
Blastocladiomycota

新丽鞭毛菌门
Neocallimastigomycota

球囊菌门
Glomeromycota

微孢菌门
Porphycina

担子菌门
Basidiomycota

外囊菌亚门
Taphrinomycotina

酵母亚门
Saccharomycotina

盘菌亚门（包括多数地衣）
Saccharomycotina
（incl. the majority of lichens）

锈菌亚门
Pucciniomycotina

节担子菌亚门
Wallemiomycotina

黑粉菌亚门
Ustilaginomycotina

伞菌亚门（包括少数地衣）
Agaricomycotina
（incl. the minority of lichens）

担子菌门
Basidiomycota

伞菌目
Agaricales

离褶伞科
Lyophyllaceae

真根蚁巢伞隶属于蚁巢伞属，又名白柄蚁巢伞、大果蚁巢伞。蚁巢伞属过去又称华鸡枞属。该属真菌俗称"鸡枞"或"鸡枞菌"，是一类与大白蚁亚科Macrotermitinae昆虫共生的著名食用真菌，在大型真菌系统学中占据重要地位。清朝嘉庆年间田雯编纂的方志《黔书》记载："鸡枞秋七月生浅草中，初奋地则如笠，渐如盖，移晷纷披如鸡羽，故名鸡，以其从土出，故名枞。"虽然其种加词"eurrhizus"意为"真根的"，但所谓的"根"是形态似根的假根。在自然条件下，蚁巢伞与大白蚁亚科的白蚁共生，长有蚁巢伞的土壤下面必有白蚁巢。 在长期协同进化的过程中，蚁巢伞与白蚁之间形成了极为复杂的共生关系。一般头年生长的地方，第二年还会在原地长，叫作"鸡枞窝"。如果蚁巢结构受到干扰，导致白蚁动迁，来年此处就不会再长出蚁巢伞了。（杨梓／文）

这幅创作于1984年的水粉画作展现了蚁巢伞的伞盖从幼时斗笠状到老后辐射状开裂的变化，以及基部膨大的粗壮伞柄和细长假根的形态。菌盖的光滑质地、纹理变化、菌褶的肌理和菌体各部分的色彩，以及伞柄下部所粘附的生境中的沙质红土，都处理得精细、准确，是一幅鲜活的小品。（穆宇／评）

卵孢小奥德蘑

Oudemasiella raphanipes (Berk.) Pegler et T. W. K. Young　　杨建昆 / 绘

担子菌门
Basidiomycota

伞菌目
Agaricales

口蘑科
Tricholomataceae

卵孢小奥德蘑俗称水鸡
枞、露水鸡枞、油鸡
枞、长根菇、长根
金钱菌等，种加词
"*raphanipes*"意为"萝
卜状"，商品名称为黑
皮鸡枞，现已人工栽培。
虽然名字中有"鸡枞"
二字，却并非蚁巢伞属
真菌（俗称"鸡枞菌"），
而是奥德蘑属真菌。蚁
巢伞需与白蚁共生，而
黑皮鸡枞属土生木腐
菌，腐木、腐草上均可
生长，就连农业生产中
的下脚料棉籽壳、玉米
芯都可成为其栽培原
料。（杨祝良 / 文）

这幅黑白钢笔画作绘于2018年。画面上是3个不同生长期的独立个体。为了充分显示菌
体各部分的质感，绘者采用点线结合的笔法对菌体不同部位作不同处理。如菌盖部分主
要以不同密度的点来表现；菌褶则以点成线，通过点的连线线条表现菌褶的走向；菌柄
部分以线为主，附加点绘，充分表现出肌理纹路；菌柄下部膨大部分大胆留白，与上部
菌柄在视觉上形成强烈的明暗对比；表现泥土时以短排线的方式，呈现泥土成团粘附的
黏滞感。整幅作品笔法变化多样，质感细腻，视觉冲击力强，在钢笔科学画技法上进行
了有益的探索。（穆宇 / 评）

松口蘑

Tricholoma matsutake (S. Ito et S. Imai) Singer　｜　顾建新／绘

担子菌门
Basidiomycota

伞菌目
Agaricales

口蘑科
Tricholomataceae

松口蘑俗称松茸，因其生于松林下，菌蕾如鹿茸而得名。松茸是世界珍稀的天然药食两用菌，有浓郁的特殊香气，且富含多种营养物质，被誉为"菌中之王"。松茸与松、栎类植物共生，在林地群生或散生，可形成蘑菇圈。四川、西藏、云南等地区寒温带海拔 3 500 m 以上的高山松林或针阔混交林地是我国松茸的主要产地。松茸因昂贵的售价，导致过度挖采，野生资源日渐枯竭，被列为我国二级濒危保护物种。（杨梓／文）

这幅水彩画作展现了高山栎树林地上松茸的生境和形态。松茸饱满鲜嫩，丛生其中。绘者用写实法记录林下环境，又以精细笔触，描画落叶、幼苗和松茸褐色菌盖纤维状茸毛鳞片，是绘者近年的代表作之一。（穆宇／评）

墨汁鬼伞

Coprinopsis atramentaria (Bull.) Redhead, Vilgalys et Moncalvo | 蔡淑琴 / 绘

担子菌门
Basidiomycota

伞菌目
Agaricales

蘑菇科
Agaricaceae

墨汁鬼伞又名鬼盖、鬼伞、鬼屋、鬼菌或朝生地盖。种加词"*atramentanus*"意为"墨汁"。墨汁鬼伞的子实体小或中等大。菌盖初期卵形至钟形，当开伞时一般开始液化流墨汁状汁液。未开伞前顶部钝圆，有灰褐色鳞片，边沿灰白色具有条沟棱，似花瓣状，直径长 4 cm，灰色或褐色的菌盖在开端呈钟形，在底部散开。菌褶开始时白色，但很快转为黑色，且逐渐消散。（杨梓 / 文）

这幅图引自《中国本草彩色图鉴》。画作准确展示了该物种的形态特征并对其特殊性征予以表现，画出即将或已经滴下的黑色液体。（马平 / 评）

脱皮大环柄菇

Macrolipiota detersa Z. W. Ge, Zhu L. Yang et Vellinga   杨建昆 / 绘

担子菌门
Basidiomycota

伞菌目
Agaricales

蘑菇科
Agaricaceae

中国科学院昆明植物研究所真菌多样性与分子进化研究组对大环柄菇属及其近缘属进行了形态学和分子系统学研究，建立了具托大环柄菇组 *Macrolepiota* sect. *Volvatae*，确认大环柄菇属在我国有 6 种，其中，脱皮大环柄菇和裂皮大环柄菇为新种。脱皮大环柄菇菌盖直径 8～12 cm；幼时卵球形至半球形，后渐呈平凸形至平展形，白色至近白色，具黄褐色至褐色的片状至壳状、易脱落的鳞片，中央的鳞片不撕裂；菌肉白色至近白色；菌褶离生。菌柄密被褐色细鳞，菌环上位，膜质，较大，近白色，下表面具褐色斑块状细鳞。（杨祝良 / 文）

这幅黑白钢笔画作绘于2018年。蘑菇生活形态自然中涵美感，菌盖表面破裂处显示出内部组织，地面小环境表现细腻，很有想象空间。（马平 / 评）

显鳞鹅膏

Amanita clarisquamosa (S. Imai) S. Imai　　顾建新／绘

担子菌门
Basidiomycota

伞菌目
Agaricales

鹅膏科
Amanitaceae

显鳞鹅膏分布于江苏、福建、广东及西南等地。鹅膏菌是鹅膏属 *Amanita* 真菌的总称，其中有些物种是著名的食用菌，还有一些则是有名的剧毒菌。在误食毒菌而中毒死亡的记录中，90%以上为误食毒鹅膏菌所致。鹅膏菌物种多样性非常丰富，全球已报道近400种，中国已记录的近100种（含亚种、变种及变型）。鹅膏菌大多数与松科或壳斗科植物形成外生菌根菌，目前尚无人工栽培。鹅膏菌所含毒素对人体虽然有害，但在医药领域具有较大的应用前景。（杨祝良／文）

这幅水彩画作采风于云南省华宁县通红甸乡。夏秋时节，布满松针和壳斗科植物落叶的林地上，几朵显鳞鹅膏生长其间。污白色的菌盖上布满褐色的斑状残余菌幕，边缘垂悬着奇异的絮状物，菌柄上布满灰褐色糠秕状至絮状鳞片。显鳞鹅膏仿佛在以略显诡异的身姿宣告：别碰我，我有毒！（穆宇／评）

Entoloma clypeatum (L.) P. Kumm.　　冯金环 / 绘

担子菌门
Basidiomycota

伞菌目
Agaricales

粉褶菌科
Entolomataceae

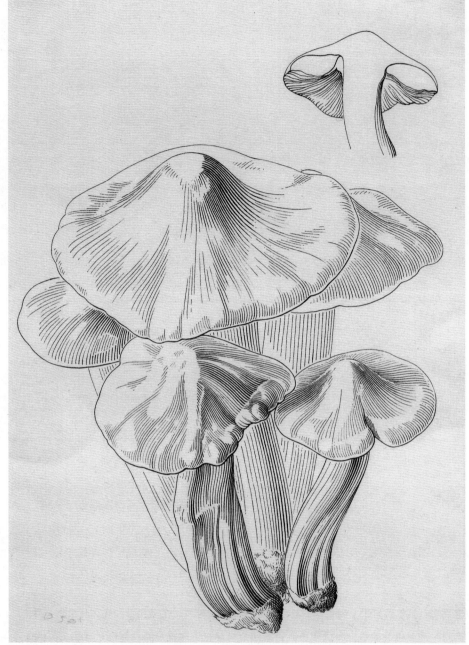

晶盖粉褶菌属于粉褶蕈属，别名红质赤褶菇、杏树蘑，种加词"*clypeatum*"意为"盾牌"，主要分布于黑龙江、吉林、青海、河北、湖南、四川、广东等省，通常夏秋季在混交林地群生或散生，与李、杏、山楂等树木形成外生菌根。晶盖粉褶菌的菌盖中部稍凸起，表面光滑呈灰褐色或朽叶色，具深色条纹。菌肉白色较薄。菌柄为白色圆柱，具纵条纹且质脆。（梁璞 / 文）

这幅画作是老一辈画师毛笔黑白线条图的典范之作。绘者用非常简约的线条，通过线条的曲折、走向、疏密，展现出菌盖、菌柄的褶皱、质地，这是非常难做到的。通过留白、断线、续线等笔法表现出高光、明暗，右上角还绘出纵面解剖图，表现出略呈波浪状的菌盖下菌褶的形态质地。老一辈科学画画家手里的一支小毛笔，竟可表现出如此富于变化、具有表现力的精妙线条，令人叹服。（刘启新 / 评）

东方耳匙菌

Auriscalpium orientale P. M. Wang et Zhu L. Yang | 杨建昆 / 绘

担子菌门
Basidiomycota

红菇目
Russulales

耳匙菌科
Auriscalpiaceae

东方耳匙菌为耳匙菌属真菌。耳匙菌属为木腐菌类，子实体革质，菌盖呈勺形或耳匙状，属名"*Auriscalpium*"为"金色小刀"之意。初期黄灰色，后呈浅褐，老后黑褐色，受伤色变暗带紫色。不同的耳匙菌着生于不同的松树球果之上，如小孢耳匙菌 *A. microsporum* 生于华山松球果上，东方耳匙菌着生于云南松 *Pinus yunnanensis* 和马尾松 *P. massoniana* 球果上。（杨建昆 / 文）

这幅黑白钢笔画作绘于2018年。画作围绕着一颗松果，描绘出一幅鲜活的生态小景：数种苔藓在松果旁簇生，耳匙菌自松果内挺立而出，若干层关系就这样既简单又复杂地交代清楚了。(马平 / 评)

担子菌门
Basidiomycota

非褶菌目
Aphyllophorales

绣球菌科
Sparassidaceae

绣球菌是一种野生食用菌，因子实体形似绣球而得名。夏秋季在云杉、冷杉或松林及混交林中分散生长，主要分布在黑龙江、吉林、云南等省部分林区。绣球菌的菌柄粗壮，柄基部似根状并与树根相连，同一菌柄上发出许多分枝，枝端形成扇状起伏的薄瓣片。（杨梓 / 文）

这幅水彩画作展现了混交林下枯叶中的一丛绣球菌，富于层次的水彩晕染，很好地还原出瓣片由黄至污黄的色彩变化。在褐色的背景环境中，四周点缀少许绿叶，更衬托出黄色绣球菌的娇嫩和鲜亮。（穆宇 / 评）

硬皮地星

Astraeus hygrometricus (Pers.) Morgan | 裘梦云 / 绘

担子菌门
Basidiomycota

牛肝菌目
Boletales

双核菌科
Diplocystaceae

硬皮地星是一种在山林中常见的大型真菌。繁殖期到来后，初生出来的子实体，样子像一个浅褐色的蛋，直径约 2 cm。成熟后外包被会开裂成好几瓣，向外展开，簇拥着中间圆滚滚的内包被。这些外包被裂片的内部本来是白色的，在展开的过程中被撕扯开来，出现一条条裂痕，整个子实体看上去犹如一颗简笔画中的星星。硬皮地星属的属名"*Astraeus*"在希腊语中是"星星"之意。

硬皮地星的种加词"*hygrometricus*"是由希腊语的"水（hygros）"和"测量（metron）"组合而来。当环境湿度大时，硬皮地星子实体的外包被会向外展开；而当环境变干燥后，已经展开的外包被还会卷曲回来，等到湿度升高了再伸展，就像湿度计一样能准确地对环境中的水分做出响应，这就是其种加词的来历。这种感应湿度的运动是由其外包被的结构所决定的。剥开成熟子实体中的白色球状结构，就可以看到里面棉絮般的菌丝结构和巧克力粉一样的孢子。每到湿润的雨后，外包被展开，孢子从内包被顶端的孔中喷出来，落到土壤中萌发成菌丝体，开始下一个生命周期。释放完孢子的子实体，就会逐渐干枯解体。（吴昌宇 / 文）

这幅铅笔淡彩画作创作于2017年10月。绘者非常用心地"吝啬"用色，成就了一幅佳作。（马平 / 评）

长裙竹荪

Dictyophora indusiata (Vent. ex Pers.) Desv.   杨建昆 / 绘

担子菌门
Basidiomycota

鬼笔目
Phallales

鬼笔科
Phallaceae

长裙竹荪为竹荪属真菌，又称竹荪。该属真菌主要分布在我国湖北、华东、华南部分地区。其属名"*Dictyophora*"源自希腊语，是"有网的"的意思，种加词"*indusiata*"意为"穿衣服"，结合起来意为穿着网状衣服。

竹荪幼时卵状球形，后伸长，菌盖钟形，柄白色，中空，顶上有网状菌盖，四周呈网罩状下垂。菌裙伸展到最大以后约1小时，子实体便萎缩倒地。它的鲜品色泽雪白、清香袭人。

竹荪是著名的食用菌之一，有"真菌之花""真菌皇后"之誉，但变种的黄裙竹荪却是有毒的。（梁璞 / 文）

这幅黑白钢笔画作绘于2018年。画作以细腻的笔触表达出鬼笔科物种的奇特性，同时展现出其局部繁杂的生态环境。绘者利用钢笔画的一些特性，在描绘物种的质感、肌理以及色度的表现上有一定的突破，整幅作品在菌幕表现的带动之下呈现出飘逸灵动之美。（马平 / 评）

琥珀木耳

Auricularia fuscosuccinea (Mont.) Henn.　　杨建昆 / 绘

担子菌门
Basidiomycota

木耳目
Auriculariales

木耳科
Auriculariaceae

木耳目仅木耳科 1 科，21 个属，其中木耳属的多数种可以食用，常见的如黑木耳等。木耳属是一个比较小的属，已报道的有 10 多个种，腐生或寄生于维管植物或苔藓植物上，有些寄生在昆虫上或显花植物的茎基部和根部。

琥珀木耳夏季成群生长于二球悬铃木等阔叶树腐木上，分布于我国云南、西藏、广东、广西、贵州、海南、台湾、湖北、福建等地。子实体一般较小，平伏耳片状，胶质至角质，暗褐色、红褐色或琥珀褐色，偶尔为粉色，薄而透明。背面被绒毛，污白色至淡黄褐色。可食用，但适口性比木耳稍差。（王燕 / 文）

这幅黑白钢笔画作绘于2018年。木耳是我们十分熟悉和常见的物种，对于绘画之人，却少有人问津这一并不好表现的主题。这幅画作精妙之处是用点绘加留白的方式，细腻地表现出木耳复杂和特殊的形态和质感；又通过黑色基质，将灰白色调衬托得更为自然饱满，高光的表达恰到好处。（马平 / 评）

担子菌门
Basidiomycota

非褶菌目
Aphyllophorales

杯瑚菌科
Clavicoronaceae

杯冠瑚菌子实体较大，粉红色或淡黄色，衰老后变为暗黄色，菌柄枝端生出小枝，多次分枝，犹如刷子，故又名"刷把菌"。此种在我国从北到南均有分布，喜生于腐木上，尤其是杨树和柳树的腐木。通常情况下可食，但也有个别中毒案例。杯瑚菌科与它的近亲珊瑚菌科 Clavariaceae 极为相似，都呈珊瑚状，区别在于杯瑚菌最末端分枝顶部呈杯形。（王燕 / 文）

画面给人以清心透彻的感觉。物种主体色彩鲜明亮丽，与群落中其他物种色调很协调。

（马平 / 评）

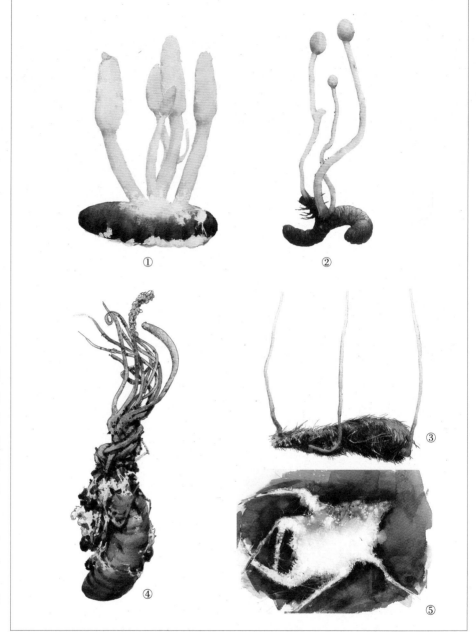

① ② ③ ④ ⑤

这部分水彩画虫草创作于 2019 年。①～④为虫草菌属虫草。桫椤虫草寄生于鳞翅目蛹上，分布于贵州。子座棒状，肉质，2～4 根从蛹体中部长出，柠檬黄，长 30～45 mm。茂兰虫草寄生于鞘翅目幼虫蛴螬上，分布于贵州。子座单生，柔软，可以产生于地下金龟子幼虫的各个部分，长 45～80 mm；头部球形至卵圆形，长 25～60 mm，白色。小林虫草寄生于蝉的若虫上，分布于福建。菌丝膜包

①桫椤虫草 Cordyceps suoluoensis Z. Q. Liang et A.Y. Liu；②茂兰虫草 C. maolanensis Zuo Y. Liu et Z. Q. Liang；③小林虫草 C. kobayasii Koval；④鼠尾虫草 C. musicaudata Z. Q.Liang et A.Y. Liu；⑤平状虫壳虫草 Torrubiella plana Hiroki Sato, S. Ban, Masuya et Hosoya

裹寄生虫体，子座 1 个或多个，从寄主头部长出，圆柱形，上部变粗，长 2～5 cm，未成熟时黄白色，成熟时黄褐色。本种常混在蝉花中，药用。鼠尾虫草寄生于一种鳞翅目枯叶蛾幼虫体上，子座鼠尾状，从寄主背部侧面生出，单生，不分枝，长 165 mm；可孕部白色至淡棕色，与柄有明显界限。⑤平状虫壳虫草属于虫壳属真菌，寄生于蜘蛛上，分布于我国台湾地区。子实体以较厚的白色菌丝膜的形式覆盖整个寄主，白色菌丝膜密生微小了囊壳。（吴兴亮 / 文）

子囊菌门
Ascomycota

肉座菌目
Hypocreales

线虫草科
Ophiocordycipitaceae

此水彩画作中的虫草创作于 2019 年。① 蜻蜓线虫草又名蜻蜓虫草，寄生于蜻蜓幼体上，分布于贵州、吉林。② 单侧线虫草为单侧虫草棒形变种，又名单侧虫草、黑山蚁草，寄生于蚁的成虫上，分布于安徽、云南、贵州、福建、台湾。③ 台湾线虫草又名台湾虫草，寄生于鞘翅目昆虫的幼虫上，分布于湖南、安徽、台湾。④ 黄棒线虫草寄生于鞘翅目的幼虫上，分布于华中、华南地区。⑤ 蠡斯线虫草寄生于土壤里蠡斯的成虫上，分布于贵州。⑥ 热带线虫草又名热带虫草、亚马孙虫草，寄生于蟑螂和蝗虫体上，分布于云南。⑦ 依兰线虫草又名依兰虫草、依兰基虫草，寄生于蚂蚁上，分布于台湾。（吴兴亮 / 文）

①蜻蜓线虫草 *Ophiocordyceps odonatae* (Kobayasi) G. H. Sung, J. M. Sung, Hywel-Jones et Spatafora；②单侧线虫草 *O. unilateralis* (Tul. et C. Tul.) Petch；③台湾线虫草 *O. formosana* (Kobayasi et Shimizu) Yen W. Wang, S. H. Tsai, Tzean et T. L. Shen；④黄棒线虫草 *O. clavata* (Kobayasi et Shimizu) G. H. Sung, J. M. Sung, Hywel-Jones et Spatafora；⑤蠡斯线虫草 *O. tettigonia* T. C. Wen, Y. P. Xiao et K. D. Hyde；⑥热带线虫草 *O. amazonica* (Henn.) G. H. Sung, J. M. Sung, Hywel-Jones et Spatafora；⑦依兰线虫草 *O. irangiensis* (Moureau) G. H. Sung, J. M. Sung, Hywel-Jones et Spatafora

线虫草科种类

Species of Ophiocordycipitaceae　吴兴亮 / 绘

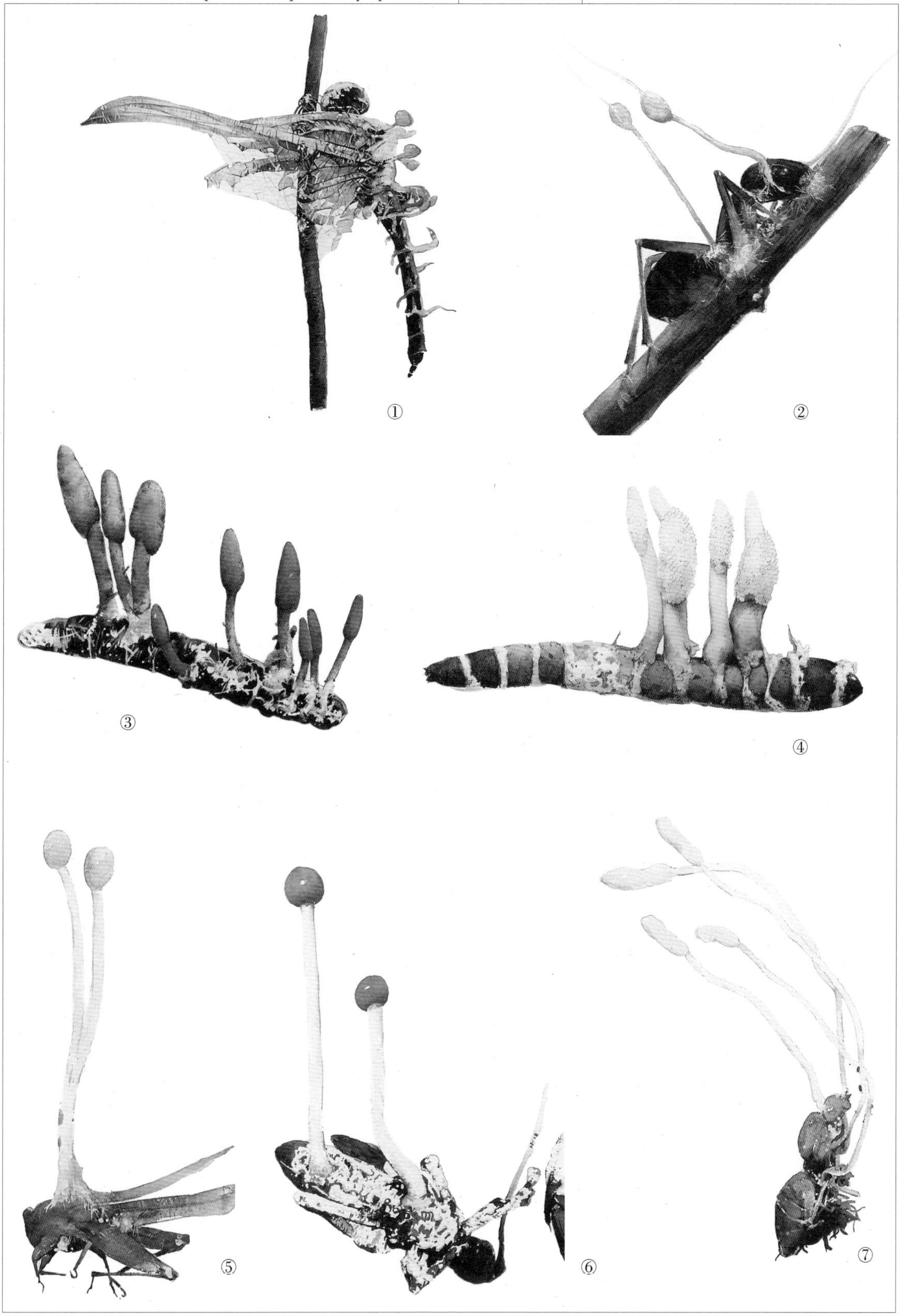

①~③为麦角菌科Clavicipitaceace真菌。 ① 金龟子绿僵菌虫草为绿僵菌属真菌，寄生于金龟子虫上，分布于湖南、四川、贵州、云南。虫体一部分或全部被菌丝覆盖呈块状、板状或不规则的圆状，表面最初白色、黄白色至黄绿色，产生孢子后变绿色至暗绿色。② 丽叩甲绿僵菌虫草又名打铁虫绿僵菌，分布于广东。子座单生，纤维质，从寄主头部长出，长16 cm，青黄色；根状菌索弯曲，纤细，长12 cm，宽约2 mm，位于地下。③ 莱氏绿僵菌虫草寄生于鳞翅目幼虫上，分布于安徽。虫体被淡绿色粉状孢子层；分生孢子梗单生或形成孢梗束。分生孢子顶生于丛生的孢梗上。分生孢子短椭圆形，淡绿色，成堆时绿色，长6~10 μm。④金龟子白僵菌虫草为虫草菌科Cordycipitaceae白僵菌属真菌，又名金龟子虫草、金龟虫草。子座长30~40 mm，从寄主金龟子腹部侧面或头部长出，棒形，可分枝，基部常弯曲，肉质，淡黄色至淡橙黄色。（吴兴亮／文）

①金龟子绿僵菌虫草 *Metarhizium anisopliae* (Metschn.) Sorokīn；②丽叩甲绿僵菌虫草 *M. campsosterni* (W. M. Zhang et T. H. Li) Kepler, Rehner et Humber；③莱氏绿僵菌虫草 *M. rileyi* (Farl.) Kepler, S. A. Rehner et Humbe；④金龟子白僵菌虫草 *Beauveria scarabaeidicola* (Kobayasi) S. A. Rehner et Kepler

瘦柄红石蕊

Cladonia macilenta Hoffm. | 刘素旋 / 绘

子囊菌门
Ascomycota

茶渍目
Lecanorales

石蕊科
Cladoniaceae

瘦柄红石蕊是石蕊科石蕊属的一种朽木生地衣，属名"*Cladonia*"从希腊文中演变而来，有"许多柱子"之意。初生地衣体鳞叶状，直径约 3 mm，裂片不规则深裂，上表面浅黄色至灰绿色；次生地衣体柱状，高 0.8 ～ 2 cm，直径 1 mm，不分枝或顶端偶分枝，子囊盘红色，生于柱体顶端。瘦柄红石蕊也因子囊盘红色成为最美丽的地衣物种之一。该种可用于石蕊试剂原料。现已从中分离出一种菲醌化合物（biruloquinone），是极其罕见的天然醌类化合物，可用于防治阿尔茨海默病等。（王立松 / 文）

云南肺衣

Lobaria yunnanensis Yoshim | 王宇 / 绘

子囊菌门
Ascomycota

地卷目
Peltigerales

肺衣科
Lobariaceae

云南肺衣是肺衣属地衣，为我国特有种，俗名青蛙皮。常附生在藓及树皮上，分布于云南、湖北、陕西、四川等地。地衣体为大型叶状，直径 15 ～ 30 cm；裂片鹿角状二叉深裂；上表面深绿色，具明显网脊；下表面密生黑色网脊型短绒毛黄褐色，光合共生物为绿藻；子囊盘全缘，成熟孢子纺锤形。云南肺衣在饥荒时代被云南地区人们用来充饥，现在凉拌肺衣已经成为当地旅游特色菜肴，口感脆爽。（张林海 / 文）

Lobaria yunnanensis
Yoshim. J. Hattori bot.

画作为丙烯+彩铅，创作于2017年4月，荣获2017年第19届国际植物学大会植物艺术画展优秀奖。绘者初见云南肺衣是在王立松研究员编著的《中国云南地衣》一书上，肺衣让绘者感受到微小生命也有令人震撼的美，故而决定绘诸于世。画面整体基调为绿色，色彩的渐变层次及个别高光亮色使之丰富且充满灵动。（张林海 / 评）

二

藻类
Algae

藻类是地球上最早出现的生物之一（如蓝藻已存在于地球超过 30 亿年），被公认为陆地植物的祖先。藻类所包含的生物类群复杂，并不是一个单一类群，各分类系统对它的分门也不尽一致，学界普遍接受藻类是能进行光合作用、水生、没有根茎叶分化的原核生物和真核生物的统称。1969 年，美国生物学家魏泰克提出五界分类系统，将生物界分为五界，分别是原核生物界、原生生物界、真菌界、植物界和动物界。这一概念后来被普遍接受。按照魏泰克五界概念，藻类中的蓝藻门和原绿藻门属于原核生物界（无细胞核的单细胞生物），而绿藻门、轮藻门、裸藻门、硅藻门、金藻门、甲藻门、黄藻门、褐藻门及红藻门则属于原生生物界（有细胞核且几乎是单细胞生物）。生殖结构复杂的轮藻门是整个植物界的基部类群，被归为植物界。藻类分门的主要依据是它们所含的色素体和植物体的形态和构造。《中国淡水藻类》（胡鸿钧等，1979）根据 1978 年 9 月"中国藻类系统发育和分类系统学术会议"确定的分类系统，将淡水藻类分成 11 个门：蓝藻门、红藻门、隐藻门、甲藻门、褐藻门、黄藻门、金藻门、硅藻门、裸藻门、绿藻门和轮藻门。

藻类形态纷繁多样，有单细胞的、单列的分枝丝状的、叶状的和囊状的。藻类个体差别很大，有的藻类仅有几微米，有的则长达数十米。藻类整个植物体都有吸收营养、进行光合作用和制造营养物质的功能，因此，藻类在植物学中又称为"叶状体"或"原（始）植（物）体"。藻类分布很广，从炎热的赤道到千年冰封的极地。根据生活的环境，可将藻类分为淡水藻、咸水藻和海藻等。淡水藻类不仅分布在江河湖泊中，在阴湿的地表、树干、岩石上，甚至冰雪上都有它的足迹。藻类的存在，对周围环境的物质循环都有深刻的影响。

藻类与人类生产和生活有着密切联系。早在 2 000 年以前就有我国人民利用海藻作为食物、药物和饲料的文字记载。如蓝藻门的螺旋藻，褐藻门的海带、裙带菜和鼠尾藻，红藻门的紫菜、龙须菜、石花菜和麒麟菜，绿藻门的小球藻、石莼、浒苔等。鞭毛藻、硅藻等单细胞藻类是动物幼体的重要饵料。一些海藻还具有重要的经济价值，比如从海藻中提取的琼脂、褐藻胶、碘、各种多糖与寡糖等，在医药、食品加工业等领域已得到广泛应用。在中国，海藻的养殖和利用具有悠久的历史，但大规模的研究利用则是在中华人民共和国成立之后。在曾呈奎等老一代海藻学家的共同努力下，中国的海藻养殖产业发展迅速，养殖面积、产量均居世界第一位。本书收录的部分海洋藻类科学画，是《中国海藻志》的组成部分。

藻类与工业、农业、水产、地质、水域环境保护密切相关。绝大多数藻类具有色素，能够利用太阳能制造有机体，仅海藻每年生产的有机总碳约 13.5×10^{10} t，比陆生高等植物生产量高 7 倍多。藻类光合作用产生的氧是大气中氧的最重要来源。地球上大气中氮气约占 3/4，但不能为绝大多数的生物利用，只有一些细菌和蓝藻能够利用它，每年固定氮约 17×10^7 t。某些绿藻有可能成为宇航员的氧气供应者。 藻类在环境监测和处理工业废水方面，硅藻在法医学上，化石藻类在分析地层和研究沉积相方面都有重要意义。（邬红娟、邢军武/文）

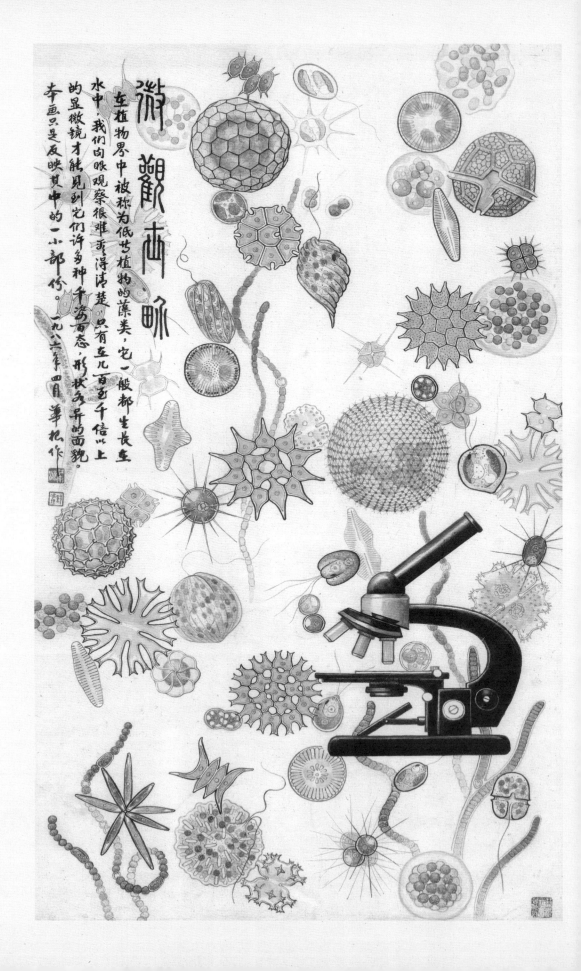

这幅《微观世界》是邬华根先生创作于1986年的科普宣传画，水彩绘制，纸面绢裱，画幅100 cm×40 cm。此画将微观世界带入常人的视野，向人们展示了形态各异的微型藻类。因为微型藻类的墨绘需要从显微镜中观察和描述研究对象的细节特征，所以在画作题款中邬先生写道："在植物界中被称为低等植物的藻类，它一般都生长在水中，我们肉眼观察很难看得清楚，只有用几百至千倍以上的显微镜才能见到它们许多种千姿百态、形状各异的面貌。本画只是反映其中的一小部分。"这幅画作令人叹为观止地展示了微型藻类的物种多样性以及显微镜对于打开人们通往微观世界的重要作用。作品中各种藻类形态精确、栩栩如生，显微镜呈现于画面中央，旨意明达，款识题字又体现出绘者深受中国传统文化熏染的书法功底，整幅画作呈现出西方科学精神和中国传统文化的有趣交融。没有孜孜不倦的诚朴匠心、认真严谨的专业态度、深厚的学养积淀，很难想象绘者可以完成这样一幅内容繁复、包罗万象的作品。就是在这一小部分淡水藻类中，包括了蓝藻、绿藻、裸藻、甲藻、硅藻和隐藻6个门50多个单细胞、多细胞且球状、丝状、圆盘状等形态各异的典型常见种类。邬先生将多年来从显微镜下观察到的微型藻类的不同分类特征，如形态、鞭毛、眼点、色素颜色、色素体形状、芒刺、壳纹等，都淋漓尽致地呈现在画作中。为了使这幅科普宣传画更准确地展现在世人面前，绘者常常借助放大镜在纸上描绘微型藻类的细部结构。值得一提的是，多年来，邬先生一直是在一只眼睛患有重度白内障的情况下完成各项绘图工作的，其中既包括这幅精彩的《微观世界》，也包括《中国淡水藻类》《中国淡水藻志》（第1卷双星藻科）和《中国鞘藻目专志》这3部重要专著的全部图版绘制，以及《西藏藻类》等多部著作的插图。邬红娟教授、胡征宇研究员和朱欢博士对画作中的物种进行了鉴定。（穆宇／文）

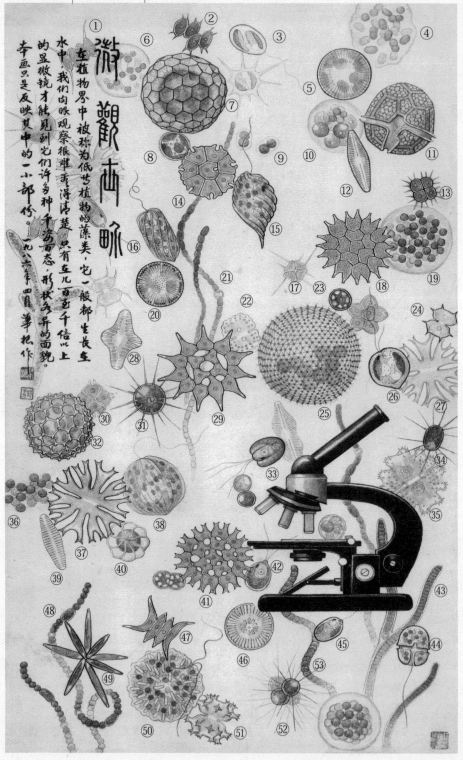

微观世界

在植物界中被称为低等植物的藻类，它一般都生长在水中，我们的肉眼观察很难看得清楚，只有在几百至千倍以上的显微镜才能见到它们许多种千姿百态、形状奇异的面貌。一九八六年四月笔拈作。本画只是反映其中的一小部份。

① 四尾栅藻 *Scenedesmus communis*

② 锯齿栅藻 *Scenedesmus serratus*

③ 卵囊藻属种类 *Oocystis* sp.

④ 隐球藻属种类 *Aphanocapsa* sp.

⑤ 梅尼小环藻 *Cyclotella meneghiniana*

⑥ 隐球藻属种类 *Aphanocapsa* sp.

⑦ 网球藻 *Dictyosphaeria cavernosa*

⑧ 集球藻 *Chlorella miniata*

⑨ 色球藻属种类 *Chroococcus* sp.

⑩ 小球藻 *Chlorella vulgaris*

⑪ 威氏多甲藻 *Peridinium willei*

⑫舟形藻属种类 *Nanicula* sp.

⑬ 短棘四星藻 *Tetrastrum staurogeniaeforme*

⑭ 四角盘星藻 *Stauridium tetras*

⑮ 梨形扁裸藻 *Phacus pyrum*

⑯ 螺肋藻 *Gyropaigne kosmos*

⑰ 异刺四星藻 *Tetrastrum heterocanthum*

⑱ 二角盘星藻 *Pediastrum duplex*

⑲ 微囊藻属种类 *Microcystis* sp.

⑳ 扭曲小环藻 *Cyclotella comta*

㉑ 多变鱼腥藻 *Anabaena variabilis*

㉒ 钝鼓藻 *Cosmarium obtusatum*

㉓ 小空星藻 *Coelastrum sphasricum*

㉔ 微小四角藻 *Tetraedron minimum*

㉕ 美丽团藻 *Volvox aureus*

㉖ 棕鞭藻属种类 *Ochromonas* sp.

㉗ 微星鼓藻属种类 *Micrasterias* sp.

㉘ 狭辐节脆杆藻 *Fragilaria leptostauron* var. *dubia*

㉙ 具孔单角盘星藻 *Pediastrum duplex* var. *gracillimum*

㉚ 四角盘星藻 *Stauridium tetras*

㉛ 粗刺藻属种类 *Acanthosphaera* sp.

㉜ 网纹小箍藻 *Trochiscia kuetzing*

㉝ 塔胞藻属种类 *Pyramimonas* sp.

㉞ 纤毛顶棘藻 *Lagerheimia ciliata*

㉟ 微星鼓藻属种类 *Micrasterias* sp.

㊱ 胶网藻属种类 *Dictyosphaerium* sp.

㊲ 微星鼓藻属种类 *Micrasterias* sp.

㊳ 扁裸藻属种类 *Phacus* sp.

㊴ 等片藻属种类 *Diatoma* sp.

㊵ 四棘藻属种类 *Attheya* sp.

㊶ 四角盘星藻 *Pediastrum minimum*

㊷ 素衣藻 *Polytoma uvella*

㊸ 伪枝藻属种类 *Scytonema* sp.

㊹ 裸甲藻属种类 *Gymnodinium* sp.

㊺ 隐藻属种类 *Cryptomonas* sp.

㊻ 具星小环藻 *Cyclotella stelligera*

㊼ 二形栅藻 *Scenedesmus dimorphus*

㊽ 卷曲鱼腥藻 *Anabaena circinalis*

㊾ 集星藻属种类 *Actinastrum* sp.

㊿ 扁形膝口藻 *Gonyostomum derpessum*

(51) 浮游四角藻 *Pediastrum* sp.

(52) 微芒藻 *Micractinium pusillum*

(53) 螺旋藻属种类 *Spirulina* sp.

藻类系统发育简树
Cladogram of Algae

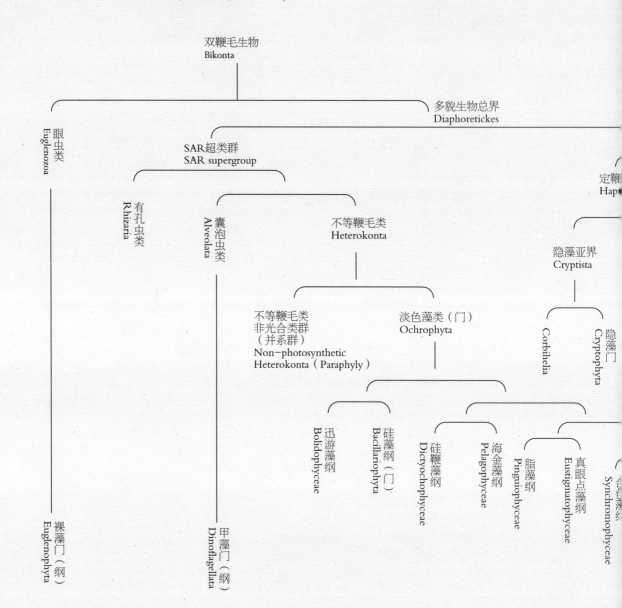

双鞭毛生物
Bikonta

多貌生物总界
Diaphoretickes

眼虫类
Euglenozoa

SAR超类群
SAR supergroup

定鞭
Hap

有孔虫类
Rhizaria

囊泡虫类
Alveolata

不等鞭毛类
Heterokonta

隐藻亚界
Cryptista

不等鞭毛类
非光合类群
（并系群）
Non-photosynthetic
Heterokonta（Paraphyly）

淡色藻类（门）
Ochrophyta

Corbihelia

隐藻门
Cryptophyta

迅游藻纲
Bolidophyceae

硅藻纲（门）
Bacillariophyta

硅鞭藻纲
Dictyochophyceae

海金藻纲
Pelagophyceae

脂藻纲
Pinguiophyceae

真眼点藻纲
Eustigmatophyceae

Synchromophyceae

裸藻门（纲）
Euglenophyta

甲藻门（纲）
Dinoflagellata

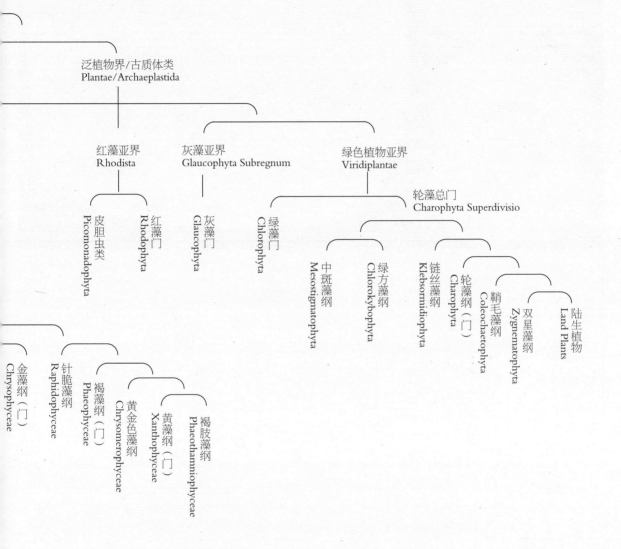

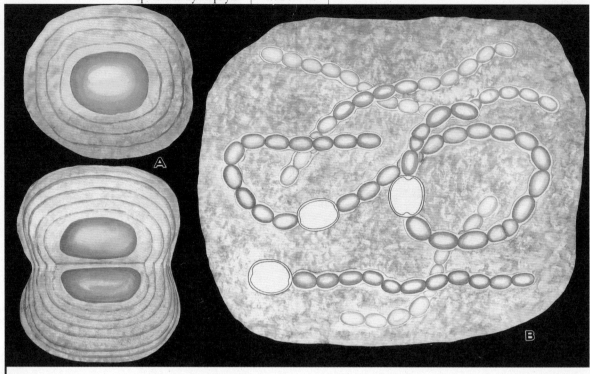

A. 色球藻属种类 *Chroococcus* sp.；B. 念珠藻属种类 *Nostoc* sp.

蓝藻门
Cyanophyta

色球藻目
Chroococcales

念珠藻目
Nostocales

这是一幅绘于 20 世纪 70 年代的小学生物课教学挂图，水彩绘制。画作所绘的两种藻类均属于蓝藻门 Cyanophyta。蓝藻是最简单，也是最原始的绿色自养植物类群。植物体为单细胞或多细胞丝状群体。蓝藻细胞只有原始的核，不分化成细胞质和细胞核，植物体通常为蓝绿色。蓝藻门植物的繁殖方式主要有两种：营养繁殖（通过细胞的随机分裂进行）和无性繁殖（通过产生厚壁孢子进行，厚壁孢子可长期休眠，度过不良条件，待环境适宜时再萌发形成新个体）。

图左侧的两图为色球藻目 Chroococcales 色球藻科 Chroococcaceae 的蓝藻，单细胞的外被具成层的胶质鞘，成群体时，每个细胞除被有自身的胶质鞘外，还有共同的胶质鞘。

图右侧画的是比较进化的念珠藻目 Nostocales 念珠藻科 Nostocaceae 的蓝藻，是由一列细胞组成不分枝丝状体，其中可见大型的异形胞，即丝状体进行营养繁殖时的断裂。许多丝状体常不规则地聚集在公共的胶质鞘中，形成肉眼看得见的不规则团块。（邬红娟 / 文）

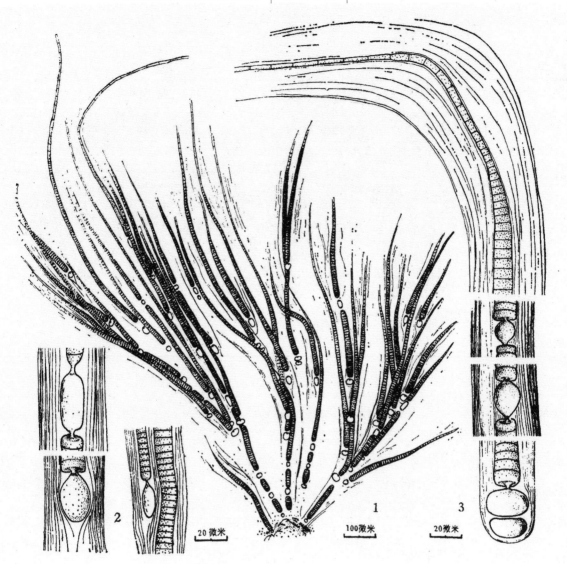

1.几株藻体的外形；2.一条丝体的局部放大；3.丝体的基部、中部和顶部，胶质鞘厚，层次明显，异形胞的形状各异

蓝藻门
Cyanophyta

念珠藻目
Nostocales

念珠藻科
Nostocaceae

博氏双须藻为我国西沙群岛海产的双须藻属蓝藻的一种，该种由华茂森、曾呈奎共同发表于 1985 年，此图为其新种图，针管笔绘制。

博氏双须藻藻体蓝绿色，直立簇生，呈刷状，丝体十分粗大，胶质鞘很厚，藻体中、上部呈亮黄色，层次很多，细柔，在丝体的顶端呈散裂状。基部异形胞 1 个，偶见 2 个，球形或长圆形；胞间异形胞的形态多样，多数为长圆形。分布于礁湖内潮低带，附生在死贝壳或其他海藻如仙掌藻 *Halimeda* sp. 的藻体上，与多种丝状蓝藻混生在一起。（邢军武 / 文）

琼枝

Betaphycus gelatinum (Esper) Doty 冯明华 / 绘

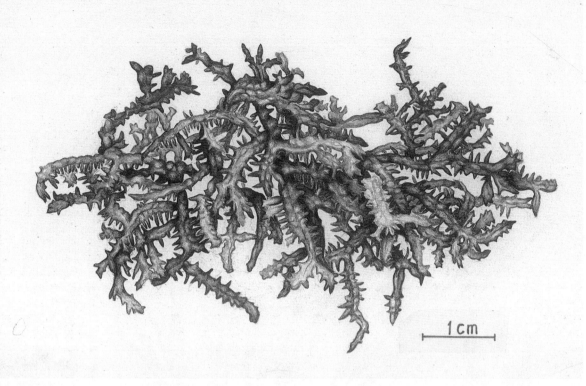

1 cm

红藻门
Rhodophyta

杉藻目
Gigartinales

红翎菜科
Solieriaceae

红藻门物种多为古老的藻类，仅红藻纲一纲，绝大多数海产，少数生于淡水；藻体一般较小，高约 10 cm，少数可达到 1 m 以上。

琼枝是一种多年生的热带红藻，多分布于海南岛、西沙群岛和台湾一带的暖海区域。生长在珊瑚礁上面，低潮线至浅海都有。藻体圆柱形或扁平，软骨质，肥厚多肉，紫红色，具刺状或圆锥形突起。富含胶质，可提取卡拉胶，供食用和作工业原料。（王永强 / 文）

鸭毛藻

Symphyocladia latiuscula (Harvey) Yamada | 冯明华 / 绘

红藻门
Rhodophyta

仙菜目
Ceramiales

松节藻科
Rhodomelaceae

鸭毛藻藻体直立、丛生、
细线形；固着器为纤维
状的假根；藻体基部生
有数条主枝，枝扁压，
主枝两缘生有不规则数
回互生羽状分枝，分枝
下部长、上部短，因此
藻体常呈塔形或扇形；
藻体厚膜质，脆而易断。
（王永强 / 文）

1. 藻体外形图；2. 精子囊小枝；3. 四分孢子囊小枝；4. 囊果小枝；5. 四分孢子囊小枝纵切面观；6. 四分孢子囊小枝横
切面观；7. 囊果纵切面观；8. 精子囊小枝纵切面观；9. 主枝横切面观；10. 小枝横切面观

Porphyra yezoensis Ueda | 冯明华 / 绘

红藻门
Rhodophyta

红毛菜目
Bangiales

红毛菜科
Bangiaceae

条斑紫菜藻体鲜紫红色或略带蓝绿色，卵形或长卵形，一般高为12～70 cm。基部圆形或心脏形，边缘有皱褶，细胞排列整齐，平滑无锯齿。色素体星状，位于中央，基部细胞延伸为卵形或长棒形。雌雄同株。叶状体能形成单孢子进行营养生殖。该种为我国北方沿海常见种类，也是长江以北的主要栽培藻类。富含蛋白质、多糖和维生素，可供食用或药用。（王永强 / 文）

这幅水彩画作中绘者用色淡薄，表达了物种在水中轻盈的生长状态。（马平 / 评）

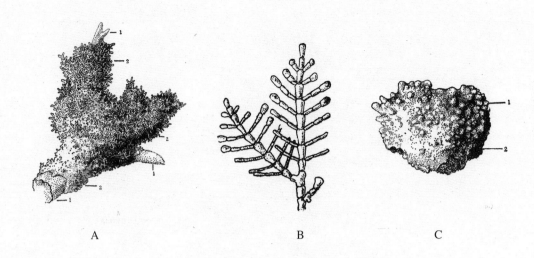

A B C

红藻门
Rhodophyta

隐丝藻目
Cryptonemiales

珊瑚藻科
Corallinaceae

A. 生长在动物鹿角珊瑚上的珊瑚藻：1.鹿角珊瑚 *Acropora austera*；2. 珊瑚藻 *Corallina officinalis* L.。B. 珊瑚藻属 *Corallina* sp.。C. 枝藻属 *Lithothamnium* sp.：1. 幼枝；2. 老的藻类

珊瑚藻广泛分布于全球海域。珊瑚藻化石曾在内陆地区被广泛发现。这些化石泛着橘黄、紫红、粉红等色彩，又因其藻体活体本身便充满钙质，非常坚硬，以至于连生物分类学的奠基者林奈都曾将珊瑚藻认定为动物。之后的科学研究发现，这种海洋生物含有叶绿素及藻红素，依靠光合作用生活，珊瑚藻这才正式被归为藻类。分类学家将珊瑚藻划归为红藻门、红藻纲、真红藻亚纲、隐丝藻目，珊瑚藻科是该目最丰富、种类最多的一个科，全部生活在海洋中。这几幅黑白线绘呈现了这一类群的多样形态。（邢军武 / 文）

红藻门
Rhodophyta

柏桉藻目
Bonnemaisoniales

柏桉藻科
Bonnemaisoniaceae

1mm.   4.   300μ

1.   200μ   5.

3cm.

100μ   6.

3.   200μ   2.   0.7mm.   200μ

柏桉藻　Bonnemaisonia nootkana(Esp.)Silva

1. 外形　2. 生有囊果的小枝　3. 囊果纵切面　4. 精子囊小枝
5. 主枝纵切面观　6. 主枝、小枝横切面观

柏桉藻是一种生活在海水中的红藻，颜色呈深玫瑰红色或紫红色，常常缠绕在其他大型藻类上，细细的分枝向各个方向伸出，在水中浮荡。（王永强／文）

多孢毡藻

Haploplegma polyspora Chang et Xia | 冯明华 / 绘

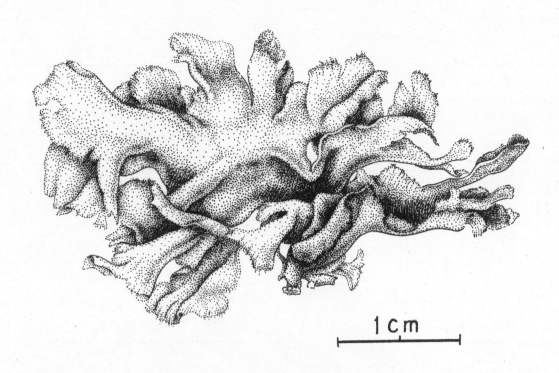

1 cm

多孢毡藻多生长在低潮线附近的珊瑚礁上或荫蔽处的水沟中。固着器底面内凹，上有一极短的柄，其上生有许多薄而扁平的、外观似绒毡的裂片。裂片特别是体下部常互相重叠，又由于体中下部的裂片略扭曲或彼此粘连，以致藻体的裂片有近似重瓣的花朵模样。藻体由许多单列细胞丝体连接成一个多层的网状结构，用手触摸，有海绵状的感觉。（王永强 / 文）

这幅画作用针管笔绘制，是典型的点绘法，除了局部用线条加强衬阴外，全部用不同疏密度的点来表现质感和明暗。（马平 / 评）

海蒿子

Sargassum pallidum Thrn. C. Ag.　　许春泉 / 绘

褐藻门
Phaeophycophyta

墨角藻目
Fucales

马尾藻科
Sargassaceae

海蒿子生长于低潮带的石沼中和大干潮线下的岩石上，分布于辽宁、山东的黄海和渤海沿岸。藻体黄褐色，幼枝和主干幼期都生有短小的刺状突起。初生叶为披针形、倒披针形或倒卵形，有不明显的中肋状突起及明显的不育窝斑点，但此种叶生长不久即脱落；次生叶为线形、倒披针形、倒卵形或羽状分裂；次生叶的叶腋间生出小枝，枝上又生出多数狭披针形或线形的叶。气囊多生在末枝腋间，幼时为纺锤形或倒卵形，长成后为球形。雌雄异株。固着器扁盘状或短圆锥状。（王永强 / 文）

细囊马尾藻

Sargassum parvivesiculosum Tseng et Lu 邢军武／绘

褐藻门
Phaeophycophyta

墨角藻目
Fucales

马尾藻科
Sargassaceae

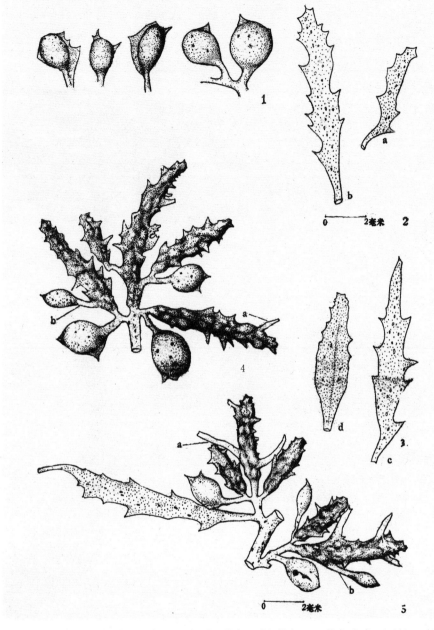

细囊马尾藻为马尾藻属海藻，分布于热带，大多自由漂浮，也有许多种附着于岸边岩石。马尾藻的叶状体高度分枝，具有中空的浆果状气囊，拟叶体叶片状，边缘锯齿状，所以又称"海冬青"。

细囊马尾藻是由曾呈奎、陆保仁发表于《海洋科学集刊》（1979年8月）的新种，模式标本保存在中国科学院海洋研究所植物标本室，由陆保仁于1975年5月13日采自我国

1.气囊；2、3.藻叶的形状：a.小枝上叶，b、c.次生枝上的叶，d.基部的叶；4、5.藻叶、气囊、生殖托：a.叶状刺，b.叶托混生

西沙群岛中建岛。它的藻叶比较小，形状不规则，两侧很不对称，边缘具不规则的尖锯齿，除藻体基部几片藻叶隐约可见中肋外，其他部位的叶片都无中肋；气囊比较小，幼期为卵圆形，顶端细尖，后期为倒卵形，顶端圆，两侧具有不规则的叶状耳翅；生殖托扁压，具有短柄，边缘具锯齿，有的很长，呈叶状刺。（王永强／文）

褐藻门
Phaeophycophyta

海带目
Laminariales

翅藻科
Alariaceae

5 CM

裙带菜是一种大型海生褐藻，长 1 ~ 1.5 m，有时达 2 m，宽 50 ~ 100 cm，明显地分为叶片、柄部和固着器三部分。叶片卵形或长片形，不分裂或羽状分裂，具隆起的中肋或加厚呈中肋状；柄部扁圆或扁压；固着器假根状。成熟时，柄部的两侧长出木耳状的重叠皱褶，称孢子叶，是裙带菜的生殖构造，孢子囊在孢子叶的两面产生。我国浙江嵊泗列岛一带有裙带菜的自然分布，但北方的裙带菜是随海带养殖由日本移植而来的。裙带菜是一种可食用海藻，食法和海带相似。在日本，裙带菜比海带更受欢迎，价格也比海带高。（王永强 / 文）

这幅水彩画作展现了裙带菜平凡却令人惊异的形态之美。起伏的叶缘如裙裾均匀的褶皱，对植物体的褶皱及表面柔滑的质感刻画精准。整株裙带菜似随海水徐徐摆荡，画面充满优雅华丽的韵律感。（马平 / 评）

盘状仙掌藻

Halimeda discoidea Decaisne 　冯明华 / 绘

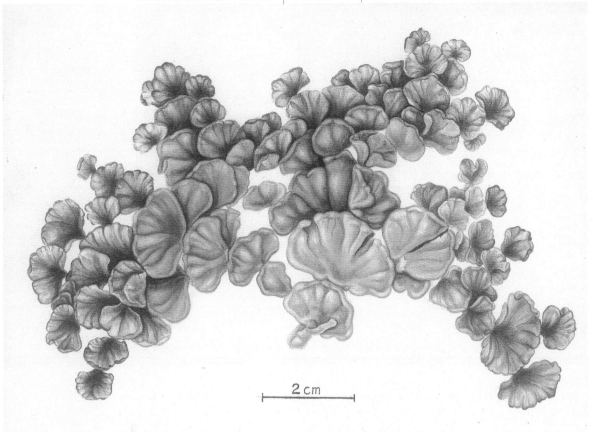

2 cm

绿藻门
Chlorophyta

团藻目
Volvocales

仙掌藻科
Halimedaceae

盘状仙掌藻为仙掌藻科海藻，广泛分布于热带海域，我国台湾地区可见，多生长于低潮线附近的砂质或珊瑚碎片下。盘状仙掌藻的藻体色泽呈亮绿色至乳白色，直立，高 13 ~ 16 cm，表面光滑，有轻度钙化，质地软。藻体基部由许多纤维状细胞集合，成一球根状团，具极小固着器，以附着于坚硬的基质上。枝条扁平呈盘状，呈不规则或三叉状的叉状分枝，有节间及节之分。大小、形状变化很大，有楔形、倒卵形、肾形或洋梨状，并覆有一层薄薄的石灰质，容易断裂。（王永强 / 文）

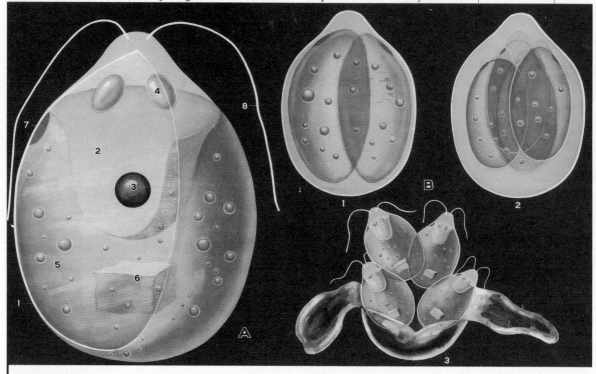

A.衣藻的形态结构：1.细胞壁；2.细胞质；3.细胞核；4.伸缩泡；5.杯状叶绿体；6.淀粉核；7.眼点；8.鞭毛。
B.衣藻的无性生殖：1.细胞内含物一分为二；2.细胞内含物由两部分分裂为四部分；3.母细胞壁破裂，游散出4个子细胞

绿藻门
Chlorophyta

团藻目
Volvocales

衣藻科
Chlamydomonadaceae

衣藻属是绿藻门团藻目最大的一个类群，全世界约有 500 种 (含变种)。衣藻是一种单细胞
生物，藻体球状或卵状，前端有两条等长的鞭毛，如草履虫一样能够游动。衣藻生长在小
池塘、小河沟、洼地等流动性不大、富含有机质的小型淡水水体中。早春、晚秋季节迅速
繁殖，使水体呈现翠绿色至深绿色。衣藻喜欢阳光充裕、富含氧气的生长环境。感光器眼
点使衣藻具有趋光性。当环境不利时，衣藻会减缓游动，以多次分裂的方式进行无性繁殖，
形成由厚胶质鞘包裹的临时群体。环境好转时，群体中的细胞长出鞭毛，破鞘逸出。(杨
梓 / 文)

这幅水彩画作展示了衣藻的形态结构和无性繁殖的3个阶段。采取偏切局剖手法展现了衣
藻这样较为原始的微小生物精巧至极的内部结构。(马平 / 评)

毛鞘藻属的种类

Species of *Bulbochaete* 邬华根 / 绘

绿藻门
Chlorophyta

鞘藻目
Oedogoniales

鞘藻科
Oedogoniaceae

鞘藻目全部为淡水藻，全世界有600多种，仅鞘藻科1个科，包含3个属：鞘藻属 *Oedogonium*、枝鞘藻属 *Oedocladium* 和毛鞘藻属 *Bulbochaete*。鞘藻属和毛鞘藻属在全世界广泛分布，温带和亚热带种类较多，我国主要分布于长江流域和珠江流域。枝鞘藻为气生，中国尚无记录。

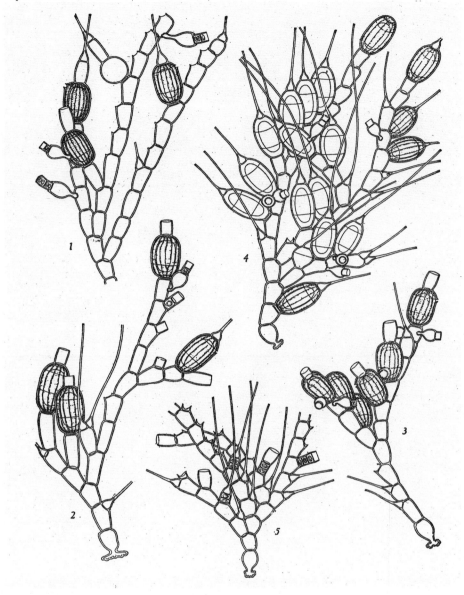

1、2.纤细毛鞘藻 *Bulbochaete tenuis*（Wtittr.）Hirn；3.短缩纤细毛鞘藻 *B. tenuis var. abbreciata* Jao；4、5.橄榄形毛鞘藻 *B. olivarformis* Jao

鞘藻目的藻体皆为丝状，鞘藻属藻体不分枝，毛鞘藻属藻体分枝。此两属的绝大多数种类始终附着生长在沉水植物或大型藻类如轮藻之上，藻体的基细胞多演变为吸盘状的附着器。（邬红娟 / 文）

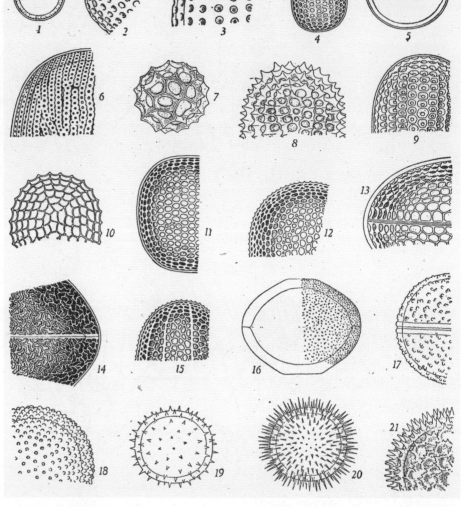

鞘藻科藻类既能以产生游动孢子的方式进行无性繁殖，也能通过卵子和精子结合的方式形成卵孢子进行有性繁殖。卵细胞在受精后即发育成卵孢子（又称合子），其形态构造在不同的种类常有显著差别，是区别种类的主要特征之一。成熟后的卵孢子通常具有外、中、内三层孢壁。（邬红娟 / 文）

1. 穿孔纹（孔细而深）。2～4.圆孔纹（孔大较浅）：2.排列不规则；3.排列成行；4.排列成行，略似眼纹。5、6.眼纹：5.不规则排列；6.排列成行。7～9.窝孔纹：7.蜂房状多角形；8.近圆形，排列成行；9.孔形多样，排列成行。10～15.网纹：10.粗网纹；11.细网纹，网孔略排列成行；12.细网纹，网孔排列不规则；13.网缘交结处具钝齿（齿网纹）；14.网孔狭长，不规则弯曲；15.网纹与肋纹相间排列。16.具微瘤。17.具瘤并在赤道部具环带纹。18.具颗粒。19～21.具刺或齿：19.具齿；20.具刺；21.具连体齿，齿的形态不规则，部分的基部网状相连

22~29.纵走肋纹：22.缘边具细齿；23.肋纹突出，缘边呈波状；24.网状相连，肋间略具纤细横纹；25.缘边具齿，肋间具明显的横纹；26.缘边近于全缘，肋间具圆孔纹（重缘纹）；27.肋极突出，缘边具少数巨齿，肋间具密生有规则的横纹；28.外中孢壁肋纹嵌入外孢壁中；29.外孢壁肋纹嵌入卵孢子囊壁中。30~37.螺旋状肋纹：30、31.缘边呈波状；32、33.缘边具细齿；34、35.缘边具粗齿；36、37.缘边呈翼状。30、32、34、36为螺纹的顶面观；31、33、35、37为螺纹的侧面观

三

苔藓植物
Bryophytes

苔藓植物起源古老，是地球上最先登陆的植物。它们的多样性仅次于被子植物，全世界现存2万多种，包括约7 500种苔类、13 000种藓类和200种角苔类。苔藓植物遍布除海洋和温泉以外的各种生境，通常偏好相对阴湿的环境，有些种类也能抵御强光、干旱或严寒等极端条件。它们能生活于其他类植物不能生长的场所，是植物界拓荒的先锋队之一。

苔藓植物体态细小，结构简单，身高多为数毫米至数厘米，不会开花结果，体内没有维管束。依据分子系统学研究结果，苔藓植物不是一个单系类群，被分成3个门：苔类植物门、藓类植物门、角苔植物门。但由于它们有相似的形态和生活史，也常被笼统地称为苔藓植物。

苔藓植物的生活史包括配子体（n）和孢子体（$2n$）两个阶段，以配子体占优势，孢子体需依赖配子体生存。配子体是有性世代的植物体，由假根、假茎和假叶组成，在生殖季节产生雌、雄生殖器官和雌、雄配子，经受精发育成无性世代孢子体，通常由具支撑的蒴柄和产生孢子的孢蒴组成。配子体的寿命较长，为孢子体提供养分和能量；孢子体寿命较短，往往仅有几天至数周。孢子体中可产生微小而数量极多的孢子，成熟后从孢蒴中释出，遇合适的生境则萌发，长成新的植物体。

苔藓植物有重要的生态功能：它们是受干扰生境的先锋植物，是雨林、沙漠等生态系统中维持水分平衡的重要力量；苔藓有储存二氧化碳和甲烷的固碳功能，为减缓温室效应做出了巨大贡献；它们也是许多昆虫和其他小型无脊椎动物的食物和栖居场所。在人类的日常生活中，苔藓植物在景观园艺方面的应用也日益受到青睐。

本书中苔藓植物的物种排序按照弗雷（Frey）系统（2009）编排。（张力、左勤／文）

Impression: Eastern Himalayas | 李诗华 / 绘

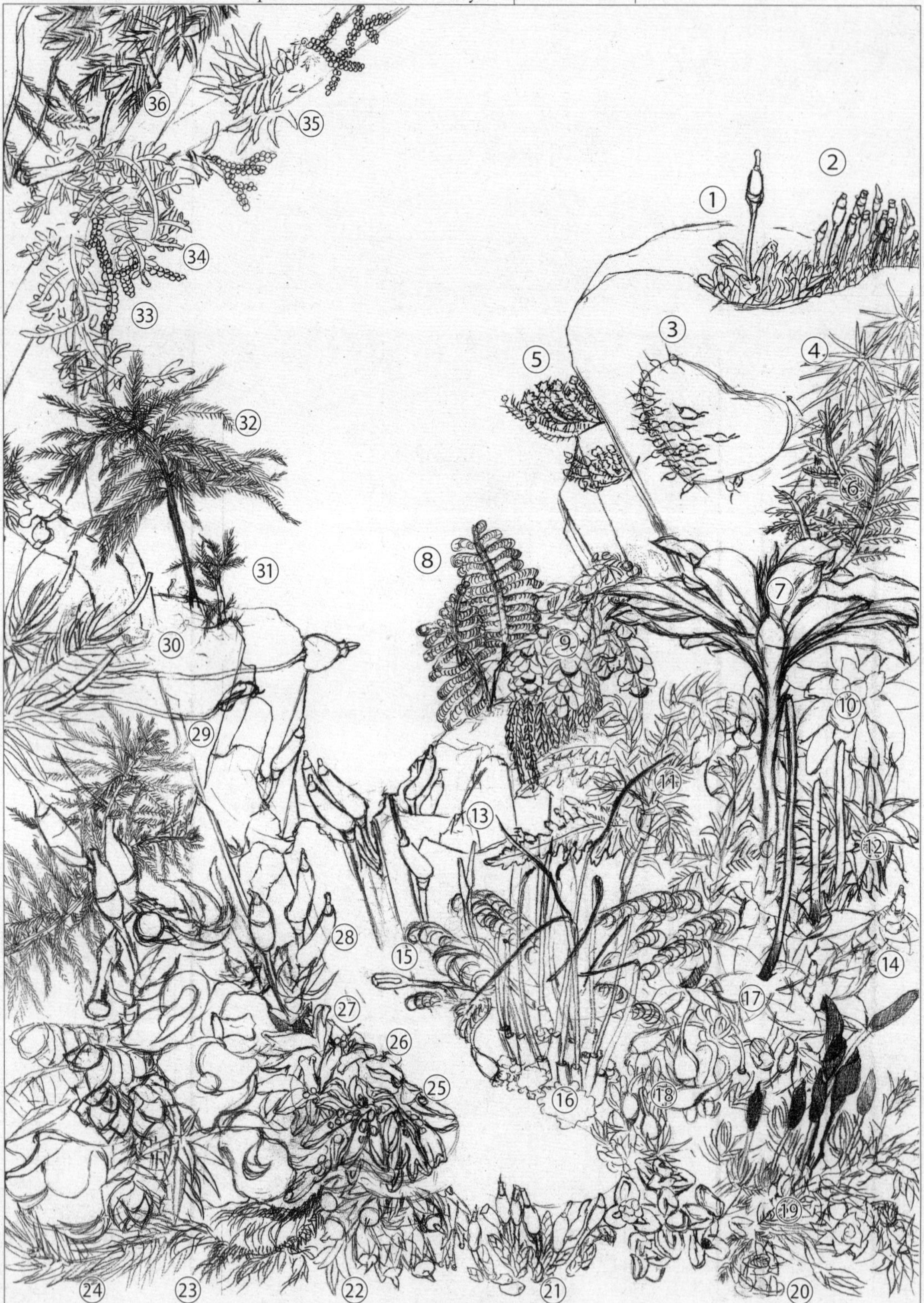

藓类植物集锦

恩斯特·海克尔 / 绘

东喜马拉雅地区位于世界屋脊青藏高原的南缘，横跨中国、印度、缅甸、尼泊尔和不丹等国的边境，是举世瞩目的生物多样性热点地区。逾7 000 m的海拔跨度、复杂的地形、多样的气候，为其间不可胜数的生命提供了丰富的栖息地。据调查，至少有8 000种维管植物和500种藓类植物分布于此。在中国境内，东喜马拉雅主要覆盖滇西北和藏东南区域。画中荟萃了37种生长于东喜马拉雅地区的苔藓植物（31种藓类、5种苔类和1种角苔类），其中既包含特有种，也包含了广布种。创作过程中，作者参考了各物种的生境和基质来规划它们的位置，但自由变换了它们的大小。这幅作品是东喜马拉雅地区苔藓植物多样性的一个缩影，是对19世纪著名生物学家恩斯特·海克尔（Ernst Haeckel，1834—1919）绘制的《藓类植物集锦》致敬。（左勤、李诗华 / 文）

① 西藏大帽藓 *Encalypta tibetana* Mitt.
② 并齿藓 *Tetraplodon mnioides* (Hedw.) Bruch et Schimp.
③ 卷边紫萼藓 *Grimmia donniana* Sm.
④ 热泽藓属种类 *Breutelia* sp.
⑤ 齿边褶萼苔 *Plicanthus hirtellus* (F. Weber) R. M. Schust.
⑥ 塔藓 *Hylocomium splendens* (Hedw.) Schimp.
⑦ 暖地大叶藓 *Rhodobryum giganteum* Pari
⑧ 毛梳藓 *Ptilium crista-castrensis* (Hedw.) De Not.
⑨ 兜叶小黄藓 *Daltonia meizhiae* B. C. Ho et L. Pokorny
⑩ 泥炭藓 *Sphagnum palustre* L.
⑪ 拟垂枝藓 *Rhytidiadelphus triquetrus* (Hedw.) Warnst.
⑫ 山墙藓 *Tortula ruralis* (Hedw.) Gaertn.
⑬ 新船叶藓 *Neodolichomitra yunnanensis* (Besch.) T. Kop.
⑭ 毛状真藓 *Bryum apiculatum* Schwaegr.
⑮ 三洋藓 *Sanionia uncinata* (Hedw.) Loeske
⑯ 台湾角苔 *Anthoceros angustus* Steph.
⑰ 花斑烟杆藓 *Buxbaumia punctata* Chen et Lee
⑱ 山毛藓 *Oreas martiana* (Hoppe et Hornsch.) Brid.
⑲ 藻苔 *Takakia lepidozioides* Hatt.
⑳ 虎尾藓 *Hedwigia ciliata* Ehrh. ex P. Beauv.
㉑ 拟短月藓 *Brachymeniopsis gymnostoma* Broth.
㉒ 溪岸连轴藓 *Schistidium rivulare* (Brid. et Podp.) Beih.
㉓ 砂藓属种类 *Racomitrium* sp.
㉔ 长柄藓 *Fleischerobryum longicolle* Loeske
㉕ 钱苔属种类 *Riccia* sp.
㉖ 爪哇裸蒴苔 *Haplomitrium blumei* (Nees) R. M. Schust.
㉗ 腐木合叶苔 *Scapania massalongoi* K. Müll.
㉘ 半栉小金发藓 *Pogonatum subfuscatum* Broth.
㉙ 锦丝藓 *Actinothuidium hookeri* (Mitt.) Broth.
㉚ 异蒴藓 *Lyellia crispa* R. Br.
㉛ 直叶棉藓 *Plagiothecium euryphyllum* (Cardot et Thér.) Iwats.
㉜ 万年藓 *Climacium dendroides* Web. et Mohr
㉝ 蔓枝藓 *Bryowijkia ambigua* Nog.
㉞ 云南耳叶苔 *Frullania yunnanensis* Steph.
㉟ 毛尖藓属种类 *Cirriphyllum* sp.
㊱ 长叶白齿藓 *Leucodon subulatus* Broth.
㊲ 短喙芦荟藓 *Aloina brevirostris* Kindberg

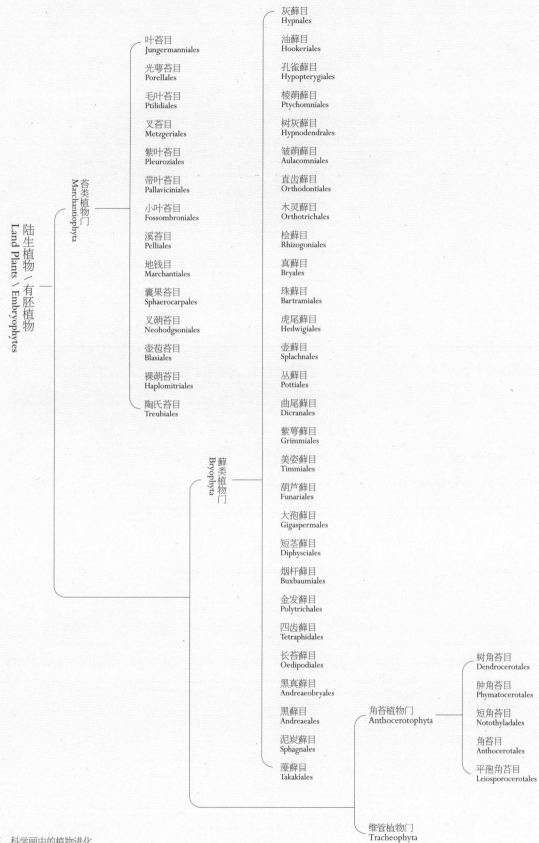

陆生植物 \ 有胚植物
Land Plants \ Embryophytes

苔类植物门
Marchantiophyta

叶苔目
Jungermanniales

光萼苔目
Porellales

毛叶苔目
Ptilidiales

叉苔目
Metzgeriales

紫叶苔目
Pleuroziales

带叶苔目
Pallaviciniales

小叶苔目
Fossombroniales

溪苔目
Pelliales

地钱目
Marchantiales

囊果苔目
Sphaerocarpales

叉萼苔目
Neohodgsoniales

壶苞苔目
Blasiales

裸萼苔目
Haplomitriales

陶氏苔目
Treubiales

藓类植物门
Bryophyta

灰藓目
Hypnales

油藓目
Hookeriales

孔雀藓目
Hypopterygiales

棱蒴藓目
Ptychomniales

树灰藓目
Hypnodendrales

皱蒴藓目
Aulacomniales

直齿藓目
Orthodontiales

木灵藓目
Orthotrichales

桧藓目
Rhizogoniales

真藓目
Bryales

珠藓目
Bartramiales

虎尾藓目
Hedwigiales

壶藓目
Splachnales

丛藓目
Pottiales

曲尾藓目
Dicranales

紫萼藓目
Grimmiales

美姿藓目
Timmiales

葫芦藓目
Funariales

大孢藓目
Gigaspermales

短茎藓目
Diphysciales

烟杆藓目
Buxbaumiales

金发藓目
Polytrichales

四齿藓目
Tetraphidales

长苔藓目
Oedipodiales

黑真藓目
Andreaeobryales

黑藓目
Andreaeales

泥炭藓目
Sphagnales

藻藓目
Takakiales

角苔植物门
Anthocerotophyta

维管植物门
Tracheophyta

树角苔目
Dendrocerotales

肿角苔目
Phymatocerotales

短角苔目
Notothyladales

角苔目
Anthocerotales

平孢角苔目
Leiosporocerotales

地钱

Marchantia polymorpha L. | 张效杰 / 绘

苔类植物门
Marchantiopsida

地钱目
Marchantiales

地钱科
Marchantiaceae

1.雄株；2.雌株；3.芽胞；4.叶状体横切面，示气孔；5.腹鳞片

地钱是体态较大的叶状体苔类（没有茎、叶分化），也是最常见的苔类之一。图中雄株上细柄支撑的盘状是雄生殖托，边缘波状浅裂；雌株中伞骨架状的是雌生殖托，孢子体位于其腹面。植物体背面的"小碗"，准确的名称为芽胞杯，里面有绿色圆饼状的芽胞，直径仅为 1 mm 的几分之一。下雨时，如果雨滴准确滴到杯中央，那么冲击力可以将芽胞弹出，倘若环境适宜，芽胞可以发育成新的植物体。（左勤、张力 / 文）

这幅画作清晰地表现了雄性和雌性生殖器官的不同之处，让人在观察到地钱时可分辨出雌、雄株的差异。（马平 / 评）

长刺带叶苔

Pallavicinia subciliata (Austin) Steph. | 徐丽莉 / 绘

苔类植物门
Marchantiopsida

带叶苔目
Pallaviciniales

带叶苔科
Pallaviciniaceae

长刺带叶苔是一种叶状体苔类植物，在中国中部至长江流域以南广泛分布，多见于山谷溪沟边的湿润石面上。长刺带叶苔的种加词"*subciliata*"是"略带有刺"之意。植物体为淡绿色条带状，群生，无茎、叶的分化，边缘有齿，中部可见一条明显的中肋。（张力、左勤 / 文）

看似无奇的小小植物，放大描绘后竟透出如此生机。同时，叶片的高光又反射着它的柔美。除长刺带叶苔外，画中还展示了小小群落里的另几种苔藓植物。（马平 / 评）

苔类植物门
Marchantiopsida

裂叶苔目
Lophoziales

大萼苔科
Cephaloziaceae

合叶裂齿苔的植物体较为纤小，群体中可见许多先端托着浅色"小球"的小枝，这些"小球"由簇生的芽胞聚成，在雨露的润泽下，犹如珠玉般惹人怜爱。合叶裂齿苔有时呈绿色，有时身披红霞，在中国可见于南方山地，多生于林下土坡或湿石上。（张力、左勤 / 文）

这幅画作给人以暖融融的视觉感受。将各种颜色搭配出如此的效果，只因绘者对该植物有一种特殊的理解；再有露珠的点缀，呈现出一滴一世界之感。（马平 / 评）

粗叶泥炭藓

Sphagnum squarrosum Crome | 吴锡鳞 / 绘

藓类植物门
Bryophyta

泥炭藓目
Sphagnales

泥炭藓科
Sphagnaceae

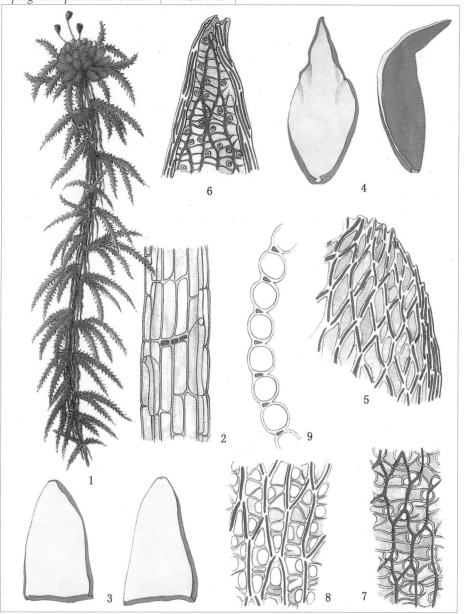

1.植物体；2.枝茎表皮的一部分；3.茎叶；4.枝叶；5.茎叶先端部的细胞（背面）；6.枝叶先端部的细胞（腹面）；7.枝叶中央部的细胞（腹面）；8.枝叶基部的细胞（背面）；9.枝叶的横切面观

粗叶泥炭藓生于林下低洼积水处或沼泽中。植物体粗壮，黄绿色或棕绿色。茎皮部 2 ~ 4 层大形无色细胞，表皮带水孔。茎叶阔舌状，先端钝圆，边缘分化成毛状。轮生丛枝四五条，二三条强枝，常倾立。枝叶阔卵形，瓢状内凹，叶尖背仰，具狭的分化边缘。绿色细胞在叶片横切面上呈梯形，偏于叶片外方，内外方均裸露。本种是北方泥炭地的常见物种之一。叶细胞中的白色细胞，比绿色细胞大，内为空腔，可以存储水分。泥炭藓属物种叶细胞结构类似，所以能存储大量水分。（左勤 / 文）

狭叶仙鹤藓

Atrichum angustatum (Brid.) Bruch et Schimp. 徐丽莉 / 绘

薛类植物门
Bryophyta

金发藓目
Polytrichales

金发藓科
Polytrichaceae

仙鹤藓属植物的孢蒴狭圆柱形，蒴盖先端具长喙，令人联想到昂首的仙鹤，仙鹤藓也由此得名。该属植物多见于较为荫蔽潮湿的山区路边或林下，其中狭叶仙鹤藓广布于北温带，在我国主要分布于华中至西南地区。（左勤、张力 / 文）

这幅画作准确地表达了此物种的生活形态，生机盎然，色彩艳丽。（马平 / 评）

Pogonatum cirratum (Schwaegr.) Brid. 张大成 / 绘

藓类植物门
Bryophyta

金发藓目
Polytrichales

金发藓科
Polytrichaceae

刺边小金发藓是小金发藓属植物，拉丁文属名词根"*pogon*"意为"发状"。植物体硬挺，不分枝，呈疏松丛集生长，茎高 3 ～ 5 cm，下部被小形疏松鳞片状叶片，上部叶簇生，湿润时倾立，干燥时边缘向腹面内卷，由阔卵形鞘状基部向上收缩而成狭披针形，具不明显毛尖，叶边平整，上半部具齿，下半部全缘；栉片高 1 ～ 3 个细胞，顶细胞不分化，钝圆形。蒴柄单生，高 2 ～ 3 cm；孢蒴卵形。（杨梓 / 文）

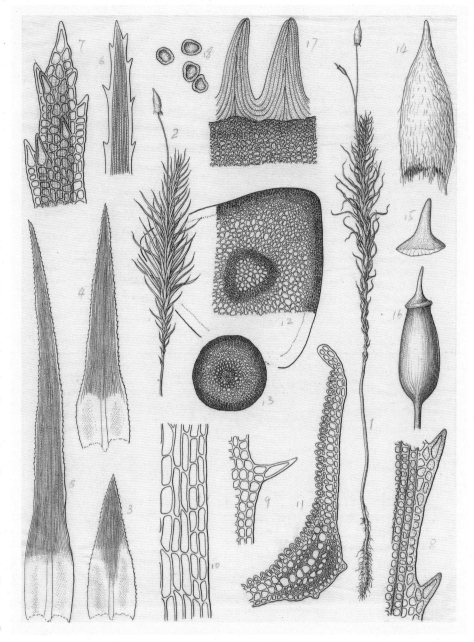

1.植物体（干时）；2.植物体上部；3 ～ 5.叶；6.叶尖部；7.叶尖部细胞（背面观）；8.叶中上部边缘细胞；9.叶近基部边缘细胞；10.叶基部边缘细胞；11.叶中部横切面，12.茎横切面；13.蒴柄横切面；14.蒴帽；15.蒴盖；16.孢蒴；17.蒴齿；18.孢子

Funaria hygrometrica Hedw. | 吴锡麟 / 绘

藓类植物门
Bryophyta

葫芦藓目
Funariales

葫芦藓科
Funariaceae

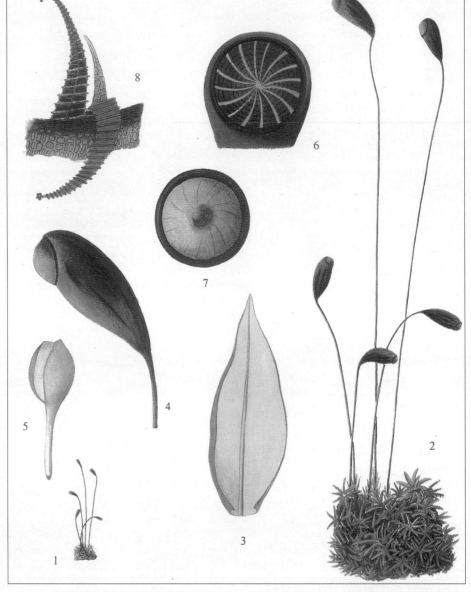

1、2.植株；3.叶；4.孢蒴；5.蒴帽；6.蒴口；7.蒴盖；8.蒴齿

葫芦藓可能是苔藓植物中最令人耳熟能详的名字，它遍及世界各地，多见于村庄附近肥沃的土表、林间火烧迹地等受人为活动干扰的生境。葫芦藓是最早获得科学命名的苔藓植物之一，中文名则源于它略偏斜而形似葫芦瓢的孢蒴。在大学的系统植物学课程中，葫芦藓也是一种重要的实验材料。（左勤、张力 / 文）

苔藓的微小器官，通过显微镜的放大观察，再通过植物科学画师画笔的精巧呈现，向人们展现出肉眼难以发现的细致结构，这些结构本身常极富美感。（马平 / 评）

长叶青毛藓

Dicranodontium attenuatum (Mitt.) Wils. ex Jaeg. | 徐丽莉 / 绘

长叶青毛藓宛似群聚在一起的迷你竹枝，其实竹枝状的结构它的无性繁殖枝，容易从植物体脱落，再长成新的植物体。在某些情况下，通过有性生殖的方式繁衍后代遇到困难，这种方式的优越性就显现出来了。（张力 / 文）

这幅丙烯画作取材于我国西藏自治区。画面柔美通透，生动地呈现了一丛着生于树干的长叶青毛藓的自然状态和生长环境。在最前景，甚至可以看到长叶青毛藓丛中混杂的另一种颜色艳丽的藓类。树皮的色彩很好地衬托出主体，斑驳的背景光增强了画面的和谐，又给予了强有力的支撑。（马平 / 评）

Octoblepharum albidum Hedw. 马平／绘

藓类植物门
Bryophyta

曲尾藓目
Dicranales

白发藓科
Leucobryaceae

八齿藓是热带地区的常见种，在我国南方多见于树干表面，外观酷似迷你的空气凤梨属的种类 *Tillandsia* sp. 在极端潮湿的环境下，八齿藓的叶尖常常产生芽体，然后发育成新的植株，新形成的植株亦可通过同样的方式再次产生新的植株，形成一种"漫步藓"（walking moss）的体态，略似常见的吊兰。苔藓植物中的这一无性繁殖方式由张力等于 2003 年首次报道，图中细致地描绘了此过程。（左勤、张力／文）

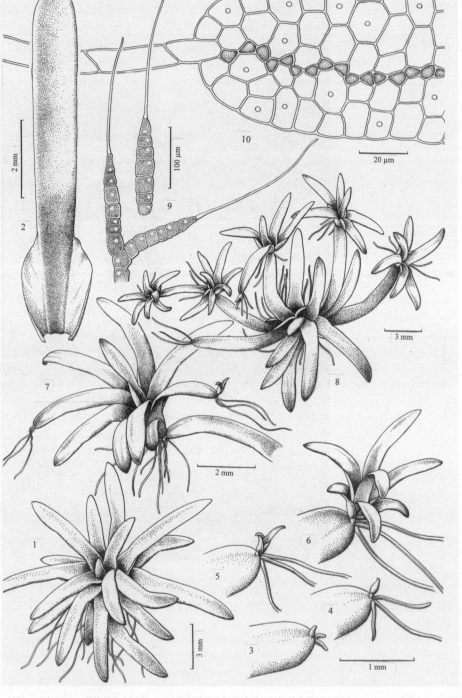

1.植株；2.叶；3～6.芽体的发育过程；7.母体和芽体之间的关系；8.植株典型的"漫步"状态；9.芽胞；10.叶横切，示叶中间细胞及与假根的关系

长尖赤藓

Syntrichia longimucronata (X. J. Li) R. H. Zander 张大成／绘

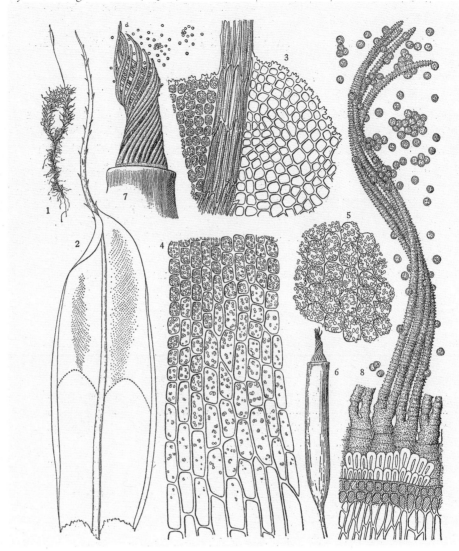

1.植株；2.叶；3.叶先端细胞；4.叶基部细胞；5.叶中部细胞；6.孢蒴；7.蒴齿；8.蒴齿与孢子

长尖赤藓生于西藏高寒山地，海拔 3 000～4 500 m 的林地及岩石上。植株粗壮，疏丛生，幼时呈鲜绿色，老时呈红棕色。叶多长卵圆形，先端圆钝，叶基呈鞘状，叶边全缘；中肋细长，突出叶尖呈长纤毛状，毛尖长达叶片的 1/2 或更长，多无色透明，先端疏生透明刺状齿；叶细胞呈四至六角形，壁上密被突出的马蹄形、工字形或不规则的粗疣，叶下部细胞较长大，平滑透明，形成明显分化的基鞘部。蒴柄细长，红色。孢蒴呈长圆柱形，直立，齿片细长线形，密被细疣，向左旋扭。（黎兴江／文）

这幅图引自《西藏苔藓植物志》。画面布局紧凑、精巧，准确地表达出了物种的形态、解剖特征，对其极具特点的左旋蒴齿进行了连续的大刻画，其目的旨在充分呈现其形态的特殊性和结构的美感，堪称苔藓科学画的佳作。（杨梓／评）

爪哇南木藓

Macrothamnium javense Fleisch 郭木森 / 绘

薜类植物门
Bryophyta

灰藓目
Hypnales

塔藓科
Hylocomiaceae

爪哇南木藓为南木藓属藓类。植物体翠绿色或暗绿色，无光泽，密集成丛。茎直立或略偏曲。蒴柄直立，长约 8 cm，橙红色。孢蒴圆柱形，略弯曲，有明显的台部。蒴齿两层。蒴盖圆锥形，具短喙。（杨梓 / 文）

1. 雌株；2、3. 茎叶；4~12. 枝叶；13. 叶尖部细胞；14. 叶中部细胞；15. 叶基部细胞；16. 雌苞及蒴柄一部分；17. 孢蒴及蒴柄；18. 蒴齿的一部分

黄角苔

Phaeoceros laevis (L.) Prosk. 马平 / 绘

角苔植物门
Anthocerotopsida

角苔目
Anthocerotales

角苔科
Anthocerotaceae

黄角苔属近乎广布全球，多见于低海拔山区，常生长在湿润的土表。植物名得于其成熟时呈黄色至黄褐色的孢子。黄角苔的植物体常呈绿色，叉状分瓣，边缘具不规则的裂瓣或缺刻，呈扇形或圆花状。每片植物体上常可生出多数长角状孢子体。这幅画展示了孢子体的发育过程及显微解剖特征（马平 / 文）

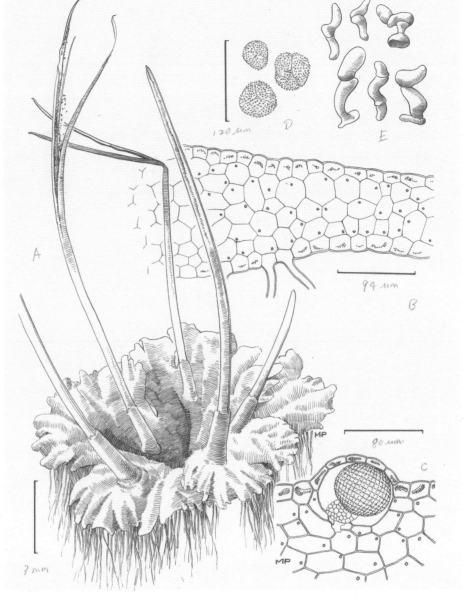

A.具孢蒴的植物体；B.叶状体横切面；C.示精子器；D.孢子；E.假弹丝

四

石松类和蕨类植物

Lycophytes and Ferns

石松类和蕨类植物是最古老的陆生维管植物。泥盆纪晚期到石炭纪时期，是石松类和蕨类植物最繁盛的时期，二叠纪末开始，石松类和蕨类植物大量灭绝，埋藏地下形成煤层。2016年，全世界68个单位的94名作者联合署名发表了广义蕨类植物PPGI分类系统，将全世界现存约12 000种石松类和蕨类植物分成2纲14目51科337属。绝大多数石松类和蕨类植物分布在热带亚热带地区，我国约有2 300种，多分布在西南地区和长江流域以南。我国西南地区是亚洲也是世界石松类和蕨类植物的分布中心之一，云南的石松类和蕨类植物种类达到约1 400种，是我国石松类和蕨类植物较丰富的省份，台湾有630余种之多，也是我国石松类和蕨类植物较丰富的地区之一，也是世界石松类和蕨类植物物种密度较高的地区之一。

我国有现代石松类3科，约140种，现代蕨类36科（不包括稀子蕨科、翼囊蕨科和牙蕨科），多达2 000余种。虽然科的系统发育关系基本清楚，但属和种的划分还有很多遗留问题。我国幅员辽阔，地形和气候复杂，植物多样性为北半球之冠。全世界现存蕨类植物有10 000～11 000种，我国有2 000～2 300种，约占全世界总数的20%。

经过30多年的分子系统学研究，现代石松类和蕨类的系统发育关系逐渐清楚。石松类是起源最古老的维管束孢子植物，蕨类（包括真蕨类、松叶蕨和木贼）和种子植物（包括裸子植物和被子植物）同属于大型叶维管植物。石松类仅有石松科、水韭科和卷柏科这3个类群。

蕨类植物包括木贼类、松叶蕨类、瓶尔小草类、合囊蕨类和薄囊蕨类，其中前4类植物较为原始。薄囊蕨类依进化程度又可以分为薄囊蕨类的早期成员和核心薄囊蕨类，前者包括紫萁科、膜蕨类和里白类，后者则包括水生异型孢子蕨类、树蕨类和水龙骨类，其中水龙骨类中的进化类群又特称为真水龙骨类 Eupolypods。现代蕨类有10 000多种，其中薄囊蕨类最为繁盛，达9 000多种。（张宪春/文）

① 科达属 *Cordaites*

② 楔叶属 *Sphenophyllum*

③ 辉木属 *Psaronius*

④ 鳞木属 *Lepidodendron*

⑤ 齿叶属 *Tingia*

⑥ 脉羊齿属 *Neuropteris*

⑦ 芦木属 *Calamites*

⑧ 封印木属 *Smilacina*

从 3.25 亿年前到 2.75 亿年前，一般都认为植物已进入到真蕨和种子蕨时期。那时植物的叶子多由枝条扁化而成，在热带森林中都趋向于扁平方向发展，增大了光合作用的面积，吸收日光中更多的能量，增强植物躯体的强健，从而增加植物生殖的潜力。不少植物具次生组织。鳞木、封印木和芦木都具很厚的木栓层，茎干高大，枝叶茂盛。具羽状复叶的种子蕨和厚囊蕨类的辉木特别发育。

从 3 亿多年前的中石炭纪到 2.25 亿年前的晚二叠纪，地球上有 4 个植物区。我国大部分地区属华夏植物区；欧洲及北美属于欧美植物区。华夏植物区和欧美植物区同位于赤道附近，气候湿热，属当时的热带。华夏植物区之北，亚洲北部（包括我国新疆、内蒙古北部和东北北部）属安加拉植物区。安加拉植物区与华夏植物区之间有一个蒙古大地槽阻隔。安加拉古陆上气候温暖略干，属当时北亚热带—北暖温带。南半球的冈瓦纳古陆上的植物为冈瓦纳植物区，与我国地区相隔很远，其间有一个广阔的特提斯海，气候属南冷温带。

当时，我国南部多被海水淹没，华北和东北南部森林茂盛。大量的鳞木、封印木、芦木丛生于沼泽之中。科达、种子蕨和树蕨繁殖于水滨地带。这些森林植物的次生组织极为发达，在它们枯萎之后，长期埋藏在沼泽或湖泊之中，炭化变质，形成我国今日广大的煤田。

这幅图说明当时华北华夏植物区的情况。在这儿可以见到沼泽森林，气候湿热，植物茂密，林内光线阴暗。图的左侧和右上侧是一片科达林。科达叶大而长，密集地旋生于小枝之上，线形至带形而无柄。树干上攀缘着纤细的楔叶。林边厚囊蕨类的树蕨丛生，叶属栉羊齿型。左下角有几颗半截鳞木的茎、根座和种子蕨灌木，及楔叶植物齿叶。齿叶的枝条作羽叶状，具背腹性，叶 4 行排列，2 行在上，2 行在下，小叶顶端略呈截形，或分裂成齿状。右侧是一大片鳞木林。林边有两株科达树。右角是一株种子蕨脉羊齿。图的中部下侧横倒着一株鳞木。沼泽中丛生巨大的芦木。林下生长着不少的草本真蕨。这时华夏植物区的成分与欧美植物区的成分开始分歧，但有不少种与欧美植物区的相同。（徐仁／文）

《地质时期中国各主要地区植物景观》书影

石松类和蕨类植物系统发育简树

Cladogram of Lycophytes and Monilophytes

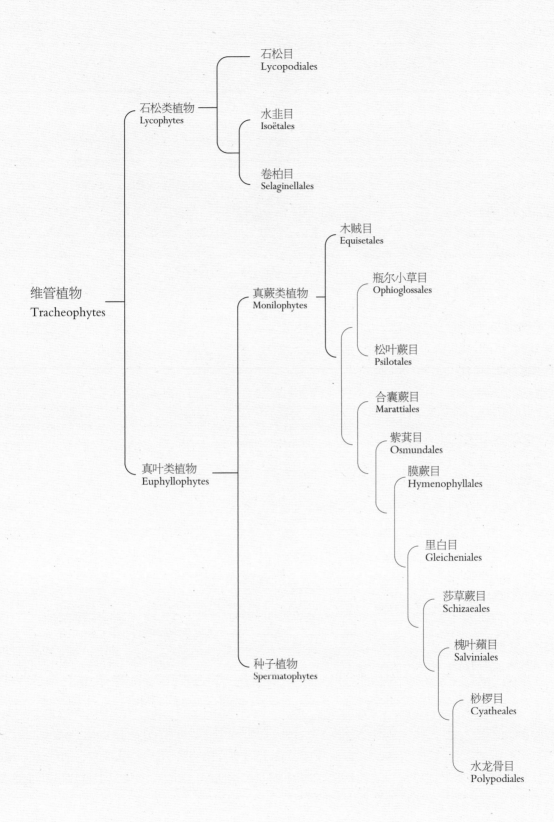

Huperzia javanica (Sw.) Fraser-Jenk. | 蒋杏墙 / 绘

石松纲
Lycopodiopsida

石松目
Lycopodiales

石松科
Lycopodiaceae

秦仁昌系统中的石杉科 Huperziaceae 在现在的分子系统中变更为石松科 Lycopodiaceae。PPG 系统中石松科含 3 亚科 16 属 338 种，其中石杉属有 25 种。

"蛇足石杉"的名称始载于《植物名实图考》，一直以来都是重要的中药材之一，有舒经活络、消肿化瘀、退热止血的功效。通过野外调查、形态研究，结合 DNA 分子序列综合分析的研究结果表明，蛇足石杉复合体包括了 4 个相互独立的物种，即蛇足石杉 *H. serrata*、长柄石杉 *H. javanica*、皱边石杉 *H. crispata* 和南岭石杉 *H. nanlingensis*。分布于吉林、黑龙江和辽宁等北

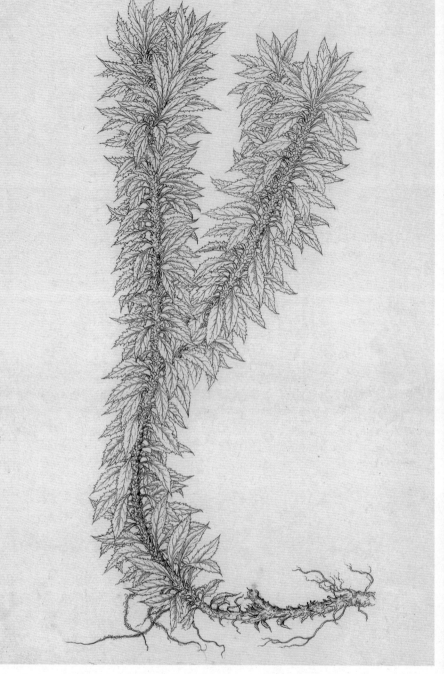

该图为《江苏南部种子植物手册》插图原作

方地区的为蛇足石杉。而南方的 *H. serrata* 及下属 3 个变种应为同一物种，即长柄石杉 *H. javanica*。从形态上区别：蛇足石杉，营养叶披针形，基部不变狭，先端渐尖；长柄石杉，营养叶椭圆形，向基部明显变狭，先端急尖。蛇足石杉碱甲含量很低，药效成分很少，目前在东北山区还没有遭到严重采挖。而在中国南方广布的长柄石杉碱甲含量高，由于长期采挖从而导致该物种和同属植物被过度采集，南方一些省份该种资源面临枯竭。（张宪春 / 文）

垂穗石松

Palhinhaea cernua (L.) Vasc. et Franco | 史渭清／绘

石松纲
Lycopodiopsida

石松目
Lycopodiales

石松科
Lycopodiaceae

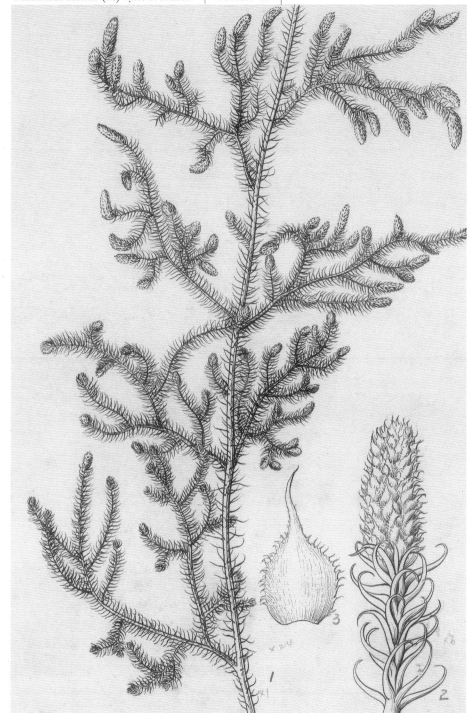

1.植株一段；2.孢子囊穗；3.孢子叶

垂穗石松为石松亚科草本植物，又名灯笼草，广布世界热带和亚热带地区，在我国产于西南、华南、华中和华东地区海拔 100 ～ 3 000 m 的山地林缘或路旁。主茎直立，高达 110 cm，圆柱形，光滑无毛，多回不等位二叉分枝。叶螺旋状排列，稀疏，钻形至线形。侧枝上斜，多回不等位二叉分枝。孢子囊穗下垂，无柄；孢子叶卵状菱形，覆瓦状排列；孢子囊生于孢子叶腋，内藏，圆肾形，黄色。（孙久琼／文）

这幅墨线图绘于1960年3月，用小毛笔绘制。现存于江苏省中国科学院植物研究所。（马平／评）

Selaginella tamariscina (P. Beauv.) Spring 张桂芝／绘

石松纲
Lycopodiopsida

石松目
Lycopodiales

卷柏科
Selaginellaceae

卷柏科植物主要分布在热带地区，仅卷柏属1属，有 700 ～ 750 种，我国产 70 多种，其中 23 种为我国特有种。卷柏为广布种，生于海拔 500 ～ 1 500 m 的灌丛下、路边或石灰岩山石隙间，呈垫状，常绿或夏绿。主茎自中部开始羽状分枝或不等二叉分枝；侧枝2 ～ 5对，2、3 回羽状分枝。叶全部交互排列，二形，叶质厚，表面光滑，边缘不为全缘，具白边；中叶和侧叶椭圆形，边缘具细锯齿。孢子叶穗紧密，四棱柱形，单生于小枝末端；孢子叶一形，卵状三角形。卷柏具有极强的耐干旱能力，被称为"复苏植物"。此外，卷柏全草入药，又称还魂草，植株内所含有的双黄酮类成分具有抗癌作用。（孙久琼／文）

1.枝的腹面；2.枝的背面；3.孢子囊穗；4.大孢子；5.大孢子叶及孢子囊；6.小孢子；7.小孢子叶及小孢子囊；8.植株

用色彩表现各器官并且构图很恰当，非常形象地画出垫状植物体的地面部分，又写实了根部的状态。小孢子叶及大孢子叶等都很真实地画出了物种的科学性。（马平／评）

翠云草

Selaginella uncinata (Desv.) Spring | 江苏省中国科学院植物研究所 / 图

石松纲
Lycopodiopsida

石松目
Lycopodiales

卷柏科
Selaginellaceae

1. 植株；2. 枝腹面的叶；3. 茎上叶

翠云草的叶片在阳光下呈现出蓝绿色的金属光泽，从不同角度观察其色彩或深或浅。其主茎和分枝长匍匐或攀缘，做吊盆亦能展现其柔软悬垂的美感。也可种于水景边湿地。翠云草姿态秀丽，蓝绿色的荧光使人悦目赏心。在南方是极好的地被植物，也适于北方盆栽观赏。该种为我国特有，世界上许多国家的植物园内见有栽培。（孙久琼 / 文）

该图绘于20世纪50年代末60年代初，现存于江苏省中国科学院植物研究所。此幅图在构图上属于上佳作品。画面上部分密不透风，但果断甩出下垂的植物体前部，使得中下部疏松畅快，画外有画。可见绘者绘画基础扎实，思维开阔。（马平 / 评）

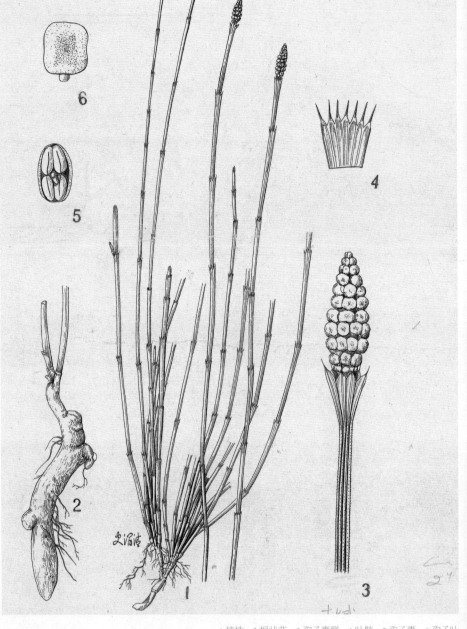

真蕨纲
Polypodiopsida

木贼目
Equisetales

木贼科
Equisetaceae

木贼属是木贼类植物的活化石，木贼类曾经生长在 1 亿年前的古生代末期，具有丰富的多样性。一些木贼类曾高达 30 m，现生的木贼科植物仅 1 属约 15 种，均为小型或中型蕨类，土生，湿生或浅水生。木贼为常绿草本，高 30 ~ 100 cm。根状茎粗短，黑褐色，横生地下，节上生黑褐色的根。地上茎直立，单一或仅于基部分枝，中空，有节，有纵棱达 30 条，粗糙。前人利用其为木器、骨器及及金属抛光之用。喜生于山坡林下阴湿处，易生河岸、湿地、溪边或杂草地。主产于东北、内蒙古、华北和长江流域各地。（孙久琼／文）

1.植株；2.根状茎；3.孢子囊群；4.叶鞘；5.孢子囊；6.孢子叶

狭叶瓶尔小草

Ophioglossum thermale Kom.　马平／绘

真蕨纲
Polypodiopsida

瓶尔小草目
Ophioglossales

瓶尔小草科
Ophioglossaceae

瓶尔小草科植物一般为小形，是厚囊蕨类的基部类群。全世界有 10 属，约 122 种，主要在北温带，我国有 10 种。狭叶瓶尔小草隶属瓶尔小草属，拉丁文"ophi"为"蛇形"之意，生于海拔 2 300 ~ 3 500 m 的山坡草地，产自我国东北、西北和西南地区。其根状茎细短，有一簇细长不分枝的肉质根，向四面横走如匍匐茎，在先端发生新植物。营养叶呈灰白色；孢子叶为单叶，无柄，披针形。全草可入药，具有清热凉血，解毒镇痛的药效。由于营养叶的柄长而幼嫩，并生于根状茎基部，深入地下，采集时常易断，仅剩如箭的茎叶，故而《植物名实图考》称其名为"一支箭"。（马平／文）

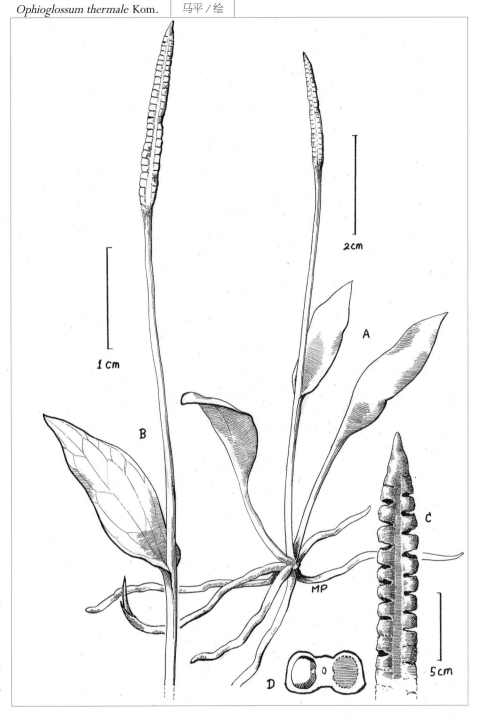

A.植株；B.植株上部；C.孢子叶一段；D.孢子叶横切面观

紫萁

Osmunda japonica Thunb.　　江苏省中国科学院植物研究所／图

真蕨纲
Polypodiopsida

瓶尔小草目
Ophioglossales

紫萁科
Osmundaceae

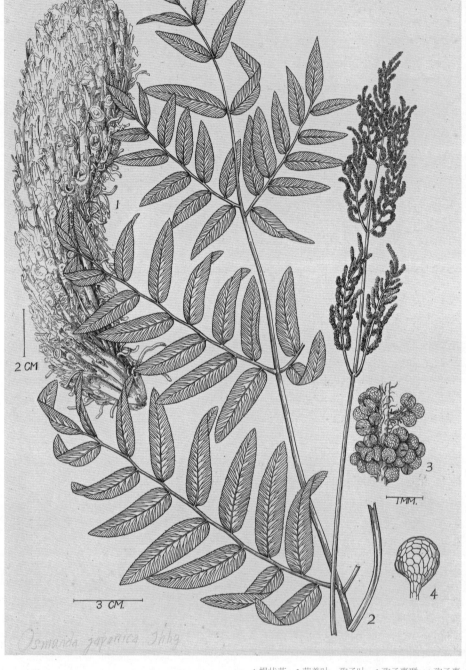

1.根状茎；2.营养叶、孢子叶；3.孢子囊群；4.孢子囊

紫萁科共 6 属 18 种，紫萁属约 15 种，分布于北半球的温带和热带；我国有 8 种。紫萁前人称"薇"。根状茎粗壮，直立或斜升，往往形成树干状的主轴，有密复宿存的叶柄基部。叶大，簇生，二型或同一叶的羽片为二型，一二回羽状，幼时被棕色棉绒状的毛。孢子叶或羽片紧缩。孢子囊球圆形，有柄，边缘着生，自顶端纵裂。孢子为球圆四面形。（孙久琼／文）

芒萁

Dicranopteris pedata (Houtt.) Nakaike 　　江苏省中国科学院植物研究所／图

真蕨纲
Polypodiopsida

瓶尔小草目
Ophioglossales

里白科
Gleicheniaceae

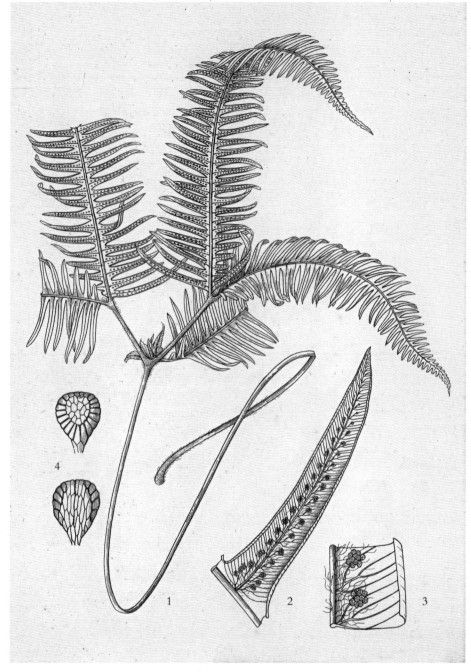

1.植株；2.叶的羽片；3.羽片一段示孢子囊群；4.孢子囊背腹面

里白科有6属约157种。芒萁属属名中"*dicran*"意为"干草叉"，全属有20余种，分布于旧大陆热带或亚热带地区。我国有6种，广布于长江以南，为酸性土的指示植物，生于荒坡或林缘，在森林砍伐后或放荒后的坡地上常成优势群落，耐旱且耐贫瘠。芒萁根系发达，地下茎具有无限分支的特性，可交叉分枝、节节生根，庞大的根系组成一个密集的根网，抗水流冲刷、固土能力特别强，成为促进南方水土流失区植被恢复的首选植物。（孙久琼／文）

通过细长叶柄的迂回和转折，宽阔、对裂叶片的截断和扭转，既能表达植物的特点，又让植物生动起来。

（马平／评）

海金沙

Lygodium japonicum (Thunb.) Sw. 　韦光周／绘

真蕨纲
Polypodiopsida

瓶尔小草目
Ophioglossales

海金沙科
Lygodiaceae

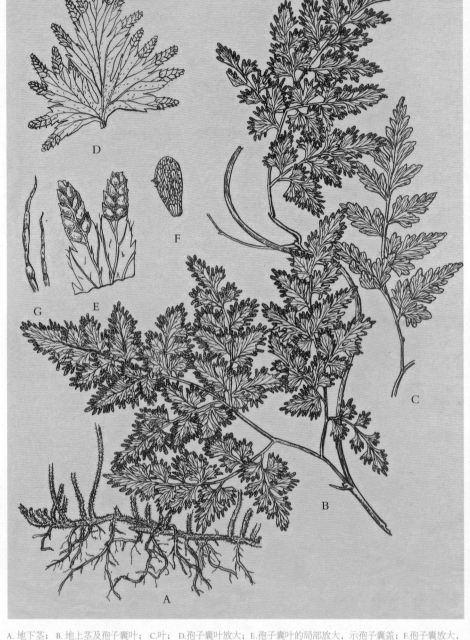

A.地下茎；B.地上茎及孢子囊叶；C.叶；D.孢子囊叶放大；E.孢子囊叶的局部放大，示孢子囊盖；F.孢子囊放大，示环带的位置；G.地下茎上的节毛

海金沙科为单属科，约40种，均为陆生攀缘植物，根状茎颇长；叶单轴型，叶轴缠绕攀缘，常高达数米；叶脉通常分离，少为疏网状；孢子囊近梨形，生于小脉顶端。

海金沙多生于南方地区。长 1～4 m，根状茎细而匍匐。茎细弱，叶为一二回羽状复叶。子束群有帽状弹性环，成熟时开裂，散出许多金褐色孢子于地面，故而得名"海金沙"。（孙久琼／文）

绘者为裴鉴主编的《中国药用植物志》（第1册）绘制了全部图版，这是其中一幅。画面构图完整，充分表达物种的形态特点，尤其很好地表现了叶缘孢子囊群。（马平／评）

槐叶蘋

Salvinia natans (L.) All. | 王锡昌、刘筱蕴 / 绘

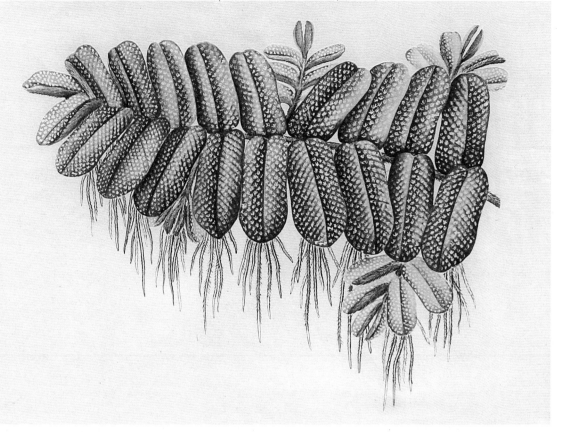

真蕨纲
Polypodiopsida

槐叶蘋目
Salviniales

槐叶蘋科
Salviniaceae

槐叶蘋科为异形孢子蕨类，有满江红属和槐叶蘋属，共有约 20 种。槐叶蘋属有 12 种，其中有些种类被认为是杂交种，我国仅分布有槐叶蘋。槐叶蘋广布于长江流域、华北以及东北的水田、池塘或沟渠内，远至新疆也有它的踪影。在夏秋之际漂浮在流速缓慢的淡水之中。槐叶蘋因叶子形似槐树的羽状叶而得名，喜欢生长在温暖、无污染的静水水域上。茎横生，叶 3 列轮生，其中 2 列叶浮于水面，第 3 列叶生于水下，分裂成细丝状，褐色，外形似根（假根）。漂浮叶绿色，圆形、椭圆形或长卵形，全缘。槐叶蘋有净化水质的功用，能降低水中的氮、磷等含量。（杨梓 / 文）

引自《初中课本生物教学挂图·蕨类植物》

真蕨纲
Polypodiopsida

槐叶蘋目
Salviniales

槐叶蘋科
Salviniaceae

满江红属植物水生，约 7 种。 植株呈三角形，浮于水面。叶极小，鳞片状，互生，2 行覆瓦状排列于茎上。每个叶片分裂成上下重叠的 2 个裂片，上裂片为红褐色或绿色，行光合作用，常有固氮蓝藻（鱼腥藻 *Anabeana*）共生其中；下裂片沉没于水中，膜质，上面着生孢子囊果。生长非常迅速，很快在水面上布满一层，秋冬季变成红色，故得名满江红。满江红可以作为鱼类以及家畜的饲料，也可以作为中药使用。广布于我国长江以南各省区，多栖于净水小水池中。是优良的生物肥源，栽培于稻田，对水稻可起到良好的增产作用。

（杨梓／文）

灰背瘤足蕨

Plagiogyria glaua（Blume）Mett. 韦力生／绘

真蕨纲
Polypodiopsida

桫椤目
Cyatheales

瘤足蕨科
Plagiogyriaceae

瘤足蕨科是一个很自然的单属的科，11 种，为陆生中型蕨类植物。但在分类系统上是孤立的，分布于亚洲热带和亚热带，仅有 1 种分布在亚洲温带，中南美洲也仅分布 1 种。我国产 8 种，生于潮湿的林下，酸性土的土生植物。灰背瘤足蕨隶属瘤足蕨科瘤足蕨属。根状茎粗，直立或略弯，具有圆柱状的主轴。营养叶的柄长 20 ～ 30 cm，粗而坚硬，从基部向上通体有明显的长形气囊体；叶片长 50 ～ 60 cm，长圆形，顶端为短尾状；羽片较长、较宽，几对生，下面粉白色。孢子囊群为近叶边生，位于分叉叶脉的加厚小脉上。生于林下溪边，产于云南西北部、西藏东南部，向西分布到至缅甸及印度北部。（孙久琼／文）

1.根状茎；2.营养叶；3.孢子叶

画面规整，整体效果较好。由于植株较高，采取了反折营养叶和孢子叶的处理方式。这也是科学画的常用方式。（马平／评）

黑桫椤

Gymnosphaera podophylla (Hook.) Copel.　马平 / 绘

真蕨纲
Polypodiopsida

桫椤目
Cyatheales

桫椤科
Cyatheaceae

桫椤是桫椤科植物的泛称，也叫树蕨，是世界上唯一的木本蕨类孑遗植物。桫椤有着高大的直立茎，大形羽状复叶簇生于茎的顶端，远远看上去像是棕榈或苏铁，近看则会发现羽叶背面的孢子囊群。虽被称为树蕨，但它的茎不同于种子植物的树干，没有能不断加粗生长的形成层。根是从茎干下部长出来的不定根，牢牢支撑着高大的茎干。叶柄脱落后会在茎干上留下交互排列的菱形叶痕，有趣美观。桫椤科植物主要生长在热带和亚热带山区，约 600 种。我国分布在华南、西南地区，近 20 种。秦仁昌系统将桫椤分为白桫椤属 *Sphaeropteris*、桫椤属 *Alsophila* 和黑桫椤属 *Gymnosphaera*。桫椤、白桫椤喜阳，黑桫椤则耐阴，在热带山地密林下生长良好，构成植被的底层。约在 1.8 亿年前，桫椤是地球上最繁盛的植物，与恐龙一起成为"爬行动物时代"的两大标志。现存的所有桫椤都被列入国际濒危物种。桫椤为我国特有，被列为国家重点保护野生植物（第一批）Ⅱ级。（杨梓 / 文）

黑桫椤是热带、亚热带植被中重要的孑遗物种，虽不很高大但群聚而生的景观令人难忘。这幅画作表现出黑桫椤群落郁郁葱葱的景象，对光线的表现使画面呈现出苍茫之感，颇有返古意境。（穆宇 / 评）

扇叶铁线蕨

Adiantum flabellulatum L. | 江苏省中国科学院植物研究所／图

真蕨纲
Polypodiopsida

水龙骨目
Polypodiales.

凤尾蕨科
Pteridaceae

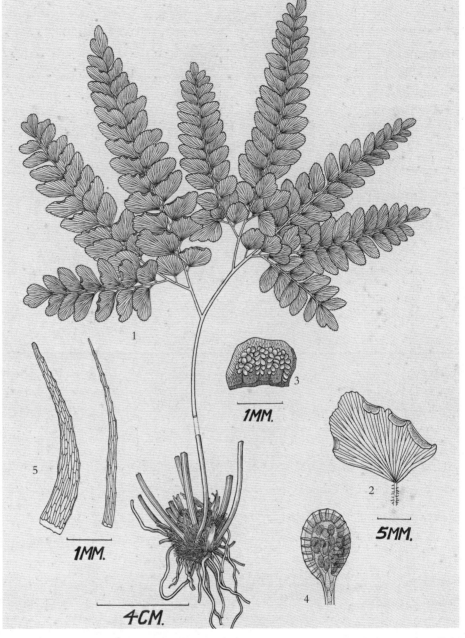

1.植株；2.叶片背面；3.孢子囊群；4.孢子囊；5.鳞片

凤尾蕨科含 5 个亚科，53 属约 1211 种，铁线蕨属是蕨类中的一个大属，有 225 余种。拉丁文 "flabell" 是"小扇子"之意。扇叶铁线蕨多生于石灰化红壤和红黄壤上，是酸性土的重要指示植物。该属除扇叶铁线蕨外，还有半月铁线蕨、荷叶铁线蕨、铁线蕨等都是重要的观赏植物，淡绿色薄质叶片搭配着乌黑光亮的叶柄，显得格外优雅飘逸。其中荷叶铁线蕨因其形态的独特以及其系统学上的意义，现已经被列为国家重点保护野生植物名录（第二批）Ⅰ级物种，是蕨类中除树蕨外为数不多的几种保护植物之一。（孙久琼／文）

该图画面整齐规范，叶脉尤为精致。应该注意的是由于叶柄很长，无法完整展示，采取了中间断开并用虚线相连接的处理，这是植物科学画常用的手法。绘者用线讲究，认真地把控了整体的明暗关系，使解剖图都在一个光线色调中。（马平／评）

Cyclosorus acuminatus (Houtt.) Nakai ex H. Itô   江苏省中国科学院植物研究所／图

真蕨纲
Polypodiopsida

水龙骨目
Polypodiales

金星蕨科
Thelypteridaceae

渐尖毛蕨是金星蕨科毛蕨属分布最广泛的物种，从秦岭南坡一直分布到海南，常生长于100～2 100 m 的林缘荒坡。因其分布范围广，形态变异幅度大。渐尖毛蕨的分类界定非常困难。渐尖毛蕨在民间常被用于治疗消化不良、小儿疳积、痢疾泄泻、热淋、烧烫伤、狂犬咬伤、咽喉肿痛、风湿痹痛等，同时具有较强的降血脂、降血糖作用，以及肾保护潜力。（孙久琼／文）

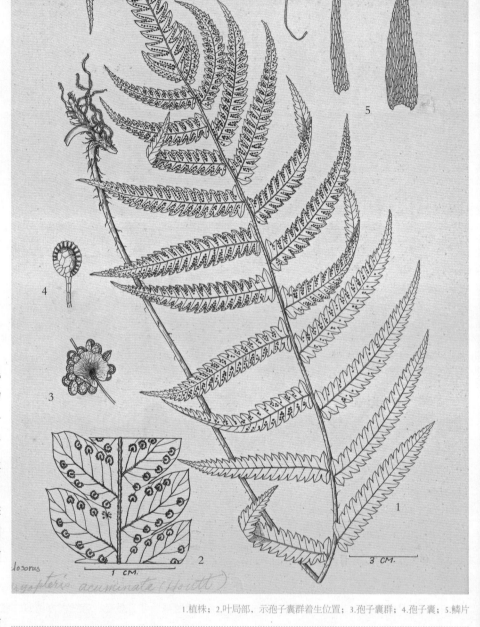

1.植株；2.叶局部，示孢子囊群着生位置；3.孢子囊群；4.孢子囊；5.鳞片

Matteuccia struthiopteris (L.) Todaro　王利生 / 绘

真蕨纲
Polypodiopsida

水龙骨目
Polypodiales

球子蕨科
Onocleaceae

1.孢子叶、营养叶和根；2.孢子叶横切面观

莢果蕨的叶片分为二回羽裂的不育叶和一回羽裂的孢子叶。不育叶先出，交互着生于短而直立的根状茎上，孢子叶短而挺立于中央。莢果蕨的名字源自于孢子叶的形态。深褐色的线形不育叶的两侧强度反卷成莢果状，排列呈念珠形，包裹着孢子囊群，孢子囊群圆形，成熟时连接而成为线形，十分独特。羽片反卷形成有节的"莢果"状孢子囊穗，整株宛如雕琢着花纹的绿色漏斗，楚楚动人。（孙久琼 / 文）

Athyrium yokoscense (Franch. et Sav.) Christ 　张桂芝 / 绘

真蕨纲
Polypodiopsida

水龙骨目
Polypodiales

蹄盖蕨科
Athyriaceae

1.植株；2.小羽片；3.孢子囊群；4.鳞片

蹄盖蕨科植物通常为中型至大型土生蕨类，可作观赏植物，一些种类还具有经济价值，例如东北蹄盖蕨 *Athyrium brevifrons*（俗称猴腿）和南方的菜蕨 *Diplazium esculentum* 等，均为常见野菜。禾秆蹄盖蕨是蹄盖蕨属种类，产于东北、华北和华东地区，生于海拔 100～2 200 m 的山谷溪流边或杂木林缘。形态优美，根状茎直立，先端密被黄褐色、狭披针形的鳞片。叶柄基部深褐色，密被与根状茎上同样的鳞片；叶片长圆形状披针形，叶片基部有时缩短；孢子囊群小，但十分密集，未成熟时淡灰色，成熟后棕褐色，十分好看。囊群盖全缘。拉丁文属名 "*athyri*" 是 "开着" 或 "门" 之意，意指其囊群盖开放较早。（孙久琼 / 文）

Polystichum caruifolium (Baker) Diels ｜ 江苏省中国科学院植物研究所／图

真蕨纲
Polypodiopsida

水龙骨目
Polypodiales

鳞毛蕨科
Dryopteridaceae

鳞毛蕨科有3亚科26属2115种，其中耳蕨属有500余种，是温带地区的类群。峨眉耳蕨生于我国西南地区，分布在海拔800～1500 m，主要生长在郁闭阴湿的林地溪边、瀑布间，或者依附在树干、岩石之上。该种最突出的特点是由于羽片基部的小羽片明显较长，形成了像耳朵一样的突起。除了这一特征之外，其叶片高达三四回羽状细裂，形成了非常细碎的效果，其孢子囊群位于末回裂片上部，生在小脉顶端，如同一张纵横交错网络上的网点一般，是非常好的野生观赏植物。（孙久琼／文）

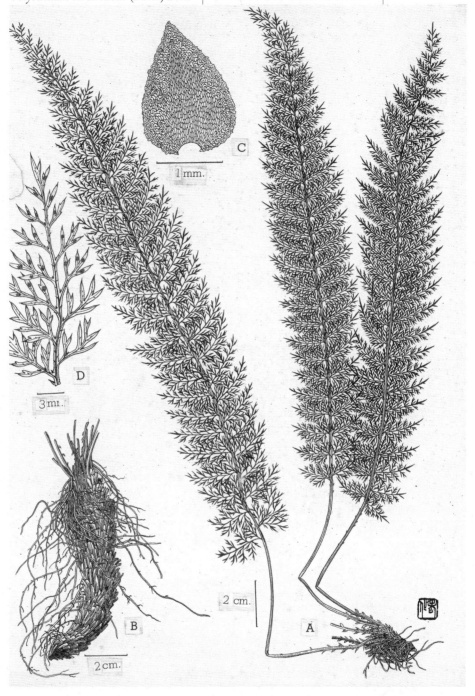

A.植株；B.根状茎；C.鳞片；D.部分叶羽片背面

Nephrolepis cordifolia（L.）C. Presl.　江苏省中国科学院植物研究所／图

真蕨纲
Polypodiopsida

水龙骨目
Polypodiales

肾蕨科
Nephrolepidaceae

肾蕨科为单型科，约有 19 种。肾蕨根状茎被蓬松的淡棕色长钻形鳞片，匍匐茎棕褐色，四方横展不分枝。叶簇生，略有光泽，一回羽状。孢子囊群成一行位于主脉两侧，肾形。肾蕨背面有大量孢子囊，用来繁殖后代。原产热带和亚热带地区，中国华南各地山地林缘有野生。常地生和附生于溪边林下的石缝中和树干上，是国内外广泛应用的观赏蕨类，除园林应用外，肾蕨还是传统的中药材。我国传统冠以此物种名称，如蜈蚣草、圆羊齿、篦子草等，可见前人对其倍加关注。肾蕨块茎富含淀粉，可食，亦可供药用，可吸附砷、铅等，被誉为"土壤清洁工"。（孙久琼／文）

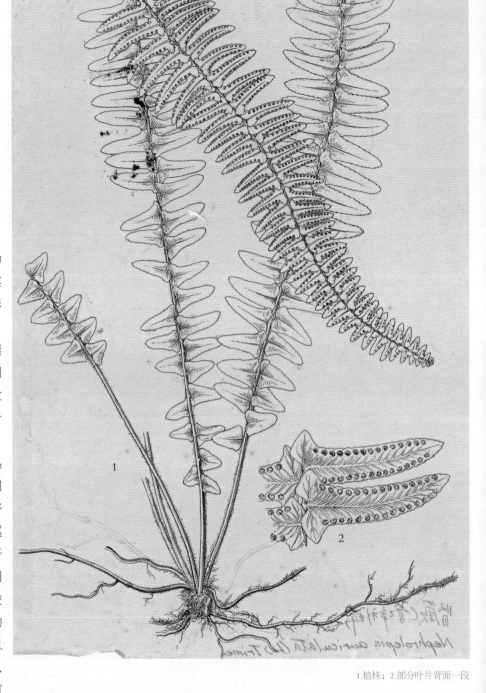

1.植株；2.部分叶片背面一段

骨碎补

Davallia mariesii T. Moore ex Bak. 江苏省中国科学院植物研究所 / 图

真蕨纲
Polypodiopsida

水龙骨目
Polypodiales

骨碎补科
Davalliaceae

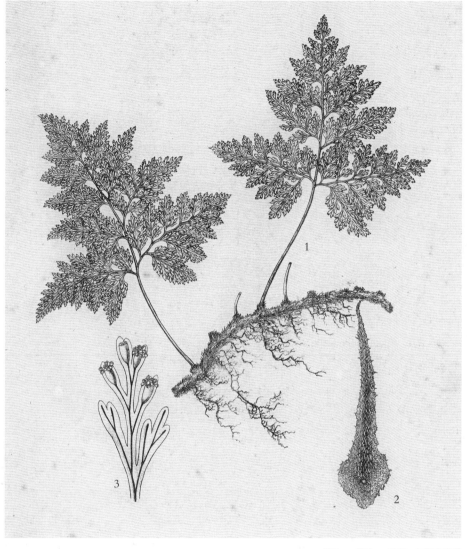

1.植株；2.鳞片；3.叶背，示孢子囊群

PPG 系统的骨碎补科为单型科，仅1属65种，多为中型附生，少有土生。骨碎补的根状茎长而横走，通常密被鳞片。叶通常革质，坚厚，无毛，为多回羽状细裂，叶脉分离，小脉分叉。叶孢子囊群着生于小脉顶端，孢子囊的柄细长，孢子椭圆形，不具周壁，外壁具疣状纹饰。骨碎补原生于东亚和日本，适合用作切叶的蕨类植物，市场上常叫作狼尾蕨，因为其根茎裸露在外，肉质，表面贴伏着褐色鳞片与毛，很似狼尾。（孙久琼 / 文）

这幅画构图灵巧。植株自然侧斜，极富韵味，根部的表达尤其自然，也使得下部充满和谐氛围。（马平 / 评）

Lepisorus asterolepis (Baker) Ching ｜ 王利生／绘

真蕨纲
Polypodiopsida

水龙骨目
Polypodiales

水龙骨科
Polypodiaceae

水龙骨科是蕨类中最进化的类群，通常为附生，很少土生。水龙骨科包括 6 个亚科，约 65 类 1 652 属。全世界广布，亚洲热带和亚热带与热带美洲为分布中心。我国有 35 属 250 余种。根状茎横走，被盾状着生的鳞片。黄瓦韦的种加词中 "*astero*" 意为 "星状"。叶一型或二型，基部以关节着生于隆起的叶足上；叶片单一，全缘或分裂，一回羽状，偶有多回；叶脉网结，网眼内有分枝的内藏小脉，小脉顶端有水囊。该科有些植物具有重要的药用和观赏价值，如石韦属、槲蕨属为常见中草药，鹿角蕨有很高的观赏价值。（孙久琼／文）

1.植株；2.孢子囊群上的盾形鳞片；3.茎上鳞片；4.叶背鳞片

抱石莲

Lemmaphyllum drymoglossoides (Baker) Ching | 陈月明 / 绘

真蕨纲
Polypodiopsida

水龙骨目
Polypodiales

水龙骨科
Polypodiaceae

抱石莲隶属伏石蕨属。该属为小型蕨类，石生或附生，约9种，包含了传统定义的狭义伏石蕨属 *Lemmaphyllum*、骨牌蕨属 *Lepidogrammitis* 和高平蕨属 *Caobangia*。华南为其分布中心，少数物种分布于印度、日本、马来西亚、缅甸、菲律宾和泰国；我国分布5种，其中2种为特有。本属植物多为传统中药。

抱石莲根状茎细长横走，粗如铁丝，淡绿色，疏被具粗筛孔的鳞片，或近光滑。叶二型，营养叶片倒卵形，孢子叶片长披针形；叶柄短或近无柄；孢子囊群圆形，分离，在主脉两侧各排成1行。生于海拔200～2 200 m的山谷溪流边和杂木林缘，附生树干或岩石上。（孙久琼 / 文）

1.植物生长状态；2.营养叶；3.孢子叶；4.茎上鳞片；5.子囊群上盾形鳞片

此物种的特点之一是叶的表面和背面颜色完全不同，对比强烈。画作清晰准确地表达出这一特殊性状。（马平 / 评）

Neolepisorus ovatus (Bedd.) Ching | 冯澄如／绘

真蕨纲
Polypodiopsida

水龙骨目
Polypodiales

水龙骨科
Polypodiaceae

在秦仁昌系统（1954）中，该种被认为是水龙骨科扇蕨属单叶扇蕨 *Neocheiropteris phyllomanes* Ching，后改为盾蕨属剑叶盾蕨。该种根状茎匍匐甚广，半土生；鳞片密生，卵形，渐尖头；叶远生，直立，柄长 10 ~ 17 cm，或过之，下部具细长鳞片，叶片长卵形，长13 ~ 23 cm，基部截形或圆楔形，或间为楔形，全缘，或下部具 1、2 对裂片，或 1、2 回羽状分裂，厚纸质，淡绿色，上面光滑，下面略具鳞片，侧脉明显，开展，几达叶边；子囊群形圆体大，不规则排列或向叶端为一列。主要分布于我国云、川、贵、粤、桂、鄂、皖、赣、浙、苏、闽及台湾地区。（张宪春／文）

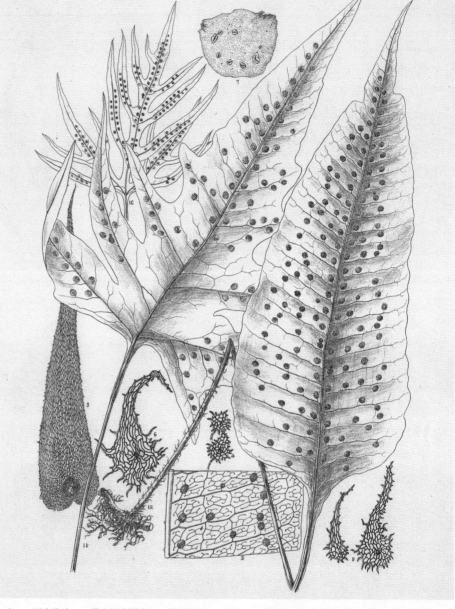

1.叶：1a.近全缘叶；1b.具少数分裂叶；1c.具羽裂叶；2.叶的一部分放大，示其叶脉和孢子囊群的位置；3.茎上鳞片；4.孢子囊群上的盾形鳞片；5.叶下面的鳞片；6.叶柄上的鳞片；7.茎的横断面，示其维管束的排列

这是冯澄如为秦仁昌主编的《中国蕨类植物图谱》（第二卷，1934）所绘制的插图（第89图），石版印刷。（马平／评）

雨林巢蕨

Bird's-nest fern in the Rainforest

马平／绘

真蕨纲
Polypodiopsida

真蕨目
Eufilicales

铁角蕨科
Aspleniaceae

巢蕨 *Asplenium nidus* L. 为铁角蕨属多年生阴生草本植物，因状似鸟巢，又名鸟巢蕨。铁角蕨科多为中型或小型的石生或附生草本植物（少数为攀缘植物），广布于世界各地，尤以热带为多，10 属 700 余种，我国现已知有 131 种，多分布在西南、华南的热带和亚热带区域。巢蕨附生于雨林中树干上或岩石上，植株高大，可超过 1 m。因其叶色苍翠、叶片硕大、叶形别致，具有很高的观赏价值，巢蕨已成为广泛应用的园艺植物。（杨梓／文）

这幅画作取材于海南岛霸王岭。画面中，在雨林植物庞杂交错的根、茎之间，一丛附生于植物上、根部硕大的巢蕨恣意生长，阳光洒落，水雾蒸腾，淋漓尽致地呈现出雨林特有的景观。（穆宇／评）

五

裸子植物

Gymnosperms

裸子植物因有胚珠而不同于蕨类植物，因胚珠裸露而无心皮包被等而又不同于被子植物。裸子植物普遍生长速度慢，从传粉到种子成熟时间长。苏铁类和买麻藤类完全或主要为昆虫传粉，银杏目和所有的松柏类均为风媒传粉。裸子植物现存 1 000 余种。本书裸子植物排列采用的是克氏系统（Christenhusz，2011）。该系统收录 4 亚纲 8 目 12 科 85 属，与传统分类系统相比，科级分类变化明显，把苏铁亚纲分成苏铁科和泽米铁科，松柏亚纲的杉科并入柏科，三尖杉科并入红豆杉科。该系统同时打破了传统松柏亚纲内科的排列顺序，把松科单独提升为松目，把南半球分布的南洋杉科和罗汉松科合并为南洋杉目，把金松科、红豆杉科和柏科并为柏目，买麻藤类仍保持传统的概念和处理。（龚奕青、杨永 / 文）

这幅钢笔画作绘制于 2010 年，耗时 4 个月、500 多个小时完成，为绘者植物生态画的代表作之一。绘者在湖南衡山野外考察采集时，时至黄昏，在工作间隙于路旁小憩，斜阳照入柳杉林中，一时间凝神忘我，此刻林中迷人的景象印入脑海，遂成此作。作品还原了该处柳杉林的生态环境，倒伏的树木是为整体构图根据取材而虚构的。生境中的植被群落一一准确还原。画面由近及远，由暗至明，光线的表达蕴藉独特。这幅作品画幅达半开，画面深邃，浑厚之中却又精细入微，令人惊叹。（穆宇／文）

现生裸子植物系统发育简树
Cladogram of Extant Gymnosperms

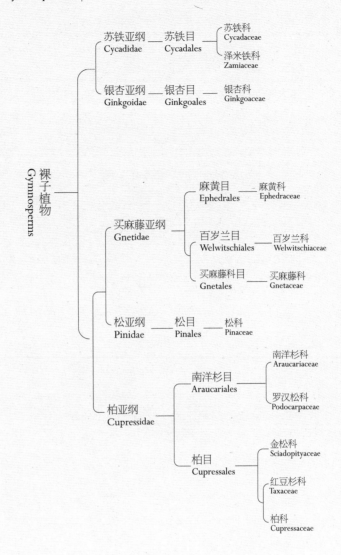

克里斯滕许斯系统（Christenhusz, 2011）中裸子植物为4亚纲，但其所参考的系统发育树中，如果松亚纲包含松目、南洋杉目与柏目，则为并系群，故在此基础上增加"柏亚纲Cupressidae"符合支序分类做法。

苏铁亚纲
Cycadidae

苏铁目
Cycadales

苏铁科
Cycadaceae

全世界苏铁属植物约有100种，零星分布于亚洲、非洲、大洋洲及太平洋岛屿。我国西南、华南和台湾地区有约23种野生苏铁分布。现存苏铁植物都是雌雄异株，繁殖器官为孢子叶球，均位于树干顶部，其中雄性的呈圆锥形，雌性的呈半球状。苏铁俗称铁树，因其木质密度大，入水即沉，沉重如铁而得名。苏铁四季常绿，寿命长，民间认为铁树开花，千年一见，是吉祥幸福的征兆，因此广为栽培。苏铁原在福建有野生分布，但因盗挖，破坏严重。四川苏铁是 1975 年郑万钧

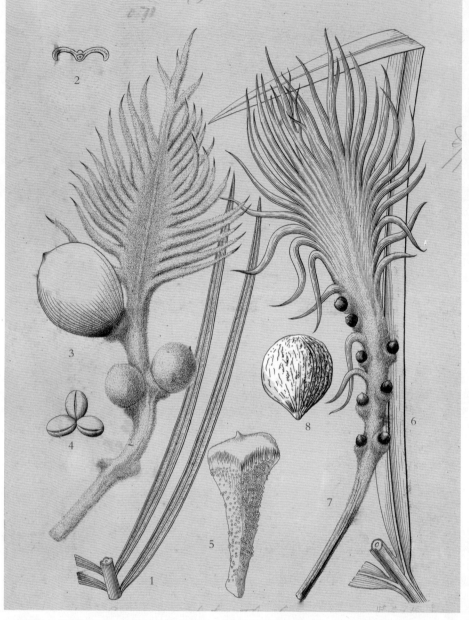

1～5.苏铁：1.羽状叶的一段；2.羽状裂片的横切片；3.大孢子叶及种子；4.孢子；5.小孢子叶的背面。6～8.四川苏铁：6.羽状叶的一段；7.大孢子叶及胚珠；8.种子

和傅立国依据栽培于四川峨眉山伏虎寺的植株为模式发表的种类，也是我国植物学者发表的第一个苏铁物种。四川苏铁为栽培个体，目前尚未发现有野外种群，也有研究报道仙湖苏铁 *Cycas fairylakae* 为四川苏铁的种下类群。四川苏铁在福建、广东、广西等地也有被栽培，且栽培历史悠久。（龚奕青 / 文）

该图为《中国植物志》插图原作，为早期的植物科学画。可见绘者严谨的创作态度和缜密的排线方式。经过多次出版后，图版上留下诸多修改痕迹，反映出它的历史印迹。（马平 / 评）

攀枝花苏铁

Cycas panzhihuaensis L. Zhou et S. Y. Yang | 曾孝濂／绘

苏铁亚纲
Cycadidae

苏铁目
Cycadales

苏铁科
Cycadaceae

Cycas panzhihaensis
L. Zeng 1997.9

攀枝花苏铁为我国特有，被列为国家重点保护野生植物名录（第一批）Ⅰ级，产于四川、云南。拉丁文种加词为分布的地名。它的发现，不仅表明横断山区仍存在有天然苏铁群落，而且把苏铁属植物分布的北界推移到北纬27°11′，对研究植物区系、植物地理、古气候、古地理及冰川都有重要的意义。（龚奕青／文）

生长良好的攀枝花苏铁的雄株可年年开"花"，雌株亦可两年开"花"一次。这幅画作表现的是攀枝花苏铁的雌株。作品构图完全抓住了该种植物最为吸引眼球的大孢子叶球成熟期，金黄色的大孢子叶熠熠生辉，极为美丽。（马平／评）

银杏

Ginkgo biloba L.　陈月明／绘

银杏亚纲
Ginkgoidae

银杏目
Ginkgoales

银杏科
Ginkgoaceae

1. "果"枝；2. 种子

银杏是著名的孑遗物种，上千年的古银杏树在国内屡见不鲜。银杏生命力极强，原因之一是其萌蘖能力强，树干和根上都能萌发不定芽，甚至伤口上也能发出新的枝条。很多老银杏树的主干其实早就腐朽了，但靠着萌蘖的新枝还一直活着，长成一小片树林。

银杏叶片秋天变黄，美丽的黄叶令其成为秋季重要的观叶树种。银杏还有一个别名叫公孙树，这是指种子萌发后性成熟慢。实际上银杏生长速度极快，堪称速生树种。银杏的扩散能力也很强，肯普弗（E. Kaempfer）把它带进西方人的视野不到200年，但如今欧洲和北美一些地方的森林里已经能看见银杏黄叶的景观了。（顾有容／文）

绘者用心良苦，此图构图大气、疏密有致，既有紧凑叠加，上下又留出一定空间，韵味十足。叶上泛出的淡黄，既反映出秋季叶片开始转黄的发育期，又与果实的颜色相呼应，整幅画面色彩和谐。（马平／评）

买麻藤

Gnetum montanum Markgr. | 李赞谦 / 绘

麻黄亚纲
Gnetidae

买麻藤目
Gnetales

买麻藤科
Gnetaceae

买麻藤类植物是一类比较神秘的裸子植物支系，包含3个属：买麻藤属 *Gnetum*、百岁兰属 *Welwritschia* 和麻黄属 *Ephedra*。买麻藤为常绿木质大藤本，生于林中，缠绕于树上，种加词中"*montanum*"即生于"高山"之意。单叶对生，叶片革质或半革质，具羽状叶脉，小脉极细密呈纤维状，极似双子叶植物。花单性，多为雌雄异株。球花伸长成细长穗状，具多轮合生环状总苞；雄球花穗单生或数穗组成顶生及腋生聚伞花序，着生在小枝上，花穗上端常有一轮不育雌花；雌球花穗单生或数穗组成聚伞圆锥花序，通常侧生于老枝上。种子核果状，成熟时假种皮红色或橘红色。它也是常见的中药材，藤、根和叶都可以入药。

1.植株；2.雄球花穗的环状总苞；3.雄球花穗的一段；4.雄花；5.雌球花穗的环状总苞；6.雌球花穗的一段；7.种子

我国的植物学家通过最新的基因研究发现，买麻藤的基因组特征显著区别于其他已报道的种子植物（如针叶树、银杏、被子植物），在某些特定的特征上和现存最古的老被子植物无油樟"相似"。研究还发现，买麻藤在种子植物保守功能基因集合方面呈现出非常古老的状态，这为目前买麻藤类植物作为针叶树姐妹群的假说提供了新的研究思路。（张卫哲 / 文）

画作科学性强，雄器、雌器表达准确，画面又传出灵动感。（马平 / 评）

膜果麻黄

Ephedra przewalskii Stapf 　│　许春泉／绘

麻黄亚纲
Gnetidae

麻黄目
Ephedrales

麻黄科
Ephedraceae

膜果麻黄为麻黄属
Ephedra 灌木，茎的上
部密生分枝，形成密丛。
小枝绿色，节间粗长。
叶膜质鞘状，上部三裂，
裂片三角形，先端尖。
球花大梗并数个密集或
团状富穗花序，对生或
轮生于节上；球花苞片
膜质；雌球花苞片全部
离生，成熟时增长。种
子3粒，长卵形，包于
膜质苞片内。分布于我
国西北部的干燥沙漠地
区及干旱山麓，多砂石
的盐碱土上也能生长，
在水分稍充足的地区常
组成大面积的群落，或与梭梭、柽柳、沙
拐枣等旱生植物混生。（龚奕青／文）

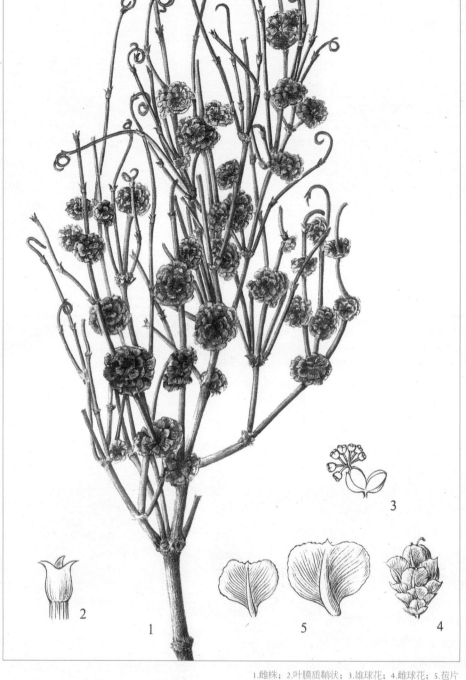

1.雌株；2.叶膜质鞘状；3.雄球花；4.雌球花；5.苞片

画作反映出膜果麻黄的生长状态，老茎和分枝过渡的色彩写实，膜质
苞片颜色准确。（马平／评）

油杉

Keteleeria fortunei (Murr.) Carr. 余汉平 / 绘

松亚纲
Pinidae

松目
Pinales

松科
Pinaceae

松科是裸子植物门种类最多的 1 科，约占全部裸子植物的 1/3，10 属 230 余种，多产于北半球。研究显示其可能起源于中生代初期的三叠纪统一泛大陆分裂以后。我国四川的威远地区晚三叠纪地层已经发现了松树孢粉化石，这是迄今最早的松树化石记录。油杉为松科油杉属 *Keteleeria* 常绿高大乔木。油杉属共 11 种，除 2 种产于越南外，其他均为我国特有种。油杉产于浙江南部、福建、广东、广西南部沿海山地；生于海拔 400 ~ 1 200 m、气候温暖、雨量多、酸性土红壤或黄壤的地带。（龚奕青 / 文）

1.球果枝；2.种鳞背面；3.种鳞腹面；4.种鳞腹面及种子；5.种子

这幅画作中，油杉圆柱形的直立球果气宇轩昂，葱翠的枝叶生意盎然。整幅画作的色彩饱满，富有古典气韵。局部解剖图也甚为细腻，可以观察到油杉种鳞边缘内曲，苞鳞中部收窄、上部三裂、中部锐头的细部特征。（马平 / 评）

Abies fabri (Mast.) Craib　孙西／绘

松亚纲
Pinidae

松目
Pinales

松科
Pinaceae

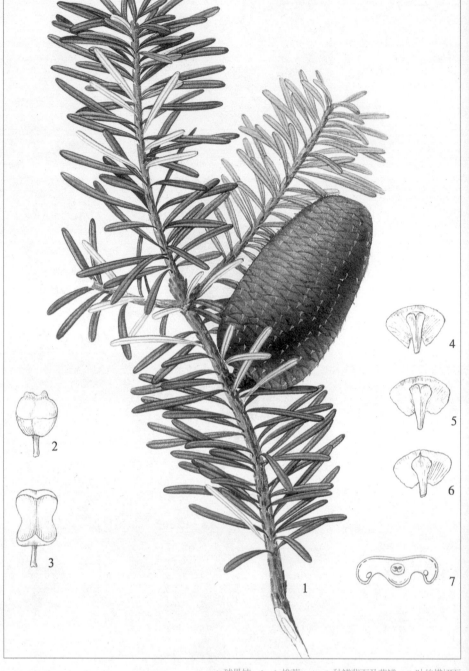

冷杉是高可达 40 m、胸径可达 1 m 的常绿乔木，为我国特有种。分布于川西、川西南海拔 2 000 ～ 4 000 m，常年湿润多雾的山区。模式标本采自于四川峨眉山。（龚奕青／文）

1.球果枝；2、3.雄蕊；4～6.种鳞背面及苞鳞；7.叶的横切面

在科学画中，如松柏等大型木本植物，常截取一小段枝条来表现其分类特征。画作真实地表现了物种的叶和果，因枝条的茎叶在表面有一层白蜡，所以呈蓝绿色的基本色调。将果枝的叶形与叶的横切面解剖图结合起来看，能够更加了解冷杉叶的显著特征。（马平／评）

百山祖冷杉

Abies beshanzuensis M. H. Wu

钱斌／绘

松亚纲
Pinidae

松目
Pinales

松科
Pinaceae

百山祖冷杉是中国特有的古老孑遗植物，被认为第四纪冰川期冷杉从高纬度的北方向南方迁移的结果，对研究植物区系演变和气候变迁等具有重要科学价值。百山祖冷杉仅发现于浙江省庆元县百山祖海拔1 700 m 的山坡林中，野生植株仅存 3 株。由于当地群众有烧垦的习惯，自然植被多被烧毁，百山祖冷杉分布范围狭窄，加之其开花结实的周期长，天然更新能力弱，物种濒临灭绝境地。1987 年物种存续委员会（SSC）将百山祖冷杉列为世界最濒危的 12 种植物之一，为我国特有，被列为国家重点保护野生植物名录（第一批）Ⅰ级。从 1991 年起，科研人员经过多年努力，百山祖冷杉已被成功育苗，这对于该种的保护和拯救具有深远意义。（张寿洲／文）

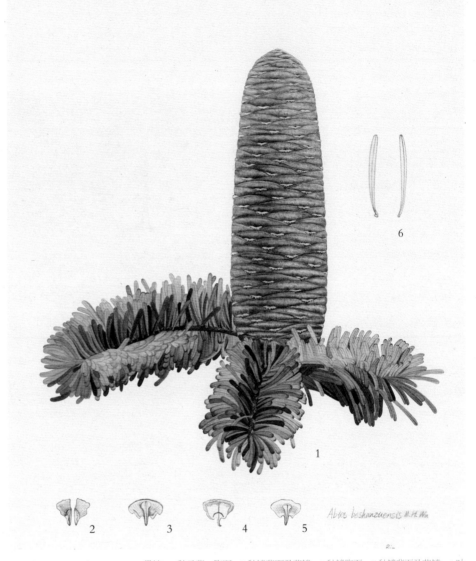

1.果枝；2.种子背、腹面；3.种鳞背面及苞鳞；4.种鳞腹面；5.种鳞背面及苞鳞；6.叶

画面构图平稳而不呆板，色彩运用甚为大胆，将硬刺状叶大面积淡化，仅少数叶着色如固有色，使得枝叶的色调和果实融为一体。球果的苞鳞上部反折表现精确。（马平／评）

Pseudolarix amabilis (Nelson) Rehd.　李爱莉 / 绘

松亚纲
Pinidae

松目
Pinales

松科
Pinaceae

金钱松属仅金钱松 1 种，产于我国中部和东南部。其树姿优美，叶入秋后变金黄色，是美丽的庭院观赏树种。种加词意为"可爱的、娇美的"。金钱松是著名的孑遗植物，最早的化石出现于西伯利亚东北部晚白垩纪地层中，古新世时出现于挪威斯匹次卑尔根西部。美国、欧洲、亚洲中部及日本都发现过第三纪不同时期的该属化石。据化石资料推测，金钱松曾广泛分布于北纬 33° ~ 52° 地区，中更新世以前曾分布于我国华北地

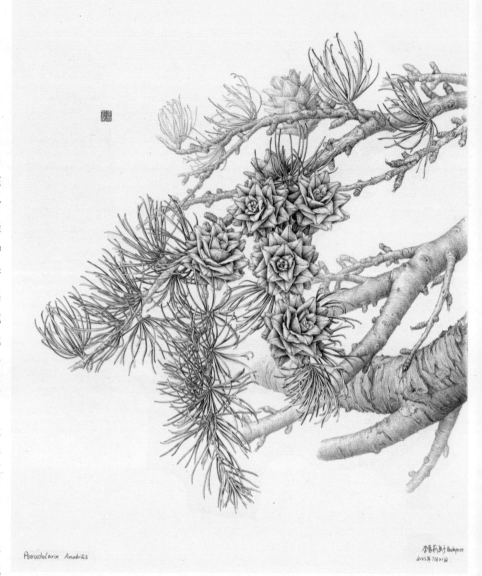

Pseudolarix Amabilis

区。更新世大冰期后，各地金钱松相继灭绝，只在长江中下游地区幸存下来。据 1304 年的《马可·波罗游记》记载，"江西鄱阳湖以南，河流迂回山间，山上为金钱松覆盖"，足见 700 多年前该属植物在江西还生长成林。金钱松现在处于濒危状态，我国特有，被列为国家重点保护野生植物名录（第一批）Ⅱ级。（龚奕青 / 文）

该画作为铅笔素描画，构图疏密合理，远近关系处理得当，主题突出，表现得很好。（马平 / 评）

黄杉	华东黄杉	
Pseudotsuga sinensis Dode	*P. gaussenii* Flous	张荣厚 / 绘

黄杉属是东亚和北美间断分布的重要类群之一，在我国分布有5种，我国特有，被列为国家重点保护野生植物（第一批）Ⅱ级，华东黄杉为我国特有树种。黄杉是第三纪孑遗物种，主要分布于华中以及云南、贵州等地。球果卵圆形或卵状椭圆形，中部种鳞近扇形或扇状斜方形；苞鳞向后反折。种翅较种子长。

1～8.黄杉：1. 球果枝；2. 种鳞背面及苞鳞；3. 种鳞腹面；4. 种鳞及苞鳞的侧面；5. 种子背腹面；6. 雌球花枝；7. 雄球花枝；8. 叶。9～13.华东黄杉：9. 球果枝；10. 种鳞背面及苞鳞；11. 种鳞腹面；12. 种子背、腹面；13. 叶

华东黄杉主要分布在东部亚热带高海拔地区。与黄杉的区别是该种球果常呈圆锥状卵圆形，基部宽、上部较窄，中部种鳞肾形，种翅与种子近等长。华东黄杉是优良的珍贵用材树种，近年来由于过度砍伐，加之种子本身可育力较低、自我更新较弱，使该种数量越来越少。（龚奕青 / 文）

此图为《中国植物志》插图原作。绘者以小毛笔绘制，线条纯熟、准确，最突出的是球果和种子的表达，极好地呈现了种鳞的纹理及其坚硬质感。（马平 / 评）

Larix sibiric Ledeb.　蔡淑琴 / 绘

松亚纲
Pinidae

松目
Pinales

松科
Pinaceae

落叶松属植物约 15 种，我国产 11 种。该属为浅根性落叶乔木，耐寒、喜光、耐干旱瘠薄，生长速度快，在我国分布广泛，是森林更新和造林的主要树种之一。

新疆落叶松分布于阿勒泰山系及天山东部。树高达 40 m，树皮暗灰色或深褐色，树冠尖塔形，一年生枝较粗淡黄色，叶倒披针状条形，长 2 ~ 4 cm，先端尖，中脉隆起，下面 2、3 条气孔线。球果褐色，卵圆形，长 2 ~ 4 cm，中部种鳞三角状卵形或菱形，先端圆，鳞背密生淡褐色柔毛，苞鳞紫红色，带状毛卵形。种子灰白色，斜倒卵圆形，种子连同种翅长 1 ~ 1.5 cm。（龚奕青 / 文）

1.雌球果枝；2.球果；3.种鳞腹面；4 ~ 6.种鳞及苞鳞背面；7.种子

画作较清秀。构图中枝条走向正确，因为此物种幼枝相对较软，簇生针叶同样较弱，球果色调准确。（马平 / 评）

Cathaya argyrophylla Chun et Kuang | 冯钟元 / 绘

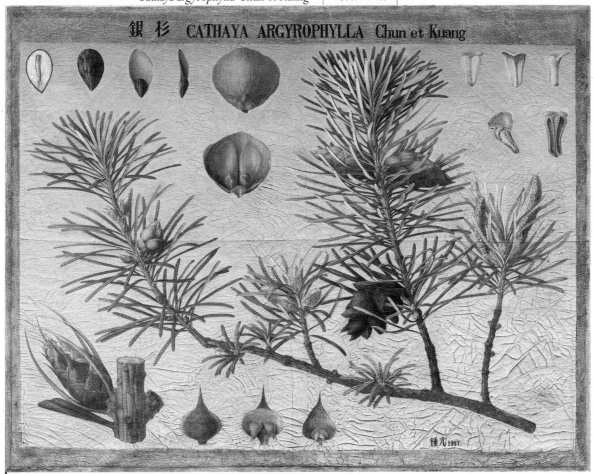

银杉 CATHAYA ARGYROPHYLLA Chun et Kuang

松亚纲
Pinidae

松目
Pinales

松科
Pinaceae

1955 年 5 月，植物学家钟济新带领调查队到广西桂林附近的龙胜花坪林区进行考察，采到了一种陌生的裸子植物。第二年春天，考察队员覃灏富与当地向导刘继信又在红崖山采集了具雌球花和种子的标本，并将这些材料寄给了陈焕镛教授进一步研究，最终确认为一个全新的属种——银杉属 *Cathaya*。1957 年，陈焕镛在苏联植物学年会上宣读了他与匡可任合作的论文《中国西部南部松科新属——银杉属》。1958 年，这篇文论以俄文和拉丁文双语发表于苏联植物学杂志《Botanicheskii Zhurnal》。冯钟元为这篇论文绘制了 6 幅详尽、精美的插图。遗憾的是，1958 年银杉属的发表因未为该属指定模式种，不符合国际植物命名法规的规定。直到 1962 年，陈焕镛和匡可任在《植物学报》（第 10 卷第 3 期）共同发表的论文《银杉——我国特产的松柏类植物》才将银杉指定为银杉属的模式种，正式发表。（李晓晨 / 文）

这幅画作是冯钟元在陈焕镛教授发表银杉属的当年专门为其绘制的大幅布面油画，145 cm×175 cm，现藏于中国科学院植物研究所。此画作在世界植物科学画史上亦属罕见之作。画作构图大气舒展，枝条苍劲有力，整幅画色调庄重肃穆。绘者掌握了银杉这一孑遗植物在植物进化中非同一般的重要性，在表现其精神面貌上下足功夫，表现出物种气宇轩昂的气质。物种的科学性表达完整，雄球花序、雌球花序和球果非常准确，雄球花药隔和药室，雌球花苞鳞三角状尾尖和珠鳞、球果种鳞形状和种子种翅等全部一一再现，为此物种的经典科学画作。（马平 / 评）

银杉

Cathaya argyrophylla Chun et Kuang ｜冯钟元／绘

松亚纲
Pinidae

松目
Pinales

松科
Pinaceae

银杉从发现之初，便和许多孑遗植物（如水杉、金钱松等）一样，被当成"活化石（living fossil）"的典型。这些孑遗植物在研究区系地理、古气候变迁和植物系统学等方面有重要的学术价值，作为旗舰种／伞护种，也极大地推动了自然保护区的建设与生物多样性的保护。在银杉的模式产地广西龙胜广福林区，也因为银杉的发现，即如今我们熟悉的花坪自然保护区。银杉属名"Cathaya"意为"华夏"，种加词"argyrophylla"意为"银色的叶"，因其叶子酷似杉形，叶背有两条平行白色气孔带的特征而得名。地质研究结果证实，银杉在新生代第三纪曾广布北半球欧亚大陆，第四纪冰川时，欧亚大陆冰川由于我国西南群山屏障，纬度低，成为一些生物的避风港，银杉等珍稀植物就这样保存了下来。20世纪50年代发现的银杉数量不多，且生存面积很小。（杨蕾蕾／文）

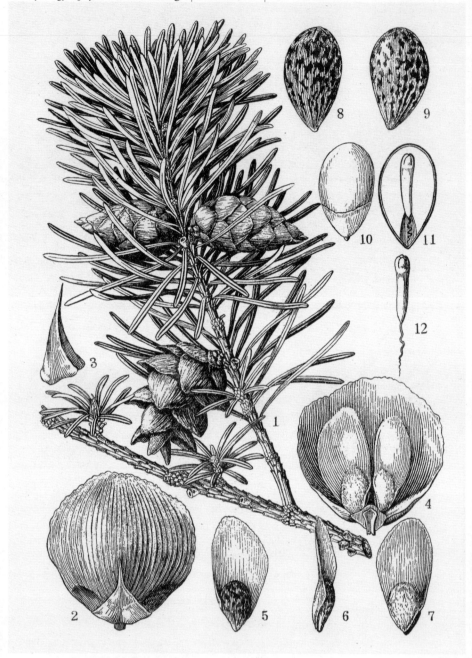

1.球果枝；2.种鳞和苞鳞背面；3.苞鳞的侧面；5～7.种子的腹面、侧面和背面；8、9.去掉种翅的种子背、腹面；10.脱去种皮的种子；11.种子纵切示子叶；12.子叶

这是1962年《植物学报》（第10卷第3期）论文《银杉——我国特产的松柏类植物》3幅插图中的1幅，充分体现了绘者的钢笔画、科学画功底，以及绘者与分类学家之间的密切配合，是其科学画的代表作之一。（马平／评）

红皮云杉

Picea koraiensis Nakai | 孟玲 / 绘

1.球果枝；2.叶；3.叶的横切面；4.种鳞腹面；5.种鳞背面；6、7.种子背、腹面

红皮云杉为常绿乔木，高达 30 m。一年生枝淡红褐色,叶辐射伸展，枝下面叶向上弯曲，先端尖，横切面菱形，四面有气孔线。雄球花生于叶腋，下垂。球果单生枝顶下垂，卵状圆柱形成长卵圆柱形，成熟后绿黄褐色或褐色；中部种鳞倒卵形，先端圆，基部宽楔形；苞鳞条状。种子黑褐色，连同翅倒卵形。红皮云杉是我国东北地区重要的用材树种，主要分布在小兴安岭和长白山区，常与其他针叶树、阔叶树混生成林。（龚奕青 / 文）

球果的颜色非常准确、优美。叶片气孔带的表达清晰。叶的横切显示出红皮云杉的四棱形叶的基本形态。种鳞、种子表达准确。（马平 / 评）

油松

Pinus tabuliformis Carr.　许梅娟／绘

松亚纲
Pinidae

松目
Pinales

松科
Pinaceae

油松为中型常绿乔木，高达 25 m，树皮灰褐色。针叶二针一束，深绿，粗硬，长 10 ~ 15 cm，叶横切面半圆形，两面均具气孔线。球果卵形或圆卵形，长 4 ~ 9 cm，有短梗，下垂；成熟前绿色，之后淡褐色；中部种鳞近矩圆状倒卵形；种子卵圆形，褐色，连同翅长 1.5 ~ 1.8 cm。主要分布在华北、西北、东北，青海、四川等地也有分布。油松喜光，深根性树，喜干冷气候，在土层中扎根深，中性、酸性土壤均能生长。最为值得一提的是，在鄂尔多斯高原准格尔旗有一棵据称"油松王"的独树，有近千年历史，至今依然根深叶茂，显示出勃勃生机。（龚奕青／文）

红松

Pinus koraiensis Siebold et Zucc. | 张荣厚 / 绘

松亚纲
Pinidae

松目
Pinales

松科
Pinaceae

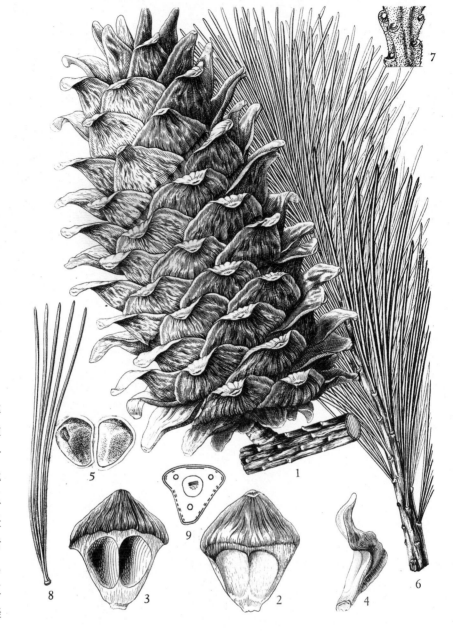

1.球果枝；2~4.种鳞背腹面及侧面；5.种子；6.枝叶；7.小枝一段；8.一束针叶；9.针叶的横切面

红松是松属的大乔木，主要见于长白山、完达山和小兴安岭，是海拔 1 800 m 以下山地针叶林和针阔叶混交林的优势种，寿命可达千年以上，在野生环境下能长到 30 m 高，因老树树皮呈红褐色，故名红松。其锥形球果很大，三五个簇生于枝顶，很是美丽。红松为半阴性树种，幼树喜阴，在阔叶林下见光少的地方生长。成树喜阳，可伸到群树之上争夺阳光。红松的繁殖器官是大小孢子叶球。成熟的雄球花开始释放花粉。红松从传粉到受精间隔长达 12 个月。花粉在胚珠顶部的花粉室里萌发后，会进入休眠越冬，直至第 2 年春天才继续生长，进入胚珠内部完成受精。（顾有容 / 文）

本图引自《中国植物志》，是张荣厚的科学画代表作之一。构图大气，解剖图完整展示了科学特征，种鳞和种子的质感也十分入画。尤为可贵的是球果昂扬的气势。此图将表现对象刻画得如此精美，不愧为典范之作。（马平 / 评）

罗汉松

Podocarpus macrophyllus (Thunb.) D. Don. | 韦光周 / 绘

柏亚纲
Cupressidae

南洋杉目
Araucariales

罗汉松科
Podocarpaceae

罗汉松属属名"*Podocarpus*"意为"果实有柄"，这里所说的"果实"其实是种子，所谓的柄其实是有肉质的种托。罗汉松近球形的种子犹如和尚的光头，赭红色到紫红色的种托好似僧袍。种加词"*macrophyllus*"意为"大叶"。罗汉松条状披针形的叶片在松柏类植物里的确算是相当宽大的。

罗汉松科的大多数种类都分布在南半球的热带和亚热带地区，罗汉松分布在我国东南沿海省份和日本南部，是其中最靠北的一个种。最早提到罗汉松的是清代陈淏子的《花镜》，且把它混在若干松柏类植物

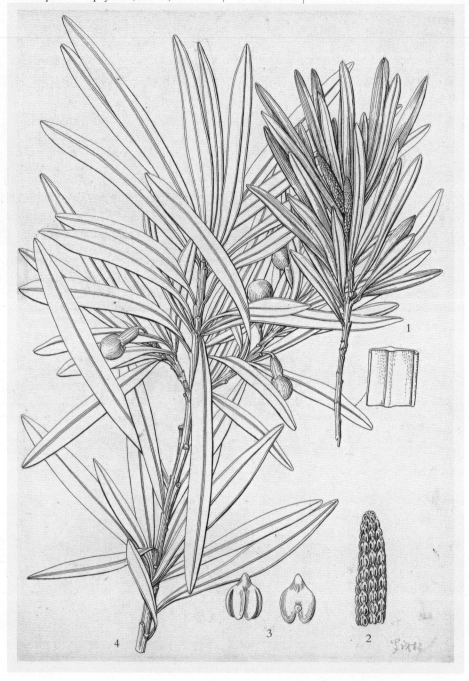

1.雄球花枝；2.雄球花序一段；3.雄蕊；4.种子枝

中一起介绍的。罗汉松并不是很怕冷，颐和园的万寿山在修建时便种植了很多罗汉松。从文献的描述上来看，罗汉松与其他松柏的用途也是一样的。在日本，园艺界更加青睐这种植物，无论园林造景还是盆栽，罗汉松都有较为悠久的应用传统。这一传统后来也影响了我国园艺界，尤其是以"露根盆景"著称的一些流派。当然，还是当作一种特别的"松"来用的。由于是盆景，叶片狭小的品种比较受欢迎，骨骼清奇的老桩更是弥足珍贵。（顾有容 / 文）

竹柏

Nageia nagi (Thunb.) Kuntze | 江苏省中国科学院植物研究所／图

柏亚纲
Cupressidae

南洋杉目
Araucariales

罗汉松科
Podocarpaceae

竹柏为古老的裸子植物，起源于距今约1.55亿年前的中生代白垩纪，有"活化石"之称，分布于我国长江流域以南地区及日本，是国家二级保护植物。竹柏为乔木，高达20 m，树皮红褐色。叶长卵形，长3.5～9 cm，宽1.5～2.5 cm。雄球花序常分枝。种子球形，径1.2～1.5 cm，熟时外面的套被暗紫色，有白粉。竹柏枝叶青翠而有光泽，树冠色泽浓郁，树形美观，是近年发展起来的优良风景树。叶片和树皮能常年散发缕缕香味，具有净化空气、抗污染和驱蚊的效果。（龚奕青／文）

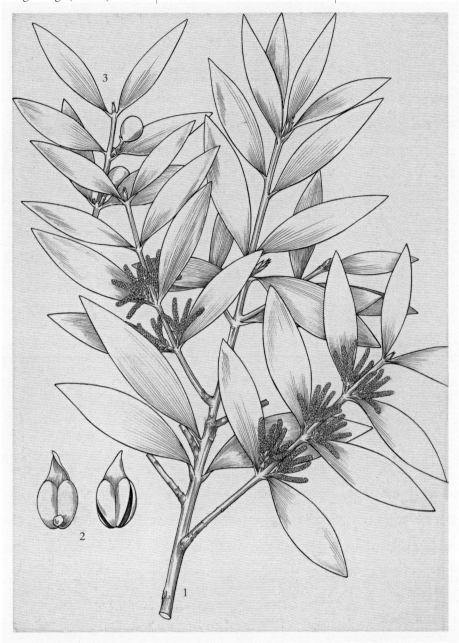

1.雄球花枝；2.雄蕊；3.种子枝

这幅画表达了雄球花枝和种子枝的不同之处，刻画精美，尤其叶脉的表现很好。（马平／评）

异叶南洋杉

Araucaria heterophylla (Salisb.) Franco | 江苏省中国科学院植物研究所／图

柏亚纲
Cupressidae

南洋杉目
Araucariales

南洋杉科
Araucariaceae

1.小枝一段；2.球果；3.苞鳞及种鳞

异叶南洋杉原产于大洋洲诺和克岛，在原产地高可达50 m以上，树干通直，树冠塔形，树形优美，是珍贵的观赏树种。我国华南等地引种栽培，作庭院树用。在上海、南京、西安、北京等地可为盆栽，但冬季须置于温室越冬。（龚奕青／文）

该种植物的二型叶多而密集，看似平淡无奇的一幅图，若没有心静如水的定力，是无法完成的。（马平／评）

水杉

Metasequoia glyptostroboides Hu et W. C. Cheng | 张荣厚 / 仿绘自冯澄如图

柏亚纲
Cupressidae

柏目
Cupressales

柏科
Cupressaceae

水杉是"活化石"植物，这种落叶乔木树姿优美，叶形别致，是常见的庭园绿化树种，秋日里，一树金黄，甚是迷人。1948 年，胡先骕与郑万均发表水杉这一新的孑遗物种后，在全世界植物学界引起轰动。在国际友人的支持下，原中央大学森林系（现南京林业大学）在南京成立了水杉研究中心，并建立起水杉苗圃基地。科学家们从湖北采集标本后，就在这里大量进行育种和繁殖。水杉被发现和科学命名后育成的第一批水杉苗木就被种植在南京，中山陵、南京林业大学、御道街两旁等是全国乃

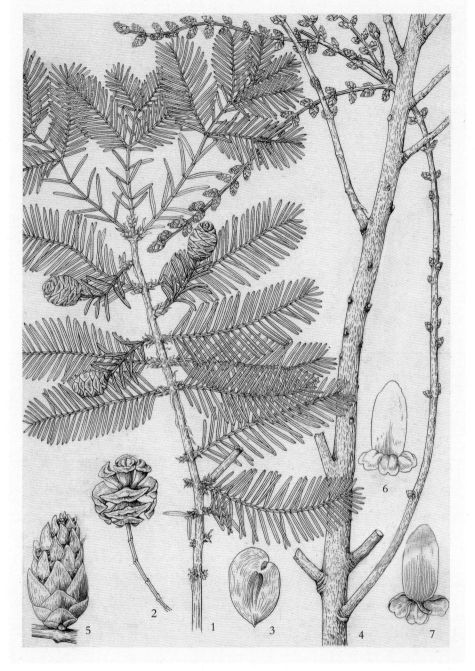

1.球果枝；2.球果；3.种子；4.雄球花枝；5.雄球花；6.雄蕊背面；7.雄蕊背腹面

至全世界第一批种植水杉的地方。南京成为水杉树种的传播发散地。水杉适应性强，现在北京以南各地都有引种，尤以东南各省和华中各地栽培最多。目前世界上已有 50 多个国家和地区引种栽培。（龚奕青 / 文）

这幅图是张荣厚根据1948年《静生生物研究所汇报》上冯澄如为胡先骕、郑万均发表的水杉新种论文绘制的新种图仿绘的原作，该图为《中国植物志》水杉图版。小毛笔绘制，解剖详尽、准确。（马平 / 评）

水杉

Metasequoia glyptostroboides Hu et W. C. Cheng ｜ 李爱莉 / 绘

柏亚纲
Cupressidae

柏目
Cupressales

柏科
Cupressaceae

水杉生长迅速，30 年内平均每年能长高 1 m；无论用种子还是扦插繁殖都非常容易；适应能力又很强，甚至能短暂忍受 −40℃的低温。水杉的野生种群很小，只狭窄地分布于湖北、湖南和重庆交界的几个县，而且成年野生植株还在逐渐减少。我国濒危植物的保护和人工繁育往往只着眼于经济价值，忽视野生种群保护，这一倾向性在水杉身上体现得淋漓尽致。所幸这一物种由于已大量栽培，尚无灭绝之虞。（顾有容 / 文）

绘者于2004—2006年间，应匈牙利自然历史博物馆和美国国际树木研究所（IDRI）的邀请，数次前往匈牙利，为中国科学院植物研究所参与的"中匈裸子植物联合研究"项目绘制了数十幅插图。这批作品依照外方要求，皆为铅笔素描、单种图。画作构图优美，绘制精细，深得国际同行好评。（穆宇 / 评）

杉木

Cunninghamia lanceolata (Lamb.) Hook. 　李爱莉／绘

柏亚纲
Cupressidae

柏目
Cupressales

柏科
Cupressaceae

杉木为柏科杉木属种类，为我国特有种，广泛分布于秦岭、淮河以南地区。其革质针叶坚硬锐利，叶径有锯齿，故又有"千把刀"的俗称。杉木生长迅速、材木细腻又耐腐蚀，是我国南方造林面积最大的经济树种。杉木的属名"*Cunninghamia*"是以苏格兰外科医生詹姆斯·昆宁汉姆（James Cunningham）的名字命名的。1698 年，他作为外科医生被英国东印度公司派到厦门。在工作之余，他收集了大量植物标本和种子寄回英国，是西方到我国进行专业植物采集的第一人。1700 年，昆宁汉姆再次来到中国，从浙江舟山把杉木引种回英国的植物园，后来又传遍了全世界。在英语里，杉木常被叫做"中国杉"（China fir）。（张林海／文）

此画是铅笔素描作品。画作完整地记录了物种各部位的科学特征，雄球花序和雌球果序表达准确，尤其是果枝，其质感和形态表达完美，稳准的线条展示了叶的生活形态。小叶的形状和平展伸开的长势很准确，密密丛丛、层层叠叠交织于一起，鲜活地展示了该物种的基本生长状态。（马平／评）

水松

Glyptostrobus pensilis (Staunt.) Koch

张荣厚 / 绘

柏亚纲
Cupressidae

柏目
Cupressales

柏科
Cupressaceae

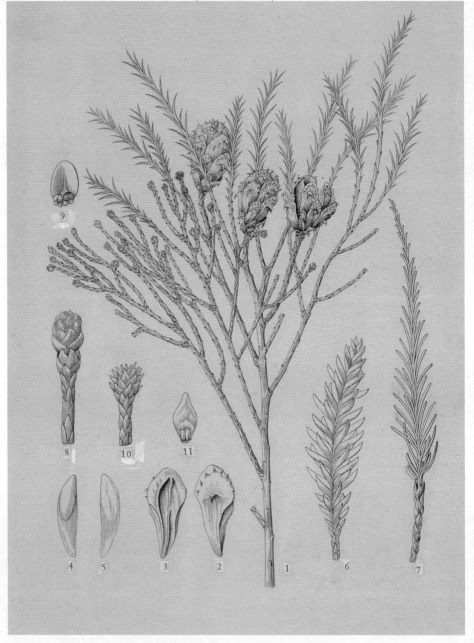

水松是水松属湿生高大乔木，也是我国特有种，分布于珠江三角洲和福建中部及闽江下游海拔 1 000 m 以下地区。高可达 25 m，树干基部膨大成柱槽状，吸收根伸出土面或水面；灰白色树皮纵裂成不规则的长条片；枝条稀疏，大枝近平展；短枝冬季脱落，主枝冬季不脱落。叶有多型，包括鳞形叶、淡绿色条形叶和条状钻形叶，其中后两种叶均于冬季脱落。水松雌雄同株，球花单生枝顶，花期在

1.球果枝；2.种鳞背面及苞鳞先端；3.种鳞腹面；4、5.种子背腹面；6.着生条状钻形叶的小枝；7.着生条状钻形叶（上部）及鳞形叶（下部）的小枝；8.雄球花枝；9.雄蕊；10.雌球花枝；11.珠鳞及胚珠

1—2 月，球果秋后方成熟。水松喜温暖湿润的气候及水湿的环境，但不耐低温，在其分布区内几乎已无天然林，在长江流域以南，目前多系人工栽培的树木。水松树形优美，常栽于河边、堤旁，既可美化环境，又有固堤护岸和防风之用。（梁璞 / 文）

该图为《中国植物志》插图原作，是该物种的早期经典图版，解剖图精准，学术专著中多采用此图。（马平 / 评）

侧柏

Platycladus orientalis (L.) Franco　　王伟民 / 绘

柏亚纲
Cupressidae

柏目
Cupressales

柏科
Cupressaceae

1.球果枝；2.叶；3.球果；4.种子

侧柏是常绿乔木，分布于亚洲东部，种加词"*orientalis*"意为"东方的"。株高达 20 m；小枝扁平，拉丁文属名"*platycladus*"意为"宽枝的""宽排成一平面"。叶鳞形，长 1～3 mm。雄球花黄色，卵圆形；雌球花蓝绿色，球状。球状果近卵圆形，木质开裂，红褐色；中间两对种鳞倒卵形，鳞被顶端下方有一向外弯曲尖头；种子卵圆形顶端微尖，稍有棱脊。木材淡黄色，富树脂，材质细密。自古以来就常栽植于寺庙、陵园和庭院中。（梁璞 / 文）

此物种的叶扁平展开，并且密丛、叠加，很难表现完整，使绘者总处于两难境地，但绘者绘出密不透风的形象，又拉出一部分来表达密枝的形态。再有，球果的果鳞显示得很清晰，用色也到位。（马平 / 评）

柏亚纲
Cupressidae

柏目
Cupressales

红豆杉科
Taxaceae

红豆杉又称紫杉，是第
四纪冰川时期的孑遗植
物，世界珍稀濒危物
种，国家一级珍稀保护
树种，被称为"国宝"。
分布于云南、贵州、四
川及其毗邻省份。乔木，
高达 30 m，雌雄异株，
种子成熟时具红色假种
皮。叶条形或披针形，
长 1～3.2 cm，平展排
列成两列。种子卵圆形，
生于杯状红色肉质的假
种皮中，常呈卵圆形。
红豆杉生长速度缓慢，
在自然条件下种子萌发
率极低。红豆杉树皮中
的紫杉醇有抗癌功效。
东北红豆杉分布于我国

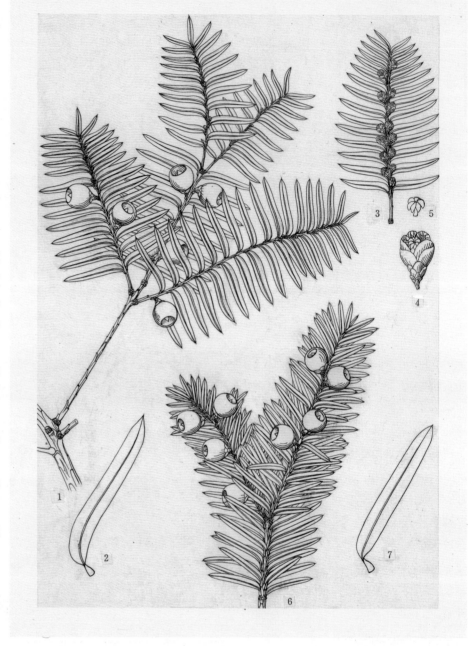

1～5.红豆杉：1.种子枝；2.叶；3.雌球花枝；4.雄球花；5.雄蕊。6、7.东北红豆杉：6.种子枝；7.叶

吉林以及日本、朝鲜、俄罗斯，属于东北亚物种。我国山东、
江苏、江西等省有栽培，是国家一级珍稀濒危野生植物。叶
呈不规则两列，Ｖ形斜展，与红豆杉不同。该图为《中国植物志》
插图原作。（梁璞／文）

白豆杉

Pseudotaxus chienii (Cheng) Cheng　张荣厚/绘

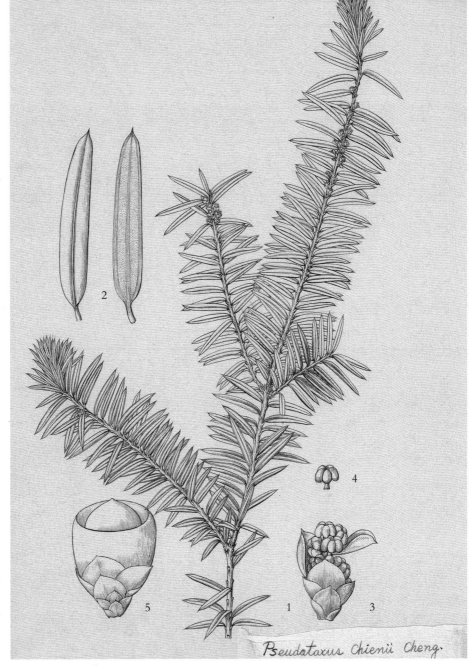

1.雄球花枝；2.叶背、腹面；3.雄球花一段；4.雄蕊；5.具假种皮的种子

白豆杉是红豆杉科白豆杉属植物，分布在长江以南地区中低海拔山区山坡林下、沟谷地带及溪边灌丛中，浙江地区为白豆杉分布最为密集的地区。此属与红豆杉属同样是濒危物种，最大的区别是假种皮为白色。小乔木，树皮灰褐色。叶螺旋状排列，基部扭转排两列，条形或微弯。雌雄异株，雌球花的胚珠生于圆垫状珠托中。种子有坚硬种皮，假种皮白色。红豆杉科的物种作为木材纹理均匀、细致，并为庭院观赏树种。（梁璞/文）

此图为《中国植物志》第7卷（1978）插图图版原作。该图对物种的生殖器官解剖示意非常完整；对雄球花花药的着生状态，以及雌球花成熟后，种子生于杯状假种皮中的性状表达得很清晰；对该种植物小枝和叶平展的特征还原准确。（马平/评）

Cephalotaxus fortunei Hook. 韦光周／绘

三尖杉以前为三尖杉科 Cephalotaxaceae 模式属三尖杉属 *Cephalotaxus* 的模式种，分子生物学发现三尖杉属与红豆杉科关系密切，将之置于红豆杉科。三尖杉为常绿乔木，大多混合在常绿阔叶林中，多为雌雄异株。该属科分布面窄，仅分布于东亚亚热带区域，在我国分布于长江流域以南省区。三尖杉毒性较大，枝、叶、花和种子都含有多种生物碱，但化学提取物中可分离出对治疗人类疾病有益的三尖杉碱和三尖杉脂碱、高三尖杉酯碱有效单体等系列有效元素，尤其是高三尖杉酯碱，对白血病和淋巴瘤有显著的疗效。（梁璞／文）

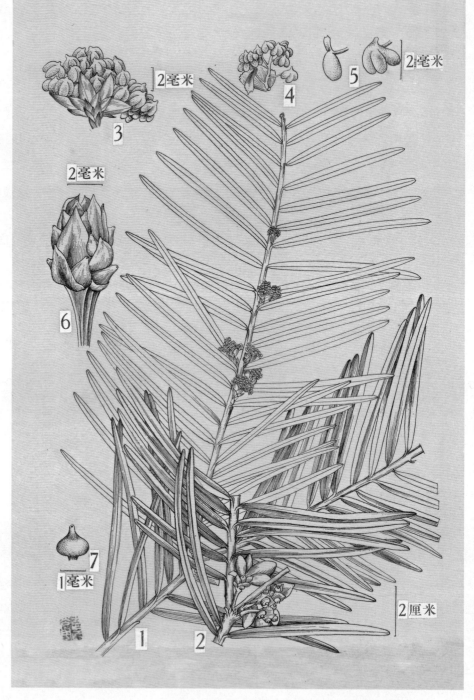

1.雄球花枝；2.雌球花枝；3.雄球花；4.雄花；5.雄蕊；6.雌球花序；7.胚珠

此图为20世纪50年代绘者为裴鉴、单人骅等编著的《江苏南部种子植物手册》（1959）绘制的插图原作，小钢笔为主，小毛笔为辅。从枝叶的摆放方式看，是典型的标本画。线条及点绘都显示出绘者笔法的成熟和劲道。（马平／评）

长叶榧树

Torreya jackii Chun　　张荣厚 / 绘

柏亚纲
Cupressidae

柏目
Cupressales

红豆杉科
Taxaceae

榧树属物种是北半球种。红豆杉科中榧树属与其他属主要不同在于假种皮全部包裹种子，而其他属物种假种皮不完全包埋种子，而种子露出尖头。榧树属各种结构均紧密、耐水、抗腐，是很好的木材。

长叶榧树是我国特有种，产于浙江南部，模式标本采自仙居。乔木，高达 12 m，树皮灰色或深灰色，裂成不规则的薄片脱落，露出淡褐色的内皮；小枝平展或下垂，一年生枝绿色，后渐变成绿褐色，二三年生枝红褐色，有光泽。

1.小枝及叶；2、3.叶的背、腹面；4.种子枝；5.去假种皮的种子；6.去假种皮及外种皮的种子横切面

叶列成两列，质硬，条状披针形，上部多向上方微弯，镰状，先端有渐尖的刺状尖头，上面光绿色，有两条浅槽及不明显的中脉，下面淡黄绿色，中脉微隆起，气孔带灰白色。种子倒卵圆形，肉质假种皮被白粉，长 2 ~ 3 cm，顶端有小凸尖，基部有宿存苞片，胚乳周围向内深皱。该图为《中国植物志》第 7 卷插图原作。（梁璞 / 文）

六

被子植物
Angiosperms

被子植物是现代植物界中最进化、最繁盛的分类群。与前面几大类群植物不同，这类植物有花和果，并且胚珠位于子房内，种子成熟时有果皮包被。因其胚有子房包被而常称为被子植物（Angiosperm）；又因其特有花结构，有时又称为显花植物或有花植物（Flowering plant）；还由于其具有能繁衍后代的种子，常与裸子植物一起合称为种子植物（Seed plant / Spermatophytes）。

在植物的庞大家庭和进化序列中，被子植物是一类形态最为复杂多样的分类群，也形成了其众多特有的重要特征，概而论之，其中如下5个方面的特征最为突出：①茎和根的次生木质部中通常有导管，形态丰富、结构复杂的根、茎和叶；②具有花器官，花通常由花托、花被（花萼和/或花冠）、雄蕊和雌蕊组成，其中花被丰富多彩；③胚珠生于闭合的子房内，并在子房内发育，直至形成种子，种子常由种皮、胚和胚乳组成，其中胚常有1片或2片子叶；④具有双受精现象，即在种子形成过程中，花粉管及管内的2个精子，分别与胚囊中的卵融合，发育成种子的胚，与胚囊中的2个极核融合发育成种子的胚乳，大大提高受精率，缩短受精时间；⑤具有果实，能有效地保护种子。

有关被子植物分类系统，从林奈发表性系统算起，200多年来，随着学科的发展和技术的改进，其间发表了许多分类系统，如我们熟悉的恩格勒系统、哈钦松系统、塔赫他间系统、克朗奎斯特系统等，对被子植物的分类做出了重要贡献。但目前最新的、也是逐渐被广泛承认的被子植物分类系统是"被子植物系统发育研究组（APG）"，且它主要基于分子系统发育研究建立的APG IV系统，内含64目416科。它完全不同于以往的、将被子植物分为单子叶和双子叶两大类群的分类系统，而是依据单系原则，将被子植物分为多个演化支，其中原有的双子叶植物被分成真双子叶类，以及被子植物基部类群、木兰类、金粟兰目、金鱼藻目等不同分支，而单子叶类与"真双子叶类+金鱼藻目"的祖先为姊妹群。当然，被子植物的分类研究仍在继续，分类系统仍在发展之中，APG系统还在不断修正。（刘启新／文）

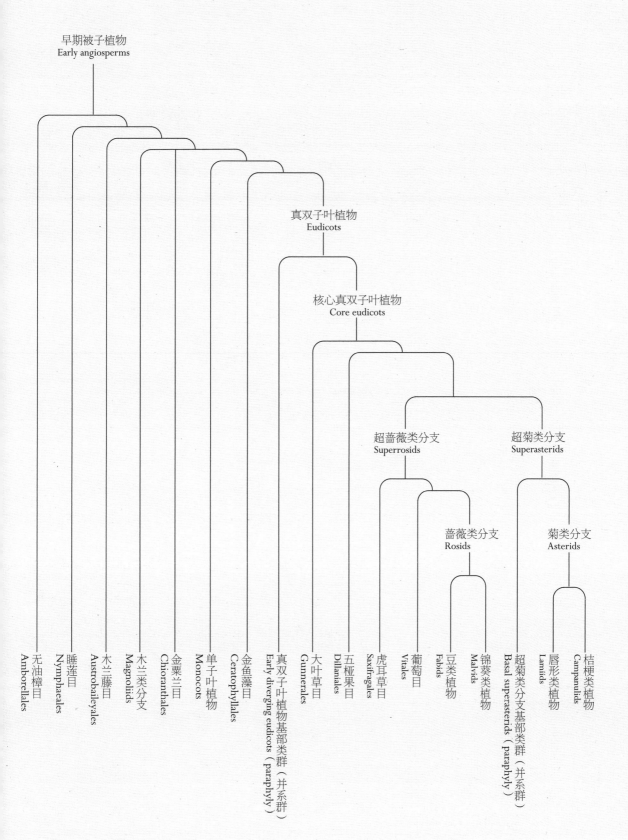

早期被子植物
Early angiosperms

真双子叶植物
Eudicots

核心真双子叶植物
Core eudicots

超蔷薇类分支
Superrosids

超菊类分支
Superasterids

蔷薇类分支
Rosids

菊类分支
Asterids

无油樟目
Amborellales

睡莲目
Nymphaeales

木兰藤目
Austrobaileyales

木兰类分支
Magnoliids

金粟兰目
Chloranthales

单子叶植物
Monocots

金鱼藻目
Ceratophyllales

真双子叶植物基部类群（并系群）
Early diverging eudicots（paraphyly）

大叶草目
Gunnerales

五桠果目
Dilleniales

虎耳草目
Saxifragales

葡萄目
Vitales

豆类植物
Fabids

锦葵类植物
Malvids

超菊类分支基部类群（并系群）
Basal superasterids（paraphyly）

唇形类植物
Lamiids

桔梗类植物
Campanulids

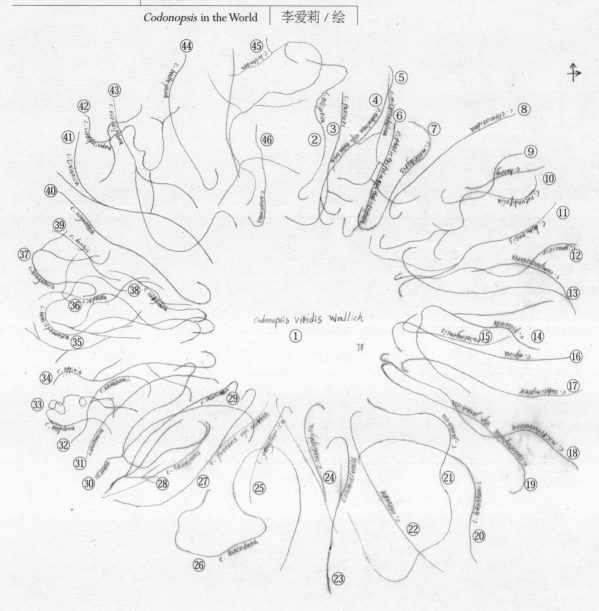

绘者在 2013 年为洪德元院士的专著《世界党参属及其近缘植物》（*A Monograph of Codonopsis and Allied Genera*, 2015）绘制了黑白科学插图，又于2017年创作了这幅世界党参属的彩图。材料为水彩、彩铅、丙烯颜料，图幅为130 cm×130 cm。这幅作品以模式种为中心，将世界党参属植物的46个物种以1：1的比例展示在一张画作中。绘者希望诠释物种的多样性及传达植物科学家的研究成果，以艺术的精神来探索科学与艺术的关系。2018年10月，这幅作品荣获全球插画大赛（Global Illustration Award, GIA）荣誉提名奖。

① 细萼党参 *Codonopsis viridis* Wall.

② *C. elliptica* D. Y. Hong

③ 秃叶党参 *C. farreri* J. Anthony

④ 管花党参 *C. tubulosa* Kom.

⑤ *C. microtubulosa* Z. T. Wang et G. J. Xu

⑥ 唐松草党参 *C. thalictrifolia* Wall.

⑦ 珠鸡斑党参 *C. meleagris* Diels

⑧ 新疆党参 *C. clematidea* (Schrenk) C. B. Clarke

⑨ 川鄂党参 *C. henryi* Oliv.

⑩ 长叶党参 *C. rotundifolia* Bentham

⑪ *C. bomiensis* D. Y. Hong

⑫ 细钟花 *C. gracilis* (Hook. f.) Hook. f. et Thoms.

⑬ *C. campanulata* D. Y. Hong

⑭ 党参 *C. pilosula* (Franch.) Nannf.

⑮ 秦岭党参 *C. tsinlingensis* Pax et K. Hoffm.

⑯ 高山党参 *C. alpina* Nannf.

⑰ 藏南党参 *C. subsimplex* Hook. f. et Thoms.

⑱ *C. microtubulosa* Z. T. Wang et G. J. Xu

⑲ 抽葶党参 *C. subscaposa* Kom.

⑳ 大萼党参 *C. benthamii* Hook. f. et Thoms

㉑ *Campanumoea javanica* Bl.

㉒ *Codonopsis obtuse* (Chipp) Nannfeldt

㉓ 滇缅党参 *C. chimiliensis* J. Anthony

㉔ 光叶党参 *C. cardiophylla* Diels ex Kom.

㉕ 贡山党参 *C. gongshanica* Q. Wang et D. Y. Hong

㉖ 羊乳 *C. lanceolata* (Siebold et Zucc.) Trautv.

㉗ 臭党参 *C. foetens* Hook. f. et Thoms.

㉘ 灰毛党参 *C. canescens* Nannf.

㉙ 绿钟党参 *C. chlorocodon* C. Y. Wu

㉚ 卵叶党参 *C. ovata* Benth.

㉛ 西藏党参 *C. bhutanica* Ludlow

㉜ 台湾党参 *C. kawakamii* Hayata

㉝ *C. reflexa* D. Y. Hong

㉞ 大叶党参 *C. affinis* Hook. f. et Thoms.

㉟ *C. hemisphaerica* P. C. Tsoong ex D. Y. Hong

㊱ 藏南金钱豹 *C. inflata* (Hook. f.) C. B. Clarke

㊲ *C. bragaensis* Grey-Wilson

㊳ 球花党参 *C. subglobosa* W. W. Smith

㊴ 洪氏党参 *C. hongii* Lammers

㊵ 银背叶党参 *C. argentea* P. C. Tsoong

㊶ 理县党参 *C. lixianica* D. Y. Hong

㊷ 心叶党参 *C. cordifolioidea* P. C. Tsoong

㊸ 绿花党参 *C. viridiflora* Maxim.

㊹ 管钟党参 *C. bulleyana* Forrest ex Diels

㊺ 三角叶党参 *C. deltoidea* Chipp

㊻ 雀斑党参 *C. ussuriensis* (Rupr. et Maxim.) Hemsl.

莼菜

Brasenia schreberi J. F. Gmel. | 江苏省中国科学院植物研究所／图

被子植物基部类群
Basal angiosperms

睡莲目
Nymphaeales

莼菜科
Cabombaceae

莼菜科包括2属6种，其中莼菜属*Brasenia*仅莼菜1种，除欧洲外，各处均有产。莼菜是多年生沉水植物，非我国特有，被列为国家重点保护野生植物名录（第一批）Ⅰ级，在我国主要产于江浙两省的太湖流域。莼菜暗紫色的叶圆形，叶柄盾状着生，小而美丽，其嫩叶滑嫩鲜美，是著名美食"江南水八仙"之一。《晋书》曾记载，西晋时期，故乡在吴郡（今江苏苏州）的张翰为官京城洛阳，秋风时节，因思念家乡的美食莼菜、莼羹、鲈鱼脍，终于弃官返乡。"莼羹鲈脍"的典故由此而来，意指思乡辞官。（杨梓／文）

1.具果茎段；2.花；3.雄蕊；4.雌蕊；5.坚果纵切

这幅画体现了早期植物科学画创作手法的特点，保留了植株的完整性，反映出莼菜叶柄的长短会随着水的深度而变化的形态特点。后来的植物科学画通过不断发展完善，会通过截枝、取段（如取基部和顶部）来表现植物的自然生长形态。（马平／评）

芡实

Euryale ferox Salisb. ex K. D. Koenig et Sims | 许春泉 / 绘

被子植物基部类群
Basal angiosperms

睡莲目
Nymphaeales

睡莲科
Nymphaeaceae

芡实是芡属 *Erugale* 大型水生草本植物，本属仅 1 种，在热带地区为多年生，在亚热带地区为一年生，广泛分布于我国各地池塘和湖沼中。真叶两面无刺，箭形或楔形。之后长出的过渡型沉水幼叶呈拳状，背面有刺。其后长出的浮水叶的两面在叶脉分枝处均有锐刺，叶上面绿色，下面紫色，可长至 150 cm。芡实的叶柄和花梗粗壮，皆有硬刺。萼片披针形，外面密生稍弯硬刺。花瓣紫红色。浆果球形，外面密生硬刺。芡实的干燥成熟种仁是天然补品和传统的中药材。芡

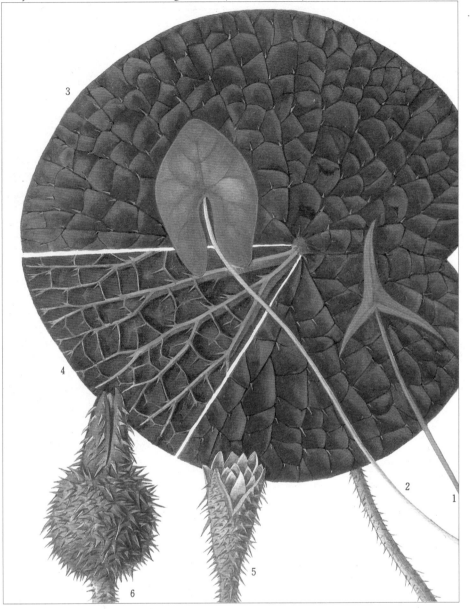

1.真叶（箭形）；2.真叶（楔形）；3.浮水叶表面；4.浮水叶背面；5.花；6.果实

实有南芡和北芡之分：南芡也称苏芡，种仁大，主要用于食用；北芡也称刺芡，种仁小，主要用于药用。这幅画作以巧妙的构图表现了芡实不同生长阶段的叶形变化和特点，对浮水叶的倒生刺、叶色、叶柄、萼片、浆果部分的硬刺描绘得尤其精细。（殷天颖、马平 / 文）

被子植物基部类群
Basal angiosperms

睡莲目
Nymphaeales

睡莲科
Nymphaeaceae

全世界睡莲属约 50 种，广泛分布于温带和热带地区，我国有 5 种。睡莲分热带睡莲和耐寒睡莲两个生态类型。耐寒睡莲的叶片全缘，上表面光滑；热带睡莲有不规则锯齿状或波状叶缘，上表面粗糙。就开花时间而言，睡莲又分为白天开花和晚上开花两类。

睡莲与莲皆为著名的水生草本观赏花卉，都有极为繁多的栽培品种。其主要区别在于：莲的叶圆形，伸出水面，表面有绒毛，具疏水特性，花大，地下茎即藕，可食，睡莲的叶心形或盾状，浮于水面，基部具深弯缺，叶表面无绒毛，半疏水特性，花小，无可食用部分，主要用于观赏。此图为一睡莲杂交种。（梁璞、张苏州 / 文）

亚马孙王莲的叶片

Leaf of *Victoria amazonica* (Poepp.) Klotzsch | 田震琼 / 绘

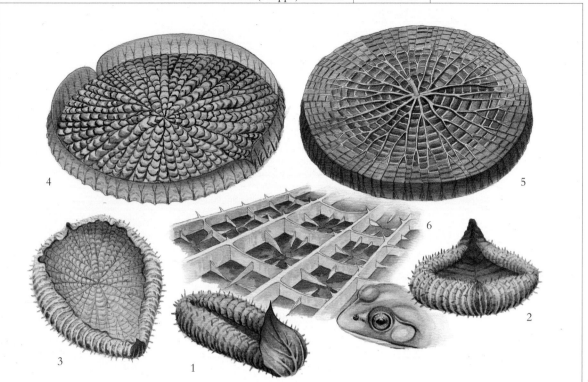

1.深水叶卷曲；2.叶缘展开；3.出水叶即将展开；4.叶完全展开；5.展开叶背面；6.展开叶背面的凸起叶脉

亚马孙王莲又称王莲，是王莲属 *Victoria* 植物。王莲属为特大型水生草本植物，仅有亚马孙王莲与克鲁兹王莲 2 个种，均产于南美洲。区别在于前者分布在亚马孙河流域，后者分布在巴拉圭、玻利维亚和阿根廷；前者的花萼多刺，后者花萼少刺或无刺；后者的叶缘更高，花色也更淡。王莲花朵巨大，直径约有 40 cm，白天午前花朵闭合，晚上开花，花香芬芳，开花时第 1 晚为白色，第 2 晚转为粉红色，第 3 晚呈红色，第 4 天以后花朵不再开放。王莲具有世界上水生被子植物中最大的叶片，直径可达 3 m 以上，叶片浮于水面，叶缘上卷。肋条状叶脉似伞架，承重可达六七十千克。亚马孙王莲是亚马孙河流域极为普通的野生植物。为适应热带气候，王莲演化出特殊的"空调"设备。它的叶面上布满了数以万计的气孔，能源源不断地蒸腾水分带走热量。土红色叶背细胞里特殊的色素，能将光能转化为热能，并迅速传到叶背，依靠水来降温。王莲盛花时，会散发热量，花内温度可高出外界 10 ℃。水面开花、水下结实，是王莲的又一个特点，"莲蓬"内的"莲子"多达两三百颗，可作粮食，故而在南美洲，王莲又有"水中玉米"之称。（汪劲武 / 文）

被子植物基部类群
Basal angiosperms

睡莲目
Nymphaeales

睡莲科
Nymphaeaceae

这幅钢笔画作描绘了生机勃勃的克鲁兹王莲生态场景。绘者将叶片从幼叶到老叶，花朵从沉水、出水、含苞至盛放各个生长阶段的形态变化特征通过巧妙布局予以充分展示，水面以横线表达，植物则以纵线为主，纵横相应，有章有法。（马平／评）

八角

Illicium verum Hook. f. 吴锡麟 / 绘

被子植物基部类群
Basal angiosperms

木兰藤目
Austrobaileyales

五味子科
Schisandraceae

八角为八角属乔木。八角属原属木兰科八角族，APG Ⅳ 将其放置到五味子科中。八角属全世界约 40 种，我国有 27 种，其中 18 种为特有类群。

八角原产广西南部和西部。每年春秋开两次花，花粉红至深红色，蓇葖果多呈八角形，故称八角。八角果为常见调味香料，也供药用。果皮、种子、叶都含芳香油，是制造化妆品、甜香酒、啤酒和其他食品工业的重要原料。八角是我国南方很有价值的经济树种，但同属其他种野生八角的果，多具有剧毒，中毒后严重时可致人死亡。有毒的野八角蓇葖果发育常不规则，不是八角形，形体与栽培八角不同，果皮外表皱缩，每一蓇葖的顶端尖锐，常有尖头，弯曲，果非八角那样甜香味，常为味淡麻舌、微酸麻辣或微苦不适。（朱启兰 / 文）

1.花枝；2.果枝；3.蓇葖果

五味子

Schisandra chinensis（Turcz.）Baill.　冯金环 / 绘

被子植物基部类群
Basal angiosperms

木兰藤目
Austrobaileyales

五味子科
Schisandraceae

1.果枝；2.花；3.雌蕊群

五味子属为北美、东亚间断分布属，共22种，美洲仅1种，其余分布于东亚和东南亚，我国有19种，其中12种为特有。五味子为落叶木质藤本，有长枝和有长枝上的腋芽长出的距状短枝。花单性，雌雄异株，少有同株，单生于叶腋或苞片腋，常在短枝上呈数朵簇生状，花被片粉白色或粉红色。该属植物的果实为长穗状聚合浆果，在不同地区常被用作药材，统称为"五味子"，主要用于润肺止咳。我国是世界上五味子属植物资源最丰富的国家。（朱启兰 / 文）

构图唯美，一串串红红的果实令人心醉。果序画得成功，表现出成熟时花托伸长并排成穗状聚合果的样貌。（马平 / 评）

蕺菜

Houttuynia cordata Thunb. | 黄少容 / 绘

木兰类分支
Magnoliids

胡椒目
Piperales

三白草科
Saururaceae

三白草科下有 3 属：裸
蒴 属 *Gymnotheca*、蕺
菜属 *Houttuynia*、三白
草属 *Saururus*。蕺菜属
我国仅产蕺菜 1 种，产
于我国中部、东南至西
南部各省区。蕺菜由于
茎叶揉碎后散发的特殊
腥味，故得俗名鱼腥草，
名出《履巉岩本草》。
因为民间常挖根食用，
遂有"蕺儿根"的俗称，
在西南诸省的方言中为
"折耳根"。全草可入
药，有清热解毒、利水
消肿的作用。鱼腥草最

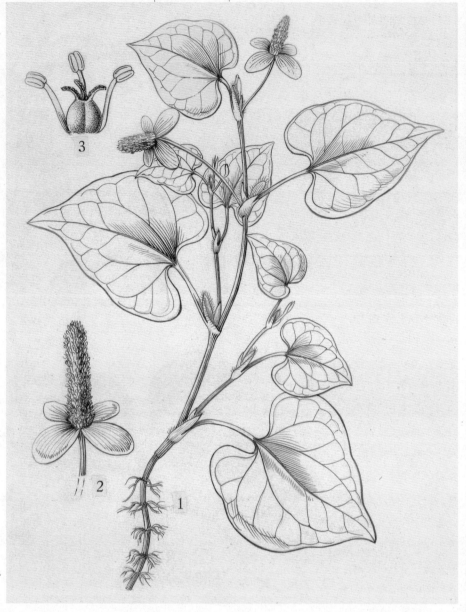

1.植株；2.花序；3.花

流行的吃法是凉拌，浇以红油、姜醋。东汉张衡在《南都赋》里写道："若其园圃，
则有蓼蕺蘘荷。"南都就是今天的河南南阳。张衡所列出的这几种菜蔬，蓼、蕺菜
和姜科的蘘荷，都是辛香刺激之物。此图为《中国植物志》插图。（顾有容 / 文）

三白草

Saururus chinensis (Lour.) Baill.　　石淑珍 / 绘

木兰类分支
Magnoliids

胡椒目
Piperales

三白草科
Sauruaceae

1.植株；2.花

三白草为湿生草本植物，分布于平地至低海拔地区，常生长于沟渠、水田、池沼等各类潮湿环境中。因春季快开花时，花序下两三枚白色叶而得名（白色叶片夏季以后会逐渐变为绿色）。植株高 0.3 ～ 1 m。叶片呈卵形或者卵状椭圆形，先端短尖或者渐尖，基部则为心形或者耳形，叶片两面无毛。三白草有强烈的腥味，为药用植物，可清热利尿、解毒消肿，但有小毒。（张卫哲 / 文）

顾名思义，三白草有"三白"：花白、最上两三片叶白、根白。在自然状态下，花与叶有不同程度的变化，在黑白线条图中无法表现，彩色画就显示出优势。该种叶片的纵向凹凸非常明显。绘者准确地抓住了这两个基本要点。此作构图也颇为舒展大方，将普通一物种展示得生机勃勃。（马平 / 评）

木兰类分支
Magnoliids

胡椒目
Piperales

胡椒科
Piperaeae

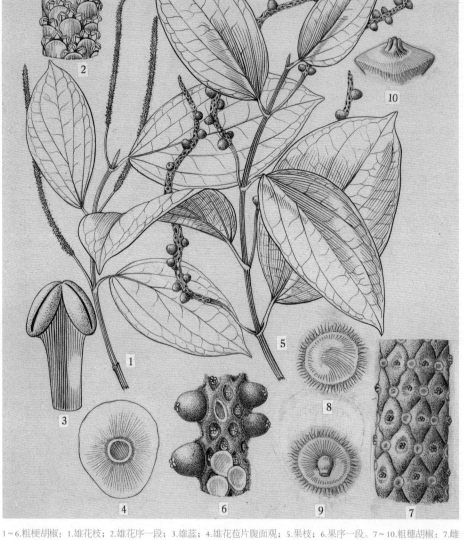

胡椒科有 8 到 9 属，2 000 ～ 3 000 种，分布于热带和亚热带地区。其中胡椒属种类最多，达 1 000 ～ 2 000 种。我国有 3 属 68 种，其中胡椒属就有 60 种。该幅图为粗梗胡椒和粗穗胡椒的拼版图，描绘了两种植物的体态和雌雄花序的结构等。两者均是云南特有种，为攀缘藤本，花单性，雌雄异株，聚集成与叶对生的穗状花序，两者的区别是前者子房和果在花序轴上离生，后者子房和果嵌生于花序轴中并与其合生。（张寿洲 / 文）

1～6.粗梗胡椒：1.雄花枝；2.雄花序一段；3.雄蕊；4.雄花苞片腹面观；5.果枝；6.果序一段。7～10.粗穗胡椒：7.雌花序一段；8、9.雌花苞片；10.雌蕊上部

该图为《中国植物志》插图。该画作构图缜密，手法细腻，用线非常讲究，将植物体表现得很好，用点绘法极强地表现出花、果序的质感，值得认真体味。（马平 / 评）

杜衡

Asarum forbesii Maxim. 　石淑珍 / 绘

木兰类分支
Magnoliids

胡椒目
Piperales

马兜铃科
Aristolochiaceae

1.植株；2.花冠展开

杜衡为马兜铃科细辛属植物。细辛属为多年生草本。约 90 种，主产亚洲东部和南部。我国有 30 种 4 变种 1 变型，各地均有分布，长江流域以南各省区最多。本属多数种类含挥发油，有芳香气和辛辣味。叶片通常心形或近心形，叶柄基部常具薄膜质芽苞叶。花单生于叶腋，多贴近地面，花梗直立或向下弯垂，花被紫绿色或淡绿色。杜衡的花深紫色，呈钟状或圆筒状，心形叶片的叶面为深绿色，中脉两旁有白色云斑。杜衡为中华虎凤蝶等蝶类的宿主植物，生于阴湿有腐殖质的林下或草丛中。（杨蕾蕾 / 文）

画作构图较好，可以看出是写生画。植株舒展大方，叶的姿态和着色都显得灵动，运用水彩画法合理，尤其叶表面的斑纹和叶背很突出。（马平 / 评）

木兰类分支
Magnoliids

胡椒目
Piperales

马兜铃科
Aristolochiacea

马兜铃科植物因其成熟果实如挂于马颈下的响铃而得名。该科植物大多有鲜艳的颜色，有难闻的气味和喇叭状的开口，以利于诱惑昆虫传粉。花中部为管状，管内长满了向内的毛；花基部膨大呈球状，内为一空腔；空腔内底部有一突起物，凸起物的上部为接受花粉的柱头。当昆虫钻到味道最浓的空腔内时，由于如细管状的花中部长满了向内的毛，昆虫进入容易出去难，在挣扎逃跑的过程就帮助花完成了授粉。马兜铃花主要吸引体型小的蝇类，蜂与蝶不喜臭味，且体型较大，无法钻入细狭的花中部。（张燕斐 / 文）

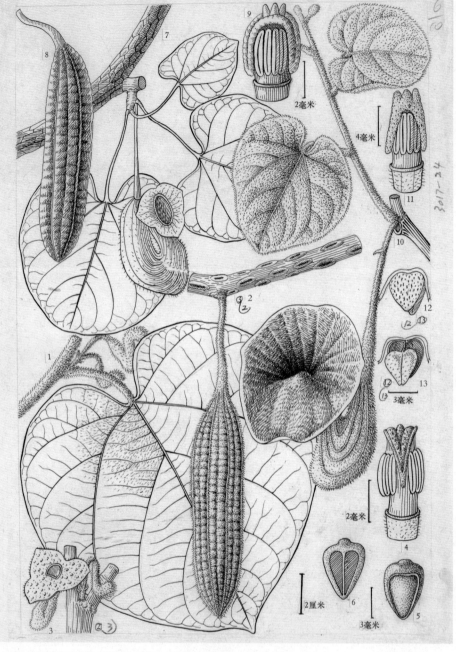

1～6.广西马兜铃：1.花枝；2.花；3.果枝；4.花药与合蕊柱；5.种子背面观；6.种子腹面观。7～9.木通马兜铃：7.花枝；8.果；9.花药与合蕊柱。10～13.云南马兜铃：10.花枝；11.花药与合蕊柱；12.种子腹面观；13.种子背面观

此图为《中国植物志》插图原作。木通马兜铃、云南马兜铃和广西马兜铃皆为我国特有种。此3种皆为木质藤本，长圆柱形的蒴果很特别。从分类的角度看，这幅图花被管收窄后从口部向外扩大的形态很准确，檐部更佳，把马兜铃的兜和果实的形态表现得十分具体、完整。（马平 / 评）

美丽马兜铃

Aristolochia elegans Mast.　余峰 / 绘

木兰类分支
Magnoliids

胡椒目
Piperales

马兜铃科
Aristolochiacea

马兜铃属越400种，广布旧大陆（旧大陆是一个重要的地理名词，对应新大陆，即哥伦布发现的美洲大陆，泛指欧、亚、非三大洲）热带、亚热带和温带地区，澳大利亚也有分布。我国有45种，其中33种为特有种。美丽的马兜铃以独特的大花而闻名，原产巴西，为多年生草质藤本植物。花未开放前形似饺子状气囊。开花时沿中缝裂开，呈长椭圆形，内满布深紫色斑点，喇叭口处有一半月形紫色斑块，很是显眼。（杨蕾蕾 / 文）

画面构图大气，两条枝向上甩起，灵巧而洒脱。花被管收窄后从口部向外扩大的形态很准确，檐部更佳。用色凝重、沉稳。（马平 / 评）

鹅掌楸

Liriodendron chinense (Hemsl.) Sargent. 邓盈丰／绘

木兰类分支
Magnoliids

木兰目
Magnoliales

木兰科
Magnoliaceae

木兰科植物雌、雄蕊多数螺旋状排列在伸长的花托上，花被片分化不明显。包括木兰亚科和鹅掌楸亚科，鹅掌楸亚科仅1属（鹅掌楸属）2种，国产1种，而木兰亚科的分类一直存在争议，有大小属派之争，国内多分小属，最近分子证据也支持小属划分。

鹅掌楸又称马褂木，因其叶形似马褂而得名。花单生枝顶，花被片9枚，外轮3片萼状，绿色，内二轮花瓣状黄绿色，基部有黄色条纹，形似郁金香。因此，它的英文名称是"Chinese Tulip Tree"，译成中文就是"中国的郁金香树"。鹅掌楸是异花受粉种类，但有孤雌生殖现象，雌蕊往往在含苞欲放时即已成熟，开花时柱头已枯黄，失去受粉能力，在未受精的情况下，雌蕊虽能继续发育，但种子生命弱，故发芽率低。鹅掌楸花大而美丽、叶形奇特、古雅，秋季叶色金黄，似一个个黄马褂，是珍贵的行道树和庭院观赏树种。（彭丽芳／文）

1.花枝；2.外轮花被片；3.中轮花被片；4.内轮花被片；5.花去花被片及部分雄蕊，示雄蕊群及雌蕊群；6.雄蕊腹面；7.雄蕊背面；8.雄蕊横切面；9.聚合果

此图为《中国植物志》插图原作。画作构图饱满、画面沉稳，植物形态舒展、自然，雄蕊群和雌蕊群的用墨很有个人特色。（马平／评）

光叶木兰

Yulania dawsoniana (Rehder et E. H. Wilson) D. L. Fu　　邓盈丰 / 绘

木兰类分支
Magnoliids

木兰目
Magnoliales

木兰科
Magnoliaceae

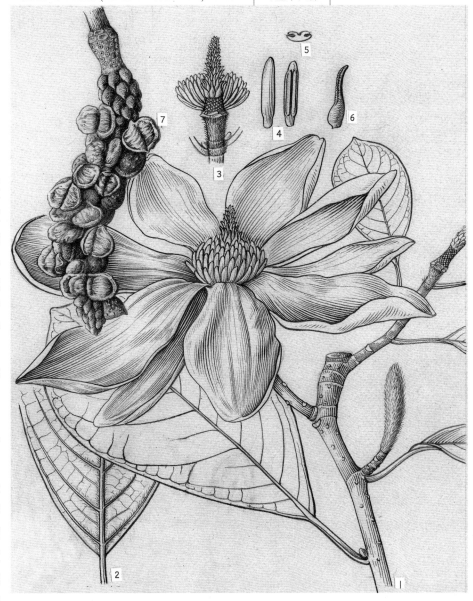

1.花枝；2.叶下面；3.雌蕊群和雄蕊群；4.雄蕊；5.雄蕊横切面；6.雌蕊；7.聚合果

光叶木兰为木兰科玉兰属高大落叶乔木，高度可达20 m，分布于川西地区海拔1 400～2 500 m的林间，自然分布区域小，种群数量少，属于优先保护的极小种群野生植物之一。叶纸质、倒卵形或椭圆状倒卵形，上面绿色有光泽，下面灰绿色或具白粉。先叶开放的花朵气味芳香，花梗节上被长柔毛，花平展或稍俯垂，花被片狭长圆状匙形或倒卵状长圆形，白色或背面带红色，雄蕊多数紫红色，在伸长的花托下螺旋状排列，雌蕊先雄蕊成熟。聚合果圆柱形，部分心皮不育而稍弯曲，鲜时暗红色后转深红褐色。种子橙红色，呈扁圆或不规则倒卵球形状。光叶木兰花大如牡丹，气质高雅、花色美丽，在19世纪就被英国人发现并引入欧美的庭院。（梁璞 / 文）

此画作最醒目的是果与花的描绘。果序开裂的状态，用笔老道，质感强烈。最值得称赞之处是钢笔排线的技巧，以不同弧线、短线、粗细线组成的衬阴法，表现花被的质感，堪称黑白墨线图的经典之作。（马平 / 评）

荷花玉兰

Magnolia grandiflora L. | 孙西／绘

木兰类分支
Magnoliids

木兰目
Magnoliales

木兰科
Magnoliaceae

1.花枝；2.雌蕊（心皮）；3.果轴纵切面；4.雄蕊背、腹面观

荷花玉兰为常绿乔木。花大，状如荷花，白色，芳香。花期在每年的 5—6 月，果期在每年的 9—10 月。原产北美洲东南部，我国多地有栽培。本种对二氧化硫、氯气、氟化氢等有毒气体抗性较强，也耐烟尘，是很好的绿化观赏树种、经济树种及重要的林业树种。叶、幼枝和花可提取芳香油，种子可榨油。（彭丽芳／文）

画作以花为中心，营造了良好的视觉效果。在白色花被的色调控制上较好，叶片用色得当，具有厚重的质感。（马平／评）

紫玉兰

Yulania liliflora (Desr.) D. C. Fu 　邓盈丰 / 绘

紫玉兰又名辛夷、木笔，产于福建、湖北、四川、云南西北部。生于海拔 300～1 600 m 的山坡林缘。模式标本采自华中。本种与玉兰同为我国两千多年的传统花卉，我国各大城市都有栽培，并已引种至欧美各国都市，花色艳丽，享誉中外。树皮、叶、花蕾均可入药；花蕾晒干后称辛夷，气香、味辛辣，含柠檬醛、丁香油酚、桉油精为主的挥发油，为我国传统中药。亦作玉兰、白兰等木兰科植物的嫁接砧木。（彭丽芳 / 文）

早春时节，紫玉兰开出硕大美丽的紫色花朵，此时新叶尚嫩。绘者巧妙地运用高光，凸显出幼叶的娇嫩质感，令人感受到欣然的春日气息。一花枝、一叶枝，构图简洁明快，极富观赏性，确为上乘佳作。（马平 / 评）

Oyama sieboldii (K. Koch) N. H. Xia et C. Y. Wu 　冯金环／绘

木兰类分支
Magnoliids

木兰目
Magnoliales

木兰科
Magnoliaceae

天女花为落叶小乔木，高达 10 m，叶膜质，花与叶同时开放，白色、芳香，杯状，花被片近等大，雄蕊紫红色，雌蕊群椭圆形，绿色，聚合果熟时红色，种子外种皮红色。我国华东、东北和华南海拔 1 600 ~ 2 000 m 的山地有分布，为濒危植物。天女花是辽宁的省花，也是辽宁本溪的市花，具有极高的观赏价值。（朱启兰／文）

1.花枝；2.花蕾枝；3.果序

整体构图很有趣，一根花枝加一根未开的花蕾枝，实为少见。由于天女花开放后有各种不同的姿态，所以花下垂也为自然，花色纯白，果成熟后果序下垂，颜色恰当。（马平／评）

Pachylarnax sinica (Y. W. Law) N. H. Xia et C. Y. Wu | 邓盈丰 / 绘

木兰类分支
Magnoliids

木兰目
Magnoliales

木兰科
Magnoliaceae

1.花枝；2.外层花被片；3.中层花被片；4.内层花被片；5、6.雄蕊背、腹面；7.雌蕊群；8.聚合果成熟开裂

华盖木为我国特有种，属常绿大乔木，因其树干挺直光滑，树冠巨大而得名。华盖木为上层乔木，树冠宽广，根系发达，有板根。隔1—2年开花一次。目前仅见于云南西畴法斗海拔1 300～1 500 m山坡上部向阳的沟谷潮湿山地，由于分布范围狭窄，且数量稀少而被称为"植物中的大熊猫"。由于花芳香，开放时常被昆虫咬食雌蕊群，故成熟种子甚少，即使种子成熟，亦由于外种皮含油量高，不易发芽，而影响天然更新。华盖木被列为国家重点保护野生植物（Ⅰ级）。（彭丽芳 / 文）

此画作从花枝、花被片、雄雌蕊及聚合果等多个角度表现出华盖木不同部分的质感。暗褐色老枝底部稍有皲裂，叶的生活状态形象生动。最引人注意的是3片1轮的暗红色佛焰苞状苞片，外轮3个花被片呈长圆状匙形，如同红色长裙的裙摆向外舒展，微微卷翘，飘逸自然。（马平 / 评）

观光木

Michelia odora (Chun) Noot. et B. L. Chen   邓盈丰 / 绘

木兰类分支
Magnoliids

木兰目
Magnoliales

木兰科
Magnoliaceae

观光木因纪念我国植物学研究的开拓者钟观光而得名，又名香花木、香木楠、宿轴木兰，我国特有，被列为国家重点保护野生植物名录（第二批）Ⅱ级。在木兰科的分类中，观光木曾被分为单独一属——观光木属 *Tsoongiodendron*，后被划分至含笑属 *Michelia*，在木兰科中属于较为进化的种类，对木兰科的分类系统研究有重要意义。其树干挺拔俊秀，枝密荫浓，花朵精巧，象牙黄色，芳香怡人，周围百米可

1.花枝；2.聚合果

闻，是优良的庭院观赏树种和行道树种，木材可用于制作高档家具和乐器。（彭丽芳 / 文）

这幅彩色画作是绘者根据冯钟元所绘的黑白新种图绘制的。（马平 / 评）

Michelia odora (Chun) Noot. et B. L. Chen | 冯钟元／绘

木兰类分支
Magnoliids

木兰目
Magnoliales

木兰科
Magnoliaceae

冯钟元自幼师从其父冯澄如，曾到国外进修绘画，其绘画风格既继承了中国传统植物科学画的基础，又吸收了西方博物画的表现手法，并在长期的植物科学画实践中形成中西风格的互相提炼与交融。《观光木》是他的典型代表作品。画面中，叶的高低、大小、穿插安排得非常生动，老枝的皱纹清晰自然，小枝、芽、叶柄、叶面中脉、叶背和花梗密被的糙伏毛质感突出，并以衬影手法表现出垂悬的长椭圆体形聚合果的斑点和色孔，有力地表现出立体感。整幅图笔法细巧，明暗调子微妙，布局协调，科学内容表达丰富翔实。该图现存于中国科学院植物研究所。

（马平／评）

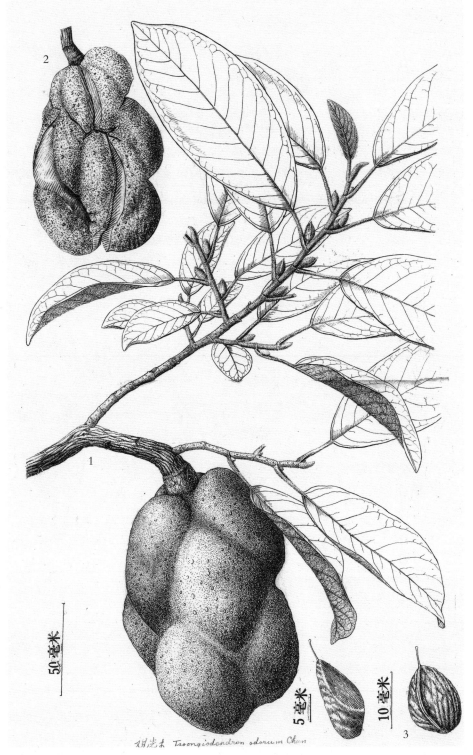

观光木 *Tsoongiodendron odorum Chun*

1.果枝；2.开裂的聚合果；3.种子

Chieniodendron hainanense (Merr.) Tsiang et P. T. Li　　张荣厚 / 绘

木兰类分支
Magnoliids

木兰目
Magnoliales

番荔枝科
Annonaceae

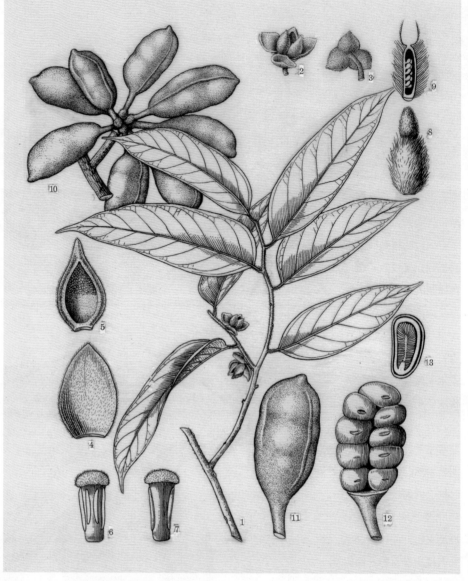

蕉木为蕉木属常绿乔
木。全世界蕉木属共 4
种，我国仅蕉木 1 种，
分布于广东、海南、广
西低海拔山地雨林的
山谷水旁密林中。该种
为中国特有稀有濒危类
群，被列为国家重点保
护野生植物（Ⅱ级）。
蕉木亦称山蕉、海南山
指甲或钱氏木，其花枝、
小苞片、花梗、萼片外
面、外轮花瓣两面、内
轮花瓣外面和果实均被
锈色柔毛。叶薄纸质，
长圆形或长圆状披针形叶，中脉上面凹陷下面凸起，
侧脉斜升并未达叶缘网结。花黄绿色腋生，萼片卵圆
状三角形顶端钝，外轮花瓣长卵圆形，内轮花瓣略厚
而短。果长圆筒状或倒卵状，外果皮有凸起纵脊，种
子间有缢纹。（梁璞 / 文）

1.花枝；2.花；3.花萼；4.外轮花瓣；5.内轮花瓣腹面；6.雄蕊腹面；7.雄蕊背面；8.心皮；9.心皮纵切面；10.果枝；
11.成熟心皮；12.去果皮示种子排列；13.种子纵切面

此为《中国高等植物图鉴》插图，是前辈画师非常经典的
科学画。无论是花、果还是种子，从科学的视角无可挑
剔，在艺术表现力上也同样精彩。用钢笔点绘果实达到炉
火纯青的程度，外果皮纵脊的凸起，更加使得果实有真实
感，雌蕊和种子的纵切具有经典示范性。（马平 / 评）

Fissistigma oldhamii (Hemsl.) Merr. | 陈国泽 / 绘

木兰类分支
Magnoliids

木兰目
Magnoliales

番荔枝科
Annonaceae

瓜馥木属约 75 种，为旧世界热带和亚热带分布类群，我国有 23 种，其中有 8 种为特有种。瓜馥木为攀缘灌木，长约 8 m；小枝被黄褐色柔毛，叶革质，互生，倒卵状椭圆形或长圆形，叶面无毛，叶背被短柔毛，花 1～3 朵集成密伞花序，萼片阔三角形，花半年轮，雄蕊长圆形，花柱稍弯，果圆球状，密被黄棕色绒毛，花期 4—9 月，果期 7 月至翌年 2 月。该种分布于华东、华南和华中等地低海拔山谷和溪流旁的灌木丛中，是一种兼具观赏及实用价值的植物。其茎皮纤维可用以编织麻绳和造纸，花可用以提制瓜馥木花油或浸膏，是用于调制化妆品、皂用香精的原料，种子油可供工业用油和调制化妆品，根可入药，果实成熟时味甜可食。（彭丽芳、张寿洲 / 文）

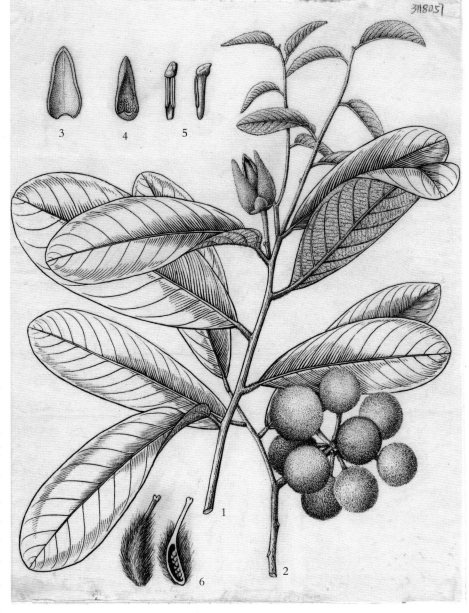

1. 花枝；2. 果序枝；3. 外轮花瓣；4. 内轮花瓣；5. 雄蕊；6. 雌蕊及雌蕊纵切

此图构图合理，花果枝交叉自然，幼叶和成熟叶表达清晰，花结构内外花瓣及雄雌蕊的科学性较强，尤为突出的是叶脉和果序表现得精细，质感强烈。（马平 / 评）

Uvaria macrophylla Roxb.　冯澄如／绘

木兰类分支
Magnoliids

木兰目
Magnoliales

番荔枝科
Annonaceae

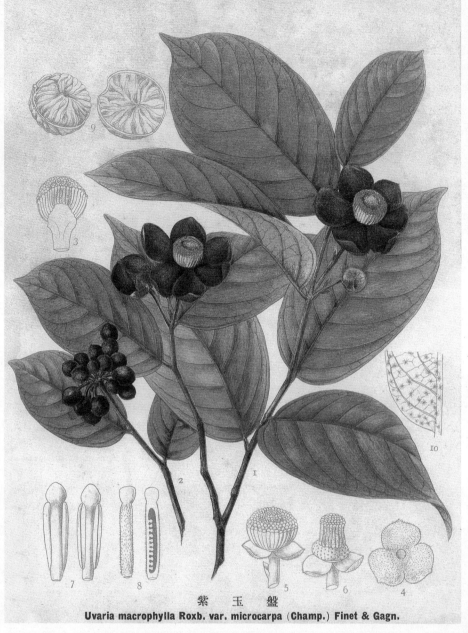

紫玉盘

Uvaria macrophylla Roxb. var. microcarpa (Champ.) Finet & Gagn.

1.花枝；2.果枝；3.雄、雌蕊群纵切；4.花底部；5.去掉花被的雄雌蕊；6.雌蕊群；7.雄蕊；8.雌蕊及纵切；9.坚果横切及纵切；10.叶背

紫玉盘属 *Uvaria* 约 150 种，分布于旧大陆热带，我国有 8 种。紫玉盘分布于广西、广东、海南、台湾以及云南东南部，生于低海拔灌木丛中或丘陵山地疏林中。该种为直立灌状藤本，枝条蔓延性可达 18 m，全株被星状毛；花 1～3 朵，暗紫红色，数量众多的雄蕊、雌蕊聚生于花瓣中间，宛若紫色玉盘上盛放着的黄色水晶。紫玉盘花果皆美，果实成熟后呈紫红色，花果期长达半年以上，适宜于庭院绿化或做盆景。茎皮纤维坚韧，可编织绳索或麻袋。根可药用，治风湿、跌打损伤、腰腿痛等；叶可止痛消肿。（彭丽芳、张寿洲／文）

该图引自《中国植物学杂志》，套色石印。画作中，暗紫红色的卵圆形花瓣及暗紫褐色的短圆柱形果色彩浑融而厚重，长椭圆形革质叶色彩明暗对比鲜明，同时，叶脉线条精美娟秀，线形雄蕊排列密而有序。此画作解剖部分用黑白画法，并且将生殖器官表述得非常清晰，科学性强，是上佳经典作品。（马平／评）

夏蜡梅

Calycanthus chinensis (Cheng et S. Y. Chang) P. T. Li　陈钰洁 / 绘

木兰类分支
Magnoliids

樟目
Lauralesl

蜡梅科
Calycanthaceae

蜡梅科有夏蜡梅属和蜡梅 属 *Chimonanthus*，共 2 属。夏蜡梅为小乔木，主要分布于浙江省昌化、天台和临安等地的狭窄区域内。1964年，由郑万均和章绍尧根据采自浙江昌化的标本命名并发表。一开始被置于美国蜡梅属 *Calycanthus* 下，后来基

1.花枝；2.聚合瘦果

于其花被片已分化为二型，与美国蜡梅属存在很大不同，郑万钧将其单立成属，定名为夏蜡梅属 *Sinocalyeanthus*，故夏蜡梅变为我国特有单种属。但也有人观察到夏蜡梅与美国蜡梅叶柄的解剖构造完全相同，《Flora of China》将 *Sinocalycanthus* 并入 *Calycanthus* 属，这样该属变成 3 种，其中 2 种分布于美国，我国分布 1 种。用于命名夏蜡梅的模式标本来自昌化，但其自然分布数量最多、密度最大、保存最完好的地区是临安、顺溪，其树形、叶子和果托与蜡梅很相似。与蜡梅不同的是：夏蜡梅没有香味；不像蜡梅冬季腊月开花，而是 5 月开花；花朵直径通常有 4.5 ~ 7 cm，花瓣分两轮，比蜡梅要大好几倍。因为夏蜡梅花形优美，被用作优良的园林绿化花卉。20 世纪 70 年代末期，夏蜡梅被陆续引种到欧美等国。目前，通过远缘杂交，中外均已培育出夏蜡梅与美国夏蜡梅的属间杂交品种。（张林海 / 文）

这是一幅很好的彩铅画，仅一花枝、一瘦果，颇具味道。外轮花被白色边缘呈淡粉紫色，生动迷人；内轮花被淡黄色，并微微显出花药；叶片的凹凸感很舒畅。（马平 / 评）

Cinnamomum camphora (L.) J. Presl 黄少容 / 绘

木兰类分支
Magnoliids

樟目
Lauralesl

樟科
Lauraceae

2

3

4

1

1.果枝；2.雄蕊；3.花；4.种子

樟属约 250 种，分布于热带亚洲、澳大利亚至太平洋岛屿和热带美洲。我国有 49 种，主产南方各地，云南的种数最多，其次是广东和四川。

樟常又称为樟树、香樟，为常绿大乔木，高可达 30 m，直径可达 3 m，树冠广卵形。樟树的枝、叶及木材均有樟脑气味，能提取樟脑和樟油。樟树是江南民间及寺庙喜种的传统风水树和景观树，古时即有"前樟后朴"的种植习俗。现存古树极多。（曾艳丽 / 文）

该图准确地反映了物种枝叶的基本形态，花的结构基本准确，最妙之处是肥大的花托托起紫黑色果实。整幅色彩较好。（马平 / 评）

Chloranthus spicatus (Thunb.) Makino | 江苏省中国科学院植物研究所 / 图

金粟兰目
Chloranthales

金粟兰科
Chloranthaceae

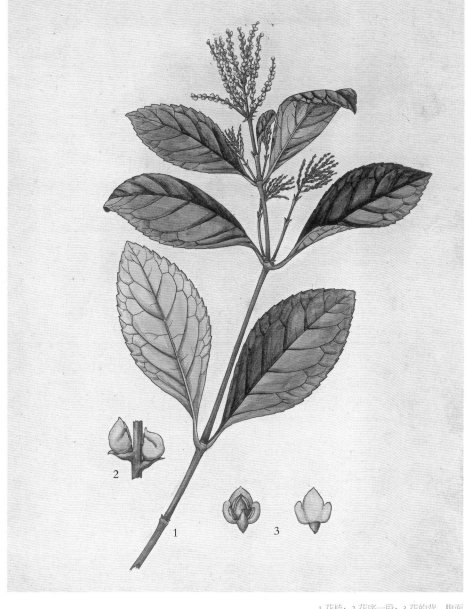

1.花枝；2.花序一段；3.花的背、腹面

金粟兰科包含金粟兰属 *Chloranthus*、雪香兰属 *Hedyosmum*、草珊瑚属 *Sarcandra* 和蛔囊兰属 *Ascarina* 共 4 属，多为草本，偶为木本，叶缘具齿，花被结构简化，通常具一枚下位心皮，与木兰支植物一样具芳香萜类的香气，金粟兰属约有 17 种，在中国从西南到东北都可以见到，有 13 或 14 种，其中 9 种为特有种。金粟兰为半灌木植物。春末夏初，金粟兰开出黄绿色的小花，穗状花序排列成圆锥花序状，花朵极为芬芳。（杨梓 / 文）

此幅画作的历史较久远，色彩已失去往日艳丽，但也记录了基本信息，物种形态准确。最为难得的是将不易读懂的花解剖得如此详细。（马平 / 评）

Acorus calamus L. 史渭清／绘

单子叶植物
Monocots

菖蒲目
Acorales

菖蒲科
Acoraceae

菖蒲科为单属科，仅含2种，即菖蒲和金钱蒲 *A.gramineus*，分布于北温带及亚洲热带的湿地或水边。这两种我国均有，区别在于菖蒲叶具有明显中肋且细长，根状茎粗壮，肉穗花序长且粗，种子具长刺毛。金钱蒲叶片细窄厚实，揉搓后手留芳香，长时不散。古代朝野上下都以此为高洁之物。《周礼》称，祭祀时将酒洒在菖蒲上，相当于神已享用。屈原在《楚辞》中，曾多次把菖蒲当成香草，指代圣君明主。在民间，因菖蒲可杀虫除秽，叶形扁平而边缘锋利，故有"水剑"之别名。民间风俗于端午挂菖蒲叶，可斩千邪，保一方平安。菖蒲也有极高的药用价值：根茎入药，具开窍化痰、辟秽杀虫之效。（张寿洲／文）

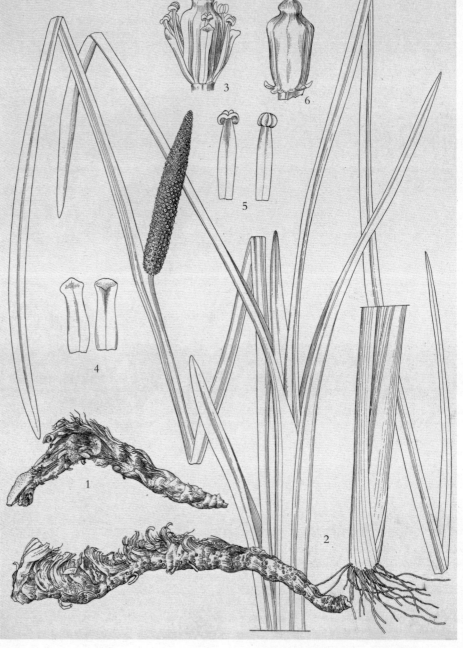

1.根状茎；2.植株上、下部；3.花；4.花被；5.雄蕊；6.雌蕊

画作整体布局较好，横向生长的根状茎表达得极其细腻；叶的线条丝丝如弦；放大的花、花被、雄蕊、雌蕊均展示得非常清晰。（马平／评）

花魔芋

Amorphophallus konjac K. Koch | 冯澄如／绘

磨芋隶属天南星科蒟蒻属，全属70余种，产于热带及亚热带，南温带亦宜栽培之。我国约有9种，多生于广东、贵州、四川、云南诸省。磨芋又称为普通蒟蒻，常栽培，在《开宝本草》中称之为蒻头，在《本草纲目》中称之为蒟蒻及鬼头。磨芋漂去其辛涩后可供食用，或磨成粉，煮成一种淀粉食物，名为"磨芋豆腐"，西南诸省人民多嗜食之，还可用其浆敷治疗毒及痔疮。本属植物之肉穗花序，奇伟异常，园艺家视之为花卉中之巨人。（蔡希陶／文）

这幅画刊于1937年3月《中国植物学杂志》闭卷期。当时由于日本发动侵华战争造成静生生物调查所主办的这份刊物停刊。冯澄如为该期蔡希陶的论文《普通蒟蒻》绘制了扉页彩图，与实物比例1：1，采用折页方式装订。花朵初绽的蒟蒻像一团即将猛烈燃烧的火焰，盛放的佛焰苞像一把宝剑，表达了作者强烈的爱国情绪。（汤海若／评）

普通蒟蒻
Amorphophallus Rivieri var. konjac Engler

静生生物調査所附印

1.肉穗花序；2.花序叶；3.雌蕊；4.雌蕊纵切面；5.雌蕊横切面；6.雄蕊；7.雄蕊横切面

灯台莲

Arisaema bockii Engl. | 蒋杏墙 / 绘

单子叶植物
Monocots

泽泻目
Alismatales

天南星科
Araceae

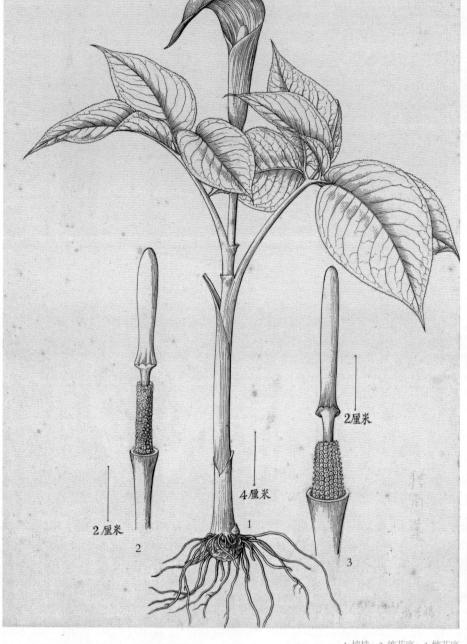

1. 植株；2. 雄花序；3. 雌花序

灯台莲为我国特有种，名字来源于湖北地区的俗称，意指其佛焰苞酷似灯台，种加词"*bockii*"是为了纪念德国植物学家希罗尼穆斯·博克（Hieronymus Bock）。灯台莲为多年生草本，冬季落叶，具扁球状块茎；鳞叶2，膜质近白色；叶2，叶柄绿色，基部相互鞘入形成假茎，叶片鸟足状分裂，椭圆形成卵形，膜质。花序柄由假茎末端萌发，佛焰苞淡绿色至深紫色，带绿色纵条纹。管部狭漏斗状；喉部斜截形弯曲；檐部前弯。肉穗花序单生，附属器直立。花期在每年的4—5月，果期在每年的8—10月。（张寿洲 / 文）

画作生动地画出了植物的外形特征，由于雄、雌花序藏于佛焰苞内，所以画了解剖图。画中左为雄花序，右为雌花序。（马平 / 评）

长行天南星

Arisaema consanguineum Scott. | 江苏省中国科学院植物研究所／图

单子叶植物
Monocots

泽泻目
Alismatales

天南星科
Araceae

长行天南星为多年生植物，喜欢在中海拔的林缘生长。叶单生，呈掌状复叶的形态，小叶有 7 ~ 20 片。佛焰花紫褐色，有许多平行的条纹。上边花萼曲回，形成盖子，圆筒状花萼中伸出紫色的棒状花蕊。长行天南星是雌雄同株的植物，决定它开雌花还是雄花的是它的地下茎。当地下茎茁壮时，开雌花，若当它的地下茎较小时，开雄花。果实为浆果，红色，极为好看。（张寿洲／文）

1.叶；2.佛焰花序；3.根状茎

该画作构图饱满，物种的基本特征表达清晰。根部和叶的互相交叉叠加很灵活；佛焰苞顶端线形尾尖长长地延伸，十分生动，这是此种的特点。画中线条画得稳定。（马平／评）

Arisaema undulatum Krause | 曾孝濂／绘

天南星科有141属3 750余种，是泽泻目最大的类群，热带分布占90%以上。该科植物具有块茎或根茎，少数为攀缘灌木或附生藤本，花排列成肉穗花序，外有佛焰苞包被。佛焰花序会发热，发热使得刺激性的化学物质，如胺、吲哚等挥发出去，以引诱传粉的昆虫（以甲虫和蝇类为主）爬进花苞内，把雄花产生的花粉传给雌花，促进物种的繁衍。洱海南星为我国特有种，分布于云南大理洱海海拔2 100 m的林缘处。该种块茎圆球形，仅有1片叶子，薄纸质叶片呈放射状分裂，裂片达14枚，佛焰苞青紫色带绿。（张寿洲／文）

1.植株上部花序及下部；2.雌雄花序；3.雌蕊及雌蕊纵切

这是非常优美的一幅画，构图丰满，将物种特征展现得很充分，从块茎顶出幼芽至花序开放完整地展现在画面上。用色淡雅、自然、和谐，属科学和艺术相融洽的上佳作品。（马平／评）

单子叶植物
Monocots

泽泻目
Alismatales

天南星科
Araceae

大藻属为单种属，仅大藻1种，为多年生浮水草本植物，雌雄同株，根须发达呈羽状，悬垂于水中，茎短而叶簇生其上呈莲座状，叶倒卵状楔形，顶端钝圆微波状。由于该类群的化石在世界各地均有发现，大藻的原产地一直没有确定，大藻喜欢高温湿润气候，繁殖迅速，现在广泛分布在热带、亚热带地区，我国华南和华东地区的许多内陆湖泊也都大范围地出现了大藻，已经被列入我国100种最危险入侵物种名单。（王韬、朱启兰／文）

从笔触可以明显看出这幅画作是用小毛笔绘制而成。叶部的线条齐整均匀，根部的线条灵动飘逸，将繁杂的根及根毛绘制得纤细入微。绘者炉火纯青的功力，沉心静气的定力，令人叹服。（马平／评）

Alisma plantagoaquatica L. 　陈月明／绘

单子叶植物
Monocots

泽泻目
Alismatales

泽泻科
Alismataceae

1.植株；2.花序枝；3.花；4.地下块茎

泽泻为多年生水生草本植物，广布欧亚非等地。植株光滑无毛，具多数纤维根，叶片自基部着生，花序圆锥状，花三基数，白色或灰紫色，心皮多数，排列一轮。地下块茎剧毒，脂溶性成分有降血脂、护肝、利尿等功效。（张卫哲／文）

画作中物种的基本科学特征准确，叶基部的颜色淡淡地过渡到地下块茎，显得十分精致。（马平／评）

Limnocharis flava（L.）Buch.　　李志民／绘

单子叶植物
Monocots

泽泻目
Alismatales

泽泻科
Alismataceae

黄花蔺为黄花蔺属多年生挺水植物，主要分布于亚洲和美洲热带地区，我国云南西双版纳也有分布。作为优秀水生观赏花卉，可以生长在热带湖泊、沼泽、湿地中，是盛夏水景绿化的优良材料。

黄花蔺不仅好看，还好吃，其嫩叶、茎和花都可食用。在一些东南亚或南亚国家，例如印度尼西亚、越南、孟加拉国，黄花蔺是一种备受喜爱的蔬菜。该图引自《深圳植物志》。（张卫哲／文）

1.植株，示根、叶、花葶和花序；2.叶片的一部分放大，示平行脉间的横向小脉；3.花；4.雄蕊；5.宿存花萼及果；6.种子（马蹄形，具多条横生薄翅）

花蔺

Butomus umbellatus L.

江苏省中国科学院植物研究所 / 图

单子叶植物
Monocots

泽泻目
Alismatales

花蔺科
Butomaceae

1.植株；2.花；3.雄蕊；4.雌蕊

花蔺为多年生水生草本。花蔺属是世界单种属，在外形上容易被当作百合科的植物，但雄蕊9枚（百合科植物雄蕊6枚），容易区分。顶生伞形花序。生于池塘、河边浅水中，花后花葶弯伏，果实浸于水中生长发育成熟。果实发育后期，花葶端部长出幼苗，仍与母株相连，以便从母株上吸取养分、水分，供幼苗长叶、生根。花葶弯伏入水，有利于种子随水传播，而这种有性繁殖和无性繁殖相伴的繁殖的方法，使果实无论在水中还是在湿润的泥土中成熟，都能根据其生长环境选择相适应的繁殖方法，犹如打了"双保险"，有利于其种群的繁衍。（张寿洲 / 文）

这幅画作是典型的"标本画"。"画标本"，并非易事，要做解剖，花还需要复原。虽然后来的科学画开始强调表现自然生态，但是作为特殊历史发展阶段的植物科学画作品，仍然必须认可绘者认真严谨的态度，以及高超的用线技巧。（马平 / 评）

水鳖

Hydrocharis dubia (Blume) Backer | 李德华／绘

单子叶植物
Monocots

泽泻目
Alismatales

水鳖科
Hydrocharitaceae

水鳖科植物为一年生或多年生的浮水或沉水草本，有 18 属 120 余种，主要分布在热带或亚热带地区，我国分布有 11 属 34 种。水鳖又名马尿花、茶菜，为水鳖属多年生浮水草本植物。水鳖叶片形似心脏，背面有贮气细胞构成的凸出物。这种结构使植物的浮力增加，并保持重心的稳定。叶背上广卵形的泡状贮气组织，使其形像鳖，故该物种得名"水鳖"。水鳖常生长于淡水或咸水中，如生长在水田里。此外，水鳖也常被用作

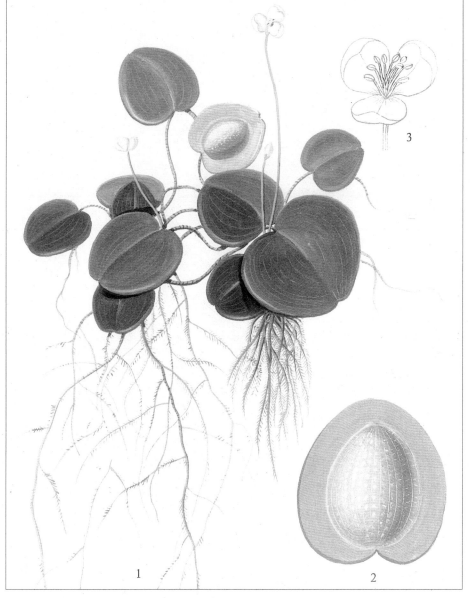

1.带花植株；2.叶下面；3.花

水族箱中的观赏植物，或作鱼或猪的饲料，幼叶、叶柄营养价值丰富，风味独特，也常当作野菜食用。全草也可入药，有清热利湿的功效。（张卫明、陈维培／文）

此物种漂浮在水中，叶片有很特殊的结构，叶背面有一气囊。画作很准确地表述了其形状和色彩。（马平／评）

Vallisneria natans (Lour.) Hara　｜　蒋杏墙／绘

单子叶植物
Monocots

泽泻目
Alismatales

水鳖科
Hydrocharitaceae

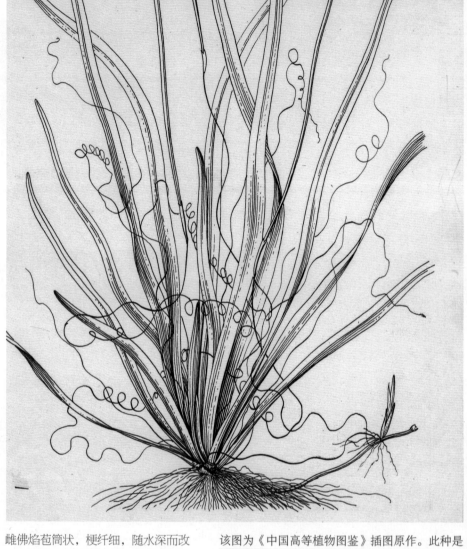

苦草属是淡水湖泊中常见的多年生沉水植物，约有8种，我国有3种，即苦草、刺苦草 *V. spinnulosa* 和密刺苦草 *V. deenseserrulata*。3种的区别在于雄花雄蕊的数目、果实的形状以及叶片中脉是否有刺。苦草叶扁平基生，线形或带形，无叶柄，雌雄异株，雄花佛焰苞含雄花数百朵，成熟的雄花浮在水面开放，萼片大小不等成舟形浮于水上；雌佛焰苞筒状，梗纤细，随水深而改变，受精后螺旋状卷曲；浆果状蒴果圆柱形，倒长卵形种子有腺毛状凸起。苦草叶长、翠绿、丛生，姿态优美，是水族箱、园林水景的良好绿材。（姚张秀、梁璞／文）

该图为《中国高等植物图鉴》插图原作。此种是水生物种。该图的叶片放位和设计很有趣，直至上墨时，绘者才用线使叶片产生飘逸感。花序梗显示出其在水中漂浮的生长习性。（马平／评）

单子叶植物
Monocots

泽泻目
Alismatales

水鳖科
Hydrocharitaceae

此图为海菜花属 *Ottelia* 龙舌草和出水水花菜的拼版图。两种之根茎均短，叶基生，有叶柄和叶片均呈阔卵形或圆形，3～11 条叶脉明显。龙舌草为两性花，佛焰苞内仅 1 朵花，花无蜜腺，无叶鞘。出水水菜花的花单性，花柱多于 3，果实呈矩圆形。

（陈璐 / 文）

1. 龙舌草（水车前）：1. 果期植株。2～4. 出水水菜花：2. 植株下部及叶；3. 雌花；4. 雄花序

Potemogeton distinctus var. *lishuiensis* M. R. Zhu et W. Y. Xie | 鲁益飞 / 绘

单子叶植物
Monocots

泽泻目
Alismatales

眼子菜科
Potamogetonaceae

眼子菜属约 75 种，分布全球，尤其以北半球温带地区分布较多。我国有 28 种，南北均有分布。丽水眼子菜为多年生水生草本，穗状花序顶生，具花多轮，开花时伸出水面，花后没入水中。丽水眼子菜为眼子菜 *P. distinctus* 一新变种，与模式变种的

A.植株；B.花；C.果实

区别主要是叶片基部呈浅心形或圆形，果实较长，为 4.5 ~ 5 mm。从茎的解剖结构来看，丽水眼子菜通气组织的机械束发达，内皮层的厚壁细胞 U 形增厚，而眼子菜的茎的通气组织内机械束不发达，内皮层的厚壁细胞为 O 形。（姚张秀、李峰 / 文）

光叶眼子菜

Potamogeton lucens L. | 江苏省中国科学院植物研究所／图

单子叶植物
Monocots

泽泻目
Alismatales

眼子菜科
Potamogetonaceae

光叶眼子菜为多年生沉水草本，喜欢生长在富含钙质、水流缓慢或静止的深层淡水中，植株可达 2.5 m。茎圆柱形，上部多分枝，节间较短，下部节间伸长。叶长椭圆形、卵状椭圆形至披针状椭圆形，无柄或具短柄，叶片质薄，先端尖锐，基部楔形，边缘浅波状；叶脉 5～9 条，中脉粗大显著，侧脉顶端连接；托叶显著，与叶片离生。穗状花序顶生，具花多轮，密集；花序梗明显膨大呈棒状，花小，被片 4，绿色，基部具爪，雌蕊 4 枚，离生。果实卵形，长背部 3 脊，中脊稍锐，侧脊不明显。花果期 6—10 月。该种分布于东北、华北、华东、西北各省区及云南，为北半球广布种。（张寿洲、王青／文）

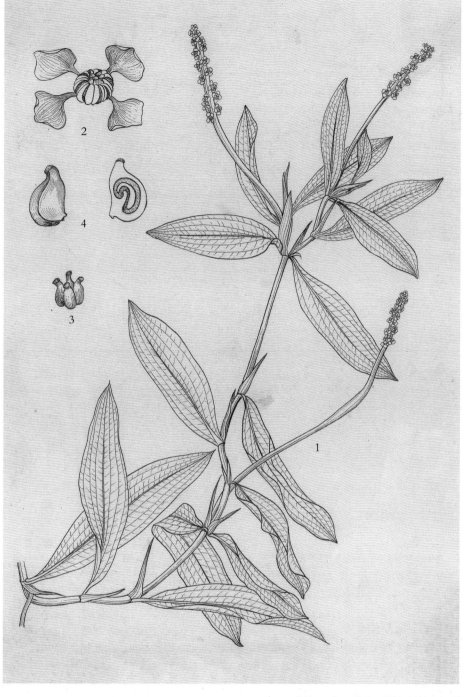

1.植株；2.花；3.雌蕊；4.果实及其纵切面观

水玉簪

Burmannia disticha L. 李志民 / 绘

单子叶植物
Monocots

薯蓣目
Dioscoreales

水玉簪科
Burmanniaceae

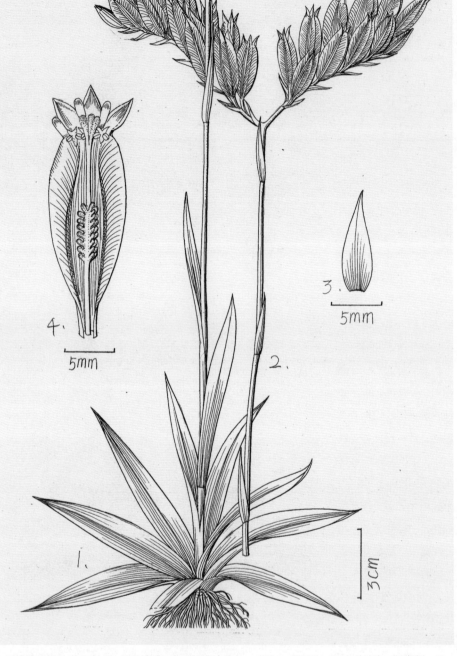

水玉簪属于水玉簪科植物，水玉簪科植物通常为一年生或多年生草本。该科植物主要分布在热带地区，有14属约150种，我国有3属14种。通常水玉簪类的植物营腐生生活，没有叶绿素，需借由根菌从林下底层的腐殖质里获取生长的养分。少数种类能够自养进行光合作用。水玉簪植株非常矮小，茎秆纤细，不分

1、2.植株，示根、基生叶、茎、茎生叶及二歧蝎尾状聚伞花序；3.苞片；4.花展开，示翅、花被筒、花被裂片、雄蕊、子房、花柱和柱头

枝，一株株分散生长在落叶覆盖的地面上，看上去就像遗落满地的簪子。该图引自《深圳植物志》。（张卫哲 / 文）

单子叶植物
Monocots

薯蓣目
Dioscoreales

薯蓣科
Dioscoreaceae

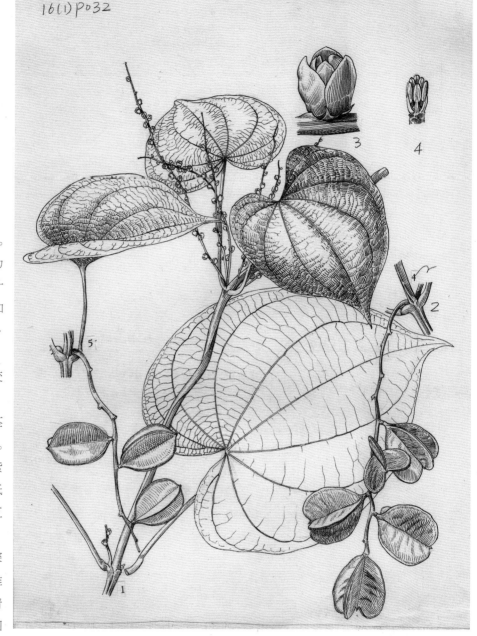

1~4.丽叶薯蓣：1.部分茎段，示叶和雄花序着生于叶腋；2.果序；3.雄花；4.去花被，示雄蕊。5.尖头果薯蓣：5.部分茎段，示果序和叶

薯蓣属皆为缠绕藤本。该图版所示2种皆为草质右旋藤本。丽叶薯蓣分布于贵州西部和云南东部海拔1 000～2 600 m的山坡林中、灌丛中或针阔叶混交林中，为我国特有种，尚未见人工栽培。块茎呈长圆柱形，断面白色。右旋茎无毛，干时带紫褐色。近圆形单叶为纸质，通常在茎下部为互生，中部以上为对生，叶全缘、基部心形至深心形。雌雄异株，雌雄花序均为穗状花序，着生于叶腋，蒴果顶端凹且基部常歪斜、被白粉，呈三棱状倒卵形或三棱状长圆倒卵形；种子着生于每室中轴中部，四周有膜质翅。尖头果薯蓣产云南北部、四川西南部海拔1 600～2 100 m的山沟草丛中，叶片较丽叶薯蓣小，蒴果顶端不凹。（梁璞 / 文）

该图为《中国植物志》插图原作。绘者的构图用心良苦，标新立异，本可能较平常的画面，经其构思后竟会是如此出奇。叶和果的衬阴很讲究。整体画面的重心和留白使图版灵动起来。（马平 / 评）

光叶薯蓣

Dioscorea glabra Roxb.　史渭清 / 绘

单子叶植物
Monocots

薯蓣目
Dioscoreales

薯蓣科
Dioscoreaceae

光叶薯蓣为缠绕草质藤本。根状茎短粗，由此生出多个长圆柱状块茎。茎无毛，右旋，基部有刺。单叶，在茎下部的互生，中部以上的对生；叶片通常为卵形，顶端渐尖或尾尖，基部心形至，全缘，基出脉5～9条。雌雄异株。蒴果不反折，三棱状扁圆形；种子着生于每室中轴中部。花期9—12月，果期12月至翌年1月。分布于西南、华南和华东等地海拔250～1 500 m的山坡、路边、沟旁的常绿阔叶林下或灌丛中。块茎入药，有通经活络、止血止痢、调经等作用。（李峰、张寿洲 / 文）

1.块茎；2.部分茎段，示叶对生；3.花序枝；4.雄花；5.雄蕊；6.果序枝；7.种子

由于要明确表达出植物体的各部分，本图构图较满，显示了绘者的用心、细腻、严谨。（马平 / 评）

裂果薯

Schizocapsa plantaginea Hance | 史渭清／绘

单子叶植物
Monocots

薯蓣目
Dioscoreales

薯蓣科
Dioscoreaceae

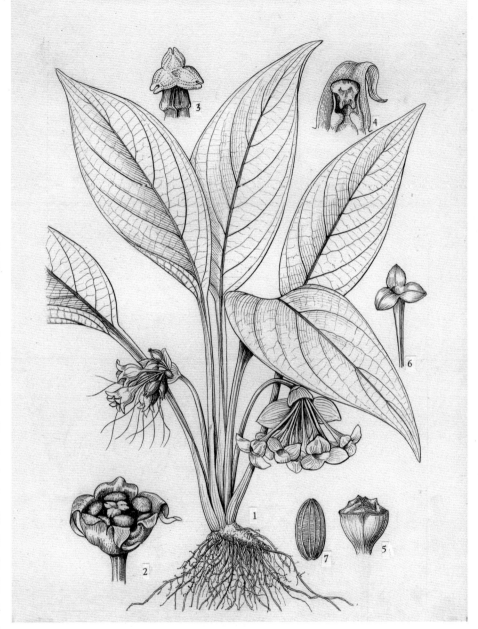

1.植株；2.花；3.柱头；4.雄蕊及外轮花被裂片；5.果实；6.示果实成熟后开裂的3果瓣；7.种子

蒟蒻薯属植物的花序上有一些细丝状的小苞片，长可达几十厘米，飘逸下垂，形如胡须，使整个花序看上去像一张龇牙咧嘴的老虎面孔。花序上两片大苞片，呈紫黑色，使整个花序看上去又像一只飞翔的蝙蝠。裂果薯除了果实，其他形态与蒟蒻薯属十分相近，无非是"胡子"短些，"蝙蝠"翅膀呈淡绿色、青绿色或淡紫色。以前认为这些植物靠散发腐臭气味，吸引热带雨林中的苍蝇为其传粉，从而实现繁殖的目的。近年来的研究发现，它们的花没有香气，不分泌花蜜，花粉也少得可怜，几乎完全是依靠自花授粉繁殖。（杭悦宇／文）

该图为《中国植物志》插图原作。此幅画作从构图至各器官展现均较完整，不失为上乘之作，尤其花果的科学特征极为精确。（马平／评）

Petrosavia sakuraii (Makino) J. J. Sm. ex Steenis | 马平 / 绘

单子叶植物
Monocots

无叶莲目
Petrosaviales

无叶莲科
Petrosaviaceae

疏花无叶莲全株呈白色，不含叶绿素，极为罕见，主要分布在我国南方，日本和越南也有发现，生于海拔1 700 m下的树林下或竹林下。

疏花无叶莲为菌媒异养植物，过去称为"腐生植物"，实际上它们并不能直接分解腐烂的枯枝败叶，而是依靠真菌从森林其他植物或分解腐败物获得营养，通过菌丝供养了这些菌媒异养植物。（钟鑫 / 文）

A.植株；B.鳞片状叶；C.花未完全展开；D.花被展开，雌蕊略叉开；E.雌蕊完全叉开；F.蒴果成熟；G.蒴果开裂种子逸出；H.种子

百部

Stemona japonica (Blume) Miq. | 许春泉 / 绘

单子叶植物
Monocots

露兜树目
Pandanales

百部科
Stemonaceae

1.根；2.花枝；3.花；4.除去花被和雄蕊的花；5.雄蕊正面观和侧面观

百部为多年生草本，分布于日本以及我国南部等地，生长于海拔 300 ~ 400 m 的地区。地下簇生纺锤状肉质块根，茎上部攀缘他物上升。卵形叶，2 ~ 4 片轮生节上。开淡绿色花，花梗贴生于叶主脉上，蒴果，花期在每年 5 月，果期在每年 7 月。块根可入药，但有毒性。外用可驱除蚊虫，内服有止咳的功能，具有很高的药用价值。（艾侠 / 文）

此种具攀缘特征，所以自身并不负重，绘者构图时将茎和轮生的叶设计得轻巧灵动，恰如其分地体现自然状态下该物种的形态；花点缀得也恰到好处。（马平 / 评）

露兜树

Pandanus tectorius Parkinson | 李志民 / 绘

单子叶植物
Monocots

露兜树目
Pandanales

露兜树科
Pandanaceae

露兜树属约有 600 种，分布于东半球的亚热带及热带地区。露兜树是常见的海岸植物，为常绿分枝灌木或小乔木，叶簇生枝顶，条形，业缘和中脉均有锐刺。雄花序下垂，由穗状花序组成，雌花序头状，单生枝顶，幼果绿色，成熟时橘红色。由于它的果实外形与菠萝非常相似，故有俗名假菠萝。其根部有气生根分权生长。该图引自《深圳植物志》。（张卫哲 / 文）

1.植株全形；2.植株的一部分，示枝、叶和聚花果；3.雄花序（下垂）；4.雄花；5.雄蕊；6.聚花果的一部分

七叶一枝花

Paris polyphylla Smith ｜ 肖溶 / 绘

重楼属皆为多年生草本植物，全球约 40 种，我国有 22 种，其中 12 种为特有。APG Ⅳ 将重楼属从百合科调整到藜芦科。近一半重楼属植物有药用记载，根状茎可用作镇痛剂、止血剂、抗癌药，具有抗肿瘤和抗炎功效。图中为七叶一枝花的 3 个变种：宽瓣重楼、长药隔重楼、狭叶重楼。其根状茎粗厚，不等粗，密生多数环节和许多须根；叶和外轮花被片绿色；药隔突出于花药之上，子房具棱，顶端有盘状花柱基，花柱粗短；蒴果开裂，外种皮红色多浆汁。3 个变种的区别在于叶片形状、药隔的长短以及内外轮花被片的宽窄。（张寿洲、朱龙建 / 文）

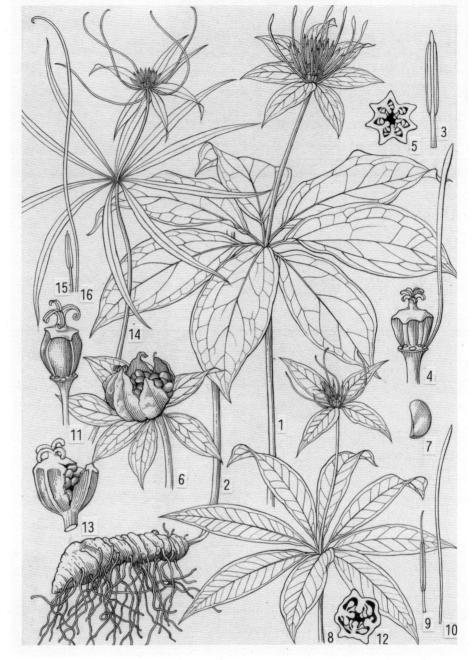

1～7.宽瓣重楼：1、2.植株上部及根状茎；3.雄蕊；4.子房及花瓣；5.子房横切；6.蒴果；7.种子。8～13.长药隔重楼：8.植株上部；9.雄蕊；10.花瓣；11.雌蕊；12.子房横切；13.裂开的蒴果。14～16.狭叶重楼：14.植株上部；15.雄蕊；16.花瓣。

该图为《云南植物志》插图原作。此图是拼图，构图较好。三种植物重叠而不乱，解剖图放位恰当，科学性很强。在如此构图中植物体还不乏灵动，实属不易。（马平 / 评）

Veratrum nigrum L. | 赵晓丹 / 绘

单子叶植物
Monocots

百合目
Liliaes

藜芦科
Melanthiaceae

1.花序；2.部分枝叶；3.茎下部及根；4.花；5.果实；6.种子

APG Ⅳ 将藜芦属划分为藜芦科，其中藜芦属约 40 种，分布于北半球温带地区。我国有 13 种，其中 8 种为特有种。藜芦为多年生草本，植株高可达 1 m，根茎短而厚，通常粗壮，基部的鞘枯死后残留成有网眼的黑色纤维网。生于海拔 1 200～3 300 m 的山坡林下或草丛中。本种叶大、无毛，圆锥花序长而挺直，顶生总状花序常比侧生花序长 2 倍以上，这些特点可以很好区别于本属国产其他种类。（朱龙建、莫佛艳 / 文）

Smilax bracteata Presl | 张泰利／绘

单子叶植物
Monocots

百合目
Liliales

菝葜科
Smilacaceae

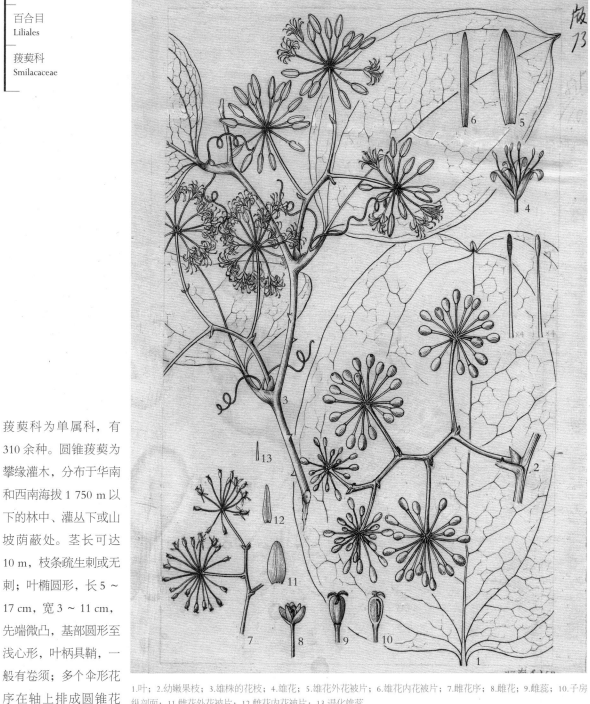

1. 叶；2. 幼嫩果枝；3. 雄株的花枝；4. 雄花；5. 雄花外花被片；6. 雄花内花被片；7. 雌花序；8. 雌花；9. 雌蕊；10. 子房纵剖面；11. 雌花外花被片；12. 雌花内花被片；13. 退化雄蕊

菝葜科为单属科，有 310 余种。圆锥菝葜为攀缘灌木，分布于华南和西南海拔 1 750 m 以下的林中、灌丛下或山坡荫蔽处。茎长可达 10 m，枝条疏生刺或无刺；叶椭圆形，长 5 ～ 17 cm，宽 3 ～ 11 cm，先端微凸，基部圆形至浅心形，叶柄具鞘，一般有卷须；多个伞形花序在轴上排成圆锥花序，总花梗的下部有 1 关节，开暗红色花；浆果球形；花期 11 月至次年 2 月，果期 6—8 月。（陈瑞梅／文）

此图为《中国植物志》插图原作。此画作较完整地表现了物种叶子的变化、雄雌花序和花的科学特征。（马平／评）

防己叶菝葜

Smilax menispermoides Hayata 许春泉 / 绘

单子叶植物
Monocots

百合目
Liliales

菝葜科
Smilacaceae

1. 根状茎；2. 果枝；3. 雄花

防己叶菝葜为攀缘灌木，分布于西北、西南和华中海拔 2 600 ~ 3 700 m 林下、灌丛中或山坡阴处。茎长 0.5 ~ 3 m，枝条无刺。叶纸质，卵形或宽卵形，先端急尖并具尖凸，基部浅心形至近圆形，下面苍白色；叶柄长 5 ~ 12 mm，通常有卷须。伞形花序具几朵至十余朵花；总花梗纤细，花序托稍膨大，有宿存小苞片；花紫红色；雌花稍小或与雄花近等大，具 6 枚退化雄蕊，通常其中 1 ~ 3 枚具不育花药。浆果直径 7 ~ 10 mm，熟时紫黑色。根状茎可供药用。（谢云 / 文）

猪牙花

Erythronium japonicum Decne. 李赞谦 / 绘

单子叶植物
Monocots

百合目
Liliales

百合科
Liliaceae

猪牙花属共 24 种，主要分布在北美洲，我国有 2 种，分别是猪牙花和新疆猪牙花 *E. sibiricum*。前者分布于吉林和辽宁的森林潮湿地带，后者分布在海拔 1 100 ~ 2 500 m 的亚高山草原或林下、灌木丛中。猪牙花为多年生草本，叶 2 枚，花单朵顶生，俯垂，花被片紫红色，开花时强烈反卷，蒴果，花期在每年的 4—5 月。因其鳞茎像猪牙而得名，名字虽粗俗，花却极其美丽，且鳞茎营养成分丰富，有较好的保健价值和食用价值。（龚奕青、艾侠 / 文）

Cardiocrinum giganteum (Wall.) Makino | 张泰利／绘

单子叶植物
Monocots

百合目
Liliales

百合科
Liliaceae

大百合为大百合属高大草本。大百合属植物因其植株粗壮、高大，有网状脉的心形叶片，显著区别于百合属植物而得名。大百合属仅有 3 个种，我国有 2 个种，即大百合和荞麦叶大百合 *C. cathayanum*。1824 年，丹麦外科医生、植物学者纳萨尼尔·瓦立池（Nathaniel Wallich）从印度前往尼泊尔，在喜马拉雅山脉南麓加德满都谷地首次见到这种开着白色巨大花朵的植物，他对其进行了描述，将其归入百合科并命名为 *Lilium giganteum*，种加词

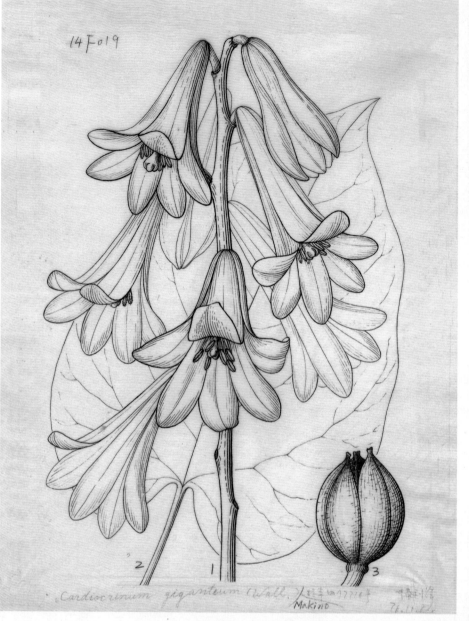

1.花序；2.叶；3.果

"*giganteum*" 意为 "巨大的"。不久，奥地利贵族军官、植物学家休格尔（Baron Huge）在喜马拉雅地区也发现了这种植物。很快，大百合被引进到欧洲的花园。1850 年，英国园艺学家对大百合进行了商业开发，在英国花展的首次亮相就引起了极大轰动。1852 年，胡克（J. D. Hooker）在《植物学杂志》（*The Botanical Magazine*）上对该物种做了详细描述。此后，在我国横断山脉和南方山地沟谷也发现了大百合种群。澳大利亚还培育出了开黄花的新品种。被引种到新西兰的大百合，甚至成为那里的入侵植物。直至 20 世纪初，因大百合有显著区别于百合属其他植物的特征，同时与百合属其他物种存在生殖隔离，于是植物学者将其从百合属中划分出来，单独成立了大百合属。此图为《中国高等植物图鉴》插图原作。（孙海／文）

轮叶贝母

Fritillaria maximowiczii Freyn | 李爱莉 / 绘

单子叶植物
Monocots

百合目
Liliales

百合科
Liliaceae

1.植株；2.花被展开，示雄、雌蕊

贝母属约 130 种，分布于北半球温带地区，我国有 24 种，其中 15 种为特有种。该类群为春季开花的多年生具鳞茎类群，花通常单生，钟形，常下垂，鳞茎具有许多肉质鳞片，很似百合，因其观赏性或药用价值，许多种在野外已濒临灭绝。

轮叶贝母为多年生草本，多产于黑龙江、吉林、辽宁和河北北部海拔 1 400 ～ 1 480 m 的山坡上。鳞茎由 4 或 5 枚或更多鳞片组成，周围有一些米粒状小小鳞片，叶条形或条状针形 3 ～ 6 枚排成一轮，顶部常见散生叶，花单朵，紫色，稍有黄色小方格，雄蕊长约为花被片的 3/5，花药基着，柱头有裂片。（陈璐、莫佛艳 / 文）

单子叶植物
Monocots

百合目
Liliales

百合科
Liliaceae

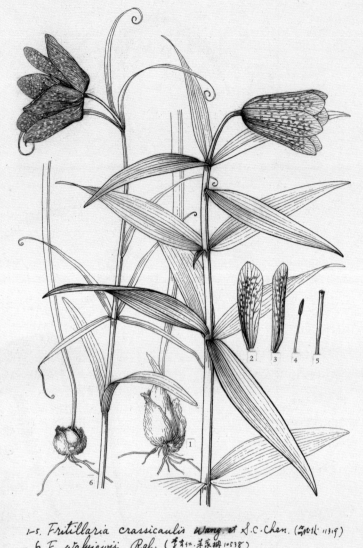

1~5. *Fritillaria crassicaulis* Wang et S.C.Chen. (郭本兆 11319)
6. *F. walujewii* Rgl. (李吉仁、朱家楠 10538)
冯晋庸绘
一九七六年十二月.

粗茎贝母为我国四川西南、云南西北海拔2 500～3 400 m林下或高山草地特有种，新疆贝母在我国生长于新疆海拔1 300～2 000 m的云杉林和草甸等地。2种贝母在鳞茎结构、叶序排列方式、花单朵顶生上一致，但在植株大小、叶型等差异明显，前者茎粗，叶矩圆状披针形，先端不卷曲，花黄绿色，后者茎细弱、叶为披针形，花深紫色而不同。《诗经·载驰》

1~5.粗茎贝母：1.植株上、下部；2.外花被片；3.内花被片；4.雄蕊；5.雌蕊。6.新疆贝母：6.植株的上下部。

有："陟彼阿丘，言采其蝱。女子善怀，亦各有行。"其中的"蝱"即为"贝母"，这里意指贝母有解郁宽胸之效。（张苏州、彭丽芳／文）

该图为《中国植物志》插图原作。此类群植物为直立形态，所以较易构图，花大而倾斜或下垂，本图最好表现的是花被片上的斑纹和脉纹。（马平／评）

卷丹

Lilium tigrinum Ker Gawl. | 刘春荣 / 绘

单子叶植物
Monocots

百合目
Liliales

百合科
Liliaceae

卷丹广泛分布于我国海拔 400 ~ 2 500 m 的山坡灌木林下、草地、路边或水畔。因其花色为橙红色，花瓣反卷，故得名卷丹；又因其花瓣上布满紫黑色斑点，故有"虎皮百合"的别称。卷丹的花朵虽然艳丽，但是它没有花蜜，也无香味，靠这些紫色斑点吸引昆虫。其叶腋处的珠芽，掉落之后，也可以发育呈新的植株。蒴果狭长卵形。鳞茎较大，富含淀粉，可食用，也可药用。（汪劲武 / 文）

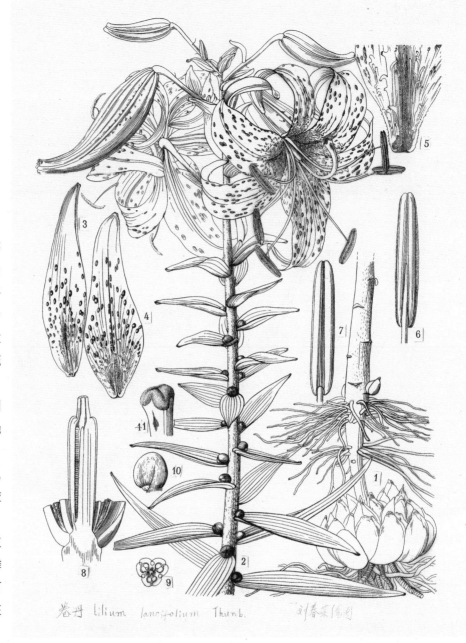

1.植株下部和鳞茎；2.植株上部；3.外花被片；4.内花被片；5.内花被片基部；6、7.雄蕊背、腹面；8.雌蕊纵切面；9.子房横切面；10.胚珠；11.柱头

此图为《中国植物志》插图原作。卷丹的花色艳丽，花形独特，故而画家们常采用彩色画来描绘这种迷人的植物。相较之下，刘春荣先生的这幅卷丹图，更显珍贵，极耐寻味。她精巧而细致地安排了画面构图：花朵正面、背面均得以展示，但详略有当，富有层次；解剖图有序地分列于主体花枝的两侧，繁而不乱，零而不散。我们既能从花瓣的生动姿态中看到她非凡的线条造型能力，也能从详尽、准确的解剖图中，感受到她在科学上的严谨与专业。（穆宇 / 评）

Tulipa edulis (Miq.) Baker | 冯钟元 / 绘

单子叶植物
Monocots

百合目
Liliales

百合科
Liliaceae

老鸦瓣为郁金香属的一种多年生小草本，具卵圆形地下鳞茎；叶基生，线形，一般 2 枚，花单朵顶生，花基部长 1 对狭条形苞片；花白色，背面有紫红色纵条纹；雄蕊 3 长 3 短，花丝无毛，中部稍扩大；蒴果近球形，有长喙。长于华东、华中地区以及辽宁、山东、陕西等省局部的山区。（张寿洲 / 文）

1.植株；2.雄、雌蕊；3.花被及短雄蕊；4.长雄蕊；5.子房横切面观

此画作中物种的外形特殊，较为真实。鳞茎的色彩掌握得好，所以质感强，雄蕊二型的 2 种花丝及子房横切表现准确。（马平 / 评）

Notholirion bulbuliferum (Lingelsh.) Stearn | *N. campanulatum* Cotton et Stearn | 吴锡麟 / 绘

单子叶植物
Monocots

百合目
Liliales

百合科
Liliaceae

1～3.假百合：1.植株上下部；2.蒴果；3.种子。4、5.钟花假百合：4.植株上下部；5.花被纵剖面观

我国西北地区海拔2 500 m以上的高山草甸和灌木丛中，常常可以看到开着淡紫色、粉紫色、蓝紫色、暗红色、红色、红紫色花的植物，其花的形态与百合属百合相似，这就是假百合。假百合"假"在鳞茎。

百合 *Lilium brownii* var. *viridulum* 鳞茎明显膨大，须根上不具小鳞茎，而假百合鳞茎如葱白般稍膨大，须根上具许多珠状小鳞茎。（张寿洲 / 文）

这幅画对于叶缘的转折变化关系处理得非常到位，作者善用长线条，在有限的空间里，有序地表达出丰富的内容。此外，假百合的小鳞茎画得很出色，画出了丛生的状态。（马平 / 评）

单子叶植物
Monocots

天门冬目
Asparagales

兰科
Orchidaceae

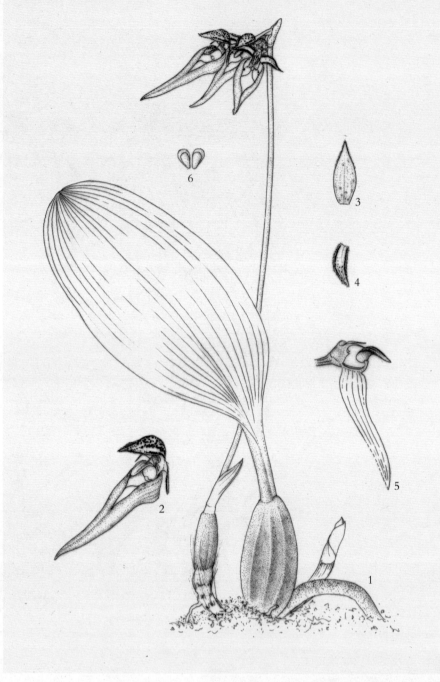

1.植株；2.花；3.中萼片；4.侧瓣；5.带有子房、蕊柱、侧萼片的唇瓣；6.花粉块

长臂卷瓣兰分布于云南海拔 1 300～1 600 m 的林中树干上，假鳞茎在根状茎上疏生，直立，顶生 1 枚叶。叶大，厚革质，椭圆形；花葶从假鳞茎部抽出，直立，具花 3 或 4 朵，花淡绿色带紫色，花瓣镰状披针形，唇瓣披针形。该种现已有栽培，具有较高的园艺价值。（张寿洲／文）

画作端庄秀丽，假鳞茎和花用点表示肉质感，不失为一种很好的选择。（马平／评）

独花兰

Changnienia amoena S. S. Chien | 刘然/绘

1.植株，具花；2.花

独花兰是钱崇澍1935年在中国科学社生物研究所创办的所刊上发表的新种，模式标本采自江苏句容。同时，钱崇澍以此种为模式建立了独花兰属*Changnienia* S. S. Chien（单种属），以纪念该所采集员陈长年。该种最突出的形态特点如同画作所展现的：仅有1叶和1花。其叶背面紫红色；其花为白色而带肉红色，特别是唇瓣有紫红色斑点，下部呈微斜的角状距，中部有褶片状附属物，中裂片平展，边缘具不规则波状缺刻。该种花开于三四月份，在早春的林下显得格外娇媚，就像其种加词"*amoenus*"所描述的和画中花放大图所显示的那样，让人观之有可爱、愉悦的感受。独花兰是我国特有植物，从江苏南部和浙江向西可分布至陕西南部和四川，常生于丘陵山地中潮湿沟边、山谷岩壁下、林下腐殖质丰富的土壤上。因该种形态独特，花颜值高，具有一定药用价值，在产区常遭采挖，加之种子繁殖困难，野生资源受威胁严重，已被列为国家重点保护野生植物名录（第二批）Ⅱ级。（刘启新/文）

这是一幅用计算机制图软件创作的作品。绘者用色风格很特殊，装饰性很强，整体似乎用丝线刺绣般泛着金属色和蜡质感。（马平/评）

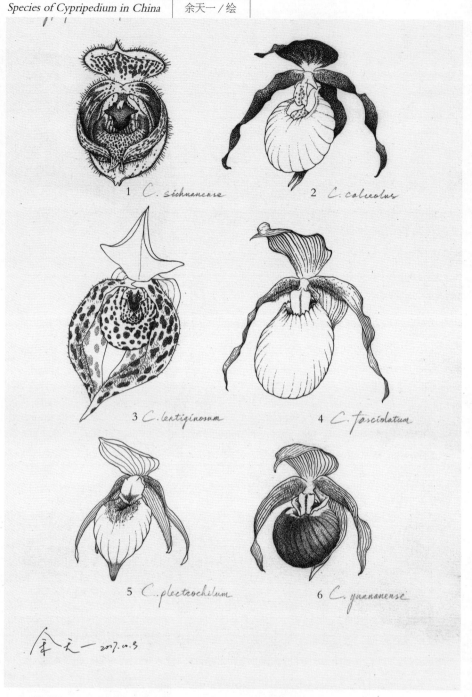

1. 四川杓兰 *Cypripedium sichuanense* H. Perner；2. 杓兰 *C. calceolus* L.；3. 长瓣杓兰 *C.lentiginosum* P. J. Cribb et S. C. Chen；
4. 大叶杓兰 *C.fasciolatum* Franch.；5. 离萼杓兰 *C.plectrochilum* Franch.；6. 云南杓兰 *C. yunnanense* Franch.

杓兰属约 50 种，主要分布在北半球温带和亚热带高海拔地区，喜欢夏季凉爽潮湿的环境。我国是杓兰属物种自然分布最多的国家，有 36 种，其中 25 种都是特有物种，也有部分是北温带广布种。特有物种主要集中在我国西南高山，而我国北部温带地区的杓兰多是广布种。四川杓兰仅分布于四川西北部，是最稀有的杓兰之一。杓兰是分布最广的杓兰属植物，从欧洲最西部一直到中国东北都有分布。长瓣杓兰仅分布于云南东南部的麻栗坡。大叶杓兰分布于四川、重庆和湖北，花和叶都较大。离萼杓兰分布较广，主要在我国西南，唇瓣的下部延伸成角状。云南杓兰分布于云南、西藏和四川，近似于分布在中国华北和东北的大花杓兰，但是花更小，合蕊柱上有明显的红色中脉。（余天一／文）

虎头兰

Cymbidium hookerianum Rchb. f.　过立农／绘

单子叶植物
Monocots

天门冬目
Asparagales

兰科
Orchidaceae

虎头兰为多年生附生或石生草本，分布在喜马拉雅山脉东部，包括尼泊尔、印度、缅甸以及我国西南部海拔1 500 ～ 2 600 m的森林中。现代兰科植物杂交生产中常用到该植物的大花习性。该种第一次描述是根据1848年格里菲斯（W. Griffith）采自不丹的标本，并定名为*C.grandiflorum*，遗憾的是该名称已经被用于另外一个种（现已移入朱兰属*Pogonia*），托马斯·罗比（Thomas Lobby）于1850年采集的活体材料种植在詹姆斯·韦奇父子（Messrs James Veitch & Sons）苗圃，直到1866年才开花。德国兰花专家海因里希·古斯塔夫·赖兴巴赫（Heinrih Gustav Reichenbach）对该物种进行了描述，其种加词是为了纪念邱园的第二任主任约瑟夫·胡克爵士（Sir Joseph Hooker）。（张苏州／文）

画作构图生动别致，花序和叶片交叉的方式使得画面富有灵气，但花、叶的细节仍有雕琢的空间。（马平／评）

Cypripedium japonicum Thurb. | 江苏省中国科学院植物研究所／图

单子叶植物
Monocots

天门冬目
Asparagales

兰科
Orchidaceae

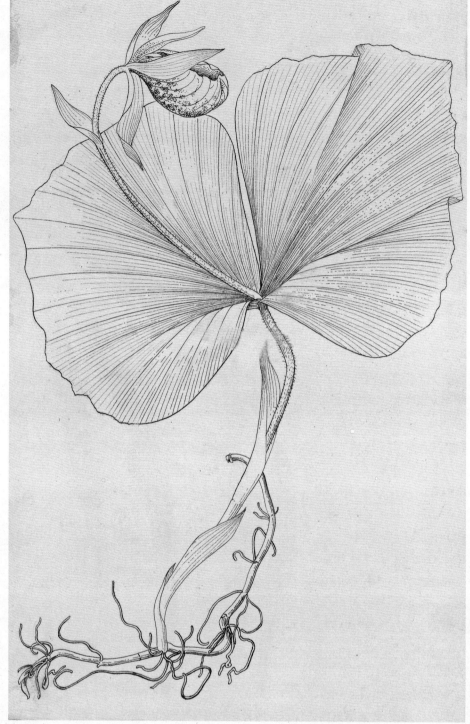

杓兰属的属名
"*Cypripedium*"，
来自古希腊语
"Kypris"，即神话
中女神阿佛洛狄忒
（Aphrodite）的别名＋
拉丁文 pes（足），意
为呈"拖鞋状"，指该
属植物的唇瓣特化为囊
状口袋，称为"仙女的
拖鞋"。扇脉杓兰是一
种珍稀的多年生地生
兰，叶片扇形，辐射状
脉直达叶片边缘，扇脉
杓兰的传粉属于无回报的欺骗型传粉，受粉率普遍偏低。果实中所含的
种子虽然多，但由于种子的萌发率极低以及生境的片段化，有效散播的
距离极其有限，加之人为采挖，数量已十分稀少。（张卫哲／文）

这幅作品以极见功力的线条表现出扇脉
杓兰最具特点的放射状叶脉，线条简洁
流畅，令人印象深刻。（马平／评）

丽江杓兰

Cypripedium lichiangense S. C. Chen　　匡柏生 / 绘

单子叶植物
Monocots

天门冬目
Asparagales

兰科
Orchidaceae

1

2

丽江杓兰产于四川西南部和云南西北部海拔 2 600 ～ 3 500 m 的灌丛中或开阔疏林中。植株高约 10 cm，叶片上面暗绿色并具紫黑色斑点，有时还具紫色边缘。花大而美，萼片呈暗黄色而有浓密的红肝色斑点或完全红肝色，花瓣与唇瓣暗黄色而有略疏的红肝色斑点。（杨梓 / 文）

Cymbidium kanran Makino f. *purpurcoviridescens* Makino　　许梅娟／绘

单子叶植物
Monocots

天门冬目
Asparagales

兰科
Orchidaceae

1.植物地上及地下部分；2.唇瓣；3.合蕊柱

寒兰为地生植物，假鳞茎狭卵球形，包藏于叶基之内。叶带形，薄革质，暗绿色，边缘常有细齿。花淡黄绿色，有浓烈的香气，萼片近线形或线状狭披针形。花瓣狭卵形或卵状披针形，长 2 ~ 3 cm；唇瓣近卵形；蕊柱稍向前弯曲，两侧有狭翅；蒴果狭椭圆形。多产于华中、华南、西南等地，生于海拔 400 ~ 2 400 m 的林下、溪谷旁。

寒兰株型修长健美，叶姿优雅俊秀，花色艳丽多变，香味清醇久远，原产于我国。根据花被颜色，寒兰被分为青寒兰、青紫寒兰、紫寒兰、红寒兰 4 个变型。（端木婷、施践／文）

非常有想法的构图和用色，使不宽的画面显得开阔了许多；叶片自然而自由地伸展，花序翘首伸向侧上方；色调浓郁厚重，使整个画面产生一种庄重、素雅又活泼的特殊美感。（马平／评）

Cymbidium sinense (Jackson ex Andr.)Willd. 韦光周 / 绘

单子叶植物
Monocots

天门冬目
Asparagales

兰科
Orchidaceae

墨兰是兰科兰属地生植物。因其花期正在二十四节气之尾的大寒季节、每年公历元月开放，故而得名"报岁兰"或"入岁兰"。野生墨兰一般生长在林下、灌木林中或溪谷旁湿润但排水良好的荫蔽处，华东、华南、华中和西南地区海拔 300 ～ 2 000 m 处均有分布。一般 10 月至次年 3 月为花期，花色变化较大，较常为暗紫色或紫褐色而具浅色唇瓣，也有黄绿色、桃红色或白色，一般有较浓的香气。萼片呈狭长圆形或狭椭圆形，花瓣近狭卵形，唇瓣近卵状长圆形；蕊柱稍向前弯曲，两侧有狭翅；蒴果狭椭圆形。（秦枫 / 文）

这是一幅国画风味的画作。叶片穿插设计复杂精巧，虚实关系处理到位，着色既有中国画的韵味，又极富装饰性，疏密聚散有序；既有科学性，又有艺术欣赏价值。最可称道的是其运用熟练的没骨法表达花，用线绘表现叶，两法并用，堪称上乘佳作。（马平 / 评）

石斛

Dendrobium nobile Lindl. | 过立农／绘

单子叶植物
Monocots

天门冬目
Asparagales

兰科
Orchidaceae

石斛分布于我国南部和
喜马拉雅山脉周围低山
和山地森林，是附生或
石生植物。茎肉质状肥
厚，直立，上部多曲折
状弯曲；基部狭，不分
枝，具多节；节部常肿
大，叶革质；基部具抱
茎的鞘，总状花序着生
于茎中部以上；具花
1～4朵，花大，先端
白色带淡紫色，或微淡
紫红色，或除唇盘上具
紫色斑块，其余均白色。
石斛是兰科中最广泛栽
培的园林植物或药用植

石斛
Dendrobium nobile Lindl.

物。该画作是依据盆栽材料所绘，与野生状态不同的是，开花时叶
已经发育，且花不似野生状态下多呈附垂状态。（张苏州／文）

此画作充满了灵动之气。花、叶、茎从颜色
至空间关系都处理得很好。（马平／评）

禄劝玉凤花

Habenaria luquanensis G. W. Hu | 王凌／绘

单子叶植物
Monocots

天门冬目
Asparagales

兰科
Orchidaceae

禄劝玉凤花为兰科玉凤花属植物，中国科学院武汉植物园标本馆馆长胡光万于 2015 年最先对其进行公开描述。胡光万早在 2009 年 7 月就在云南省禄劝县的一个山坡上发现该种，但当时植株平凡的外貌并没有引起他的注意。2011 年 7 月，在与最初相遇地相距约 10 km 的地点又发现了一个形态相同的居群。通过对两处物种的居群个体进行比较，发现其特征形态稳定，且与玉凤花属其他已知种类区别明显，该种被命名为禄劝玉凤花。（张林海／文）

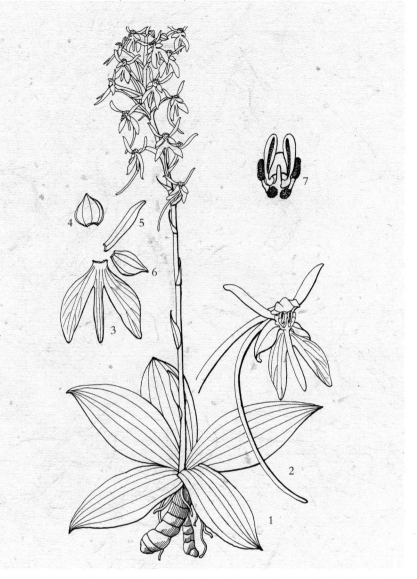

1.植株；2.花；3.唇瓣；4.中萼片；5.侧萼片；6.侧瓣；7.花粉块

Liparis pingxiangensis L. Li et H. F. Yan | 刘运笑/绘

单子叶植物
Monocots

天门冬目
Asparagales

兰科
Orchidaceae

Liparis pingxiangensis. L. Li & H.F. Yan 广西凭祥羊耳蒜 2018年3月刘运笑写于广州华南植物园

凭祥羊耳蒜是 2013 年发表的一个新种，分布在我国广西凭祥海拔 800 m 的陡峭斜坡上。该种的特点是合蕊柱极度弯曲，没有柱翅，唇瓣具有 2 个膜质，2 个花粉串由明显的黏盘相连。凭祥羊耳蒜早春开花，目前仅发现 2 个居群，植株个体数量极少，属于极度濒危物种。近年来海南昌江也有报道发现此物种。（刘运笑 / 文）

这幅画采用工笔画表现手法，构图平稳，色调统一，反映出绘者追求特殊艺术效果的创意，叶片边缘的波状、花序中的花，表现得生动飘逸。（刘启新 / 评）

Paphiopedilum appletonianum (Gower) Rolfe | 颜丹 / 绘

单子叶植物
Monocots

天门冬目
Asparagales

兰科
Orchidaceae

卷萼兜兰为地生兰，非我国特有，在我国分布于海南和广西西部。叶基生，叶片多枚，叶片带形、革质。花葶从叶丛中长出，有2片花苞片，花梗和子房被短柔毛，中萼片和合萼片绿白色并有绿色纹，唇瓣呈倒盔状，子房顶端常收狭成喙状。该种被世界自然保护联盟（IUCN）评估为濒危，种群数量呈下降趋势，毁林开荒和以观赏园艺为目的的采挖致使其生境质量退化，目前被列为国家重点保护野生植物名录（第二批）Ⅰ级。（端木婷、施践 / 文）

这幅画作以国画颜料绘制，构图别致，为凸显花朵的美丽，仅截取植株体的局部加以表现；用色讲究，为保持画面的和谐，对于叶色与花色进行了调和处理，整幅作品格调雅致，秀逸、大气。（穆宇 / 评）

Paphiopedilum   bellatulum (Rchb. F.) Stein
严岚 2017

单子叶植物
Monocots

天门冬目
Asparagales

兰科
Orchidaceae

兜兰属约85种，分布于亚洲热带地区。我国有27种，产地为西南至华南一带。该属花型独特，唇瓣袋状，又似拖鞋，也被称为"拖鞋兰"。这样的唇瓣结构是为访花昆虫设计的，当它们由宽大的囊口进入寻找花蜜无果后，无法从光滑的囊壁爬出，只能通过由合蕊柱与近基部的唇瓣共同构成的狭小传粉通道离开，而花粉块则在此时已经粘在访客的身上了。第一株人工栽培的巨瓣兜兰是1888年赖兴巴赫（Reichenbach）种植在他位于缅甸的兰花温室里的，直到1978年，才慢慢被世人了解。巨瓣兜兰在我国的云南西南部到东南部也有分布，为地生或半附生植物，叶上面有深浅绿色相间的网格斑，花朵白色或底纹带紫红色、紫褐色粗斑点，花瓣比一般的兜兰大，活脱脱像一副"招风耳"，在4—6月开花。（张卫哲 / 文）

这幅作品是对栽培植物的直接写生，兼顾了植物在自然生长过程中的许多形态变化细节，如叶面病斑的表现、新老叶片的变化等。该物种中萼片、侧萼片、唇瓣的斑纹组合和叶面组合很有序，有助于形态的塑造。（马平 / 评）

长瓣兜兰

Paphiopedilum dianthum T. Tang et F. T. Wang | 朱运喜 / 绘

单子叶植物
Monocots

天门冬目
Asparagales

兰科
Orchidaceae

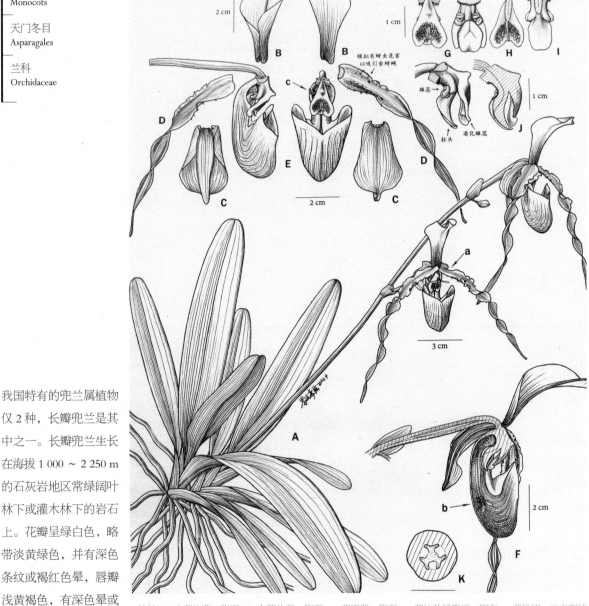

A.植株；B.中萼片背、腹面；C.合萼片背、腹面；D.花瓣背、腹面；E.蕊柱及唇瓣正、侧面；F.花纵切，示内部结构；G.蕊柱正、腹、侧面；H.退化雄蕊腹面；I.蕊柱去退化雄蕊腹面；J.蕊柱纵切，示结构关系；K.子房横切，示胎座类型。a.黑带食蚜蝇被吸引访花；b.黑带食蚜蝇掉入兜内并爬向出口；c.黑带食蚜蝇,从出口钻出逃脱，触及雄蕊后粘上花粉

我国特有的兜兰属植物仅 2 种，长瓣兜兰是其中之一。长瓣兜兰生长在海拔 1 000 ～ 2 250 m 的石灰岩地区常绿阔叶林下或灌木林下的岩石上。花瓣呈绿白色，略带淡黄绿色，并有深色条纹或褐红色晕，唇瓣浅黄褐色，有深色晕或脉纹。花瓣不仅长而且蜷曲伸向两端，像姑娘的小辫子，十分可爱。

奇妙的是，这些"小辫子"上黑色的疣点和唇瓣能够相互配合，模拟食蚜蝇繁殖场所并释放蚜虫报警信息素，吸引雌性的食蚜蝇前来产卵并帮助传粉。这一特性显示了兰花植物的欺骗性传粉生存智慧。（张卫哲 / 文）

这幅非常详尽的兰科植物科学画，从植物外形、到花的外形、花冠整体纵切、花萼花瓣和生殖器官之间关系、合蕊柱的正面观侧面观（侧面纵切）、退化雄蕊、蕊喙等依次展现，是上佳画作。（马平 / 评）

Paphiopedilum micranthum T. Tang et F. T. Wang │ 张泰利 / 绘

单子叶植物
Monocots

天门冬目
Asparagales

兰科
Orchidaceae

硬叶兜兰在我国产自广西西南部、贵州南部和西南部及云南东南部。越南也有分布。模式标本采自云南麻栗坡。该物种生于海拔 1 000～1 700 m 的石灰岩山坡草丛中或石壁缝隙、积土处。叶片上有深浅绿色相间的网格斑，背面有密集的紫斑点并具龙骨状突起。花葶紫红色且有深色斑点，花苞片绿色而有紫色斑点，花大而艳丽，中萼片与花瓣通常白色而有黄色晕和淡紫红色粗脉纹，唇瓣白色至淡粉红色，退化雄蕊黄色并有淡紫红色斑点，唇瓣深囊状，卵状椭圆形至近球形。硬叶兜兰被列为国家重点保护野生植物名录（第二批）I 级，同时也被列为世界濒危野生植物。（杨梓 / 文）

硬叶兜兰是我国珍稀植物。为了使这幅画更富于浓郁的中国民族绘画特色，绘者选择了仿古绢作为画材，吸取西画光、色、空间等处理，表现出植物强烈的质感；同时，把主体植物，解剖图、题款、印章交融统一，和谐相宜。整幅画作色彩古朴、格调清新，显示出科学与艺术结合的独特魅力，是具有民族风格的中国植物科学画。（穆宇 / 评）

单子叶植物
Monocots

天门冬目
Asparagales

兰科
Orchidaceae

独蒜兰属 *Pleione* 为附生、半附生或地生微型兰花，属名源自古希腊神话中女神普勒俄涅（Pleione），约 26 种。主要产于我国秦岭山脉以南，西至喜马拉雅地区。陈氏独蒜兰为我国南部地区特有种，产自广东、广西北部和云南西部等海拔 1 400 ～ 2 800 m 地区。该种为左景烈先生 1933 年发表，种加词 "*chunii*" 是为纪念陈焕镛教授。（张寿洲 / 文）

这幅作品光影效果上佳，对于唇瓣的表现非常细腻，使用色彩胆大准确。蕊柱的正面形态及唇瓣内黄色丝状物都显示出其特征；假鳞茎的形和色都表现得很精准，绘者把花葶残存丝状纤维也完整画出。（马平 / 评）

Renanthera coccinea Lour. 余志满 / 绘

单子叶植物
Monocots

天门冬目
Asparagales

兰科
Orchidaceae

志满写生画

火焰兰是火焰兰属 *Renanthera* 植物，该属在世界范围内分布有21种，主要分布于亚洲的热带地区和太平洋岛屿。我国有火焰兰、云南火焰兰和中华火焰兰3种，主要分布于云南、贵州、海南等地。火焰兰具有很高的观赏价值，尤以红艳的花朵最为耀眼，这在含蓄内敛的兰科大家族中算是个例外。火焰兰的茎比较粗壮，质地也很坚硬，叶子些微舌形，呈青绿色，排成整齐的两列。花型不大，花瓣火红色，上边分布有橙红色的斑点，花瓣四散飞舞。许多单花排成散开的圆锥状，乍看上去，似腾空飞蹿的火焰。火焰兰易栽培，以全草入药。（张玲玲 / 文）

绘者用国画风格构图，展现物种与树的关系，并使其风格实虚的方式表现得更有情趣。色彩有浓重有清淡，色差反复推磨，尤其画面下部红色花序从树干后探出，使整个画面活跃起来。（马平 / 评）

Spiranthes sinensis (Pers.) Ames | 江苏省中国科学院植物研究所／图

1.植株；2.花侧面；3.花正面

绥 草 属 的 属 名 "*Spiranthes*"来源于希腊语"speira"（被缠绕物）和"anthos"（花），指花序螺旋状扭旋，似绥带。我国产1种，广布于全国各地。绥草又名盘龙参、龙抱柱、懒蛇上树，植株高13～30 cm。绥草与美冠兰、线柱兰合称"华南草坪三宝"。全草可作药用。（王青／文）

此物种在自然界中是独行者，从不以居群形式生长；花序上花的排序呈螺旋状由下向上依次开放，如同蛇般动作。绘者用水彩着色，又加勾线法使得花的放大图很有特点，兼具科学性。（马平／评）

单子叶植物
Monocots

天门冬目
Asparagales

鸢尾科
Iridaceae

番红花原产于希腊、西班牙、伊朗等欧洲及中东地区，后传入我国西藏地区，故又名"藏红花"。番红花为珍贵中药材，曾记载于《本草纲目》，主要药用部分为柱头。可用作镇静、驱风、活血化瘀、凉血解毒、解郁安神。此外还可以作为香料，用于食品调味和上色，也用作染料。（王青 / 文）

1.植株；2.花剖开；3.花柱；4.药材（花柱）

这幅作品色调柔和，花柱表现准确，因花柱是其药用部分的主体，故用局部特写予以突出表现。整幅作品科学性强，观赏价值也很高。（马平 / 评）

喜盐鸢尾

Iris halophila Pall. | 史渭清 / 绘

单子叶植物
Monocots

天门冬目
Asparagales

鸢尾科
Iridaceae

×1/2

喜盐鸢尾产于我国甘肃、新疆。生于草甸、砾质坡地及潮湿的盐碱地上。根状茎紫褐色，粗壮而肥厚；须根粗壮，黄棕色。叶剑形，灰绿色，略弯曲。花茎粗壮，在花茎分枝处生有3枚苞片，内含2朵花；花黄色，外花被裂片提琴形，内花被裂片倒披针形。蒴果椭圆状柱形，绿褐色或紫褐色，具6条翅状的棱，顶端有长喙。喜盐鸢尾叶色优美，花枝挺拔，适宜栽培观赏。（谢云 / 文）

画作赋色雅致，构图尤其用心。最右展示花初放时花枝，突出提琴形外花被片；中间花枝则表现花盛放期形态，突出表现倒披针形内花被裂片；左部展示植株下部形态，截断处前恰置花瓣，处理得不落痕迹。（穆宇 / 评）

单子叶植物
Monocots

天门冬目
Asparagales

鸢尾科
Iridaceae

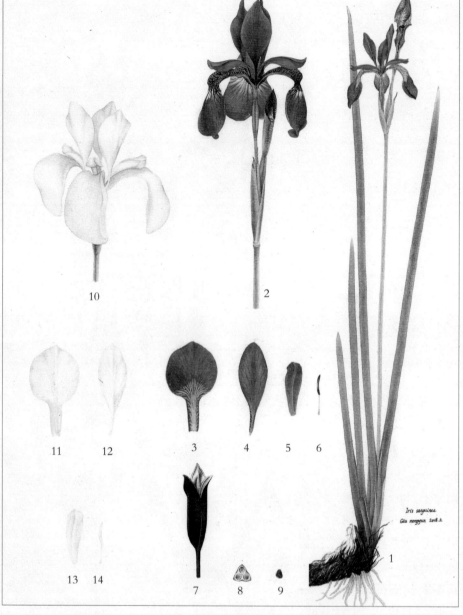

溪荪为多年生草本。分布于我国东北、内蒙古和江苏南部沼泽地，日本、朝鲜及俄罗斯也有分布。根状茎粗壮，须根绳索状，灰白色，叶条形，中脉不明显。花茎光滑，实心，具1或2枚茎生叶；苞片3枚，内包含有2朵花；花天蓝色，裂片黑褐色。蒴果呈三棱状圆柱形，具6条纵肋，成熟时由顶部开裂。溪荪花色艳丽而丰富。株型俊美，抗寒能力强，观赏价值高，常用于园林绿化和插花。该种有2个变种，即原变种和宜兴溪荪 *I. sanguinea* var. *yixingensis*，后者叶鞘内面具银白色金属光泽，花暗紫色，蒴果具白色柔毛。（谢云／文）

1~9.溪荪：1.植株；2.花枝；3.外花被裂片；4.内花被裂片；5.柱头；6.雄蕊；7.果实；8.果实横切面；9.种子。
10~14.白花溪荪：10.花；11.外花被裂片；12.内花被裂片；13.柱头；14.雄蕊

这幅作品清秀淡雅，尤其值得称道的是花被片柔美，叶的绿衬托出花的飘然。（马平／评）

鸢尾

Iris tectorum Maxim. | 韦力生 / 绘

单子叶植物
Monocots

天门冬目
Asparagales

鸢尾科
Iridaceae

鸢尾花呈蓝紫色，原产于我国中部以及日本。花香气淡雅，外花被裂片圆形或宽卵形，中脉上有不规则的鸡冠状附属物，内花被裂片椭圆形，花盛开时向外平展，花药鲜黄色。蒴果长椭圆形或倒卵形，有 6 条明显的肋。鸢尾属名 *"Iris"*，是以其株形似鸢（俗称鹞鹰、老鹰）的尾巴而命名。鸢尾在我国古代又称乌园、乌鸢，最早见载于《神农本草经》。古代鸢尾类植物的种植，主要有原产我国的鸢尾 *I. tetcorum*、蠡实 *I. lactea*、蝴蝶花 *I. japonica*、玉蝉花 *I. kaempferi* 等。清代吴其濬所著《植物名实图考》上有蝴蝶花的性状介绍与版图。鸢尾属种类甚多，著名的有德国鸢尾 *I. germanica*、荷兰鸢尾 *I. hollandica*、香根鸢尾 *I . pallida*、花菖蒲 *I. kaempjeri* 等。（谢云 / 文）

画面大气，色泽协调，用色恰到好处，尤其在花的用色上十分讲究，使花产生灵动和飘逸之感。（马平 / 评）

水仙

Narcissus tazetta var. *chinensis* Roem. | 冯晋庸 / 绘

单子叶植物
Monocots

天门冬目
Asparagales

石蒜科
Amaryllidaceae

水仙有很多别名，六朝时称之为"雅蒜"，因其鳞茎像大蒜的鳞茎，叶子也像大蒜的叶子。宋代时叫水仙为"天葱"，因其茎秆像葱。水仙又被称为"凌波仙子"，宋代诗人黄庭坚有诗："凌波仙子生尘袜，水上轻盈步微月。"水仙还有"金盏银台"之称，因水仙花白色如盘，花心黄色如酒盏的缘故。又由于水仙开花在隆冬下雪时，故又称它为"雪中花"。若水仙花的根系分泌物在营养液中积累，则对根系生长有抑制作用。（汪劲武 / 文）

本图是单种图，取材一个鳞茎，呈现出植物体自然而优美的姿态，鳞茎的色调运用真实呈现，全图色调柔和、舒美。（马平 / 评）

文殊兰　　　　　　　　　　西南文殊兰

Crinum asiaticum var. *sinicum* (Roxb. ex Herb.) Baker　　*C. latifolium* L.　　陈荣道 / 绘

单子叶植物
Monocots

天门冬目
Asparagales

石蒜科
Amaryllidaceae

文殊兰属为多年生草本植物，全球有 65 ～ 100 种，集中在非洲，我国仅 2 种。文殊兰分布在福建、台湾、广东、广西等省区，为亚洲文殊兰 *C. asiaticum* 变种；西南文殊兰分布在广西、贵州、云南。此图版为我国产文殊兰属 2 种的拼版图，二者形态上的区别在于：文殊兰花被裂片线形，宽不及 1 cm，花被管伸直；西南文殊兰花被裂片披针形或长圆状披针形，宽 1 cm 以上，花被管常稍弯曲。（杨蕾蕾、吴璟 / 文）

1、2.文殊兰：1.花序；2.叶。3.西南文殊兰：3.花序

此为《中国植物志》插图原作。两种花表达得很清楚，钢笔用线细腻准确，刚柔运用自如。（马平 / 评）

Allium sativum L.　｜　曾孝濂／绘

单子叶植物
Monocots

天门冬目
Asparagales

石蒜科
Amaryllidaceae

蒜为多年生宿根草木，鳞茎球状至扁球状，外面被数层白色至淡紫色的膜质鳞茎外皮，叶狭长而扁平，自茎盘中央抽生花茎。原产亚洲西部或欧洲，我国南北普遍栽培。幼苗、花葶和鳞茎均供蔬食，鳞茎还可以作药用。蒜既可调味，又能防病健身，常被人们称誉为"天然抗生素"。（艾侠／文）

这幅作品从构思到完成历时两年，因为季节不对，观察不到大蒜的开花过程。找蒜薹容易，找蒜花难，绘者足足花了两年时间寻蒜，终于如愿。（马平／评）

石蒜　　　　　忽地笑

Lycoris radiata (L'Her.) Herb.　　*L.aurea* (L'Her.) Herb.　　肖溶／绘

单子叶植物
Monocots

天门冬目
Asparagales

石蒜科
Amaryllidaceae

石蒜是石蒜属植物中最特别的种类，俗称"蟑螂花"，国内野生分布的 15 个种中只有它是开鲜红色花的，而且花被裂片狭窄，强度皱缩和反卷，十分奇特。这种长在石灰岩上指示酸性土的美丽野花，花盛叶不出、叶盛花已消，当是大自然的巧妙演化策略。除了鲜红色，石蒜属其他种类花色繁多，有花淡紫红色顶端常带蓝色的换锦花，花蕾白色、渐变肉红色的香石蒜，淡紫红色花的鹿葱，玫瑰红色花朵的玫瑰石蒜，更多的是黄色花和白色花。渐渐清凉的早秋，仿佛一夜之间，掩映绿草中一丛丛黄色、白色的各种石蒜挺立在晨曦、夕阳光圈下，此起彼伏，延绵月余，正是"置之篱落池头，可填花林疏缺者也"。（杭悦宇／文）

1～3.石蒜：1.鳞茎；2.花序；3.叶。4、5.忽地笑：4.鳞茎及叶；5.花序

这幅图很讲究用线的方式和功夫，一大丛花序繁杂而不乱，给人以乱中取胜的美的享受。（马平／评）

単子叶植物
Monocots

天门冬目
Asparagales

天门冬科
Asparagaceae

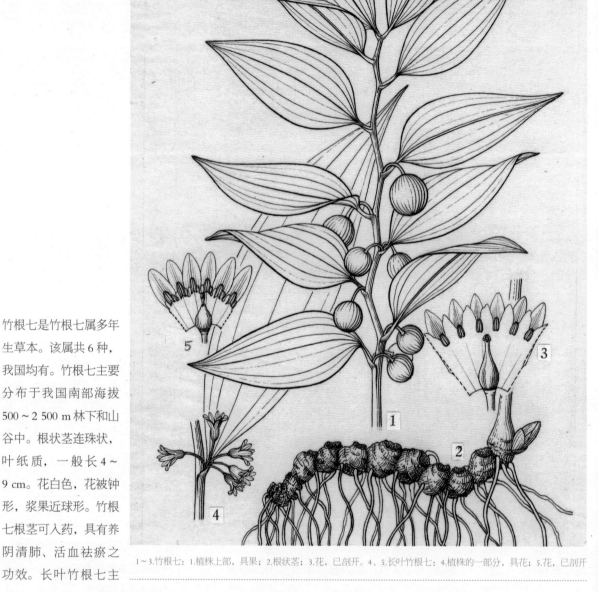

1～3.竹根七：1.植株上部，具果；2.根状茎；3.花，已剖开。4、5.长叶竹根七：4.植株的一部分，具花；5.花，已剖开

竹根七是竹根七属多年生草本。该属共 6 种，我国均有。竹根七主要分布于我国南部海拔 500 ～ 2 500 m 林下和山谷中。根状茎连珠状，叶纸质，一般长 4 ～ 9 cm。花白色，花被钟形，浆果近球形。竹根七根茎可入药，具有养阴清肺、活血祛瘀之功效。长叶竹根七主要分布于云南和广西海拔 160 ～ 1 760 m 的林下、灌丛下或林缘。叶一般长 10 ～ 20 cm，先端长渐尖或稍尾状。药材市场常常将竹根七属 *Disporopsis*、吉祥草属 *Reineckia* 和开口箭属 *Tupistra* 的根状茎混称为竹根七。此图为《中国植物志》插图原作。（梁璞 / 文）

玉竹	毛筒玉竹	
Polygonatum odoratum (Mill.) Druce	*P. inflatum* Kom.	冯晋庸 / 绘

单子叶植物
Monocots

天门冬目
Asparagales

天门冬科
Asparagaceae

黄精属约60种，广布于北温带，我国有39种。该属分类问题较多，叶形和叶序变异较大。本画作为该属互叶系玉竹和毛筒玉竹的拼版图，其共性是根状茎圆柱状、叶互生、花序具膜质小苞片，花大，花被筒长于花被裂片。区别在于前者花冠筒里面无毛，花丝近平滑至具乳头状突起，叶无柄或仅具极短的柄，广布欧亚大陆温带地区，后者花被筒具短棉毛，叶显著具柄，柄长5～15 mm，为我国东北特有种。玉竹之名源于其白色分节的根状茎，古书中称玉竹为"葳蕤"。李时珍《本草纲目》："按黄公绍《古今韵会》云：'葳蕤，草木叶垂之貌。'此草根长多须，如冠缨下垂之緌而有威仪，故以名之。凡羽盖旌旗之缨緌，皆像葳蕤，是矣。"（张苏州、彭丽芳 / 文）

1～4. 玉竹：1. 根状茎；2. 具花植株一部分；3. 花，已剖开；4. 果序。5、6. 毛筒玉竹：5. 具花植株的一部分；6. 花，已剖开

此为《中国植物志》插图原作。此类群物种生长状态向一侧弯曲，叶片倾斜，花与果下垂很优美，绘者完美地表达了此特征，整幅画面充满活力。（马平 / 评）

Polygonatum sibiricum Redouté ｜ 陈荣道／绘

单子叶植物
Monocots

天门冬目
Asparagales

天门冬科
Asparagaceae

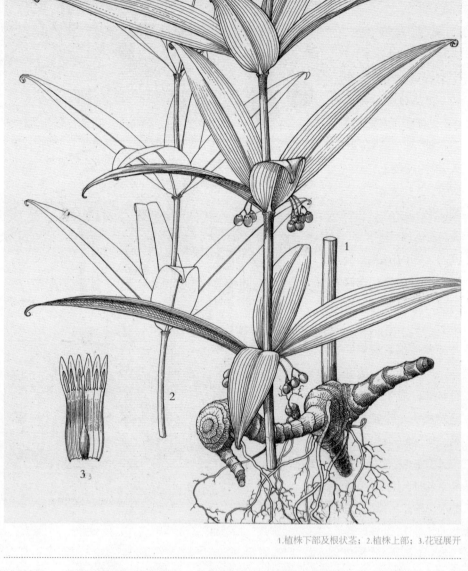

黄精分布较广，生于海拔 800～2 800 m 的林下、灌丛或山坡阴处。茎直立，有时呈攀缘状，叶轮生，每轮 1～6 枚，先端拳卷或弯曲成钩，花序常 2～4 朵，伞房状，花被乳白色至淡黄，花被筒中部缢缩，浆果成熟时黑色。黄精的根状茎圆柱状，由于结节膨大，因此"节间"一头粗、一头细，在粗的一头有短分枝，中药学称这种根状茎类型所制成的药材为"鸡头黄精"。（张寿洲／文）

1.植株下部及根状茎；2.植株上部；3.花冠展开

该画作构图时思维清晰，意在展现物种在自然生长状态下的一种神采；叶全部打开，生出同一个角度，叶尖具小钩，叶脉分明，这一切都是基本特征；地下根状茎质感准确。可见作者用钢笔的画法成熟。（马平／评）

Asparagus brachyphyllus Turcz. 　　许春泉 / 绘

单子叶植物
Monocots

天门冬目
Asparagales

天门冬科
Asparagaceae

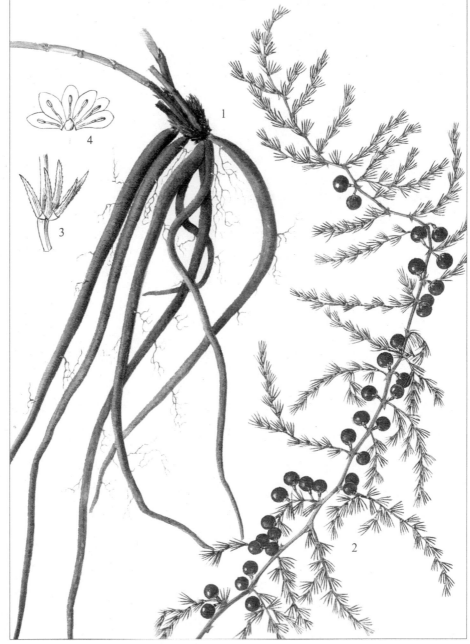

1.根；2.果枝；3.枝的一段（示鳞叶及叶状枝）；4.雄花展开（示雄蕊及退化雌蕊）

攀缘天门冬块根近圆筒状，茎近平滑，分枝长纵凸纹，叶状枝具软骨质齿，常 4 ～ 10 枚成簇；叶为鳞片状。花腋生，淡紫色，花丝中部以下常贴生于花被片上。浆果熟时呈红色。本种可根据块根、鳞叶及花被形态与天门冬区分，且在我国产的本属植物中，叶状枝具软骨质齿，又为攀缘植物的仅有本种。（谢云 / 文）

该图构图将物种的根及地上部分成的两部分分别表达，属于一种常用方式；红红的果实布满枝上，具有灵动感。由于该类群植物细弱平铺于地面，或依附于其他植物生长，所以显得很特殊，叶状枝，小而细碎，在画的时候很难表达其状态，但绘者抓住此特征，很详尽地在画面上体现出来，实属不易。（马平 / 评）

Aspidistra elatior Bl.　江苏省中国科学院植物研究所／图

单子叶植物
Monocots

天门冬目
Asparagales

天门冬科
Asparagaceae

3厘米

2 厘米

5

4

2 厘米

3

2

1

1.植株；2.花；3.花纵切；4.部分花冠，示雄蕊；5.雌蕊

该物种因绿色浆果的果皮油亮似蜘蛛卵，粗壮的根茎横生于地面似蜘蛛，故名"蜘蛛抱蛋"；又一说是雄蕊好像蜘蛛的小腿，雌蕊胀成圆盾的样子与蜘蛛的卵囊相似，两者合起来神似蜘蛛抱卵，故得名。《植物名实图考》见其名，又称为"飞天蜈蚣"，描述为"近根结青黑，实如卵，横根甚长，稠结密须，形如百足，故以其状名之"。蜘蛛抱蛋的叶形挺拔整齐，叶色浓绿光亮，一柄柄长椭圆形的飘柔叶片独立出地，似放大了的兰花叶，故别名"一叶兰"。（杭悦宇／文）

此画作在有限画面上将物种的生长状态自然地展现，证明绘者对此物种有充分的了解，所以展现得如此自由。叶的弯曲、叶脉用笔的果断，都证明于此。下部的表现也很生动，花紧贴地面、花梗短的特征表达得准确无误。（马平／评）

单子叶植物
Monocots

天门冬目
Asparagales

天门冬科
Asparagaceae

开口箭属在我国主要产于长江以南各地。该属植物因叶片状似万年青，故又名"小万年青"；因其主治各种喉病有奇效，人们又将其称为"开喉箭"。开口箭属的穗状花序密生多花，球形浆果密密匝匝，故而又名"苞谷七"。长柱开口箭紫萼粉瓣，球形浆果密生果穗之上，初为青白，后为紫红，成为冬季里出彩的风景。弯蕊开口箭与之同属，亲缘极近，开花有时浓金重橙，有时淡黄添绿。同属的其他种类的花色，有如开口箭的鹅淡，筒花开口箭的鲜亮，齿瓣开口箭的浓重，长梗开口箭的明媚，款款缤纷。（杭悦宇 / 文）

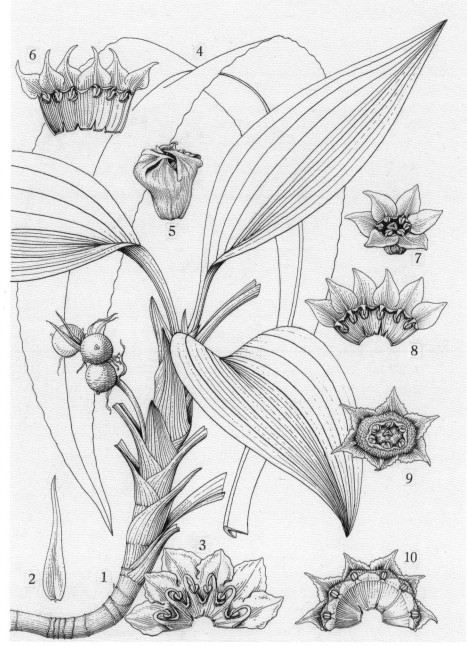

1～3. 弯蕊开口箭 *Campylandra wattii*：1. 植株；2. 苞片；3. 花剖开。4～6. 云南开口箭 *C. yunnanensis*：4. 叶；5. 花；6. 花剖开。7、8. 开口箭 *C. chinensis*：7. 花；8. 花剖开。9、10. 碟花开口箭 *C. tui*：9. 花；10. 花剖开

此图为《中国植物志》插图原作。植株姿态活灵活现，可见开口箭的叶缘呈波浪状扭曲，非常富有韵律感，线条长短疏密处理得当，逻辑关系清晰而严密。开口箭属物种花的区别特征主要在雄蕊花丝，这幅图也着重表现4个物种花与花丝的特征。弯蕊开口箭雄蕊花丝向内弯折，其名也由此得来；云南开口箭雄蕊着生于裂片基部，花丝极短，在花丝间有一小凸起与花被片互生；开口箭的花丝有的贴生于花被片上，上部内弯，花柱不明显；碟花开口箭的花被喉部向内扩展成环状体，形似飞碟，名字也由此而来。（马平、穆宇 / 评）

麦冬

Ophiopogon japonicus (L. f.) Ker-Gawl.　曾孝濂 / 绘

单子叶植物
Monocots

天门冬目
Asparagales

天门冬科
Asparagaceae

沿阶草属约有 65 种，我国有 47 种，其中 38 种为特有。麦冬为多年生常绿草本植物，生于海拔 2 000 m 以下的山坡阴湿处、林下或溪旁。根较粗，中间或近末端常膨大成椭圆形或纺锤形的小块根。这些小块根即是著名的中药材麦冬，有生津解渴、润肺止咳之效，在我国栽培很广。麦冬茎短，叶基生成丛呈禾叶状，花葶比叶短，总状花序，花白色或淡紫色，果实蓝紫色。本种植物体态变化较大，如叶丛的密疏、叶的宽狭等有时明显不同；但其花的构造变化不大，尤其花被片在花盛开时仅稍张开，花柱基部宽阔，一般稍粗而短，略呈圆锥形等性状很一致，是鉴别本种的主要特征。（王韬、朱龙建 / 文）

麦冬春夏之季开花，夏秋之季结果。花果不同时节，却和谐共存于同一画面中。叶片舒展飘逸，洋洋洒洒；蓝紫色的果实色调准确又具灵气；白色的小块根仿佛在零乱的根部跳跃着。整幅画生机洋溢，清新可喜。（马平 / 评）

小金梅草

Hypoxis aurea Lour.　江苏省中国科学院植物研究所／图

单子叶植物
Monocots

天门冬目
Asparagales

仙茅科
Hypoxidaceae

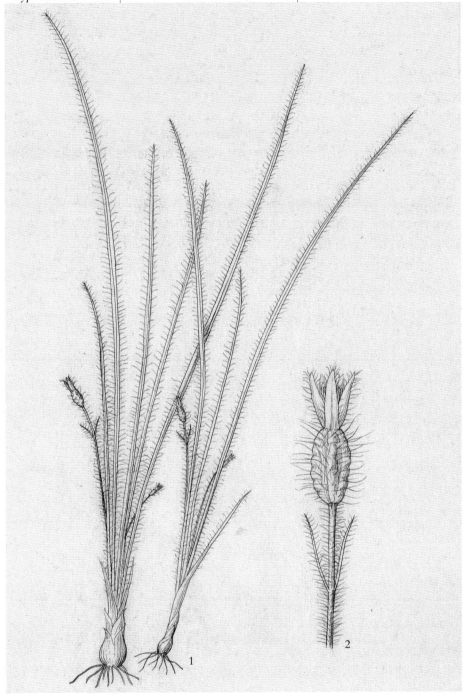

1.植株；2.蒴果

小金梅草属约有100种，非洲、美洲、亚洲和澳大利亚等地区有分布，多数在南半球，特别是南非。该属是仙茅科最大的类群，多样性中心即在南非，我国只有1种。小金梅草为多年生草本植物，具块茎叶基生，4～12枚，狭线形，顶端长尖，基部膜质，有黄褐色疏长毛。花茎纤细，花序有花1～2朵，有淡褐色疏长毛；花黄色，花被片6。蒴果棒状，种子多数呈球形，表面具瘤状突起。多生于山野荒地。以全草入药，夏秋采集，晒干。（张苏州　谢云／文）

看到此图犹如见到绘者本人工作时的状态，握着毛笔，一根一根线条慢慢地上墨；毛的间距似乎用尺测量过，毛显平直，稍弯曲，因此自然流畅。看似简单的构图，却丝丝入心。（马平／评）

单子叶植物
Monocots

天门冬目
Asparagales

阿福花科
Asphodelaceae

萱草属的属名"*Hemerocallis*"是由词根"hemeros"（白天）和"kallis"（美丽）构成，形容其花期短暂，只在白天开放。英文名"Daylily"也是同样的意思，并且点出了它的花形似百合。萱草与黄花菜 *H. citrina* 同属。黄花菜可食，但它的花药里含有以秋水仙碱为代表的生物碱，鲜食有可能中毒，只有晒干且彻底烹饪过的花蕾干品可以放心食用。萱草有毒，不可食。

《诗经》里有句云："焉得谖草？言树之背。愿言思伯，使我心痗（mèi）。"这说的是女子难忍相思之苦，希望得到谖草用以忘忧。一说"谖""萱"相通，于是萱草有了"忘忧草"的别名。古人常把母亲的居所称为"萱堂"，所以"萱"也常作母亲的代称。（顾有容／文）

"折枝"是中国画的一种表现手法，尤其在扇页花卉之类的小品中常用，不画全株，只取部分，以简单折枝经营构图，以求隽雅绰约。冯晋庸先生的小品画中常用此法，将折枝画的构图与植物科学画的精细相结合，形成了融汇中西的个人特色。（穆宇／评）

槟榔

Areca catechu L. 椿学英 / 绘

1.植株；2.果实；3.果实纵剖面；4.种子

槟榔的树干又细又高，最高可达 30 m 以上，胸径一般只有 20 cm 左右，分布着环状叶痕。相比于其他棕榈植物，槟榔的叶片比较短，小叶比较宽，所以簇生枝顶的树冠比较小。树冠基部有灰绿色冠茎。槟榔在亚洲热带地区广泛栽培，在我国主要分布在云南、海南及台湾等热带地区。槟榔的种子晒干切片是一种中药材，具有杀虫、消积、行气、利水等功效。生活在某些南方地区的人们有咀嚼槟榔果实的习惯，可以提神醒脑、缓解疲劳，但过度依赖会对口腔和牙齿造成不良影响。（郝爽 / 文）

这幅画作构图得当，疏密聚散处理得较好。叶簇生于茎顶，并且展开的方式自然，花序多分枝，下垂同样正确，果实成熟时的色彩和果实中果皮纵切的纤维状表达准确，种子的横切显示了胚乳的形状。（马平 / 评）

Caryota maxima Blume ex Mart. | 陈荣道／绘

单子叶植物
Monocots

鸭跖草类
Commelinids

棕榈目
Arecales

棕榈科
Arecaceae

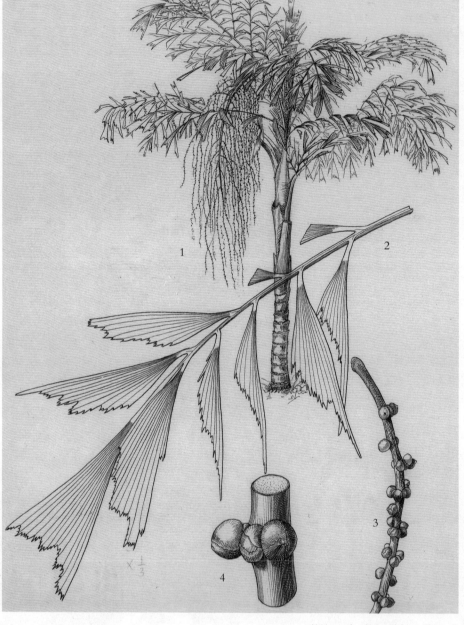

鱼尾葵拥有棕榈植物中最特别的叶型和最长的花序。乔木状，高达10～15 m，树干有环状叶痕，有时也会被一层一层的叶鞘包裹。不同于其他掌状叶和羽状叶的小叶都为条形，鱼尾葵深绿色的小叶上部有锯齿，先端下垂，就是一个鱼尾巴的形状，所以得名"鱼尾葵"。虽然很多棕榈植物都是羽状复叶，但多为一回，而鱼尾葵是二回羽状复叶。产于福建、广东、海南、广西、云南等地海拔450～700 m 的山坡或沟谷林中。鱼尾葵的花序和果序最长可达3 m，硕大的金黄色花序和橙红色果序从树冠基部倾泻而下，蔚为壮观。（郝爽／文）

1.植株；2.叶一段；3.果序；4.果序一段

石山棕	两广石山棕	
Guihaia argyrata (S. K. Lee et F. N. Wei) S. K. Lee, F. N. Wei et J. Dransf.	*G. grossefibrosa* (Gagnep.) J. Dransf., S. K. Lee et F. N. Wei	何顺清 / 绘

单子叶植物
Monocots

鸭跖草类
Commelinids

棕榈目
Arecales

棕榈科
Arecaceae

石山棕属共 2 种，主要产于我国广东、广西及云南。石山棕植株矮小丛生，直立或外倾的茎很短，通常为老叶鞘包被，故茎不明显。掌状叶近圆形或扇形，裂片正面绿色，背面被毡状银白色绒毛，叶鞘渐分解成针刺状纤维，萼片顶端钝，外面被柔毛，里面无鳞片，果实球形。两广石山棕高达 1 m，仅在顶端具老叶鞘，叶两面略不同色，背面则被稀疏点状鳞片；叶鞘渐分解成筛格状扁平纤维，萼片顶端具短尖，背面无毛，里面被鳞片，果实呈椭圆形。石山棕属的植物同属于姿态优美具有热带风情的棕榈科植物，常被用于园林绿化及造景观赏。（梁璞 / 文）

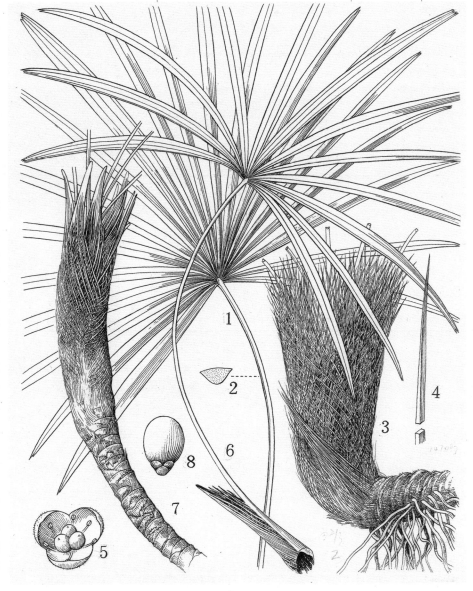

1～5.石山棕：1.叶；2.叶柄横切；3.茎基部；4.叶横切；5.雌花。6～8.两广石山棕：6.叶；7.茎基部；8.果实

通常画石山棕，总是着重于表达更具视觉冲击力的叶，这幅画作却另辟蹊径，将两种叶鞘残存的纤维状架构作为重点，纤维状层层叠叠，相互交叉，画出其繁杂的特征，实属不易。（马平 / 评）

矮棕竹

Rhapis humilis Bl. | 江苏省中国科学院植物研究所 / 图

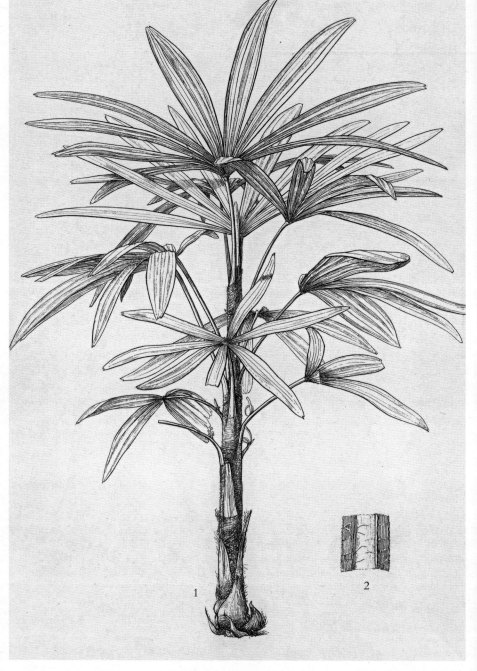

1.植株；2.叶柄段的纵切

棕竹不是"竹"，而是一种地地道道的棕榈植物。高 2 ~ 3 m，茎丛生，直径 1.5 ~ 3 cm，被深棕色的叶鞘纤维包裹。深绿色的掌状叶深裂到近基部，好似小朋友的风车。产于我国南部至西南部。作为一种低矮的丛生灌木，不了解棕榈植物的人很难把它和常见的高大"棕榈植物"联系起来。其实棕榈植物不仅有单干型的乔木，也有丛生型的灌木，甚至还有攀缘的藤本类型。棕竹就是丛生灌木型棕榈植物中的常见种类，经常被应用在园林绿化中，作为下层灌木使用。同时，因为体型较小，也可以盆栽作为室内观赏植物。（郝爽 / 文）

作品完整地画出了物种的地面部分，舒展大方，尤其叶鞘纤维毛状的相互缠绕表现得很细腻。（马平 / 评）

Tinantia erecta (Jacq.) Fenzl | 孙英宝 / 绘

单子叶植物
Monocots

鸭跖草类
Commelinids

鸭跖草目
Commelinales

鸭跖草科
Commelinaceae

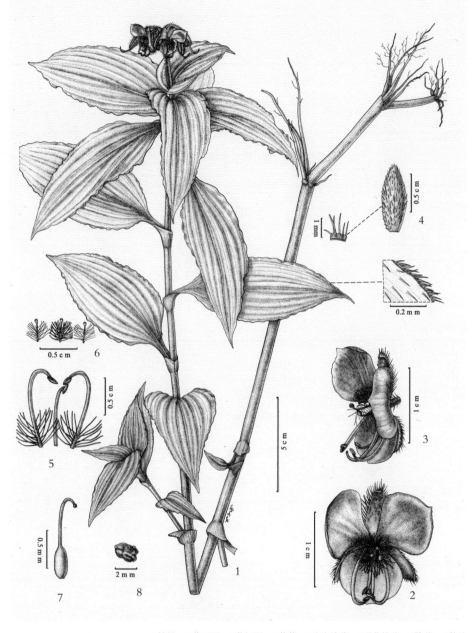

直立媚泪花是原产于美国西部的一年生草本植物。叶螺旋状排列，下部叶基渐狭成柄。顶生花序，花两侧对称，两枚花瓣蓝紫色，雄蕊6枚，两型，子房3室。在我国云南地区有栽培和逸生。其中文名源于其英文名"widow's tears"，直译为"寡妇的眼泪"。英国文化中常常会用某一类人物的特征去描述某一种植物的形态，直立媚泪花正是这一文化的体现。（秦枫／文）

1.植株；2.花正面；3.花侧面；4.花萼；5.发育雄蕊；6.退化雄蕊；7.雌蕊；8.种子

画作结构合理，花的放大和解剖科学性强。尤其可称赞的是，绘者完全用点绘法完成整幅画作，实属不易。（马平／评）

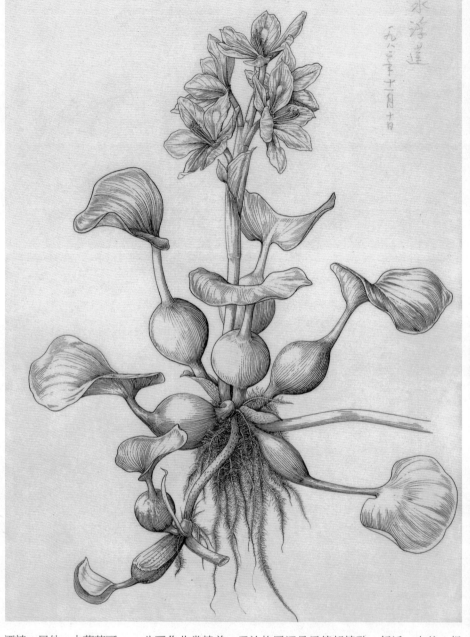

凤眼蓝又称水葫芦，最初被当作饲料引入我国。由于鲜草含水量太高而纤维素不足，不能喂牛羊，只能喂猪。后来新的养猪技术对饲料的营养配比有了更高要求，水葫芦也不再用于喂猪了。水葫芦最具前景的利用方式是充当生物燃料。除了气体燃料外，水葫芦还能发酵产生酒精。另外，水葫芦可以净化富营养化和重金属污染的水体，在直接利用之余又增加了一重环境效益。（顾有容 / 文）

此画作非常精美，无论构图还是用笔都精致、舒适、自然。根状茎在画面中似乎在水中一般自如，根毛细细如丝，不规律地生长在节部；叶自由生长，没有一点摆放感。（马平 / 评）

地涌金莲

Musella lasiocarpa (Franch.) C.Y. Wu ex H.W. Li   曾孝濂 / 绘

单子叶植物
Monocots

鸭跖草类
Commelinids

姜目
Zingiberales

芭蕉科
Musaceae

芭蕉科有芭蕉属 *Musa*、地涌金莲属 *Musella* 和象腿蕉属 *Ensete*，3 属 40 余种。该科植物具水平根状茎，直立茎粗，由叶鞘覆叠而成，没有一般树木的特征，称假茎。地涌金莲为我国特有植物，在西南 3 省均有分布，在四川又称之为宝兰花、大昏药等。为多年生草本植物，高不及 80 cm。花序直立，下部为雌花，上部为雄花。每至开花时节，由抱合的叶鞘——假茎中央自基部抽出直立的花序，同时叶片逐渐枯萎，花序上的小花每 8～10 朵、成 2 列簇生于黄色的佛焰状苞片内，每一佛焰苞片再着生于花序上，聚成穗状花序，有人也称之为莲座状花序。未开花前，黄色的佛焰苞片抱合于轴上，宛若一个含苞待放的硕大"花蕾"。开花时，佛焰苞片自下而上逐层张开，包藏在里面的一朵朵清香、柔嫩的小花展现出来。这时苞片内面鲜黄的色泽格外耀眼，层层展开的金色苞片并不从花序轴上脱落，因而形成了美妙的"观音莲座"状，地涌金莲之名由此而得。花期长久不凋谢，达 250 天左右。地涌金莲花可入药，有收敛止血作用，夏、秋季花期采收。（卢宝荣、王韬 / 文）

此画作如其名，在一片绿色植被环境中破土而涌出一朵金灿灿的莲花。绘者对物种的解析非常到位，可见绘者的用心。（马平 / 评）

大花美人蕉

Canna × *generalis* L. H. Bailey et E. Z. Bailey 陈荣道／绘

单子叶植物
Monocots

鸭跖草类
Commelinids

姜目
Zingiberales

美人蕉科
Cannaceae

美人蕉科为多年生草本，有块状的地下茎。仅有美人蕉属，共 10 种，原生种绝大部分产自美洲的热带和亚热带地区。供观赏的种类中有大花美人蕉、美人蕉等和很多杂交种，花极美丽，色彩鲜艳。大花美人蕉为多年生草本，株高可达 100 ～ 150 cm，喜阳及湿热气候，畏霜雪，是常见观叶又观花的园林植物。（张卫哲／文）

绘者在构图上巧于用心，切一段茎和叶，再加植物上部叠加，没有任何突兀感。花被的色彩写实，呈现的绸缎般的柔美靓丽。（马平／评）

水竹芋

Thalia dealbata Fraser | 余峰/绘

单子叶植物
Monocots

鸭跖草类
Commelinids

姜目
Zingiberales

竹芋科
Marantaceae

水竹芋又叫再力花，是原产于美国南部和中部及墨西哥的一种水生植物。紫罗兰色花，叶色翠绿可爱，花序高出叶面，亭亭玉立，是水景绿化的主要植物之一，有"水上天堂鸟"的美誉。成片种植于水池或湿地，可形成独特的水上景观。（张卫哲／文）

1.花枝；2.总苞片；3.花；4～8.退化雄蕊；9.雄蕊；10.雌蕊；11.果

绿苞闭鞘姜

Costus viridis S. Q. Tong | 余峰 / 绘

闭鞘姜科含 7 属约 110 种，为多年生草本，分布于泛热带。闭鞘姜科曾归在姜科，现独立成科。该科不同于其他姜目类群的主要特点在于具有 5 枚融合的退化雄蕊，而不是 2 或 3 个，退化雄蕊形成呈大盾形的唇瓣用于吸引传粉者。其叶全缘，螺旋状排列，无柄，叶基部有闭合的叶鞘。

绿苞闭鞘姜穗状花序球果状，顶生于花葶上，苞片绿色，覆瓦状排列，苞片的颜色为同属物种间的区别点之一。嫩茎初生形似竹笋，而且多为雷雨天气后出现，所以民间也有"雷公笋"的俗名。因闭鞘姜花期时一次花开两朵，同开同枯，因而又有"白头到老"的俗名，以花为名寄望美好的未来。（施践 / 文）

1. 花枝；2. 雄蕊

绘者对此属物种枝和叶的特征把握很准，此画中用色最准的是花瓣白色部分中的边缘略偏绿色。多层叶色调的转换可见功力不凡。（马平 / 评）

Lanxangia tsao-ko (Crevost et Lemarie) M. F. Newman et Skornick | 邓盈丰 / 绘

单子叶植物
Monocots

鸭跖草类
Commelinids

姜目
Zingiberales

姜科
Zingiberaceae

1. 植株下部及果序；2. 叶；3. 花序

草果原置于广义豆蔻属，现独立成草果属 *Lanxangia*。该属约 10 种，我国有 7 种，分布于云南，至今已有 200 多年的栽培历史。

草果是一种香料植物的果实，具有特殊浓郁的辛辣香味，能除腥味，增进食欲，是烹调作料中的佳品，被人们誉为食品调味中的"五香之一"。草果茎丛生，高可达 3 m，全株有辛香气，地下部分略似生姜。（张寿洲、施践 / 文）

作品构图和色彩扩张感极强，视觉冲击力往往超出观赏者接收能力。几种色调的饱和度同时呈现在眼前时，绿的叶、深红的果、黄的花及植物下部色的变化非常动人。（马平 / 评）

姜

Zingiber officinale Rosc. 余汉平 / 绘

单子叶植物
Monocots

鸭跖草类
Commelinids

姜目
Zingiberales

姜科
Zingiberaceae

姜属有 100 ~ 150 种，分布于亚洲热带到暖温带，我国有 42 种，其中 34 种为我国特有。姜也称生姜，为多年生草本植物，其根状茎被广泛用作香料和民间药物。一年生假茎（由卷曲的叶基构成）高约 1 m，叶片狭窄。花序有淡黄色或紫色的花。其根状茎可食用，具有特殊的芳香和辛辣味，有"植物味精""菜中之祖"的美誉，是我国重要的调味蔬菜和出口创汇蔬菜。姜很可能原

1.植株下部及花序；2.叶；3.花序

产于我国古代的黄河流域与长江流域之间的地区。公元前 8000 年左右，南岛语族（Austronesian family）经台湾移民至海外岛屿将生姜带至许多陌生的地方。生姜于公元 1 世纪从东南亚传入地中海地区，3 世纪传入日本，11 世纪传入英格兰地区及欧洲大陆，1585 年传入美洲，现广泛栽培于世界各地。（张寿洲 / 文）

Sparganium stoloniferum (Graebn.) Buch.-Ham. ex Juz. 　　贾展慧 / 绘

单子叶植物
Monocots

鸭跖草类
Commelimids

禾本目
Poales

香蒲科
Typhaceae

黑三棱属约 19 种，主要分布于北半球温带或寒带，我国有 11 种。为多年生水生或沼生草本，通常生于海拔 1 500 m 以下的湖泊、河沟、沼泽、水塘边浅水处。植株高大，粗壮，叶片具中脉，具大型圆锥花序，有 3 ~ 7 个侧枝，每个侧枝上着生 7 ~ 11 个雄性头状花序和 1 ~ 2 个雌性头状花序，果实上部膨大呈冠状具棱。黑三棱块茎为常用中药"三棱"，功效为破血行气、消积止痛。本种植株可作观赏花卉。（李峰、张寿洲 / 文）

1.植株下部；2.花序；3.雄花；4.雌花，示柱头分叉或不分叉；5.果序；6.果实；7.块茎

Typha angustifolia L. | 韦光周／绘

香蒲属为水生或沼生多年草本植物。水烛的种加词 "*angustifolia*" 意为 "狭叶"，这是与宽叶香蒲 *Typha lalifolia* L. 相对比而命名，又有 "狭叶香蒲" 之称。此外，它还有蒲草、水蜡烛等名。水烛是多年生草本，生于湖泊、河流、池塘、浅水处，沼泽、沟渠中也常见。我国从南到北大部分省区都有分布。水烛也是一种野生蔬菜，其假茎白嫩部分（即蒲菜）和地下匍匐茎尖端的幼嫩部分（即草芽）可以食用。花粉入药，称 "蒲黄"。花序可作切花或干花。水烛是传统的水景花卉，可用于美化水面和湿地。（施践／文）

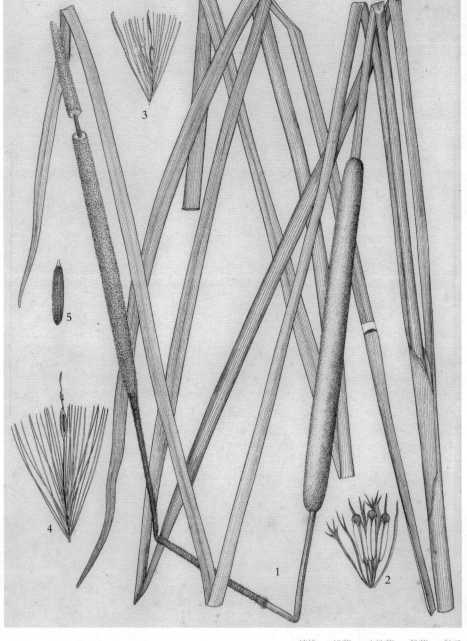

1.植株；2.雄花；3.中性花；4.雌花；5.种子

凤梨

Ananas comosus (L.) Merr. | 钱斌 / 绘

凤梨科原产于美洲热带地区。APG Ⅳ 将凤梨科列入禾本目。其叶互生，螺旋状排列，叶子颜色从栗色、绿色到金色，观赏性极高。

凤梨俗称菠萝，为著名热带水果之一。原产于巴西，1492 年，哥伦布和水手们在西印度群岛的一个岛屿上，就已看到岛上村庄辟有大片菠萝园。这里的印第安人正是栽培菠萝的开拓者。此后，菠萝逐步传播到印度、澳大利亚等 60 多个国家。16 世纪中期由葡萄牙传教士带到澳门，由此传入我国。在台湾地区，因其尖端有绿叶似凤尾，故名"凤梨"。（张林海 / 文）

Ananas comosus (Linn). Merr.

Bin.

1.果序；2.苞片及花；3.苞片；4.花冠展开；5.去掉花瓣的花萼及雌蕊

这幅作品兼具科学性和艺术性，刻画深入，注重质感和细节表现，具较强的欣赏性。（马平 / 评）

谷精草

单子叶植物
Monocots

鸭跖草类
Commelinids

禾本目
Poales

谷精草科
Eriocaulaceae

谷精草属约 400 种，广布于热带、亚热带，以亚洲热带为分布中心，在非洲和南美洲也多有分布。多生于山区浅池塘或沼泽地。我国分布 34 种，主产自西南部和南部。

谷精草叶为线形，丛生。头状花序，总苞片覆瓦状排列，花单性，雌雄花混生。花托、苞片与花被均有短白毛，果熟时易脱落。蒴果，种子矩圆状，表面具横格及 T 形突起。在湿地或未受污染的小溪浅水边，常能见到谷精草的身影，三三两两，影影绰绰夹在莎草或芦苇丛中。（施践 / 文）

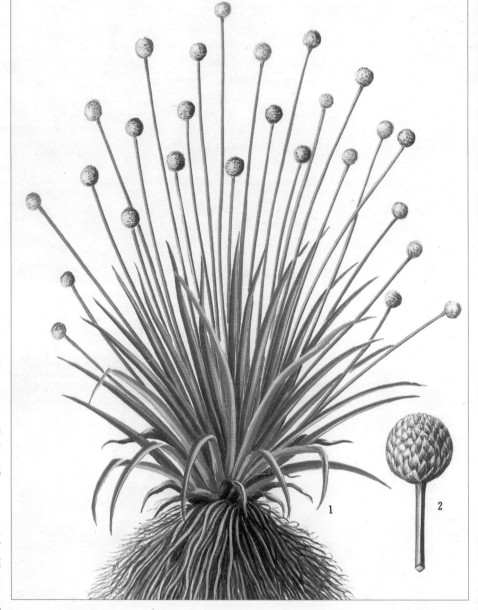

1.植株；2.果序

高秆莎草

Cyperus exaltatus Retz. 蒋杏墙／绘

1.植株；2.雌花序；3.雌蕊；4.雌花鳞片

莎草属全世界有 600 余种，我国有 62 种。该属植物为一年生或多年生草本，多生长于潮湿处或沼泽地。高秆莎草是多年生草本，画作中描绘的高秆莎草根状茎短且具有许多须根。高大粗壮的秆高可达 1.5 m，平滑，呈钝三棱状，基部生长着较多叶片。叶几乎与秆等长，叶鞘紫褐色。苞片 3 ～ 6 枚，叶状，其中 2 枚长于花序，聚伞花序具 5 ～ 10 个不等长伞梗，穗状花序具总花梗。每个小穗中有 6 ～ 16 朵花，小穗轴具狭翅。（梁璞、张寿洲／文）

该画作最具魅力的是花序的表现，此类花序通常令人头疼，繁杂而显得无序，但绘者却表达得如此细腻而条理清晰，是非常经典的莎草科画作。（马平／评）

Cyperus nipponicus Franch. et Savatat. 史渭清 / 绘

单子叶植物
Monocots

鸭跖草类
Commelinids

禾本目
Poales

莎草科
Cyperaceae

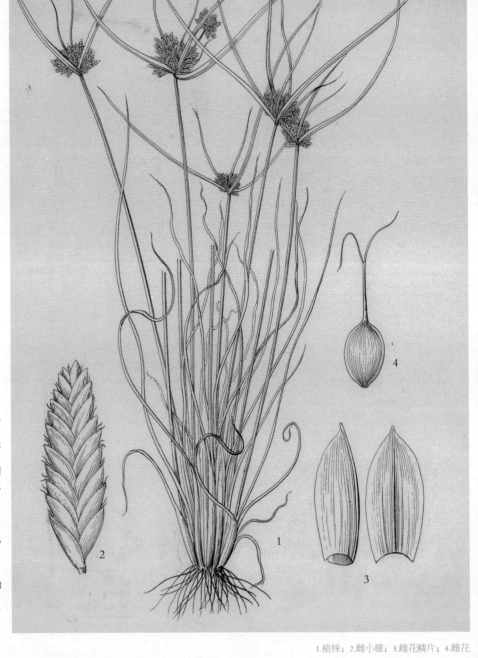

白鳞莎草为东亚分布的一年生草本，具许多细长的须根。叶通常短于秆，平张或有时折合。鳞片 2 列，背面沿中脉两侧白色透明，故名白鳞莎草。小坚果长圆形，平凸状或有时近于凹凸状，黄棕色。（梁璞 / 文）

1.植株；2.雌小穗；3.雌花鳞片；4.雌花

该画作准确地表现了此属物种的生长状态，有趣之处是花序下叶状苞片和叶片的处理，使得画面显得灵动。（马平 / 评）

Carex tristachya Thunb. var. *pocilliformis* (Boott) Kukenth.　　史渭清／绘

单子叶植物
Monocots

鸭跖草类
Commelinids

禾本目
Poales

莎草科
Cyperaceae

薹草属是莎草科的一个大属，大多数生长在泥泞、酸质的草地上，广布世界，有 2 000 余种，我国各省区分布有近 500 种。该属物种均为具地下根状茎的多年生草本植物。

杯鳞薹草为合鳞薹草的变种，产于江苏、安徽、浙江、湖南和海南海拔 600 m 的山坡、路边、林下潮湿处。和原变种的区别仅在于雄花鳞片二侧边缘合生，自基部达中部以上，花扁化而合生。根状茎短。秆丛生，钝三棱形。叶短于或近等长于秆，边缘粗糙。苞片叶状，小穗 4～6 个，顶生小穗雄性，侧生小穗雌性，雄花鳞片宽卵形，果囊卵状纺锤形，三棱形，具多条脉，小坚果紧包于果囊中，顶端缢缩成环状。（梁璞／文）

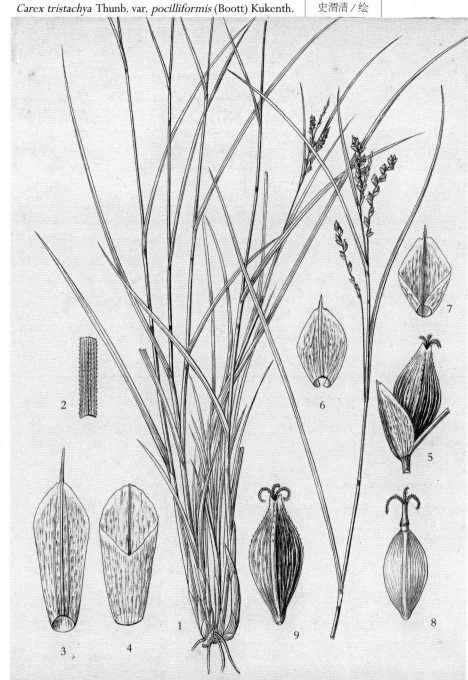

1.植株；2.叶片一段；3、4.雄花鳞片；5.雌花；6、7.雌花鳞片；8.小坚果；9.果囊

Eleocharis dulcis (Burm. f.) Trin. ex Hensch.　　史渭清 / 绘

单子叶植物
Monocots

鸭跖草类
Commelinids

禾本目
Poales

莎草科
Cyperaceae

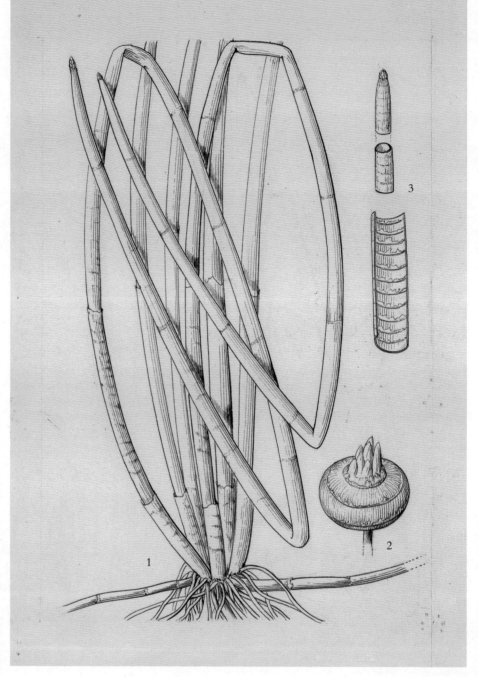

1.植株；2.块茎；3.叶纵切

荸荠原产于印度，我国各地都有栽培，为多年生的草本植物，有细长的匍匐根状茎，在匍匐根状茎的顶端生块茎。秆多数，丛生，直立，圆柱状。小穗顶生，圆柱状，淡绿色，有多数花，在小穗基部有两片鳞片中空无花，抱小穗基部一周。小坚果宽倒卵形，成熟时棕色，表面细胞呈四至六角形。块茎皮色紫黑，肉质洁白，味甜多汁，清脆可口，富含淀粉，供生食、熟食或提取淀粉，也供药用。（吴璟 / 文）

这幅小毛笔画作对于植株秆部的中空质地表现到位。（马平 / 评）

单子叶植物
Monocots

鸭跖草类
Commelinids

禾本目
Poales

禾本科
Poaceae

毛颖草属有 10 余种，主要分布于东半球热带地区。我国有 2 种 1 变种。毛颖草为多年生直立草本，在我国产于台湾、福建、广东、广西及云南等省区。叶片线形；穗轴生柔毛；谷粒平滑。紫纹毛颖草产于

1～4. 毛颖草 *Alloteropsis semialata* (R. Br.) Hitchc.：1.植株；2.小穗背面；3.小穗腹面；4.第二小花腹面 5、6. 紫纹毛颖草 *A. semialata* subsp. *eckloniana* (Nees) Pilg.：5.小穗背面；6.小穗腹面。7～11. 臭虫草 *A. cimicina* (L.) Stapf：7.植株下部；8.花序；9.小穗背面；10.小穗腹面；11.第二小花腹面面

广西，与毛颖草的主要区别为第一外稃具紫色横条纹，花序分枝自基部即有小穗着生。臭虫草产于海南，为一年生草本，秆基部横卧地面；叶片线状披针形，基部呈心形抱茎；穗轴无毛，谷粒腹面具小疣状突起。（施践 / 文）

此图为《中国植物志》插图原作。这是老一辈画师在禾本科画作中的代表画作之一，科学性强，小穗、脉纹及边缘的缘毛准确、生动，线描非常细腻精美，堪称佳作。（马平 / 评）

Coix lacryma-jobi L.　马平 / 绘

单子叶植物
Monocots

鸭跖草类
Commelinids

禾本目
Poales

禾本科
Poaceae

薏苡为禾本科薏苡属植物，在禾本科中属于较为特殊的种类，总状花序的基部被包于一骨质念珠状的总苞中。本种颖果中含有丰富营养，其念珠状总苞广为人知。（王颖 / 文）

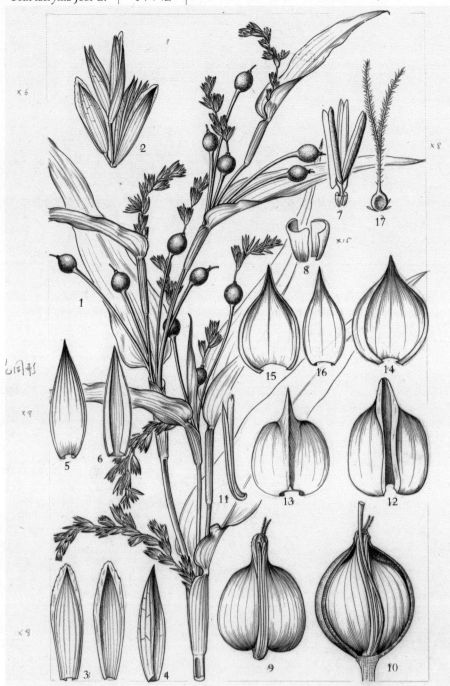

1.植株上部；2.雄小穗（示有柄小花和无柄小花同形）；3.雄小花第一颖内外观；4.雄小花第二颖；5.雄小花外稃；6.雄小花内稃；7.雄蕊；8.浆片；9.雌小穗；10.骨质念珠状总苞纵剖，示雌小花；11.退化雌小穗；12.雌小花第一颖；13.雌小花第二颖；14.雌小花第一小花仅具外稃；15.雌小花第二小花外稃；16.雌小花第二小花内稃；17.雌蕊

这幅画着重表达植物的科学性，对花序的描绘尤为清晰。由于采集的标本比较新鲜，所以花的各个结构都表达得十分到位。（杨梓 / 评）

纤毛马唐

Digitaria ciliaris (Retz.) Koeler | 史渭清 / 绘

马唐属有 300 余种，分布于热带地区，我国有 24 种。纤毛马唐为该属一年生草本，产自我国各省区。生长于路旁、荒野和荒坡。秆基部横卧地面，节处生根和分枝。叶鞘常短于其节间，少具柔毛，叶片线形或披针形。总状花序 5～8 枚，呈指状排列于茎顶。颖果常被丝状柔毛。花果期在每年的 5—10 月。纤毛马唐是一种优良牧草，也是果园旱田中危害庄稼的主要杂草。（王颖 / 文）

1. 植株下部；2. 花序；3、4. 小穗背、腹面

在画禾本科和莎草科等类型植物时，由于其形体过于细高，不易完整地表现植物全部，所以通常采用分段式表述，如画上部花序及下部和根的生长状态。小穗中通常有几朵小花，画中解剖图放大展示了其被丝状长柔毛和疣状毛特征。（马平 / 评）

短花针茅

***Stipa breviflora* Griseb.** | 阎翠兰 / 绘

单子叶植物
Monocots

鸭跖草类
Commelinids

禾本目
Poales

禾本科
Poaceae

1.植株；2、3.叶舌；4.颖果；5.颖片；6.去掉芒的颖果

短花针茅为禾本科针茅属下的一种多年生禾草。该属约有 200 种，分布于全世界温带地区，在干旱草原区尤多。我国有 23 种 6 变种，主要在西部。短花针茅分布在内蒙古、西藏、青海和甘肃等地的温带荒漠草原，模式标本采自西藏西部。短花针茅须根坚韧而且细长，草秆高 20～60 cm，具有节。叶片边缘向内卷，看起来像针状。狭窄短小的圆锥花序每年 5—7 月份开花。该种为草原地区牛羊的主要牧草之一。（张寿洲 / 文）

此物种通常丛生，绘者仅画了部分，但有代表性。颖果长长的芒是物种间主要的鉴别特征，也是种传播的器官。（马平 / 评）

鸭茅

Dactylis glomerata L. | 史渭清 / 绘

鸭茅属仅有 1 种，分布于欧亚大陆温带和北非。鸭茅为多年生草本，分布于我国西南、西北各省区，生于海拔 1 500 ~ 3 600 m 的山坡、草地和林下。在河北、河南、山东、江苏等地有栽培，或因引种而逸为野生。秆直立或基部膝曲。叶鞘无毛，通常闭合达中部以上；叶片扁平，边缘或背部中脉均粗糙。圆锥花序，含 2 ~ 5 朵花。花果期在每年的 5—8 月。该种春季发芽早，是一种优良的牧草。（王颖 / 文）

1.植株下部及花序；2.小穗；3.小花

该物种分枝呈团状聚集在一起，在禾本科植物中花序较为特殊，绘者将其表达得很精准。（马平 / 评）

大琴丝竹

Bambusa emeiensis L. C. Chia et H. L. Fung 　童军平／绘

单子叶植物
Monocots

鸭跖草类
Commelinids

禾本目
Poales

禾本科
Poaceae

禾本科竹亚科是一个大家族，性喜温湿气候，遍布热带和亚热带，也有一些分布于温带。全世界竹类共60多属，1 200余种，我国分布有26属，近300种，北起秦岭、汉水，南至海南岛，东起台湾，西至西藏都有竹林分布，长江流域和珠江流域更是主要产区。我国对竹的利用和研究历史悠久。晋戴凯之写了我国第一部关于竹的专著《竹谱》，以四字韵文记叙了70多种竹的性状。元代《竹谱详录》更详细地描绘了300余种竹类。

大琴丝竹又称慈竹。箨鞘深绿色，有数条淡黄色纵纹，竹节间也有淡黄间深绿色纵条纹，具有独特的美感。竹是上佳的园林植物。（施践／文）

1.竿；2.枝叶；3.幼竿及竿箨；4.竿箨外表面；5.竿箨内表面

叶鞘、叶舌、叶耳为竹亚科植物主要分类特性依据，竹类植物的科学画需要着重表达这几个部位的性状。该画作色彩还原精细，反映了植物的天然色彩，表达到位，会给人不同的感受。（马平／评）

景洪龙竹

Dendrocalamus jinghongensis P. Y. Wang, Y. X. Zhang et D. Z. Li

王凌 / 绘

单子叶植物
Monocots

鸭跖草类
Commelinids

禾本目
Poales

禾本科
Poaceae

景洪龙竹隶属牡竹属 *Dendrocalamus*，于1984年被引种至西双版纳热带植物园。该园的研究人员在种植研究中发现，这是我国特有的新种，并于2016年11月在《Phytotaxa》期刊发表。因其仅分布于云南省景洪市景讷乡，故将其命名为景洪龙竹。景洪龙竹与近缘种的区别在于：景洪龙竹从地面以上2 m处开始分枝；竿箨长约节间的1/2，箨舌长10～20 mm；叶舌长3～13 mm；花丝分离，或仅在基部连接在一起，约14 mm长。（张林海 / 文）

1.节及芽；2.带竿箨的幼竿；3.竿箨；4.带叶的小枝末端；5.花枝；6.小穗；7.外颖；8.内颖；9.第一外稃；10.第二外稃；11.内稃；12.雄蕊；13.颖果

画作非常完整地表达了竹类植物各部位的基本特征，尤为突出的是线的描绘十分精细——叶脉的长线、叶鞘的短线和花各结构的软硬线都非常好。（马平 / 评）

斑竹

Phyllostachys bambusoides Siebold et Zucc. f. *lacrima-deae* Keng f. et Wen | 童军平 / 绘

单子叶植物
Monocots

鸭跖草类
Commelinids

禾本目
Poales

禾本科
Poaceae

斑竹箨鞘革质，背面黄褐色，有时带绿色或紫色，有较密的紫褐色斑块、小斑点和脉纹。秆粗大，高可达 20 m，有紫褐色或淡褐色斑点，故而得名斑竹。斑竹产于我国黄河流域及长江流域各地，为优良的工艺用材竹种。（施践 / 文）

1.笋；2.竿；3.竿箨外面；4.竿箨内面；5.枝叶

此画令人赞叹之处是绘者完全是用密密麻麻、纵向排列的线条表达出叶鞘及竹的衬阴，且使用的是小毛笔。如此的劲道功夫，令人叹为观止。（马平 / 评）

Phyllostachys vivax McClure | 史渭清 / 绘

单子叶植物
Monocots

鸭跖草类
Commelinids

禾本目
Poales

禾本科
Poaceae

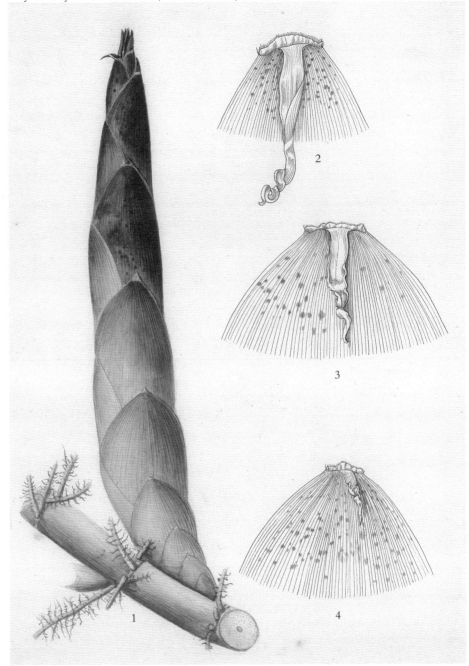

哺鸡竹类在晚春初夏间开始大量出笋，恰好是母鸡开始抱窝孵小鸡的时节，而且随着竹笋的生长，大量笋壳脱落，在竹林中自然堆叠，远看像极了正在孵雏的乌色老母鸡，故而得名。乌哺鸡竹多产于江苏、浙江和河南等地，为良好的笋用竹种。（杨梓 / 文）

1.地下茎及竹笋；2～4.不同部位的箨鞘及之上的箨舌和箨片

这幅画作为小毛笔墨绘结合水彩，将竹笋画得极其精美。从基部向上渐渐过渡，表现出色彩由浅至深的渐变过程。叶鞘放射状脉纹的细腻，令人赞叹。不同部位叶舌的变化尤为准确，条条脉纹更见功夫。（马平 / 评）

粉绿竹

Phyllostachys viridiglaucescens Rivière et C. Rivière | 陈荣道／绘

单子叶植物
Monocots

鸭跖草类
Commelinids

禾本目
Poales

禾本科
Poaceae

1.竿段（笋、竿节及枝叶）；2.竿横切面观；3.茎叶基部、叶鞘及叶舌；4.箨及箨片

粉绿竹是刚竹属乔木状竹种之一。刚竹属系我国竹亚科中经济价值最大且种类众多的属，故被广泛种植。这幅画作精细描绘了粉绿竹于竹笋期和解壳后的两种形态。在竹笋阶段，笋身具暗褐色、分散小斑点的壳鞘，背面呈淡紫褐色，有时稍带绿黄色，被黄色刺毛；紫褐色至淡绿色的狭镰形壳耳位于壳鞘顶端不同的高度上，紫褐色强隆起的壳舌狭窄，上半部皱曲的带状壳片外翻，中间黄绿色，边缘橘黄色，叶耳不明显，边缘有缺裂的叶舌强烈伸出。该种高可达 11 m，直径达 4.7 m，竹节间绿色有白粉，上下环均中度隆起，营养叶片为披针形，截平的壳鞘先端较窄，稍带淡红褐色斑与稀疏的棕色小斑点。粉绿竹原产我国，多见于江、浙、赣一带。除了广泛栽培于农村或城市庭园中以外，粉绿竹的竹笋味道鲜美，是极受欢迎的山珍。（梁璞／文）

Puccinellia micrandra (Keng) Keng et S. L. Chen | 冯晋庸／绘

单子叶植物
Monocots

鸭跖草类
Commelinids

禾本目
Poales

禾本科
Poaceae

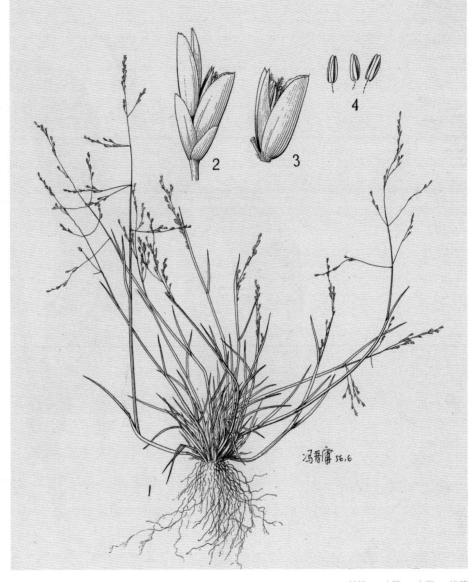

1.植株；2.小穗；3.小花；4.雄蕊

碱茅属约 200 种，分布于北半球温带，生长于滨海、内陆盐碱地以及高原咸水湖滩。我国分布有 67 种。微药碱茅是多年生疏丛型小草，为我国特有种，产于我国东北、华北和西北等地区，生于水边湿地。本属植物是草质好、营养佳的优良牧草。（梁璞／文）

此物种为很普通的小草，仅十几厘米高，可绘者并未小觑它，认真构图，竟完成得如此之妙，在自然状态中，洋洋洒洒。花序展开很精彩，小穗和小花都表达出科学特征，质感很到位。（马平／评）

Setaria italica (L.) Beauv.　　王利生／绘

单子叶植物
Monocots

鸭跖草类
Commelinids

禾本目
Poales

禾本科
Poaceae

1.植株下部；2.植株上部；3.小穗簇及刚毛；4.小穗

狗尾草属有 130 种，广布于热带和温带地区，甚至远至北极圈，大部分产于非洲，我国有 14 种。梁亦称粟，是一年生草本植物，须根粗大，秆粗直，叶鞘松裹茎秆。叶片呈披针形或线状披针形。圆锥花序圆柱状，通常下垂。小穗椭圆形或近圆形，呈黄色、橘红色或紫色。北方把梁通称为"谷子"，去皮后称"小米"。小米是我国北方人民的主食之一，在我国有悠久的栽培历史。（梁璞／文）

这是北方常见的粮食作物。成熟期沉甸甸、黄澄澄的果穗在微风中摇曳，叶片相互依托着、摩擦着，组成丰收在望的旋律。（马平／评）

玉米幼苗的生长

The Growth of Seedling of *Zea mays* L. 施浒 / 绘

约 9 000 年 前，玉 米 *Zea mays* 由来源于墨西哥的一年生类蜀黍驯化而来。野生玉米体型很小，经过许多世纪的人工选择才成为今天的栽培玉米。大约从公元前 2500 年开始，玉米从墨西哥扩散到美洲大部分地区。欧洲人在 15 世纪末和 16 世纪初将玉米带回欧洲，16 世纪时传入中国。中国成为玉米种植最为广泛的地区之一，主要产区在东北、华北和西南山区。玉米是高大草本，根系强大，有支柱根；杆粗

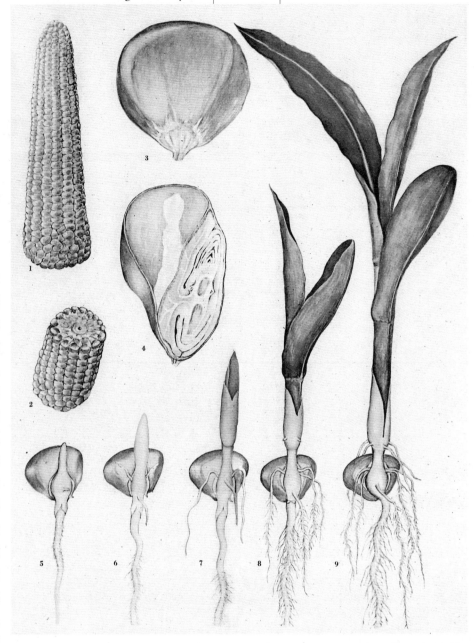

1.成熟的果穗；2.成熟果穗的横断面；3.成熟的颖果；4.颖果的纵切面（示胚结构）；5～9.从种子萌发到幼苗的形态

壮直立，通常不分枝；线形披针形叶子宽大，基部圆形呈耳状；花单性，雌雄同株，雄花为圆锥花序顶生，雌花为肉穗花序着生叶腋间，外面有总苞。颖果呈球形或扁球形，成熟后露出颖片和稃片之外。（张林海 / 文）

Ceratophyllum platyacanthum subsp. *oryzetorum* Chamisso 　余汉平 / 绘

金鱼藻目
Ceratophyllales

金鱼藻科
Ceratophyllaceae

1.植株；2.雄花；3.雌蕊；4.坚果；5.轮生叶

金鱼藻科为单属科，共 6 种，我国有 3 种。五刺金鱼藻为多年生沉水草本植物，无根，茎平滑，多分枝。叶常 10 枚轮生，二次二叉状分歧，裂片条形。花小，腋生，雌雄同株，花被 8～12 片，雄花多数雄蕊，雌花雌蕊 1 枚，子房上位，小坚果椭圆形，花柱宿存，有五刺，故名。（陈璐 / 文）

Meconopsis barbiseta C.Y.Wu et H. Chuang ex L. H. Zhou | 戴越／绘

真双子叶植物
Eudicots

真双子叶植物基部群
Basal Eudicots

毛茛目
Ranunculales

罂粟科
Papaveraceae

久治绿绒蒿是我国特有的高原植物，产于青海省东南部果洛藏族自治州海拔 4 000 m 以上的久治县的高山草甸。模式标本采自久治。绘者未曾亲眼见过这种高原珍稀植物，承蒙在当地年保玉则修行的扎西桑俄老师长期跟踪观察，多次为绘者传来该植物从打苞、花开到结籽的第一手生态图像资料，该画作才得以完成。这是一幅很好的科学画，同样具有博物画功能，因为物种本身就具单株特性，这样在画面上有一定空间可以介绍它的不同生长期：从花蕾形成、花即将开放、花瓣将萼片顶出、花完全开放、花瓣衰败、直至蒴果成熟并开裂、种子成熟。花瓣的色调准确并有轻盈之感。（马平／文）

1.全株，示盛开的花；2.花苞；3.花蕾；4.花开后期；5.蒴果及种子

罂粟

Papaver somniferum L. 　陈月明／绘

罂粟属植物是制取鸦片的主要原料，同时其提取物也是多种镇静剂的来源，如吗啡、蒂巴因、可待因、罂粟碱、那可丁等。罂粟属植物约100种，主产于中欧、南欧至亚洲温带，少数种产于美洲、大洋洲和非洲南部。我国有7种3变种和3变型，分布于东北部和西北部。罂粟种加词"somniferum"的意思为"催眠"，反映出其具有麻醉性。若你见过罂粟花，便不会忘记那摄人心魄的美丽。（林漫华／文）

1.具花及幼果的植株上部；2.蒴果

该画作完全体现了植物绘画的形式。构图大方洒脱，植物色彩准确，尤其花瓣颜色还原得好，显得雍容大方。（马平／评）

独叶草

Kingdonia uniflora Balf. f. et W. W. Smith

李志民 / 绘

真双子叶植物
Eudicots

真双子叶植物基部群
Basal Eudicots

毛茛目
Ranunculales

星叶草科
Circaeasteraceae

1.植株；2.花；3.瘦果

《Flora of China》中的星叶草科仅含星叶草属。APG Ⅳ 将独叶草也归入星叶草科。独叶草为多年生小草本，形态极为特别，纤细的根状茎顶端仅有 1 根花茎和 1 片叶，"独叶草"之名正是由此而来。其花色淡绿，清丽别致。独叶草不仅花叶孤单，而且结构独特而原始。自 1914 年在云南的高山地带被发现后，就引起了国内外学者的兴趣。它曾被置于毛茛科，星叶草科或独立为独叶草科，现基于分子生物学研究，APG Ⅳ 将其归入星叶草科。该科两属两种的叶脉是原始而典型的二分叉脉序，类似于银杏叶，在毛茛目 2 000 余种植物中是独一无二的。（张寿洲 / 文）

真双子叶植物
Eudicots

真双子叶植物基部群
Basal Eudicots

毛茛目
Ranunculales

木通科
Lardizabalaceae

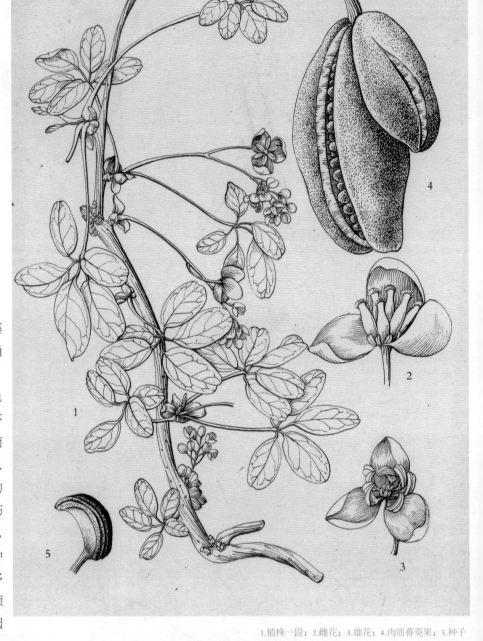

1.植株一段；2.雌花；3.雄花；4.肉质蓇葖果；5.种子

木通科有 10 属 40 种。木通为木通属多年生藤本，又名野木瓜。木通的茎纤细，呈圆柱形，掌状复叶互生，花紫色微红或淡紫色，浆果蓇葖状，椭圆形或长圆筒形，熟后呈紫色。木通、三叶木通或白木通的干燥藤茎为重要的中药材。现代药理研究表明，木通属具有抗炎、抗肿瘤、抗血栓、利尿等多种作用。其果实名为预知子，又名八月炸，因八月果熟开裂而得名。其果形似香蕉，富含糖、维生素 C 和 12 种氨基酸，有"土香蕉"之称，是上乘的野果。（梁璞／文）

构图很好，茎的一段倾斜得很自然。两个单性花表现准确，果实、果皮很有厚重的质感。种子特征准确。（马平／评）

木防己

Cocculus orbiculatus (L.) DC. | 江苏省中国科学院植物研究所／图

真双子叶植物
Eudicots

真双子叶植物基部群
Basal Eudicots

毛茛目
Ranunculales

防己科
Menispermaceae

防己科是小檗科和毛茛科的姐妹类群。本科约有 74 属 450 种，为缠绕或攀缘藤本，老茎常有异常的次生生长。单叶互生，螺旋状排列，具叶枕，无托叶。花单性，花被 3 基数，聚合核果。分布在低洼的热带地区，有些物种存在于温带地区。本科某些种是常用中药，如大叶藤、青牛胆。木防己属及蝙蝠葛属的几个种可作为观赏植物。

木防己之名始载于《伤寒论》，又名牛木香、青藤，为木防己属多年生木质藤本，小枝被柔毛或绒毛，叶片纸质至近革质，形状变异大，聚伞花序腋生，核果近球形，红色或紫红色。该种干燥根可入药。（梁璞／文）

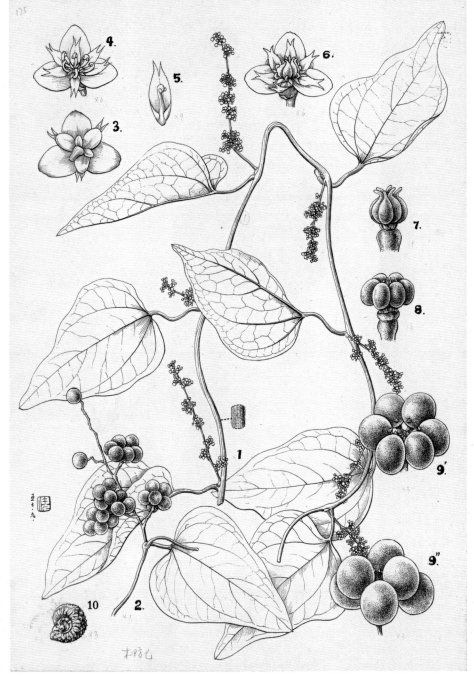

1.花枝一段；2.果枝；3.花背面；4.雄花；5.雄蕊及花被；6.雌花；7.雌蕊群；8.幼果；9.果序，示不同成熟期的核果；10.种子

这是一幅很好的植物科学画，花果都绘制得较好。为了突出果实效果，淡化了叶片的厚度和质感，而加重了果实的描绘，这也是绘者用心的一种方式。（马平／评）

Sinomenium acutum (Thunb.) Rehd. et Wils. | 孙西／绘

真双子叶植物
Eudicots

真双子叶植物基部群
Basal Eudicots

毛茛目
Ranunculales

防己科
Menispermaceae

风龙属为单种属，分布于东亚，在我国分布于长江流域及以南各省区。风龙为落叶木质大藤本，长可达 20 m 余，叶阔卵形，全缘或掌状分裂，基部心形。花小，排成圆锥花序，萼片和花瓣 6，雄蕊 9～12，雌花有退化雄蕊 9，心皮 3。核果红色或暗紫色。风龙的根和茎可治疗风湿关节痛，根含多种生物碱，其中辛那米宁为治风湿疼痛的有效成分。（张苏州／文）

1. 果序枝一段；2. 根一段

青牛胆

Tinospora sagittata (Oliv.) Gagnep. | 陈月明／绘

真双子叶植物
Eudicots

真双子叶植物基部群
Basal Eudicots

毛茛目
Ranunculales

防己科
Menispermaceae

青牛胆属植物约 30 种，分布在东半球的热带和亚热带，我国现有 6 种和 2 个变种。青牛胆为多年生常绿缠绕藤本植物，具有黄色不规则球形的连珠状块根。因块根外形独特如牛胆，故名青牛胆，又名金果榄。其纸质叶呈披针状戟形或箭形，腋生聚伞花序，肉质白色。花期在 4 月，红色核果见于秋季。这种纤细优雅的藤本植物生长在我国西部和南部部分地区的疏林下、灌木丛中或沟边。干燥的块根可入药，具有清热解毒、散结消肿之功效。该种因种群极小，生境遭到破坏，被人过度采挖，已被纳入《中国生物多样性红色名录》，被评估为受威胁物种。（梁璞／文）

1.植株；2.雄花；3.雌花

画作构图舒展，显示缠绕自身不负重、轻松自由生长的神态。叶正面和背面色调准确，块根和根的颜色及形态无误。（马平／评）

Berberis tischleri Schneid. ｜ 江苏省中国科学院植物研究所／图

真双子叶植物
Eudicots

真双子叶植物基部群
Basal Eudicots

毛茛目
Ranunculales

小檗科
Berberidaceae

小檗科包括19属，约650种，其中大部分属于小檗属。该科大多数属植物具有药用价值，如小檗属和十大功劳属*Mahonia*植物的根和茎含有多种生物碱，在民间广泛代替中药黄连和黄檗使用，而且也是中、西成药中黄连素的良好代用品。除药用外，该科中的许多植物也具有观赏价值，如南天竹以及小檗属，十大功劳属中的一些植物，早已作为观赏植物在国内外广为栽培。

川西小檗为我国特有种，为小檗属落叶灌木。其老枝黑灰色，幼枝灰黄色，或带红色，具明显棱槽。叶薄纸质，正面暗绿色，背面灰绿色，

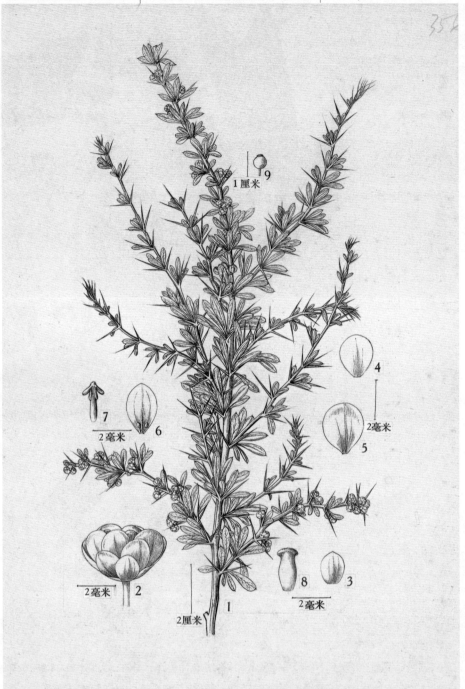

1.植株；2.花；3.苞片；4.外轮花萼；5.内轮花萼；6.花瓣；7.雄蕊；8.雌蕊；9.浆果

有时微被白粉。该属植物主要含有生物碱类成分，具消炎抗菌、降血压、降血糖、抗心律失常、抗癌等作用。也有利用小檗属植物的药理活性，将其开发成消炎抗菌药及饮品。（梁璞／文）

该画作是典型的标本画，体现了前辈画师严谨认真、一丝不苟的治学态度。每一小叶脉都认真用笔，枝刺表达准确，令人赞叹。（马平／评）

十大功劳

Mahonia fortunei (Lindl.) Fedde | 李锡畴 / 绘

1.花枝；2.花；3.果

十大功劳为小檗科十大功劳属的常绿灌木或小乔木，产于我国浙江、江西、广西、湖北、四川、贵州等省，常生于山坡沟谷的林缘、灌丛、路边或河边。十大功劳的叶片革质，叶缘粗锯齿顶端为刺状；茎皮以内为黄色；茎顶具簇生的总状花序，花黄色；浆果卵圆形，深紫蓝色，被白粉。该种根、茎、叶富含生物碱，均可入药，并用于提取小檗碱，又因其叶形奇特，抗二氧化硫气体，常被用于园林和厂矿作绿化植物。（刘启新 / 文）

画作整体有一种气势，很像物种名一样可靠可信。色调表达最好之处是枝顶端花序生出处，层次明确，复叶的张力很强。（马平 / 评）

南天竹

Nandina domestica Thunb.　　江苏省中国科学院植物研究所／图

真双子叶植物
Eudicots

真双子叶植物基部群
Basal Eudicots

毛茛目
Ranunculales

小檗科
Berberidaceae

在江南园林中，亭边廊下总是可以看到如同一丛细竹的植物，这种植物有着分裂的羽叶，经冬后，叶片起霜变红，这就是南天竹。南天竹是小檗科植物，产于我国大部分地区的山地、林下、沟旁、路边或者灌丛中，各地庭院常有栽培，是一种具有观赏、生态、药用等功能的植物。虽然叫"竹"，却不是"竹"，得名大概是因为它的茎很少分枝，从根部像竹竿一样丛状长出 1～3 m，和

1.花蕾枝；2.果枝；3.叶一部分；4.花蕾；5.花；6.雄蕊；7.雌蕊；8.浆果

竹子的形态有所相似。叶片常常变黄变红，是由于体内的花青素含量发生了变化。南天竹的花是白色的，果子鲜红艳丽，表面光滑。南天竹的果子含有多种生物碱，多吃会有中毒之虞。（李珊／文）

桃儿七

Sinopodophyllum hexandrum (Royle) T. S. Ying

曾孝濂／绘

真双子叶植物
Eudicots

真双子叶植物基部群
Basal Eudicots

毛茛目
Ranunculales

小檗科
Berberidaceae

桃儿七隶属小檗科桃儿七属，该属仅桃儿七1种，分布于我国西南部和西北部，生于海拔 2 200 ~ 4 300 m 的林下、林缘湿地、灌丛中或草丛中。它们可以忍耐寒冷的天气，但不能抵御干旱。

桃儿七是一种非常美丽的多年生草本植物，花朵呈淡粉红色，果实呈鲜红色。可以经由种子或分裂根茎来传播。其植株高仅 20 ~ 50 cm，小巧玲珑，亭亭玉立。花苞刚刚开放时，花瓣合抱成酒杯状，酷似美丽的郁金香。桃儿七听起来粉嫩无害，实则有毒，但处理过后会有医药疗效。传统上会用来清洁肠道、催吐、舒缓感染及坏疽伤口，并减慢肿瘤的生长速度。（梁璞／文）

桃儿七先花后叶，萼片6枚，开花时凋落。叶2片，花凋谢后叶才长成完全叶。将同一物种的两个生长季放在同一画面上，是非常好的博物画。叶片稳稳地撑住画面，给开出的花强有力的支撑，花尽情展开姿容。画面色调显得和谐、柔美。（马平／评）

Aconitum carmichaelii Debeaux ｜ 赵晓丹 / 绘

真双子叶植物
Eudicots

真双子叶植物基部群
Basal Eudicots

毛茛目
Ranunculales

毛茛科
Ranunculaceae

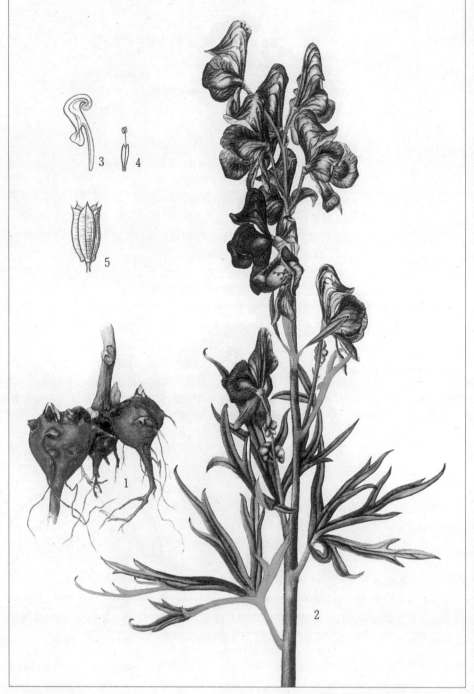

毛茛科的拉丁名来源于古希腊语"rāna"（幼蛙），意指该科植物多生于湿地。乌头是毛茛科乌头属多年生草本植物，其母根称乌头，子根称附子。乌头属约有400种，我国约有210种，除海南岛外，在各省区都有分布。乌头属的花形独特，它的上萼片高耸，在盛开时像是蓝色的小鸭。上萼片是鸭头，喙部是鸭嘴，一对侧萼片和下颚片分别是翅膀和脚掌。其主根呈倒圆锥状，就像乌鸦的嘴和头，故得名乌喙或乌头。花虽美丽，但乌头却有大毒，最毒的部分集中在根部。乌头毒素的主要成分为影响神经和心血管系统的乌头碱，可导致心律失常甚至心脏骤停，古时常用来制造打猎或战争用的毒箭。（张林海 / 文）

1.块根；2.花枝；3.花瓣；4.雄蕊；5.蓇葖果

该画作的精彩之处在于花序，紫色花序可见为一串很特别的花，尤其是上面盔瓣，真如头盔般戴在头上。花瓣用色很精彩准确，根用色同样无误。（马平 / 评）

真双子叶植物
Eudicots

真双子叶植物基部群
Basal Eudicots

毛茛目
Ranunculales

毛茛科
Ranunculaceae

1~4直距楼斗菜 *Aquilegia rockii* Munz
1.植株上部；2.萼片；3.花瓣；4.退化雄蕊
5-8楼斗菜 *Aquilegia viridiflora* Pall
5.花；6.萼片；7.花瓣；8.退化雄蕊
9-12尖萼楼斗菜 *A. oxysepala* Trautv. et Mey etten
王金凤绘
图版118

1~4.直距楼斗菜：1.植株上部；2.萼片；3.花瓣；4.退化雄蕊。5~8.楼斗菜：5.花；6.萼片；7.花瓣；8.退化雄蕊。
9~12.尖萼楼斗菜：9.植株上部；10.萼片；11.花瓣；12.退化雄蕊

楼斗菜属全球约70种，分布于北温带，我国分布有13种。"楼斗"之名源于古代的农耕用具"楼车"，因形态奇特的花朵如同楼状及花距似楼足而得名。该属植物均为多年生草本，基生叶为二至三回三出复叶，有长柄，基部具鞘，茎生叶比基生叶小，花序为单岐或二岐聚伞花序，花幅射对称，大而美丽，萼片花瓣状，花瓣下延成距。直距楼斗菜之距直，基部稍弯曲，花下垂，花萼蓝色或紫色，雄蕊短于花瓣。楼斗菜萼片白色或黄绿色，雄蕊明显长于花瓣，尖萼楼斗菜花萼大，花瓣距基部明显弯曲成钩状。除了野外生长，楼斗菜属植物还可以露天种植或作盆栽及切花，具有极高的观赏价值。该图为《中国植物志》插图原作。（张寿洲、梁璞 / 文）

Cimicifuga dahurica (Turcz.) Maxim.　　*C. simplex* Wormsk.　　冯晋庸／绘

真双子叶植物
Eudicots

真双子叶植物基部群
Basal Eudicots

毛茛目
Ranunculales

毛茛科
Ranunculaceae

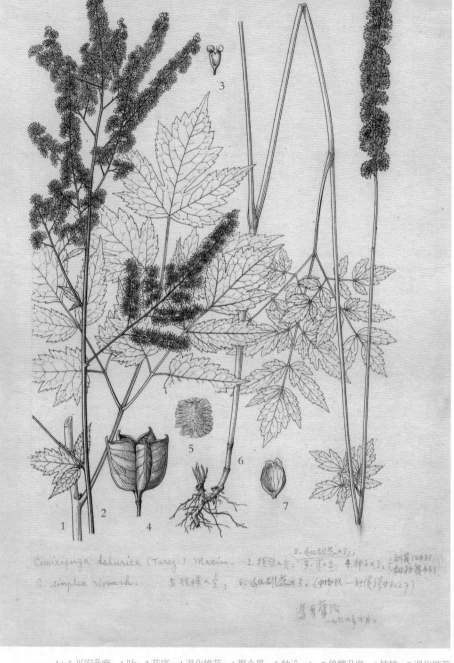

Cimicifuga dahurica (Turcz.) Maxim. 1.枝叶×½; 2.返化雌蕊×3;
C. simplex Wormsk. 3.茎×2; 4.半种×3; 刘裳12431; 柏相爱463
5.花样×½; 6.返化雌蕊×3. (中俄队一刘漳淳+8227)

1~5.兴安升麻；1.叶；2.花序；3.退化雄蕊；4.聚合果；5.种子．6、7.单穗升麻；6.植株；7.退化雄蕊

兴安升麻与单穗升麻为毛茛科升麻属多年生草本植物。兴安升麻主要分布在我国东北、华北等地，单穗升麻分布区在四川、甘肃和陕西等地。两种升麻的根状茎均粗壮，茎单一、高大，叶为二至三回三出羽状复叶，退化雄蕊与萼片形状不同，无蜜腺，心皮2～8。兴安升麻花单性，雌雄异株，退化雄蕊顶端二裂，有两枚空花药，花序多分枝。单穗升麻花则为两性，花序不分枝。中药用的升麻为升麻 *C. foetida*、大三叶升麻 *C. heracleifolia* 和兴安升麻的根状茎。（张卫哲／文）

由于其物种的花小而密集，所以无法将每一朵花都很清晰地表达出来。蓇葖果表达准确，线条运用娴熟，显得质感非常强烈。（马平／评）

舟柄铁线莲

Clematis dilatata Pei　史谓清 / 绘

1.部分茎段，示花序、叶片、叶柄；2.萼片背面；3.萼片腹面；4.雄蕊（背面和腹面）；5.雌蕊；6.果序；7.瘦果

铁线莲属约300种，我国约有108种，各地均有分布，西南地区种类较多。属名"*Clematis*"源自希腊语，意为一种开花的爬藤，说明了其藤本植物的特点。作为"藤本花卉皇后"的铁线莲，花形美观大方、气味芳香，广泛应用于各类园艺造景中，可种植在中国的大部分地区。舟柄铁线莲种加词"*dilatata*"指其叶柄基部明显膨大，形似木舟的特点。其为木质藤本，主要分布于浙江丽水、云和等地。一至二回羽状复叶，小叶片革质，卵形，两面无毛，网脉突出，下面粉绿色。具圆锥状聚伞花序，花序梗、花梗有较密柔毛，花大，直径达 5.5 cm。萼片开展，白中带红。瘦果狭卵形，扁，有柔毛，花柱宿存。（施践 / 文）

该画作构图丰满，完整地表达了物种的基本性状。绘者思路清晰严谨，布局合理，各部位的用线慎重，无可挑剔，非常完美。（马平 / 评）

转子莲

Clematis patens Morr. et Decne.　　陈荣道 / 绘

真双子叶植物
Eudicots

真双子叶植物基部群
Basal Eudicots

毛茛目
Ranunculales

毛茛科
Ranunculaceae

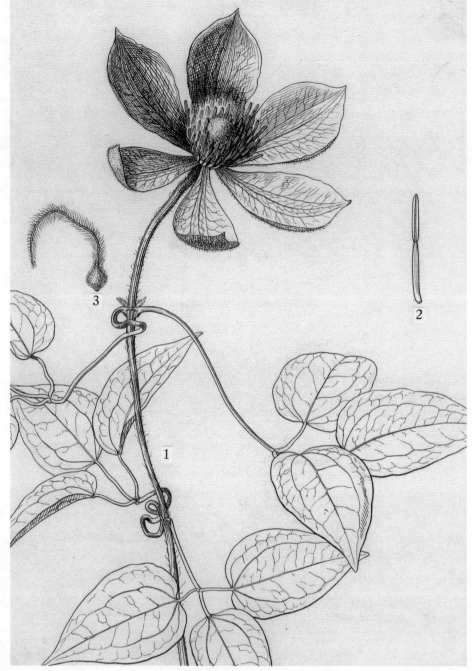

1.花枝；2.雄蕊；3.瘦果

转子莲为毛茛科铁线莲属多年生草质藤本，产于我国山东东部、辽宁东部海拔200～1 000 m的山坡杂草丛中及灌丛中。密集的须根为红褐色，很有特点。圆柱形的攀缘茎有6条明显的纵纹。羽状复叶的小叶片纸质，通常3片，小叶柄常扭曲。转子莲的花大而美丽，为白色或淡黄色，单花顶生。瘦果宿存的花柱有着长长的金黄色长柔毛，形态奇特。（施践 / 文）

绘者构图极其特殊，简约，虽只有一朵花几羽状复叶，但抓住了物种的主要特征。在用线方面很讲究，主要衬托出花的美——花萼上3条脉纹，雄雌蕊占据画面中间最显著的位置，叶脉的用线强弱表达出其质感。此物种花萼多数为8枚，但也有6枚，所以也有其合理性。（马平 / 评）

槭叶铁线莲

Clematis acerifolia Maxim.　李聪颖 / 绘

真双子叶植物
Eudicots

真双子叶植物基部群
Basal Eudicots

毛茛目
Ranunculales

毛茛科
Ranunculaceae

槭叶铁线莲特产于北京，生长在海拔 200 m 区域内的低山陡壁或土坡上，为藤状小灌木，高 30～60 cm。根木质，粗壮。老枝外皮灰色，有环状裂痕。叶为单叶，与花簇生；叶片五角形，基部浅心形，通常为不等的掌状 5 浅裂，叶柄长 2～5 cm。花 2～4 朵簇生；花梗长 10 cm；花直径 3.5～5 cm；萼片 5～8 枚，开展，呈白色或带粉红色。花期在 4 月，为早春极为珍稀的观赏种类。（梁璞 / 文）

此物种是小灌木，生于山崖石缝中，绘者将此特殊生长状态画得出神入化。白色的花在石缝中显得娇艳无比，是一幅很不错的物种生态画。（马平 / 评）

翠雀

Delphinium grandiflorum L.　　冯澄如／绘

1.植株上部；2.植株下部；3.花瓣和退化雄蕊及雄雌蕊；4.蓇葖果；5.雄蕊；6.退化雄蕊

翠雀又名大花飞燕草。5—6月是很多美丽的草花和宿根花卉盛开的季节。大花飞燕草的花形似蓝色飞燕落满枝头，因而得名"飞燕草"。它形态优雅，色彩别致，是一种珍贵的蓝色花卉资源，具有很高的观赏价值。当然，因为变异，也出现了紫色、粉红色和白色的大花飞燕草。当一大片各种颜色的大花飞燕草盛开时，就像五彩的海洋一样让人陶醉。需要注意的是，大花飞燕草全株有毒，中毒后会产生呼吸困难、血液循环障碍、肌肉和神经麻痹及痉挛等症状，接触时需要格外小心。（张卫哲／文）

该图引自《中国植物学杂志》。画作用色彩和线描结合的方式叠合表现，画面显得和谐有序。（马平／评）

高翠雀花

Delphinium elatum L.   梁惠然 / 绘

真双子叶植物
Eudicots

真双子叶植物基部群
Basal Eudicots

毛茛目
Ranunculales

毛茛科
Ranunculaceae

高翠雀花原生于西伯利亚至欧洲，在我国为栽培种。我国有变种绢毛高翠雀花 *D. elatum* var. *sericeum* W. T. Wang，分布于新疆阿尔泰海拔 1 890 ~ 2 100 m 的山地及草坡。高翠雀花与绢毛高翠雀花的区别在于高翠雀花花序轴、花梗及萼片无毛或疏被短腺毛，小苞片呈狭线形或线状钻形，宽约 0.3 mm。（张卫哲 / 文）

构图端庄大气，画面下部奇特，果断一刀切，不突兀，反而显得稳定性强，仿佛为高傲的花序安了一把大椅子。花序色调沉稳，色彩自然。（马平 / 评）

白头翁

Pulsatilla chinensis (Bunge) Regel 陈月明／绘

真双子叶植物
Eudicots

真双子叶植物基部群
Basal Eudicots

毛茛目
Ranunculales

毛茛科
Ranunculaceae

白头翁属约 43 种，主要分布于欧洲和亚洲。我国约有 11 种。属名"*Pulsatilla*"来自拉丁语，意思是拍打不停，原生境下花朵会随风不停晃动，所以也被称为风花。紫色花萼背面被白色的细绒毛，这些绒毛具有防风保暖和保持水分的作用。

白头翁在英语里被称为"Pasque flower"或"Easter flower"，说明它在复活节前后开放。数月后，毛茸茸的果序就像是白发苍苍的老人。秋风把单个的瘦果吹离果序，这时瘦果上部宿存的花柱就像是一根羽毛，能让这颗果实飘到更远的地方。白头翁对酸雨十分敏感，常被用作检测环境污染程度的指示植物。（李珊／文）

这是一幅极美的博物画作。构图非常稳重，使果实成熟后种子上带有的白毛不会飘出画面。花的形态、色调和质感非常搭配，尽情展示，但不矫情。植物表面的毛很自然地贴伏在各部位，表现得很舒适。（马平／评）

大叶唐松草

Thalictrum faberi Ulbr. | 蒋杏墙 / 绘

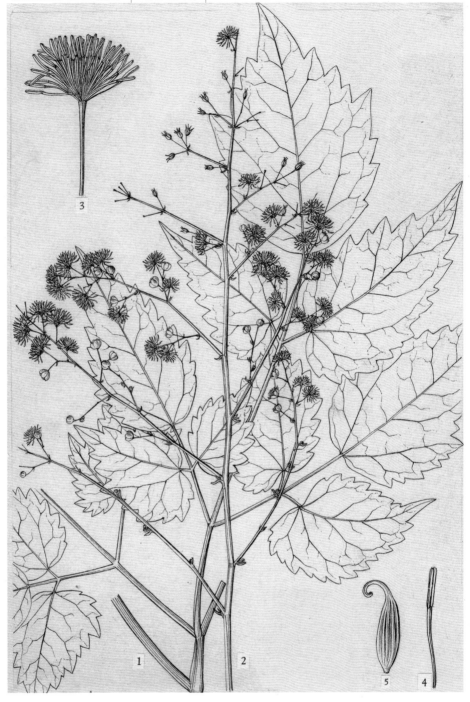

大叶唐松草为毛茛科唐松草属草本。该属约200种，我国约有67种，各省区均有分布，主要集中于西南地区。属名"Thalictrum"源自希腊语，意为特殊的复叶，指其常出现的一至五回三出复叶，其小叶也常呈掌状分裂。唐松草的中文名则来自另一种中国的传统植物落叶松 *Larix gmelinii*，后者传入日本后被称为唐松，而其簇生的新叶与唐松草花形极为相似。本属部分植物的根和根状茎含小檗碱，可供药用。

1.叶；2.花序枝；3.花；4.雄蕊；5.瘦果

大叶唐松草主要分布于我国华东和华中等地。全株无毛，二至三回三出复叶；小叶大，宽卵形或近菱形，三浅裂，基部圆形、截形或浅心形，每边有 5 ~ 10 个尖齿。圆锥花序，无花瓣。花瓣状萼片白色，早落。雄蕊多数，瘦果狭卵形。（施践 / 文）

Thalictrum squarrosum Steph. ex Willd. | 史渭清／绘

真双子叶植物
Eudicots

真双子叶植物基部群
Basal Eudicots

毛茛目
Ranunculales

毛茛科
Ranunculaceae

展枝唐松草根状茎细长，自节生出长须根。花朵小，密集排列成圆锥花序，花萼未开时就像一颗颗露珠点缀在草丛间，一旦绽放，萼片如伞，花蕊如烟花般喷薄而出，原本星点密布的花序就成了一丛花球。这样的花序能够帮助它增加访花昆虫的授粉概率。展枝唐松草的叶子含鞣质，可提制栲胶。（李珊／文）

1.茎中部叶；2.果序；3.花序；4.萼片；5.雄蕊；6.雌蕊；7.瘦果

这幅作品为钢笔绘制。最佳处是将果梗展开的方式、状态予以了准确展现，而这正是该物种名称之来由。（马平／评）

大火草

Anemone tomentosa (Maxim.) Pei | 冯晋庸 / 绘

1.植株上部；2.植株下部及根

大火草又名野棉花、大头翁，为银莲花属多年生草本植物，分布于我国西北、华北、西南和华中等地，生于山地草坡或路边阳处。模式标本采自青海东部。其根状茎粗壮，基生叶为三出复叶，有长柄，小叶片边缘有不规则小裂片或锯齿，表面有糙状笔，背面密被白色绒毛，聚伞花序2～3回分枝，苞片3萼片5，淡粉红色或白色，心皮多，密被绒毛，花期7—10月。（李珊 / 文）

这幅水彩画作绘于1986年8月，参加了1987年1月于华南植物园举行的第二届全国植物科学画展。大火草所属类群很为特殊，没有花瓣，我们看到的大而美丽的部位其实是花萼。大火草为聚伞花序，花开时多而集中，花白色或淡粉色。绘者将此特征表达得一览无余。整幅画作构图舒展，色彩清新、生动。（马平 / 评）

Meliosma cuneifolia Franch.　　孙西 / 绘

真双子叶植物
Eudicots

真双子叶植物基部群
Basal Eudicots

山龙眼目
Proteales

清风藤科
Sabiaceae

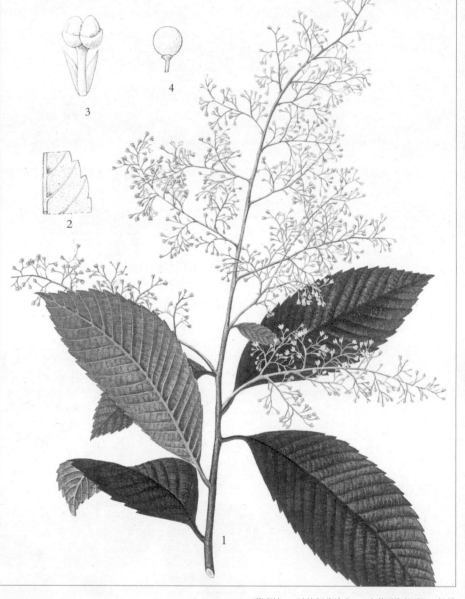

泡花树属的属名
"*Meliosma*" 意为"花
具蜜味"，指本属植物
具甜蜜花香。本属包含
80 种，我国约有 36 种。
在我国，泡花树生长于
西北、西南、华中等地
区海拔 650 ～ 3 300 m
的落叶阔叶树或针叶树
的疏林或密林中。泡花
树的根皮是一味中药，
具有利水、解毒之功效。
该种为落叶灌木或小乔
木，单叶互生，叶片纸

1.花序枝；2.叶片部分放大；3.内花瓣和雄蕊；4.核果

质，边缘除基部外有粗而尖锐的锯齿，夏季黄白色花，花
小圆锥花序顶生或生于上部叶腋内，花具花盘，核果球形，
熟时黑色。（李珊 / 文）

画作对花序的表现虽然较弱，但是叶的表现很好，
质感强烈，对于叶的正面和背面都进行了细腻的呈
现。（马平 / 评）

莲

Nelumbo nucifera Gaertn. | 陈月明／绘

1.藕节；2.花托；3.坚果；4.种子；5.子叶

莲科为单属科，莲属植物为水生，花大而美丽。克朗奎斯特最早将其独立为莲科，放置在睡莲目，APG系统将莲科置于山龙眼目。莲科现存仅2种，即莲和美洲莲 *N. lutea*。莲原产于中国，俗称荷花。美洲莲原产于美洲，花为黄色。古地质时期留下的莲科化石达5属30余种。1947年左右，古植物学家徐仁在柴达木盆地发现距今至少1 000万年前的荷叶化石。1973年，浙江余姚河姆渡文化遗址出土了距今7 000年前的荷花花粉化石。同年，河南仰韶文化遗址出土两粒碳化莲子。《诗经》有"隰(xí)有荷华"之句。用荷装饰器皿，早在周代已经有，比见诸文字的荷花栽培历史要早。1922年河南新郑出土的公元前8世纪春秋初年的青铜莲鹤方壶，以及1953年在洛阳耀沟出土的战国墓中绘有整朵莲花的彩陶盘，都可佐证。目前，黑龙江局部地区仍生长有野生荷花。荷花的茎（藕）是荷花储藏养分和供繁殖的器官，横生于淤泥中，长而肥厚，节间膨大，内有多数纵行通气孔道，节部缢缩，上生黑色鳞叶，下生须状不定根。藕可食用，且具有一定的弹性，当折断拉长时，会出现许多白色相连的藕丝，成语"藕断丝连"即由此而来。（王其超、张行言、张苏州／文）

Platanus × *hispanica* Mill. ex Münchh. 王红兵 / 绘

二球悬铃木是一球悬铃木（一棵树上的小球多是单个挂着的，原产于北美，称为美国梧桐）与三球悬铃木（一棵树上的小球多是三个或更多串成一串，原产于欧洲，称为法国梧桐）的杂交种，1646 年在英国伦敦育成，所以又叫英国梧桐。二球悬铃木树阴非常大，容易生长，可以生长到 40 m。树皮经常脱落，露出光滑的树干。雌雄同株，球形花序，生成成对球状小坚果悬挂在树上。其由于其适应性和生长速度佳，再生萌发力强，耐修剪；加之为落叶乔木，叶片大，夏天可以形成很好的树阴遮阳，冬季树叶落尽，光秃秃的树枝又不影响采光，而且不存在被积雪压垮的情况，所以被用作行

1.果枝；2.瘦果；3.雌花展开；4.雌蕊；5.花瓣

道绿化树种广泛栽植，有"行道树之王"之称。杂交品种比原亲本北美悬铃木更能抵御虫害，比三球悬铃木更耐寒。1872 年，一位法国传教士在南京石鼓路种下了南京第一棵二球悬铃木，当地的人们以为这是法国特有的树种，又因为其叶子形状像中国神话传说中可以引来金凤凰的梧桐树，故而留下了"法国梧桐"这一名称。（顾有容 / 文）

匙叶黄杨

Buxus harlandii Hanelt ｜ 马平 / 绘

a.植株；b.叶；c.雄花；d.雄花纵切；e.雌花；f.子房；g.子房纵切；h.子房横切；i.蒴果；j.种子

匙叶黄杨又称华南黄杨，其叶匙状，因而得名。多作为观赏树种，野生资源分布于我国广东、海南两省，生于溪旁或疏林中。令人不解的是，匙叶黄杨多在 5 月开花，10 月结果，但在海南岛 12 月仍可开花，翌年 5 月果熟。其嫩叶可入药。《苗药》记载："千年矮，万年青。黄杨木：鲜叶治狂犬咬伤。"（李珊 / 文）

Dillenia turbinata Finet et Gagnep. | 冯钟元 / 绘

真双子叶植物
Eudicots

核心真双子叶植物
Core Eudicots

五桠果目
Dilleniales

五桠果科
Dilleniaceae

五桠果属约 60 种，分布于亚洲热带地区，少数分布于印度洋西部的马达加斯加。我国有 3 种，产于广东、广西及云南。大花五桠果是常绿季雨林和山地雨林树种，高可达 30 m，树干通直，叶大浓密，总状花序生于枝顶，具花 3～5 朵。萼片厚肉质，花瓣薄，黄色，雄蕊有 2 轮，花药比花丝长 2～4 倍，心皮 8～9，果实近球形。大花五桠果树姿优美，嫩叶红艳，树冠如盖，具有极高的观赏价值。（李珊 / 文）

冯钟元先生采用水彩画中的干画法，用不同纯度颜色一层层叠加来表现叶子、叶脉和花的质感和立体感，以及老枝清晰的皱纹，准确、清晰、有力地表达出大花五桠果的形体结构和丰富的色彩层次。画中，花的视角非常独特和有冲击力，但花瓣的起伏位置略显夸张。经过深究才理解是需要一遍遍铺色的缘故。当时冯老为这幅画前后耗时一个多月，所用花材失水和变形严重，所以画面里花瓣表面过于凹凸。这个小遗憾也正说明他年近 70 岁时仍悉力画画，其高超的表现力在国内植物科学画界独树一帜。（张林海 / 评）

芍药

Paeonia lactiflora Pall.　　李爱莉 / 绘

真双子叶植物
Eudicots

核心真双子叶植物
Core Eudicots

超蔷薇类分支
Superrosids

虎耳草目
Saxifragales

芍药科
Paeoniaceae

芍药为芍药属多年生草本植物。芍药花大且美，有芳香，单生枝顶。芍药的颜色有红色、紫色、淡红色、白色、黄色等，其中尤以紫色和红色的最为名贵。花期在每年 4—5 月。中国栽培芍药最兴旺的时期是宋代。宋代陈师道曾说："花之名天下者，洛阳牡丹，广陵芍药耳。"广陵就是今日的扬州，扬州今日仍以盛产芍药花著名。除扬州以外，还有山东菏泽、安徽亳州、浙江杭州等。（汪劲武 / 文）

Paeonia lactiflora Pall.

1.花果枝；2.叶；3.根；4.叶背面局部，示叶脉；5.叶边缘

这是绘者为洪德元院士的英文专著《世界牡丹：多型性和多样性》（*Peonies of the World: Polymorphism and Diversity*）所绘插图之一。传统的植物科学画黑白线条多为钢笔绘制，我国老一辈植物科学画师中也有以小毛笔或小毛笔与钢笔并用的方式来绘图的。在铅笔粗略形态轮廓后，还需有一道用钢笔或毛笔上墨的流程。纯以铅笔素描的方式绘制植物科学画者较少，绘者是其中一位。但这也不失为一种表达方式，体现了百花齐放的可贵之处。此画娟秀清丽，有着鲜明的个人风格。（马平 / 评）

Paeonia lactiflora Pall. | 韦力生 / 绘

真双子叶植物
Eudicots

核心真双子叶植物
Core Eudicots

超蔷薇类分支
Superrosids

虎耳草目
Saxifragales

芍药科
Paeoniaceae

芍药属在 APG 中单独成立芍药科。芍药属于宿根草本植物，落叶后地面部分会全部枯萎，故而又叫"没骨花"。牡丹叶一般分成 3 叉，芍药叶不分叉。芍药花多为数朵丛生，花型比牡丹的小。芍药的花期多为 5 月上中旬到 6 月上旬。基本上可以说，春牡丹，夏芍药。（杨梓 / 文）

该物种野生种为单瓣，栽培种会出现重瓣，直至雄蕊变异成花瓣状。此画作就是栽培品种，多数雄蕊呈花瓣状，层层叠叠。重点是绘者将中国国画画法在植物画上使用得得心应手，并且用没骨法展示，其染色亦运用得当。花枝用色彩法，果枝是水墨法，两法结合，相得益彰，成就了精美画作。（马平 / 评）

牡丹

Paeonia suffruticosa Andr.　｜冯晋庸／绘

真双子叶植物
Eudicots

核心真双子叶植物
Core Eudicots

超蔷薇类分支
Superrosids

虎耳草目
Saxifragales

芍药科
Paeoniaceae

牡丹为何叫"牡丹"？李时珍的解释是"牡丹以色丹者为上，虽结子而根上生苗，故谓之牡丹"。牡丹为我国得天独厚的特产名花，它的原籍在西北秦岭一带。牡丹的祖先是山牡丹，后来，人们把它引种下山，才成为观赏花卉。南朝诗人谢灵运，曾到永嘉（现浙江省永嘉县）任太守，在那里发现有牡丹。由此可见，我国栽培牡丹的历史至少有1 500多年了。不过在这以前，牡丹只是作为药用植物来栽培，如在西汉著述的《神农本草经》中，就有关于丹皮（牡丹的根皮）入药的记载。这说明我国人民在2 000多年以前就已认识了牡丹。牡丹成为名贵的观赏花卉，那是在隋朝。牡丹"以花闻天下"则在唐朝，据说，当时有长成树样的紫牡丹，开花千朵，更有花朵直径达30～40 cm的奇品。唐朝观赏牡丹的风气极盛，以致"花开时节动京城"。到了宋朝，洛阳牡丹已盛名天下，有"洛阳牡丹甲天下"之说。（汪劲武／文）

绘者希望用线描表现出物种的高贵气质，从画作中就可看出其排线的用心良苦，长线、短线、弧线，灵活运用，完全展现在画作之中，可谓精品。（马平／评）

卵叶牡丹

Paeonia qiui Y. L. Pei et D.Y. Hong | 冯晋庸／绘

真双子叶植物
Eudicots

核心真双子叶植物
Core Eudicots

超蔷薇类分支
Superrosids

虎耳草目
Saxifragales

芍药科
Paeoniaceae

卵叶牡丹是裴彦龙、洪德元根据邱均专采自湖北神农架松柏镇的标本，于 1995 年发表的中国特有木本观赏花卉，该画作完成于卵叶牡丹发表的同年。除模式产地外，河南西峡和陕西旬阳也有报道称发现此物种。卵叶牡丹生长在海拔 900～2 100 m 的山地、灌木丛及草坡、落叶阔叶林下或悬崖岭壁上。二回三出复叶，小叶片卵形或卵圆形。花单生枝顶，粉红色。由于分布区域狭窄，加之人为采挖致使其分布区日益缩小，该种已处于极度濒危状态。遗传多样性研究结果表明，卵叶牡丹居群内和居群间变异丰富，目前已作为重要的资源，用于种植创新。（陈璐／文）

紫斑牡丹

Paeonia rockii (S. G. Haw et Lauener) T. Hong et J. J. Li ex D.Y. Hong

曾孝濂／绘

真双子叶植物
Eudicots

核心真双子叶植物
Core Eudicots

超蔷薇类分支
Superrosids

虎耳草目
Saxifragales

芍药科
Paeoniaceae

紫斑牡丹花瓣内面基部具深紫色斑块。叶为二至三回羽状复叶，小叶不分裂，稀不等 2 ~ 4 浅裂。花大，花瓣白色。分布于我国四川北部、甘肃南部、陕西南部（太白山区），生于海拔 1 100 ~ 2 800 m 的山坡林下灌丛中。在甘肃、青海等地有栽培。（钟智／文）

绘者用一种非常开放的心态与亲切的笑容，使画作自然流入看客的眼并入心，引发共鸣。画作在科学特征上表达自如，多数雄蕊围成一圈，多数雌蕊位于中央，为画作增光添彩。（马平／评）

枫香树

Liquidambar formosana Hance | 江苏省中国科学院植物研究所／图

真双子叶植物
Eudicots

核心真双子叶植物
Core Eudicots

超蔷薇类分支
Superrosids

虎耳草目
Saxifragales

蕈树科
Altingiaceae

1.花序枝；2.雄蕊；3.雌蕊；4.果序枝；5.果序；6.蒴果

枫香树属化石最早记录在白垩纪，分布很广。枫香树属现仅有15种，多具有重要经济价值。木材为硬木，树脂可作药，也可用作口香糖原料，中药上称"路路通"。枫香树为高大乔木，分布在我国秦岭和淮河以南省区。叶掌状三裂，叶柄长。雄花排成短穗状花序，雄蕊多数，花丝不等长，雌花排成头状花序，有花24～43朵，花序柄长。头状果序呈圆球形，有宿存花柱及宿存刺状萼齿，先端卷曲。（李珊／文）

绘者深得西方绘画的构图精髓，灵活运用绘画技巧，很好地表达了果、叶、茎三者的关系，张弛有度。早期前辈的科学画无不透露出认真、严谨、缜密的工作态度。（马平／评）

金缕梅

Hamamelis mollis Oliv. 蔡淑琴 / 绘

真双子叶植物
Eudicots

核心真双子叶植物
Core Eudicots

超蔷薇类分支
Superrosids

虎耳草目
Saxifragales

金缕梅科
Hamamelidaceae

金缕梅科位于核心虎耳草目的木质分支内，克朗奎斯特系统将其置于金缕梅目下。本科通常由灌木和乔木组成，包含27属82种，大多数种类属于金缕梅亚科。金缕梅科、连香树科和交让木科呈姐妹群。本科多样性程度高，很多属形态差异明显，枫香树属和其近缘类群在APG系统中被独立为蕈树科 Altingiaceae。

金缕梅为落叶灌木或小乔木，嫩枝被星状柔毛。叶纸质或薄草质，先端急尖，基部呈不等侧心形。头状或穗状花序腋生，花黄色，早晚开花，金瓣如缕，状似蜡梅，故名。（李珊 / 文）

画作较舒展，尤其是科学特征表达清晰，如叶背、小枝及花萼均被星状花。

（马平 / 评）

Rhodoleia championii Hook. f. 崔丁汉 / 绘

真双子叶植物
Eudicots

核心真双子叶植物
Core Eudicots

超蔷薇类分支
Superrosids

虎耳草目
Saxifragales

金缕梅科
Hamamelidaceae

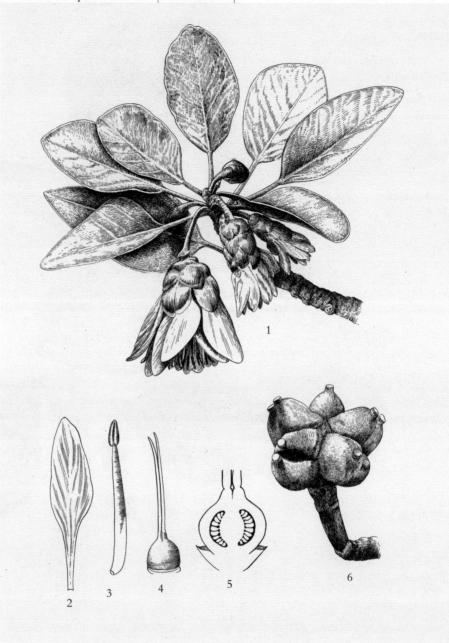

1. 花枝；2. 花瓣；3. 雄蕊；4. 雌蕊；5. 子房纵切；6. 头状果序

红花荷属约 10 种，分布于亚洲东南部，我国有 6 种。红花荷模式标本于 1848 年采自中国香港，故有 "Hong Kong Rose" 之称。红花荷为常绿乔木，叶厚革质，叶背被一层蜡粉，叶柄红。头状花序常弯垂，有鳞状小苞片，花瓣匙形，红色。雄蕊花瓣等长。花粉与子房均无毛。蒴果、种子多数。该种种加词是为了纪念占般船长（Captain Champion），是他第一次在香港山边发现该种。该属为鸟媒传粉类群，为广东中部和香港特有种。（李珊 / 文）

该画作花序枝的质感强，构图完整，画面简单而充盈。（马平 / 评）

银缕梅

Parrotia subaequalis (H.T. Chang) R. M. Hao et H.T. Wei 　史渭清／绘

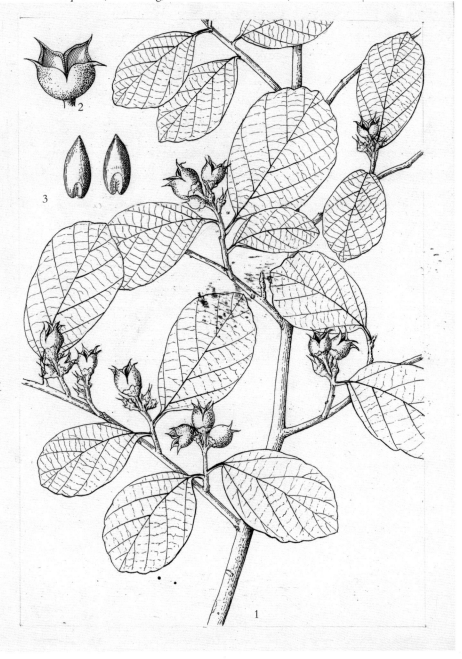

1.果枝；2.蒴果；3.种子

银缕梅又称单氏木，为落叶乔木。与银杏、水杉一样，银缕梅是被子植物最古老的物种之一，也是我国特有的活化石植物。银缕梅的发现与命名是一部曲折史。早在1935年，南京中山植物园的植物学家沈隽就在江苏宜兴芙蓉寺石灰岩山地采集到该标本，但由于抗日战争和解放战争的影响，直至1954年才进行研究，定到金缕梅科，1960年才被中山大学的张宏达先生定为金缕梅属的小叶金缕梅。但在1987年编写《珍稀濒危植物红皮书》一书时，研究人员意外发现该种植物没有花瓣，应属于一个新属、新种。1992年，邓懋彬、魏宏图和王希蕖以此为模式种发表了新属——银缕梅属*Shaniodendron*，其拉丁属名是为了纪念我国植物分类学家单人骅先生，该种随后改称为银缕梅。1998年该属、种又被归并到*Parrotia*属。自此，该种以一个被子植物古老的化石植物重新面世。也因此，使中国成为世界上唯一具备金缕梅科所有代表类群的地区。1999年该种被列入国家重点保护的濒危植物名单。银缕梅为落叶乔木；3月中旬开花，先花后叶；花朵先朝上，盛花后下垂，近看银丝缕缕，花药黄色带红，与金缕梅比对而取现名。（李梅／文）

连香树

Cercidiphyllum japonicum Siebold et Zucc.　钟守琦／绘

真双子叶植物
Eudicots

核心真双子叶植物
Core Eudicots

超蔷薇类分支
Superrosids

虎耳草目
Saxifragales

连香树科
Cercidiphyllaceae

被子植物中有著名的4
个单属科乔木类群，即
领春木、连香树、昆栏
树和水青树。其中连香
树科有1属2种，产于
中国和日本。连香树为
落叶乔木，高达40 m。
树皮为灰色或棕灰色。
长枝细，短枝在长枝上
对生。宽卵圆形的叶子
互生，基部为心形，边
缘有腺钝齿，掌状脉。
春季先于叶开放雌雄异
株的单性花，没有花瓣。

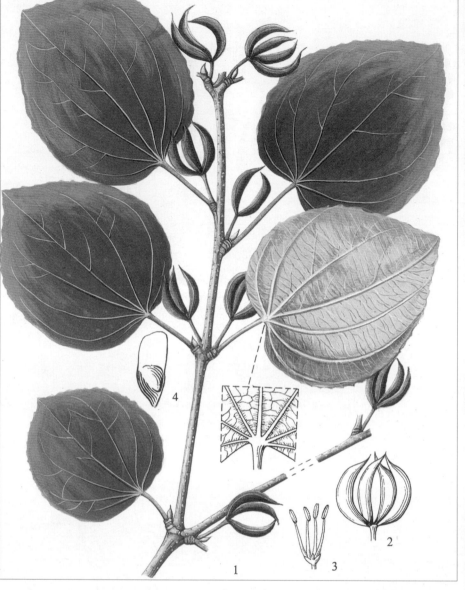

1.果枝；2.果序；3.雄花；4.种子

果2～4，微弯曲。该种非我国特有，为第三纪古热带植物的孑
遗种，结实较少，天然更新困难，被列为国家重点保护野生植
物名录（第一批）Ⅱ级。（陈璐／文）

画作完全展示了物种果期时的基本形态，叶片
左右分开，排成两行，手指状果弯曲或直立。
（马平／评）

大落新妇

Astilbe grandis Stapf ex Wils. | 井枫林 / 绘

真双子叶植物
Eudicots

核心真双子叶植物
Core Eudicots

超蔷薇类分支
Superrosids

虎耳草目
Saxifragales

虎耳草科
Saxifragaceae

1.根；2.茎生叶；3.圆锥花序；4.花

落新妇属 *Astilbe* 也曾称红升麻属，因中草药"升麻"而闻名。本属约有18种，原产于亚洲和北美洲。落新妇为多年生草本，根状茎粗大，须根多数，茎直立，基生叶2或3回三出复叶，茎生叶2或3片。顶生圆锥花序，密被褐色细长柔毛。花紫色，雄蕊10个，花药紫色，心皮2，蒴果。落叶妇花美叶嫩，整体如新妇出阁，故得名。目前，园林上已培育出红色、粉色、玫瑰红色和紫红色等品种，常植于花镜和花坛等。（陈璐 / 文）

画作将难以表达的整体形态简单化，但对其主要特征仍加以准确呈现，不失为一种好方法。叶形和颜色还原很好，根茎色准。（马平 / 评）

黄山梅

Kirengeshoma palmata Yatabe | 史渭清／绘

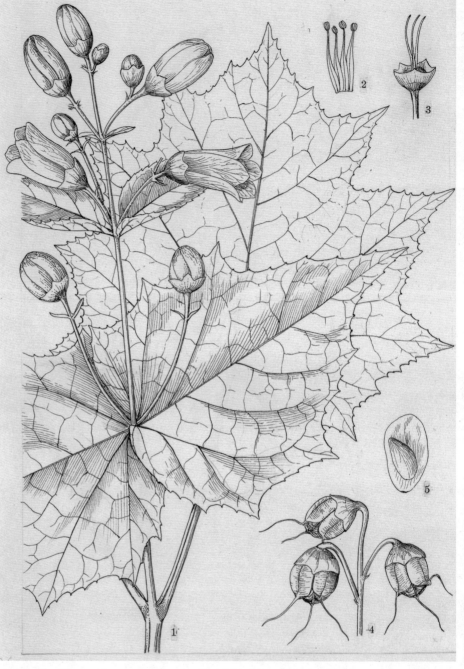

黄山梅为多年生直立阴生草本植物，产于我国安徽和浙江山谷林中阴湿处，是属于中国和日本的特有物种。黄山梅的四棱形茎干略带紫色，不分枝。对生叶为圆形，呈掌状分裂，叶两面均被粗伏毛，叶缘具粗齿。聚伞花序生于茎上部叶腋及顶端，黄色花的离生花瓣呈倒钟状，半闭合的花朵不易随风传粉，加上只有少数昆虫为其做媒，导致黄山梅的结实率很低。蒴果顶端有宿存花柱，扁平的黄色种子周围具有膜质斜翅。黄山梅具有重要的观赏、药用和科研价值。在黄山梅的花期，花瓣从始至终都不完全张开，如同一位娇羞的少女，所以也被称为少女花。它的根状茎可入药，有舒筋活血、滋补强身的功效。由于森林砍伐以及挖根入药等，该植株日益减少，被列为国家重点保护野生植物名录（第一批）Ⅱ级。（梁璞／文）

1.植株上部及花序；2.雄蕊；3.雌蕊；4.果序；5.种子

画作构图完全体现出科学特征，叶上部无柄，中下部有柄，叶形、花形、开裂的蒴果及种子等都很准确。（马平／评）

落地生根

Bryophyllum pinnatum (Lam.) Oken 林文宏／绘

1.植株；2.花序；3.花；4.花冠展开；5.雌蕊

落地生根是多年生草本植物，植株高达40～150 cm，可长成亚灌木状。原产于非洲，现我国各地都有栽培作观赏用，也有逸为野生。落地生根，叶长10～30 cm，叶片边缘锯齿处可萌发出2枚对生的小叶，形似在一片绿叶的边缘停了一圈展翅欲飞的小鸟。叶长圆形至椭圆形，先端钝，边缘有圆齿，圆齿底部容易生芽，小幼芽均匀排列在大叶片的边缘，在潮湿的空气中能长出纤细的气生须根，一触即落，且会落地生根即成一新植株，落地生根的名称也由此而来。又因为小幼芽形似小鸟且极易成活，所以又称"不死鸟"。（梁璞／文）

绘者选用了钢笔点绘法，不失为一种好选择，可充分表达此物种肉质感。画作充满写实成分，将无性繁殖特征也显示了出来。（马平／评）

Orostachys malacophylla (Pall.) Fisch.　江苏省中国科学院植物研究所／图

真双子叶植物
Eudicots

核心真双子叶植物
Core Eudicots

超蔷薇类分支
Superrosids

虎耳草目
Saxifragales

景天科
Crassulaceae

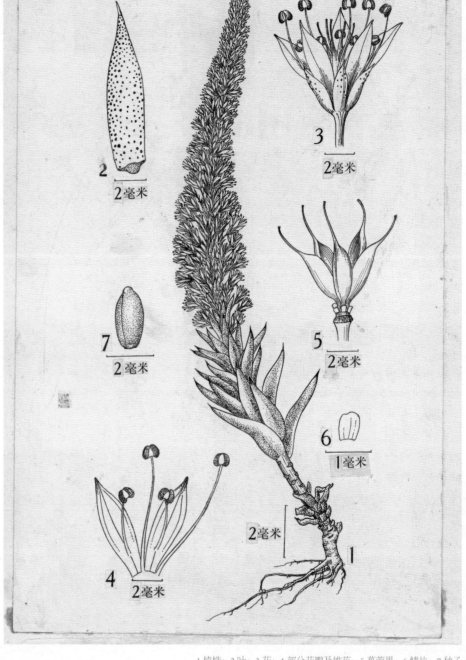

瓦松属已知 13 种，主要分布在亚洲东北部，我国分布有 8 种。钝叶瓦松为多年生肉质草本植物，其植株首年呈莲座丛，第三年会从莲座丛中抽出穗状或总状的紧密无梗花茎，花期在 7 月，果期在 8—9 月。全草可入药，具有止血通经的功效。在内蒙古典型草原和草甸草原地区是常见的伴生种。因为叶和花茎肉嫩多汁，富含蛋白质且粗纤维少，被牧民视为良好的抓秋膘牧草，常用于给畜群采食。（梁璞／文）

该画作完整地描述了物种的生长状态和繁密紧凑的花，科学地画出了花的基本结构，雄蕊5长5短，花丝同样表现得很真实。（马平／评）

1.植株；2.叶；3.花；4.部分花瓣及雄蕊；5.蓇葖果；6.鳞片；7.种子

褐斑伽蓝

Kalanchoe tomentosa Baker | 何顺清 / 绘

1.植株地上部分；2.无性繁殖体；3.毛被

伽蓝属为景天科伽蓝菜亚科的一大属，共145种，主要分布于非洲南部，延伸至东南亚和马来西亚地区。

褐斑伽蓝因其叶片被绒毛，像兔子的耳朵，故又名月兔耳、兔耳朵。原产于马达加斯加。因叶形、叶色具有较高观赏价值，现在世界各地广为栽培。（梁璞 / 文）

这幅钢笔画绘于1982年11月。绘者充分表达出物种的质感，刻画了植物的生长环境，细节把握上佳。画作整体的被毛状态十分生动，栩栩如生。（马平 / 评）

Gonocarpus micranthus Thunb. | 江苏省中国科学院植物研究所／图

真双子叶植物
Eudicots

核心真双子叶植物
Core Eudicots

超蔷薇类分支
Superrosids

虎耳草目
Saxifragales

小二仙草科
Haloragaceae

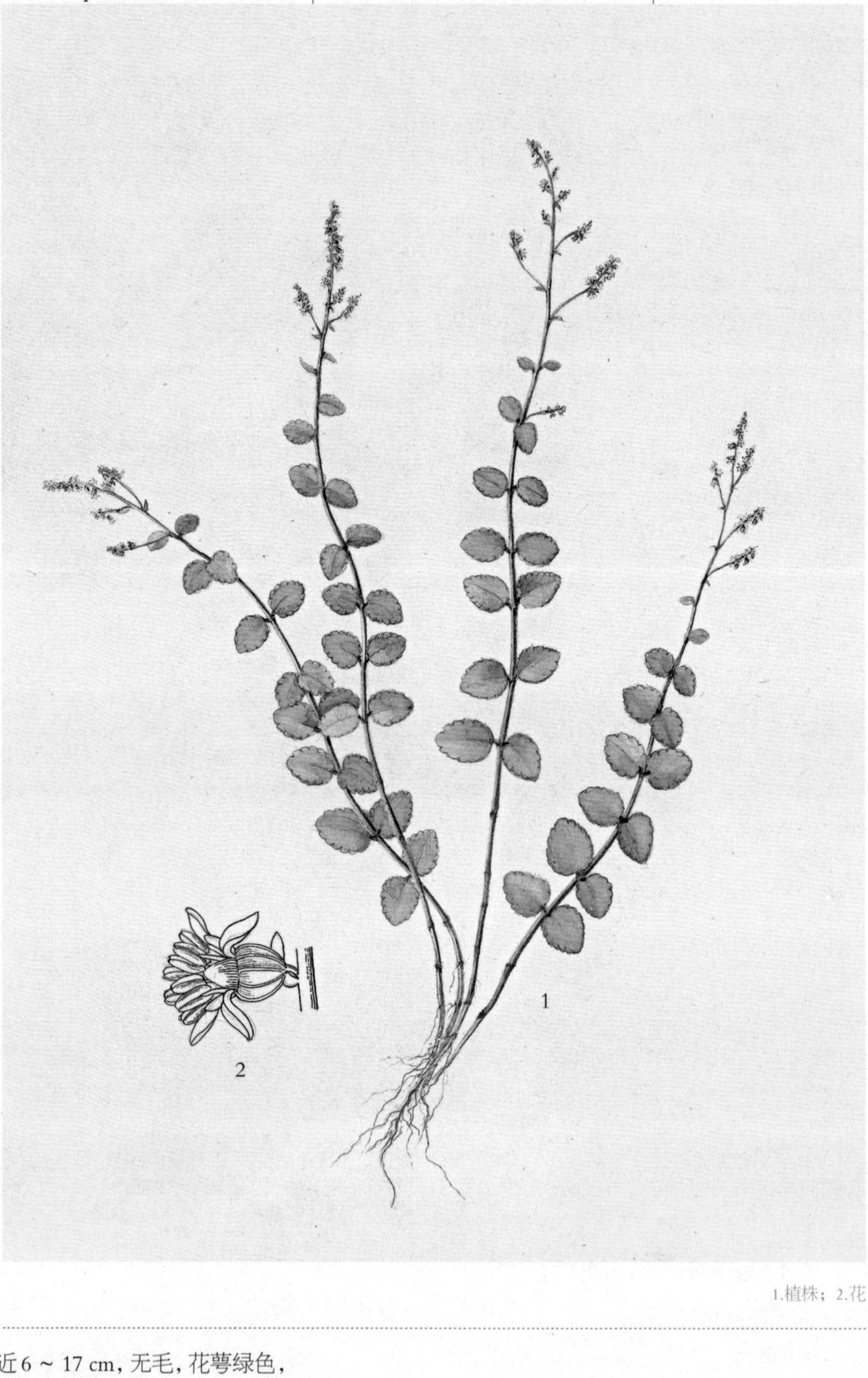

1.植株；2.花

小二仙草属约35种，分布于亚洲西南部，中国分布有2种，即小二仙草 *G. micranthus* 和黄花小二仙草 *G. chinensis*。两者区别在于，前者叶具短柄，多为卵形或近卵圆形，长近6～17 cm，无毛，花萼绿色，花瓣4，红色，苞片1或2；后者叶近无柄，条状披针形至矩圆形，两面多少被粗毛，花萼近缘黄白色，花瓣4，黄色，苞片1。（张寿洲、梁璞／文）

Myriophyllum ussuriense (Regel) Maxim.　江苏省中国科学院植物研究所／图

真双子叶植物
Eudicots

核心真双子叶植物
Core Eudicots

超蔷薇类分支
Superrosids

虎耳草目
Saxifragales

小二仙草科
Haloragaceae

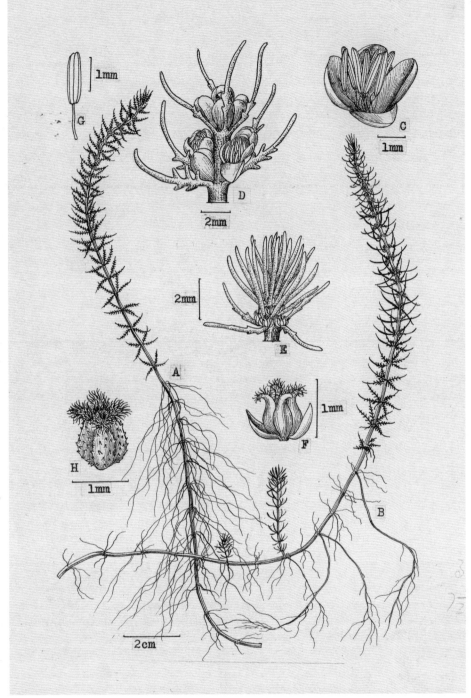

A.雌株；B.雄株；C.雄花；D.雄花序一段；E.雌花序一段；F.雌花；G.雄蕊；H.坚果

狐尾藻属为多年生沉水或挺水植物，多生长在沟渠、池塘、水田。乌苏里狐尾藻产于我国大部分地区。茎不分枝。根状茎发达，节部生变多数须根，叶子 3～4 片轮生，羽状深裂，花单生叶腋，雌雄异株，无花梗，雄花具雄蕊 6 或 8，雌花花瓣早落，柱头 4 裂，羽毛状果有 4 浅沟，表面有细疣。分布于东北、华北、华南和西南地区。（李珊／文）

这幅图为《江苏南部种子植物手册》插图，反映了物种的生长状态，并且显示出花的特殊状态。（马平／评）

锁阳

Cynomorium songaricum Rupr. 马平 / 绘

锁阳为锁阳属多年生肉质寄生草本，多寄生在白刺属 *Nitraria* 和红砂属 *Reaumuria* 等植物的根上，在我国生长于西北各省区荒漠地带且有白刺、枇杷生长的盐碱地区。其植物体无叶绿素，全株红棕色，高 15 ~ 100 cm，大部分埋于沙中。寄生根上着生大小不等的锁阳芽体。埋于沙中的茎具有细小须根，茎上着生螺旋状排列脱落性鳞片叶。棒状肉穗花序生于茎顶，伸出地面，其上着生非常密集的小花，雄花、雌花和两性花相伴杂生，有香气，花序中散生鳞片状叶。雄花花被片倒披针形或匙形，下部白色，上部紫红色；雌花花被片条状披针形。两性花少见。果为小坚果状，多数非常小，1株产2万~3万粒；种子深红色，直径约 1 mm。花期在每年 5—7 月，果期在 6—7 月。锁阳除去花序的肉质茎供药用。（马平 / 文）

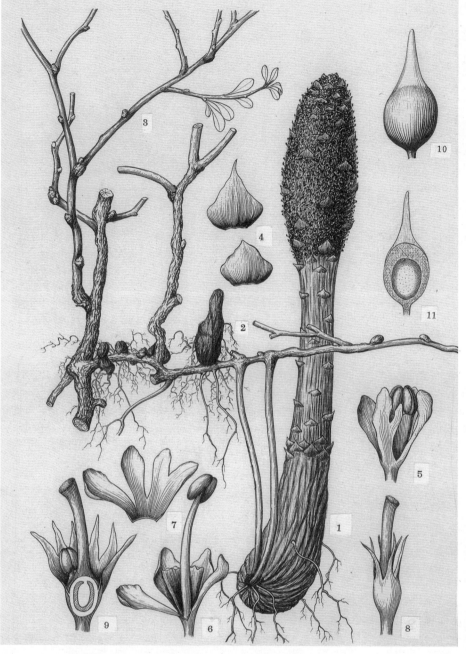

1.植株；2.植物与寄主的关系；3.寄主（白刺）；4.鳞片；5.短花丝雄花；6.长花丝雄花；7.花被片展开；8.雌花；9.两性花纵切；10.果；11.果纵切

该画作准确生动地表达了锁阳与寄主的关系，并且详细记录了花序中花的复杂性。也是缘于此作，绘者才得以开始了与著名植物学家胡秀英博士长达十余年的合作。（穆宇 / 评）

地锦

Parthenocissus tricuspidata (Siebold et Zucc.) Planch.　　石淑珍／绘

葡萄科是蔷薇类的基部类群，包括 2 亚科 5 族 17 属 955 种。地锦俗称爬山虎，为地锦属多年生木质落叶藤本植物，生长迅速，枝繁叶茂，春夏翠绿，秋冬红艳。小枝圆柱形，浅裂或不裂的倒卵形单叶与有分枝的卷须对生，基部分枝的多歧聚伞花序生长在短枝上，紫蓝色小球形果为小鸟的美食。爬山虎的卷须在幼嫩时膨大呈圆珠形，遇到附着物时扩大成吸盘，形成强大的吸附和攀缘能力。（梁璞／文）

1.果枝；2.花；3.雄蕊；4.雌蕊

这幅彩图虽简单展现一果枝，但透露出绘者作画时的一种灵气，如枝叶的形态、果枝的走向准确。最可贵之处是光的运用。仅一束光就使画面整体动了起来。绘者充分展示了物种的生活形态，叶片不僵化呆板，而是很自然自由地伸展，果序同样动感。色调的变化在光线的作用下更让画面充满活力。（马平／评）

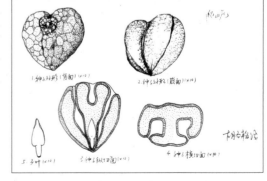

爬山虎种子形态　　胡冬梅／绘

崖爬藤

Tetrastigma obtectum (Wall.) Planch. 李锡畴 / 绘

1. 植株；2. 花

崖爬藤是崖爬藤属常绿藤本植物，该属全球约100 种，分布在亚洲至大洋洲，我国有44 种，多数分布在广东、广西和云南等地的山坡岩石或石壁上。崖爬藤具有无毛圆柱形小枝，相隔两节间断与叶对生的卷须呈伞状集生，叶为互生掌状5 小叶。多数花集生成，单伞形花序顶生于短枝。果实为圆球状倒卵形浆果。崖爬藤在园林绿化中有重要价值。在中药里称走游草，全株入药，有祛风活络、活血止痛的功效。（梁璞 / 文）

画作构图完整，展示出地上和地下部分的形态，在果成熟期叶子颜色的转变，以及卷须的自然状态。（马平 / 评）

葡萄

Vitis vinifera L. 　陈荣道／绘

葡萄属植物皆为木质藤本，有卷须。该属全世界有 60 余种，我国约 38 种。葡萄是著名的水果和酿酒原料，在世界各地广为栽培。据考古资料，早在 7 000 多年前，小亚细亚里海和黑海之间及里海南岸地区就开始栽培种植葡萄。葡萄传入中国的历史可以追溯到汉代张骞通西域之时。葡萄二字发音，据学者考证直接源于希腊文"Botrytis"。关于葡萄两个字的来历，李时珍在《本草纲目》中曾写道："葡萄，《汉书》作蒲桃，可造酒，人饮之，则然而醉，故有是名。""葡"是聚饮的意思，"萄"是大醉的样子。故这种可以酿酒让人喝至醉状的水果就叫葡萄。（梁璞／文）

该画作应是写生画，在自然光线下，叶片重叠处的光线效果颇为有趣，叶形变化非常自然，果序上颗颗浆果沁着诱人的气息。（马平／评）

Tetraena mongolica Maxim.　马平／绘

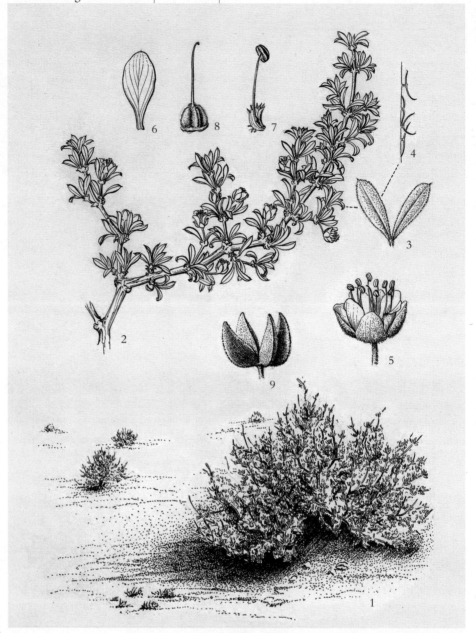

1.植株及生境；2.花枝；3.叶；4.丁字毛；5.花；6.花瓣；7.雄花；8.雌花；9.蒴果

四合木为落叶小灌木植物，主要分布于我国宁夏、内蒙古交界地区。每年5—6月是它的花期，白色或淡黄色的喇叭状花朵呈4瓣绽放，7—9月结出4裂瓣的蒴果。因为花朵与果实均呈4瓣，故得名"四合木"。由于四合木青鲜时易燃烧，烧时出油，当地群众称之为"油柴"。它还是一种为数不多的能在强干旱地区生长的植物，固沙效果良好，对我国沙漠治理有着特殊的意义。四合木为中国特有的单科属植物，被列为国家重点保护野生植物名录（第二批）I 级。（梁璞／文）

此图为《中国濒危植物》插图。在为该图鉴所绘的部分插图中，绘者尝试将传统的植物科学画与生态画相结合，以期兼顾展现物种的形态特征与生境特点。这种尝试为其后来的植物生态绘画奠定了一定的基础。（马平／评）

相思子

Abrus precatorium L. | 周先璞 / 绘

相思子属仅17种，为明显的热带亚洲和热带非洲间断分布类群。我国有2种，即相思子和美丽相思子 *A. pulchellu*。相思子为攀缘灌木，茎细弱，多分枝。羽状复叶具小叶8～13对。总状花序腋生，花小，密集成头状。荚果成熟时开裂，种子平滑有光泽，上部约2/3为鲜红色，下部1/3为黑色。相思子种子虽然色泽饱满、外形可爱，却有剧毒，被列为"世界上毒性最强的植物前五名"之一。相思子剧烈的毒性来自种子子叶细胞中含有的相思子毒蛋白。（吴璟 / 文）

1.带花和叶的枝；2.花（示旗瓣、翼瓣和龙骨瓣）；3.裂开的荚果；4.种子

画作清秀淡雅，非常祥和，种子红黑的特征表现很好。（马平 / 评）

决明

Senna tora (L.) Roxb.　赵晓丹 / 绘

决明原来属于腊肠树属 *Cassia*，现已归为番泻决明属 *Senna*。该属约有 260 种，泛热带分布，我国现有的 15 种中有 13 种为引进种类。决明原产于美洲热带，现我国长江以南各地均有分布，有些地方栽培做药用。该种为一年生亚灌木状草本，小叶 3 对。花腋生，通常 2 朵聚生，花瓣黄色，下面 2 片略长。荚果纤细，近四棱形，两端渐尖，种子约 25 颗。常生于山坡、旷野及河滩沙地上。决明主要采用种子进行繁殖。决明的种子叫决明子，有清肝明目、利水通便之功效，同时还可提取蓝色染料；苗叶和嫩果可食。（吴璟 / 文）

1.具花及果的枝；2.种子

合欢

Albizia julibrissin Durazz.　　冀朝祯 / 绘

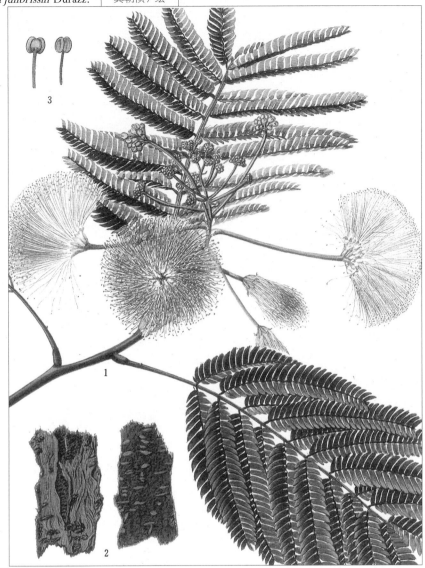

1.花枝；2.树皮；3.雄蕊

合欢属有 120 ~ 140 种，我国分布有 16 种。合欢为落叶乔木，高可达 16 m，对气候和土壤适应性较强。其叶为有二回羽状复叶，末回小叶羽片往往可达 30 对。头状花序在枝顶排成圆锥花序，花粉红色，雄蕊花丝细长，花柱几与花丝等长。一朵合欢花有 20 枚以上的雄蕊，这些雄蕊长度可达 2.5 cm，远远超出花萼筒和花冠管。合欢花树形姿势优美，叶形雅致，树冠开阔，入夏绿荫清幽，羽状复叶昼开夜合，十分清奇。夏日粉红色绒花吐艳，并有淡淡的香味。同属的楹树 *A. chinese* 和阔荚合欢 *A. lebbeck* 在南方也多种植。合欢种子具毒性，花香，是很好的蜜源植物。（吴璟 / 文）

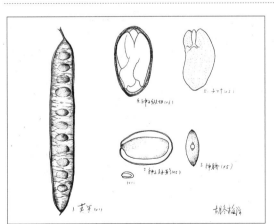

此画作把合欢花雌雄蕊混合一团而又松散的花序形态以及舒展的叶态表现得很好。（马平 / 评）

合欢种子形态图
胡冬梅 / 绘

Ammopiptanthus mongolicus (Maxim. ex. Kom.) S. H.Cheng | 谭丽霞／绘

真双子叶植物
Eudicots

核心真双子叶植物
Core Eudicots

超蔷薇类分支
Superrosids

蔷薇类分支
Rosids

豆类植物
Fabids

豆目
Fabales

豆科
Fabaceae

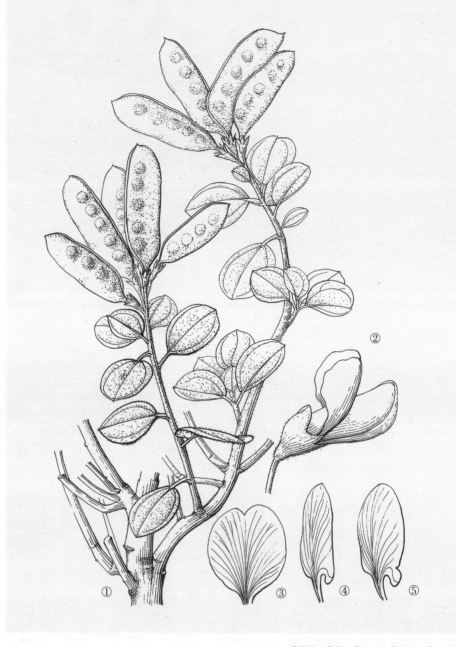

①果枝；②花；③旗瓣；④翼瓣；⑤龙骨瓣

沙冬青属是亚洲荒漠唯一和特有的常绿阔叶灌木，是古老的孑遗植物，是我国新疆西部、宁夏、内蒙古、甘肃草原化荒漠的建群植物。《中国植物志》中原记载我国有沙冬青和小沙冬青 *A. nanus*，由于干旱地区的植物营养体常随水分、动物来食以及季节而产生变化，《Flora of China》将两种合为沙冬青一种。沙冬青为常绿灌木，高 1.5～2 m，多分枝，单叶互生，全缘，宽椭圆形或近卵形，先端急尖或钝，基部楔形，两面密被银白色绢状毛。总状花序短，花萼钟形，花冠黄色，旗瓣和翼瓣近等长，雄蕊 10 枚，花瓣离荚果扁平。（张寿洲／文）

黄耆

Astragalus membranaceus Moench ｜ 引自《中药志》

真双子叶植物
Eudicots

核心真双子叶植物
Core Eudicots

超蔷薇类分支
Superrosids

蔷薇类分支
Rosids

豆类植物
Fabids

豆目
Fabales

豆科
Fabaceae

1.根；2.花果枝；3.花；4.花各部（旗瓣、翼瓣及龙骨瓣）；5.雄蕊；6.雌蕊之纵切，示胚珠；7.种子；8.种子示种脐

黄耆属为被子植物超大类群，约有 3 000 种，分布于北半球新旧大陆。欧亚分布种类约 2 500 种，新大陆分布约 500 种。我国有 401 种，其中 221 种为我国特有。黄耆为多年生草本植物，分布于我国东北、华北、西北地区，生于林缘、灌丛、疏林或草甸下，也见于草地。主根肥厚，茎直立，多分枝。羽状复叶有 13 ～ 27 片小叶，托叶离生。总状花序有 10 ～ 20 朵花，花冠黄色或淡黄色，子房具柄，果颈超出萼外。黄耆的主根为著名中药，在我国有地区大面积种植。（张苏州 / 文）

这幅画作完整展示了物种各器官的特征，重点突出了作为药用部分的主根的形状与色彩，是一幅典型的药用植物科学画。（马平 / 评）

刀豆

Canavalia gladiata (Jacq.) DC. | 江苏省中国科学院植物研究所／图

真双子叶植物
Eudicots

核心真双子叶植物
Core Eudicots

超蔷薇类分支
Superrosids

蔷薇类分支
Rosids

豆类植物
Fabids

豆目
Fabales

豆科
Fabaceae

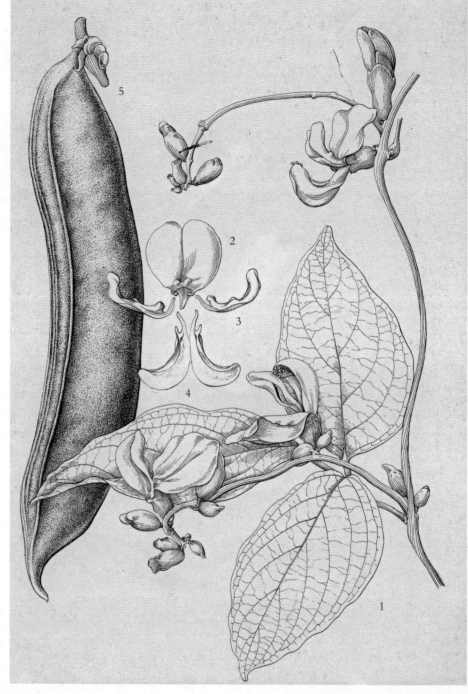

1.植株一段；2.旗瓣；3.翼瓣；4.龙骨瓣；5.荚果

刀豆属约 50 种，主要分布于热带和亚热带地区，我国有 5 种。刀豆广泛栽培在长江以南，其荚果形状像极了刀，故名刀豆。该种为缠绕草本，羽状复叶，具 3 小叶。总状花序具长总花梗，花梗极短。花冠白色或粉红色，旗瓣顶端凹入，子房线形。荚果带状，稍弯曲。（杨梓／文）

该画作构图大胆，造型独特，点和线的运用搭配到位。（马平／评）

鬼箭锦鸡儿

Caragana jubata (Pall.) Poir.　陈月明／绘

鬼箭锦鸡儿分布于我国东北、华北、西北和西南海拔 3 000 ～ 5 000 m 的山岭或山顶灌林中。为多年生矮灌木，高 1 ～ 2 m，茎多刺。偶数羽状复叶，小叶 4 ～ 6 对，叶轴宿存并硬化成刺。叶密生于枝上部。

1.果枝；2.花；3.旗瓣；4.翼瓣；5.龙骨瓣；6.苞片；7.小叶放大；8.托叶与叶轴基部合生

花单生，花梗极短，花萼筒状，密生长柔毛，基部偏斜。花冠呈蝶形，淡红色或近白色，密生长柔毛。该种不同地域翼瓣的耳有明显变异。（杨梓／文）

此物种生长于中海拔干旱多风的山顶，生存条件极严酷，形成它极特殊的外形。整个植物体被宿存坚硬的叶轴包裹着，绘者非常完整地表达了物种的特质。（马平／评）

甘草

Glycyrrhiza uralensis Fisch. ex DC. | 引自《中药志》

真双子叶植物
Eudicots

核心真双子叶植物
Core Eudicots

超蔷薇类分支
Superrosids

蔷薇类分支
Rosids

豆类植物
Fabids

豆目
Fabales

豆科
Fabaceae

甘草属约 20 种，分布于欧亚大陆，澳洲和南北美洲也有分布，中国有 8 种。在我国，甘草主要分布在西北和东北，多生在干旱半干旱的沙土和黄土丘陵地带，为多年生草本。根及根状茎粗壮，具甜味，为补益中草药。叶互生，奇数羽状复叶。总状花序腋生，花淡紫红色。荚果长圆形，有时呈镰刀状，密被棕色刺毛状腺毛。（杨梓／文）

1.花果枝；2.根；3.花；4.旗瓣、翼瓣及龙骨瓣；5.雌蕊；6.雄蕊

作品沉稳地显示了物种的生长状态，果实表达得很准确，对弯曲状态和被毛的描绘都很精彩。（马平／评）

龙牙花

Erythrina corallodendron L. | 阎翠兰／绘

刺桐属有 100 余种，分布于热带和亚热带地区。属名来源于希腊单词 "erythros"，意为 "红色"。龙牙花为小乔木，高 3～5 m，树干有粗壮的刺。羽状复叶具 3 小叶。总状花序腋生，萼钟状，花冠红色至深红色，总状花序好似一串红色月牙，艳丽夺目；花瓣形似象牙。龙牙花常作为庭院观赏植物，材质柔软，可代软木作木塞。树皮可药用，有麻醉、镇静作用。（杨梓／文）

该画作的构图较好，色彩运用较好，植物的造型体现出一种精神状态。（马平／评）

Gleditsia japonica Miq. var. *velutina* L. C. Li 　刘林翰／绘

真双子叶植物
Eudicots

核心真双子叶植物
Core Eudicots

超蔷薇类分支
Superrosids

蔷薇类分支
Rosids

豆类植物
Fabids

豆目
Fabales

豆科
Fabaceae

皂荚属 *Gleditsia* 的属名是为了纪念植物学家约翰·格莱迪奇（Johann Gleditsch）。本属主要分布于热带和温带地区。皂荚冠大荫浓，寿命长，适合作庭荫树及绿化树种。皂荚果实富含胰皂质，可煎汁洗涤；种子榨油可作润滑剂及制肥皂，有治癣及通便的功效；叶、荚煮水还可灭植物杀手——红蜘蛛。绒毛皂荚与山皂荚原变种的区别在于，荚果上密被黄绿色绒毛。该种为我国特有，产于我国湖南南岳衡山，被列为国家重点保护野生植物名录（第一批）Ⅱ级。（杨梓／文）

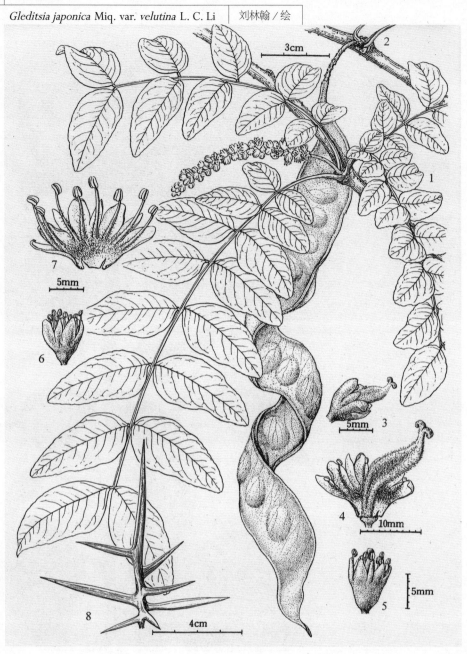

1.花序枝；2.荚果；3.两性花；4.雌花成熟形成幼果；5.雌花；6.雄花；7.雄花展开；8.分枝刺

该图为《湖南植物志》插图。当碰到新种或特有种时，一些特殊形态需要绘者投入更多精力，如仅发现于湖南衡山广济寺下山沟的绒毛皂荚。绒毛皂荚与其他皂荚树的主要区别是果实上多绒毛，且树干上的刺是扁圆状的。这些都需要细心观察，才能画出。绒毛皂荚同一棵树上同时生长着雌花、雄花与两性花，非常少见。要同时画出它们的纵剖面，放在同一个比例尺内，观察花蕊的长短、柱头的粗细大小，才会分辨出这个种类的与众不同。这幅画作整体构图精美，完整地介绍了植物的花枝、果、皮刺，空间布局合理，造型搭配考究。（马平、穆宇／评）

木荚红豆

Ormosia xylocarpa Chun ex L. Chen | 刘春荣 / 绘

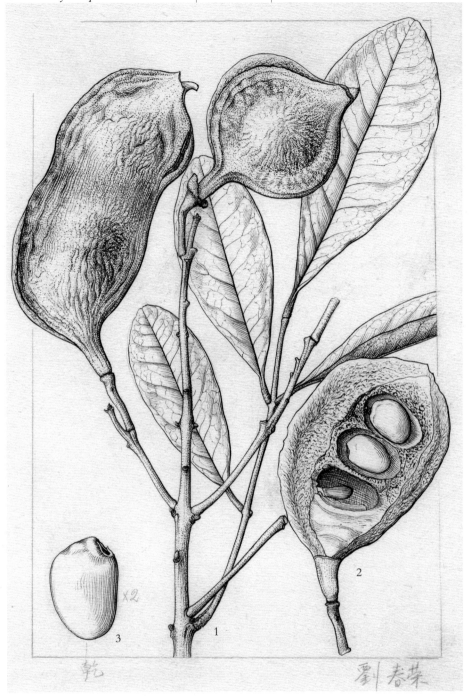

1.果枝；2.荚果纵切，示种子；3.种子

木荚红豆模式标本采自我国海南陵水，为常绿乔木，高 12 ~ 20 m。树皮灰色或棕褐色，平滑。枝密被紧贴的褐黄色短柔毛。奇数羽状复叶。花冠白色或粉红色，荚果倒卵形至长椭圆形或菱形。果瓣厚木质，外面密被黄褐色短绢毛。种子横椭圆形或近圆形，种皮红色，光亮，种脐小。花期在 6—7 月，果期在 10—11 月。木荚红豆心材呈紫红色，纹理直，结构细匀，为优良的木雕工艺及高级家具等用材。（施践 / 文）

该图为《中国高等植物图鉴》插图原作。右侧去掉一个果瓣以展示种子着生方式的表现手法颇为独特，果荚内侧的质感展现得尤为细腻、强烈。（马平 / 评）

大叶野豌豆

Vicia pseudorobus Fisch. et C. A. Mey. | 张效杰 / 绘

真双子叶植物
Eudicots

核心真双子叶植物
Core Eudicots

超蔷薇类分支
Superrosids

蔷薇类分支
Rosids

豆类植物
Fabids

豆目
Fabales

豆科
Fabaceae

野豌豆属约有 160 种，主要分布在北温带，部分延伸到东非热带、太平洋岛屿和南美洲。我国分布有 40 种。大叶野豌豆又叫假香野豌豆，为一年生或多年生缠绕草本。本种为山野豌豆的近缘种。每个羽状复叶顶端具有分枝的卷须，靠卷须攀缘。花冠通常呈蓝色、紫色或黄色，旗瓣基部渐狭为一短柄，翼瓣与龙骨黏合。荚果扁平，有种子多颗。野豌豆既是优良牧草，又可全草入药，清热解毒。（吴璟 / 文）

1.根；2.花枝；3.花萼展开；4.旗瓣；5.龙骨瓣；6.翼瓣；7.雄蕊；8.雌蕊

构图较完整，画面活跃，根部也较有质感。唯一不足是羽叶、复叶、全叶都呈一种状态，自然中不会如此。（马平 / 评）

任豆

Zenia insignis Chun ｜ 冯澄如／绘

真双子叶植物
Eudicots

核心真双子叶植物
Core Eudicots

超蔷薇类分支
Superrosids

蔷薇类分支
Rosids

豆类植物
Fabids

豆目
Fabales

豆科
Fabaceae

1935 年，钟济新、李瑶在广东与湖南交界之坪石采得一豆科新属，陈焕镛初名之为李时珍属，后更名为任豆属任公豆，并于 1946 年在《中山专刊》（*Sunyatsenia*）第 6 期上正式发表。任豆属是单种属，仅包含任豆 1 种。任豆为落叶乔木，俗称砍头树；因荚果靠腹缝一侧具阔翅，又叫翅荚木。在我国分布于华南和西南地区，是南亚热带特有昆虫——紫胶虫的寄主。

这幅画是陈焕镛约请冯澄如所绘，以纪念任鸿隽在战乱时期给予中山大学农林植物研究所的支持。画作左上方的题诗为胡先骕作于 1940 年的《任公豆歌》，其中有"任公德业人所崇，以名奇葩传无穷。彩绘者谁澄如冯，锡名者谁陈韶冲"之句。画作以中国传统花鸟画与植物科学画结合的笔法，植物花枝、果枝形态完整、准确，三鸟呼应，情深意切。（汤海若／文）

桃

Amygdalus persica L. | 李增礼 / 绘

真双子叶植物
Eudicots

核心真双子叶植物
Core Eudicots

超蔷薇类分支
Superrosids

蔷薇类分支
Rosids

豆类植物
Fabids

蔷薇目
Rosales

蔷薇科
Rosaceae

1.花枝；2.果枝；3.种子

桃原产于我国，为落叶小乔木，早春开花。叶基具有蜜腺，树皮暗灰色，随树龄增长出现裂缝。花单生，先叶开放，淡粉红、深粉红或红色，有时为白色。雄蕊 20 ~ 30 枚，花柱几与雄蕊等长，子房被短柔毛。核果近球形，表面有茸毛，肉质可食，呈橙黄色泛红色。桃在我国有着 3 000 余年的栽培历史，根据实用价值和栽培目的不同，一般分为观赏桃和果桃两大类。《诗经》中有"桃之夭夭，灼灼其华"的诗句，说明在当时便有了桃的栽培。汉代，一些文献中已经有了桃花品种的记载，张骞出使西域时将桃的种子带入波斯。种加词"*persica*"就是"波斯"的意思。（吴璟 / 文）

绘者对于色调的平衡处理极佳。尤其在果实绒毛的细节表现上细腻至极，令人赞叹。（马平 / 评）

月季

Rosa hybrida Hort. ex Lavall 　李小东／绘

2018 年夏秋之交，绘者在陕南老家一户农院中见到'粉扇'月季，硕大的粉色花朵旁，美丽的金凤蝶翩然飞过。绘者便记录下了这幅美丽的场景。这幅作品参加了 2019 年河南南阳世界月季洲际大会画展。'粉扇'月季是栽培种'绯扇'月季芽变品种，其环境适应性、病害抗性较好，推广栽培较好。（李小东／文）

这是很好的博物画作，画面充满朝气。下部有其他物种和蝶作为点缀。尤为突出的是花色上晶盈剔透的美和花枝形体上错落的韵律。（马平／评）

杏

Armeniaca vulgaris Lam.　曾孝濂 / 绘

真双子叶植物
Eudicots

核心真双子叶植物
Core Eudicots

超蔷薇类分支
Superrosids

蔷薇类分支
Rosids

豆类植物
Fabids

蔷薇目
Rosales

蔷薇科
Rosaceae

杏是我国华北地区最常见的落叶果树之一，寿命长。花期在 3—4 月，花瓣呈圆形或倒卵形，白色带红晕。古人喜欢用杏花来作诗，比如"春色满园关不住，一枝红杏出墙来"。我国杏的主要栽培品种，按用途可分为食用杏类、仁用杏类及加工用杏类三类。杏在医药上常用，可治胃肠黏膜炎、酸碱中毒；可止咳、祛痰、平喘、润肠；外用治手足皲裂，为制雪花膏、发油及其他化妆品的重要原料。在食品工业上，也常用杏仁油作香料。杏仁油可掺和干性油用于制作油漆，亦可作肥皂、润滑油的原料。（曾艳莉 / 文）

绘者把不同生长期的同物种糅合于一幅画面上，使之反映出不同生长季的美。花枝在前，用果枝的色调衬托出花的柔美，不失为上佳之作。（马平 / 评）

樱桃

Cerasus pseudocerasus (Lindl.) G. Don　赵晓丹/绘

1.花枝；2.果枝

作为水果，樱桃栽培历史很久，以成熟早而出名。李时珍评价："樱桃树不甚高。春初开白花，繁英如雪。叶团，有尖及细齿。结子一枝数十颗，三月熟时须守护，否则鸟食无遗也。"樱桃的花先叶开放，伞房花序有花3～6朵，花瓣白色，先端二裂，雄蕊有30多枚，花柱和雄蕊近等长。核果红色、近球形，味甘、酸，性微温，能益脾胃、滋养肝肾、涩精、止泻。作为水果，相比于欧洲甜樱桃（山东大樱桃）和车厘子，中国的传统樱桃个头小，保存性差。作为花卉，虽然繁英如雪，但是直接种植樱桃观赏的也不多，可能和花个头较小有关。（吴璟/文）

画作背景蓝色，是天空之色，为衬托而加的颜色，对于乔木而言是绝佳的选择。白色的花自然随意地开着，成熟的果有诱人气息，不同生长期的叶透着不同颜色，田园之意跃然纸上。（马平/评）

皱皮木瓜

Chaenomeles speciosa (Sweet) Nakai 　陈月明 / 绘

1.花枝；2.叶；3.花纵剖面；4.雄蕊；5.果实

皱皮木瓜即贴梗海棠，皱皮木瓜为其中药名，表示其果实干燥后皱缩。它的花类似同属于苹果族的海棠，但没有海棠那样细长的花梗，故而被称作贴梗海棠。由于枝杆粗硬有刺，又名铁杆海棠、铁角海棠，也常被用作绿篱。皱皮木瓜为落叶灌木，多短枝形成的刺；花3～5朵簇生，早春先叶开放，花猩红色，其变种也有白色、红色、玫瑰红色。皱皮木瓜是在东亚、欧洲和北美广为栽培的木本花卉。木瓜属为李亚科苹果族（原苹果亚科）的成员，果实是由萼筒和子房合生发育而成的梨果。木瓜属的果实偏木质，硬而酸涩，不宜直接食用。成熟果实颜色鲜黄可爱，兼有怡人香气，且能保存较长时间，故常被用作室内摆放的供果。（汪劲武、顾有容 / 文）

画作最吸引眼球的是花。绘者将皱皮木瓜的红花的蜡质感和厚度调和得非常准确。（马平 / 评）

山里红

Crataegus pinnatifida Bunge var. *major* N. E. Br. 陈月明／绘

1

2

1.果枝；2.花

山里红为山楂的栽培变种，在我国河北山区为重要果树。果实供鲜吃、加工或制糖葫芦用。一般用山楂为砧木嫁接繁殖。山楂和山里红的区别在于前者指该物种的野生原变种，广布我国华北、东北，模式标本采自北京山区；后者是栽培的大果变种 var. *major*，果子大，肉厚，更方便食用。

同为蔷薇科李亚科苹果族的成员，山楂的果实和苹果类似，都是梨果——由花萼和子房合生发育而来的假果。苹果核里那一层薄薄的包着种子的壳是其内果皮，这一结构在山楂里发育成了木质的硬壳，所以我们吃山楂时吐出的核并非种子，而是包含果皮的特有器官。这个名为"小核"的结构是在野外区分山楂属和一些长得很像的近缘类群（如苹果属 *Malus*）的重要特征。还有一个重要特征是刺，山楂的短枝常常特化成坚硬的锐刺。（顾有容／文）

该画作表现了山里红果实成熟时节的诱人生机，画面生动，色调明快，红色果实喜悦诱人，表面斑点刻画真切细腻。叶看似纷乱，实则真实描绘出了果期的状态。（马平／评）

榅桲

Cydonia oblonga Mill. 李德华／绘

1.花枝；2.花纵切，去掉花瓣；3.幼果；4.梨果；5.胚珠；6.种子

榅桲为落叶乔木，原产于伊朗和土耳其，现在世界各地常见栽培。主要变种约有 5 个，在我国西北、华北有栽培，又以新疆、陕西栽培较多。叶卵形或长圆形，表面暗绿色，背面密被绒毛。花期在 4—5 月，花单生枝顶，白色或粉红色，香气袭人。果梨形，黄色，有香味，味酸，可供生食或煮食，在新疆多用来做抓饭，也因其医用价值较高而用于多种疾病的治疗。（王颖／文）

新疆野苹果

Malus sieversii (Ledeb.) Roem. | 张荣生 / 绘

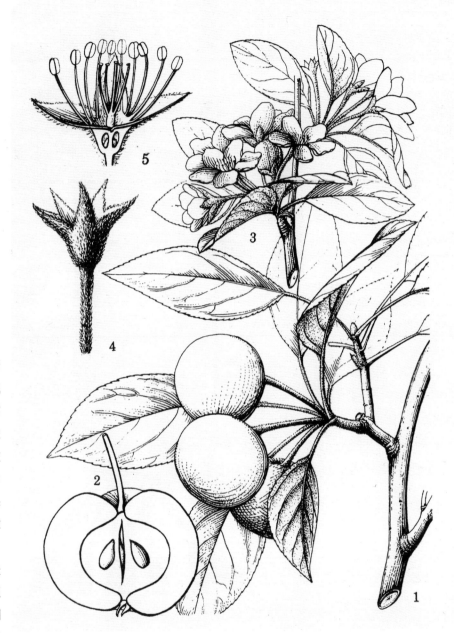

1.果枝；2.果实纵切面；3.花枝；4.萼筒；5.花纵切面

新疆野苹果产于我国新疆西北部伊犁地区谷地及准噶尔西部巴尔雷克山等地，生于海拔 1 100 ~ 1 600 m 山坡或山谷、河谷地带，中亚有分布。新疆野苹果类型较多，主要有绿球果、黄球果、红球果、绿长果、黄长果、红长果等，是某些栽培类型的直系祖先，在引种驯化、杂交育种和种质资源等方面占有重要的地位。它是古地中海区温带落叶阔叶林的孑遗植物，对于揭示亚洲中部荒漠地区山地阔叶林的起源、植物区系变迁等有一定的科学价值。新疆野苹果味涩、甜，一般不宜鲜食，但可加工成果丹皮、果酒、果酱和果汁等，味道鲜美，营养成分高，有益人体健康。（曾艳莉 / 文）

Sanguisorba officinalis L. 　许春泉 / 绘

真双子叶植物
Eudicots

核心真双子叶植物
Core Eudicots

超蔷薇类分支
Superrosids

蔷薇类分支
Rosids

豆类植物
Fabids

蔷薇目
Rosales

蔷薇科
Rosaceae

1.花序；2.植株下部及块根；3.花

地榆属有 30 余种，分布于欧洲、亚洲及北美洲。中国有 7 种，南北各省均有分布，但大多集中在东北各省。地榆是该属的模式种，为多年生草本植物。本种形态变异很大，主要变种约有 4 个，生长于海拔30～3 000 m 的灌丛、山坡草地、草原、草甸及疏林，已有人工引种栽培。根粗壮，多呈纺锤形。基生叶为羽状复叶，小叶卵形或长圆状卵形。穗状花序，花瓣紫红色。果实包藏在宿存萼筒内，外面有斗棱。花果期在 7—10 月。（王颖 / 文）

物种的穗状花序和纺锤状粗根状茎形态准确。（马平 / 评）

绢毛绣线菊

Spiraea sericea Turcz. 张效杰 / 绘

真双子叶植物
Eudicots

核心真双子叶植物
Core Eudicots

超蔷薇类分支
Superrosids

蔷薇类分支
Rosids

豆类植物
Fabids

蔷薇目
Rosales

蔷薇科
Rosaceae

1.花枝；2.叶；3.不育枝的叶；4.蓇葖果

绣线菊属为落叶灌木，该属有 80～100 种，分布于北温带，有些种类扩散到亚热带山地。我国有 70 种，其中 47 种为特有。绢毛绣线菊高达 2 m。树皮片状剥落。叶片卵状椭圆形或椭圆形，先端急尖，基部楔形，全缘或不孕枝上的叶有 2～4 锯齿，具显著的羽状脉。伞房花序具花 15～30 朵，花直径 4～5 mm，花瓣近圆形，白色；雄蕊 15～20，子房外被短柔毛，花柱短于雄蕊。蓇葖果直立开张，开胃解毒，消宿食，健肠胃。（吴璟 / 文）

画作四平八稳，很工整。枝条的 Z 字形较准，叶色和花序的颜色很准确。（马平 / 评）

沙棘

Hippophae rhamnoides L. | 孙玉荣 / 绘

1.果枝；2.雄花；3.雌花

沙棘也叫醋刺或酸醋柳，是胡颓子科的小乔木或灌木。本科自林奈定名后，各国都未发现保存有其定名的模式标本。1971 年芬兰土尔库大学植物系的学者对沙棘属进行了详细研究，认为林奈的沙棘应为欧洲北部海滨植物，并将本种分为 9 个亚种。我国有 5 个亚种。沙棘带有棘刺，适应干旱寒冷环境，耐瘠薄盐碱，可以固沙，是荒漠中用于防范沙尘暴的重要植物。沙棘果实被人们用于制作饮料，这与沙棘果中维生素 C 含量远高于鲜枣和猕猴桃有很大关系。（杨梓 / 文）

物种的形态完全显示出秋季果实成熟时的枝叶状态，小枝几乎直角伸出，叶落后成干枝状，先端针刺状，果实成熟后颜色如同珍宝般。形态、用色很精准。（马平 / 评）

宜昌胡颓子

Elaeagnus henryi Warb. 钟培星 / 绘

Elaeagnus henryi Warb.
钟培星 2018. 4

宜昌胡颓子为常绿直立灌木，产于我国西北、华东、华中、西南、华南，生长在疏林或灌丛中，模式标本采自湖北宜昌。具刺，刺生叶腋，叶革质。幼时上面被褐色鳞片，深绿色，叶下面银白色。叶柄粗状。

花淡白色，1～5朵生于叶腋短枝上。果实矩圆形，多汁，幼时被银白色和散生少数褐色鳞片，淡黄白色或黄褐色，成熟时红色。果实可生食。（张寿洲 / 文）

胡颓子的果实是坚果，外面被膨大的肉质萼管包裹着，里边是核果。画作仅表现一串果序，细腻地呈现出不同成熟期的果实的色彩，画面清新可喜。（马平 / 评）

北枳椇

Hovenia dulcis Thunb. | 王利生 / 绘

真双子叶植物
Eudicots

核心真双子叶植物
Core Eudicots

超蔷薇类分支
Superrosids

蔷薇类分支
Rosids

豆类植物
Fabids

蔷薇目
Rosales

鼠李科
Rhamnaceae

枳椇属有 3 种 2 变种。北枳椇是该属的模式种，为高大乔木，在我国除东北以及内蒙古、新疆、宁夏、青海和台湾外，其他省（区）均有分布，生长于海拔 200 ~ 1 400 m 的次生林中，在世界各国也常有栽培。枳椇属植物花序轴肥大，含有丰富的糖分，熟后甘甜，可以生食，俗名"拐枣""拐子"，还可用于酿酒、制醋和熬糖；种子有解酒的功效；木材细致坚硬，可供建筑和制精细

1.果枝；2.花；3.核果；4.种子

用具。北枳椇和枳椇 *H. acerba* 的区别在于北枳椇叶具不整齐的深粗锯齿，花序为不对称的聚伞圆锥花序，顶生，稀兼腋生；花柱浅裂；果实较大，枳椇的叶常具整齐的浅钝细锯齿，花序为顶生和腋生的二歧式聚伞圆锥花序，花柱半裂或几深裂至基部，果实较小。（刘启新 / 文）

画作构图丰满，物种形态抓得准，质感完全被表现出来。叶稍厚和叶脉偏红都体现得好。最好的是果序，果实球形，果梗肥厚并扭曲，肉质褐色，这些物种特征都表现得极准确。（马平 / 评）

马甲子

Paliurus ramosissimus (Lour.) Poir. 廖信佩／绘

1.花果枝；2.根；3.花；4.核果

马甲子属共有 6 种，我国有 5 种。马甲子为落叶灌木，分布于我国华东、中南、西南地区及陕西等地，朝鲜、日本和越南也有分布。生于海拔 2 000 m 以下的山地和平原，野生或栽培。叶互生，宽卵状椭圆形或近圆形，基生三出脉。腋生聚伞花序，花瓣匙形，花盘圆形，花柱 3 深裂。核果杯状，种子紫红色或红褐色，扁圆形。花期在 5—8 月，果期在 9—10 月。其根、叶可入药。（王颖／文）

画作从构图至用色都较好。根、叶的形态很好，用色准确。尤其盘状的核果，形色非常准确。（马平／评）

Ziziphus jujuba Mill.　冯金环 / 绘

真双子叶植物
Eudicots

核心真双子叶植物
Core Eudicots

超蔷薇类分支
Superrosids

蔷薇类分支
Rosids

豆类植物
Fabids

蔷薇目
Rosales

鼠李科
Rhamnaceae

枣属全球约有 100 种，主要分布于亚洲和美洲的热带和亚热带地区，少数种在非洲、两半球温带也有分布。我国有 12 种。除枣和无刺枣为全国栽培外，其余多为野生，分布于中国西南和华南地区。枣是该属的模式种，为落叶小乔木。叶卵形、卵状椭圆形或卵状矩圆形。花黄绿色，两性，单生或密集成腋生聚伞花序。核果矩圆形或长卵圆形，成熟后由红色变红紫色。花期在 5—7 月，果期在 8—9 月。（王颖 / 文）

1.果枝；2.花

榆

Ulmus pumila L. | 陈荣道 / 绘

1.果枝一段；2.翅果

榆又称榆树、家榆、白榆，为落叶乔木，树皮粗糙纵裂。叶互生，椭圆状卵形或椭圆披针形，边缘有锯齿，叶柄短。早春花先叶而开，花小簇生，生于上年枝的叶腋。花无花瓣，花药紫色，果为翅果，倒卵形，种子位于中央，周围有膜质翅，上部有缺口。多分布于我国东北、华北、西北等地区，南方也有栽培。榆树生命力强，在荒地、居民区建筑物墙根或小花园内，总能见到榆树的幼树，那是因为老榆的果实落到其他地方，无需照料，就能长成成年大树，而且生长良好。榆是造林树种中的名种之一，生长快，二十几年成材。耐寒，北方造林于山地极适宜；耐旱，可在黄土地带造林；耐湿，可在河滩地造林；不怕霜冻，盐碱地也能生长且长势良好。（汪劲武 / 文）

此物种花果期都较难表达，该画作同样也很难画得精彩，因为果期时叶还未充分展开，翅果又较难完全画出质感。可绘者以极其耐心的工作态度，用线点结合手法将果序表达得非常精彩。（马平 / 评）

Zelkova schneideriana Hand.-Mazz. 　江苏省中国科学院植物研究所／图

真双子叶植物
Eudicots

核心真双子叶植物
Core Eudicots

超蔷薇类分支
Superrosids

蔷薇类分支
Rosids

豆类植物
Fabids

蔷薇目
Rosales

榆科
Ulmaceae

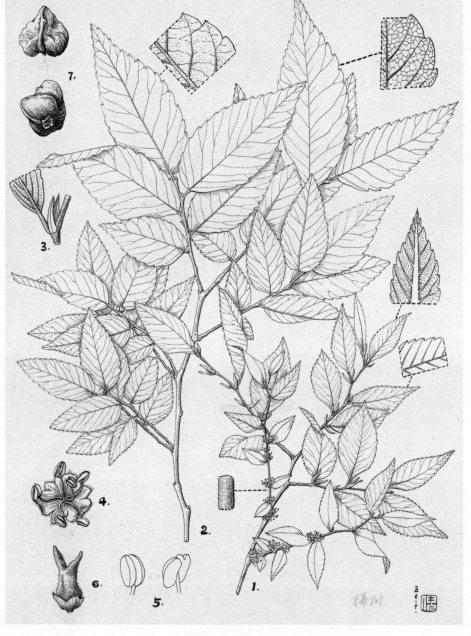

榉属植物共有 5 种，我国有 3 种。大叶榉树为中国特有的高大落叶乔木，分布于我国温带和亚热带地区海拔 200 ~ 2 800 m 的溪间水旁和山坡土层较厚的疏林中。株高达 35 m，树皮灰褐色至深灰色，呈不规则的片状剥落。叶厚纸质，边缘具圆齿状锯齿，侧脉 8 ~ 15 对。叶柄粗短，被柔毛。雄花 1 ~ 3 朵簇生于叶腋，雌花或两性花常单生于小枝上部叶腋，核果大小和形态与同属的榉树 *Z. serrata* 有明显差异。木材坚硬，适合做家具或农具。（黄中敏／文）

1.雄花枝；2.雌花枝；3.托叶；4.雄花；5.雄蕊；6.雌花；7.核果

此图是标本画作，叶压偏叠加，是时代产物，但不失认真的态度。叶脉粗，边缘的正面和背面都表现清晰。最佳是核果，充分展现了成熟后的状态。（马平／评）

大麻

Cannabis sativa L.　许春泉／绘

1.果序；2.雄花；3.雌花；4.种子

大麻为一年生直立草本，枝具纵沟槽，茎皮纤维长且坚韧，叶掌状全裂，雌雄异株，雄花序花黄绿色，雌花绿色，果为宿存苞片所包。大麻原分布于印度、不丹和中亚，有些学者将其种下变异分为2个亚种：ssp. *sativa*，生产纤维和油，茎分枝稀疏，节间中空且长；ssp. *cndica*，生产大量树脂，特别是幼叶和花序，分枝多，节间短而实。后者为制作"大麻烟"的违禁品。本图所绘为前者。（张寿洲／文）

该画作展示了物种的自然生长之美，掌状叶向四方伸展，尽显飘逸。种子形态和色调准确。（马平／评）

Artocarpus heterophyllus Lam. | 何瑞华 / 绘

波罗蜜又名木菠萝，为舶来物，隋唐时从印度传入中国，称为"频那挲"（梵文 Panasa 谐音），宋代改称波罗蜜，沿用至今。波罗蜜是世界著名的热带水果，主要分布于亚热带、热带地区，我国南部也常见栽培。波罗蜜果实一般重达 5 ~ 20 kg，最重可超过 59 kg，果肉可鲜食或加工成罐头、果脯、果汁。波罗蜜和菠萝相差甚远，和榴莲倒是十分相似。果多着生于茎秆，有奇特芳香，像榴莲一样。波罗蜜果肉富含糖、蛋白质、B族维生素、维生素 C、矿物质和脂肪油，甚至还具有一定的药用价值。不过有些人不能接受其气味和口感，或食用后会出现过敏症状。（端木婷 / 文）

用科学艺术手法表示波罗蜜表面形态很难得，质感强烈。（马平 / 评）

构树

Broussonetia papyrifera (L.) L'Her. ex Vent. | 刘丽华 / 绘

1.雌花及幼果枝；2.雄花序

构树为落叶乔木，树皮暗灰，雌雄异株，其叶似桑树叶但较厚，柔毛较多，乳汁较多而浓。雄花序为葇荑花序，雌花序圆球形。聚花果圆球形，成熟时红色。花期在5—6月，果期在9—10月，从我国华北到南方分布广泛。其茎、皮纤维可造纸，聚花果成熟时呈橙红色，肉质多浆，可入药，有补肾利尿的功能。（汪劲武 / 文）

画作构图展现了非常自然的生活状态，叶形在顶端幼叶和老叶之间区分得很好，因为有阳光照射稍显色弱。葇荑状雄花序下垂，色调和质感很好，头状雌花序和聚花果很突出，真实再现自然姿态。（马平 / 评）

Ficus carica L.　　张泰利 / 绘

真双子叶植物
Eudicots

核心真双子叶植物
Core Eudicots

超蔷薇类分支
Superrosids

蔷薇类分支
Rosids

豆类植物
Fabids

蔷薇目
Rosales

桑科
Moraceae

无花果的原产地是西亚和中东地区，它是少数几个亲历了整个旧大陆农业文明的物种之一，人类栽培无花果树并食用无花果已经有超过 11 000 年的历史。最古老的证据来自约旦河谷，人们在这里发现了公元前 9400 ~ 公元前 9200 年的、已经炭化的无花果。有趣的是，这些无花果正是单性结实所产生的，它们的植株在自然界中无法繁衍，它们都是人类刻意栽培的。无花果的自然分布区靠近中国新疆，而新疆正是我国现在最重要的无花果产区。新疆栽培无花果的历史悠久，据记载有树龄超过 2 000 年的老树。（顾有容 / 文）

画作构图注意了画面留白的动感，画面十分稳定。果枝的质感非常强烈，完全展示了物种的特征。果实未完全成熟前绿色。叶片厚度和硬度感使画面非常稳定。（马平 / 评）

印度榕

Ficus elastica Roxb. ex Hornem. | 黄介民／绘

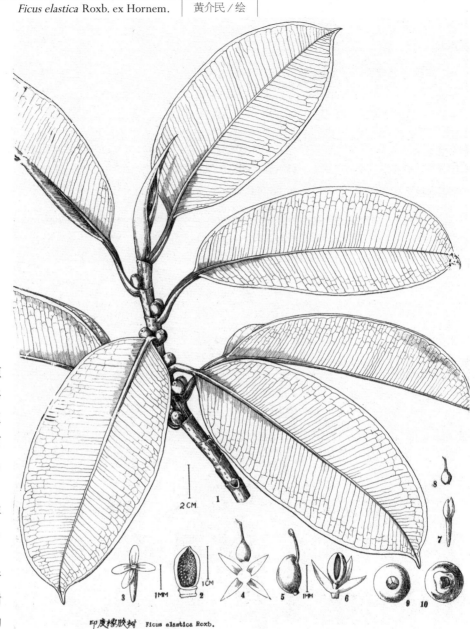

印度榕叶树 Ficus elastica Roxb.

1.植株一段；2.榕果纵切；3.雄花；4.雌花；5.瘿花；6.瘿果；7.雄蕊；8.雌蕊；9.榕果口部；10.榕果基部

印度榕又称橡皮树，原产自南亚及东南亚多国，我国云南部分地区在 800 ～ 1 500 m 处有野生。印度榕叶厚革质，秋季开花，冬季结果，雌雄同株。果实成对生于叶腋，熟时带黄绿色，卵形，具小瘤状凸体。印度榕所产的胶乳属于硬橡胶类。该种是榕树家族中乳汁含量最高的树种，曾是天然橡胶的重要资源树种，在热带河谷中广为栽培，自 20 世纪初，逐渐被橡胶含量更高、更易种植的巴西三叶橡胶取代。印度榕现多用于观赏，有些地域可以看到该树独木成林的景观。（张寿洲／文）

画作很明确地显示科学画的主题，叶脉一条条画得严谨认真，充分表达了叶的质感。这是非常精细准确的解剖图，实属不易。（马平／评）

Ficus pumila L. | 江苏省中国科学院植物研究所／图

真双子叶植物
Eudicots

核心真双子叶植物
Core Eudicots

超蔷薇类分支
Superrosids

蔷薇类分支
Rosids

豆类植物
Fabids

蔷薇目
Rosales

桑科
Moraceae

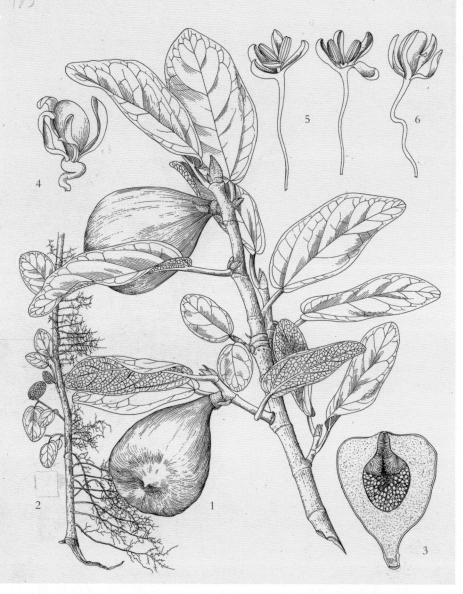

薜荔为榕属攀缘或匍匐灌木，主要分布于我国华东、华南及西南地区，北方偶有栽培。薜荔叶两型，不结果枝节上生不定根，叶卵状心形。其枝叶繁茂、叶形漂亮，常攀附于树木、岩壁、建筑等上面。因其喜温暖湿润的气候，耐旱，环境适应性强，是园林绿化中重要的观赏藤木。薜荔果可用来制作凉粉。战国时期楚国诗人屈原也是很喜欢薜荔的，多次在诗中写到此物："搴薜荔于山野兮，

1.繁殖枝；2.营养枝；3.榕果纵切面；4.瘿花；5.雄花；6.雌花

该画作构图巧妙，物种的科学性强。绘画技巧运用娴熟，对不同质感的表现方法掌控能力较强。（马平／评）

采撷支于中洲""采薜荔兮水中，搴芙蓉兮木末"。薜荔的药用价值也很显著。唐代时，薜荔不但已入药，而且其叶还作为抗衰老药物而广为应用。明代以后，人们对薜荔的认识及利用更加深入。《本草纲目》载："薜荔、络石极相似……八月后，则满腹细子，大如稗子，一子一须。其味微涩，其壳虚轻，乌鸟童儿皆食之。"清人吴其濬在《植物名实图考》中写道："木莲即薜荔，自江而南，皆曰木馒头。俗以其实中子浸汁为凉粉，以解暑……薜荔以楚词屡及，诗人入味，遂目为香草。"可见明清时薜荔入食已很普遍。（王颖／文）

桑

Morus alba L. | 陈月明 / 绘

1.果枝；2.雄花；3.雌花；4.聚花果

桑原产我国中部和北部，现栽培于全国各地，在世界上亦广为栽培。树皮纤维柔细，可作纺织原料、造纸原料；根皮、果实及枝条入药。叶为养蚕的主要饲料，亦作药用，并可作土农药。木材坚硬，可制家俱、乐器、雕刻等。桑椹可以酿酒，称桑子酒。（刘启新／文）

该画作构图舒展大方，各方面的质感都很好。桑椹是大众熟知的可口鲜美的水果，看到绘者表现得如此之美，不由得遐想连篇。叶的硬度掌握得准确。（马平／评）

Boehmeria japonica (L. f.) Miq. 　陈荣道／绘

真双子叶植物
Eudicots

核心真双子叶植物
Core Eudicots

超蔷薇类分支
Superrosids

蔷薇类分支
Rosids

豆类植物
Fabids

蔷薇目
Rosales

荨麻科
Urticaceae

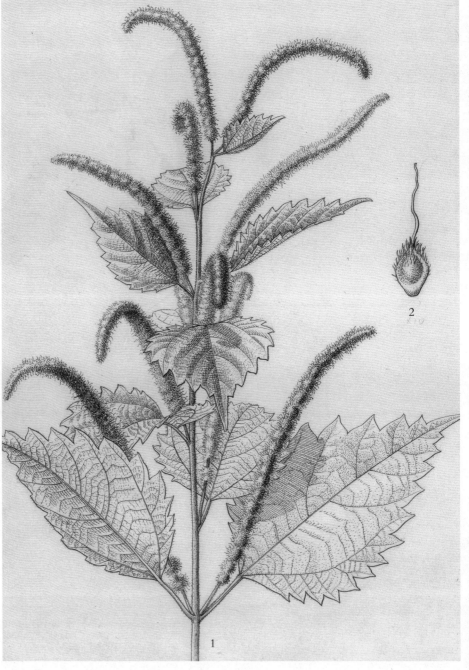

1.植株上部及花序；2.幼果

大叶苎麻又名野线麻、山麻、火麻风，为亚灌木或多年生草本。产于热带、亚热带地区。常在灌木林中及森林砍伐后的次生草地上有分布，茎高 1～1.5 m，上部长具开展或贴伏糙毛，叶对生，侧脉 1～2 对，穗状花序单生叶脉，雌雄异株，瘦果。该种是水土保持的优良植物。其茎皮纤维可代替麻，供纺织麻布用。叶供药用，可清热解毒、消肿，治疗疮，又可饲养家畜。大叶苎麻的叶量大，茎叶柔软。其嫩叶在切碎或打浆后，是畜禽的良质饲草。（王颖／文）

绘者显示了自己的画工，叶脉的走向角度、被毛的状态、花序的自然伸展，这一切全展现在画作之中。（马平／评）

板栗的果实

Fruit of *Castanea mollissima* Bl. | 钱斌 / 绘

真双子叶植物
Eudicots

核心真双子叶植物
Core Eudicots

超蔷薇类分支
Superrosids

蔷薇类分支
Rosids

豆类植物
Fabids

壳斗目
Fagales

壳斗科
Fagaceae

栗属植物约有 12 种，我国有 4 种。本属植物的坚果外形与壳斗内坚果的数量有关。壳斗内若有 1 枚坚果，则为圆锥形；若有 3 枚坚果，则其中的坚果两个侧面果壁平坦，板栗即属于后者。板栗原产于中国，为落叶乔木，株高达 20 m，树冠冠幅大。单叶互生，叶缘锯齿状。荑荑花序，雌雄异花，雄花先雌花开放。果实总苞又称栗蓬，被密刺束。其坚果在欧洲、亚洲和美洲被广泛作为食品，可以煮、烤、炒等多种方法食用，也可以磨成粉，用作面包、糕点的原料。在中国最流行的食用方法是糖炒栗子。木图示板栗壳斗裂开、坚果（栗果）外露的过程。（黄中敏 / 文）

Cyclobalanopsis fleuryi (Hick. et A. Camus) Chun ex Q. F. Zheng 　王金凤／绘

真双子叶植物
Eudicots

核心真双子叶植物
Core Eudicots

超蔷薇类分支
Superrosids

蔷薇类分支
Rosids

豆类植物
Fabids

壳斗目
Fagales

壳斗科
Fagaceae

饭甑青冈为常绿乔木，高达 25 m，树皮灰白色，平滑。叶片革质，长椭圆形或卵状长椭圆形，全缘或顶端有波状锯齿。壳斗钟形或近圆筒形，内外壁被黄棕色毡状长绒毛。小苞片合生成 10 ~ 13 条同心环带，环带近全缘。产于我国华东、华南和西南地区海拔 500 ~ 1 500 m 的山地密林中。模式标本采自广东乳源。本种和毛果青冈 *C. pachyloma* 是两个非常靠近的种，但果形状及大小是有区别的。饭甑为南方百姓常用的炊具，用山木做成，该种的壳斗钟形或近圆桶形，形似饭甑，故名。（张寿洲／文）

1. 果枝；2. 坚果

该图为《中国高等植物图鉴》插图原作。用钢笔画出物种带总苞坚果的质感是很多绘者都可做到的，但如此细微至微毛都表达，实属不易。（马平／评）

广西青冈

Cyclobalanopsis kouangsiensis (A. Camus)Y. C. Hsu et H. W. Jen | 孟玲／绘

广西青冈为青冈属常绿乔木，产于我国湖南、广东、广西、云南等地区海拔 200～2 000 m 的湿润常绿阔叶林中。模式标本采自广西三江。该种为常用绿乔木，叶缘上部有锯齿，叶背和叶柄密被灰黄色状绒毛，密被黄色绒毛。壳斗钟形，被长绒毛。小苞片合生成 8 或 9 条同心环带，环带边缘呈齿牙状。坚果柱状长椭圆形。该图对叶柄被毛，壳头小孢片被毛没有着笔。（张寿洲／文）

1995年，绘者应英国皇家园艺协会（Royal Horticultural Society，简称RHS）一年一度的国际植物画展邀请，创作了这幅壳斗科植物科学画参展。《广西青冈》所绘为中国特有物种，所依据的是20世纪20年代的腊叶标本，标本早已残破，她在画纸上又描绘出其栩栩生姿。当年是因为中国林业科学研究院的专家与英国有合作，故得引荐，受邀参加了RHS画展。她是截至目前唯一一位参加了RHS画展的中国画家。这幅画作主要使用了中国画的白描技法，在画展上得到评委和观众的一致好评，并荣获此次画展的金奖。（穆宇／评）

滑皮石栎

Lithocarpus skanianus (Dunn) Rehd. 刘林翰 / 绘

真双子叶植物
Eudicots

核心真双子叶植物
Core Eudicots

超蔷薇类分支
Superrosids

蔷薇类分支
Rosids

豆类植物
Fabids

壳斗目
Fagales

壳斗科
Fagaceae

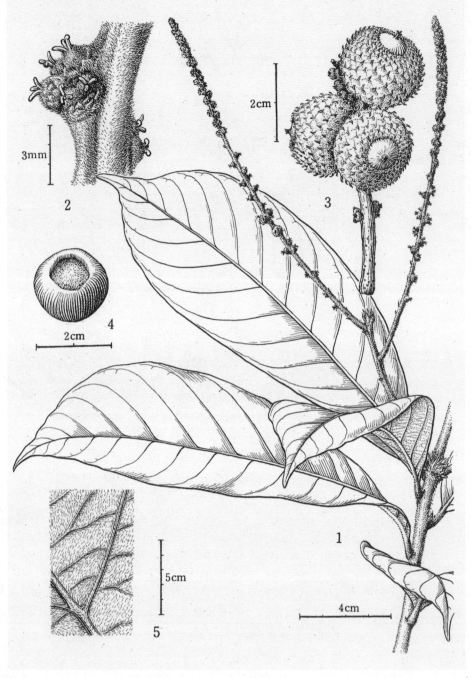

1.花枝;2.雌花序一段;3.果序;4.坚果底面,示凹下的果脐;5.叶背面局部放大

滑皮石栎又名滑皮柯、滑皮椆。模式标本采自福建南平,生于海拔 500 ~ 1 000 m 的山地常绿阔叶林中,高达 20 m。叶柄、叶背及花序轴密被黄棕色绒毛。雄圆锥花序生于枝顶,雌花 3 朵一簇。其壳斗上的小苞片呈短线状,顶部一段向内弯钩,壳斗顶部的稍延长而后向壳斗的口部下弯,形成甚短的乳头突状。(王颖 / 文)

该图为《湖南植物志》插图。该画作很有欣赏价值。首先构图大气,枝叶、花序和解剖图所放位置得当。由于叶片的位置放得好,所以给花果枝的放大图留出空间。雌花序很准确,并很形象地画出了其生长状态,果序质感强。(马平 / 评)

真双子叶植物
Eudicots

核心真双子叶植物
Core Eudicots

超蔷薇类分支
Superrosids

蔷薇类分支
Rosids

豆类植物
Fabids

壳斗目
Fagales

杨梅科
Myricaceae

1～5.杨梅 *Myrica rubra* Lour.：1.果枝；2.部分雌花枝；3.部分雄花枝；4.雌花；5.雄花。6、7.毛杨梅 *M. esculenta* Buch.-Ham.；6.雄花枝；7.果序。8.青杨梅 *M. adenophora* Hance：8.果枝。9.云南杨梅 *M. nana* (A. Chev.) J. Herb.：9.果枝

全世界约有 50 种杨梅属植物，中国有 4 种，皆为雌雄异株。杨梅和毛杨梅为常绿乔木，青杨梅和云南杨梅为常绿灌木。4 种果实皆可食用。树皮富含单宁，可作染料及医药上的收敛剂。杨梅是我国江南的著名水果，已有长期的栽培历史，产于华东、华南和西南地区海拔 125 ～ 1 500 m 的山坡或山谷林中，喜酸性土壤。外果皮肉质多汁，成熟时呈深红色或紫红色。毛杨梅产于我国西南和华南地区海拔 280 ～ 2 500 m 的稀疏杂木林内或干燥的山坡上。毛杨梅在外形上与杨梅极相似，但毛杨梅的花序显著分枝，尤其以雄花序为甚，雌花序每一分枝也具 1 ～ 4 朵花。整个雌花序上常有数个雌花能发育成果实，这些特点与其他 3 种花序为单一穗状花序、雌花序上通常仅 1 花发育成果实而显著不同；此外，其小枝、叶柄及叶片中脉基部处被密生的毡毛，也很容易同杨梅和云南杨梅区分。青杨梅产于广东和广西山谷或林中。云南杨梅产于云南中部，向东达贵州西部海拔 1 500 ～ 3 500 m 的山坡、林缘及灌木丛中。该图为《中国植物志》插图。（韩婧／文）

Annamocarya sinensis (Dode) Leroy　匡可任／绘

胡桃科为芳香乔木，含单宁，广布于热带至温带地区，有9属60余种，是主要的坚果作物。在 APG Ⅱ 系统中胡桃科和 Rhoipteleaceae 还未严格的合并，而是将 Rhoipteleaceae 纳入胡桃科下。

喙核桃是喙核桃属的落叶乔木，因其内果顶端有一酷似鸟嘴的喙状渐尖头而得名。喙核桃是新生代第三纪热带古老孑遗植物。

1.奇数羽状复叶；2.雌花序；3.雄花序；4.雄花；5.雌花；6.雄蕊；7.外果皮4瓣裂；8.外果皮6瓣裂；9.内果上面观；10.内果正面、侧面观

由于繁殖较为困难，且生存条件随常绿阔叶林的破坏而渐趋恶化，致使喙核桃繁殖和更新遭受很大影响，该种现被列为国家重点保护野生植物名录（第二批）Ⅱ级，同时被纳入我国极小种群物种拯救范围。（韩婧／文）

画作体现了老一辈科学家的植物科学画水平，是作者的代表作之一，极具科学性和欣赏性。（马平／评）

云南黄杞	爪哇黄杞	
Engelhardia spicata Lesch. ex Blume	*E. spicata* var. *aceriflora*（Reinw.）Koord. et Valeton	蔡淑琴／绘

真双子叶植物
Eudicots

核心真双子叶植物
Core Eudicots

超蔷薇类分支
Superrosids

蔷薇类分支
Rosids

豆类植物
Fabids

壳斗目
Fagales

胡桃科
Juglandaceae

云南黄杞和爪哇黄杞在《中国植物志》中作为2个不同种处理，《Flora of China》中则将爪哇黄杞归并在云南黄杞之下，作为一个变种处理。其中原变种云南黄杞分布于我国广西、云南和西藏海拔500～2 100 m 的山坡杂木林中。爪哇黄杞在我国仅分布于云南海拔1 500 ～ 1 700 m 的山坡或林中。两种黄杞每

1.云南黄杞：1.枝。2～5.爪哇黄杞：2.叶；3.小叶的一部分；4.果实腹面观；5.果实背面观

年 11 月均开出菜荑花序，小花排列密集。第 2 年 1—2 月果实成熟。虽然球状的果实很小，但是云南黄杞的果序非常长，爪哇黄杞的果序较短。云南黄杞小叶明显具柄，且背面有毛；而爪哇黄杞小叶具柄或无柄，叶背面被柔毛。（张卫哲／文）

该图为《中国植物志》插图。此物种最迷人的是长长下垂的果序，绘者在构图上，将此特征作为重点突出表现，对果翅上脉纹的刻画也十分清晰、准确。（马平／评）

Juglans regia L.　李增礼／绘

真双子叶植物
Eudicots

核心真双子叶植物
Core Eudicots

超蔷薇类分支
Superrosids

蔷薇类分支
Rosids

豆类植物
Fabids

壳斗目
Fagales

胡桃科
Juglandaceae

胡桃属约 20 种，主要分布在北半球温带和亚热带，部分延伸到南美洲，我国有 3 种，分别是胡桃、胡桃楸 *J. mandshurica* 和泡胡桃 *J. sigillata*。其中胡桃是最常见也是种植最广的种类，其树冠广阔；树皮幼时灰绿色，老时则灰白色而纵向浅裂；小枝无毛，奇数羽状复叶，椭圆状卵形至长椭圆形；雄性葇荑花序下垂，雌性 2～4 朵簇生；果实近于球状，无毛；果核稍具皱曲，内果皮壁内具不规则的空隙或无空隙而仅具皱曲。胡桃和人类的生活密切相关，种仁含油量高，可生食，亦可榨油食用。李时珍《本草纲目》曰：甘，平、温，无毒。木材坚实，是很好的硬木材料。由于栽培已久，品种很多。（黄中敏／文）

1.果枝；2.雄花；3.雌花；4.果核；5.果核剖开，示种子

画作对胡桃的核果、去掉外果皮后的核果及去掉内果皮示胚的情况逐一展示。质感细腻，色彩准确。（马平／评）

野核桃	胡桃楸	胡桃	
Juglans cathayensis Dode	*J. mandshurica* Maxim.	*J. regia* L.	张泰利 / 绘

1~4.野核桃：1.枝；2.叶背面示星状毛；3.雄花序；4.果。5、6.胡桃楸：5.果枝；6.果核正面及侧面观。7~11.胡桃：7.果核正面观；8.果核侧面观；9.果核纵切面；10.果核横切面；11.叶

本图为《中国植物志》胡桃属3种的拼版图。该志中该属包括胡桃、胡桃楸、野核桃 *J. cathayensis*、麻核桃 *J. hopiensis*、泡核桃 *J. sigillata* 和小果核桃 *J. draconia* 共6种。《Flora of China》认为该属中国仅3种，其中野核桃、麻核桃被归并入胡桃楸。与胡桃不同，胡桃楸羽状复叶7~25片，小叶有锯齿，花药有毛，雌花序具5~10朵雌花。（张寿洲 / 文）

该图为《中国植物志》插图，绘于1960年，小毛笔、小钢笔绘制。绘者运用了多种手法，繁简有序，层次清晰，质感强烈而细腻。（马平 / 评）

枫杨

Pterocarya stenoptera C. DC. | 范国才 / 绘

1.果枝；2.雄花枝；3.雄花；4.雌花

枫杨属全世界约有 8 种，中国有 7 种。其中湖北枫杨、华西枫杨、甘肃枫杨和云南枫杨为我国特有种。在我国华北燕辽地区海房沟组地层中曾发现属于侏罗纪时期的枫杨果序化石。此外，现存的枫杨古树在我国也颇为常见。武汉市木兰山上现有一棵 470 岁的古枫杨，安徽黟县宏村村口也有一棵 350 岁的古枫杨。枫杨全身都是宝。其树皮和枝条含鞣质，可提取烤胶，也可以做纤维原料；其果实可以酿酒，种子可以榨油，树皮和叶也都是良好的中药。此外，枫杨也是常见的庭荫树和防护树种，常常被栽植在水边、池畔，枝条随风飘舞，又别是一番风景。（韩婧 / 文）

画作对叶的展示准确，果序画出了质感。（马平 / 评）

木麻黄

Casuarina equisetifolia J. R. Forst. et G. Forst.

马平 / 绘

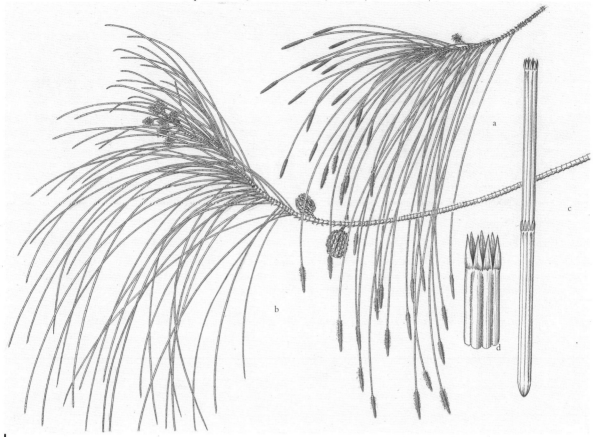

a.雄花枝；b.雌花枝；c.一段枝放大；d.枝上鳞片状叶

木麻黄是人们对木麻黄科 Casuarinaceaea 树木的统称，本科仅含木麻黄属 *Casuarina*，约94种，乔木或灌木。其最直观的识别特征，是常被误以为是叶子的绿色小枝，细长而带节，节与节之间完全合生，拉开后一端凹陷，另一端凸出，接合很紧密。断开处，细细围成一圈鞘齿，才是真正的叶子，称鞘齿状叶（或鳞片状叶）。

木麻黄是常绿乔木，原产于澳大利亚和太平洋岛屿，现在我国华南沿海地区普遍栽植，已渐驯化。高可达 30 m，树干通直，直径达 70 cm，树冠狭长圆锥形，枝红褐色，有密集的节，4—5 月开花，7—10 月结果。我国引种木麻黄已有上百年历史，起初主要作行道树和庭院观赏树。由于木麻黄生长迅速，萌芽力强，对立地条件要求不高，且根系深广，具有耐干旱、抗风沙和耐盐碱的特性，因此成为热带海岸防风、固沙的优良先锋树种。（李威 / 文）

Casuarina equisetifolia J. R. Forst. et G. Forst. | 马平 / 绘

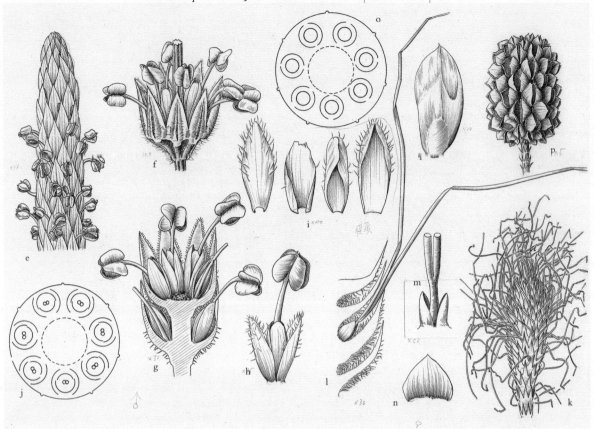

e.雄花序一部分；f.雄花序一段；g.雄花序一段纵切面观，示雄花着生；h.雄花；i.小苞片；j.雄花序花图式；k.雌花序；l.雌花着生；m.雌花下部；n.雌花小苞片；o.雌花序花图式；p.果序；q.种子

真双子叶植物
Eudicots

核心真双子叶植物
Core Eudicots

超蔷薇类分支
Superrosids

蔷薇类分支
Rosids

豆类植物
Fabids

壳斗目
Fagales

木麻黄科
Casuarinaceae

木麻黄花单性，雌雄同株或异株，无花梗。雄花序纤细，圆柱形，通常为顶生，很少有侧生的穗状花序。雄花序生于小枝顶端，初紫白色，密密麻麻开散如"火树银花"，成熟时变黄褐色。雌花序为球形或椭圆体状的头状花序，生于短侧枝顶端。木麻黄小棒缒状的褐色"球果"实际是球果状果序，叫假球果，由雌花密集成球形簇。初时绿色，成熟时灰褐色。小坚果带薄翅，纵列密集于球果状果序上，成熟时小苞片硬化为木质，展开状若雏鸟小嘴嗷嗷待哺，具薄翅的小坚果从开口处翔落飘散。木麻黄的种子量非常大，萌发力强，具有天然成林的能力。（丁以诺、徐晔春 / 文）

由于前人未曾做过如此详细的科学图对该物种进行解释，所以绘者经过认真研究，将其完整展示给读者。（杨建昆 / 评）

尼泊尔桤木

Alnus nepalennsis D. Don. | 中国科学院昆明植物研究所／图

真双子叶植物
Eudicots

核心真双子叶植物
Core Eudicots

超蔷薇类分支
Superrosids

蔷薇类分支
Rosids

豆类植物
Fabids

壳斗目
Fagales

桦木科
Betulaceae

桤木属约40种，我国有10种，有5种为特有。尼泊尔桤木分布于西藏、云南、贵州、四川西南部和广西，在印度、不丹、尼泊尔生于海拔700～3 600 m的山坡林中、河岸阶地及村落中。为落叶乔木，高可达15 m；树皮平滑；枝条暗褐色，芽光滑。叶片厚纸质，上面绿色，下面粉绿色，叶柄粗壮，尤毛。雄花序多数，排成圆锥状，下

1.雄花序枝；2.果序枝；3.果苞背腹面；4.坚果

垂，果序多数，呈圆锥状排列，果苞木质，宿存，小坚果矩圆形。尼泊尔桤木生长迅速，适应性强，在云南分布广泛，是理想的荒山绿化树种，其木材和树皮具有较高的经济价值。（端木婷／文）

该画作虽然并未表达出叶正常的生长状态，但果序、果苞及翅果画出了科学性。（马平／评）

榛

Corylus heterophylla Fisch. ex Trautv.   张桂芝 / 绘

真双子叶植物
Eudicots

核心真双子叶植物
Core Eudicots

超蔷薇类分支
Superrosids

蔷薇类分支
Rosids

豆类植物
Fabids

壳斗目
Fagales

桦木科
Betulaceae

榛是桦木科榛属灌木或小乔木，树皮灰色；枝条暗灰色，无毛；叶为矩圆形或宽倒卵形，顶端凹缺或截形，花为单性，雌雄同株，雄花为柔荑花序，紫褐色，雌花2～6簇生于枝头，花柱红色。榛子本身有一种天然的香气；具有开胃的功效，丰富的纤维素还有助消化和防治便秘。榛子还具有降低胆固醇的作用，能够有效地防止心脑血管疾病的发生。（李威 / 文）

1.果枝；2.雄花序；3.雌花；4.雄蕊；5.坚果

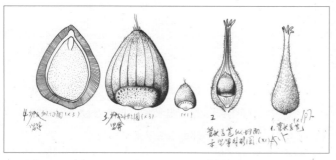

榛种子形态
胡冬梅 / 绘

这幅彩色画作的色彩自然，尤其叶的变化更佳，从构图至色调非常完美。斜升果枝有力，叶形准确，色调展示了果期叶从枝顶向后慢慢过渡变黄的过程，叶面的凹凸感极强；果实的总苞和未完全成熟的坚果，质感和色彩还原得很好。雄花序、雌花及成熟坚果准确无误，乃上佳作品。

（马平 / 评）

笋瓜

Cucurbita maxima Duch. ex Lam. | 江苏省中国科学院植物研究所／图

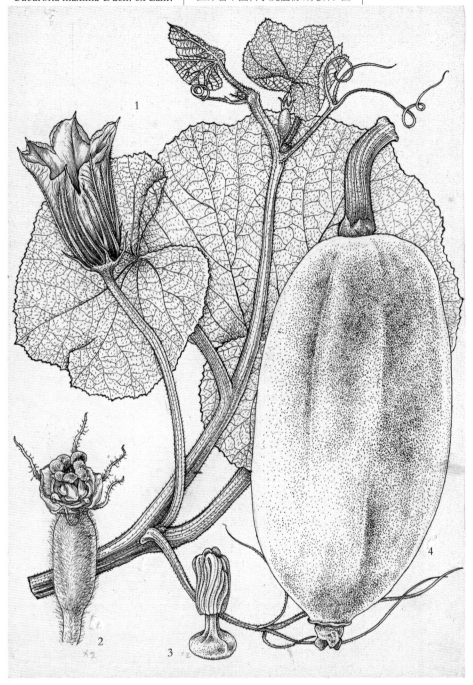

1.花序一段；2.去掉花冠的雌花；3.雄蕊；4.瓠果

笋瓜是南瓜属的一年生蔓生藤本，又名北瓜、玉瓜、搅丝瓜、饭瓜。笋瓜起源于南美洲的玻利维亚、智利及阿根廷等国。中国的笋瓜可能由印度引入，在南北各地均有栽培。笋瓜是喜温的短日照植物，耐旱性强，对土壤要求不严格，但以肥沃、中性或微酸性沙壤土为好。笋瓜以嫩瓜或种子为栽培目的。果梗短，圆柱状，不具棱和槽，瓜蒂不扩大或稍膨大。瓠果的形状和颜色因品种而异，依皮色分为白皮、黄皮及花皮，按大小分为大笋瓜及小笋瓜。笋瓜种子丰满，扁压，边缘钝或稍稍拱起。（王颖／文）

画作整体手法细腻，各器官的科学性强，且一目了然，钢笔点线配合很好，是老一辈绘者的优秀植物科学画。（马平／评）

Gynostemma pentaphyllum (Thunb.) Makino | 刘林翰 / 绘

真双子叶植物
Eudicots

核心真双子叶植物
Core Eudicots

超蔷薇类分支
Superrosids

蔷薇类分支
Rosids

豆类植物
Fabids

葫芦目
Cucurbitales

葫芦科
Cucurbitaceae

绞股蓝为绞股蓝属多年生攀缘草本，又名七叶胆、五叶参、七叶参、小苦药等，产于我国陕西南部和长江以南各省区海拔 300 ~ 3 200 m 的山谷密林、山坡疏林、灌丛或路旁草丛中。花雌雄异株，圆锥花序，雌花圆锥花序远较雄花序短小。花冠呈淡绿色或白色。果实成熟后呈黑色，光滑无毛，内含倒垂种子 2 粒。因绞股蓝含有与人参皂苷结构类似的皂苷成分，故有"南方人参"之称。（钟智 / 文）

1.雄花序枝；2.雄花；3.果序

该图为《湖南植物志》插图。因为是攀缘物种，所以构图较容易放得开，画作表达得较好。（马平 / 评）

丝瓜

Luffa aegyptiaca P. Mill.　石淑珍／绘

真双子叶植物
Eudicots

核心真双子叶植物
Core Eudicots

超蔷薇类分支
Superrosids

蔷薇类分支
Rosids

豆类植物
Fabids

葫芦目
Cucurbitales

葫芦科
Cucurbitaceae

丝瓜属仅 6 种，分布在热带亚热带地区。我国常见栽培有 2 种：丝瓜和广东丝瓜 *L. acutangula*。两种主要的区别在于，前者果实光滑无棱，后者具 8～10 个尖棱脊。另外，两者在雄蕊数目以及花药室数有差异。丝瓜嫩果可食，果熟后纤维多。（杨蕾蕾／文）

绘者把一个普通物种表现得如此精彩，实属上佳之作。主要是带花的瓠瓜幼果像一张拉满弦的弓，又像一把刚出鞘的弯刀，那么有力、强劲。再者掌叶浅裂的叶形也是神气十足。可想绘者当时处于高度兴奋的创作状态。（马平／评）

木鳖子

Momordica cochinchinensis (Lour.) Spreng.　曾孝濂／绘

木鳖子为多年生藤本，分布于东南亚和澳大利亚北部。雌雄异株，花径 5 ～ 10 cm。其藤可伸展至 20 m，每株可结果 30 ～ 60 个。果圆或矩圆形，外果皮红色，长有小刺。木鳖子嫩茎叶可食，种子可入药，在我国有千年的应用历史。19 世纪初叶，葡萄牙牧师洛尔西科（Lourcico）在越南发现木鳖子，并命名为 *Muricia cochinchinensis*，后斯普林奇（Sprenge）在 1826 年将其移入苦瓜属 *Mornordica*。（王青／文）

此画作从构图枝的走向、叶的布局和展开、花及果的关系，最终色调的融合来看，可称佳作。（马平／评）

栝楼

Trichosanthes kirilowii Maxim. | 曾孝濂 / 绘

栝楼属约 50 种，我国有 34 种。我国各地均有分布。该属为一年生或具块状根的多年生藤本。叶全缘或 3～7 裂，花雌雄同株或异株，花冠端具流苏，果实长圆柱形。本属植物茎卷丝和叶幼嫩时可食。栝楼是传统中药。（王青 / 文）

绘者很善于在植物纷乱的各部分集中在一起时，从乱中跳出一部分，既缓和紧张气氛，又有情趣，使画面获得重生。（马平 / 评）

云南卫矛

Euonymus yunnanensis Franch. 中国科学院昆明植物研究所／图

真双子叶植物
Eudicots

核心真双子叶植物
Core Eudicots

超蔷薇类分支
Superrosids

蔷薇类分支
Rosids

豆类植物
Fabids

卫矛目
Celastrales

卫矛科
Celastraceae

云南卫矛又名金丝杜仲，是我国特有种，分布于云南和西藏海拔1 600～2 350 m的林下灌木丛中。黄白色的花开于每年4月，6—7月球形蒴果由黄转红，如同一个个小红灯笼悬挂枝头，至冬不凋。秋后，卫矛叶由绿转红，看上去十分喜庆。云南卫矛的茎干生有丰富的不定芽，萌芽力很强，耐修剪，易造型，有较强的适生性，是优秀的园林绿化树种。（梁璞／文）

该图为《全国中草药汇编·彩色图谱》插图原作。该画作构图很有想象力，充分展示了物种果期时的生长状态。枝条的变化、叶形的转化走向，都使画面活跃起来。再者各个未开裂和已开裂的蒴果、变化的色调，更使画作充满活力。（马平／评）

阳桃

Averrhoa carambola L. 李诗华 / 绘

真双子叶植物
Eudicots

核心真双子叶植物
Core Eudicots

超蔷薇类分支
Superrosids

蔷薇类分支
Rosids

豆类植物
Fabids

酢浆草目
Oxalidales

酢浆草科
Oxalidaceae

最早提到"阳桃"这个名字的是西晋嵇含所著的《南方草木状》："五敛子，大如木瓜，黄色，皮肉脆软，味极酸，上有五棱，如刻出。南人呼棱为敛，故以为名。"李时珍《本草纲目》言其"形甚诡异，状如田家碌碡，上有五棱如刻起，作剑脊形"。绝大多数阳桃的横切面都是五角星的形状，所以它的英文俗名是"starfruit"。阳桃属于酢浆草科，该科仅 6～8 属，约 780 种，大家熟悉的酢浆草属 *Oxalis* 就占了 700 多种。阳桃属 *Averrhoa*（2 种）和肉鞘花属 *Sarcotheca*（3 种）是这个科仅有的 5 个木本物种。尽管植株形态差得很远，但阳桃的花其实和酢浆草的很像，不过体型小、数量多，组成聚伞花序或圆锥花序状。阳桃开花的部位很不讲究，有的在叶腋里，有的在树干上——老茎生花，这是热带木本植物的特征。在热带地区，阳桃能整年不间断地开花结果，常常能在一棵树上同时见到盛开的花、幼嫩和成熟的果实。在略寒冷的亚热带或暖温带地区，阳桃一年一次或两次开花结实。阳桃在热带果树里算是比较耐寒且适应室内栽培的，哪怕是在北方，只要能保持 10 ℃以上的室温，都能看到阳桃开花结果。（顾有容 / 文）

画面充满生机，光线的正确运用让画面轻松自然。新枝向老枝直至粗树干的转化，新萌生的叶向完整的叶转变，花序中花刚开放直至形成幼果、最终成熟的蒴果，这一切集中表现于一张画作，可见绘者的认真和热忱。（马平 / 评）

Oxalis bowiei Lindl.　陈荣道／绘

真双子叶植物
Eudicots

核心真双子叶植物
Core Eudicots

超蔷薇类分支
Superrosids

蔷薇类分支
Rosids

豆类植物
Fabids

酢浆草目
OXALIDALES

酢浆草科
Oxalidaceae

大花酢浆草为多年生草本植物，原产于南非，被我国引种为观赏花卉，各地均有栽培。与野地里随处可见的酢浆草属其他种相比，大花酢浆草的花朵硕大而亮丽，叶子也比普通的酢浆草更圆润，堪称酢浆草中的"巨无霸"。大花酢浆草的花期较长，从春末至初秋，成片的艳粉色花朵齐齐开放，十分壮观。大花酢浆草叶可以置入杯中饮用，因为味酸，人们亲切地称它为"酸溜溜"。大花酢浆草只有 3 片小叶，常和白车轴草

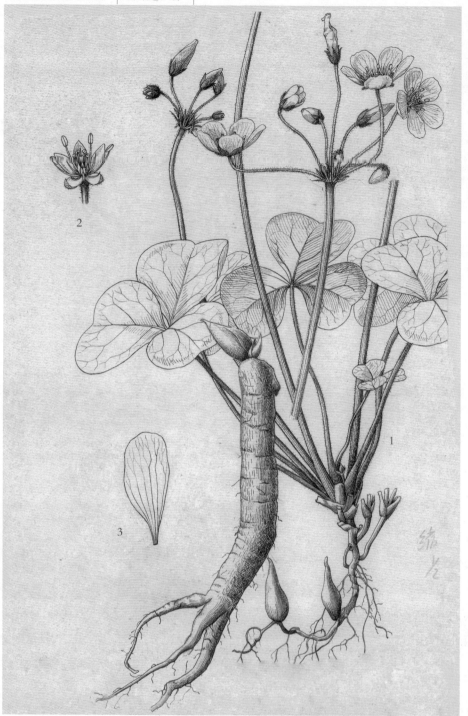

1.根、植株的下部及花序；2.去掉花瓣的花；3.花瓣

Trifolium repens 同称"三叶草"。偶尔出现突变的 4 片小叶个体，就被称为"幸运草"。（梁璞／文）

Hypericum sampsonii Hance | 史渭清 / 绘

真双子叶植物
Eudicots

核心真双子叶植物
Core Eudicots

超蔷薇类分支
Superrosids

蔷薇类分支
Rosids

豆类植物
Fabids

金虎尾目
Malpighiales

金丝桃科
Hypericaceae

元宝草为金丝桃科金丝桃属多年生草本植物，产于我国陕西至江南各地。其对生叶的基部完全合生为一体，而茎贯穿其中心，上面绿色，下面淡绿色，边缘密生黑色腺点。伞房状花序顶生，花瓣淡黄色，全面散布淡色，或稀为黑色腺点和腺条纹。雄蕊 3 束，每束具雄蕊 10 ~ 14 枚。花药淡黄色，具黑腺点。子房卵珠形至狭圆锥形。蒴果

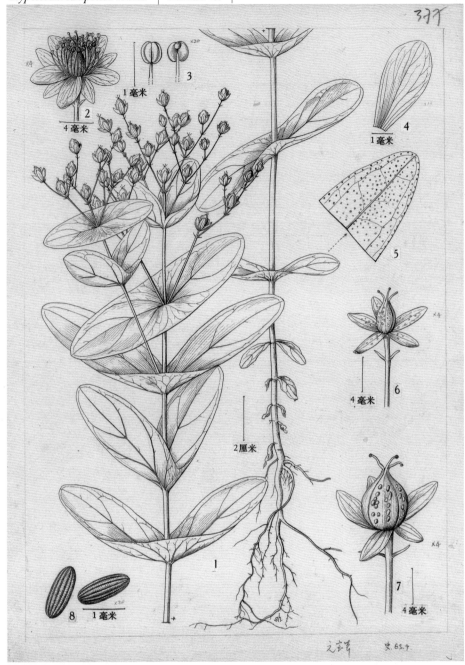

1.植株上部、下部；2.花；3.雄蕊；4.花瓣；5.叶一部分，示腺点；6.幼果；7.蒴果；8.种子

宽卵珠形至或宽或狭的卵珠状圆锥形，散布有卵珠状黄褐色囊状腺体。种子黄褐色，长卵柱形，长约 1 mm，两侧无龙骨状突起，表面有明显的细蜂窝纹。（施践 / 文）

这是一幅很完整的科学画，从植物的整体形态、叶对生、相对的叶基部合生、开花时花的状态直至蒴果成熟后的种子，所有特征全部涵盖。（马平 / 评）

紫花地丁

Viola philippica Cav. | 顾子霞 / 绘

真双子叶植物
Eudicots

核心真双子叶植物
Core Eudicots

超蔷薇类分支
Superrosids

蔷薇类分支
Rosids

豆类植物
Fabids

金虎尾目
Malpighiales

董菜科
Violaceae

董菜属共 500 余种，主要分布于北半球的温带。我国约有 111 种，南北各地均有分布，大多数种类分布在西南地区。属名"*Viola*"，最早在希腊文中意为"董菜一类的植物"。而后，类似董菜花的颜色在英文中被称为"violet"，翻译成中文即为紫色、紫罗兰。但实际上，属于十字花科的紫罗兰

1.花期植株；2.托叶；3.苞片；4.幼果；5.子房横切；6.开裂的蒴果

Matthiola incana 跟"violet"没有什么关系，前者偏向蓝色，而后者则偏向红色。紫罗兰的紫色在英文中用"purple"代表更合适。董菜属植物常见的 violet 紫色在大自然中并不多见，植物中没有真正的蓝色色素，所以它们没有直接的方法来制造蓝色。为了制造蓝色的花，植物需要利用一种常见的植物天然色素——花青素。蓝色花的关键成分是红色花青素色素，调整或修饰红色花青素色素可以制造蓝色花朵。（施践 / 文）

绘者很好地表现了物种的基本特征。花开时花的形态、叶的打开方式、蒴果成熟后种子的状态，都表达清晰。（马平 / 评）

三色堇

Viola tricolor L. 　黄少容 / 绘

真双子叶植物
Eudicots

核心真双子叶植物
Core Eudicots

超蔷薇类分支
Superrosids

蔷薇类分支
Rosids

豆类植物
Fabids

金虎尾目
Malpighiales

堇菜科
Violaceae

1.花枝；2.根；3.萼片；4.上花瓣；5.侧花瓣；6.下花瓣；7.子房及花柱；8.裂开的蒴果

三色堇原产欧洲，在我国广泛栽培。花瓣5片，通常有紫、白、黄三色。上方两片大且直立，侧方与下方的3片花瓣有深紫色条纹，侧方花瓣基部密被绒毛，下方花瓣基部有黄色蜜腺。这片花瓣向后延长，形成堇菜属标志性的距，用以储存花蜜。这是与传粉昆虫相互选择与适应的结果。其因花瓣上独特的色斑与条纹，也被人称为猫脸花或鬼脸花。达尔文曾对三色堇进行过长期观察，他在《物种起源》中提到，三色堇、熊蜂、田鼠与猫在表面上看没有任何关系，但在同一生境下，它们却是紧密关联的。三色堇依赖熊蜂传粉受精，熊蜂的数量与田鼠相关，而猫控制着田鼠的数量，它们之间彼此作用、相互制约、相互影响，其中任何一个物种的变化都会对其他物种造成影响。（施践 / 文）

该图引自《中国本草彩色图鉴》。画作主要展示了花卉物种的特征——各种颜色花瓣争奇斗艳的场景。（马平 / 评）

鸡蛋果

Passiflora edulis Sims | 钟培星 / 绘

真双子叶植物
Eudicots

核心真双子叶植物
Core Eudicots

超蔷薇类分支
Superrosids

蔷薇类分支
Rosids

豆类植物
Fabids

金虎尾目
Malpighiales

西番莲科
Passifloraceae

鸡蛋果是西番莲科西番莲属的植物，原产于南美洲。鸡蛋果果汁橙黄色，酸甜可口，富含多种氨基酸和维生素 C 等，营养物质中含有 100 余种芳香物质，所以又叫百香果。

鸡蛋果既可以异花授粉，也可以自花授粉，异花授粉的后代品质高，可以选育留种。鸡蛋果的花一般在上午 11 点左右开始绽放，

雌蕊柱头被花瓣和萼片包住，即使雄蕊花粉离得很近，也传不到柱头上，这就有效避免了自花授粉。待花完全打开后，雄蕊柱可以旋转运动，有花粉的一面由原来的朝上转向朝下，背离雌蕊柱头。雌蕊柱头上举，远离雄蕊花粉，避免自花授粉。这种结构属于花蕊异位的异花授粉。鸡蛋果花的漂亮花冠、香气会吸引蜜蜂等昆虫来采食花粉和花蜜。昆虫身上粘上花粉，再飞去采食别的花的花粉和花蜜，就会帮别的花进行异花授粉。此时段的花出现了暂时性的雄花阶段。到了下午，雌蕊花柱向下弯曲运动，雌蕊柱头靠近雄蕊，当蜜蜂来采食花粉、花蜜时，弯曲向下的柱头容易靠近，粘上蜜蜂身上的花粉。此阶段雄蕊的花粉已被蜜蜂等昆虫采食带走了，出现了暂时性雌花阶段，需要蜜蜂等昆虫带来别的花的花粉完成授粉。即使上午时蜜蜂等昆虫已采食了花的花粉，但花中蜜室里的花蜜也会吸引蜜蜂等昆虫再次访花。（邓新华 / 文）

栀子皮（图一）

Itoa orientalis Hemsl. | 张荣厚、冯晋庸 / 绘

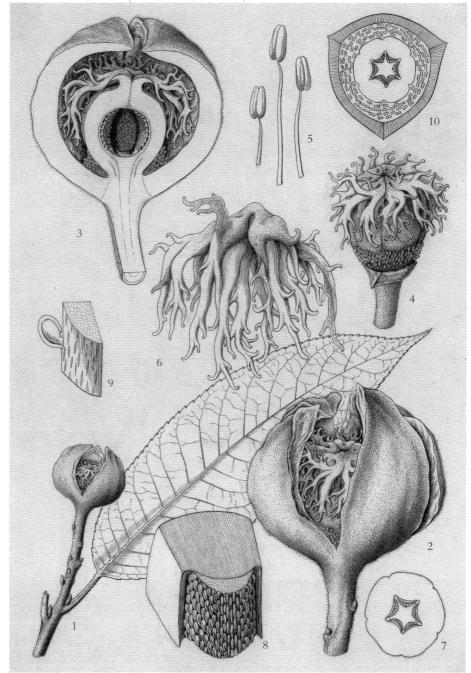

1.雌花枝；2.雌花；3.雌花纵切；4.去掉花萼的雌蕊及退化雄蕊；5.雄蕊；6.柱头；7.子房横切；8.多数退化雄蕊；9.一枚退化雄蕊；10.花

伊桐属在全世界有 2 种，中国有 1 种。栀子皮又名伊桐，是喜湿热、且较能抗寒和干旱的落叶乔木，主要分布于我国广西、四川、贵州、云南等地。树姿优美，叶大荫浓，可作庭荫树。同时，栀子皮树材质良好，结构细密，可用于建筑、家具和器具等。栀子皮花单性，雌雄异株，花瓣缺，花萼 4 片，雄花圆锥花序顶生，雌花单生枝顶或叶腋，花柱短，6 ~ 8 片。该图主要示雌株花着生位置，结构和花图式。该属原隶属大风子科，现归在杨柳科。（张新川 / 文）

栀子皮（图二）

Itoa orientalis Hemsl. | 张荣厚、冯晋庸 / 绘

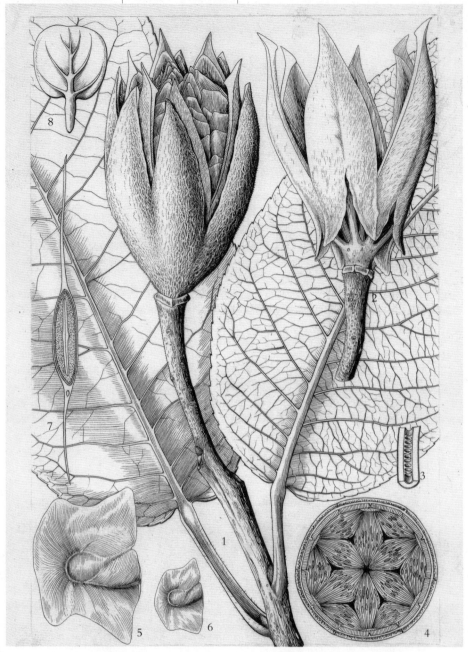

1.果枝；2.蒴果（6瓣裂）；3.枝纵切；4.果横切；5、6.种子；7.种子横切面观；8.子叶

1951年，冯晋庸绘此二幅草图后便参军入伍，张荣厚在草图的基础上上墨完成，因此此两幅画作乃是珠联璧合的上乘佳作。绘者以密集的极短柔线，点画出栀子皮幼枝上短而绵密的疏毛和4片三角状卵形花瓣上的毡状毛，衬托出毛茸茸的感觉；又以刚性线条描绘出叶片边缘的钝齿和主侧脉，表现出革质叶的挺括质感。粗细、长短各异的线条刚柔相济，形成对比，使画面产生韵律美，既展现了科学价值，又给人以美的享受。（马平 / 评）

胡杨

Populus euphratica Oliv. | 马平 / 绘

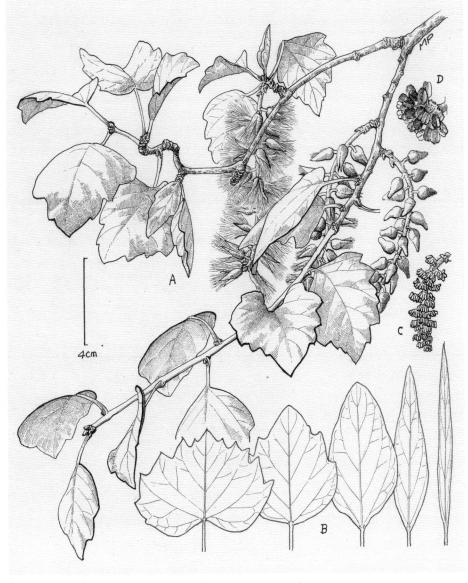

4cm

A.果序枝；B.不同叶形；C.雄花序；D.雄花序部分放大

杨属有 100 多种，我国约 71 种（包括 6 个杂交种）。胡杨主要分布在新疆盆地、河谷和平原地区，塔里木河岸最常见。胡杨是干旱大陆性气候条件下的古老树种，人类对它的认识和利用已有两三千年。胡桐是胡杨的古名。胡杨喜光、抗热、抗大气干旱、抗盐碱、抗风沙、喜沙质土壤。在水分好的条件下，寿命可达百年左右。在恶劣的自然条件下，胡杨是靠自然的机遇和自身特殊的适应机能生存繁衍的。胡杨能生长在高度盐渍化的土壤上。它的细胞透水性较一般植物强，从主根、侧根、躯干、树皮到叶片，都能吸收很多的盐分，并能通过茎叶的泌腺排泄盐分。当体内盐分积累过多时，胡杨便能从树干的节疤和裂口处将多余的盐分自动排泄出去，形成白色或淡黄色的块状结晶。这种结晶俗称"胡杨碱"，是一种质量很高的生物碱。胡杨碱不仅是药材，还可用于发面、制肥皂、为罗布麻脱胶和制革脱脂。胡杨 14 年生植株，高可达 8 m，胸径 12 cm；人工栽培者，9 年生最高达 9 m，胸径 21 cm。胡杨深受荒漠居民欢迎，被称为"托克拉克"，意为最美丽的树。有胡杨，风沙便得退却，农田便有保障；胡杨叶片富含蛋白质和盐类，是牲畜最好的冬饲料；胡杨林是羊群过冬的"冬窝子"；其木材既是荒漠居民唯一的家具、建筑用材，又是优良的造纸原料，还是烧火做饭的薪材。（任荣荣、施践 / 文）

寄生花

Sapria himalayana Griff.　　曾孝濂／绘

Sapria himalayana

大花草科植物皆为肉质、寄生草本，无叶绿素。吸取营养的器官退化成菌丝体状，侵入宿主的组织内，从宿主身上吸收的营养几乎全部供应花朵的生长。

寄生花为大花草科寄生花属模式种，我国仅产此1种，分布于西藏东南部和云南南部。寄生花是大花草科的稀有植物，仅寄生于葡萄科大型木质藤本根部。寄生花1844年最早于印度东北部被发现。对植物学家而言，在野外找到寄生花是可遇而不可求的事。寄生花在其生命周期（1年）的大部分时间都隐而不现，仅在12月份开花数星期时可见。其他时间，它都隐身在寄主根部。由于其神秘的生活史，寄生花现阶段尚不能迁地保护，只能就地保护。寄生花是雌雄异株植物，开花时散发腐臭味，吸引蝇类授粉。其种群数量极少，在自然状态下，极难自然授粉成功。笔者（西双版纳植物园藤本植物研究小组副研究员斯文·兰德雷恩，Sven Landrein）于2018年开始研究寄生花，在高级实验师吴福川协助下，对野外发现的、相对距离较远的、同时开放的两朵寄生花的雌花和雄花进行了人工授粉。经过6个月的漫长等待，收获到寄生花的成熟果实。果实的外观为黑色，呈扁平的圆盘形，直径为6 cm，有异味。最后共获得38 907粒种子，每粒种子长度仅为40～50 μm。（斯文·兰德雷恩／文）

这幅画作一入眼帘，就让人感受到绘者极高的创作热情。一朵盛开的花、一朵未开的花蕾、一朵刚开的小花，画面精巧错落的布局，充分展现出寄生花在不同阶段的开展形态。枯黄的落叶与蜿蜒老劲的树根，刻画出其寄生属性与林下生态。小草的绿色、寄生花的红色及环境的中性色形成对比，让画面跳动与活泼起来。（马平／评）

石栗

Aleurites moluccana (L.) Willd. 　马平 / 绘

1.植株上部及花序；2.被毛；3.花；4.花被片；5.雄蕊；6.雌花；7.子房；8.子房纵切；9.子房横切；10.核果；11.种子

大戟科为金虎尾目中的大科，有4亚科218属6 252～6 745种，广布于全球，主产于热带和亚热带地区。最大的属是大戟属 *Euphorbia*，有2 400余种。本科植物起源较早，约起源于1亿年前，其中五月茶属 *Anticesma* 植物曾被发现于第三纪的渐新世。大戟属植物的种子化石亦发现于第三纪的地层中。本科植物常有乳汁或有色汁液的乳汁细胞，大部分种类有毒，但是有些亦可供药用，如巴豆 *Croton tiglium*、蓖麻 *Ricinus communis*。同时，有几个属又具有可食用的部分，如木薯 *Manihot esculenta* 的块根就是热带地区重要的淀粉来源。

石栗原产于马来西亚及夏威夷群岛，我国华南和西南等地也有栽培，是石栗属常绿大乔木。树干挺直，树形高大浓密，且生长迅速，对环境适应能力强，适于观赏、遮荫、绿化环境、净化空气。果实的含油量高，种子榨出的干性油不但可作为制作油漆、肥皂、蜡烛等工业产品的原料，还可提取生物柴油供汽车使用。（梁璞 / 文）

真双子叶植物
Eudicots

核心真双子叶植物
Core Eudicots

超蔷薇类分支
Superrosids

蔷薇类分支
Rosids

豆类植物
Fabids

金虎尾目
Malpighiales

大戟科
Euphorbiaceae

铁海棠俗名麒麟刺、虎刺梅。原产非洲马达加斯加，我国南北方均有栽培。全株可入药，外敷可治瘀痛、骨折及恶疮等。该种为蔓生灌木，茎多分枝，密生锥状刺，叶互生，花序2、4或8个组成二歧聚伞花序，生于上部叶腋，总苞2枚，红色。本种具有诸多园艺栽培类型。

铁海棠已是家喻户晓的家庭盆栽植物。此画作构图有趣，枝侧向展开，枝和叶的质感、色调准确，花的红色纯正。（马平／评）

木薯

Manihot esculenta Crantz | 刘丽华 / 绘

1.块根；2.花果枝

木薯全株有毒，其块茎富含淀粉，故是世界第三大淀粉来源，仅次于水稻和玉米。全世界有超过 10 亿人依赖木薯生存，其中 8 亿在非洲。中国的木薯产量在全世界能排到第 15 位，大部分用于提取淀粉，少部分充作饲料。

木薯的块根生长时，主根和几条主要的侧根一起膨大。它的地上部分可以长到 3 m 高，茎的下部有叶柄脱落后留下的大而明显的叶痕。叶互生，有长柄，叶片略呈盾状着生，掌状分裂，裂片少则 3 枚，多至 9 枚。木薯的花单性同株，圆锥花序长在茎顶或上部的叶腋里；花序下部的几朵花是雌花，有 3 枚心皮组成的子房；上部的若干朵花都是雄花，有排成两轮的 10 枚雄蕊；雌花和雄花都没有花瓣，只有 5 枚具斑点的花萼。果实为蒴果，表面有 6 条窄翅。木薯的花果均不起眼，但叶形具有一定观赏价值，故园艺上也培育出因叶绿素合成障碍而部分变黄的花叶品种用于观赏。（顾有容 / 文）

绘者完全掌握此物种的特征。叶的生长状态、幼叶的颜色、块根的形状、根内外的颜色非常准确。唯一不足的是叶色过于简化，色调、色相不足。（马平 / 评）

蓖麻

Ricinus communis L. 马平 / 绘

蓖麻、乌桕和油桐是大戟科 3 种著名油料植物。蓖麻原产于非洲，我国已经广泛栽培，北方为一年生高大草本，南方可长成小乔木状。花单性同株，圆锥花序上部为雌花，下部为雄花。无花瓣，雄花的雄蕊多，花丝结合成树枝状。蒴果球形。蓖麻种仁含油量高，是重要的工业原料。蓖麻油为优质的润滑油，在医药上用为缓泻剂。（汪劲武 / 文）

1.花枝；2.腺体；3.雄花；4.雄蕊；5.雌花；6.雌蕊；7.子房纵切；8.子房横切；9.果实；10.种子

木油桐

Vernicia montana Lour. | 廖信佩／绘

1.花枝；2.核果；3.种子

油桐属共 3 种，我国有 2 种，分别是油桐 *Vernicia fordii* 和木油桐。区别在于前者为落叶乔木，花先叶开放，通常为两性花，果实光滑；后者花叶同放，通常为单性花，果实有 3 条纵棱。作为一种著名的观花植物，每年暮春时节，木油桐的白色花序挤满枝头，微风吹过，朵朵雄花簌簌落下，犹若飞雪。秋季可见累累果实挂满枝头。木油桐不仅是一种优良的风景园林绿化树种，也是重要的工业油料植物。其种子榨取的桐油是干性油，可做油漆原料，也可用于木器、竹器等物的涂料，目前正在进行从木油桐中提炼生物柴油的研究。在华南，木油桐有秋冬季二次开花现象。（梁璞／文）

此物种的花序就如同绘者表现的一样松散打开，叶向外尽情伸展，显得洒脱，叶基的两个腺体也表达清晰。（马平／评）

Germination Process of *Vernicia fordii* (Hemsl.) Airy Shaw　　施自耘／绘

真双子叶植物
Eudicots

核心真双子叶植物
Core Eudicots

超蔷薇类分支
Superrosids

蔷薇类分支
Rosids

豆类植物
Fabids

金虎尾目
Malpighiales

大戟科
Euphorbiaceae

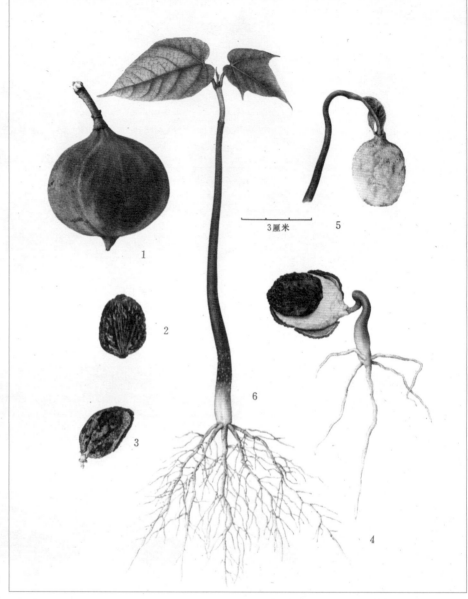

1.核果；2.果核；3.幼根初露；4.下胚轴延伸；5.子叶柄将胚乳带出土表（部分）；6.幼苗形成

油桐是我国特有的木本油料树种之一，主要分布于长江流域及其附近地区，以四川、湖南、湖北三省毗邻地区栽培最为集中。油桐是重要的经济作物。油桐种仁含桐油达 70% 以上，种仁榨取的桐油是一种具有广泛工业用途的干性油，是油漆、印刷的好原料，还可供人造橡胶、塑料、颜料等用。（汪劲武／文）

该图引自《主要树木种苗图谱》。为了编写该书，编写组从全国各地征集了植物种子，采用温室盆播，以便于分阶段观察、记载和绘图。编绘者的共同努力成就了这本不可多得的栽培植物学图谱佳作。仅从画面即可见编者与绘者之间的默契。绘者极为形象、具体地表现出油桐种子从发芽到成苗的全过程：果实成熟—外果皮腐烂脱离—休眠期的种子—休眠期过后胚根生出、下胚轴延伸即主根、侧根伸出—子叶即将升出—子叶柄将子叶带出土表—幼苗形成。画作既精细准确又生趣盎然，即便是普通读者也可以得到观赏乐趣和知识收获。（马平／评）

亚麻

Linum usitatissimum L. | 曾孝濂 / 绘

1.植株上部；2.花纵切；3.蒴果；4.种子

亚麻为亚麻属一年生草本，原产自地中海地区，现在欧亚温带地区多有栽培，是重要的纤维、油料和药用植物。亚麻的韧皮部纤维构造如棉，细长而有光泽，强韧弹性，黄白色，为优良的纺织原料。全草及种子可入药。种子可榨亚麻仁油，用作印刷墨、润滑剂，在我国山西、云南等省也用于食用。亚麻栽培在我国以北方和西南地区较多，有时逸为野生。（张寿洲 / 文）

绘者将该物种枝条松散向上的形态及花冠纵切解剖示意表现得很准确，即将开裂的果实更是表现得栩栩如生。（马平 / 评）

Glochidion eriocarpum Champ. ex Benth. 　崔丁汉／绘

1.花枝；2.果枝；3.叶背面局部示毛；4.蒴果

毛果算盘子是大戟科算盘子属 *Glochidion* 下的四季常绿的灌木植物。枝密被淡黄色长柔毛，叶互生，纸质，卵形或卵状披针形，两面披毛，全缘。花单性，雌雄同株，无花瓣，单生或簇生于叶腋内，全年开放。作为一种功效出色的中药材，毛果算盘子的全株以及根部和叶子都可以入药，有解漆毒、收敛止泻、祛湿止痒的功效。经现代科学研究，它含有多种特殊成分，如酚类、鞣质、三萜类化合物以及微量元素等。所含的没食子酸及其衍生物均具有抗菌、抗肿瘤、抗氧化和抗乙肝病毒等活性，在药用方面具有较高的价值。（梁璞／文）

该物种的生活状态就是枝长长地伸出并前端下垂。幼枝和叶被毛，尤其果实成熟时色红诱人，但有一层白绒绒的毛。（马平／评）

余甘子

Phyllanthus emblica L.　童弘 / 绘

真双子叶植物
Eudicots

核心真双子叶植物
Core Eudicots

超蔷薇类分支
Superrosids

蔷薇类分支
Rosids

豆类植物
Fabids

金虎尾目
Malpighiales

叶下珠科
Phyllanthaceae

叶下珠属原为大戟科的成员，现已独立成科，并是叶下珠科最大的属，有 750～800 种，我国有 32 种。余甘子为半落叶小乔木，老枝灰褐色，小枝纤细，在落叶时会整枝脱落。单叶互生，无毛，条状矩圆形排成 2 列。多数雄花和 1 朵雌花或全部雄花组成腋生的聚伞花序，单性花小无花瓣。绿白色果实，外果皮为

1.果枝；2.花

肉质。余甘子属于外表平凡却全身都是宝，具有很高经济价值和药用价值的植物。吃过它的人都知道初始味酸涩，食后久回甘，故名"余甘子"。果实食用，可生津止渴，还能润肺、化痰、止咳、解毒；根和叶可入药；种子榨油可做肥皂；细致坚硬的红褐色木材可做家具；因树姿优美又常被用作庭院风景树。（汪劲武、梁璞 / 文）

牻牛儿苗

Erodium stephanianum Willd.　江苏省中国科学院植物研究所／图

牻牛儿苗科有 7 ~ 11 属 800 余种，分布在世界各地的温带和亚热带地区，也有少数种生长在热带。中国有 4 属 70 余种。牻牛儿苗分布广泛，生于干山坡、农田边、沙质河滩地和草原凹地等。牻牛同"牤牛"，是北方方言对公牛的称呼。明代朱橚的《救荒本草》中称牻牛儿苗"又名斗牛儿苗。生田野中，就地拖秧而生。茎蔓细弱，其茎红紫色，叶似园荽叶，瘦细而稀疏。开五瓣小紫花，结青蒈葵儿，上有一嘴，甚尖锐，如细锥子状。小儿取以为斗戏。叶味微苦。救饥：采叶煠熟，换水浸去苦味，淘净油盐调食"。除了在饥荒年代可以拿来食用以外，牻牛儿苗还可提取黑色染料，也可供药用，有祛风除湿和清热解毒之功效。（韩婧／文）

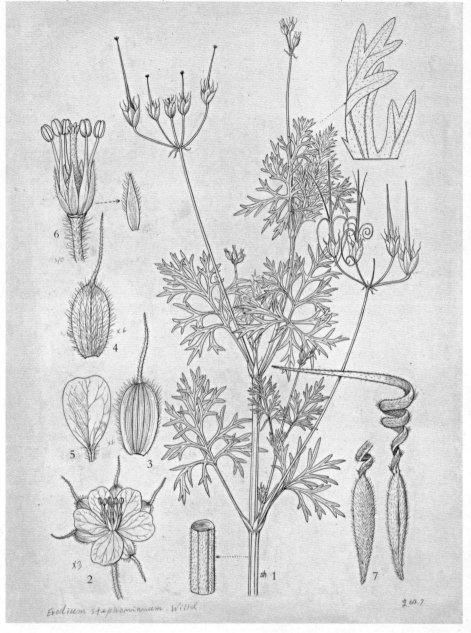

1.植株上部；2.花；3.花萼腹面；4.花萼背面；5.花瓣；6.雄蕊、雌蕊及退化雄蕊；7.蒴果

该画作抓住了本物种的基本特点，描绘的针对性较强。如蒴果开裂后种子的形态很准确，反映其传播的功能；花型展开，细微地描绘了内部构造。（马平／评）

Geranium sinense R. Knuth | 肖溶／绘

真双子叶植物
Eudicots

核心真双子叶植物
Core Eudicots

超蔷薇类分支
Superrosids

蔷薇类分支
Rosids

锦葵类植物
Malvids

牻牛儿苗目
Geraniales

牻牛儿苗科
Geraniaceae

1.基生叶及根；2.花序；3.萼片；4.花瓣；5.雄蕊；6.雌蕊

中华老鹳草是老鹳草属的植物，是我国的特有植物，分布在四川、云南等地海拔 2 600 ～ 3 200 m 的山地次生林以及杂草山坡。中华老鹳草的叶子极具辨识度：叶片五角形，基部心形，5 深裂近基部，裂片菱形或倒卵状菱形。花瓣紫红色，卵圆形，向上反折。整朵花看起来很像倒置的观音莲座，所以在云南，中华老鹳草又名观音倒座草。根入药，治痢疾。（黄中敏／文）

画作构图丰满，重心稳定。叶形的生活形态准确，花的颜色特殊而绚丽，花期过后下垂的幼果很有趣，是准确反映自然的画作。（马平／评）

Pelargonium zonale Aif. | 李振起 / 绘

真双子叶植物
Eudicots

核心真双子叶植物
Core Eudicots

超蔷薇类分支
Superrosids

蔷薇类分支
Rosids

锦葵类植物
Malvids

牻牛儿苗目
Geraniales

牻牛儿苗科
Geraniaceae

马蹄纹天竺葵为天竺葵属多年生草本，原产非洲南部，在我国各地普遍栽培。因叶片呈马蹄状纹路而得名。马蹄纹天竺葵与天竺葵 *P. hortorum* 为近似种，主要区别为茎通常单生，仅幼时略被绒毛，花较小。（王颖 / 文）

这幅画作构图简洁，花色鲜活，最值得称道之处是将微带毛绒缎面质感的叶面表现得栩栩如生。（马平 / 评）

使君子

Quisqualis indica L. 　冯晋庸 / 绘

使君子属为典型的热带非洲和热带亚洲间断分布类群，含 17 种。我国有 2 种，分别为使君子和小花使君子 *Q. conferta*。前者在菲律宾、印度和马来西亚有野生分布，中国长江以南普遍栽培，为攀缘状灌木，叶对生或近对生，叶片卵形或椭圆形，先端短渐尖，基部钝圆。花期初夏，顶生伞房花序。往往一簇花上能看到白、粉、红三色。使君子花色随时间变化的特性与吸引传粉昆虫有关。花初开于黄昏，为白色，为吸引长吻的天蛾；第 2 天、第 3 天变成粉色和红色，这是为了吸引蜜蜂和鸟类，其着生方式也由水平变为下垂。使君子的种子为中药中最有效的驱蛔虫药之一，对少儿寄生蛔虫症疗效尤著。（陈广宁 / 文）

该画作完全以物种花序下垂的生活形态为重心，构图非常优美。花和叶的颜色还原准确，花瓣背面淡淡的光泛出柔柔的自然美。叶的走向舒展。（马平 / 评）

紫薇

Lagerstroemia indica L. | 徐丽莉／绘

唐朝白居易有诗云："独坐黄昏谁是伴，紫薇花对紫微郎。"说明唐朝紫薇就已经进入皇家园林。由于紫微星是皇帝居所的象征，唐朝开元年间曾经把中书省改名为紫微省，里面的办事官员中书舍人就被称为紫微郎，有时也写作紫薇郎。

紫薇的花有两种不同的雄蕊——花的中心部位有一群花丝较短、花药黄色的雄蕊；在外围还有一圈共 6 枚花丝很长、花药褐色而不起眼的雄蕊。雌蕊的花柱并不在花的正中，而是弯曲到一侧，使得柱头位于后一种雄蕊之间。这种结构叫异型雄蕊，功能是让植物能更有效地吸引传粉昆虫，同时不致于损失宝贵的繁殖资源——花粉。这个现象是达尔文发现的。紫薇在东西方都有很长的栽培历史。在我国，紫薇由于树皮光洁、枝条纤细而花序硕大，又被叫作痒痒树，据说挠它的树干能令花枝乱颤。紫薇树龄可以长达数百年，老树的树干虬结，同时又能发新枝，大量开花，在园林中颇为可观。（顾有容／文）

该画作呈现到位，首先构图很接近物种花枝的走向、伸展，花枝开放时叶与花的状态反映准确。若在自然中看到花瓣开放时边缘波状的幅度，就可知晓绘者将此呈现的难度。绘者把握了花盛开时叶片的色彩和状态的全部信息，这是绘出好作品的前提。（马平／评）

石榴

Punica granatum L. | 陈月明/绘

真双子叶植物
Eudicots

核心真双子叶植物
Core Eudicots

超蔷薇类分支
Superrosids

蔷薇类分支
Rosids

锦葵类植物
Malvids

桃金娘目
Myrtales

千屈菜科
Lythraceae

1.花果枝；2.浆果

石榴在老系统中属于石榴科石榴属，APG 将其归入千屈菜科。石榴为落叶灌木或小乔木，浆果近球形，种子多，有肉质外种皮。5 月石榴花红似火，艳丽至极，元代诗人张弘范有"游蜂错认枝头火，忙驾熏风过短墙"之句。石榴的果实成熟时，外皮红色有光亮，果皮开裂后露出红的或白的晶莹剔透的有棱的种子，犹如玛瑙。种子外面肉质的种皮是可吃的部分，吃起来很甜，古人形容其为"雾壳作房珠作骨，水晶为粒玉为浆"，真是恰如其分。（汪劲武/文）

画作枝条斜升自然，叶展开角度正确，花盛开时花瓣松紧度适当，色彩还原好，成熟的浆果果实开裂的方式和种子的外果皮非常诱人，一派祥和气氛。（马平/评）

倒挂金钟

Fuchsia hybrida Hort. ex Siebert et Voss　　阎翠兰 / 绘

1.花枝；2.花纵剖面观

倒挂金钟为多年生灌木，也被称为灯笼花、吊钟海棠。茎直立，喜凉爽湿润环境。原产于墨西哥，现广泛栽培于全世界，在我国西北、西南也常见栽培。倒挂金钟属是以文艺复兴时期一位德国的本草学家莱昂哈特·福克斯（Leonhart Fuchs）的姓氏命名的。福克斯是16世纪德国植物学家，他推崇实践，重视对植物活体的考察。正是这样的精神带领西方的本草学冲破了中世纪的桎梏，发展出了现代植物学，18世纪法国博物学家普吕米埃（C. Plumier）便用福克斯的姓氏作为倒挂金钟的属名。（韩婧 / 文）

构图是该画作的成功之处。物种花期时多花盛开在花枝中前段，将枝条压弯；果期时花瓣脱落，负重降低，虽然深褐红色果实有一定质量，但还低于花期时，这样分枝会稍稍上升，恢复原有的斜升姿态。（马平 / 评）

真双子叶植物
Eudicots

核心真双子叶植物
Core Eudicots

超蔷薇类分支
Superrosids

蔷薇类分支
Rosids

锦葵类植物
Malvids

桃金娘目
Myrtales

柳叶菜科
Onagraceae

1、2.黄花月见草：1.植株上部；2.果序。3～5.四翅月见草：3.植株上部；4.花与花瓣；5.果

柳叶菜科月见草属约121种，分布于北美洲、南美洲及中美洲温带至亚热带地区。我国引入栽培，作花卉园艺及药用植物。黄花月见草源于栽培或野化于欧洲的一个杂交种，1860年由英国传布至各国园艺栽培。本种最早的名称是根据1868年格拉齐乌（Glaziou）采自巴西栽培材料，由马吕斯（Marlius，1875）描述的，后迅速传布全球，并逸出野化。四翅月见草曾名槌果月见草，我国云南、贵州、台湾等地有栽培并有逸生。（杨梓 / 文）

绘者曾用2年时间研究白描，试图探索具有中国特色的科学画风格。这幅画作绘于1976年，纯用中国画的白描手法绘制，完全不用衬阴，非常具有代表性。（马平 / 评）

Eucalyptus globulus subsp. *maidenii* (F. Muell.) Kirkpatr.　　*E. robusta* Smith　　吴锡麟 / 绘

真双子叶植物
Eudicots

核心真双子叶植物
Core Eudicots

超蔷薇类分支
Superrosids

蔷薇类分支
Rosids

锦葵类植物
Malvids

桃金娘目
Myrtales

桃金娘科
Myrtaceae

桉属有 700 种，主要分布于澳大利亚。桉树是桉属一些物种的统称，因其生长速度快且用途广而备受欢迎，但同时其具化感作用，导致其他植物死亡，以及其耗水、耗肥而备受争议。直杆蓝桉因树干挺直，现在华南和西南地区有栽培。本种的叶可提取挥发油及药用，木材可用于造纸、层板等。大叶桉原产于澳大利亚东部，现已在许多国家广泛种植。它的叶子是澳大利亚国宝考拉的食物。在原产地主要分布

1、2.直杆蓝桉：1.果枝；2.蒴果。3、4.大叶桉：3.果枝；4.蒴果

于沼泽地。其在我国华南各省栽种生长不良，作为行道树多枯顶或断顶，不抗风，不耐旱，且易引起白蚁危害，但在四川、云南个别生境则生长较好。（杨梓 / 文）

该画作最为可赞之处是叶脉。绘者用毛笔将主脉和侧脉表现得如此精确，控制线条的能力出类拔萃。（马平 / 评）

红果仔

Eugenia uniflora L. | 崔丁汉 / 绘

红果仔隶属于番樱桃属，该属约1 000种，主要分布在美洲热带，一些种类在非洲、东南亚和太平洋岛屿也有分布。红果仔又名番樱桃、棱果蒲桃，为常绿灌木或小乔木，高可达5 m，全株无毛。果实初为青色，随后转为黄色，成熟后转为深红色、橙红色或紫红色，形似小南瓜。其味道酸甜可口，含糖量高达70%，比大多数的水果都高。中国沿海地区有种植。红果仔的树型优美，新叶红润，老叶浓绿；枝干苍劲虬曲；果实形状奇特、色泽美观、味道鲜美，是观赏、食用两相宜的优良花木。（陈广宁 / 文）

1.枝的一部分，示叶及花；2.花；3.花托及子房的纵切面；4.浆果

野牡丹

Melastoma malabathricum L. | 李赞谦 / 绘

《中国植物志》和《Flora of China》对野牡丹属的处理有很大不同：前者认为全世界有 100 余种，中国有 9 种 1 变种；后者认为全世界有 22 种，中国分布有 5 种，其中在《中国植物志》中的展毛野牡丹 *M. mormale*、多花野牡丹 *M. affine* 和野牡丹 *M. candidum* 均被归在野牡丹 *M. malabathrium* 种内。其主要特征包括：灌木，分枝多，茎四棱形或近圆柱形；叶片坚纸质、卵形或广卵形，全缘，基出脉，两面被糙伏毛及短柔毛；伞房花序生于分枝顶端，有花 3 ~ 5 朵，稀单生，具叶状总苞 2；花瓣瑰红色或粉红色；雄蕊长着药隔基部伸长，弯曲，末端 2 深裂，短者药隔不延伸；药室基部具一堆小瘤，子房半下位，密被糙伏毛，顶端具一圈刚毛，蒴果坛状球形。该种目前在华南已被作为园林植物，在城市公共绿地上得到了应用，是良好的灌木花卉。（张寿洲 / 文）

此物种叶片尽量的四周展开，毛如同种名一样展开而硬，花淡蓝色，在花蕾期色较浓，叶脉弧状。这些特征绘者表达非常好。（马平 / 评）

盐麸木

Rhus chinensis Mill. | 椿学英 / 绘

1.果枝；2.虫瘿；3.虫瘿着生状态

盐麸木是漆树科盐麸木属落叶小乔木或灌木，别名五倍子树、山梧桐、乌桃叶、乌盐泡、盐树根、红盐果、盐酸白。在中国，除东北、内蒙古和新疆外，其余各地均有分布。盐麸木是重要的造林及园林绿化树种，也是废弃地（如烧制石灰的煤渣堆放地）恢复植被的先锋植物。盐麸木是五倍子蚜虫的寄主植物，在幼枝和叶上形成虫瘿，即五倍子。盐麸木可供鞣革、医药、塑料和墨水等工业使用；幼枝和叶可作土农药；果泡水代醋用，生食酸咸止渴；种子可榨油；根、叶、花及果均可供药用；花是初秋的优质蜜源。盐麸木的果实在成熟过程中，果皮表面会析出少量白色盐味的结晶体，俗称"盐霜"。到现在，云南傣族人还会用这种植物的盐巴果子做调料。（王颖 / 文）

该画作的叶轴具翅表现较好，果序的颜色准确。唯一不足是该画作基本为标本图，因为果期时核果多数，枝会被果实质量压弯，若画时考虑自然因素，作品表现力会更好。（马平 / 评）

Acer miaotaiense P. C. Tsoong | 钱存源／绘

真双子叶植物
Eudicots

核心真双子叶植物
Core Eudicots

超蔷薇类分支
Superrosids

蔷薇类分支
Rosids

锦葵类植物
Malvids

无患子目
Sapindales

无患子科
Sapindaceae

庙台槭是钟补求先生 1954 发现并命名的。因模式标本采自陕西省留坝县庙台子，故命名为庙台槭。该种分布在我国陕西西南部、甘肃南部、河南西南以及湖北西北等地海拔 700 ～ 1 600 m 的阔叶林中，为高大落叶乔木。树皮深灰色。叶纸质，阔卵形，基部心形，稀截形，3 ～ 5 裂。叶背被短柔毛，沿叶脉较密。花序伞房状，萼片和花瓣各 5，雄蕊 8，着生于花

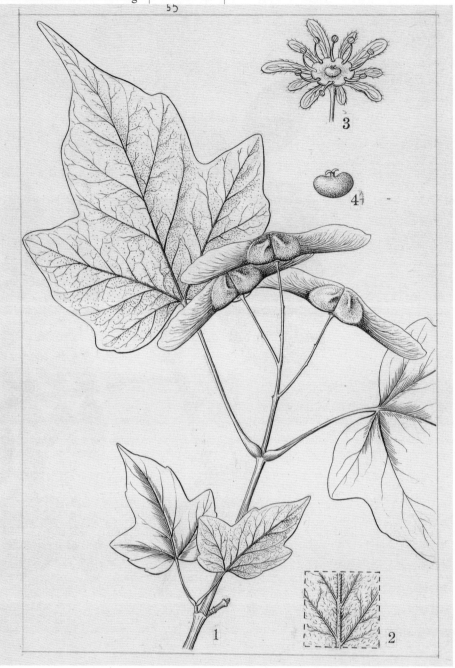

1.果枝；2.叶背一部分；3.两性花；4.雌蕊

盘中部。翅果果形奇特，翅连同小坚果张开几成水平。庙台槭为中国特有种，被列为《世界自然保护联盟濒危物种红色名录》（2004）易危种，国家林业局也将其列为重点关注的 120 种极小种群野生植物之一。（张寿洲／文）

无患子

Sapindus saponaria L.　　马平 / 绘

无患子产在我国东部、南部至西南部。各地寺庙、庭院和村边常见栽培。模式标本采自日本。根和果入药,味苦微甘,有小毒,可清热解毒、化痰止咳。果皮含有皂素,可代肥皂,尤宜于丝质品之洗涤。相传,用无患子的木材做成木棒驱魔杀鬼,故名"无患",其种子是"菩提子"之一,常做成手串,鲁迅《从百草园到三味书屋》一文中"高大的皂角树"实为无患子。
(钟智 / 文)

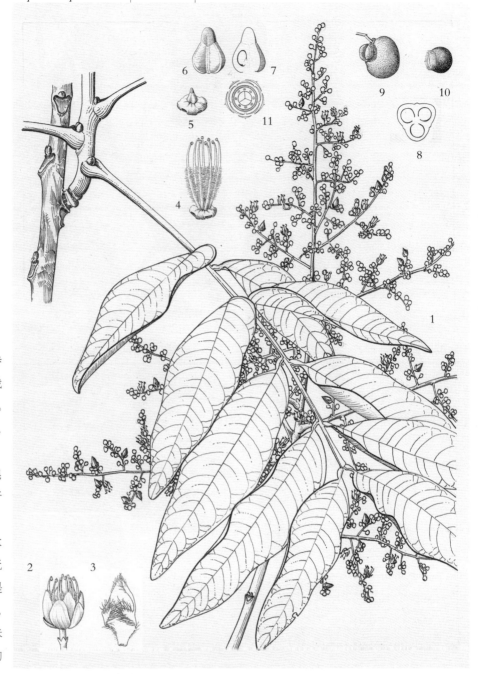

1.花序及羽状复叶;2.花;3.花瓣;4.去掉花萼和花瓣的雄花;5.去掉花萼和花瓣的雌花;6.雌蕊;7.子房纵切;8.子房横切;9.蒴果;10.种子;11.花图式

龙眼

Dimocarpus longan Lour. 邓盈丰 / 绘

1.果枝；2.花；3.雌蕊；4.种子及包被的假种皮

龙眼属共 7 种，分布于南亚和东南亚，热带和亚热带地区普遍栽培。中国有 4 种。龙眼又名羊眼果树、桂圆、圆眼，为常绿乔木。龙眼的成熟期在农历八月，由于古时称八月为"桂月"，加上龙眼果实呈圆形，故龙眼又称为桂圆。龙眼之名亦因其形而得之，眼者，圆也。龙眼原产于我国广东、广西和云南等地以及越南北部，已有 2 000 多年的栽培历史，在西南部至东南部栽培很广，以广东最盛，福建次之。龙眼也是中国南亚热带著名的特产水果，其鲜食质地脆爽、口感清甜、营养丰富，果肉含糖量高达 12% ~ 23%，维生素 C、维生素 K 含量也很高。龙眼肉经晒干或烘干后成为一味传统中药桂圆，味甘性温，归心、脾经，具有补益心脾、养血安神食疗的功效，是药食同源的滋补品。（陈广宁 / 文）

画作构图超乎想象，成熟的果序好似冲出画面，令人感到丰收的喜悦。核果打开后，白色晶莹的假种皮和种子间的关系得以清晰表现。该画作是上佳之作。（马平 / 评）

荔枝

Litchi chinensis Sonn.　余汉平 / 绘

1.果枝; 2.雌花; 3.种子

荔枝为常绿乔木，高约 10 m。果皮有鳞斑状突起，呈鲜红色、紫红色，成熟时至鲜红色。种子全部被肉质假种皮包裹。果肉鲜时为半透明凝脂状，味香美，但不耐储藏。分布于我国的西南部、南部和东南部。荔枝与香蕉、菠萝、龙眼一起称为"南国四大果品"。荔枝的早期文献源于西汉司马相如的《上林赋》，文中写作"离支"，割去枝丫之意。古人已认识到这种水果不能离开枝叶，假如连枝割下，保鲜期会加长。对此，明朝李时珍也认可。《本草纲目·果三·荔枝》记述："按白居易云：若离本枝，一日色变，三日味变。则离支之名，又或取此义也。"（陈璐 / 文）

Citrus reticulata Blanco │ 江苏省中国科学院植物研究所／图

1.果枝；2.果基；3.果顶；4.果横切；5.种子

柑橘属有 20 ～ 25 种，分布于亚洲热带和亚热带地区。中国有 11 种。柑橘属最著名的是柑橘和甜橙 *C.sinensis* 这两个种，但是品种极多，且橘和柑叫法混乱。甜橙的果皮和果瓤不好分开，而柑或橘则相反。另外，从果形上看，柑橘果多呈扁圆形，甜橙的果多呈圆球形，区别明显。橘子的果肉、果皮、果核，以及橘络和橘叶都可入药，在《神农本草经》《本草纲目》中均有记载。橘子的皮干后叫陈皮（入药以陈旧的好，故名陈皮）。中医认为橘皮有健胃、祛痰、镇咳、祛风和止胃疼等功效。橘瓤外面的白色筋络含维生素 P，对高血压有一定防治功效。（汪劲武／文）

该画作有一番新鲜美感。绘者完全沉浸于如何解析物种所具的滋味，柑果的顶部和底部写实而真；柑果的横切更是动人，科学性极强。果皮下白色橘络使其容易剥离，瓤果薄薄的壁将肉瓤分成若干瓣，汁胞黄澄澄的充满甜酸汁液，种子生于中心柱。（马平／评）

酸橙

Citrus aurantium L. | 刘春荣 / 绘

真双子叶植物
Eudicots

核心真双子叶植物
Core Eudicots

超蔷薇类分支
Superrosids

蔷薇类分支
Rosids

锦葵类植物
Malvids

无患子目
Sapindales

芸香科
Rutaceae

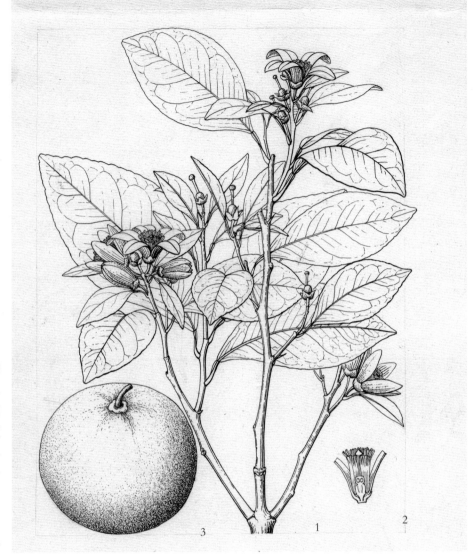

1.花枝；2.花纵切；3.柑果

酸橙为小乔木，枝叶茂密，刺多，叶质厚。总状花序有花少数，果圆球形或扁圆形。酸橙原产于秦岭南坡以南各地，被广泛用作嫁接甜橙和宽皮橘类的砧木，具有一定的药用价值。长久以来，人们一直以为酸橙是甜橙的野生祖先，但事实并非如此。

柑橘属在亚洲的野生祖先只有3个——香橼、柚和野生宽皮橘，酸橙是后两者的杂交产物。酸橙与香橼杂交产生了柠檬。在宽皮橘的驯化过程中，通过多次杂交，柚子的基因逐渐掺入，最终诞生了甜橙。该图为《中国高等植物图鉴》插图原作。（顾有容 / 文）

Citrus medica L. var. *sarcodactylis* (Noot.) Swingle | 赵晓丹／绘

真双子叶植物
Eudicots

核心真双子叶植物
Core Eudicots

超蔷薇类分支
Superrosids

蔷薇类分支
Rosids

锦葵类植物
Malvids

无患子目
Sapindales

芸香科
Rutaceae

香橼又叫作佛手、五指柑、佛手柑，是枸橼的变种，产于中国、印度等亚洲地区。果实在成熟时心皮分离，形成细长弯曲的果瓣，状如手指，故叫作"佛手"。通常用作中药。传统医学认为，佛手具有理气化痰的功效，因此在潮汕地区，从明朝开始，佛手柑就被制作成药用的凉果"老香黄"，老香黄是潮汕家庭必备之品。同时，佛手果实形态奇特，常作为观赏植物。果皮和叶与芸香科其他植物一样含有芳香油，闻起来有股清香味。（杨梓／文）

绘者的表达令人惊艳，画面几乎不包括其他，仅几片叶、一条果枝，展现在眼前的真与简，如同佛在人们心目中的形象。（马平／评）

白鲜

Dictamnus dasycarpus Turcz.　　李振起／绘

白鲜为茎基部木质化的多年生宿根草本植物。茎直立。奇数羽状复叶，小叶对生，无柄。总状花序；花瓣白带淡紫红色，或粉红色带深紫红色脉纹；萼片及花瓣均密生透明油点；雄蕊伸出于花瓣外。果实为蓇葖果，成熟后沿腹缝线开裂。该种的根皮制干后是中药白鲜皮，可祛风除湿、清热解毒、杀虫止痒，我国东北、西北、华北、华东和西南有分布。

（杨蕾蕾／文）

1.根及花枝；2.花瓣；3.雄蕊；4.花萼及雌蕊；5.蓇葖果

飞龙掌血

Toddalia asiatica (L.) Lam.　中国科学院昆明植物研究所／图

真双子叶植物
Eudicots

核心真双子叶植物
Core Eudicots

超蔷薇类分支
Superrosids

蔷薇类分支
Rosids

锦葵类植物
Malvids

无患子目
Sapindales

芸香科
Rutaceae

飞龙掌血为芸香科飞龙掌血属的常绿木质藤本。因为它的植株藤状，时而爬行于地面，时而攀附于高大乔木之上，若飞龙在天，故而得名。飞龙掌血与花椒同属芸香科，茎断面为黄色，有的地方叫它黄椒；也有的地方叫它"见血飞"，取其止血之效以名之。成熟的飞龙掌血果实甜，但果皮含麻辣成分。根皮淡硫黄色，剥皮后暴露于空气中不久变淡褐色。桂林一带常用其茎枝制作烟斗。（陈鸿志／文）

该图为《全国中草药汇编·彩色图谱》插图原作。该画作构图极具动感，体现了植物的生活状态，色彩还原较好，树枝的表达体现了物种基本特征。（马平／评）

花椒

Zanthoxylum bungeanum Maxim. 肖溶／绘

花椒属约有250种，为常绿或落叶的乔木或灌木，分布于世界各地暖温带和亚热带。花椒为落叶小乔木，高3～7 m，茎干通常有增大皮刺。奇数羽状复叶，叶轴边缘有狭翅。聚伞圆锥花序顶生或生于侧枝之顶，果球形，雌雄同株。花被片6～8，黄绿色，雄花雄蕊5～8枚，雌花有2或3个心皮。花白色，密生疣状凸起的油点。果皮可作为调味料，并可提取芳香油，又可入药，有温中行气、逐寒、止痛、杀虫等功效。花椒还有增加食欲、降血压、驱寒、治疗牙痛、抗凝血和止血等功效。种子可食用，也可加工制作肥皂。（黎红新／文）

1.果枝；2.雄花；3.雌花；4.膏葖果

画面展示了蓇葖果成熟时的模样，果序呈现一团紧密的状态。（马平／评）

臭椿

Ailanthus altissima (Mill.) Swingle　椿学英 / 绘

真双子叶植物
Eudicots

核心真双子叶植物
Core Eudicots

超蔷薇类分支
Superrosids

蔷薇类分支
Rosids

锦葵类植物
Malvids

无患子目
Sapindales

苦木科
Simaroubaceae

臭椿为臭椿属落叶乔木，又称樗木。《本草纲目》记载："椿樗，香者为椿，即香椿，臭者为樗，名山樗，又称臭椿。"我国除黑龙江、吉林、新疆、青海、宁夏、甘肃和海南外，各地均有分布。世界各地广为栽培。臭椿和香椿最明显的区别是臭椿叶为奇数羽状复叶，而香椿为偶数羽状复叶。臭椿翅果呈长椭圆形，种子位于翅的中间，呈扁圆形。臭椿在石灰岩地区生长良好，可作石灰岩地区的造林树种，也可作园林风景树和行道树，叶可饲椿蚕（天蚕），树皮、根皮、果实均可入药，有清热利湿、收敛止痢等功效。（杨梓 / 文）

1. 果枝；2. 花；3. 药材（树枝）

该画作取材于压制的干标本。物种在生长状态下，叶和果序都是下垂状。果翅的色彩还原得正确。（马平 / 评）

楝树

Melia azedarach L. | 马平 / 绘

楝树分布于黄河以南地区，生于低海拔旷野、路旁或疏林中，现已广泛栽培。每年4—5月间，楝树上会开满淡紫色小花，淡雅优美、香味清丽。每年10月，楝树结果，淡黄色的球形核果挂满枝头。楝树名字的由来也颇有意思，宋朝学者罗愿在《尔雅翼》里记载："楝叶可以练物，故谓之楝。"楝树全身是宝，既是材用植物，也是药用植物，其花、叶、果实、根皮均可入药。（陈鸿志 / 文）

1.植株上部及花序；2.鳞状毛；3.花；4.雄蕊管；5.雄蕊管纵切，示雌蕊；6.雄蕊管的管口；7.柱头；8.子房纵切；9.子房横切；10.花图式；11.核果

该画作构图写实，自然状态下花序和叶展开得舒适，向前叶脉画得完整，远叶小叶的脉未画出，是一种突出主体的表达方式。（杨建昆 / 评）

香椿

Toona sinensis (A. Juss.) Roem.　王利生／绘

真双子叶植物
Eudicots

核心真双子叶植物
Core Eudicots

超蔷薇类分支
Superrosids

蔷薇类分支
Rosids

锦葵类植物
Malvids

无患子目
Sapindales

楝科
Meliaceae

香椿是香椿属落叶乔木，分布于长江南北的广泛地区，生于山地杂木林或疏林中，各地也广泛栽培，又名香椿芽、椿天等。雌雄异株，叶呈偶数羽状复叶，圆锥花序，两性花白色，果实是椭圆形蒴果，翅状种子，种子可以繁殖。香椿幼芽嫩叶芳香可口，自古以来就是中国人喜食的山珍名菜。香椿在中国已有2 000多年的栽培历史，宋代《本草图经》有"椿木实，而叶香，可口敢"的记载。椿芽营养丰富，并

1.小枝；2.花；3.去花冠，示雄蕊及雌蕊；4.雄蕊；5.雌蕊；6.种子

具有食疗作用，主治外感风寒、风湿痹痛、胃痛、痢疾等。香椿树体高大，除供椿芽食用外，也是园林绿化的优选树种。木材纹理美丽、质坚硬、耐腐力强，是优良木材。（杨梓／文）

蜀葵	赛葵	
Alcea rosea L.	*Malvastrum coromandelianum* (L.) Gurcke	肖溶 / 绘

1~3.蜀葵：1.植株上部；2.分果爿；3.星状毛。4~6.赛葵：4.植株上部；5.花；6.分果爿

蜀葵是蜀葵属的直立草本植物。该属有 60 余种，分布于亚洲中部和西南部以及欧洲东部和南部。中国有 2 种，分别是蜀葵和裸花蜀葵 *A. nudifloa*。

蜀葵原产于我国西南地区，现在全国广泛栽培，是优秀的园林观赏植物。花单生，呈总状花序状，花色有红、紫、白、粉红、黄和黑紫等色，单瓣或重瓣，"浅紫深红数百窠"，道出蜀葵的花色多样且花量多。不但如此，蜀葵成活养护容易，花型美观，花期长，从立夏开到立冬。蜀葵和裸花蜀葵的区别在于前者的花有叶状苞片而后者无。赛葵为赛葵属 *Malvastrum* 植物，原产于美洲，系我国归化植物。赛葵与蜀葵在形态上有较大差异：蜀葵叶子为掌状，赛葵叶子为卵状披针形或卵形。另外，蜀葵的花色多样且花型较大，赛葵花色仅有黄色。（林漫华 / 文）

该画作构图较好，表现植物的生活状态。花和叶处于自然状态，不拘谨，叶脉和花瓣脉纹的线条很好。（马平 / 评）

Abutilon indicum (L.) Sweet | 马平 / 绘

真双子叶植物
Eudicots

核心真双子叶植物
Core Eudicots

超蔷薇类分支
Superrosids

蔷薇类分支
Rosids

锦葵类植物
Malvids

锦葵目
Malvales

锦葵科
Malvaceae

苘麻属有 100 余种，广布于热带和温带，花单生于叶腋或排成总状花序，黄色。

磨盘草为该属一年生或多年生直立的亚灌木状草本，常生于海拔 800 m 以下的地带。果为黑色倒圆形，直径约 1.5 cm，形似磨盘，因此得名。磨盘草的种皮层纤维可为麻类的代用品，供织麻布、搓绳索和加工成人造棉织物与垫充料。全草可供药用，有散风、清血热、开窍、活血之功效。（王青 / 文）

a.植株上部；b.星状毛；c.雄蕊管纵切；d.柱头；e.子房纵切；f.分果爿；g.种子

该画作是较典型的植物科学画作品。雄蕊管纵切表示其与雌蕊间的关系，种子形态较准，种子表面毛表达较好。（杨建昆 / 评）

木棉

Bombax ceiba L.   刘丽华／绘

木棉属约有 50 种，我国有 3 种。木棉是著名的木本花卉，开花时一树火红，花的直径超过 10 cm。鲜红而无气味的花朵、大量而低浓度的花蜜和白天开花的习性构成了典型的鸟类传粉综合征。在木棉开花的时候，我们总能看见大批鸟类在树上活动，有专性嗜蜜的太阳鸟、半专性嗜蜜的绣眼鸟以及个体很大的鸦科鸟类。木棉花开灿烂，凋谢也壮观，它是整朵花脱落的。木棉的果实形如小瓜，有坚硬的木质外壳，开裂时訇然有声，果实开裂后，内部的绵毛也会像北方的杨絮一样飘飞，好在南方空气湿润，一般不会造成太大的困扰。果实里的绵毛是木棉得名的原因，但纤维太短，不能像棉花那样用于纺织，只能用来填塞枕头、褥子、救生衣等。（顾有容／文）

梧桐在中国文化中是古典而风雅的植物，因树皮青绿色，又名"青桐"。历代歌咏梧桐的诗词不计其数，梧桐木可用于制琴。云南梧桐与梧桐同为锦葵科梧桐属落叶乔木。云南梧桐叶呈掌状，3裂，梧桐叶3～5裂至中部。二者均为圆锥花序、蓇葖果，果实成熟前开裂，种子球形。云南梧桐花为紫红色，分布于云南中南部和西部以及四川西昌地区，喜温暖湿润气候，不耐荫，深根性，枝叶茂盛，花序盛开时鲜艳而明亮，是一种优美的观赏植物。梧桐的花密被淡黄色短茸毛。南北各地均有栽培，尤以长江流域为多，现已被引种到欧洲、美洲等地作为观赏树种。（王青 / 文）

1～8.云南梧桐：1.叶枝；2.花枝；3.雌花；4.雄花；5.子房及退化雄蕊；6.头状雄蕊群；7.蓇葖果；8.种子。9.梧桐叶

该画作花的解剖表现得相对较好，最好的地方在于蓇葖果成熟开裂后种子着生的展示。（马平 / 评）

苘麻叶扁担杆

Grewia abutilifolia Vent ex Juss. | 高栀 / 绘

真双子叶植物
Eudicots

核心真双子叶植物
Core Eudicots

超蔷薇类分支
Superrosids

蔷薇类分支
Rosids

锦葵类植物
Malvids

锦葵目
Malvales

锦葵科
Malvaceae

Grewia biloba G. Don

高栀
2018.4.21

苘麻叶扁担杆是扁担杆属植物，该属约150种，分布于东半球热带地区，我国有30种，广布于西南、西北、东部至东北，但主产地为西南部。苘麻叶扁担杆生长于荒野灌丛草地上，为灌木至小乔木，高1～5 m，嫩枝被黄褐色星状粗毛。叶纸质，基出脉3条，缘有细锯齿，聚伞花序3～7枝簇生于叶腋，核果红色。根及叶可辅助治疗肝炎、痢疾。（刘亚庆 / 文）

该画作是一幅较为有趣的博物绘画。绘者表现出在果期果已成熟的颜色，同时在深秋时节它的叶已处于近于枯落的残伤状。（马平 / 评）

Hibiscus rosa-sinensis L. | 黄介民 / 绘

真双子叶植物
Eudicots

核心真双子叶植物
Core Eudicots

超蔷薇类分支
Superrosids

蔷薇类分支
Rosids

锦葵类植物
Malvids

锦葵目
Malvales

锦葵科
Malvaceae

朱槿又名扶桑，为木槿属常绿灌木，系中国中部原产，全国大部分地区均有栽培。高1～3 m，花单生于上部叶腋间，花色多，有许多园艺品种及变种，从单瓣到重瓣，花色有红、淡红、橙黄、白等色，而且花大色艳，全年花开不断。朱槿别名大红花，现在热带和亚热带地区广为栽培。

（林漫华 / 文）

苹婆

Sterculia monosperma Vent.　　冯钟元 / 绘

真双子叶植物
Eudicots

核心真双子叶植物
Core Eudicots

超蔷薇类分支
Superrosids

蔷薇类分支
Rosids

锦葵类植物
Malvids

锦葵目
Malvales

锦葵科
Malvaceae

苹婆为苹婆属乔木，分布于广东、广西的南部、福建东南部、云南南部和台湾地区。在广州等地，常用作庭院绿化。苹婆有着辨识度极高的果实及美味的种子，每年夏天，枝头上鲜红色的蓇葖果经常被路人错认成花朵。苹婆的种子呈椭圆形，华南人喜欢炒食苹婆子。但是，假苹婆也有着以假乱真的鲜红色的果荚，只是无法食用。（林漫华 / 文）

绘者绘画风格和构图均显大气，色调敢于打破平衡，追求自身价值，所以极富个性。该画作中由幼叶转入老叶时色调转化很好，叶脉处特别加强了凹凸感，使平常的叶极度张扬；蓇果的红及质感掌握到位，画面保持了整体平衡，悬挂的种子虽然在此角度画不真切，但可感到其悬挂之意。（马平 / 评）

Daphne genkwa Siebold et Zucc. | 史渭清 / 绘

真双子叶植物
Eudicots

核心真双子叶植物
Core Eudicots

超蔷薇类分支
Superrosids

蔷薇类分支
Rosids

锦葵类植物
Malvids

锦葵目
Malvales

瑞香科
Thymelaeaceae

1.植株一段及花；2.根；3.花

瑞香属约有 95 种，我国有 44 种，主产于西南和西北部，全国各地均有分布。芫花为落叶灌木，多分枝，小枝圆柱形，细瘦。树皮褐色，老枝紫褐色或紫红色。叶对生，卵形或卵状披针形至椭圆状长圆形。花比叶先开放，花紫色或淡蓝紫色，3～6 朵花簇生于叶腋或侧生，花梗短，具灰黄色柔毛。果实肉质，白色，椭圆形，包藏于宿存的花萼筒的下部，具 1 颗种子。芫花茎皮纤维柔韧，可作造纸和人造棉原料，根可毒鱼，全株可作农药。（王颖 / 文）

此物种在野生状态下花一般不会很密集，栽培种会随着营养条件的改变而改变，在水分充足的情况下花较密生。此画作表现的是物种野生状态下形态。（马平 / 评）

岩蔷薇

Cistus ladanifer L. | 童军平 / 绘

岩蔷薇属约有 20 种，原产于地中海地区，我国引入栽培 1 种 1 变型。岩蔷薇为常绿灌木，全株具有胶黏质香树脂分泌物，可提取香精香料。叶对生，花大，淡黄色，花瓣基部具一黄色斑块，花期为 4—5 月，蒴果期在 6 月上旬。本种可供观赏或提取香料。（林漫华 / 文）

此画作构图较好。花的重心放位及叶的布局较好，并刻意将最前部叶片叶脉留白，使之产生一定的距离感和层次感。（马平 / 评）

Parashorea chinensis Wang Hsie 　曾孝濂／绘

真双子叶植物
Eudicots

核心真双子叶植物
Core Eudicots

超蔷薇类分支
Superrosids

蔷薇类分支
Rosids

锦葵类植物
Malvids

锦葵目
Malvales

龙脑香科
Dipterocarpaceae

望天树为柳安属高大乔木，为我国特有种，仅分布在我国西双版纳补蚌和广纳里新寨至景飘一带 20 km² 范围内的热带雨林中。高 40～60 m，胸径 60～150 cm，昂首挺立于万木之上，被称作"雨林巨人"，欲观其全貌必须举目望天，故得名望天树，别名擎天树。因其树形如伞，层林皆居其下，傣族人又称之为"伞树"。望天树的花朵呈黄白色，很是芳香。蒴果包裹在巨大的果翅之中，奇特美丽。望天树对研究中国的热带植物区系有重要意义，被列为国家重点保护野生植物名录（第一批）Ⅰ级，收录于世界自然保护联盟（IUCN）2012 年濒危物种红色名录。（杨梓／文）

1.花枝；2.果枝；3.叶背面一部分；4.叶背之星状毛；5.托叶；6.花；7.雄蕊；8.雌蕊；9.蒴果，宿存花萼成翅状；10.蒴果

该画作是科学和艺术结合得较好的作品，对叶片的转折把握深入，逻辑性强，经得住推敲。构图洒脱，花枝和果枝不同时期交叉重叠自然，不零乱，尤其果实的表现很美。（马平／评）

Bretschneidera sinensis Hemsl. | 严岚／绘

伯乐树为我国特有树种，属国家一级保护树种，被誉为"植物中的龙凤"。具有粉红色大型总状花序的伯乐树高可达 20 m，其种子在林下的树叶中覆盖一年后才能萌芽。伯乐树在研究被了植物的系统发育和古地理、古气候等方面都有重要科学价值。（杨梓／文）

1.奇数羽状复叶；2.花枝；3.果枝（蒴果）；4.花；5.花瓣；6.雄蕊；7.雌蕊

Tropaeolum majus L. | 李玉博 / 绘

真双子叶植物
Eudicots

核心真双子叶植物
Core Eudicots

超蔷薇类分支
Superrosids

蔷薇类分支
Rosids

锦葵类植物
Malvids

十字花目
Brassicales

旱金莲科
Tropaeolaceae

旱金莲属植物约有 90 种，原产于中南美洲。旱金莲为该属一年生攀缘状肉质草本，叶互生；叶片圆形，有主脉 9 条，由叶柄着生处向四面放射，边缘为波浪形的浅缺刻，背面通常被疏毛或有乳凸点。单花腋生，花黄色、紫色、橘红色或杂色；花托杯状；果扁球形，成熟时分裂成 3 个具 1 粒种子的瘦果。（杨梓 / 文）

该画作用色到位，极具博物画的观赏性，叶子上的水珠有动态的美感。（马平 / 评）

番木瓜

Carica papaya L. 　李楠／绘

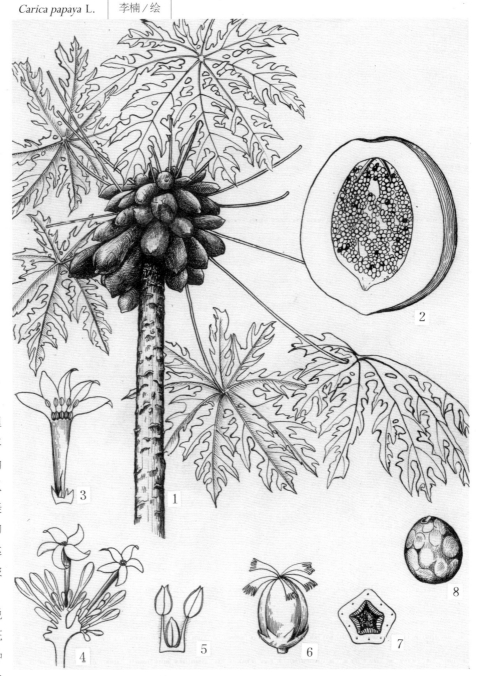

我们现在所说的"木瓜"，都应该加上一个"番"字，因为木瓜在中文里另有所指——300多年前，番木瓜随着欧洲的海商舶来中国。番木瓜原产于中美洲和南美洲，是番木瓜属唯一的成员。该属曾经有多达45个种，不过现在都被拆分到其他属里去了。最早栽培番木瓜的据说是墨西哥人，随着西班牙殖民者的到来，这种植物逐渐扩散到加勒比群岛、非洲乃至欧洲国

1. 具果全株；2. 果实纵切；3. 雄花展开；4. 雌花序；5. 两性花中的雄蕊；6. 子房；7. 子房横切面；8. 种子

家在东南亚的殖民地。番木瓜看起来像树，能长到10 m高，但实际上是一种大型的多年生草本植物。这种植物的茎通常不分枝，就这么直挺挺地长上去。如果茎顶断掉了，有时候也会勉为其难长几个侧枝，但一般都生长不良。叶片很大，掌状分裂成精致而复杂的形状，而脱落的叶柄在茎干上留下硕大的菱形叶痕。这些特征让你能一眼就把番木瓜树从周围的植被中辨认出来，当然，如果开花结果了就更好认了。（顾有容／文）

植物外形较生动，花序的基本特征准确，浆果纵切显示种子着生较好。（马平／评）

Brassica juncea (L.) Czern. 　韦力生／绘

真双子叶植物
Eudicots

核心真双子叶植物
Core Eudicots

超蔷薇类分支
Superrosids

蔷薇类分支
Rosids

锦葵类植物
Malvids

十字花目
Brassicales

十字花科
Brassicaceae

1.茎下部叶；2.茎及叶；3.花果枝

芥菜为芸苔属一年生草本植物，起源于亚洲，我国各地都有栽培。高可达 150 cm，有辣味；茎直立；总状花序顶生，花后延长；花黄色，花瓣倒卵形，长角果线形，种子球形，紫褐色。芥菜是重要的蜜源植物和经济作物。叶盐腌可食用；种子及全草可药用，种子磨粉称芥末，为调味料；榨出的油称芥子油。它还有很多变种，如湖南人吃的雪里蕻、有名的涪陵榨菜、广东的皱叶芥菜等，都是中国人餐桌上受欢迎的蔬菜。（端木婷／文）

该画作构图较好。茎下部的叶明显抢了植株上部的视觉风头，色相差同样压倒了花果部分。（马平／评）

大叶碎米荠

Cardamine macrophylla Adams | 陈荣道／绘

1.根；2.植株上部及花序；3.长角果

碎米荠属约有200种，世界各地广布，我国有48种。大叶碎米荠为该属多年生草本，我国特有种。产区为浙江、湖北、湖南、江西、陕西南部、甘肃南部、四川中南部。高35～65 cm。根状茎横走；茎直立，不分枝，表面有沟棱；总状花序，开紫色、淡紫色或紫红色花；结扁条形角果；花期4—7月，果期6—8月。常见于海拔500～3 500 m的山谷阴湿地及山坡林下，有时成片繁生。大叶碎米荠既可食用也能入药，是民间治疗百日咳、支气管炎和哮喘的有效药物。在湖北西部民间，大叶碎米荠有数百年的药用历史。（陈瑞梅／文）

独行菜

Lepidium apetalum Willd. | 冯金环 / 绘

独行菜属约有 180 种，除南极洲外世界各地都有分布，我国有 16 种。独行菜为一年或二年生草本植物，高 5 ~ 30 cm；茎直立，有分枝；叶二型，基生叶莲座状窄匙形，一回羽状浅裂或深裂，茎上部叶线形，有疏齿或全缘；总状花序开小白花；结角果；花果期 5—7 月。独行菜是常见的田间杂草，可作野菜食用。全草及种子可入药，用于治疗肺炎、痰多喘急等疾病；种子还可榨油，具有一定经济价值。（陈瑞梅 / 文）

1.植株；2.花；3.短角果

此物种属于不显山露水的寻常杂草，形体又小，毫不起眼，所以画起来困难，绘者能表现如此已属不易。种子较好地表现出边缘至上部的翅。（马平 / 评）

疏花蛇菰

Balanophora laxiflora Hemsl. | 马平 / 绘

真双子叶植物
Eudicots

核心真双子叶植物
Core Eudicots

超菊类分支
Superasterids

檀香目
Santalales

蛇菰科
Balanophoraceae

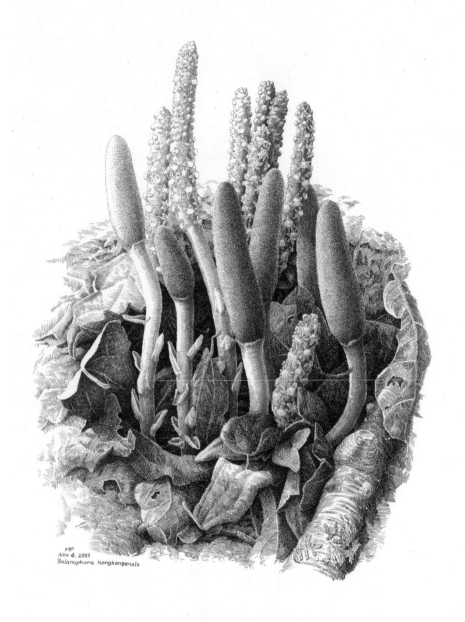

蛇菰属为寄生植物，没有叶绿体及根，完全依赖于寄主植物而存活，主要寄生于杜鹃、锥栗等植物根上，由于茎退化为一单生或分枝的块状茎，常被误认为是蘑菇。该属约有 80 种，我国有 15 种，产于长江以南各地海拔 1 000 ~ 2 000 m 的山坡竹林或阔叶林下。疏花蛇菰的模式标本采自四川巫溪县，高 10 ~ 20 cm，全株鲜红色至暗红色，有时转紫红色；花雌雄异株；雄花序圆柱状，雄花近辐射对称，疏生于雄花序上，雌花序卵圆形至长圆状椭圆形，向顶端渐尖，子房卵圆形，具细长的花柱和具短子房柄，聚生于附属体的基部附近。该种分布在华南、西南等地海拔 660 ~ 1 700 m 密林中。胡秀英博士于 1992 年 12 月在香港青山发现状似指头的蛇菰，该蛇菰于 11 月下旬至 12 月花期时从泥土中冒出，茎的下部有小叶片，而茎顶膨胀部分有无数小花，花期时整株植物呈红色或黄褐色，经过多次野外观察、文献考究和比较，将该种类定名为香港蛇菰 *B. hongkongensis*，并在《哈佛大学植物学报》（*Harvard Papers in Botany*）发表。现香港蛇菰已被归并入疏花蛇菰。（张寿洲、艾侠 / 文）

真双子叶植物
Eudicots

核心真双子叶植物
Core Eudicots

超菊类分支
Superasterids

檀香目
Santalales

檀香科
Santalaceae

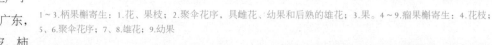

75/10

图中两种皆为檀香科槲
寄生属灌木。柄果槲寄
生寄生于锥栗属、柯属
植物或樟树等植物上，
产于西南、东南各地。
果黄绿色，下半部骤狭
呈柄状，故得名。果皮
平滑。瘤果槲寄生产于
云南南部、广西、广东，
寄生于柚树、黄皮、柿
树、无患子、柞木、板栗或海桑、海莲等
多种植物上。果皮具小瘤体，成熟时淡黄
色，果皮变平滑。（杨梓 / 文）

1~3.柄果槲寄生：1.花、果枝；2.聚伞花序，具雌花、幼果和后熟的雄花；3.果。4~9.瘤果槲寄生：4.花枝；
5、6.聚伞花序；7、8.雄花；9.幼果

该图为《中国植物志》插图原作。此类群物种的花序非常特殊，绘者
表达出这种不同，说明绘者在科学上有深刻的认识。用钢笔上墨更出
彩，使其花和果的质感很强，叶脉同样恰到好处。（马平 / 评）

Taxillus sutchuenensis (Lecomte) Danser | 余汉平 / 绘

真双子叶植物
Eudicots

核心真双子叶植物
Core Eudicots

超菊类分支
Superasterids

檀香目
Santalales

桑寄生科
Loranthaceae

桑寄生为钝果寄生属植物，该属有 25 种，我国有 18 种。桑寄生为灌木，常寄生于其他乔木上，靠吸取寄主植物的水分和无机盐为生，其枝叶高 0.5 ~ 1 m，可进行光合作用制造养分，6—8 月开紫红色狭管状花，冬季结黄绿色果实。果内含高黏性的胶质，鸟类吃后要在树上蹭，以作清理，因此，除了通过鸟粪传播种子的常见方式外，还多了这样一个专有的、奇特的传播方式。当种子落在高大的植物上，桑寄生又开启了新一轮生命的历程。《本草纲目》记载桑寄生全株入药，有治风湿痹痛、腰痛等功效。（陈瑞梅 / 文）

该画作表现了物种的生长状态，幼枝和叶密被褐色鳞片，花形和花被上端开裂及花柱伸出状态准确。（马平 / 评）

Frankenia pulverulenta L. 曾孝濂／绘

真双子叶植物
Eudicots

核心真双子叶植物
Core Eudicots

超菊类分支
Superasterids

石竹目
Caryophyllales

瓣鳞花科
Frankeniaceae

瓣鳞花科有 1 属约 80 种，中国仅产 1 种，零星分布于新疆新源县、甘肃民勤县和内蒙古额济旗等地海拔 1 200 ~ 1 450 m 的河滩、湖边等盐化草甸。瓣鳞花天生不惧旱、不惧盐渍，能生长在一般植物无法生长的盐碱地里。夏天，当根部从土壤中吸取了盐和水分后，它就像人一样，叶子会"出汗"，"汗"中含有盐分。当"汗滴"从叶片表面蒸发掉时，叶片上留下一层洁白的盐霜。为了适应荒漠干旱气候，在资源较贫乏、随机干扰程度高的条件下，瓣鳞花的繁衍以劈裂生长这种营养繁殖为自然更新的主要方式，形成环状集群。该物种野生数量极为稀少，被列为国家重点保护野生植物名录（第一批）Ⅱ 级。（龚奕青／文）

1.花；2.花瓣及附生的鳞片

这幅画作表现出瓣鳞花的严酷生境。（马平／评）

柽柳

Tamasix chineneis Lour. 邓盈丰 / 绘

柽柳是柽柳属落叶灌木或小乔木，为广布种，多生长于海河、黄河中下游及淮河流域的低洼盐碱地区。由于树皮呈红褐色，又名红柳、红荆。柽柳一年多次开花，花期4—9月。春天的花序由头年生小枝的侧芽长出，花较大而稀疏；夏天和秋天的花序长在当年生新枝的顶端，花较小而密集。两种花序都是总状花序，盛开时形似粉红色的小号试管刷。柽柳的花小，种子更小，每朵花能结出上千粒种子。种子顶端有一簇毛，便于借助

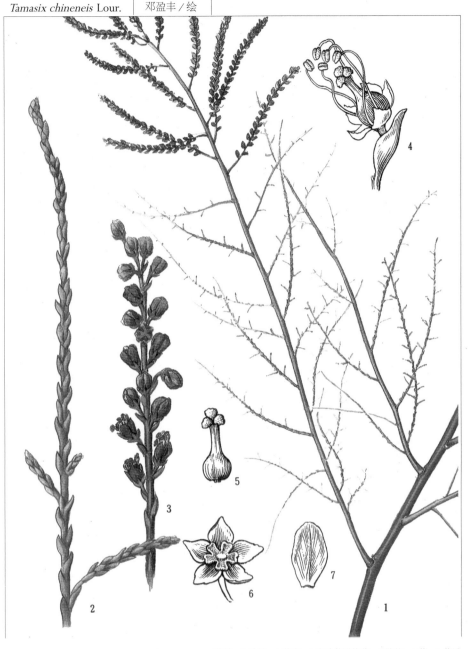

1.花枝；2.叶枝；3.花序；4.去除花瓣的花；5.雌蕊；6.萼；7.花瓣

风力和水传播。除了强大的有性生殖能力以外，柽柳还能进行营养繁殖，在合适的环境里扩散非常快。

柽柳耐干旱、盐碱。叶鳞片状，根系发达，这都是一种适应干旱环境的性状。柽柳能在含盐量1%的重盐碱地上生长，它也是泌盐植物，其枝叶中含盐分，盐分过量时可分泌排出体外。柽柳耐沙埋，被埋的茎枝又能产生新的根系。在我国，柽柳是重要的防风固沙植物，是荒漠群落的重要组成部分。新疆的柽柳属植物是中药材管花肉苁蓉 *Cistanche tubulosa* 的寄主。过去，过度采挖管花肉苁蓉对柽柳植被造成了很大的破坏。管花肉苁蓉和它的寄主之一多枝柽柳 *T. ramosissima* 均被列为国家重点保护野生植物（第二批）Ⅱ级。（汪劲武、顾有容 / 文）

二色补血草

Limonium bicolor (Bunge) Kuntze　张铭淑、车永仁/绘

真双子叶植物
Eudicots

核心真双子叶植物
Core Eudicots

超菊类分支
Superasterids

石竹目
Caryophyllales

白花丹科
Plumbaginaceae

1.植株；2.花序；3.雌蕊；4.宿存花萼及果实

二色补血草为补血草属植物，该属有 300 多种，世界广布。我国有 22 种，均为多年生草本，有少数为小灌木。茎丛生，叶多根出，花序多分枝，花两性，辐射对称，花冠通常为合瓣、管状。其中许多种类用于栽培观赏。二色补血草为盐碱地拓荒植物，分布在中国东北、黄河流域各地和江苏北部。二色补血草又名"落蝇子花""蝇子架"，这是因为它善于"捕蝇"：它能释放一种诱惑苍蝇的物质，苍蝇特别爱光顾此花，一旦上去就被杀死，因此，二色补血草是天然的灭蝇花。其花香淡雅，给人一种清凉之感，可做成香囊、香袋，把一面做成透明的，既可观花，又可闻香味，别有情趣。（朱龙建 / 文）

竹节蓼

Homalocladium platycladum (F. Muell.) Bailey | 史渭清／绘

竹节蓼属产自新几内亚和所罗门群岛。该属只有竹节蓼一个种，在一些热带地区的国家已归化，如印度、巴基斯坦、马达加斯加等地。我国引入栽培。属名"Homalocladium"意为"扁平的枝条"，种加词"platycladum"表示"枝条宽大"。老枝圆柱形，有节，具纵线条；幼枝扁平，多节，绿色，形似叶片，节处略有收缩。叶退化，全缺或有数枚披针形小叶片，基部三角楔形。托叶退化成线状。总状花序簇生在新枝条节上，为淡红色或绿白色。瘦果椭圆形，具3棱，包于红色肉质花被内。（李珊／文）

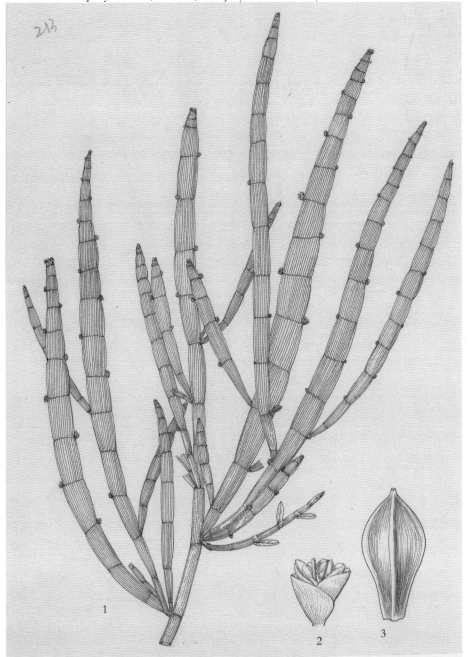

1.植株；2.花蕾；3.坚果

画纸版芯高度正好符合物种展开的姿态，所以画面舒适。幼枝节状扁平，叶退化的基本特征体现准确，最值得称赞绘者的是其平静如水的心态，如此才能将纵向脉纹画得足够真实。（马平／评）

真双子叶植物
Eudicots

核心真双子叶植物
Core Eudicots

超菊类分支
Superasterids

石竹目
Caryophyllales

蓼科
Polygonaceae

蓼属约230种，我国约有113种。属名"*Polygonum*"源自希腊语，表示这类植物共同的特点：茎部具有明显膨大的节。蓼属的植物种类繁多，从5 cm以下的低矮匍匐小草本到3～4 m高的直立多年生草本，再到20～30 m高的多年生藤本均有，主要分布于北温带地区。本属具有许多药用植物，如杠板归等。

密穗蓼为半灌木植物，生于西藏海拔4 000 m以上的山坡石缝及山坡草地，密集簇生。叶柄

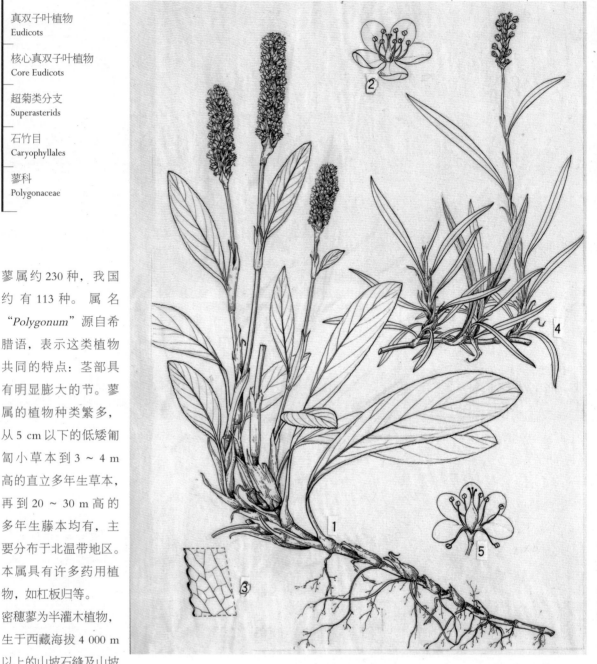

1～3.密穗蓼：1.植株；2.花；3.叶缘一部分。4、5.宽叶匍枝蓼：4.植株；5.花

短，茎生叶较小且近无柄。穗状的总状花序粗壮直立，紫红色小花紧密生长，故而得名。宽叶匍枝蓼为匍枝蓼变种，本变种与原变种的区别在于植株较大，高15～25 cm，叶宽披针形等。（施践 / 文）

红蓼

Polygonum orientale L. | 刘林翰／绘

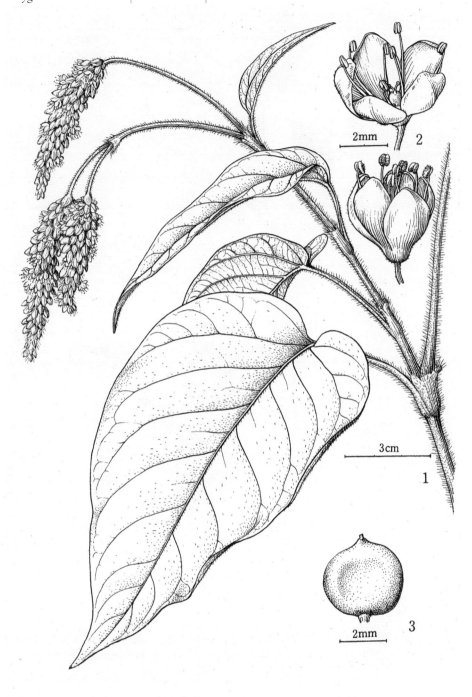

2mm
2

3cm
1

2mm
3

1.花序枝；2.花；3.瘦果

红蓼为蓼属一年生草本，生长迅速，适应性强，在我国除西藏外，广布各地。其茎粗壮直立，上部多分枝，植株高大茂盛；总状花序为穗状，密生淡红色或白色的小花，清新美丽；瘦果黑褐色，微小而有光泽，近圆形，两面都呈凹状；果实入药，名"水红花子"。《诗经·国风·郑风》有言："山有桥松，隰有游龙，不见子充，乃见狡童。"这里的"游龙"，便是红蓼。后世不少文人骚客也吟诵过红蓼的风姿，如陆游就曾留下"老作渔翁犹喜事，数枝红蓼醉清秋"（《蓼花》）的诗句。

红蓼的身影也多次出现在历代国画大师的作品中，如宋徽宗赵佶的《红蓼白鹅图》、清代女画家马荃的《红蓼野菊图》等。（郎校安／文）

该图为《湖南植物志》插图。红蓼植株高大，故而绘者仅取一段，展现了舒展的叶姿，微垂的花序，细密的花朵，对植株上细密的柔毛、瘦果的凹陷，更是重点加以了表现。（马平／评）

Polygonum senticosum (Meisn.) Franch. et Sav.　　许春泉／绘

真双子叶植物
Eudicots

核心真双子叶植物
Core Eudicots

超菊类分支
Superasterids

石竹目
Caryophyllales

蓼科
Polygonaceae

刺蓼为攀缘草本，主要产于东北、华北、华东、华南和西南等地海拔120～1 500 m的山坡、山谷及林下。多分枝，被短柔毛，四棱形。叶片三角形或长三角形，基部戟形。茎棱、叶背及叶柄具倒生皮刺。花序头状，顶生或腋生。花被5深裂，淡红色。瘦果近球形，黑褐色。花期6—7月，果期7—9月。刺蓼全株密生的皮刺，是植物的一种自我保护机制，能减轻昆虫的伤害。（李珊／文）

1.花枝；2.花；3.花展开，示雄蕊；4.雌蕊；5.瘦果

刺蓼为攀缘性植物，形态松散，构图展示了这一特点，同时很准确地呈现了其茎上密生的皮刺这一特征。（马平／评）

天山大黄

Rheum wittrockii Lundstr.   王利生 / 绘

真双子叶植物
Eudicots

核心真双子叶植物
Core Eudicots

超菊类分支
Superasterids

石竹目
Caryophyllales

蓼科
Polygonaceae

大黄属约有 60 种，主要分布在亚洲温带及亚热带的高寒山区。该属植物以我国为分布中心，共有 41 种 4 变种，主要分布于青海、甘肃等西北地区和四川、云南等西南地区。天山大黄为矮小粗壮草本，高 20 ~ 35 cm，主要分布在新疆、内蒙古和甘肃。其生命力较强，种子发芽力可维持 3 ~ 4 年。

1.植株；2.根；3.花；4.雌蕊；5.带翅的瘦果

播种后当年或第二年只形成叶簇。每年 4 月上旬返青，第三年 5—6 月开花，6—10 月果实成熟。果实呈肾状圆形，红色，纵脉靠近翅的边缘。驼、羊等动物喜食其叶。（陈奇 / 文）

此物种在野外十分醒目。花期时花序金黄挺立，果期时一串串粉红色三棱形瘦果煞是壮观悦目；叶片又大又厚，稳稳地托起花和果。（马平 / 评）

Rumex trisetifer Stokes 　廖信佩／绘

真双子叶植物
Eudicots

核心真双子叶植物
Core Eudicots

超菊类分支
Superasterids

石竹目
Caryophyllales

蓼科
Polygonaceae

酸模属约 150 种，分布于全世界，主产于北温带。我国有 26 种，全国各地均产。长刺酸模为一年生草本，主要生于海拔 30 ~ 1 300 m 的田边湿地、水边、山坡草地。根粗壮，红褐色。茎直立，具沟槽，分枝开展。茎下部的叶披针状长圆形，顶端急尖，基部楔形，边缘波状；茎上部的叶较小，狭披针形。托叶鞘膜质，早落。花序总状，顶生和腋生，具叶，再组成大型圆锥状花序。瘦果椭圆形，具 3 锐棱，两端尖，黄褐色，有光泽。长刺酸模因其果实具 3 对尖刺状锐棱而得名。（李珊／文）

1.果枝；2.根；3.带刺状的瘦果

该画作构图端庄秀丽，叶片自如伸展，瘦果形态及特征很准。（马平／评）

真双子叶植物
Eudicots

核心真双子叶植物
Core Eudicots

超菊类分支
Superasterids

石竹目
Caryophyllales

蓼科
Polygonaceae

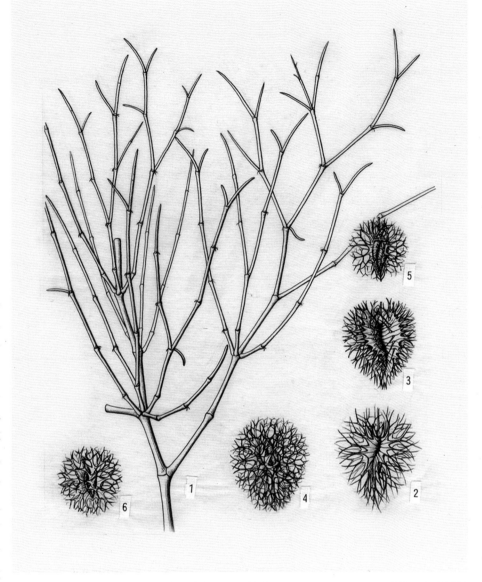

沙拐枣属，据记载有 100 余种，近几年经过一些学者的归并后，现普遍接受有 35 种的说法。我国有 24 种。沙拐枣分布于海拔 500 ～ 1800 m 的沙砾质荒漠和砾质荒漠的粗沙积聚处。沙拐枣对沙漠环境非常适应，叶子缩小成托叶状包裹在枝条的节间，使枝条节间很短，拐来拐去，因此有了"拐枣"之名。由于生长力强，其生根、发芽、生长都很快，在沙地水分条件好时，一年

1、2.奇台沙拐枣*C. klementzii* A. Los.：1.枝；2.瘦果。3.心形沙拐枣*C. cordutum* E Kor.exN. Pavl.：3.瘦果。4.密刺沙拐枣*C.densum* Borszcz.：4.瘦果。5.粗糙沙拐枣*C. squarrosum* N Pavl.：5.瘦果。6.褐色沙拐枣*C. cokcbrinum* Borszcz.：6.瘦果

就能长高两三米，当年即能发挥良好的防风固沙作用。而且在大风沙条件下，沙拐枣有"水涨船高"的本领，生长的速度远超过沙埋的速度，即使沙丘升高七八米，它也能在沙丘顶上傲然屹立，绿枝飘扬。此外，沙拐枣还能入药。沙拐枣富含粗蛋白质、粗脂肪和粗纤维等，可用于动物饲料，夏秋季，绵羊、山羊喜食其嫩枝叶，骆驼一年四季喜食其果实。（陈奇／文）

Drosera oblanceolata Y. Z. Ruan | 钟培星／绘

真双子叶植物
Eudicots

核心真双子叶植物
Core Eudicots

超菊类分支
Superasterids

石竹目
Caryophyllales

茅膏菜科
Droseraceae

1.植株的地上部分；2.已捕捉到昆虫的叶；3.花侧面

长柱茅膏菜为多年生草本，产于广西东南部至广东西南部及其沿海岛屿，香港也有分布，因花柱较长（2～3 mm）而得名。叶片基生，幼叶在叶片基部和叶柄下部二次折叠。螺状聚伞花序，花淡粉色。

茅膏菜科茅膏菜属是著名的食虫植物，常通称茅膏菜。茅膏菜能利用叶面密生的头状腺体分泌出的腺液来引诱昆虫。一旦有昆虫碰到叶片，其叶片就迅速启动捕捉机制卷曲将昆虫粘住，直到昆虫被分泌腺分泌的蛋白酶消化吸收后才重新展开。茅膏菜本身具有叶绿体，但其根系不发达，生境土壤贫瘠，加上植株矮小，光合作用一般难以维持其自身营养需求，因此以捕食昆虫等小动物补充氮素养分。其另一个神奇进化策略是长有长长的花梗，避免授粉的昆虫被叶片上的黏液所粘住。（钟培星／文）

该画作充分展现了长柱茅膏菜的植物形态特性。主体部分呈现植株形态，对叶缘的头状腺毛和叶背柔毛状腺毛做了重点描绘，并对果实及幼叶形态加以表现。在上部，绘者单独绘制出花朵形态和这种食虫植物捕食昆虫的场面。卷曲的叶片、牵扯的腺丝，鲜活地描画出昆虫不甘被困、奋力挣扎的场景。食虫植物的美丽与"杀气"，洋溢于画面。（杨梓／评）

Nepenthes mirabilis (Lour.) Merr. 　许梅娟 / 绘

猪笼草科植物主要分布于东南亚一带，有 1 属 170 种。中国产 1 种，即猪笼草，分布于华南地区。猪笼草属的拉丁名 Nepenthes，据古希腊诗人荷马的史诗《奥德赛》记载，海伦在葡萄酒中掺入了一种名叫 Nepenthe 的麻醉药，使饮用这种酒的男人忘却苦恼和忧愁。而古希腊人饮酒用的牛角杯和猪笼草的瓶状捕虫器的形状非常相似，故而将此名给了猪笼草属。

猪笼草是著名的食虫植物，拥有奇特的捕虫器官——捕虫囊，实际上为叶片末端笼蔓的特化结构，其瓶状体的瓶盖腹面能分泌香味，引诱昆虫靠近"笼子"，并滑入捕虫笼中。（陈奇 / 文）

该画作完全展示了物种营养体的形态特征和色彩，并且质感非常好；叶片的起伏、叶脉的强度及叶尖变异形成的瓶状捕虫器，名曰笼，一系列特征均准确。（马平 / 评）

Nepenthes mirabilis (Lour.) Merr. | 马平 / 绘

1.当年生个体；2.叶尖瓶状体发育过程；3.瓶状体纵切；4.瓶状体内壁结构；5.瓶盖内壁结构；6.瓶口关节后面观；7.瓶状体檐部纵切示结构

猪笼草叶片的粗大中脉在叶片尾部穿出后形成笼蔓。囊内有蜜腺能分泌蜜汁引诱昆虫，昆虫进入捕虫囊后，囊盖并不像人们想象的那样合上，但是捕虫囊的囊口内侧囊壁很光滑，能防止昆虫爬出。捕虫囊下半部的内侧囊壁稍厚，并有很多消化腺，这些腺体泌出稍带黏性的消化液储存在囊底。消化液呈酸性，具有消化昆虫的能力。（陈奇 / 文）

猪笼草形态奇异的"瓶"状结构大家并不陌生，但是这一结构的形成过程，却很少有人了解。上图完整地呈现了猪笼草叶前端卷须的生长过程和瓶状体内部结构及形成过程。右图则对于猪笼草花序及种子的详细结构加以描绘。这是绘者在香港中文大学担任访问学者期间，与毕培曦教授合作"100个科的教学"项目时所绘制的。（穆宇 / 评）

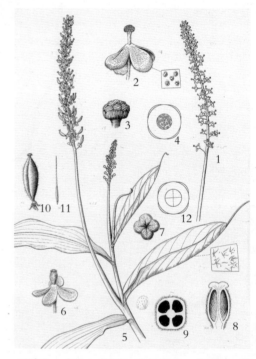

1.雄花序；2.雄花；3.花药；4.雄花花图式；5.雌花序；6.雌花；7.柱头；8.子房纵切；9.子房横切；10.蒴果；11.种子；12.雌花花图式

浅裂剪秋罗

Lychnis cognata Maxim. | 刘春荣 / 绘

真双子叶植物
Eudicots

核心真双子叶植物
Core Eudicots

超菊类分支
Superasterids

石竹目
Caryophyllales

石竹科
Caryophyllaceae

剪秋罗属约有 25 种，分布于欧亚非温带地区。我国有 6 种。本属植物花大，美丽，常作为庭院观赏花卉。浅裂剪秋罗全株被稀疏长柔毛，二歧聚伞花序，具数花，花直径达 3.5 ~ 5 cm，花瓣橙红色或淡红色，顶端又状 2 浅裂，雄蕊 10 枚，花柱 5 枚。本种的模式标本采自北京百花山。
（杨梓 / 文）

1.花枝；2.被毛；3.花瓣及雄蕊；4.雌蕊；5.花萼筒裂片

该画作将花瓣的副花冠和瓣片两侧的小裂片展示得很清晰，雄蕊及花瓣的关系表达准确。（马平 / 评）

瞿麦

Dianthus superbus L.　　李增礼 / 绘

瞿麦为石竹属多年生草本。该属植物广布于北温带，全世界有近 600 种，我国有 16 种。

瞿麦茎丛生，直立，叶片条形至条状披针形，对生，基部合生成鞘，节略膨大，花萼筒状，苞片为萼筒的 1/4，花瓣棕紫色，卷曲，先端深裂成丝状。分布于东北、华北、西北和华东等地海拔 400 ～ 3 700 m 的丘陵山地林下、林缘、草甸和沟谷溪边。（马平 / 文）

为突出表现瞿麦形态，尤其是其独特的花形，绘者特意选取了独立的两个花枝，别出心裁地将背景处理为与枝叶同色调的灰绿色，使得瞿麦花鲜艳的花色、先端深裂成丝状的独特瓣形表现得更为突出，既与摄影特写如出一辙，又吸取了西方经典肖像画用光用色之长，使得背景和主题既相互衬托又相互融合。该画作整体色调和谐，构图灵动，叶片的姿态、花瓣的动态似舞者蹁跹。虽然并未对细节作精细刻画，但筒状的花萼、直立无毛的茎、线状披针形的叶片以及鞘状合生的叶片基部，无一不是粗中有细、恰到好处。（马平 / 评）

金铁锁

Psammosilene tunicoides W. C. Wu et C.Y. Wu　李锡畴 / 绘

真双子叶植物
Eudicots

核心真双子叶植物
Core Eudicots

超菊类分支
Superasterids

石竹目
Caryophyllales

石竹科
Caryophyllaceae

1.植株下部；2.花枝；3.茎的一段，示毛；4.花

金铁锁为我国特有单种属金铁锁属多年生草本植物，国家二级保护植物，珍稀物种，对研究石竹科系统分类和进化有重要价值。金铁锁的茎纤细中空，匍匐生长，地下粗壮的肉质根支撑着看似柔弱的植株。它的花序为二歧聚伞花序，紫红色的花朵娇俏可爱，小花冠管状钟形。金铁锁地上部分均密被腺毛。群集生长于以石灰岩为母岩的酸性红壤中，横断山区是其主要分布中心。根部入药，有毒。（陈瑞梅 / 文）

此物种形态单薄，花序枝细弱，但红色的小花却别有情趣。（马平 / 评）

真双子叶植物
Eudicots

核心真双子叶植物
Core Eudicots

超菊类分支
Superasterids

石竹目
Caryophyllales

苋科
Amaranthaceae

滨藜属约 180 种，分布于温带及亚热带。我国产 17 种及 2 变种，主要分布于北方各省。白滨藜产于新疆北部，主要生长在干旱山坡、半荒漠、湖滨等处的盐化草地和低山带砾石质干燥坡地上，是一种耐盐碱、抗干旱、抗贫瘠的半灌木植物。分枝很多，叶片的两面均为银白色，有密粉。穗状的圆锥花序生长在枝干的顶端。果实为胞果，外有两枚元宝状苞片包被，苞片表面有银白色密粉，大概是它名字中"白"字的由来。

疣苞滨藜产于新疆北

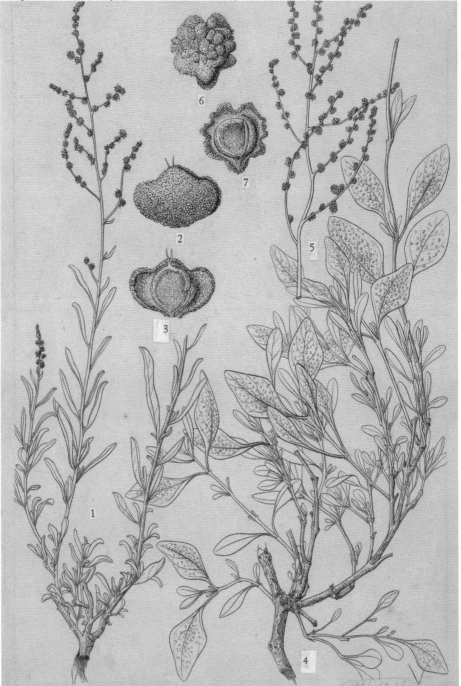

1~3.白滨藜：1.枝；2.果苞；3.果苞及胞果。4~7.疣苞滨藜：4.枝；5.花序；6.果苞；7.果苞及胞果

部，生于盐碱荒地、沙丘、路旁、田边等处，具有强大的抗盐碱和抗旱能力。疣苞滨藜属于半灌木，木质茎低矮，通常不分枝。叶片两面有密粉，同为黄绿色至银灰色。疣苞滨藜的果实表面具有明显的疣状突起及泡状毛，因而得名。它能够将吸收和积累的盐分集聚在叶表的特殊细胞内，降低生境里盐分的含量，从而能够在盐碱地区茁壮成长。该图为《中国植物志》插图原作。（李珊／文）

Chenopodium gracilispicum Kung ｜ 史渭清 / 绘

藜属约250种，分布遍及世界各处。我国产15种。藜在英文中有"goosefoot"的俗称。它的叶片通常呈菱形，叶端还有几个粗齿，看上去如同鹅掌一般，这也是其属名"*Chenopodium*"的由来。在我国，藜属植物自古就被人们发现并利用，孔子窘困食藜羹，老枝为杖尽孝道，也说明藜与杖藜等可食用，曾经作为救荒野菜出现在人们生活中。细穗藜产自华东、华中、华南、西北等地的山坡、草地、林缘、河边等处。为一年生草本，稍有粉。茎直立，圆柱形。叶片菱状卵形，基部宽楔形，上面鲜绿色而近无粉，下面灰绿色。花两性，

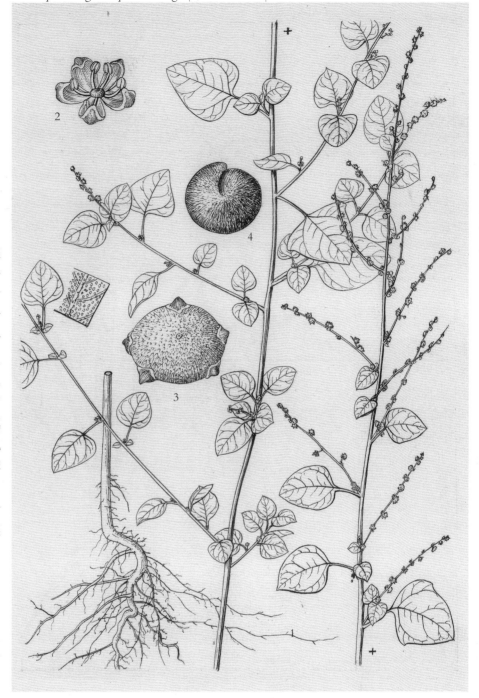

间断排列于细枝上构成穗状花序。花被5深裂，雄蕊5枚，着生于花被基部。胞果顶基扁，双凸镜形。种子横生，与胞果同形，黑色。（李珊 / 文）

1.植株上、下部及根；2.花；3.胞果；4.种子

该画作构图较好，物种的上、中和根部都表现得真实，花、胞果和种子都画得准确。唯一不足的是画材为标本干缩的花，不具有真实感，没有充满水分的肉质感。（马平 / 评）

梭梭

Haloxylon ammodendron (C. A. Mey.) Bunge | 刘春荣 / 绘

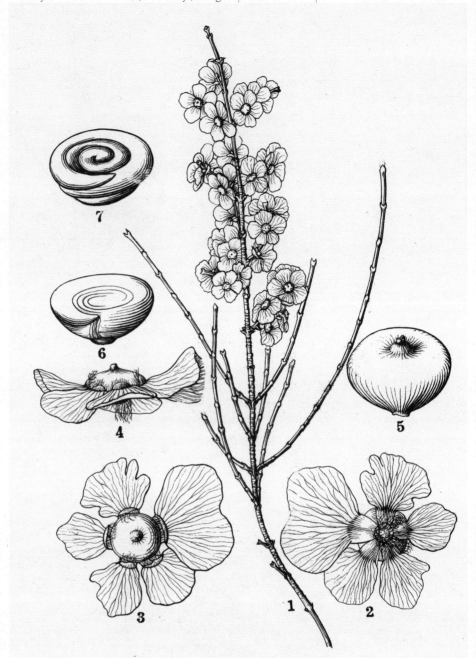

1.果枝；2.胞果下面观；3.胞果上面观；4.胞果侧面观；5.种子；6、7.胚

有些梭梭属植物对沙漠地区的自然条件有很强的适应性，能够防风固沙，对于保护农田、道路及村庄有一定的作用。梭梭就是十分重要的沙区造林树种之一，近年来已大量用于生物治沙。梭梭能在年降水量 50 mm、相对湿度低于 40% 的地方活下来，自有它的生存秘籍。除了荒漠植物必备的厚厚表皮以外，梭梭还有独特的夏季休眠特性。在这期间，梭梭体内的脯氨酸和脱落酸浓度都会上升，前者会提高细胞的渗透压，帮助梭梭保存珍贵的水分；后者则会让植物适当休眠，提高在艰难时间里的生存能力。（朱龙建 / 文）

画面呈现一果枝及花、果等。绘者把梭梭物种的生殖器官表现得非常好，花的正面、背面、侧面全部概括精确；对胞果、种子及胚进行一一介绍。该画作在表现该物种生殖器官上具有很强的科学性。（马平 / 评）

Salsola chinghaiensis A. J. Li ｜ 蔡淑琴 / 绘

真双子叶植物
Eudicots

核心真双子叶植物
Core Eudicots

超菊类分支
Superasterids

石竹目
Caryophyllales

苋科
Amaranthaceae

1. 植株上部；2. 胞果

猪毛菜属约有 130 种，分布于亚洲、非洲及欧洲，有少数种分布于大洋洲及美洲。我国有 36 种。猪毛菜属植物为常见的田间杂草，适应性、再生性及抗逆性均强，为耐旱、耐碱植物，有时成群丛生于田野路旁、沟边、荒地、沙丘或盐碱化沙质地。该属近缘种在果实形态上区别明显，青海猪毛菜胞果无龙骨状突起，翅的边缘有不整齐齿，翅以上部分坚硬，聚集成长圆锥体。（陈广宁、吴璟 / 文）

该类群物种主要生长于干旱区，叶狭小并有毛，防止水分蒸发和强光的照射，最特殊的是其胞果的外形。（马平 / 评）

Celosia argentea L. | 许春泉／绘

真双子叶植物
Eudicots

核心真双子叶植物
Core Eudicots

超菊类分支
Superasterids

石竹目
Caryophyllales

苋科
Amaranthaceae

青葙属有 45 ～ 60 种，分布于亚洲、南北美洲和非洲亚热带及温带地区，我国有 3 种，包括广为栽培的鸡冠花 *Celosia cristata*。青葙为一年生草本植物，花开时，整个花序穗状直立，通常上部为粉红色，下部白色。青葙名出自《神农本草经》，名为"草蒿、萋蒿"，在《本草纲目》中又多了"野鸡冠、鸡冠苋"的名字。李时珍曰："青葙生田野间，嫩苗似苋可食，长则高三四尺。苗、叶、花、实与鸡冠花一样无别。但鸡冠花穗或有大而扁，或团者。此则稍间出花穗，尖长四五寸，状如兔尾，水红色，亦有黄白色者。"花期 5—8 月，果期 6—10 月。

嫩茎叶可作蔬菜食用；种子药用，能清肝明目、降压；全草有清热利湿之效。（谢云／文）

1.花枝；2.花；3.种子

叶子花

Bougainvillea spectabilis Willd. 田震琼 / 绘

真双子叶植物
Eudicots

核心真双子叶植物
Core Eudicots

超菊类分支
Superasterids

石竹目
Caryophyllales

紫茉莉科
Nyctaginaceae

叶子花属的学名源于法国航海家兼军事将领路易斯·安托万·德·布干维尔（Louis Antoine de Bougainville），他于1786年第一次记载该植物。该属有14种，分布于南美洲，从巴西西部到秘鲁及阿根廷南部都有生产。常见栽培的有3种，分别是光叶子花 *B. glabra*、叶子花 *B. spectabilis* 和秘鲁叶子花 *B. peruviana*，园林上栽培的多是这3种及其彼此之间的杂交种，多达300余种。叶子花为藤本状灌木，茎有弯刺，并密生绒毛，单叶互生，花细小、黄绿色，3朵聚生于不同颜色的大苞片中，苞片常被误认为是花瓣，性状似叶，故名叶子花。叶子花花期长，易管理，在热带、亚热带广受喜爱。在我国，叶子花是厦门、深圳、三亚等城市的市花。（杨蕾蕾 / 文）

该画作构图好，花枝舒展大方，色调运用得当。最佳的是充分显示了光线从右射来，并展现出其对枝叶和花的影响，使得整体充满生机。在光的作用下产生的投影，运用在植物画中属上佳。（马平 / 评）

Basella alba L.　刘林翰 / 绘

真双子叶植物
Eudicots

核心真双子叶植物
Core Eudicots

超菊类分支
Superasterids

石竹目
Caryophyllales

落葵科
Balsaminaceae

落葵属共有6种，2种产于热带非洲，3种产于马达加斯加，1种广泛分布于热带地区。落葵在我国为引进种类，南北各地多有种植，多处发现逸为野生群落。落葵在我国的食用历史之长，也可以从众多的方言名称中体现出来：四川人叫它软浆菜，云南人叫它豆腐菜，广东人叫它潺菜，还有很多地方称它为染浆叶，等等。但目前更常用的名字还是木耳菜，因为其食用口感鲜嫩软滑，可炒食、烫食、凉拌，其味清香，清脆爽口，如木耳一般，别有风味。落葵全草供药用，为缓泻剂，花汁有清血解毒作用。（朱龙建 / 文）

1.雌植株一段；2.雌花；3.雌花纵切；4.胞果；5.雄植株一段；6.雄花；7.雄花展开

该画作构图丰满，充分利用了空间。枝叶的质感较强，叶脉分明。雄雌花的科学性表现得很准确，是一幅较好的科学画。（马平 / 评）

马齿苋

Portulaca oleracea L. | 陈月明／绘

马齿苋属约 200 种，广布于热带、亚热带至温带地区。我国有 6 种，南北各地均有分布。其性喜肥沃土壤，生存力强，生长于菜园、农田、路旁，为田间常见野草。马齿苋叶青、梗赤、花黄、根白、子黑，故又称五行草，民间又称之为"长寿菜""长命菜"。我国各地都有食用马齿苋的习惯，其药用价值更高，是房前屋后随手

1.植株；2.花；3.雄、雌蕊；4.盖裂的蒴果

拈来的药材，有"天然抗生素"的美称。汪曾祺在其散文《故乡的野菜》一文中描述其童年于夏天见祖母摘肥嫩的马齿苋晾干，过年时做馅包包子的经历。浙江乡下也有在夏天的时候采摘马齿苋，晒半干后剁碎蒸肉或炒蛋的做法，酸酸的，很开胃。马齿苋与众不同之处是其顽强的生命力，其抗晒抗干旱，总是水嫩葳蕤，即使弃之路边，也遇土则活，不愧被称为"晒不死"的马齿苋。（谢云文 / 文）

该画作构图合理，由于用色得当，植株的肉质感很强，充分显示其顽强的生命力。

（马平 / 评）

Epiphyllum oxypetalum (DC.) Haw. | 冯晋庸/绘

真双子叶植物
Eudicots

核心真双子叶植物
Core Eudicots

超菊类分支
Superasterids

石竹目
Caryophyllales

仙人掌科
Cactaceae

昙花原产于美洲墨西哥到巴西海拔 100～1 200 m 的热带沙漠中，为附生的肉质灌木植物。老茎呈圆柱状，木质化。叶状侧扁，边缘波状或具深圆齿，中肋粗大。老株分枝，产生气根。花单生于枝侧的小窠，漏斗状，于夜间开放，芳香，故有"月下美人"之誉。瓣状花被片白色，边缘全缘或啮蚀状。浆果长球形，具纵棱脊。花开后，过 1～2 小时又慢慢地枯萎，整个过程仅 4 个小时左右。故有"昙花一现"之说。这种习惯与其原生地有关。

（张寿洲／文）

$\times \frac{1}{3}$

该画作是冯晋庸先生早期铅笔写生作品。在画作背面，他记录道："花期8月11日夜开，茎色白，外层紫，开时甚香，柱头16、19不等。8月11日夜9时破口，12时大放，12日2时3刻缩，6时前封口，8时前下垂，17日12时前枯萎，18日7时前脱落。"（1948年记）此画作最独特之处是花仍生在肉质叶片上，花却被完整纵切开，展示内部结构。此种手法唯独绘者一人所用。（马平／评）

量天尺

Hylocereus undatus (Haw.) Britt. et Rose | 邓盈丰 / 绘

真双子叶植物
Eudicots

核心真双子叶植物
Core Eudicots

超菊类分支
Superasterids

石竹目
Caryophyllales

仙人掌科
Cactaceae

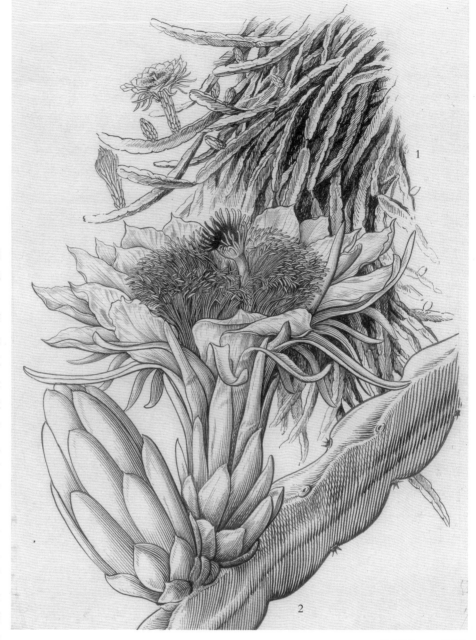

1.一丛植物体；2.一段花枝

量天尺是肉质攀缘灌木，像仙人掌科里的绝大多数"亲戚"一样，叶片退化成了小刺，靠宽大的肉质茎来进行光合作用。"量天尺"这个名字的真实含义，是形容这种植物善于攀缘悬崖绝壁，而茎的每一节又形似尺子。量天尺的茎是三棱形的，只有在热带和亚热带地区才能正常生长。1645 年，量天尺被引入中国。今天，广东、广西、福建、海南和台湾的很多地方都能看到野化的量天尺。由于量天尺有"霸王鞭"的别名，它的干花也被称为霸王花。从规模上看，"霸王花"名副其实。喇叭形的花朵长达 30 cm，直径 20 cm，花冠管外侧有密集的黄绿色鳞片，花瓣是白色的。花朵里面有数百条雄蕊，还有一条雌蕊通往下位子房。量天尺的花于夜晚开放，开花时会散发出香气。在中美洲的原产地，它是依赖蝙蝠传粉的，而中国并没有这些蝙蝠，因而在自然条件下，中国的量天尺结实率极低。（顾有容 / 文）

该画作构图较不同，整体看不太相冲，却有点别扭。除此之外表现力相当强，花的整体性非常好，雄蕊群表现到极致，其他部位肉质感的用线非常好。（马平 / 评）

真双子叶植物
Eudicots

核心真双子叶植物
Core Eudicots

超菊类分支
Superasterids

菊类分支
Asterids

山茱萸目
Cornales

蓝果树科
Nyssaceae

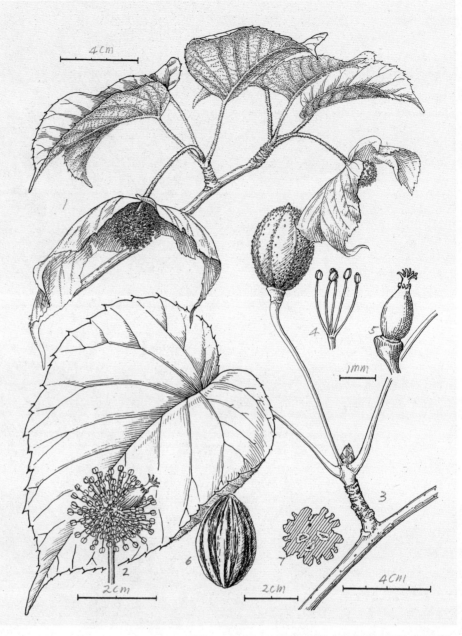

1.花枝；2.两性花序；3.果枝；4.雄花；5.两性花；6.核果；7.核果横切

珙桐之美，美在其"花"——实则是花序外面的两枚总苞片。珙桐真正的花并不起眼，连花瓣都没有。若干朵雄花和一朵雌花或两性花组成一个头状花序，也就是两片"翅膀"之间那个紫色的小球。完成受粉以后，雌花会发育成一个状似小梨的核果。果实于10月间成熟，核大且硬，薄有果肉，酸涩而不堪食。珙桐的俗名"木梨子"和"水梨子"就是由此而来的，据说旧时旅人会拿它聊解饥渴。珙桐的花序总苞对它的繁殖成功有至关重要的作用。其一，总苞可以代替缺席的花瓣，吸引传粉昆虫。珙桐的花真正开放之前，总苞是绿色的，比较狭小而坚挺，蜜蜂等昆虫对它没有兴趣，到了开花的时候，总苞变成黄白色，更加轻薄柔软，昆虫的访问频率大增。其二，珙桐的分布区大部分位于华西雨屏带，花期的降水很多。珙桐的花粉很脆弱，吸收了过多水分就会炸裂而死。覆盖在花序外面的总苞就像雨伞一样，保护花粉不被雨淋，兼具吸引和保护作用，这是被称为"白鸽翅膀"的真意。珙桐为中国特有，被列为国家重点保护野生植物名录（第一批）Ⅰ级，但保护意义主要在于它是中国特有种且在国际上名气很大，而不在于濒临灭绝。（顾有容／文）

珙桐

Davidia involucrata Baill.　曾孝濂/绘

　　该画作是绘者为2019年北京世界园艺博览会大型纪录片《改变世界的100种中国植物》而创作的同名巨幅画作的局部。在绘者从前的画作《珙桐》中，因未能找到珙桐的两性花序，故而画中都是雄性花序，存在科学性上的瑕疵。此次绘者辗转之下终于找到了两性花序，在这幅新画作中加以纠正，弥补了从前的遗憾。这反映了一位严谨的科学绘者对科学的尊重及认真的态度。对这种精神我们必须致敬。（马平／评）

真双子叶植物
Eudicots

核心真双子叶植物
Core Eudicots

超菊类分支
Superasterids

菊类分支
Asterids

山茱萸目
Cornales

绣球花科
Hydrangeaceae

绣球花属曾长期划归在虎耳草科，APG 分类系统将其归在山茱萸目绣球花科。绣球属下有 70 ～ 75 种，多样性中心在东亚。我国有 33 种，其中 25 种为特有种。全国各地均有分布，以西南部至东南部种类最多。绣球盛开时美丽如彩球，"散作千花簇作团，玲珑如琢巧如攒"（明·张新《绣球》），故得名绣球；又"因其一蒂八蕊，簇成一朵，故名八仙"（清·陈灏《花镜》），被称为八仙花。绣球原产于日本，在世界各地广为栽培。绣球初夏开花，伞房花序中央为可孕的两性花，外缘为不孕花，不过，现在园林中广泛栽培的大都是其变型紫阳花，全为不孕花，花头极大，格外壮观。绣球花色多变，分蓝色和粉色两种色系。绣球初开时为绿色，之后渐变为白至蓝及紫色，后期变成淡粉红色。花色随土壤酸碱度而变化，土壤是酸性的时候呈蓝色，碱性的时候呈粉红色。（单晓燕／文）

该画作画面颇美，充满了温情，静静地自由地展示花自身的美，但不艳俗。（马平／评）

大花四照花

Cornus florida L.   吴秀珍 / 绘

四照花属现已被归并到山茱萸属 *Cornus*。四照花属有一些种是园艺家的宠儿，其中大花四照花还被培育成萼片粉红色的园艺种。大花四照花原产于北美洲东部，在其盛开的季节，一朵朵淡绿色或白色"大花朵"甚是惹眼。实际上"大花朵"是花瓣状总苞片，而4片总苞中间才是众多绿色小花聚集成的顶生头状花序。果实成熟后为紫红色，如同红玉髓，味道甜美。这也是山茱萸属"*Cornus*"得名之故，其拉丁文字源自"Cornelian"意为"红玉髓""红水晶"。（彭丽芳 / 文）

该画作是一幅精美的博物绘画，构图稳重，不紧不散，很平和。4片白色苞片静静地托扶着多数花，由于受绿色叶影响，白色中显出淡淡的绿，很美。果期褐红色果实显出一派收获的喜悦，一静一动，使画面富于生机。（马平 / 评）

山茱萸

Cornus officinalis Siebold et Zucc.　陈月明／绘

真双子叶植物
Eudicots

核心真双子叶植物
Core Eudicots

超菊类分支
Superasterids

菊类分支
Asterids

山茱萸目
Cornales

山茱萸科
Cornaceae

1.花枝；2.果枝；3.花

山茱萸这个名称最早出现在《神农本草经》中，是东亚特产的名贵药材，因其具有浓烈的香味，有驱蚊杀虫的功能，所以古人常在重阳节时佩戴茱萸，认为能驱邪避恶。汉朝时常将茱萸切碎装在香袋里佩戴。晋朝以后有将茱萸插在头上的风俗。唐朝诗人王维的《九月九日忆山东兄弟》就是咏写这一风俗的名篇："独在异乡为异客，每逢佳节倍思亲。遥知兄弟登高处，遍插茱萸少一人。"（黎红新／文）

该画作构图协调、流畅、端庄。两果枝由一侧伸出，红红的瘦果十分诱人，绿叶洒脱地伸展，黄色花枝也从下面不甘寂寞地冲出。此为佳作。（马平／评）

灯台树

Cornus controversa Hemsl. | 王红兵／绘

灯台树属现已被归并到山茱萸属并作为一个亚属 *Cornus* subg. *Mesomora*，该亚属共 2 种，我国有 1 种，即灯台树。该种为乔木，树干端正，分枝成层，宛若灯台，层次分明，白花素雅，被认为是园林珍品。果实可榨油，叶和树皮可提炼出橡胶及口香糖原料。
（杨梓／文）

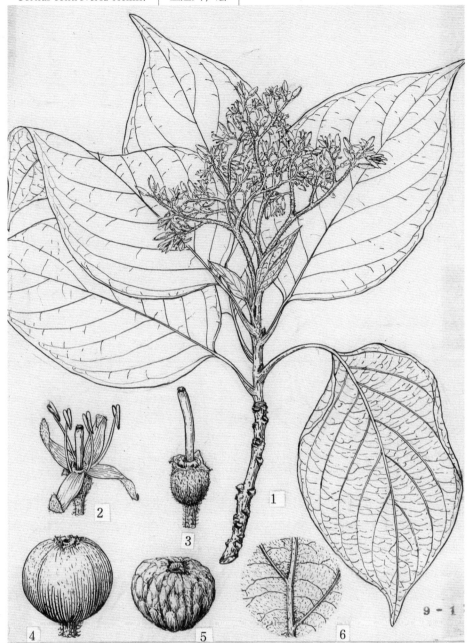

1.花序枝；2.花；3.雌蕊；4.核果；5.含内果皮的果核；6.叶背局部放大

凤仙花

Impatlens balsamina L.　马平／绘

凤仙花属有 900 余种，分布于热带、亚热带山区和非洲，少数种类也产于亚洲和欧洲温带地区及北美洲。我国已知有 220 余种。凤仙花为该属一年生草本，花色有粉红、大红、紫、白黄等。它是我国常见的庭院观赏花卉。宋朝词人晏殊曾赞美它"九苞颜色春霞萃，丹穴威仪秀气殚"。凤仙花因其花头、翅、尾、足皆具，翘然如凤状而得名。"要染纤纤红指甲，金盆夜捣凤仙花"。民间常用其来染指甲，并用"透骨花"这一称谓生动形象地描述了凤仙花作为指甲染料色鲜红透骨的特点。目前在我国北方地区仍保留着直接用凤仙花染甲这一习俗。（彭丽芳／文）

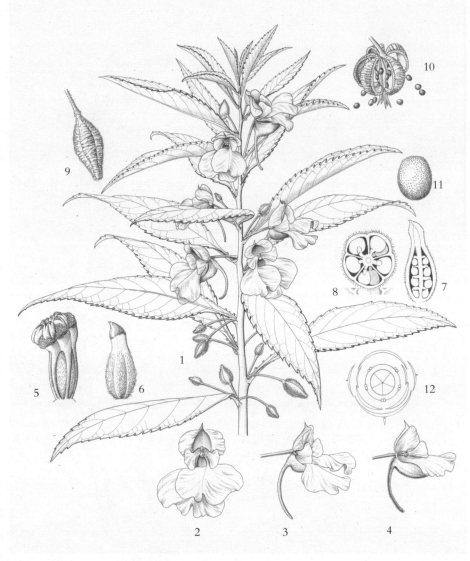

1.植株；2.花正面观；3.花侧面观；4.花纵切；5.雄、雌蕊；6.雌蕊；7.雌蕊纵切；8.子房横切；9.蒴果；10.蒴果开裂，示种子弹出；11.种子；12.花图式

滇水金凤

Impatiens uliginosa Franch.　李德华 / 绘

1.根；2.花枝；3.花；4.侧萼；5.唇瓣；6.花梗及雌蕊；7.旗瓣；8.翼瓣

滇水金凤为中国特有的一年生草本植物，分布于云南海拔 1 500 ~ 2 600 m 的林下和溪流边。高可达 80 cm，全株无毛。茎直立粗壮，肉质，叶互生，叶片膜质披针形或狭披针形，上面深绿色，下面浅绿色。总花梗多数生丁上部叶腋，花梗细，花红色，斜卵圆形，旗瓣圆形，翼瓣短，花丝线形，花药小，子房纺锤形，蒴果近圆柱形，开花繁茂，生长迅速。（谢云文 / 文）

Couroupita guianensis Aubl.　　吴秀珍 / 绘

真双子叶植物
Eudicots

核心真双子叶植物
Core Eudicots

超菊类分支
Superasterids

菊类分支
Asterids

杜鹃花目
Ericales

玉蕊科
Lecythidaceae

1.叶；2.花序；3.果实

炮弹树为炮弹树属植物，因果实像炮弹而得名。炮弹树原产于热带美洲，我国西双版纳植物园最早于1991年从泰国引种，炮弹树开花时吸引很多游客前去观看。炮弹树的花朵从树干上长出，为典型的老茎生花植物。花瓣6枚，粉红色，聚生的雄蕊有两种类型，短的像毛刷，长的像触须。成熟的果实掉落地上破裂后，动物会取食果肉，帮助传播扩散种子。果肉虽可食用，但人们一般不能接受它的特殊味道。（张卫哲 / 文）

该画作构图非常好，重心位置放置正确，十分稳重。叶生于枝顶端的特征及画面的位置很好地表现了三层关系应该的位置。花色调准确，二型雄蕊画得真切，果实球形显出果皮较厚的感觉。（马平 / 评）

柿

Diospyros kaki Thunb. 张泰利 / 绘

柿属含 485 种，为落叶或常绿的乔木和灌木，多数种类分布在热带，部分种分布在温带地区，一些种木材硬、重、黑色，常被称作黑檀，一些种类以果实知名，如柿，原产于我国长江流域，后传至全国各地乃至亚洲和世界各地。通常高达 10～14 m；树皮深灰色至灰黑色，或者黄灰褐色至褐色；树冠球形或长圆球形。花期 5—6 月，果期 9—10 月。我国栽培的柿品种，据不完全统计有 800 种以上，其中一些著名品种有：河北、河南、山东、山西的大磨盘柿，陕西临潼的火晶柿，三原的鸡心柿，浙江的古荡柿，广东的大红柿，广西北部的恭城水柿，阳朔、临桂的牛心柿等。果实常经脱涩后作为水果，经过适当处理，可贮存数月，一年中都可随时取食。柿子亦可加工制成柿饼。（谢云文 / 文）

绘者多年来一直探求将中国传统绘画技法与植物绘画相结合，创作出具有民族特色的作品。这幅《丹柿》就是成功的尝试。虽然是油彩画，绘者却运用中国画的布局与章法，欹斜折技，题款、印章浑然一体。《丹柿》在 1982 年美国密苏里植物园举行的"中国植物科学画画展"中被选为海报画。（穆宇 / 评）

Lysimachia candida Lindl. | 蒋杏墙／绘

真双子叶植物
Eudicots

核心真双子叶植物
Core Eudicots

超菊类分支
Superasterids

菊类分支
Asterids

杜鹃花目
Ericales

报春花科
Primulaceae

珍珠菜属有 180 余种，主要分布于北半球温带和亚热带地区。我国有 132 种，产于长江以南各地。泽珍珠菜为一年或两年生草本，喜湿润环境，常生于田边、溪边和山坡路旁潮湿处。盛开时，总状花序上细密的小花聚在一起，晶莹洁白，似散落在田野的水润珍珠。亦有未开的花苞及蒴果并存，层层叠叠，井然有序，又透着一股灵秀动人的顽皮。其可用于地被、水景或盆栽。泽珍珠菜的嫩叶可食，味苦，含多种维生素和微量元素。全草可入药。现民间亦有栽培。（彭丽芳／文）

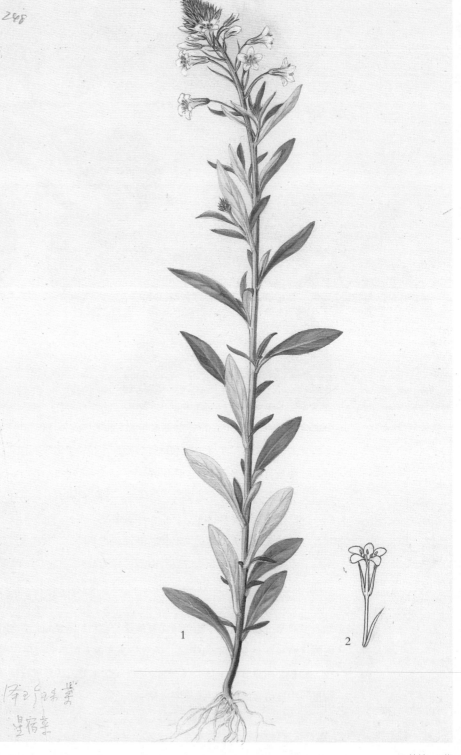

1.植株；2.花

滇北球花报春

Primula denticulata Smith subsp. *sinodenticulata* （Baif. f. et Forr.） W. W. Smith et Forr.

严岚／绘

滇北球花报春为球花报春的一个亚种，产于云南、四川西部及贵州等地，生于海拔 1 500 ～ 3 000 m 山坡草地和灌丛中，模式标本采自云南大理。花冠粉红色或玫瑰红色，5—6 月开花，7—8 月结果。该亚种花葶粗壮，长达叶丛的 6 倍以上，花冠亦稍大，分布区与原亚种不连续。

（莫佛艳／文）

樱草

Primula sieboldii E. Morren | 赵晓丹 / 绘

1.植株；2.花萼展开；3.花冠展开，示雄蕊和雌蕊

樱草为报春花属多年生草本，该属全世界有近 500 种，大部分是北半球特有种，在非洲山地、亚洲热带和南美洲有少部分分布。我国有 300 种，为著名的高山花卉。樱草在我国分布于东北和华北地区，根状茎倾斜或平卧，叶片卵状矩圆形至矩圆形，边缘圆齿状浅裂，上面深绿色，下面淡绿色，两面均被灰白色多细胞长柔毛。花葶高可达 30 cm，伞形花序顶生，花萼钟状，花冠紫红色至淡红色，蒴果近球形。（谢云文 / 文）

该画作从构图角度评论，主要在于形美。物种的叶全为基生，向四周伸展，花葶向上弯曲，这两者结合既有弹性的质感，同时具有妩媚的动感。花色表现准确，叶片的绿较突出，这两点也为此画作锦上添花。（马平 / 评）

浙江红山茶

Camellia chekiangoleosa Hu | 冯晋庸 / 绘

这幅水彩画作绘于 1963 年 3 月，是冯晋庸为胡先骕的论文《中国山茶属与连蕊茶属新种与新变种（一）》绘制的插图，原名为《浙江红花油茶》。1963 年，受胡先骕委派，冯晋庸自北京赴浙江丽水，在经过艰苦的野外考察、标本采集、持续写生后，绘制了该画作。之后他又应英国著名植物艺术画收藏家雪莉·舍伍德（Shirley Sherwood）之邀绘制了同名画作，并被收录于英国皇家植物园邱园出版的多部植物艺术图书中。（穆宇 / 文）

这幅画作科学性与艺术性俱佳：红色花瓣明艳动人，皱褶感栩栩如生；对于花结构表达得精细入微：花中心，黄色的雄蕊花药繁而不乱，花丝密集生动；内侧 5 片阔倒卵形的花瓣先端的 2 裂，外侧 2 片倒卵形花瓣外侧先端的白绢毛；深绿色叶片发亮的革质感，叶片上部的细微锯齿，花枝的截面以及微微皲裂的树枝质地，都予以了完整表达。整幅画色彩生动、和谐，不愧为经典之作。（穆宇 / 评）

金花茶

Camellia petelotii (Merr.) Sealy　｜廖信佩／绘

山茶属茶亚属 Subgen. *Thea* 古茶组 Sect. *Archecamellia* 是世界珍稀的观赏植物种质资源，该类群以花瓣金黄为主要特点，共有18种，我国有10种，其中7种为特有，以广西和云南分布为主。金花茶由我国植物学家左景烈于1933年7月29日在广西防城县大菜乡阿池隘第一次发现，1948年被我国植物学家戚经元正式命名。金花茶的发现填补了山茶科没有金黄色花朵的空白。"金花茶"因这样特别的花色，被称为"茶族皇后"。据统计，我国的野生金花茶仅分布于我国广西防城港市的兰山支脉一带，数量十分稀少，被誉为"植物界的大熊猫"。1984年，金花茶被列为国家一级保护植物，国家重点保护野生植物名录（第二批）Ⅱ级。（张寿洲／文）

该画作是绘者于1986年在广西药用植物园实地写生的作品，并参加了1987年于中国科学院华南植物园举行的第三届全国植物科学画展。（马平／文）

西南红山茶

Camellia pitardii Coh. St. | 朱玉善 / 绘

西南红山茶为中国特有种，分布于西南、华南等地，集中成片分布在 500 ~ 2 500 m 的林下林缘或灌木丛中，为常绿灌木或小乔木。树皮光滑，淡黄褐色，叶草质，边缘有细锯齿，花单生枝顶，初春开花，花色有白色、粉红色、红色，具有重要的观赏价值。其本身是木本油料树种，是早春观花的园林树种。（杨梓 / 文）

该画作采取了西方静物花卉的写生手法，注重光感的运用，并运用得很好，主要构图好，为完成一幅好画作起到关键作用，再有绘者使用油画画法和染料，使质感能更好地呈现。最好之处为花瓣色淡而薄，叶色浓重。（马平 / 评）

秤锤树

Sinojackia xylocarpa Hu | 蒋祖德／绘

真双子叶植物
Eudicots

核心真双子叶植物
Core Eudicots

超菊类分支
Superasterids

菊类分支
Asterids

杜鹃花目
Ericales

安息香科
Styracaceae

秤锤树属为我国特有属，因果实形态奇特、状似秤锤而得名，该属现含5种，秤锤树为其模式种。1927年，秦仁昌在南京郊区幕府山采集到一种新植物。一年之后，胡先骕根据这份标本建立了秤锤树属 *Sinojackia* Hu。秤锤树花洁白无瑕，高雅脱俗，果实形似秤锤，极具特色，果序下垂摇曳，很具有观赏性。仅分布于南京附近，为我国二级保护珍稀濒危植物。（杨梓／文）

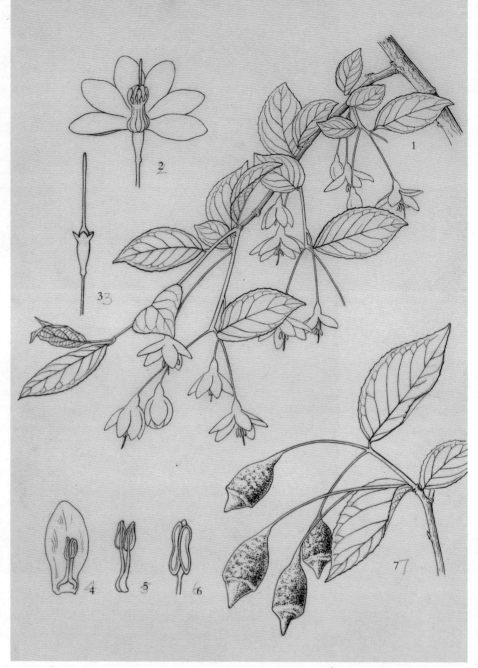

1.花枝；2.花冠展开；3.雌蕊；4.花瓣与雄蕊；5.雄蕊侧面观；6.花药；7.果序

秤锤树的总状聚伞花序生于侧枝顶端，花白色，花梗较柔弱而下垂。花冠裂片长圆状椭圆形，两面密被星状绒毛。红褐色卵形果实有浅棕色的皮孔，顶端具圆锥状的喙，种子仅1颗。这幅图完整地表现了秤锤树的花与果的形态。（马平／评）

阔叶猕猴桃

Actinidia latifolia (Gardn. et Champ.) Merr. 　李哀 / 绘

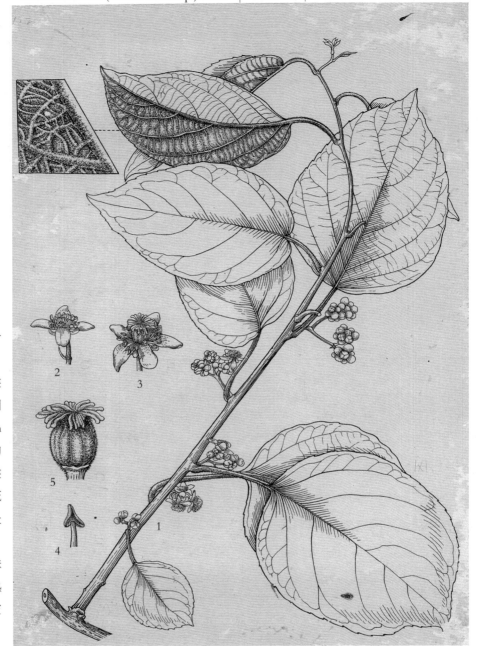

1.花枝；2.雄蕊；3.雌花；4.花药；5.雌蕊

阔叶猕猴桃为大型落叶藤本，又名多花猕猴桃，土名"鸟蛋子"或"猴蛋子"，分布于我国南方海拔 450～800 m 的山地、山沟地带的灌丛中。阔叶猕猴桃在猕猴桃属中花序是最大的，可长 8 cm 左右；丰产性强，结果也是最多的，一株能结近千颗果实。果熟期在 11—12 月。果皮无毛，成熟果绿褐色。果肉绿色，肉质细致，微香、甜酸，有着丰富的营养价值，维生素 C 含量很高，还含有多种氨基酸及钙、磷、铁，并含有胡萝卜素和多种维生素等营养物质，缺点是口感太硬，因此鲜有栽培，但值得作猕猴桃育种的原始材料。此外，它的叶子比其他猕猴桃属的叶子大，因此才有"阔叶"之称。叶背具灰白色至灰褐色星状短绒毛，嫩枝及叶柄疏生棕褐色或红褐色短绒毛，幼枝髓实心，老枝片状至中空。（卢开椿、黄锦秋 / 文）

这幅画作是典型的标本画，从花枝上端的弯曲看尤为明显，但雄、雌花的分类特征表现准确。（马平 / 评）

真双子叶植物
Eudicots

核心真双子叶植物
Core Eudicots

超菊类分支
Superasterids

菊类分支
Asterids

杜鹃花目
Ericales

猕猴桃科
Actinidiaceae

猕猴桃被认为是近代由野生到人工商品化栽培最成功的植物驯化范例。猕猴桃属有 55 种，我国有 52 种，其中 44 种为特有种。我国是猕猴桃的原生中心。1904 年，一位前来中国旅行的名为玛丽·费雷瑟（Mary Fraser）的新西兰女教师从湖北宜昌带了一些猕猴桃种子回新西兰。至今，占全球栽培面积 80% 以上的猕猴桃品种均选自这一小袋种子。1917 年，新西兰开始商业销售猕猴桃苗；20 世纪三四十年代，新西兰农业科研及产业部门开始关注猕猴桃的商业栽培前景。1959 年，为开拓国际市场，新西兰人以国鸟基维鸟（kiwi）将猕猴桃的英文名由原来的"Chinese gooseberry"重新命名为"基维果"（kiwifruit）。20 世纪 80 年代，中国的猕猴桃产业从零起步，快速发展。（张林海 / 文）

该画作为 10 种猕猴桃属植物果实的拼版图，这些果实在果实大小和形状、果面颜色、果面毛被、果肉颜色、种子多少与大小等方面各有不同，具有丰富的形态和遗传多样性。（马平 / 评）

1. 软枣猕猴桃 *Actinidia arguta* (Siebold et Zucc) Planch. ex Miq.；2. 毛花猕猴桃 *A. eriantha* Benth.；3. 京梨猕猴桃 *A. callosa* var. *henryi* Maxim.；4. 中华猕猴桃 *A. chinensis* Planch.；5. 大籽猕猴桃 *A. macrosperma* C. F. Liang；6. 山梨猕猴桃 *A. rufa* (Siebold et Zucc.) Planch. ex Miq.；7. 柱果猕猴桃 *A. cylindrica* C. F. Liang；8. 对萼猕猴桃 *A. valvata* Dunn；9. 浙江猕猴桃 *A.zhejiangensis* C. F. Liang；10. 阔叶猕猴桃 *A. latifolia* (Gardn. et Champ.) Merr.

Craibiodendron yunnanense W. W. Smith. | 李锡畴／绘

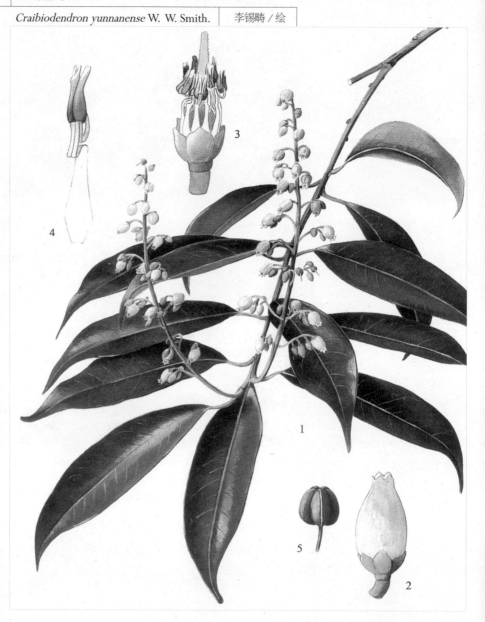

1.花枝；2.花；3.除去花冠筒的花；4.雄蕊；5.蒴果

云南金叶子属于假木荷属。该属为常绿的灌木或乔木，共5种，分布于亚洲东南部，我国有4种，产于华南、西南等地。云南金叶子为灌木或小乔木，高3～4m，稀达5～6m；小枝灰褐色，无毛，叶片顶端长、渐尖，花序腋生，花坛状或管状、圆锥状，蒴果8～9mm，很容易与同属其他种类相区分。全株有麻醉作用，根入药，治跌打损伤，叶有毒，树皮可提取栲胶。（朱龙建／文）

该画作非常形象地展示出物种开花时花序弯曲上翘的变化，很精彩。由此可见绘者的野外观察能力很强。色调使用精准，花冠筒白色，花药淡红色，花丝白色，这几项色相差使解剖图充满活力。（马平／评）

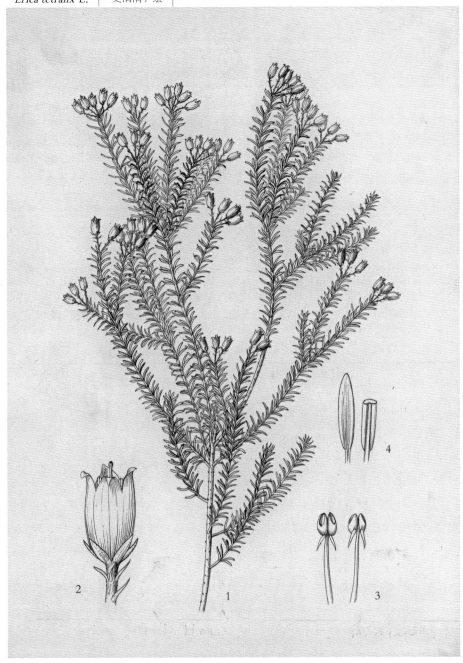

四叶欧石南是欧石南属的植物，因 4 片轮生叶而得名。本属有约 860 种植物，绝大多数分布于南非，马达加斯加、地中海地区和欧洲也有分布。主要存在于沼泽、潮湿的灌木丛和潮湿的针叶林中，是该所在群落的优势物种。此类植物均为灌木状常绿植物，叶片细窄，高 20～150 cm 不等，花总状着生于分枝顶端，粉色钟状，轮生叶线形，常被腺体，故达尔文曾以为其属食虫植物。（李珊／文）

1.花枝；2.花；3.外轮雄蕊；4.内轮雄蕊

这幅画作显见是依据干标本绘制而成，虽然未能展现出四叶欧石楠自然下垂的优美花姿，但细微之处仍见劲道，可见绘者的朴素无华与认真。这一切都出自绘者使用小毛笔的纯熟技巧。（马平／评）

Rhododendron delavayi Franch. 王红兵／绘

真双子叶植物
Eudicots

核心真双子叶植物
Core Eudicots

超菊类分支
Superasterids

菊类分支
Asterids

杜鹃花目
Ericales

杜鹃花科
Ericaceae

杜鹃属约960种，我国约有542种，集中产于西南、华南地区。自19世纪中期胡克（J. D. Hooker）在锡金发现并将30种杜鹃引种到英国开始，至20世纪杜鹃属植物被大量发现，被引种栽培的杜鹃已不下600种。由于杜鹃属植物在自然界杂交现象普遍，栽培条件下亦易于杂交变异，大量的杂交种不断被育出，在园艺学上占有重要的地位。马缨杜鹃花深红色，花冠内面基部有5枚黑红色蜜腺囊，顶生伞形花序总轴密被红棕色绒毛，产于广西、四川、贵州、云南和西藏，生于常绿阔叶林或灌木丛中。（施践／文）

1.花枝；2.雌蕊；3.雄蕊；4.蒴果；5.苞片；6.叶下面（放大示毡毛）

该画将物种小枝的各生长期和花序开花时每一朵展开的姿态表达得真切，解剖图精细。（马平／评）

真双子叶植物
Eudicots

核心真双子叶植物
Core Eudicots

超菊类分支
Superasterids

菊类分支
Asterids

杜鹃花目
Ericales

杜鹃花科
Ericaceae

羊踯躅为杜鹃花科杜鹃属落叶灌木,生于海拔 1 000 m 的山坡草地或丘陵地带的灌丛或山脊杂木林下。分枝稀疏,枝条直立,幼时密被灰白色柔毛及疏刚毛。本种为著名的有毒植物之一。《神农本草》及《植物名实图考》把它列入毒草类,可治疗风湿性关节炎、跌打损伤。民间通常称其为"闹羊花"。植物体各部含有闹羊花毒素(rhodojaponin)、马醉木毒素(asebotoxin)、石南素(ericolin)和梫木毒素(andromedotoxin)等成分,误食令人腹泻、呕吐或痉挛;羊食时往往踯躅而死亡,故此得名。近年来其在医药工业上用作麻醉剂、镇痛药;全株还可做农药。(朱龙建 / 文)

该画作用水彩方法描绘记录了羊踯躅花绚丽多姿的美感,特别之处是色调在以黄为基调中色相的转变非常好,并且为了显示花的美,特别选择了枝条干枯,仅顶端处于生机的时候。(马平 / 评)

亮叶杜鹃

Rhododendron vernicosum Franch.　　吴彰桦／绘

亮叶杜鹃为杜鹃属常绿灌木或小乔木。叶片革质，长圆状卵形至长圆状椭圆形，常生于枝上部。叶面光滑具蜡，正如其种加词"*vernicosus*"所示，"具漆光"，故称为亮叶杜鹃。该种花大，呈宽漏斗状钟形，淡红色至白色，常6～10朵集生枝顶。在春夏之交花开盛季，只见淡淡红色的团团花簇，在朗朗的高山之上成群连片，远观使人产生梦幻之感。其花梗、花萼被有腺体，萼缘腺体呈流苏状，萼、冠常7裂，子房和花柱密被红色腺体等，构成了该种的识别特征。该种为我国西南地区特有种，产于四川西部至西南部、云南西部和西藏东南部地区海拔2 500～4 500 m的森林中。（刘启新／文）

这幅画作整体透着空灵、恬淡、隽永。画作用色准确、淡雅，花、叶色彩协调；花娇、叶硬的质感表现得栩栩如生；花簇、叶量比例恰当，构图合理，特别是紧簇的花叶对大片的天空，这种强烈的视觉冲突，通过中下部的小枝得到恰如其分的缓冲和过渡，使得画面生动而不杂乱。此外，画的空间感表现突出，效果强烈：天空的色彩处理，充分表现出高海拔地区天高云淡的环境氛围，很好地展现出该种植物身处高山的特殊生境，让人观之有身临其境、俯首可及之感。（刘启新／评）

球果假沙晶兰

Monotropastrum humile (D. Don) H. Hara | 曾孝濂 / 绘

球果假沙晶兰为沙晶兰属模式种。沙晶兰属在《中国植物志》中对应的拉丁文名为"*Eremotropa*"，后经《Flora of China》修订，并入 *Monotropastrum* 属。该属与水晶兰属 *Monotropa* 极相似，常被混淆。两属的种类均为腐生草本植物，肉质，全株无叶绿素，叶退化成鳞片状，互生，花两性，整齐，单生或聚成总状花序，萼片和花瓣均离生，子房上位。两者的区别在于沙晶兰属子房为侧膜胎座，1室，果实为浆果；水晶兰属子房为中轴胎座，4或5室，果实为蒴果。沙晶兰属仅球果假沙晶兰和荫生沙晶兰 *M. sciaphilum* 2种，皆为腐生植物，分布于亚洲东部、南部的温带及热带地区，我国2种均有。2种的区别在于球果假沙晶兰为单花，而荫生沙晶兰为总状花序。（张寿洲 / 文）

鹿蹄草

Pyrola calliantha H. Andr. | 江苏省中国科学院植物研究所／图

真双子叶植物
Eudicots

核心真双子叶植物
Core Eudicots

超菊类分支
Superasterids

菊类分支
Asterids

杜鹃花目
Ericales

杜鹃花科
Ericaceae

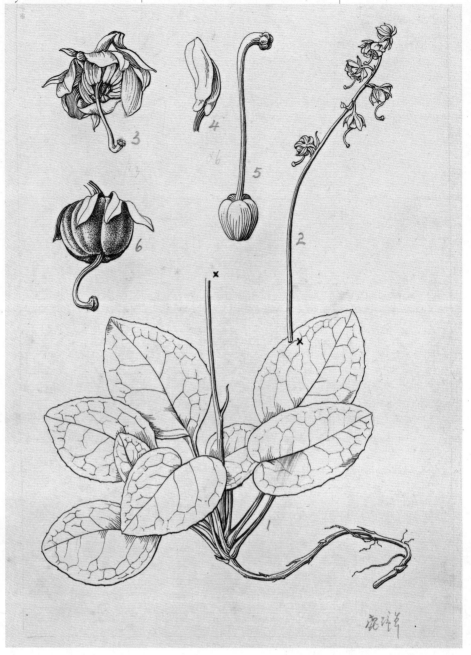

1.植株下部；2.花序；3.花；4.雄蕊；5.雌蕊；6.果实

分子系统学研究证实，传统杜鹃花科（由灌木为主的喜冷凉气候的木本植物构成）是并系群，原先因形态的特殊性界定的鹿蹄草科、水晶兰科、岩高兰科和澳石南科均镶嵌其中，故此 APG 系统将这些类群并入杜鹃花科，鹿蹄草科原有的类群被处理为杜鹃花科内部的一个分支，由具有叶绿素的草本植物构成。鹿蹄草属全球有 30 ～ 40 种，我国有 26 种。鹿蹄草是常绿草本状小半灌木，分布广泛，生长于海拔 700 ～ 4 100 m 山地针叶林、针阔叶混交林或阔叶林下。根状茎细长，横生，斜升，连同花葶高 20 ～ 30 cm。基生叶 4 ～ 8 片，叶革质，圆卵形至圆形似鹿蹄，故名。总状花序有花 9 ～ 13 朵，花倾斜，稍下垂；花瓣白色或稍带粉红，雄蕊 10 枚，花柱直立或上部稍向上弯曲，柱头 5 圆裂，蒴果扁球形。（张寿洲／文）

该画作很形象地表达了物种的生长状态：花葶的弯曲，花和果的下垂，叶片在基部丛生并向四周伸展。花和果的放大解析了其分类特点。（马平／评）

杜仲

Eucommia ulmoides Oliv. | 冯晋庸 / 绘

1. 果枝；2. 树皮

杜仲科的化石分别在北美、中欧和亚洲不同地层被发现，而杜仲为现存种，仅分布在我国中部和东部海拔 300 ~ 500 m 的低山、谷地或疏林中。该种为落叶乔木，树皮灰褐色，富含胶质，折断拉开有多数细丝。叶互生，卵形，叶先端渐尖，叶缘有锯齿，如叶从中间撕开，可以看到从叶脉渗出的液体硬化为橡胶，使得撕开的两部分能够合起来。花雌雄异株，花小、绿色，生于当年生枝条的基部，翅果具种子 1 枚。杜仲是中国特有药材，其药用历史悠久。迄今已在地球上发现杜仲属植物化石多达 14 种，存在于中国的杜仲是杜仲科杜仲属仅存的孑遗植物，它不仅有很高的经济价值，而且对于研究被子植物系统演化以及中国植物区系的起源等诸多方面都具有极为重要的科学价值。（王韬、朱龙建 / 文）

绘者选择果期枝条和果序来表现物种特征是恰当的，因为果序比花序更易区别。其树皮是药材，绘者也画出了其生药的特征。（马平 / 评）

水团花

Adina pilulifera (Lamarck) Franch. ex Drake　　冯增华／绘

真双子叶植物
Eudicots

核心真双子叶植物
Core Eudicots

超菊类分支
Superasterids

菊类分支
Asterids

唇形类植物
Lamiids

龙胆目
Gentianales

茜草科
Rubiaceae

水团花属共4种，我国有3种，分别是水团花、毛脉水团花 *A. pubicostata* 和细叶水团花 *A. rubella*。水团花和毛脉水团花均为常绿灌木或小乔木，叶对生，叶柄明显，二者在叶片大小、腹面毛被、叶柄长短、托叶质地、头状花序是否再排成聚伞花序等方面有差异。细叶水团花为落叶矮灌木，叶无柄或具有短柄，头状花序顶生。水团花分布于我国长江以南各地海拔 200～350 m 的山谷疏林下或旷野路旁、溪边水畔，头状花序明显腋生，极稀顶生，叶具叶柄。（张寿洲／文）

该画作将物种在花期的基本特征表现得准确，但色调过于简化，不能让人产生对物种名称的遐想。（马平／评）

栀子

Gardenia jasminoides Ellis | 赵晓丹 / 绘

1.花果枝；2.果

栀子为常绿灌木，春夏开白色花，极芳香，浆果卵形，黄色或橙色。通常说的栀子花指观赏用重瓣的变种大花栀子（亦称白蟾）*G. jasminoides* var. *fortuneana*。栀子花枝叶繁茂，叶色四季常绿，为重要的庭院观赏植物。除观赏外，其花、果实、叶和根可入药，小叶栀子则具有泻火除烦、清热利尿、凉血解毒之功效。栀子含有独特的化学物质——栀子素、栀子苷等，能阻止那些抑制胰岛素生成的酶发挥作用，进而促进胰岛素正常分泌，改善糖尿病病情。（陈璐 / 文）

非常清秀淡雅的博物绘画，白色的花瓣自然，绿色的叶充满活力。

（马平 / 评）

Paederia foetida L.　　江苏省中国科学院植物研究所／图

1.花果枝；2.花；3.花冠展开示雄蕊；4.花萼和雌蕊；5.果实

鸡矢藤属约有30种，主产于亚洲热带地区，其属名"*Paederia*"意为"恶臭"。我国有11种和1变种。臭从哪里来？原来是叶子在揉搓时，会散发出鸡屎般的恶臭。

鸡矢藤为我国南方常见的藤本植物，可药用，也可食用。清初屈大均《广东新语草语·藤》即有记载："有皆治藤，蔓延墙壁野树间，长丈余，叶似泥藤，中暑者以根叶作粉食之，虚损者杂猪胃煮服。"（林漫华／文）

此画作以干标本为参照绘成。物种的基本特征表现得较准确，花形、花冠展开和雄雌蕊的科学性表达较好，但由于参照压制后的干标本，花果完全失去生长状态，画面不显生机，实属遗憾。（马平／评）

钩藤

Uncaria rhynchophylla (Miq.) Miq. ex Havil.　邓晶发 / 绘

1.花枝；2.花；3.花冠展开；4.蒴果

钩藤为攀缘状灌木，常以钩状的托叶攀登于其他植物之上，产于我国西南部至台湾地区。叶对生，侧脉脉腋常有窝陷；托叶在叶柄间，头状花序顶生于侧枝，单生，稀花序轴分枝呈聚伞状；萼筒短；花冠高脚碟状或近漏斗状，雄蕊着生花冠筒近喉部，伸出；子房 2 室，胚珠多数。蒴果外果皮厚，内果皮厚骨质。种子小，多数。其中钩藤和华钩藤 *U. sinensis* 等数种均可入药，亦可作天然染料之用。（陈璐 / 文）

物种的基本特征表现准确，钩藤的钩很为特殊。花序紧密成球形，叶片厚的感觉表现得很好，茎四棱形，还有下垂奇异的钩状，令人称奇。（马平 / 评）

头花龙胆

Gentiana cephalantha Franch. ex Hemsl.　　曾孝濂 / 绘

头花龙胆因其花多数，无花梗、簇生枝顶呈头状而得名。该种分布于我国西南和华南海拔 1 800 ~ 4 450 m 的山坡草地、灌丛中、林缘和林下。模式标本采自云南洱源。头花龙胆为多年生草本，高 10 ~ 30 cm，茎平卧呈匍匐状，分枝多，叶脉 1 ~ 3 条，两面均明显，并在下面突起，萼筒全缘，花冠蓝色或蓝紫色，冠檐具多数深蓝色斑点，漏斗形或筒状钟形，雄蕊着生于冠筒下部，花柱线形，柱头两裂，裂片线形，外卷。（张寿洲 / 文）

植物整体感很强，画面分成两个球体表现光影和色调的平衡，衔接得很好。在阳光下，画面几种色彩显得很和谐。（马平 / 评）

麻花艽

Gentiana straminea Maxim. 　阎翠兰／绘

麻花艽为龙胆属多年生草本，产于我国西北和西南，生于高山草甸、灌丛、林下、林间空地、山沟、多石干山坡及河滩等海拔 2 000 ～4 950 m 地区。模式标本采自青海大通河。花冠黄绿色，喉部具多数绿色斑点，有时外面带紫色或蓝灰色，漏斗形。麻花艽是《中华人民共和国药典》（2010 版）秦麻艽的基原植物之一，在我国有 2 000 年的应用历史，其植物基部被枯存的纤维状叶鞘包裹，须根多数捆结成 1 个锥状根，似麻花，故名。（钟智／文）

画作生动地展示了物种的生长状态，叶片舒展，花冠颜色准确，很有观赏性。（马平／评）

Lomatogonium rotatum (L.) Fr. ex Fernald | 戴越／绘

真双子叶植物
Eudicots

核心真双子叶植物
Core Eudicots

超菊类分支
Superasterids

菊类分支
Asterids

唇形类植物
Lamiids

龙胆目
Gentianales

龙胆科
Gentianaceae

辐状肋柱花为肋柱花属一年生草本，产于我国西南、西北、华北、东北等地区。生于水沟边、山坡草地海拔 1 400 ~ 4 200 m 区域，花萼较花冠稍短或等长，裂片线形或线状披针形，稍不整齐。花冠淡蓝色，具深色脉纹。茎不分枝或自基部有少数分枝，近四棱形，直立，绿色或常带紫色。花药蓝色，狭矩圆形。（钟智／文）

1.植株上中部及根；2.花上面观；3.花萼展开；4.花瓣；5.雄蕊

这幅作品是绘者2018年在平均海拔3 300 m的青海省刚察县采风所绘。当地广袤的草地里，生长着多种马先蒿、紫菀、龙胆等在平原或沿海地区并不常见的植物，其中就包括辐状肋柱花。与绘者在四川所见过的辐状肋柱花相比，此地该植物的花色明显更深一些。此花的直径全展开也才2 cm，植物上部的花序以特写的方式表达。花在刚开时淡蓝色，全开时就如画中的色调了。（马平／评）

Strychnos wallichiana Steud. ex A. DC. | 王利生／绘

真双子叶植物
Eudicots

核心真双子叶植物
Core Eudicots

超菊类分支
Superasterids

菊类分支
Asterids

唇形类植物
Lamiids

龙胆目
Gentianales

马钱科
Loganiaceae

1.果枝；2.花；3.花冠展开；4.雌蕊；5.种子

马钱属约有 190 种，我国产 11 种，分布于西南、东南及南部各地。该属模式种马钱子 *S. nux-vomica* 是马钱科著名的剧毒植物，主要产于印度、缅甸和越南，在我国有引种，但仅限于广东、海南和云南等地。长籽马钱为该属木质藤本，产于云南东南部海拔 600 m 以下的热带山地、山谷阴湿处或热带石灰岩地区沟谷阔叶林中。茎皮灰白色，有皱纹；小枝对生，圆柱形。叶椭圆形、倒卵形至近圆形。圆锥状聚伞花序顶生，花冠黄白色。浆果圆球状，成熟时橘红色，内有种子多颗；种子呈扁圆形、椭圆形或长圆形，表面密被浅灰棕色绢毛。种子、果皮、茎皮和叶均含有番木鳖碱和马钱子碱，其中以种子含量最高，叶含量最低，均有毒，可供药用。（王颖／文）

此图对果枝下垂的形态描绘准确，浆果的形状和色调都无不描绘精确。尤其叶的质感和叶脉表现得非常好。（马平／评）

Thevetia peruviana (Pers.) K. Schum. | 曾孝濂 / 绘

真双子叶植物
Eudicots

核心真双子叶植物
Core Eudicots

超菊类分支
Superasterids

菊类分支
Asterids

唇形类植物
Lamiids

龙胆目
Gentianales

夹竹桃科
Apocynaceae

黄花夹竹桃属约有 15 种，产于热带非洲和热带美洲，现全世界热带及亚热带地区均有栽培。阔叶竹桃 *T. ahoual* 为该属模式种。我国栽培 2 种 1 变种，南方各地均有栽培。黄花夹竹桃为常绿乔木，全株具丰富乳汁。叶互生，线形或线状披针形。花大，黄色，具香味，顶生聚伞花序。核果呈扁三角状球形，生时绿色而亮，干时黑色。种子 2～4 颗。花期 5—12 月，果期 8 月至翌年春季。树液和种子有毒，误食可致命。其因抗空气污染能力强，是优良的绿化树种。（王韬、王颖 / 文）

罗布麻

Apocynum venetum L. 陈月明 / 绘

1.花果枝；2.根

罗布麻为夹竹桃科罗布麻属植物，该属分布于北温带，全世界约 14 种，我国仅产 1 种。1952 年在新疆罗布平原发现该植物，遂定名罗布麻。罗布麻为直立半灌木，耐干旱和盐碱，能抗风、耐寒和抗酷热，分布在盐碱荒地、沙漠边缘及河流两岸等地。罗布麻适应性强，容易繁殖，播种或将地下根茎切段移植和分株移栽，均能成活。罗布麻是一种很好的蜜源植物，粉紫色的花具有发达的蜜腺，盛开于 6—7 月，花多美丽且芬芳。同时，罗布麻是我国大面积野生的优良纤维植物，其茎皮纤维细长柔韧而有光泽，耐腐耐磨又耐拉；长角状蓇葖果种子顶端有白毛，果皮开裂后，种子随风飘散传播，其种毛呈白色绢质，可作填充物；罗布麻含有黄酮苷等多种成分，全株皆可入药，嫩叶蒸炒揉制后可茶用，还可做饲料。（梁璞 / 文）

此图对植物的基本形态、分枝斜升状态都表现得较好。半灌木下部的茎、枝的色彩、叶的形和双生蓇葖果都很好地表达了物种的特征。（马平 / 评）

牛皮消

Cynanchum auriculatum Royle ex Wight | 蒋杏墙／绘

真双子叶植物
Eudicots

核心真双子叶植物
Core Eudicots

超菊类分支
Superasterids

菊类分支
Asterids

唇形类植物
Lamiids

龙胆目
Gentianales

夹竹桃科
Apocynaceae

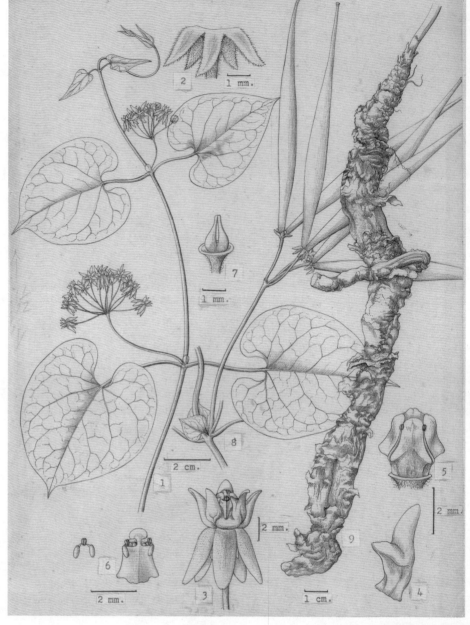

1.花枝；2.花萼；3.花；4.副花冠；5.雄雌蕊；6.雄蕊及花粉块；7.雌蕊；8.蓇葖果；9.根

牛皮消为夹竹桃科鹅绒藤属植物。该属约200种，我国产57种，主要分布于西南各地。牛皮消作为民间常用的中草药，始载于宋朝《开宝本草》。其叶形如耳，又名耳叶牛皮消。牛皮消的称谓最早记载于朱橚的《救荒本草》中。作为饥荒之年的备选野菜，牛皮消块根不止能果腹充饥，还是临床常用的补益和抗衰老药材。（艾侠／文）

此图科学性很强地展示了植物各部分的形态，肥粗的根、伞形花序、花的外部形态和解剖图详细地展示了花内部结构的特殊性与科学性，双生蓇葖果的形描绘很准确。（马平／评）

鸡蛋花

Plumeria rubra 'Acutifolia' | 李诗华 / 绘

绘者把植物各部位都详细记录并画出质感。老枝干的苍劲，叶片中叶脉的清晰色彩，花瓣的色彩变化，都恰到好处。（马平 / 评）

鸡蛋花属有 7 种，分布于美洲热带地区和西印度群岛，多为落叶大灌木或小乔木，少为木质藤本。枝粗厚肉质，叶互生，羽状脉，花大，排成顶生聚伞花序，花冠漏斗状，心皮 2 枚，果为双生蓇葖果，种子顶端具膜质的翅。东南亚一些国家将之广泛种植于寺庙附近，故也称"庙树""塔树"。其在热带地区广为栽培，在老挝被奉为国花，同时还是我国广东肇庆市的市花。鸡蛋花具有药用、保健功效，也可食用。于夏秋季采摘盛开的鸡蛋花花朵，晒干后便可入药。广东地区常用鸡蛋花做茶饮。（艾侠 / 文）

络石

Trachelospermum jasminoides (Lindl.) Lem. 韦光周 / 绘

1.部分花枝；2.果枝一段；3.花；4.花冠展开；5.雄蕊；6.雌蕊；7.种子

络石为夹竹桃科络石属下的常绿木质攀缘灌木。络石属约15种，广泛分布于亚洲热带和亚热带地区，少量分布于温带地区。我国产6种。络石分布于全国各地，常缠绕于树上或攀缘于墙壁、岩石上，也被移栽于园圃供人们观赏。芬芳的白色花开于夏季，秋季则可见蓇葖果。络石常缠绕在石头上，因此得名。络石可入药，有疏通经络的功效，可用于治疗风湿。络石具有极强的适应性，有研究发现它在低温达到 −23 ℃的地方仍能健壮生长。络石叶表面有蜡质层，对有害气体有较强抗性。它对粉尘的吸附能力强，是优良的城市园林绿化品种。（梁璞 / 文）

这幅科学画无论从构图还是各个科学特征来看都较好，小枝的顶生花序正确，花的外形、花冠、雄雌蕊的形态和种子都很好反映了植株特征，尤其双生蓇葖果向外的叉开表达充分利用了画幅的宽度，显得格外有力度，茎上皮孔处常生根的状态表现得细致入微。（马平 / 评）

红花琉璃草

Cynoglossum officinale L. 周先璞 / 绘

1.植株下部及根；2.植株上部；3.花；4.小坚果

红花琉璃草的中药名为药用倒提壶，为紫草科琉璃草属植物。琉璃草属有70余种，我国有12种。红花琉璃草产于新疆北部海拔1 500～1 800 m的地区，一般生于山沟、阴湿山坡或草场，为二年生草本，高40～60 cm，被疏柔毛。根直伸，上部粗大，通常有残留的基生叶。基生叶具柄，茎生叶无柄，花序顶生及腋生，具多花，花冠蓝紫色、紫红色；小坚果卵形，扁平，背面凹陷。（李秀英 / 文）

画面清晰明了。植物被毛表达很好，似乎摸到毛绒之感。果枝准确，四个小坚果尤其清晰。花色红中带紫，有种绸缎感。（马平 / 评）

Arnebia euchroma (Royle) Johnst. 　李增礼／绘

1.植株；2.花；3.花冠展开；4.雌蕊；5.柱头放大

软紫草属有 25 种，我国有 6 种。软紫草为该属多年生草本，又名新疆软紫草，在我国分布于新疆、西藏西部海拔 2 500 ～ 4 200 m 的砾石山坡、洪积扇地带、草地及草甸等处，高可达 40 cm，根粗壮，茎直立，仅上部花序分枝，叶无柄，两面疏被硬毛，花冠多为深紫色，小坚果宽卵圆形，黑褐色，具粗网纹及少数疣状突起，花果期 6—8 月。软紫草的根富含紫草素，可代紫草入药，功效同紫草。（李秀英／文）

这幅画作构图非常到位，简约明了。粗壮带有紫色的根，质感非常强烈；基生叶及植物体被有展开的毛；植物体的色调极准确；花冠蓝色或紫色……这一切都是物种的基本特征。（马平／评）

菟丝子

Cuscuta chinensis Lam.　　许春泉 / 绘

1.植株；2.花冠展开；3.蒴果；4.种子

菟丝子属约170种，我国有11种，南北均产。菟丝子为一年生寄生草本，通常寄生于豆科、菊科等多种植物上，生于海拔200～3 000 m的田边、山坡阳处、路边灌丛或海边沙丘。菟丝子无叶，花序侧生，多花簇生成小伞形花序或小团伞花序，花冠白色、壶形，雄蕊着生在花冠裂片弯缺微下处，蒴果球形，几乎为宿存的花冠所包。本种为大豆产区的有害杂草，并对胡麻、花生、马铃薯等农作物也有危害。（朱龙建 / 文）

菟丝子纤细的茎就如同画面中一样，无序随意地缠绕在其他植物上。团伞花序也表现得很生动准确。（马平 / 评）

毛曼陀罗

Datura innoxia Mill. 江苏省中国科学院植物研究所／图

1.花枝一段；2.叶；3.花纵剖，示雄、雌蕊；4.蒴果；5.种子

曼陀罗属有约11种，分布于南北美洲，我国有3种，均为引进并逸为野生。与曼陀罗相比，毛曼陀罗的特别之处在于它的茎密生细腺毛及短柔毛，蒴果横生或俯垂生，不规则4瓣裂，表面密生着有韧性的细针刺和灰白色柔毛。毛曼陀罗的叶和花所含莨菪碱和东莨菪碱有毒，但有药用价值。（李珊／文）

这幅画用线到位，构图大气，合理地运用了构图的程式。绘者的毛笔画法掌握得巧妙，用线讲究，充分显示了毛笔运用于科学画中的美感。（马平／评）

天仙子

Hyoscyamus niger L.　江苏省中国科学院植物研究所 / 图

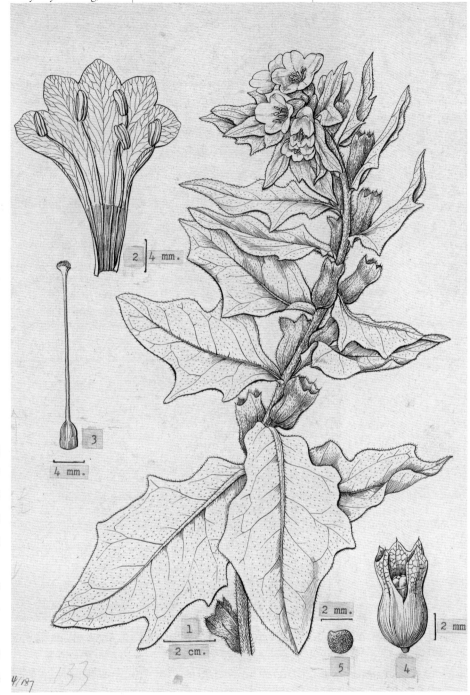

1.植株上部；2.花冠展开；3.雌蕊；4.蒴果；5.种子

天仙子之名始见于宋《本草图经》："莨菪子，五月结实。有壳作罂子，状如小石榴。房中子至细。青白色，如米粒，一名天仙子。"虽然名为天仙子，却非美貌惊艳之物，而是一种不起眼的草本植物，开着黄色的小花，结着小石榴状的果实。干燥的种子可入药，服用过量会使人精神错乱，昏昏欲"仙"，这大概才是天仙子名字的最真实解读吧。天仙子原称"莨菪子"，全株含有影响神经系统的莨菪碱，具有解痉平喘、安神止痛所需的有效活性成分。（汪劲武 / 文）

这幅作品在构图上体现出气质与风骨，并且很完美。这一枝由下部直立，向上两个弧形画得非常劲道；叶片偏向重心并有律动感。（马平 / 评）

枸杞

Lycium chinense Mill.　赵晓丹／绘

真双子叶植物
Eudicots

核心真双子叶植物
Core Eudicots

超菊类分支
Superasterids

菊类分支
Asterids

唇形类植物
Lamiids

茄目
Solanales

茄科
Solanaceae

1.花果枝；2.花；3.雄蕊；4.雌蕊

枸杞为枸杞属灌木，高达 1.5 m，枝有刺；叶卵状披针形，长 2 ~ 3 cm，全缘；秋季开花，花冠呈淡紫红色，有条纹；浆果味甜，卵圆形，长 1 ~ 2 cm，红色。分布于山西等地的黄土沟岸及山坡、土层深厚处。

枸杞的果实可入药。果入药称枸杞子。《本草纲目》中记载："枸杞久服坚筋骨，轻生不老，明目安神，令人长寿。"动物实验证明，枸杞能抑制脂肪在纤维内积存，促进肝细胞新生，又可降低血糖和胆固醇，对脑细胞和内分泌腺有激活和促进新生的作用。（汪劲武／文）

整幅图从构图至完成没有任何问题，非常完美，科学特征表现得也很好，确实是一幅上佳作品。但是，背景色与前主题色相不对。（马平／评）

烟草

Nicotiana tabacum L. | 顾子霞 / 绘

1.花枝；2.叶；3.花解剖，示花冠筒和雄蕊；4.花萼；5.花药；6.雌蕊，示柱头凹陷；7.蒴果及宿存萼片；8.子房横切；9.蒴果开裂，示种子

烟草属约 60 种，分布于南美洲、北美洲和大洋洲，我国南北各地广为栽培。烟草作为一年生或有限多年生的草本，因全株含有生物碱，可作农药杀虫剂，还可药用，作麻醉、发汗、镇静和催吐之用。早在公元前 1400 年，印第安人就已开始吸食烟草。烟草含尼古丁（烟碱），这是一种自我保护性的生物碱，对大部分昆虫有高毒性。烟草叶是制造香烟的主要原料。现在，烟草已是许多国家的重要经济作物。（林漫华 / 文）

此画作构图不紧不散，静静地表现出植物各部分该对应的位置，科学特征精准。（马平 / 评）

山莨菪

Anisodus tanguticus (Maxim.) Pascher 刘进军 / 绘

真双子叶植物
Eudicots

核心真双子叶植物
Core Eudicots

超菊类分支
Superasterids

菊类分支
Asterids

唇形类植物
Lamiids

茄目
Solanales

茄科
Solanaceae

1.枝；2.果枝；3.种子

山莨菪为山莨菪属多年生宿根草本，又名唐古特莨菪，在我国分布于西北和西南海拔 2 800～4 200 m 的山坡、草坡阳处。高达 1 m，根肥大，长圆锥形，黄褐色；茎直立，多数丛生；单叶互生，叶柄粗壮；花单生叶腋，花冠钟形，紫红棕色；蒴果包围于膨大宿萼中，纵肋显著隆起；种子多数，棕褐色，扁圆形。根供药用，有镇痛作用；本种也是提取莨菪烷类生物碱的重要资源植物。目前已被列入国家 II 级重点保护野生植物（第一批）。（张寿洲／文）

画作最好之处是物种的色彩还原较好，尤其花的色调准确，使质感增强。（马平／评）

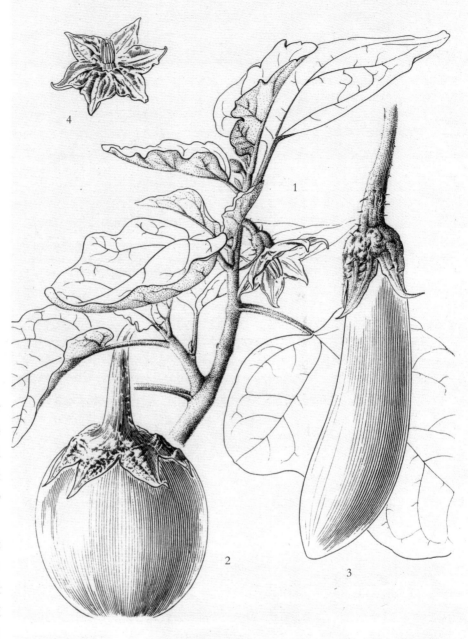

茄

Solanum melongena L. | 冯金环／绘

茄属有 2 000 余种，分布于全世界热带及亚热带地区，少数生长于温带地区，主要产于南美洲的热带。我国有 39 种 14 变种。

茄子的老家在热带美洲，经由驯化选育，由当初不能入口、浑身长刺的野生苦茄，成功变身成现在有高矮胖瘦圆各种形状、绿白紫橙红多种颜色的模样。

1.花枝；2、3.两种不同形状的浆果；4.花

丰富多彩的茄子品种，为茄子称霸餐桌铺平了道路。作为一种百搭的做菜食材，从东北传统名菜地三鲜，到鲁菜红烧茄子、川菜鱼香茄子，茄子促成了美食界一道又一道的传统名菜。（张林海／文）

该画作构图较特殊，两只垂挂的茄子占据了绝对空间，花枝的叶用力地舞着，一动一静很和谐。其实此图最关键的是浆果的毛笔排线设计高明，线条拉得非常稳，宿存的花萼质感和花的表达非常好。（马平／评）

连翘

Forsythia suspensa (Thunb.) Vahl　　曾孝濂 / 绘

连翘属约有 11 种，除 1 种产欧洲东南部外，其余均产亚洲东部，我国有 6 种。连翘是该属模式种，分布于华北、西北、华东和华中等地海拔 250 ~ 2 200 m 的山坡灌丛、林下、草丛中，或山谷、山沟疏林中。枝开展或下垂。叶为单叶，或 3 裂至三出复叶，叶片卵形、宽卵形或椭圆状卵形至椭圆形。花通常单生或 2 至数朵着生于叶腋，先于叶开放，花冠黄色。果卵球形、卵状椭圆形或长椭圆形。连翘属植物多数被种植作为早春开花灌木，果实多可以入药。（王颖 / 文）

此画作构图平稳。一片黄色的花很难画得精彩，主要依靠背景色和其他部分衬托出花的美，绘者用枝条蒴果的色调和皮孔拉开视觉效果。叶面上的高光使整个画面展现灵动的生机。（马平 / 评）

白蜡树

Fraxinus chinensis Roxb. | 江苏省中国科学院植物研究所 / 图

真双子叶植物
Eudicots

核心真双子叶植物
Core Eudicots

超菊类分支
Superasterids

菊类分支
Asterids

唇形类植物
Lamiids

唇形目
Lamiales

木犀科
Oleaceae

1.花序枝；2.果序枝；3.雄花；4.翅果

白蜡树为梣属植物，该属约有 60 种，分布于北半球温带，极少数分布于热带，中国有 22 种。白蜡树是我国著名的经济树种，其枝叶可养白蜡虫，白蜡虫的分泌物是制蜡的主要原料。从宋朝开始，人们在春天用布做成小袋子，放入一些白蜡虫，遍挂在白蜡树上，让它们自由寄生，到夏天就可以收集树上分泌的白蜡，用来制作蜡烛。白蜡树的果实是一串串翅果，风能将果实带到离母树很远的地方，翅果干燥后随风飞舞，秋天随处可见。（王颖 / 文）

这幅画作的构图视觉效果较好，用笔较娴熟，果序的组合形状具有欣赏性，体现出强烈的个人风格。（马平 / 评）

第二篇　科学画中的植物进化

549

桂花

Osmanthus fragrans (Thunb.) Lour.　　曾孝濂／绘

桂花即木犀。对于桂花香气之赞，莫如清代李渔在其《闲情偶寄》中所言："秋花之香者，莫能如桂，树乃月中之树，香亦天上之香也。"桂花花香馥郁沁远。木犀属属名"*Osmanthus*"源于拉丁文，意为"香花"，种加词"*fragrans*"意为"芳香"。因其木材材质细密坚重，纹理如犀，故名木犀。木犀为灌木或小乔木，原产于我国西南部，栽培历史悠久。我国历来有食桂花、饮桂花酒的雅趣。桂叶经冬不凋，汉东方朔即有"登峦山而远望兮，好桂树之冬荣"之句。桂花的品种，花黄色者为金桂，白色者为银桂，赤橙色者为丹桂，还有一种是一年可以多次开花的四季桂。（汪劲武／文）

这幅作品四字以评：安详、和谐。画面中没有冲突，没有刻意的强弱，只是互相依存。叶绿色，背景保持了同样色调的绿，叶用高光和浓淡拉开，但气场相近。黄色的花丛中花冠边缘的高光使画面更为柔美。（马平／评）

Primulina baishouensis (Y. G. Wei, H. Q. Wen et S. H. Zhong) Y. Z. Wang | 冯钟元 / 图

真双子叶植物
Eudicots

核心真双子叶植物
Core Eudicots

超菊类分支
Superasterids

菊类分支
Asterids

唇形类植物
Lamiids

唇形目
Lamiales

苦苣苔科
Gesneriaceae

百寿报春苣苔为报春苣苔属多年生草本植物，叶片纸质，花期3—4月，原产于广西海拔150～300 m 地区。曾经由于在野外发现的居群和个体数量较少，且受到人为影响，濒危程度一度被评为极危，但近几年发现了更多野外分布。相对于其他报春苣苔属植物，该种花朵艳丽且较大，莲座状的株型非常优美，花期可达50天以上，是优良的花卉资源。（张寿洲 / 文）

这幅画作完整地体现了植物在野外生长的状态。作者很擅长色彩的运用，并熟练地掌握色调间的关系，使之在微妙关系的转换时产生出不同凡响的效果。（马平 / 评）

Paraboea sinensis (Oliv.) Burtt | 李德华 / 绘

真双子叶植物
Eudicots

核心真双子叶植物
Core Eudicots

超菊类分支
Superasterids

菊类分支
Asterids

唇形类植物
Lamiids

唇形目
Lamiales

苦苣苔科
Gesneriaceae

1.植株；2.花冠展开，示雄蕊；3.果序

蛛毛苣苔属约 70 种，分布于中国、不丹、印度尼西亚和菲律宾。我国有 12 种，分布于华中、华南和西南等地山坡林下石缝中或陡崖上。蛛毛苣苔为亚灌木，本种以花大、紫蓝色，萼片大、膜质、绿白色，有别于本属其他国产种。叶片形状、大小，花序上花的数目、疏密程度及花梗长短等性状都有较大的变异幅度。（李峰／文）

画作的构图视觉效果较好，花冠展开，两枚雄蕊的花药靠合，蒴果线形螺旋状卷曲开裂的特征表达较好。（马平／评）

大车前

Plantago major L. | 冀朝祯 / 绘

真双子叶植物
Eudicots

核心真双子叶植物
Core Eudicots

超菊类分支
Superasterids

菊类分支
Asterids

唇形类植物
Lamiids

唇形目
Lamiales

车前科
Plantaginaceae

狭义的车前科仅包括
Bougueria 、 *Littorella*
和车前属。APG Ⅳ 系
统的车前科是全球广
布的类群，包括草本
和灌木，也包括一些
水生类群，如水马齿
属 *Callitriche* ，有 94 属
1 900 余种。

大车前为车前科车前属
二年生或多年生草本。
车前属包括 200 余种，

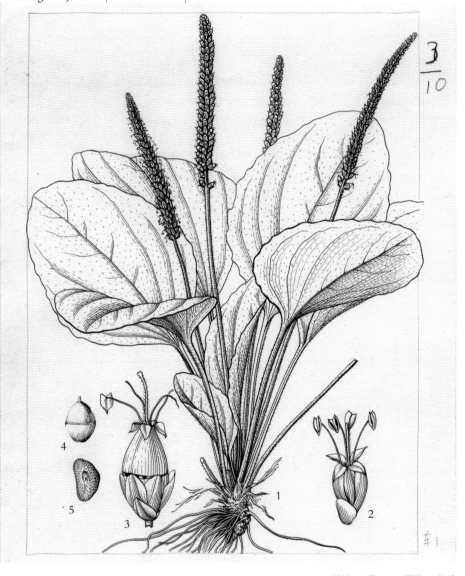

1.植株；2.花；3、4.蒴果；5.种子

为全球广布类群，我国有 22 种，其中 3 个为特有种，4 个为外来归化物种。大车前根茎粗短，叶基生呈莲座状，叶
片宽卵形，边缘波浪状，具长柄；穗状花序细圆柱状，开白色花；裂片披针形至狭卵形，于花后反折，蒴果卵球形，
种子多数。本种是一个多型种，曾被划分为许多种下等级，甚至不同的种。大车前在我国多地均有分布，人们常采
其幼苗做凉拌菜、泡酸菜等。它还具有清热利尿、祛痰、凉血、解毒功能，是民间常用草药。该图为《中国高等植
物图鉴》插图原作。（余岚、陈瑞梅 / 文）

Veronica anagallis-aquatica L. | 江苏省中国科学院植物研究所 / 图

真双子叶植物
Eudicots

核心真双子叶植物
Core Eudicots

超菊类分支
Superasterids

菊类分支
Asterids

唇形类植物
Lamiids

唇形目
Lamiales

车前科
Plantaginaceae

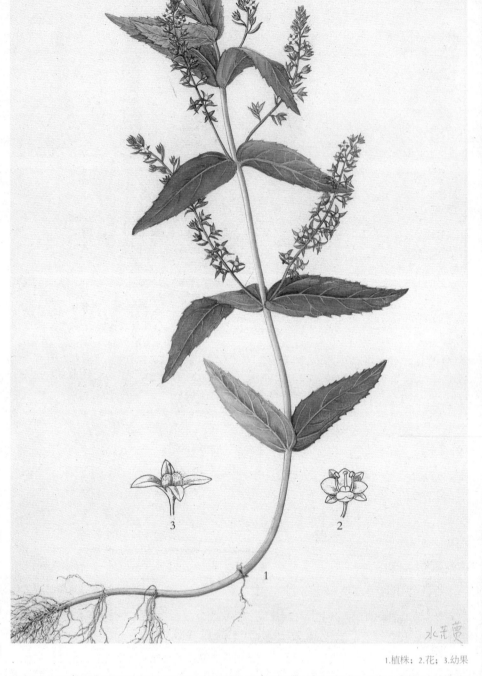

1.植株；2.花；3.幼果

北水苦荬为婆婆纳属植物，本属约 250 种，广布于全球，主产于欧亚大陆。我国产 61 种，广布于长江以北及西南各地，常见于水边及沼地，在西南地区分布可达海拔 4 000 m 的地方。为了与水苦荬 *V. undulata* 区分，学者们特意加了一个"北"字。二者分布地域不同，我国东南部地区不产北水苦荬。叶型上，北水苦荬叶多为椭圆或长卵形，全缘或有疏而小的锯齿；而水苦荬为条状披针形，通常叶缘有尖锯齿。（施践 / 文）

该图为《全国中草药汇编·彩色图谱》插图原作。该画作从花果序判断是标本画。根部很好，叶形正常，花果序斜升状态很好。不足之处是由于所取画材是干标本，所以花和幼果的比例失调，失去了花的风韵。（马平 / 评）

珊瑚花

Cyrtanthera carnea (Lindl.) Bremek. | 江苏省中国科学院植物研究所／图

珊瑚花为珊瑚花属草本或亚灌木植物。它的花序生长在植物的顶端，呈假头状，仿佛珊瑚，因此得名"珊瑚花"。珊瑚花原产于巴西，我国北方多在温室中栽培，南方室外可栽培。珊瑚花喜欢温暖湿润的环境，喜光，也耐阴。其株型美观，花型美丽，为优良的室内盆花，在南方也常作为陆地栽培的造景植物。（杨梓／文）

1.植株上部；2.花冠纵剖；3.花药

Campsis grandiflora (Thunb.) Schum. | 陈月明、李增礼 / 绘

真双子叶植物
Eudicots

核心真双子叶植物
Core Eudicots

超菊类分支
Superasterids

菊类分支
Asterids

唇形类植物
Lamiids

唇形目
Lamiales

紫葳科
Boraginaceae

凌霄为凌霄属攀缘藤本植物，产于长江流域以及华南地区，河北、山东、河南、陕西等省也有分布，是一种具观赏性和药用价值的植物。凌霄生性强健，以气生根攀附于他物向上蓬勃生长，攀缘能力极强。凌霄为羽状复叶，小叶卵形，边缘有锯齿。花橘红色，花冠漏斗形，花开时枝梢仍然继续蔓延生长，且新梢次第开花，花期较长。是理想的垂直绿化、美化环境的花木种类，可用于棚架、假山、花廊、墙垣绿化，园艺价值颇高。凌霄不仅是一种极具观赏性的植物，它的花还可作中药，具有活血化瘀、凉血祛风的功效。（黄锦秋 / 文）

构图刚柔结合，粗大树干未给前面花叶任何压力，反而衬托出花的艳美。（马平 / 评）

Oroxylum indicum (L.) Kurz　　邓盈丰／绘

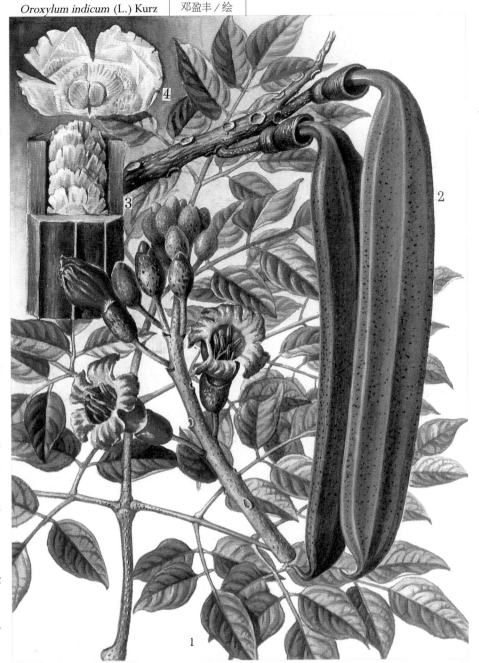

1.花枝；2.果枝；3.果实；4.种子

木蝴蝶是木蝴蝶属小乔木。木蝴蝶属仅有1种，我国集中分布在西南、华南和华东及台湾地区海拔 500～900 m 热带及亚热带低丘河谷密林，奇数羽状复叶。其果为木质蒴果，种子多数，10—12 月成熟。圆形种子连翅长 6～7 cm，周翅薄如纸，轻盈美丽，似玉蝶纷飞，故有木蝴蝶、千张纸之称。木蝴蝶与猫尾木、吊瓜树的花都来自满是奇花异果的紫葳科，皆为花冠筒内紫红色。它们的花都在清幽的夜晚怒放，在黎明破晓之际戛然坠落。木蝴蝶的花在夏秋之际的夜晚开放，总状聚伞花序，花朵硕大，肉质厚实的紫红色花冠，檐部下唇 3 裂，上唇 2 裂，裂片微反折呈淡黄色。黄昏时节还是含苞待放、鼓鼓囊囊的花苞，翌日清晨只剩下紫色钟状的花萼和长长的花柱。雄蕊插生于花冠筒中部，花丝基部很特别，有像棉花糖一样的白色棉毛。（李文艳／文）

构图丰满，一般很难把各部位布局放在同一画面上，但绘者用色彩使纷乱的画面组织良好。

（马平／评）

Spathodea campanulata Beauv.　　钱斌 / 绘

1. 花序枝；2. 雄蕊；3. 雌蕊；4. 子房横切

火焰木又称火焰树、非洲郁金香树，为火焰树属常绿大乔木。该属名来自于希腊文"spathe"，意为"佛焰苞的"，种加词"*campanulata*"意为"钟状的"。花生于枝叶顶端，花冠呈钟形，花瓣5裂，红色或者橙红色，花聚成紧密的伞房式总状花序，由近百朵花组成。花朵未开放前闭锁，开花时向一侧开放，最外缘金黄色看上去好似一团燃烧着的火焰，故得名火焰木。紫葳科主要分布在热带美洲，然而火焰木属却是非洲特有属，且是单种属。为了获得更多样化的后代，火焰木在繁育后代时采用了自交不亲和的策略。火焰木的传粉者主要是鸟类，此外还有蝙蝠、松鼠等。火焰木已在我国华南地区，如海南、广东、香港等地栽培较多。（许东先 / 文）

这幅画有火焰的气质。绘者利用画牡丹常用的设色方法，把叶子画成墨叶，和火焰的红更加统一、协调，还带有一丝丝富贵气。花的描绘很到位，各器官的着生位置、排列交代得都很清晰、准确。整个画面紧凑，虚实、疏密、层次的关系把握得很好。（杨建昆 / 评）

Glandularia × *hybrida* (Groenl. et Rümpler) G. L. Nesom et Pruski | 江苏省中国科学院植物研究所／图

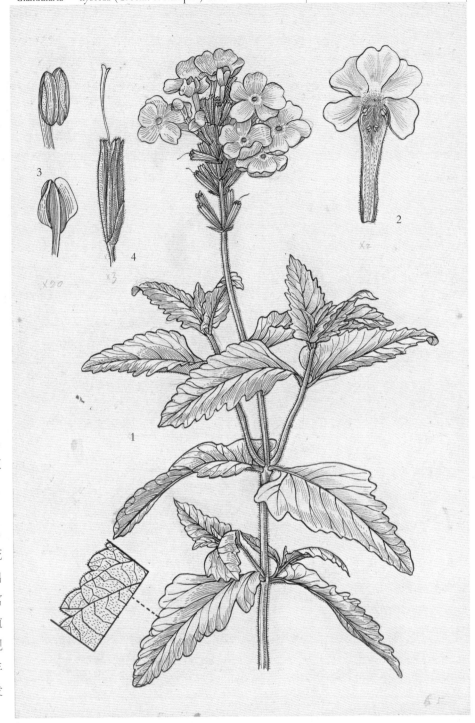

美女樱为多年生草本，花排成穗状，生长于植株的顶端，小而密集，气味芳香，姿态优美。经过园艺选种栽培后，美女樱从最初的小花和淡紫色，逐渐培育出众多大花和色彩丰富的栽培品种。由于繁殖容易、栽培简便、景观效果显著，美女樱近年来在全球园艺市场发展很快。（杨梓／文）

1.植株上部及花序；2.花冠展开；3.雄蕊背、腹面；4.蒴果

这幅图很好地展现了物种在花期的状态。构图稳重，整体感强。叶片舒展，解剖图放位美观、恰当，花冠展开和花药成熟时背腹面展现得很好，用线衬阴恰到好处。（马平／评）

Callicarpa macrophylla Vahl 　江苏省中国科学院植物研究所 / 图

真双子叶植物
Eudicots

核心真双子叶植物
Core Eudicots

超菊类分支
Superasterids

菊类分支
Asterids

唇形类植物
Lamiids

唇形目
Lamiales

唇形科
Lamiaceae

1.花序枝；2.果枝一段；3.花；4.坚果

紫珠属约 165 种，属名 "*Callicarpa*" 的含义是 "美丽的果实"。大叶紫珠多为灌木，产于我国华南、西南海拔 100 ~ 2 000 m 的疏林下和灌丛中，其叶片与同属植物相比较明显较大，故名。

紫珠属植物果实球形成簇，紫红色，浆果味涩，是鸟和鳞翅目动物幼虫的食物。紫珠属植物多是云南民间草药，以根、茎、叶入药，具有散瘀止血、消肿镇痛的功效。（龚奕青 / 文）

绘者抓住物种的分类特征进行刻画，有效地利用了画面空间，形式感强。为了突出表现叶被毛的质感，绘者基本采用点绘手法，处理得当，笔法熟稔。（马平 / 评）

臭牡丹

Clerodendrum bungei Steud.

韦力生 / 绘

唇形科有 3 500 余种植物。臭牡丹所在的大青属有 400 余种，主要分布在热带和亚热带，我国有 34 种。该属多为著名花卉，如垂茉莉、龙吐珠、海州常山等。臭牡丹为灌木，产于华北、西北、西南和华南等地区海拔 2 500 m 以下的山坡、林缘、沟谷、路旁、灌丛润湿处。臭牡丹以其盛开的花序外形酷似牡丹，且伴有恶臭味而得名。花序轴、叶柄密被柔毛；叶片纸质，伞房状聚伞花序顶生；花冠淡红色；核果近球形；花果期 5—11 月。茎叶和根入药，具有祛风解毒、消肿止痛之效。（艾侠 / 文）

这幅作品运用娴熟的中国绘画技法体现了植物的质感、造型以及肌理。绘者运用国画技法和染料的表现手法，仅运用红、紫红、粉、白四种颜色便勾勒出其生动而艳丽的形态。花朵与花叶质地表现鲜明，层次丰富，错落有致。花朵相互簇拥，花苞含苞待放，盛开的花朵娇艳欲滴。花瓣、花朵以及花序之间的空间关系处理上表现出色，表达清晰。从上面几片刚长出的小叶至下面稍成熟的叶，叶片色调微妙变化，极富质感。这种在仔细观察后转入创作、落诸画笔的创作态度甚为难得。（马平 / 评）

海州常山

Clerodendrum trichotomum Thunb. 韦力生／绘

海州常山又名臭梧桐，其嫩枝及叶可入药，药名即为海州常山，产于我国东北、西北、华北、中南、西南各地，生于海拔 2 400 m 以下的山坡灌丛中。海州常山是小乔木，园林上时常种植。明代王象晋所编的《群芳谱》里亦收录，名臭梧桐。缘何臭的植物还被列入群芳？其实，海州常山花有淡香，但揉捻其叶，则有臭味，故名臭梧桐。海州常山的果外皮蓝紫色。鲁迅在《集外集拾遗补编·辛亥游录二》中曾有这样的记述："沿堤有木，其叶如桑，其华五出，筒状而薄赤，有微香，碎之则臭，殆海州常山类欤。"（余岚／文）

冬红

Holmskioldia sanguinea Retz. | 陈笺 / 绘

冬红属曾经被植物分类学家们划分到马鞭草科 Verbenaceae，基于分子系统学的研究，现已将它们划归到唇形科，冬红属仅保留冬红 1 种，其他 3 个种划分到笠桐属 *Karomia*。

冬红原产于印度，为常绿灌木，花红色、橙红色或黄色，花萼合生由基部向上扩张成一阔倒圆锥形的碟，细长的花冠管直立于圆形花萼中，宛如起舞的少女，又如红衣女子撑着小红伞。更神奇的是，它在开花时，花苞颜色由绿变黄或淡红，最后变成红色或橙红色，整个枝条给人一种"冬红开花一丈红"的感觉。（张林海 / 文）

冬红的花很好看并且花形有趣，花萼如盘子一样捧着喇叭状花冠，花通体朱红色，绘者完全表现出花的基本特征，构图较有趣。（马平 / 评）

Leonurus japonicus Houtt. 赵晓丹／绘

真双子叶植物
Eudicots

核心真双子叶植物
Core Eudicots

超菊类分支
Superasterids

菊类分支
Asterids

唇形类植物
Lamiids

唇形目
Lamiales

唇形科
Lamiaceae

1.花枝；2.基生叶；3.花；4.坚果

益母草属约20种，分布于非洲、亚洲、欧洲和南北美洲，我国有12种。益母草又名益母草蒿、茺蔚，茎直立，四棱形，有倒向糙伏毛，叶掌状3裂，裂片上再分裂，叶脉突出，叶柄纤细；轮伞花序腋生，具8～15朵花；花萼管状钟形，花冠粉红色至淡紫红色；小坚果长圆状三棱形，果成熟时为黑色。益母草为常用中药，具有利尿消肿、收缩子宫的作用，是历代医家用来治疗妇科病的良药。（陈方明／文）

罗勒

Ocimum basilicum L. | 蒋杏墙／绘

1.植株上部；2.花侧面

罗勒是著名的药食两用芳香植物，有"香草之王"的美称。其香味复杂，很像丁香、松针之综合体。在西餐和东南亚菜系中，罗勒都是不可或缺的调料。在我国，罗勒也被用于烹调海鲜或者制作传统美食"三杯鸡"。因轮状花序层累似塔，罗勒又被称为"九层塔"。花冠淡紫色，或上唇白色，下唇紫红色。罗勒的种子如同芝麻大小，泡水之后会膨胀，产生具有独特口感的凝胶。（李珊／文）

该图为《全国中草药汇编·彩色图谱》插图原作。构图平稳，可感受到绘者当时心态平静如水。从叶的设计、色调稳中略变，至花蕾到花开都透露一种和谐。（马平／评）

Perlla frutescens (L.) Britt. | 陈月明 / 绘

真双子叶植物
Eudicots

核心真双子叶植物
Core Eudicots

超菊类分支
Superasterids

菊类分支
Asterids

唇形类植物
Lamiids

唇形目
Lamiales

唇形科
Lamiaceae

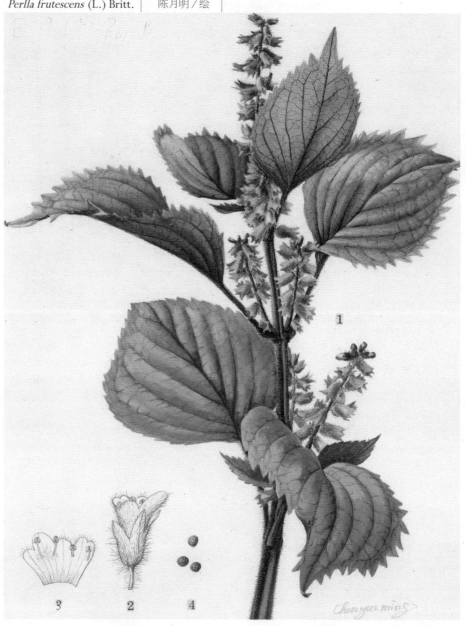

1.植株上部；2.花；3.花冠筒展开；4.种子

紫苏是一年生药食两用香草植物，别名苏子，原产于我国。紫苏茎叶清香扑鼻，健胃解暑，是藿香正气散的主要成分之一。其叶嫩时可食，古时也作茶饮。紫苏还是重要的调味品，因香气浓郁，常被用于烹饪海鲜类。我国民间还用紫苏作天然防腐剂。紫苏叶中所含成分，对大肠杆菌和葡萄球菌有一定的抑制作用。（李珊 / 文）

这是绘者对自家花园中种植的紫苏的写生画作。构图大气，花序灵动，叶片充分打开，充满生机。色彩方面，枝、叶背及叶脉的紫色恰到好处。物种特征表达准确，显出绘者对物种的细致观察和充分把握。（马平 / 评）

真双子叶植物
Eudicots

核心真双子叶植物
Core Eudicots

超菊类分支
Superasterids

菊类分支
Asterids

唇形类植物
Lamiids

唇形目
Lamiales

唇形科
Lamiaceae

1.根；2.花枝

丹参产于我国华北地区的山坡、林下、草丛或者溪谷旁，拥有蓝紫色花冠，上唇瓣像镰刀，下唇瓣稍短裂开。中医把这种植物用作活血化瘀药，有活血通经、除烦清心、凉血消肿等功效，现已制有多种复方制剂，如复方丹参注射液、复方丹参滴丸、复方丹参胶囊、复方丹参片等。丹参首载于《神农本草经》，其记载丹参"主心腹邪气，肠鸣幽幽如走水，寒热积聚；破癥除瘕，止烦满，益气"。此外，《吴普本草》《名医别录》《本草纲目》也有相应的记载。（李珊／文）

绘者有自己的风格。其画风算不上特别细腻，但丰富的色彩、准确的造型在画面上得以应用，使笔下的植物格外鲜活。画作充满生机，完全展示了物种花期时叶的张扬、色调的律动，花怒放时花冠二唇的上唇夸张张开的形态；根朱红色，乍看有失真之感，但挖出时就是这般色艳逼人。

（杨建昆、马平／评）

真双子叶植物
Eudicots

核心真双子叶植物
Core Eudicots

超菊类分支
Superasterids

菊类分支
Asterids

唇形类植物
Lamiids

唇形目
Lamiales

唇形科
Lamiaceae

一串红，又称象牙红，为鼠尾草属植物。原产于南美洲。花序修长，色红鲜艳，花期长，适应性强，为我国城市和园林中普遍栽培的草本花卉。一串红喜温暖和阳光充足环境，不耐寒。果实为小坚果，椭圆形，内含黑色种子，易脱落，能自播繁殖。（杨梓／文）

1.花序枝一段；2.花萼部分展开；3.花冠纵剖展开；4.雌蕊；5.坚果

毛泡桐

Paulownia tomentosa (Thunb.) Steud. 孙西 / 绘

真双子叶植物
Eudicots

核心真双子叶植物
Core Eudicots

超菊类分支
Superasterids

菊类分支
Asterids

唇形类植物
Lamiids

唇形目
Lamiales

泡桐科
Paulowniaceae

泡桐科分布于热带地区，有 4 属，其中泡桐属 6 种原产于我国，1 种延伸到老挝和越南。传统分类学将泡桐科以属处理，放在玄参科或紫葳科中，目前被处理成一个独立的小科，属于紫葳科与玄参科之间的中间类群。泡桐属用途广泛，它不仅是经济价值大的速生树种，也是优良的绿化造林树种。此外泡桐木材传声好，可用于制作乐器。（龚奕青 / 文）

这幅水粉画作绘于1982年，45 cm×32 cm。此画作光用得恰到好处，使主题和背景既分离又统一在一个画面上，如肖像般展现。（马平 / 评）

肉苁蓉

Cistanche deserticola Ma | 马平 / 绘

真双子叶植物
Eudicots

核心真双子叶植物
Core Eudicots

超菊类分支
Superasterids

菊类分支
Asterids

唇形类植物
Lamiids

唇形目
Lamiales

列当科
Orobanchaceae

肉苁蓉是一种寄生在梭梭上的植物，在西北地区有"沙漠人参"之称。野生肉苁蓉目前已被列入《濒危野生动植物种国际贸易公约（CITES）附录》和《国家重点保护野生药材物种名录》。现在，通过人工栽培技术，肉苁蓉已经成功栽培于内蒙古西部阿拉善盟境内。（李册 / 文）

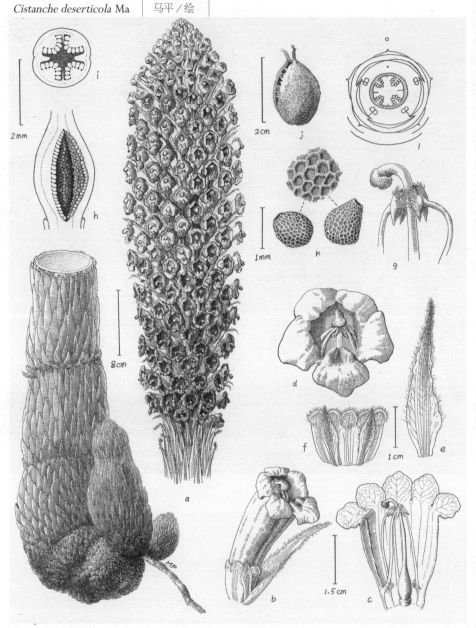

a.花序及地下肉质茎；b.花及苞片、小苞片；c.花冠展开，示雄蕊及雌蕊；d.花冠正面观；e.苞片；f.小苞片；g.二强雄蕊，花柱和柱头的关系；h.子房纵切；i.子房横切；j.蒴果；k.种子及表面纹饰；l.花图式

绘者对肉苁蓉有着不同于他人的深厚情感，因为该种的定名人即为其父马毓泉教授。在我国，是第一个对肉苁蓉属植物进行研究并于1960年将中药肉苁蓉定名为*C. deserticola*的学者。由马毓泉主编的《内蒙古植物志》（第一、二版）中的该种插图即由绘者完成。但在当时，绘者对于该物种未能进行足够深入的研究与理解，图版并不尽善。在编纂本书的过程中，绘者重新绘制了此图，对花冠、二强雄蕊及心皮的关系进行了详尽解析，弥补了多年来的遗憾，并以此图纪念其父—— 一位为中国植物学奉献终生的植物学家。（张林海 / 评）

松蒿

Phtheirospermum japonicum (Thunb.) Kanitz | 张桂芝 / 绘

松蒿属分布于东亚，仅3种，我国有2种，分别为松蒿和细裂叶松蒿 *P. tenuisectum*。前者为一年生，叶羽片狭卵形到卵圆形，花冠淡红到紫红色，后者为多年生，羽片线形，花冠黄到橙红色；松蒿高可达100 cm，但有时高仅5 cm即开花，植体被多细胞腺毛。茎直立或弯曲而后上升，叶具边缘有狭翅的长柄，近基部叶羽状全裂，向上则为羽状深裂；花梗长2～7 mm，萼长4～10 mm，萼齿5枚，羽状浅裂至深裂；花冠紫红色至淡紫红色，蒴果卵珠形，长6～10 mm。花果期6—10月。除新疆外，全国均有分布，其生境为山坡灌丛阴湿处。（朱启兰 / 文）

1.花枝；2.花萼剖开；3.花冠剖开，示雄蕊；4.果实

该物种的植株状态较松散，画作表达出其外形性状，形态和色调准确。（马平 / 评）

大王马先蒿

Pedicularis rex C. B. Clarke ex Maxim.   中国科学院昆明植物研究所／图

真双子叶植物
Eudicots

核心真双子叶植物
Core Eudicots

超菊类分支
Superasterids

菊类分支
Asterids

唇形类植物
Lamiids

唇形目
Lamiales

列当科
Orobanchaceae

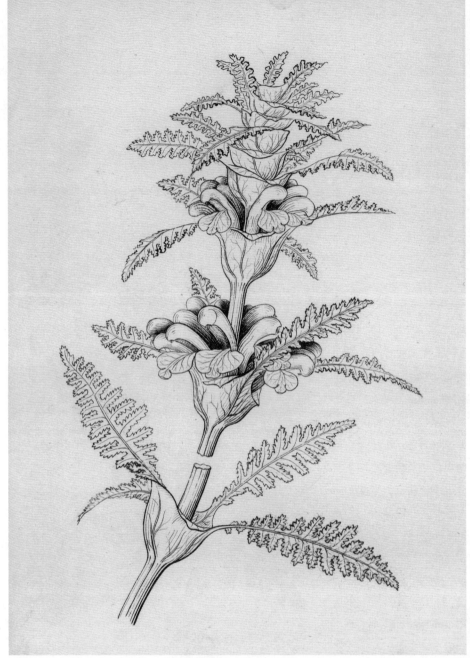

大王马先蒿为多年生草本，分布在四川西南部、云南东北部及西北部海拔 2 500 ～ 4 300 m 的地区，一般生于空旷山坡、草地与稀疏针叶林中，有时也见于山谷。叶 3 ～ 5 枚轮生，常以 4 枚较多，有叶柄，叶柄在上部者多膨大结合成斗状体，叶片羽状，全裂或深裂，缘有锯齿，花黄色，花冠在萼内微微弯曲使花前俯，盔背部有毛。花期 6—8 月。（黄锦秋／文）

听其名就可知此物种有不同之处，首先在花序处叶柄基部膨大连成一个杯状，托起几朵盛开异形花色的花，故本图表达非常准确，此景很为壮观和有趣。（马平／评）

嘉卉
百年中国植物科学画
572

长花马先蒿

Pedicularis longiflora Rudolph.　王颖 / 绘

长花马先蒿为马先蒿属低矮草本，产于我国青海、甘肃与河北等省，生于海拔 3 000 m 以上的高山湿草地中及溪流旁。茎短，叶基生，叶片羽状浅裂至深裂，最下方的叶片有时几为全缘。花腋生，萼管状，前方开裂，花冠黄色，长达 5 cm，管外面有毛，盔直立部分稍向后仰，上端转向前上方，其前端狭细为一半环状卷曲的细喙，其端指向花喉，下唇有长缘毛，花柱明显伸出于喙端。蒴果披针形。花期 7—9 月。

此图画出了物种在野外居群的生态现象。花从叶腋中长，一株就长出若干朵花。花型最特殊，花冠管细长，二唇形并具长弯的喙，喉部有 2 个棕红色色斑。自然界中植物为生存生成许多奇怪的形态，这一切都为了：生存、传粉、繁殖。（马平 / 评）

Rehmannia glutinosa (Gaetn.) DC. | 李增礼／图

1.植株；2.块根

地黄属 *Rehmannia* 仅 6 种，全部为我国特有。该属原曾置于玄参科或苦苣苔科，APG Ⅳ 将其置于列当科。地黄基生叶宿存，花梗纤细，直立，花不具小苞片，花冠 3 ～ 4.5 cm，花冠筒窄，很容易与同属种区别。新鲜块根（鲜地黄）和烘焙至八成干的块根（生地黄）均可入药，如中成药六味地黄丸、六味地黄胶囊等，另有泰山磐石散（《古今医统大全》）、左归丸（《景岳全书》）等。地黄属与毛地黄属 *Digitalis* 很相似，后者现置于车前科 Plantaginaceae。（朱启兰／文）

这幅画从构图就看出其很特殊的形态，基生叶稳稳地从块根头上生出并附于地面，一枝花葶从中蹿出，在顶端开出若干朵筒状花，花色喉部以内红色，表面有一层白绒毛，很奇特。块根画得很形象。这是一幅很好的作品。（马平／评）

Ilex rotunda Thunb.　马平／绘

真双子叶植物
Eudicots

核心真双子叶植物
Core Eudicots

超菊类分支
Superasterids

菊类分支
Asterids

桔梗类植物
Campanulids

冬青目
Aquifoliales

冬青科
Aquifoliaceae

3mm

c

d

a

2cm

b

l

j

k

i

4mm

h

g

3mm

f

e

冬青属植物多为常绿树种，因寒冬其叶仍绿而得名。铁冬青全身都是宝，枝叶是造纸的原料，树皮可提制染料和栲胶，木材坚韧细致，可制家具及雕刻等用；铁冬青的树皮、叶、根皆可入药，在《中国药典》中又名"救必应""熊胆木"，有清热解毒、抗菌消炎和止血镇痛的功效。岭南民间流传"广东三宝：烧鹅、荔枝、凉茶铺"。岭南地处百越瘴疠之地，温病多发，凉茶盛行于两广、港澳地区。夏季广州街头常见的"癍痧凉茶"的配方中就包括"救必应"等20多种中草药，对治疗暑湿热毒效果显著。（何冬梅／文）

a.花枝；b.果枝；c.雄花；d.雄花纵切；e.雌花；f.雌花纵切；g.柱头；h.子房横切；i.果实；j.种子背面；k.种子腹面；l.种子横切

这幅作品的整体布局较为完整，科学解剖图表现也比较完整。此画是在著名植物分类学家胡秀英博士的指导下完成的，它代表了胡秀英博士对科学的执着精神。此树种已经成为学界和家属对她表达追思和怀念之情的一种象征，并在多地栽种。（马平／评）

Campanula medium Lapeyr. 仲世奇／绘

风铃草属 *Campanula* 约 420 种，分布于北温带和极地地区，地中海和高加索地区种类最多，我国有 22 种，其中 11 种为我国特有种。该类群因其钟状花似风铃而得名。图版中的风铃草为引进种，原产欧洲南部，为二年生宿根草本植物。茎直立，高可达 120 cm；基生叶簇生，叶缘具波状齿，叶柄具翅；茎生叶小而无柄；小花 1 或 2 朵聚生成总状花序，花冠钟形 5 裂，花色多样，有白色、蓝色或紫色等；雄蕊着生于花筒基部，花丝基部扩大成片状，柱头 3 ~ 5 裂。（张寿洲／文）

1.植株上部及花序；2.花纵剖切

画作准确、完整地显现了花序的生长状态。右下为花的纵剖图。整幅画很奇特，仅一枝花序几朵大大的花，一个花冠纵切。（马平／评）

羊乳

Codonopsis lanceolata (Siebold et Zucc.) Trautv. | 李爱莉 / 绘

1.根；2.花枝一段；3.花冠展开；4.子房横切

羊乳是党参属植物，产于东北、华北、华东和中南各地，喜生于山地林下和溪沟旁。

羊乳是以根茎入药的植物，其地下部分似参，茎上四叶轮生。弄碎羊乳的根、茎，会有白色乳汁流出，这大概就是"羊乳"一名的由来。羊乳花冠圆润、肥厚，顶端5裂，裂片向后反卷，反卷的裂瓣上有紫色的花纹。花冠内壁上有许多黑色斑点，雌蕊的柱头3裂。雌蕊基部连合着一个五边形的花盘，五边形的角点处各生长有1枚雄蕊。当花朵凋谢后，五瓣宽大的花萼和花盘宿存。（陈方明 / 文）

这幅优雅、精美的铅笔素描画作是绘者为洪德元院士专著《A Monograph of Codonopsis and Allied Genera》（《世界党参属及近缘属》，2015）所绘插图。中上部攀缘的枝自如地甩了一弧形圈，左下部的花冠展开和子房横切部分稳住了画面，既很好地反映了科学性，又使得粗壮的根茎并未影响整幅画作的重心。（马平 / 评）

铜锤玉带草

Lobelia angulata Forst. | 崔丁汉 / 绘

真双子叶植物
Eudicots

核心真双子叶植物
Core Eudicots

超菊类分支
Superasterids

菊类分支
Asterids

桔梗类植物
Campanulids

菊目
Asterales

桔梗科
Campanulaceae

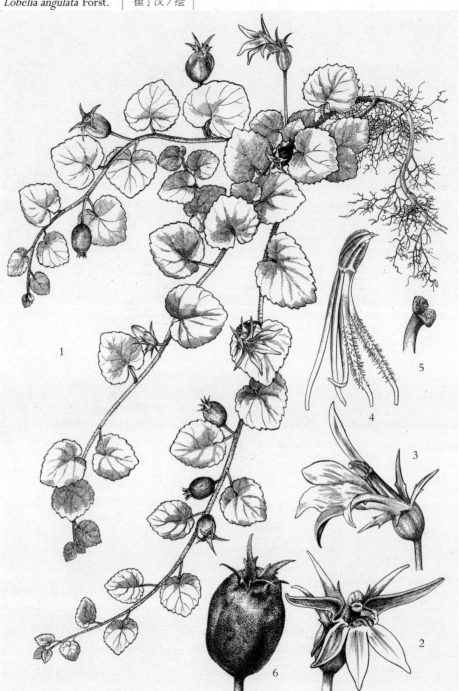

铜锤玉带属有 30～40 种，分布在热带、亚热带地区，主产于大洋洲和亚洲南部。我国有 6 种，分布在西南、华南、华东等地。铜锤玉带草为该属多年生平卧柔弱草本。叶片卵圆形，边缘有钝齿，基部为斜心形，两面疏生短毛。花单朵腋生。花萼筒坛状，裂片条状披针形，每边生 2 或 3 枚小齿；花冠紫红色、淡紫色、绿色或黄白色，花冠筒檐部二唇形，裂片 5 枚，上唇 2 裂片条状披针形，下唇裂片披针形；雄蕊在花丝中部以上连合，柱头二唇形。紫红色浆果呈椭圆球形。该种现已人工栽培。除了观赏和食用外，全草还可入药，有祛风利湿、活血散瘀、抗炎镇痛的作用。（梁璞 / 文）

1.全株；2.花；3.花侧面观；4.分裂的花冠筒；5.柱头；6.果

此幅图构图较好，充分展示了物种的生活状态，由于其平铺在草间，所以如此布局是合理的。白色的花，二唇形，果浆状棕黑色，二者形态都较特殊，花放大展开二唇形结构，雄蕊和柱头科学特征清晰。（马平 / 评）

嘉卉
百年中国植物科学画
578

草海桐

Scaevola taccada (Gaertn.) Roxb. 马平 / 绘

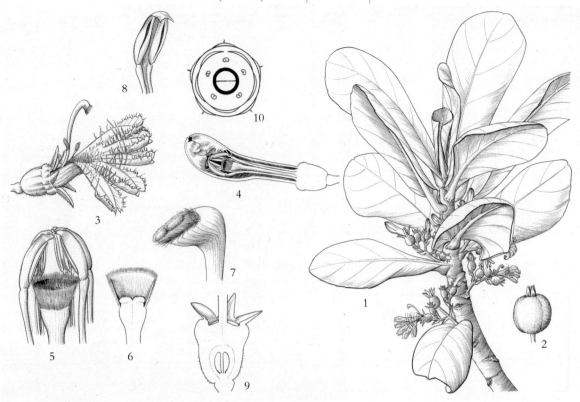

1.植株上部及花序；2.核果；3.花展开；4.花未展开；5.柱头未成熟时与雄蕊关系；6.未成熟柱头纵切；7.成熟柱头；8.花药；9.子房纵切；10.花图式

草海桐是多年生常绿亚灌木，茎丛生，光滑无毛，有脱叶痕，叶螺旋状排列，多集中于分枝顶端，聚伞花序腋生，花两性，花冠合瓣，由于背面开一条纵缝而两侧对称，雄蕊5枚，通常与花冠分离，花药基部着生，纵向开裂。核果卵球状，白色无毛或有柔毛，有两条径向沟槽，花果期4—12月。

草海桐的特殊花形，是为了适应滨海的环境而演化出来的，不整齐花在植物生理上来说比较不容易自花授粉，这样的生理机制让它的下一代可以演化出更能适应贫瘠环境的特性。该种的花为雄蕊先熟，花粉在开花前撒落在花柱顶端的集粉杯中，然后集粉杯关闭，只留下一个为毛所覆盖的狭窄的开口。随着花的发育，花柱伸长，花粉被挤出来，撒于传粉昆虫（主要为甲虫和蝴蝶）身上。最后，柱头露出来，张开受粉面，接受他花的花粉。

草海桐对防风固沙、恢复退化的热带海岛生态系统具有重要的作用，是热带海岛植物的优势树种之一。草海桐也是观赏型植物，同时还具有重要的药用价值。（张寿洲 / 文）

Nymphoides indica (L.) Kuntze | 韦光周／绘

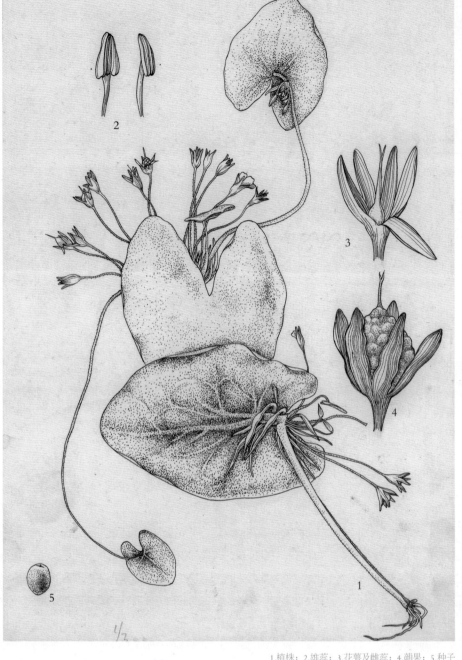

1.植株；2.雄蕊；3.花萼及雌蕊；4.蒴果；5.种子

苘菜属植物约有20种，广布于世界的热带和温带地区。我国约有7种，大部分地区均有分布。金银莲花是苘菜属多年生浮叶水生草本，因花冠裂片为白色，基部金黄色，故名"金银莲花"。花冠腹面密密地生长着如同流苏一样的长柔毛，整朵花像"雪花"似的，星星点点开在碧波绿叶上。金银莲花为根生浮叶植物，部分茎叶浮在水面上，并有沉水叶柄或根茎与根相连。金银莲花有一种同属于苘菜属的"亲戚"——苘菜 *N. peltatum* 非常出名，这就是《诗经·周南·关雎》里"参差苘菜，左右芼之。窈窕淑女，钟鼓乐之"所载之"苘菜"。（陈广宁／文）

该图为《江苏南部种子植物手册》插图。点线结合，尤其以点绘表现各部分的质感，细致入微。画面最下部的叶部分，花从叶腋中长出的形态特征抓得很准。（马平／评）

蓍

Achillea milletolium L. | 马平／绘

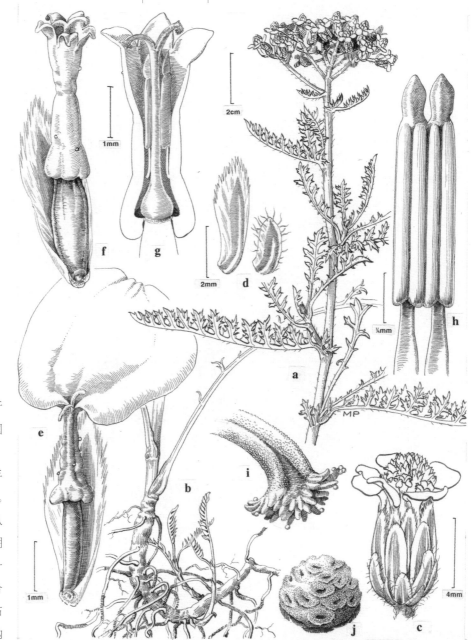

a.植株上部；b.植株下部；c.花；d.总苞片；e.舌状花；f.两性花；g.两性花纵切；h.花药；i.柱头；j.花托

蓍属约200种，分布于欧洲和亚洲温带，我国有10种，蓍原产欧洲，我国有栽培。蓍为多年生草本，有短的根状茎。在我国古代，蓍草被认为能够通神，西周时期蓍草干燥的茎和龟甲一起被当作占卜工具，合称"蓍龟"。蓍卜的占卜方式及卜辞还被归纳入《易经》一书中。蓍属植物还有食用及药用价值。在中世纪的欧洲，它被用来作为啤酒的添加剂；17世纪时，其嫩芽常作为蔬菜，用以烹饪或做汤。蓍全草用以入药，用于医治风湿痛和毒蛇咬伤。（李上娇／文）

此幅画从构图的平稳到多种科学特征的掌控都是很完整的。菊科是大科，科学特征较复杂，从外层总苞，向内舌状花、管状花、单性花、两性花、雄蕊和花药、子房及柱头、花柱等系列特征都要准确表达，的确较难。（杨建昆／评）

青蒿

Artemisia caruifolia Buch. -Ham. ex Roxb.　　史渭清／绘

真双子叶植物
Eudicots

核心真双子叶植物
Core Eudicots

超菊类分支
Superasterids

菊类分支
Asterids

桔梗类植物
Campanulids

菊目
Asterales

菊科
Asteraceae

1.根；2.部分花枝；3.叶（放大）；4.花序；5.管状花

青蒿又名臭蒿、苦蒿、黄花蒿。我国各地均有分布，以长江流域较多。青蒿最早见载于《诗经》："呦呦鹿鸣，食野之蒿。"东晋葛洪《肘后备急方》始载："青蒿一握，以水二升渍，绞取汁，尽服之，治寒热诸疟。"这是历史上最早记载青蒿具有抗疟疗效者。《医林纂要》记载："清血中湿热，治黄疸及郁火不舒之证。"从上述文献记载，可见青蒿具有退虚热、清热解暑、截疟等功效。（王青／文）

葵花大蓟

Cirsium souliei (Franch.) Mattf.　王颖 / 绘

葵花大蓟为蓟属多年生草本，我国特有种，分布于甘肃、青海、四川、西藏海拔1 930 ~ 4 800 m的山坡路旁、林缘、荒地。主根粗壮，直伸，生多数须根。茎基粗厚，无主茎，顶生多数或少数头状花序，外围以多数密集排列的莲座状叶丛。全部叶基生，长椭圆形、椭圆状披针形或倒披针形。小花紫红色，花序梗极短或几无花序梗，总苞片3 ~ 5层，全部苞片边缘有针刺。（王颖 / 文）

这幅画作展现了葵花大蓟铺散生长的状态，以及着生于沙地的生境。构图大胆、夸张，色彩还原准确，对于植物的各部分形态、结构也交代得较为详尽。（马平 / 评）

Atractylodes japonica Koidz. ex Kitam. 李振起／绘

真双子叶植物
Eudicots

核心真双子叶植物
Core Eudicots

超菊类分支
Superasterids

菊类分支
Asterids

桔梗类植物
Campanulids

菊目
Asterales

菊科
Asteraceae

1.植株上部及根部；2.中部叶；3.苞叶；4.管状花

苍术属皆为多年生草本植物，雌雄异株，有块状地下根状茎，结节状。叶互生，中下部叶 3～5 羽状全裂，或上部叶兼有不分裂，或侧裂片 1～2 对，边缘有刺状缘毛或三角形刺齿。分布于我国和日本，共有 6 种，我国有 4 种。关苍术也称苍术，中医用药常与白术 *A. macrocephala* 混淆，两者茎生叶均具柄，前者花冠白或者黄色，后者花冠为紫色。根状茎的形状及中药的药性上也有差异。两者目前均有大量种植。（杨蕾蕾／文）

真双子叶植物
Eudicots

核心真双子叶植物
Core Eudicots

超菊类
Superasterids

菊类分支分支
Asterids

桔梗类植物
Campanulids

菊目
Asterales

菊科
Asteraceae

蓝刺头属全世界有 120 余种，我国有 17 种。该属植物茎直立，上部通常分枝，被蛛丝状毛或绵毛，通常有头状具柄的腺点，花冠管状，两性，呈白色、蓝色或紫色。头状花序仅有 1 朵小花，多数头状花序在茎枝顶端排成球形或卵形的复头状花序。右图为褐毛蓝刺头（又称东北蓝刺头）和丝毛蓝刺头的拼版图。前者为多年生，全部苞片外面无蛛丝状长毛，分布在我国东北和华北等地海拔 1 530～1 750 m 的山坡林缘、多石向阳山坡、湿草地；后者为一年生，外层总苞片基部、中内层总苞片外面被蛛丝状长毛，分布于新疆天山地区，海拔 1 300～1 500 m 的荒漠。（张寿洲 / 文）

1～3.褐毛蓝刺头：1.植株上部；2.下部茎生叶；3.头状花序。4、5.丝毛蓝刺头：4.植株全形；5.头状花序

该图为《中国植物志》插图原作。画作很完美地表现了此类群物种的特质：植物体被毛、叶片特殊分裂的形式和有尖锐的刺尖。最引人注目的是由黑白画法表达蓝色或淡紫色毛茸茸的头状花序。这一切绘者都予以很高境界的表达，是一幅上乘佳作。（马平 / 评）

墨菊

Chrysanthemum atratum Georgi

韦力生 / 绘

真双子叶植物
Eudicots

核心真双子叶植物
Core Eudicots

超菊类分支
Superasterids

菊类分支
Asterids

桔梗类植物
Campanulids

菊目
Asterales

菊科
Asteraceae

菊属植物主要分布在东亚，我国产 19 种，主要有野菊、毛华菊、甘菊、小红菊、紫花野菊、菊花脑等。我国是世界菊花的起源中心，分布有较多的野生菊花。在我国传统文化中，梅、兰、竹、菊合称四君子。8 世纪前后，作为观赏的菊花由我国传至日本，被推崇为日本国徽的图样。17 世纪末叶荷兰商人将我国菊花引入欧洲，19 世纪中期菊花被引入北美。

菊花的色彩十分丰富，有红、黄、白、墨、紫、绿、橙、粉、棕、雪青、淡绿等。菊花被广泛用于观赏，在我国传统的农历新年，很多人都喜欢在家里摆放菊花。重阳节有赏菊和饮菊花酒的习俗。（李上娇 / 文）

此画作构图丰满，两朵花序错落有致，观赏性较强。用国画表达方式完成，技法熟练，用色较准。（马平 / 评）

向日葵

Helianthus annuus L.　　曾孝濂／绘

a.花枝；b.花序纵剖；c.苞片；d.舌状花；e.两性花；f.雄蕊；g.雌蕊；h.子房纵部；i.瘦果

向日葵属包括 52 种以及许多亚种，起源于北美洲，现许多种已作为食物或花卉被引进到世界各地种植。向日葵花盘在白天追随太阳从东转向西，因而得名"向日葵"。但是，花盘一旦盛开后，就不再向日转动，而是固定一直朝向东方了。在公元前 1600 年前，北美原住民缺乏高产的农作物，开始着手"改造"这种种子富含油脂的植物。随着一代又一代的选育，向日葵的茎不再分枝了，花变大了，"花瓣"从红紫色变成黄色，更重要的是果实也变大了。向日葵见证了北美印第安人艰辛开拓农作物的历史。（李上娇／文）

这幅画作绘于1992年6月，是绘者在香港中文大学为胡秀英博士绘制的图版。头状花序的花序托画得饱满，质感强，舌状花自如向外伸展，两性管状花准确，花的解剖图精准，瘦果有异常的强悍感。（马平／评）

Ligularia stenocephala (Maxim.) Matsum. et Koidz. 　陈荣道 / 绘

真双子叶植物
Eudicots

核心真双子叶植物
Core Eudicots

超菊类分支
Superasterids

菊类分支
Asterids

桔梗类植物
Campanulids

菊目
Asterales

菊科
Asteraceae

橐吾属均为多年生草本。根肉质，细而多。茎直立。花朵黄色，极为鲜艳。花果期7—10月。该属为欧亚大陆分布属，多数种类集中在亚洲，共有140种，我国有123种。其中88种为我国特有，横断山区被认为是该属的多样化中心。橐吾属是一类优良的观叶、观花植物，但目前多集中于药用成分研究与栽培，在园林中的应用相对较少。窄头橐吾分布于华东、华中、华南、西南等地海拔850～3 100 m的水边、草甸、山坡、灌丛

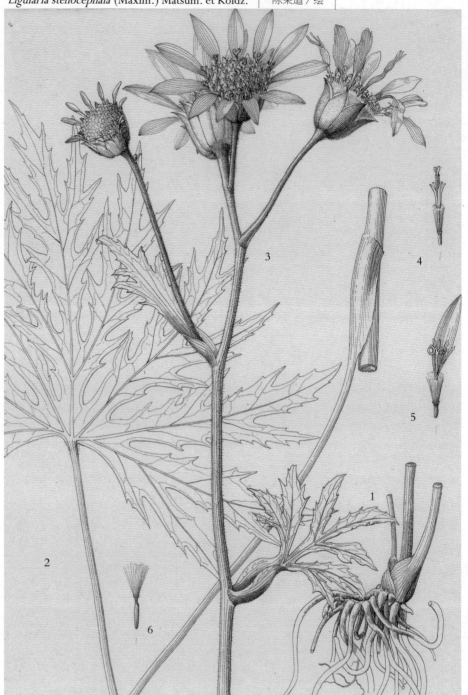

1.根；2.叶；3.植株上部花序；4.两性花；5.舌状花；6.瘦果

中、林缘及林下，在日本也有分布。总状花序长达90 cm，既可药用也可观赏，根、叶及全草均可入药。由于分布广，该种总苞大小变异明显有地理分化特征。（姚张秀 / 文）

此画科学准确，叶充分展示叶柄的长度，细细的花序向上伸出，舌状花黄色很醒目，绘者基本表达出其特征。（马平 / 评）

雪莲花

Saussurea involucrata (Kar. et Kir.) Sch. Bip. | 陈月明/绘

雪莲分布于新疆和青藏高原的高寒地带，其生境为海拔 2 400 ～ 4 000 m 高山雪域附近的岩缝、石壁和砾石滩中，又因其形似莲花而得名。其实，亮丽的淡黄色"莲状花瓣"是雪莲花的叶子，这些着生于最上部的苞叶和下部密集的绿色基生叶、茎生叶形态迥异，不仅变宽变大，而且是半透明的膜质叶。雪莲花是菊科风毛菊属多年生草本植物，无数朵微小花聚合而成头状花序，十几个头状花序又密集成球形的总花序。雪莲花的小花为紫色，苞叶保护着不起眼的花朵，直到瘦果渐渐成熟才枯败。1996 年，雪莲花被列为国家重点保护野生植物名录（第二批）Ⅱ级。（张寿洲／文）

这幅画作描绘了生长在雪山下的雪莲花，不仅以群落的巧思展现了雪莲花从含苞到盛放的植物形态变化过程，而且以精细的渐变色调和高光处理表现出几种叶型的渐次变化，对紫色的小花、黄色的花药、叶缘的尖齿及叶脉的纹理，也无不加以细致刻画，充满变化的灰调生动再现出砾石滩的地质地貌，画作右下角绘者还特别补绘出瘦果及冠毛的形态图。贫瘠而酷寒的生境中，雪莲花的盎然英姿跃然纸上。总苞片同叶片的色彩精准还原度高，两性管状花颜色同样准确。（穆宇／评）

水母雪兔子

Saussurea medusa Maxim.　　王颖／绘

菊科凤毛菊属中的雪兔子亚属 Subgen. *Eriocoryne* 是分布海拔最高的被子植物类群之一，大多数雪兔子的典型生境是海拔 4 500 m 以上的流石滩。这里的地表完全由碎石构成，没有土壤，每年的霜冻期长达 8 ~ 10 个月。雪兔子的地上部分往往很低矮，同时具有发达的根状茎和很长的根系，以便在流石滩上固定自己，并吸收一切可能的养分。超过半数的雪兔子都是多年生一次开花物种，也就是说，雪兔子需积累多年的营养才能开花，并且在种子成熟之后整个植株就死去了。最具代表性的水母雪兔子，一生中的大多数时候都是乱石堆里几片不起眼的叶子，一旦性成熟，它的形象会在短短几个月的无霜期里发生戏剧性的变化：5 月底，性成熟的植株会长出大量的叶子，规则地排成圆盘状。它的种加词 "*medusa*" 意指著名的蛇发女妖美杜莎。水母雪兔子的花开在茎顶，是蓝紫色的，花谢以后植株枯萎，而带有污黄色冠毛的瘦果会被风吹到别的地方，开始新一轮的生命循环。（顾有容／文）

蒲公英

Taraxacum mongolicum Hand.-Mazz. 蒋杏墙 / 绘

真双子叶植物
Eudicots

核心真双子叶植物
Core Eudicots

超菊类分支
Superasterids

菊类分支
Asterids

桔梗类植物
Campanulids

菊目
Asterales

菊科
Asteraceae

蒲公英属约 2 000 种，主要分布于北半球温带与亚热带地区。我国有 70 种，分布在华南以外的各地。蒲公英为多年生草本，具黑褐色粗壮圆柱形根，波状齿或羽状深裂的倒卵状、倒披针形叶自根生，平展排成莲座状，叶柄基部及主脉常带紫红色。花葶几乎与叶等长，顶部密被蛛丝状白色长柔毛，头状花序，淡绿色总苞，开黄色舌状花，花药及柱头为暗绿色。瘦果倒卵状披针形，上部具小刺，下部有成排小瘤，顶端收缩成喙状，冠毛白色。蒲公英广泛生于中低海拔地区的山坡、草地、路边、田野和河滩，是民间有名的野菜。它的苦味时常在春季给人带来一股提神醒脑的清新；带有丰富花蜜的蒲公英花是传粉昆虫的重要食源。（梁璞 / 文）

1.植株；2.舌状花；3.瘦果背面及侧面

绘者用粗细一致的线条勾勒形态并表现衬阴，整体画面均匀。（马平 / 评）

款冬

Tussilago farfara L. 赵晓丹 / 绘

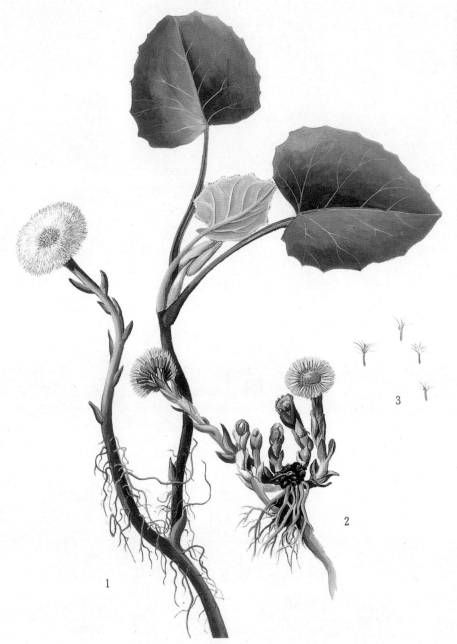

1.植株；2.花及花蕾；3.带冠毛果实

款冬属仅 1 种，分布于欧亚温带地区，在我国产于大部分地区的山谷湿地和林下，为多年生草本植物。款冬褐色的根状茎横生于地下，早春时花叶先行抽出花葶数枝，头状花序生于顶端，边缘有多层黄色舌状花冠的雌花，中央则有管状花冠组成的两性花。款冬结出带白色冠毛的圆柱形瘦果后才长出阔心形基生叶，叶背密被白色茸毛。喜半阴半阳的款冬适应园林绿地中的多种种植环境，是具有良好开发利用前景的园林绿化观赏地被植物。款冬既是蜜源植物，也是一种历史悠久的传统中药材，其花蕾与叶可入药，具有止咳化痰、润肺的功效。（梁璞 / 文）

其物种不会引起更多人注意。绘者用彩色描绘出它动人的灵气，如诗歌一样抒情，别有韵味。两棵款冬处于不同的生长期，竟然浮出这么丰富的色彩。幼茎与老茎、花蕾、花开放与瘦果成熟、幼叶与老叶，如此多层关系表达得非常到位，是上佳之作。（马平 / 评）

苍耳

Xanthium strumarium L. | 曾孝濂 / 绘

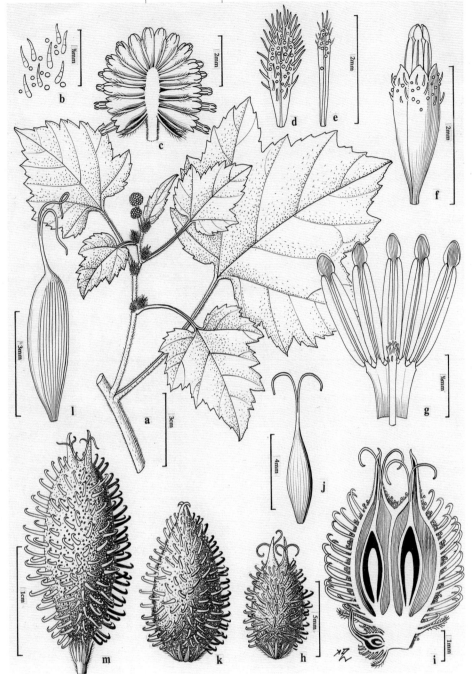

a.雄花枝；b.被毛；c.雄花序纵切；d.苞片；e.托片；f.雄花；g.雄花花药展开；h.雌花序；i.雌花序纵切；j.雌花正面；k.幼果；l.受精雌花；m.成熟瘦果被总苞包裹

苍耳属约 25 种，主要分布于美洲的北部和中部、欧洲、亚洲及非洲北部。我国有 3 种隶属于苍耳组的直喙亚组，原产于南美洲的刺苍耳 *X. spinosum*，在我国河南郸城县也有栽培，并已归化。

苍耳为一年生草本，根纺锤状，叶片三角状卵形，边缘有不规则锯齿，雄性和雌性头状花序形状不同。该植物的总苞具钩状硬刺，常贴附于家畜和人体，易于散布，是一种经济作物，用途十分广泛。茎皮制成的纤维可做麻袋、麻绳。苍耳子可榨油，是一种高级香料的原料，并可做油漆、油墨及肥皂、硬化油等，还可代替桐油。苍耳子悬浮液可防治蚜虫，如加入樟脑中，杀虫率更高。（李上娇 / 文）

这张画中特殊之处，是绘者把不同期带刺的总苞一一展示并纵切表明雌花的内部结构。（马平 / 评）

Lonicera japonica Thunb. | 曾孝濂 / 绘

真双子叶植物
Eudicots

核心真双子叶植物
Core Eudicots

超菊类分支
Superasterids

菊类分支
Asterids

桔梗类植物
Campanulids

川续断目
Dipsacales

忍冬科
Carprifoliaceae

忍冬科约41属900种，分布于温带至亚热带地区，包括狭义的川续断科 Dipsacaceae、北极花科 Linnaeaceae、败酱科 Valerianaceae。而原属于忍冬科的接骨木属 *Sambucus* 和荚蒾属 *Viburnum*，APG Ⅳ 将其归于五福花科 Adoxaceae。糯米条属 *Abelia*、锦带花属 *Weigela* 和忍冬属 *Lonicera* 等是重要的观赏灌木或藤本。忍冬属植物是我国传统中药材。忍冬为多年生常绿缠绕灌木，小枝中空，茎褐色至赤褐色，卵形对生，夏季开花，有淡香。雄蕊和花柱均伸出花冠，花生于叶腋，初为白色，渐变为黄色，故又称金银花。（张寿洲 / 文）

绘者娴熟的构图技巧和布局令人赞叹。紧密的花叶中甩出几枝带花的小枝，使画面无不透出生机和灵动。（马平 / 评）

琼花

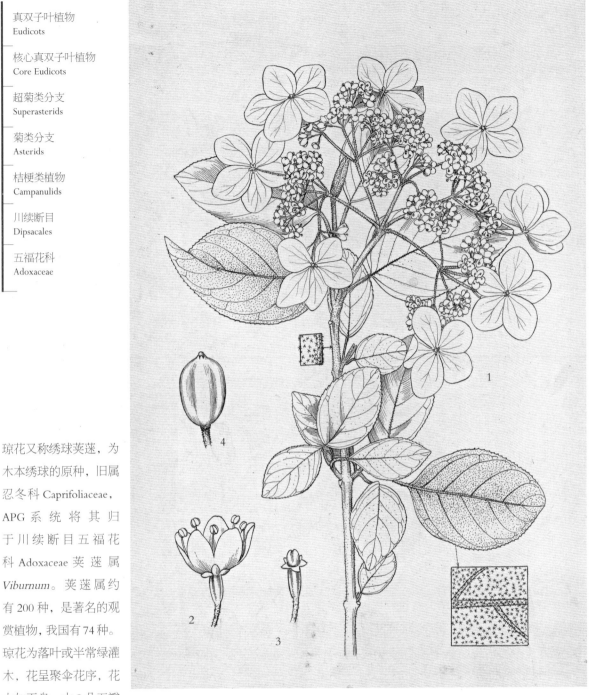

1.植株上部及花序；2.可孕花；3.雌蕊；4.核果

琼花又称绣球荚蒾，为木本绣球的原种，旧属忍冬科 Caprifoliaceae，APG 系统将其归于川续断目五福花科 Adoxaceae 荚蒾属 *Viburnum*。荚蒾属约有 200 种，是著名的观赏植物，我国有 74 种。琼花为落叶或半常绿灌木，花呈聚伞花序，花大如玉盘，由 8 朵五瓣不孕花围成一周，环绕着中间那些白色的珍珠似的小花，这些小花实际是尚未开放的两性小花，初开绿白色，开后逐渐变白，自暮春到盛夏，开花不绝。华东、华北地区常有栽培。（单晓燕／文）

该图为《江苏南部种子植物手册》插图，是一幅早期的标准标本画，完全按照标本的摆放模式绘制而成，笔法甚为精细。（马平／评）

人参

Panax ginseng C. A. Mey.　曾孝濂 / 绘

人参是多年生草本。人参的叶很有特色：掌状复叶轮生于茎顶，一般每片复叶有小叶3～5片，中央的1片最大，叶片长椭圆形，先端狭尖长，边缘有锯齿，每片小叶都有小叶柄。它的花序出自茎顶，花黄绿色。人参果扁圆形，成熟时鲜红色，很好看。人参有个有趣的特征，可以根据叶数判断植株年龄。一般一年生植株茎顶出一叶，为3小叶的复叶；二年生的植株仍只有一叶，为5小叶的复叶；三年生者有2片对生的具5小叶的复叶；以后每增一年便增加1片具5小叶的复叶，至第六时时共有5片轮生的复叶，以后便不再增加。人参非中国特有，原产于我国东北部的山林中。它的根是传统的高级补药，所含人参皂苷对中枢神经系统有兴奋作用。人参被列为国家重点保护野生植物名录（第二批）Ⅰ级 。（汪劲武 / 文）

此画作构图大气，用色讲究，红红的果实充满灵气。叶片中最前面色的转化最为特别，使整个画面呈现庄重之气。（马平 / 评）

星毛鸭脚木

Schefflera minutistellata Merr. ex Li | 贾展慧 / 绘

1.花果枝；2.叶表面示星状毛；3.叶侧面示星状毛；4.花；5.果；6.果横切

星毛鸭脚木为鹅掌柴属灌木或小乔木。当年生小枝、叶柄、花序，密生黄棕色星状绒毛，后皆变无毛。小叶片纸质至薄革质，上面无毛，下面密生灰色小星状绒毛，老时脱落，全缘，稍反卷，叶脉显著。圆锥花序顶生，小伞形花序有花 10 ~ 30 朵；总花梗、花梗、萼多少被淡黄灰色星状绒毛；花瓣三角形至三角状卵形，无毛。雄蕊 5。果实球状，有 5 棱，有毛或几无毛，有宿存的萼齿和花柱，柱头头状。广布于云南、贵州、湖南、广西、广东、江西和福建，生于海拔 1 000~1 800 m 的山地林下。（刘启新 / 文）

Angelica sinensis (Oliv.) Diels | 陈月明／绘

真双子叶植物
Eudicots

核心真双子叶植物
Core Eudicots

超菊类分支
Superasterids

菊类分支
Asterids

桔梗类植物
Campanulids

伞形目
Apiales

伞形科
Apiaceae

1.果枝；2.根；3.叶

当归为多年生草本植物，高 0.4 ~ 1 m，茎直立，有纵直槽纹，无毛，2或3回三出羽状复叶。小叶卵形浅裂或有缺刻，花白色。复伞状花序，顶生，矩圆状双悬果，侧棱有宿翅。在我国分布于西北、华中和西南等地，各地有栽培，以甘肃岷县所种者最佳。（杨梓／文）

画作构图新颖。原本因叶片分裂特性可能致使画面散乱，但绘者以下部叶片剪影手法扭转局面，实属可叹。果序中的每一个双悬果表达清晰。（马平／评）

Coriandrum sativum L. ｜ 史渭清 / 绘

真双子叶植物
Eudicots

核心真双子叶植物
Core Eudicots

超菊类分支
Superasterids

菊类分支
Asterids

桔梗类植物
Campanulids

伞形目
Apiales

伞形科
Apiaceae

1.植株上、下部分；2.伞形花序外缘的花；3.花序内部的花；4.雌蕊；5.果实

芫荽别名胡荽、香菜、香荽，一年生草本植物，是人们熟悉的提味蔬菜，有强烈气味。叶片1或2回羽状全裂，伞形花序顶生或与叶对生，花白色或带淡紫色。芫荽有大叶和小叶两个类型，大叶品种植株较高，叶片大，产量较高；小叶品种植株较矮，叶片小，香味浓，耐寒，适应性强，但产量较低。全草可入药。（钟智 / 文）

此幅作品工整，下部茎及叶的色相准确，上部花序和幼叶细碎而弱的感觉把握得很好。（马平 / 评）

Cicuta virosa L. 　许春泉／绘

真双子叶植物
Eudicots

核心真双子叶植物
Core Eudicots

超菊类分支
Superasterids

菊类分支
Asterids

桔梗类植物
Campanulids

伞形目
Apiales

伞形科
Apiaceae

毒芹为多年生草本植物，高可达 70 ~ 100 cm，茎草生、中空、具分枝，叶片2或3回羽状全裂，复伞形花序，顶生，半球形，花瓣白色，双悬果近球形，全株有恶臭，有毒。毒芹与水芹菜最明显的区分标志是杆上有没有茸毛，其主要毒性在中枢神经系统方面。（钟智／文）

1.根状茎纵剖面；2.花枝；3.花；4.果实；5.双悬果横切面

此画作在根状茎的纵切中较好地显示了横隔膜腔。（马平／评）

硬阿魏	防风	
Ferula bungeana Kitagawa	*Saposhnikovia divaricata* (Trucz.) Schischk.	马平 / 绘

真双子叶植物
Eudicots

核心真双子叶植物
Core Eudicots

超菊类分支
Superasterids

菊类分支
Asterids

桔梗类植物
Campanulids

伞形目
Apiales

伞形科
Apiaceae

硬阿魏又名沙茴香，分布于东北、西北、华北多地海拔 700 ～ 2 400 m 的戈壁滩冲沟、旱田、沙丘、沙地和砾石质山坡上，目前尚未由人工引种栽培。

防风为多年生草本，高 30 ～ 80 cm，叶片卵形或长圆形，2 回或近于 3 回羽状分裂。复伞形花序多数生于茎和分枝，双悬果狭圆形或椭圆形。其根为著名药材，有祛风解毒、除湿止痛、止痉的功效。（杨梓 / 文）

1～5.硬阿魏：1.植株下部及根；2.植株上部及花序；3.花；4.果实；5.果实纵切。6～11.防风：6.植株下部；7.植株上部及花序；8.花；9.幼果；10.果实；11.果实横切

此图是志书中常用的拼图形式，看似乱，但细看完全可以区分不同物种。（马平 / 评）

Ferula sinkiangensis K.M.Shen ｜ 谭丽霞 / 绘

真双子叶植物
Eudicots

核心真双子叶植物
Core Eudicots

超菊类分支
Superasterids

菊类分支
Asterids

桔梗类植物
Campanulids

伞形目
Apiales

伞形科
Apiaceae

①茎基部及根茎；②果枝上部；③茎生叶；④花；⑤果实；⑥果实横切面

我国阿魏属有 25 种，主要分布于新疆海拔 850 m 左右的荒漠和带砾石的黏质土坡上。阿魏是多年生一次性开花植物，一般生长 4 ~ 5 年才能开花结子，开花结果后便死亡。新疆阿魏是多年生草本植物，株高 1 ~ 2 m，根肥大，全草有特殊的蒜气味。阿魏有理气、活血、驱虫解毒功效，可作药用的阿魏只有 2 种：新疆阿魏和阜康阿魏，两者都产于新疆。将阿魏茎割断，其伤口溢出的汁液凝固后便是成药，叫阿魏胶。20 世纪 60 年代，在春天的新疆伊宁县的阿魏滩，还盛开着成片的阿魏，黄色的花朵铺满大地，植物有一人多高，其中有新疆阿魏，也有少量的阜康阿魏。由于盲目开采，如今这 2 种阿魏都已经濒临灭绝。（单晓燕 / 文）

本图最可读之处是：质感。该物种生长在干燥、大风的环境，所以植物体显出十分强硬、不屈服的个性。绘者在植物基部和果序中都表现出独特的性格。（马平 / 评）

珊瑚菜

Glehnia littoralis Fr. Schmidt ex Miq. | 椿学英／绘

1.着花全株；2.花

珊瑚菜属仅 2 种，分布于东亚和北美，我国仅珊瑚菜 1 种。珊瑚菜为多年生草本，产于我国东北、华北、华东、华南，生长于海边沙滩或栽培于肥沃疏松的沙质土壤。该种因海滩开发及无序采挖，现野生资源已濒枯竭，被列为重点保护野生植物名录（第一批）Ⅱ级。全株被白色柔毛，复伞形花序顶生，果棱有木栓质翅。珊瑚菜的根经加工后药用，即商品药材"北沙参"，有清肺、养阴止咳的功效。（钟智／文）

此物种地面植物体并不高，但根在地下，细长，复伞形花序画得细腻，色调准确。（马平／评）

独活

Heracleum hemsleyanum Diels　石淑珍／绘

真双子叶植物
Eudicots

核心真双子叶植物
Core Eudicots

超菊类分支
Superasterids

菊类分支
Asterids

桔梗类植物
Campanulids

伞形目
Apiales

伞形科
Apiaceae

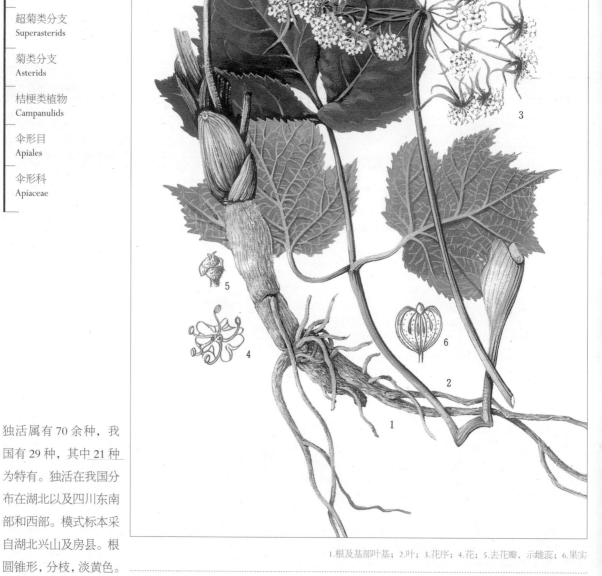

1.根及基部叶基；2.叶；3.花序；4.花；5.去花瓣，示雌蕊；6.果实

独活属有 70 余种，我国有 29 种，其中 21 种为特有。独活在我国分布在湖北以及四川东南部和西部。模式标本采自湖北兴山及房县。根圆锥形，分枝，淡黄色。茎中空，有纵沟纹和沟槽。叶膜质，茎下部叶 1 或 2 回羽状分裂，有 3～5 裂片，被稀疏的刺毛，尤以叶脉处较多，顶端裂片广卵形，3 裂，两侧小叶较小，近卵圆形，3 浅裂，边缘有楔形锯齿和短凸尖；茎上部叶卵形，3 浅裂至 3 深裂，边缘有不整齐的锯齿。复伞形花序顶生和侧生。每小伞形花序有花约 20 朵，花瓣白色，二型。果实近圆形，背棱和中棱丝线状，侧棱有翅。独活的根是著名的中药，主要用于治疗风湿病和各种痛症。（张寿洲／文）

松潘棱子芹

Pleurospermum franchetianum Hemsl. | 刘春荣 / 绘

Pleurospermum franchetianum Wolff
刘春荣维图根据 李馨 74600

1.花枝；2.茎生叶；3.花；4.花瓣；5.花蕾；6.幼果

棱子芹属约 50 种，我国有 39 种。松潘棱子芹为二年生或多年生草本，分布于我国西北、华中、西南部分地区，生长于海拔 2 500～4 300 m 的高山草地或河边。株高达 70 cm。茎直立，中空有条棱，不分枝；叶卵形，羽状分裂；伞形花序顶生，开白色花，花药暗紫色；果椭圆形，果周排列有较发达的棱边，表面有水泡状突起。（陈瑞梅 / 文）

该图为《中国高等植物图鉴》插图原作。绘者对此物种的生长状态理解得比较透彻，直立、坚挺，是该植物的精神状态，茎和花序柄的气势感表达准确，用线一点也不犹豫，坚决果断成就了一幅画作。（马平 / 评）

第三篇

中国植物科学画史略

中国植物科学画史略

穆　宇

等

文

19 世纪中叶，中国开始出现近代植物科学的萌芽。清末民初，在新学救国的时代背景下，包含植物学在内的博物学曾短暂兴起，在一定程度上起到了生物学社会启蒙的作用。但是，中国近代植物学作为成熟的独立学科，是在 20 世纪 20 年代随着中国近代植物学研究机构、相关高校院系的创建而建立的，真正意义上的中国植物科学画也在这一时期随之发展起来。

（一）清末民初：萌芽与启蒙

1.《植物学》的译介

现代植物学起源于西方。18 世纪，瑞典植物学家林奈的《植物属志》和《植物种志》两部著作的出版，标志着近代植物分类学达到成熟阶段。中国近代生物科学是在西方发展了二三百年之后才开始发展起来的。近代西方植物学传入中国的标志，是李善兰翻译的《植物学》。1858 年，上海墨海书馆出版了我国科学家李善兰（1811—1882）与英国传教士韦廉臣（Alexander Williamson，1829—1890）和艾约瑟（Joseph Edkins，1823—1905）合作翻译的《植物学》。《植物学》一书的内容主要基于英国植物学家约翰·林德利（John Lindley，1799—1865）所著的《植物学纲要》（Elements of Botany），其中 200 多幅植物插图也取自《植物学纲要》。《植物学》创译了一系列植物学术语，如植物学、心（雌蕊）、须（雄蕊）、细胞、萼、瓣、心皮、子房、胎座、胚、胚乳、唇形科、伞形科、石榴科、菊科、蔷薇科、豆科等，对后来中国植物学的发展影响巨大。例如，对菊科的描述为：

菊科乃外长第一部第七小部八科之一也，草本、小木本、单子房、瓣附萼末，含蕊时相并不相叠，或作带状，或分四五齿，落者多，须囊围绕作圆柱形，花聚生一台上，或分雌雄，或兼雌雄，有若干抱花叶，四面环绕之，萼在上，与子房相附，萼末生毛，或若羽，单子房，卵顺生，胚无浆，果小，壳干无裂缝，顶有萼之毛。凡菊类皆归此科，共一千有五族、九千种。

《植物学》是我国第一部介绍西方近代植物学知识的译著。但是，在它面世后的半个世纪里，由于我国还没有开展过近代植物分类学的采集与研究活动，故影响力有限。直到 20 世纪 20 年代，才在知识分子群体中产生了较大影响力。1914 年，钟观光正是在这本书的影响下，开始由理化转向研习植物分类学，并最终成为我国植物采集学的

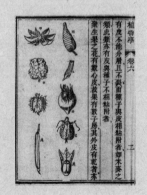

李善兰译《植物学》书影

一代宗师、中国植物学的拓荒者和著名植物学家。李善兰的译著对于下文即将述及的《植物学大辞典》主编之一、近代著名出版家杜亚泉也影响甚大。

2. 博物学思潮的兴起

格致学与博物学之名称在清末民初这一历史时期短暂存在。晚清时，西学大规模输入中国，声、光、电、力、化学诸科合称格致学或格物学，取"格物致知"之意，而动、植、矿诸学科合称博物学。博物学即试图通过自身学科的发展来尽可能有效地开发国家资源，达到富国裕民的目的。这种"生物学的救国论"是在鸦片战争后的国家民族危机背景下由知识分子所提出的应对方案，带有浓厚的实用主义色彩。

晚清时的博物学，初期为植物学、动物学和矿物学三科的合称，此后又加上了生理学而成四科。在武汉、北京、南京等地兴办的高等学堂，开始教授植物学课程。1893 年，湖北自强学堂首次设立植物学课程。1904 年，京师大学堂开设的四类课程就包括语文、数理化、史地和博物。博物类又分为动物、植物、生理、卫生、农学、矿物等课程。1905 年，晚清学制改革时，在中学的课程设置中亦设有博物学课程，植物学、动物学、矿物学和生理学四科分四年讲授。与博物学课程设置相伴随的是博物学教材的编译，其时从日文编译了一批博物学教科书，有饭启塚的《中等博物学教科书》（1902）、侯鸿鉴的《初等博物教科书》（1903）、上海科学仪器馆虞和寅的《博物学教科书》（1907）等，上述教材均以动物、植物、矿三科组成博物学。

在这股思潮中，相继出版的一些画报和普及性著作，逐渐有了中国人绘制的植物插图。如清末北平最早的白话画报《启蒙画报》（1902—1905），由知名报人彭诒孙（字翼仲）主办并自任撰述人，名家刘炳堂任画师。该画报文字用白话，栏目多为新学，设有介绍博物新知的栏目，其中不少动植物木版插图是由刘炳堂绘制的。梁漱溟在《我的自学小史》一书中回忆《启蒙画报》时谈及："图画为永清刘炳堂所绘。刘先生极有绘画天才，而不是旧日文人所讲究之一派。没有学过西洋画，而他自得西画写实之妙。所画西洋人尤有神肖，无须多笔细描而形象逼真。"他还为《时事画报》等绘制过不少插图。

1912 年民国建立后，出现了不少以"博物"为名专门从事博物学研究的机构团体，如中华博物调查会、中华博物研究会、武昌高等师范学校博物会、北京高等师范学校博物会等，后三者分别办有《博物学杂志》（1914）、《博物学杂志》（1918）和《博物杂志》（1919）。彭世芳等还编有专业的《博物词典》（中华书局，1921 初版），词典分动物、植物、矿物、人体四部分。

《博物学杂志》1914 年 10 月创刊于上海，出版至 1928 年 10 月，共出版 2 卷 8 期，由中华博物学研究会主办，上海文明书局印刷发行。吴家煦（字冰心）为第一任总编辑，吴元涤（字子修）为第二任总编辑，二人均为博物学家，研究方向分别侧重于植物学和动物学。主要撰稿人有吴家煦、吴元涤、钱崇澍、薛德焴、秉志、彭世芳等。创刊早期，当时国内相关学者的研究论文多发表在《博物学杂志》上，如吴家煦的《江苏植物志略》、郑勉的《江苏之菊科植物》、吴续祖的《中国产普通菊科之属名检索表》、彭世芳的《北京野生植物名录》及《五台山及百花山采集植物记》、吴元涤的《南京植物名录》、彭培生的《茅膏菜之记载》等。"增进学识，改良教材"是《博物学杂志》的另一重要宗旨。该刊向小学理科教员推荐多本教材，如朱树人著《普通新知识读本》、董瑞椿著《高等小学理科

《启蒙画报》书影

《时事画报》插图

《博物词典》（1921）
书影

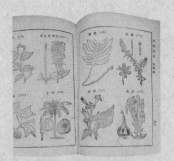

《博物词典》插图

《博物学杂志》第1卷第
1期（1914）书影

《博物学杂志》第1卷第
2期（1915）书影

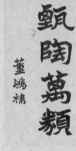

《博物学杂志》第1卷第
2期题签

北京高等师范学校职教员及博物部毕业学生合影
（《博物学杂志》第1卷第2期）

《博物学杂志》第1卷
第3期（1916）书影

《博物学杂志》第1卷
第3期题签

国立武昌高等师范学校博物研究会会员合影
（《博物学杂志》第1卷第3期）

《博物学杂志》第1卷
第4期（1916）书影

《博物学杂志》第1卷
第4期插图

《博物学杂志》第1卷第
4期题签

《博物学杂志》第2卷
第2期（1927）书影

《博物学杂志》第2卷第
4期（1928）书影

教授法》、钱承驹编《最新博物示教》、钱承驹编《理科纲要》等，显示了民国初年初级自然科学教育，特别是博物学教育的基本内容。《博物学杂志》既不同于晚清传教士所办期刊，也不同于以留美学生为主要传播者的《科学》期刊，它是民国初期国人自办的期刊，提倡博物学师范教育，扮演了"五四运动"前期科学传播的重要角色，推进了从博物学到生物学的学科进化。吴元涤（1886—？），字子修，江苏江阴人。毕业于江苏师范学堂优级选科博物科，曾任教于江苏第一农业学校、南京高等师范专科学校等校。1927年9月起，任江苏省立苏州中学生物教员兼自然学科首席教员，1933年起任该校校长。吴元涤还曾被聘为当时科学名词审查会代表、教部编译馆译名委员会委员，编写了《高中及专科学校用生物学》（1932）、《复兴初级中学教科书植物学》（1933）、《生物学》（1934）、《吴氏高中生物学》（1935）等多部教材。此外，他还著有《南洋植物志》《显微镜使用法》《组织切片法》《胚胎学图谱》等书。

在此之后，分类学知识在一些自然科学刊物上得到介绍，但仍属于科普译文介绍。对此做出重要贡献的当属近代中国著名爱国学者、出版家、教育家杜亚泉（1873—1933）。1918年，由杜亚泉等13位专家合编著，历时12年、全书达300余万字的《植物学大辞典》由商务印书馆出版，全书1 590页，记载植物1 700余种，附图1 002幅，该书《凡例》明确指出："重要植物，于注释之外，均有附图，概从《植物名实图考》及外国植物专家著作中采揭。"这是中国近代第一部有影响的专科辞典，1934年再版。此部辞典收载中国植物名称术语8 980条，西文学名术语5 880条，日本假名标音植物名称4 170条，蔡元培《序言》中写道："吾国近出科学辞典，详博无逾于此者。"之后，杜亚泉又主编

杜亚泉晚年照

《新理科教授法》，杜亚泉编

杜亚泉曾任主编的《东方杂志》，该刊与《新青年》齐名

《植物学大辞典》书影

《植物学大辞典》，1918年2月初版，1923年初版缩
印版，1928年缩印版第4版；商务印书馆印制发行

《植物学大辞典》书影

《植物学大辞典》书影

了另一部巨著《动物学大辞典》。在学术及出版理念上，
他始终坚持科学的立场，以使西方科学与东方传统文化
结合为最终目标。

　　总的来说，从博物学研究实践来看，博物之名自然是以博为尚，但自林奈分类系统确立后，生物学各个分科越
来越细密。在各门学科迅速发展、分科愈加细密的近代，一门学科要称之为"学"（-ology），首先需要有明确的
研究对象，而博物学的研究对象显得太过宽泛，正如贾祖璋曾言："博物学这个名词，早已有人说过，是不妥当的。
拿这样一个名词来，出本包罗万象的书，断不是研究科学的态度。我们晓得博物里是包含动物学、植物学、矿物学
等许多科学的，我们要精深研究，至少须将这几个大界限分开……"在各学校的博物学教学实践中，博物学教学设
备简陋，教材不良，师资缺乏，而高校中也无法大量培养合格的教师以适应中小学博物教学的需求。1919年，国立
武昌高等师范学校的博物部学生只有18人，1924年改为生物学系，博物学会随之改名为生物学会，《博物学杂志》
亦改名为《生物学杂志》。1912年以后，中小学课程设置几乎都不再以"博物学"为名。因此，博物学与格致学均
因研究对象不明确，学科体系不严谨，作为一门学科仅仅在清末民初短暂存在过一段时间，很快就被各具体学科所
取代。

（二）民国时期：奠基与初创

1. 主要研究机构的创建和分类学学者队伍

我国生物学奠基人之一秉志曾言："夫分类学为研究生物科学之基础，品种不明，其他皆无所建立。"（张孟闻，《中国科学史举隅》，1947）。20 世纪 20 ～ 30 年代是中国生物科学研究的奠基时期。

1915 年之后，辛亥革命前后出国留学的诸多植物学者如钱崇澍、胡先骕、陈焕镛、刘慎谔、林镕等陆续学成回国，开始着手中国植物学的创建。1921 年，东南大学建立，秉志和胡先骕在东南大学共同创办了我国大学中第一个生物学系。这一时期，专门研究植物分类学的研究所有中国科学社生物研究所、静生生物调查所、国立中央研究院自然历史博物馆、北平研究院植物研究所、中山大学农林植物研究所、庐山森林植物园。各个大学还有专门的植物标本室；每年发表的植物学论文约有数百篇；在蕨类植物研究等领域，甚至处于世界领先水平。对于民国时期植物学的发展，张孟闻在《中国科学史举隅》中曾言"略记其机关名称，学人名姓于次"：

植物方面

甲 · 普通植物分类　钟观光、胡先骕、钱崇澍、陈焕镛、刘慎谔、陈嵘、刘汝强

北方植物　清华大学、北平研究院植物研究所、静生生物调查所。胡先骕、刘慎谔、林镕、刘汝强、吴韫珍、刘乙然

东南植物　中央大学、金陵大学、厦门大学、福建协和大学、中央研究院博自然历史物馆、中国科学社生物研究所。钟心煊、钱崇澍、陈嵘

南方植物　中山大学、岭南大学、福建协和大学。陈焕镛、董爽秋、蒋英

西方植物　武汉大学、四川大学、华西大学、金陵大学、中国西部科学院、静生生物调查所、中央研究院自然历史博物馆、北平研究院植物研究所、中国科学社生物研究所。胡先骕、张珽、钱崇澍

西北植物　西北农林学院。白荫元

中部植物　武汉大学、河南大学、庐山森林植物园。钟心煊、张珽

乙·专科分类

菌藻植物

  藻类　李良庆、王守成、饶钦止、汪燕杰、曾呈奎、陈善铭

  菌类　钟心煊、戴芳澜、林镕、魏岩寿、郑叔群、俞大绂、朱凤美、杨俊楷、陈宗鉴、周宗璜、马心仪、石磊、王宗清、欧世璜

苔藓植物　陈邦杰、王启无

蕨类植物　秦仁昌、吴印禅

种子植物——裸子植物　陈焕镛、郑万钧

被子植物——双子叶区　桦木科　胡先骕 / 杨梅科　吴印禅 / 荨麻科　钱崇澍 / 金粟兰科　裴鉴 / 三白草科　裴鉴 / 金缕梅科　董爽秋 / 紫茉莉科　陈淑珍 / 木兰科　郑万钧 / 番荔枝科　蒋英 / 樟科　刘厚、杨衔晋 / 毛茛科　夏纬琨 / 罂粟科　刘茛 / 十字花科　孙逢吉 / 秋海棠科　俞德浚 / 梧桐科　严楚江 / 槭树科　方文培 / 蔷薇科　俞德浚 / 伞形科　单人骅 / 石楠科　方文培 / 柿科　陈焕镛、陈秀英 / 马鞭草科　裴鉴 / 唇形科　孙雄才 / 夹竹桃科　蒋英 / 忍冬科　郝景盛 / 菊科　张肇骞、陈封怀

  单子叶区　百合科　汪发缵、唐进 / 鸢尾科　刘瑛 / 莎草科　唐进、曲仲湘 / 禾本科　耿以礼 / 兰科　钱崇澍、左景烈、唐进、刘瑛 / 天南星科　裴鉴

丙·经济植物分类

树木学　钟心煊、陈焕镛、陈嵘、傅焕光、李顺卿、凌道扬、林熊祥、唐燿、郑万钧、郝景盛、杨衔晋

果树学　王太乙、吴耕民、曾勉、胡昌炽、章文才

蔬菜学　吴耕民、毛宗良、管家骥

棉作学　孙恩庆、王善伶、冯泽方、孙逢吉、冯肇傅、蒋涤旧、胡竞良、俞启葆

农作学

  稻　赵连芳、卢守耕、汪厥明、周拾禄、谭仲约、丁颖、柯象寅、管相恒

  麦　金善宝、沈宗瀚、沈骊英、郝象吾、沈寿铨、周乘钥

  粟　李先闻、郝钦铭

  高粱　常得仁

  玉蜀黍　李先闻、杨允奎

  豆　王绶

  茶　吴觉农、徐芳千、胡浩川、范和钧

  药用植物　裴鉴、王进英

《中国科学社生物研究所论文集》之《中国松属之研究》（郑万钧，1930）书影

《中国科学社生物研究所论文集》（1938.4）插图

以上大致呈现了民国时期我国植物分类学机构、学者的阵容。各机构的创建及其学术刊物的情况简介如下：

（1）中国科学社：1914年由留美中国学生任鸿隽、赵元任、秉志等在美国组织成立。1915年，普及性杂志《科学》创刊。1922年8月中国科学社生物研究所在南京成立，下设动物部和植物部，分别由秉志、胡先骕主持。中国科学社生物研究所还创办了一份刊物，名为《中国科学社生物研究所论文集》（*Contributions from the Biological Laboratory of the Science Society of China*），以英文为主、中文为辅，并与国外学术机构进行交换。这份刊物使欧美各国生物学界，对中国生物学渐有认识。

（2）静生生物调查所：在范静生（1876—1927）等的赞助与中华文化教育基金会的支持下，于1928年由动物学家秉志和植物学家胡先骕创建。建所初期由秉志任所长，胡先骕任植物部主任。1932年起，胡先骕任所长。自该所创建之日至1937年的这段时期，是静生生物调查所迅速发展的时期，在人员、设备、图书资料迅速扩充的同时，该所标本馆建设得到了很大发展。静生生物调查所推出了《静生生物调查所汇报》《中国植物学杂志》等刊物，对中国植物学研究助益良多。

（3）北平研究院植物研究所：该所于1929年由当时刚从法国留学归国的刘慎谔博士创建。创所初期，通过公开招考，引进孔宪武、王作宾、刘继孟等人，此后，林镕、王宗训、蒋杏墙、郝景盛、王云章、白荫元、郝廷瑞等人，积极从事标本采集和标本馆基础建设工作。在日军侵占我国东北三省之后，1936年刘慎谔与西北林业专科学校（现西北农林科技大学）校长辛树帜商妥，在陕西武功兴办西北植物调查所。1938年北平研究院在战乱之中迁往昆明，1940年在刘慎谔主持下，在昆明正式建立了昆明植物研究所，并建立了相应的标本室。1945年日本投降之后，北平研究院植物研究所重返北平，并在原址恢复发展。

（4）国立中央研究院动植物研究所：该所前身是1929年1月开始筹备、1930年1月正式成立于南京的中央研究院（以下简称"中研院"）自然历史博物馆，1934年7月改为中央研究院动植物研究所。抗日战争开始后，该所几经辗转，最后迁至重庆北碚。1944年，中研院评议会决议将动植物研究所分为动物研究所和植物研究所。抗战结束后，动物研究所和植物研究所恢复，迁至上海。中研院自然历史博物馆的学术刊物主要有3种：一是自1929年开始刊行的《国立中央研究院自然历史博物馆丛刊》（1—4）、《国立中央研究院动植物研究所丛刊》（5—20），分为刊物及专著两类，专载学术研究之作；二是特刊类，1930年开始刊行的《国立中央研究院动植物研究所丛刊》；三是图谱类，1931年开始出版。中研院植物研究所自1947年出版定期刊物《国立中央研究院植物学汇报》(*Botanical Bulletin of Academia Sinica*)，每年1卷4期，第1卷计论文33篇，第2卷计36篇，至1949年共出3卷，总计论文100篇以上。20年中，该所出版物共载论文400篇以上。

关于这些机构的关系，如同国立中央研究院首任院长蔡元培所言："中央研究院动植物研究所，和中国科学社生物研究所的关系，向来异常密切，不但书籍标本常相交换，采集研究亦时有合作。至于静生生物调查所，更不啻为中国科学社联盟的集团，这三个生物研究机构和北平研究院的生物研究所，多重于生物的分类，惟性质虽相类同，而彼此工作，仍有区别，不失分工合作的意愿。大致本院动植物研究所注重于沿海的生物分类，中国科学社注重于长江流域生物的分类，北平研究院和静生生物调查所大多注重于中国北部的生物分类，但二者之间仍不相冲突。"

（5）中国植物学会：1933年8月20日，中国植物学会在重庆北碚中国西部科学院成立，会员105人，其中分类学家约占一半，旨在"互通声气，联络感情，切磋学术，分工合作，以收集腋成裘之效，亦普及植物学知识于社会，以收致知格物、利用厚生之效"。1934年3月，创刊《中国植物学杂志》；1935年创办英文版《中国植物学汇报》。

《国立中央研究院动植物研究所
丛刊》第5卷第34期（1934）书影

中国植物学会的成立和上述植物分类学研究机构的建立，标志着中国植物分类学已发展到成熟阶段，表明中国已建立了植物分类学研究的体系，从而保证了自主地从事这门学科研究工作的开展，推动了这门学科在中国的发展。

《静生生物调查所汇报》第5卷
第4号（1934）

《中国植物学杂志》第2卷第2
期（1935）书影
该杂志为季刊，中国植物学会
编，静生生物调查所印，于
1934.3—1937.3共印行12期

参加第5届国际植物学大会的中国代表合影（胡宗刚/供图）
1930年，中国植物学家出席在英国剑桥大学召开的第五届国际植物学
大会。这是中国学者第一次正式参加国际植物学大会。
前排左起：秦仁昌　陈焕镛　林崇真
后排左起：张景钺　斯行健

冯澄如（1896—1968）像

1928年10月静生生物调查所成立时，该所同仁合影（胡宗刚/供图）
前排左起：何　琦　秉　志　胡先骕　寿振黄
后排左起：沈家瑞　冯澄如　唐　进

2. 开创中国科学画新天地——冯澄如

学成归来的留洋学者带来西方植物科学绘画的新观念和新技法，中国植物科学画也随之诞生。开创中国生物绘图新天地的是冯澄如。

冯澄如（1896—1968），中国生物科学画的奠基人、开拓者、教育家。江苏宜兴人。1916年秋毕业于江苏第三师范学堂。1920年受聘于南京高等师范学校（下称"南高师"）预科，担任图画手工课教师。此时，秉志、胡先骕、邹秉文任教于南高师，冯澄如与这些生物学家的合作由此开始。他为陈焕镛于1922年出版的英文著作《中国经济树木》（*Chinese Economic Trees*）绘制了全部插图；从1922年在南高师绘制生物教学挂图起，冯澄如从一名美术教师逐渐走上了生物科学画家的职业道路。之后，胡先骕在北平创办静生生物调查所，冯澄如北上任植物部研究员兼绘图员，同时负责该所印刷厂的工作。冯澄如有扎实的中西画基础，又同海外留学归国学者有密切交往，逐渐创立了植物科学画的个人风格和新技法。在静生生物调查所期间，冯澄如为胡先骕、陈焕镛的《中国植物图谱》（1927—1937，全5册）绘制了250幅图版，为秦仁昌《中国蕨类植物图谱》绘制了200余幅图版。此间，冯澄如还为周汉藩所著的《河北习见树木图说》（1934）绘制了145幅黑白图版。后来又为胡先骕主编的《中国森林植物图志》（1948）绘制图版。在中国植物学萌芽之初，植物科学绘画是一片空白。从绘图的技法到印制的技术，都经历了殊为不易的探索。冯澄如尝试以"毛石套印彩色图法"印制彩图，达到很好的效果，除保持线条流畅清晰之外，色彩浓淡合适，鲜艳如真，在《中国植物学杂志》（1931—1937）上，每期都有一幅冯澄如所绘的植物彩图。

黃　杜　鵑

Rhododendron moíle G. Don

静生生物調査所印

羊踯躅 *Rhododendron molle*　冯澄如 / 绘

《中国植物学杂志》第2卷第2期（1935）插图，毛石套色印刷

冯澄如为陈桢论文《金鱼外形的变异》所绘插图之一
引自《中国科学社生物研究所论文集》（1925）
（李爱莉/供图）

陈桢（1894—1957），江苏邗江人，中国动物遗传学的创始人和
动物行为学、生物学史研究的开拓者，中国科学院院士，中国科学院
动物研究所研究员、原所长。毕业于美国哥伦比亚大学遗传学专业。
他关于金鱼遗传、变异和进化的研究是我国现代生物学的一项经典性
工作

冯澄如不仅是中国植物科学画的开创者，也是中国
动物科学画的奠基人。1925年，冯澄如为留美归国学
者陈桢的论文《金鱼外形的变异》绘制了多幅精美插图。
这篇英文论文发表在《中国科学社生物研究所丛刊》上。
该文就金鱼的体形、体长、体高、背鳍、胸鳍、腹鳍、臀鳍、尾鳍、头形、鳃盖、眼、鼻隔、鳞片、体色等记录了
各种变异，并用进化论的观点论证了金鱼起源于野生的鲫鱼（Carassius auratus）。

　　冯澄如的另一重大贡献，是其为中国生物科学绘画培养了一大批专门人才。同时，他还从理论与技法上，将多
年绘图经验加以总结，撰写了《生物绘画法》一书（1957，科学出版社）。这是中国第一部生物学绘画专著（关于
其人才的培养及理论总结，将在下文详细介绍）。

3. 民国时期主要植物图谱记略

在一个地区采集标本后，对标本进行鉴定分类，列成名录，进而编纂成图谱或植物志，这是植物分类学研究的第一步。然而，中国植物学建立之初，在当时缺乏模式标本与文献资料的情况下，要迈出这第一步是相当困难的。到20世纪20年代，我国植物分类学的研究成果主要表现在植物名录的编纂上，如《江苏植物志略》（吴家煦，1914）、《中国树木志略》（陈嵘，1917—1923）、《江苏之菊科植物》（郑勉，1918）、《广东植物名录》（韩旅尘，1918）、《江苏植物名录》（祁天锡、钱崇澍，1919—1921）、《湖南植物名录》（辛树帜、曾锡勋，1919—1922）、《浙江植物名录》（胡先骕，1921）、《江西植物名录》（胡先骕，1922）、《北京野生植物名录》（彭世芳，1927）等。至20世纪30年代及以后，各地的植物名录就更多了。从20世纪20年代后，特别是三四十年代后还编纂了一些图谱，如《中国经济树木》（陈焕镛，1922）、《陕西渭川植物志》（刘安国，1924）、《直隶植物志》（刘汝强，1927）、《中国蕨类植物图谱》（胡先骕、秦仁昌，1930—1958）、《中国北部植物图志》（刘慎谔，1931—1936）、《河北习见树木图说》（周汉藩，1934）、《中国树木分类学》（陈嵘，1937）、《中国植物图鉴》（贾祖璋、贾祖珊，1937）、《中国森林植物志》（钱崇澍，1937—1950）、《兰州植物通志》（孔宪武，1940）、《峨眉植物图志》（方文培，1942—1946）、《中国森林树木图志（桦木科与榛科）》（胡先骕，1948）等。

《中国植物图谱》，胡先骕、陈焕镛编纂，这部图谱共5卷，分别于1927年、1929年、1933年、1935年、

《中国植物图谱》第2卷
（1929）书影（刘启新/供图）

《中国植物图谱》插图，冯澄如/
绘（李沅/供图）

《中国蕨类植物图谱》第4卷
书影，秦仁昌主编，静生生
物调查所印行

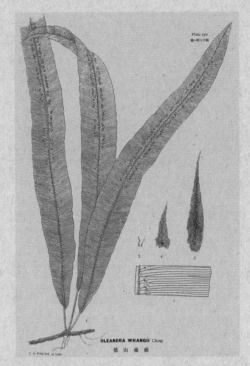

高山条蕨 *Oleandra wallichii* 冯澄如／绘
《中国蕨类植物图谱》第2卷插图

1937 年由静生生物调查所印行出版。这部 8 开大图谱的
所有插图都由冯澄如绘制，并由其监印，插图精细科学，
印制精美，细节清晰可辨，加之内容精详，中外学界评
价甚高。张孟闻在《中国科学史举隅》一书中评价道：
"（我国）自来无精审详密之图鉴，唐宋图经本草多采
用旧籍，袭诸前记，图既粗率失真，记亦纷纭少序，李
时珍所谓'图与说异，两不相应，或有图无说，或有物
失图，或说是图非'，而此书图说兼备，实属史所未有。"

《中国蕨类植物图谱》，秦仁昌编著，是有较大国际影响的蕨类植物分类学权威著作。这部图谱共 5 卷，分别
于 1930 年、1934 年、1935 年、1937 年和 1958 年出版，8 开，共 251 幅图版，描述了 252 种重要的中国蕨类植物。
图版根据植物自然大小绘制，并附有放大的主要器官解剖图，每种植物用中英文两种文字进行描述，不仅有很高的
分类学价值，也有很高的艺术价值。2011 年北京大学出版社出版了该书全 5 册的修订影印本。

《中国北部植物图志》，刘慎谔主编。全志共 5 册，8 开，1931—1936 年陆续出版，国立北平研究院印行。各册内容、
执行编者及出版时间分别为：第 1 册旋花科，林镕编（1931）；第 2 册龙胆科、林镕编（1933）；第 3 册忍冬科，
郝景盛编（1934）；第 4 册藜科，孔宪武编（1935）；第 5 册苋科，孔宪武编（1936）。第 1 册插图由冯澄如绘制
并监印，余 4 册绘图全部由冯澄如的外甥、也是其学生的蒋杏墙绘制。冯澄如在其所著《生物绘图法》（1957）一

《中国北部植物图志》
第1册（1931）书影

菟丝子 *Cuscuta chinensis*
《中国北部植物图志》插图

旋花 *Calystegia sepium*
《中国北部植物图志》插图

《河北习见树木图说》
（1934）书影

《河北习见树木图说》
（1934）插图

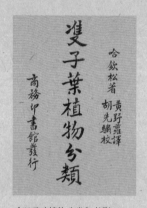

《双子叶植物分类》书影

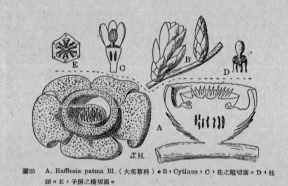

《双子叶植物分类》插图

书中曾专门述及该书绘图及印刷情况。据其记述，1931年春天，在为北平研究院植物学研究所绘画旋花科植物图谱时，当时采用的是石印药纸描绘上石。因旋花科植物形体较大，绘原大的图，并没有遇到多少困难，但到最后四种菟丝子植物图，因花很小很密，绘原大的图，竟无法下笔，故而由小钢笔改为毛笔，才得以顺利地绘出。这也为他后来研制出我国特有的植物科学画绘画工具、仅有几根毛的"冯氏小毛笔"奠定了基础。

《河北习见树木图说》，周汉藩著，胡先骕校，1934年5月由静生生物调查所印行。冯澄如为本书绘制了145幅插图。此书之外，周汉藩还与张春霖合著《河北习见鱼类图说》，也在1935年由静生生物调查所印行。

《双子叶植物分类》，哈钦松著，黄野萝译，胡先骕校，商务印书馆1936年5月出版。这本译著是黄野萝在1925年留学英国邱园期间完成的。书中的插图，除邱园标本室助理 W.E. 特伦维希克（W.E. Trenvithick）帮助绘制或抄绘部分之外，还有一部分是黄野萝本人亲自绘制完成的。胡先骕在该书序言中评价道："此书分类表解精审，说明明晰而简略，而图画尤为精美。"

《中国森林植物志》，中国科学社生物研究所编，钱崇澍主编、杨衔晋同编。第 1 卷第 1 册于 1937 年出版，后因抗日战争爆发，经费无着，出版工作搁置；第 1 卷第 2 册至 1950 年方才出版。该书的编辑始于 1931 年的林垦调查团会议，当时计划振兴林业，调查森林情况，而认识林木种类是其基础，故成此志。该志每册收录植物 50 种，附图 50 幅，每册描述及绘图均以实有标本为依据。所列种类不限于树木，凡森林中存在的木本植物，如灌木、木质藤本也兼收录。该书的图版除了注明转引自其他著作的，都为孙功炎绘制。

《中国树木分类学》，陈嵘编著，1937 年由南京京华书馆出版，后又于 1953 年、1957 年和 1959 年多次修订再版。该书记载中国树木 2 550 种，分列为 111 科 550 属，对树种的形态如根、茎、枝、树皮、芽、叶、花序、花、果实、种子等都详加描述，并介绍其产地、

刘慎谔指导学生野外实践
刘慎谔（1897—1975），著名植物学家。山东牟平人，巴黎大学理学博士。曾先后担任北平研究院植物研究所所长兼专任研究员、东北农学院植物调查所所长、中国科学院林业土壤研究所副所长兼植物研究室主任

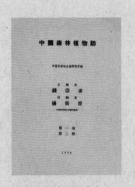

《中国森林植物志》
第 1 卷第 2 册书影

侧柏 *Platycladus orientalis*
孙功炎／绘
《中国森林植物志》插图

《中国树木分类学》
（1957）书影

孙功炎
生于 1914 年，浙江海宁人。毕业于上海新华艺专。曾任中学语文教员、人民教育出版社语文教材编辑、山西省语言学会顾问、山西省古籍整理出版规划小组编审委员等

地理分布及用途。在 20 世纪 30 年代，该书是全国大学林学系的主要教材，林业科研生产中的重要参考文献，直到 20 世纪 80 年代仍发挥着重要作用。书内附有插图 1 165 幅。陈嵘的序言中说，除注明引用自其他著作的插图，其余为王荫槐据实物绘制。

《峨眉植物图志》，方文培主编，四川大学出版。该志共 1 卷 2 册，第 1 册 1941 年出版，第 2 册 1944 年出版，共收录峨眉山 200 多种具有代表性的植物。此志一经出版就引起了国内外学者的瞩目，李约瑟在英文版《中国科学技术史》第 6 卷中写道："在（20 世纪）30 年代强有力的林奈分类法及西方科学文化影响下，中国杰出的植物学家方文培于 1939 年发表了专著《中国槭树科的分类》，他不仅给植物以科学的拉丁学名、中文名称及物种描述，且用英文著述。后来在他另一部著名的《峨眉植物图志》中，对这些相关的问题都包含在他的研讨之中。"李约瑟赞赏其研究"开拓了中国植物研究的新道路"。《峨眉植物图志》收录了 100 幅绘制精良的图版，据方文培的《序言》，该志的制图由萧洪模完成。方文培在杜鹃花科研究上造诣深厚，书中有多幅精美的杜鹃花图。

《滇南本草图谱》，经利彬、匡可任、吴征镒、蔡德惠于 1943 年编成此书。《滇南本草》，明朝人兰茂编著，全书共 3 卷，记述我国西南高原地区本草药物 458 种。《滇南本草图谱》是在校订《滇南本草》的基础上完成的，匡可任、吴征镒、蔡德惠校订，绘图和印刷由匡可任、吴征镒、蔡德惠三人完成。抗日战争期间，当时的国民政府教育部成立了"中国医药研究所"，试图利用中草

《峨眉植物图志》第 1 卷第 1 号（1941）书影

《峨眉植物图志》第 1 卷第 1 号（1941）书影

方文培（1899—1983）植物分类学家、教育家，四川省忠县（今属重庆）人。1927 年毕业于东南大学生物系；1934 年进入中国科学社生物研究所；1937 年获英国爱丁堡大学博士学位。1937—1983 年任四川大学生物系教授。1954—1960 年兼任中国科学院植物研究所研究员

无腺杜鹃
Rhododendron hemsleyanum var. *chengianum*
萧洪模 / 绘
《峨眉植物图志》插图

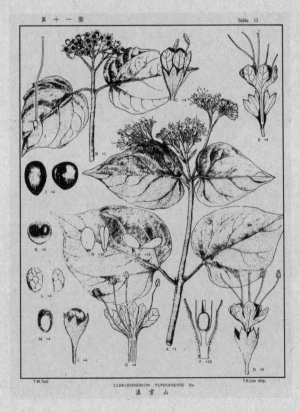

吴韫珍 像
匡可任 / 绘（刘华杰 / 供图）
吴韫珍（1899—1942），上海青浦人，号振声，植物分类学家。毕业于金陵大学农科，曾任教于安徽省立农校，后赴美国康乃尔大学深造，学习园艺和植物分类学，1927年获博士学位回国，任清华大学植物学教授。抗战期间随校转至昆明西南联大任教。著有《华北蒿类》《华北胡枝子》二书

滇常山 *Clerodendrum yunnanense*
蔡德惠 / 绘
《滇南本草图谱》插图

药解决抗战期间大后方缺医少药的困难，于是就有了对《滇南本草》的考证。但此书的编印出版很艰辛。从标本采集、考证、绘图和文献查阅到刻制和印刷，耗时3年，全部由作者自行完成，书中考证了26种《滇南本草》中记载的植物，其中包括了金铁锁、滇常山、白芨和臭灵丹等常见中草药。作者对每个物种都进行了考证，包括学名考订，中名考订，分布和文献，并收集了已知的药理等，每个物种都绘制了外形图和解剖图。《图谱》原计划是分册出版，未曾想第一册出版以后，药物研究所即解散。吴征镒留下5本印制好的《图谱》图册后，全部交给了当时的教育部，而未能对外发行，后均不知下落。2007年，《滇南本草图谱》由云南科学技术出版社重印出版（周浙昆，2018）。

从20世纪初到40年代末，我国近代植物分类学的发展经过了漫长艰难的历程，经过了老一辈植物分类学家艰苦奋斗和大量开创性工作，近代植物分类学在中国大地上从无到有，并逐渐发展起来。到40年代末，我国的植物分类学研究机构、标本室及图书资料室都已经具备一定规模，培养了一批专科专属研究的高级人才，许多植物大类群、主要科都开始了研究，如郝景盛所著的《中国裸子植物志》（1945，正中书局）等，但零散的种属描述较多，总结性的系统工作较少，深入的理论性工作则更少。这一时期较有代表性的植物图谱类专著是胡先骕所著的《中国森林树木图志》（桦木科与榛科），1948年由静生生物调查所与农林部中央林业实验所出版。冯澄如为该志绘制了所有插图。

《中国森林树木图志》第2册（桦木科与榛科）书影

香桦 *Betula insignis*
《中国森林树木图志》第2册插图 （刘启新/供图）

（三）中华人民共和国成立后：发展与繁荣

植物分类学是一门基本学科，其最基本的成果之一就是植物志，为各领域提供研究与利用的基础文献。

1949 年，中华人民共和国成立。成立初期，百废待兴。为了摸清中国植物资源的家底，《中国植物志》开始筹备编修，地方植物志和各具特色的科学专著也陆续出版，这些著作为我国植物区系的研究、我国丰富的植物资源的开发利用提供了宝贵资料。这一时期，对植物科学绘画的专业绘者需求大增。各大院所为适应形势需求，开始办班办学，招收学员，植物科学画队伍日益壮大，这其中也涌现了一批精英人才。随着《中国植物志》及地方植物志的陆续出版，植物科学画队伍日渐成熟，中国植物学会植物科学画专业委员会成立，全国性的植物科学画画展及学术交流十分活跃，中国植物科学画也在 20 世纪 80 年代开始走上国际植物学舞台，迎来了它的"黄金时代"。回顾中华人民共和国成立 70 年来，我国植物科学画的发展速度以及在科学研究、经济开发方面所起的作用，无论从深度和广度都大大超过了 20 世纪上半叶。

1. 植物志书的插图

在中华人民共和国成立后的 38 年里，就全国性的植物图志而言，仅《中国植物志》和《中国高等植物图鉴》就收录了 13 200 余幅图版，加上全国地方志和各种经济植物志书新绘的图，总共约有数万幅。除了传统的黑白线条图，彩色植物科学画也大量出现，增强了植物科学画的艺术感染力。

（1）全国性植物志书及其插图绘制

1）《中国主要植物图说》

《中国主要植物图说·豆科》，1955 年 12 月出版，汪发瓒、唐进主编，中国科学院植物研究所编著，共收录 120 属 791 种和变种。该书基本上一种一图，共有 704 幅图版，图版有小幅插图，也有部分单页插图。所载插图中自绘图 368 幅，绝大部分都是根据研究过的植物标本新绘的。绘图人员包括朱蕴芳、张荣厚、冯晋庸、刘春荣、蒋杏墙。

《中国主要植物图说·蕨类植物门》，丁 1957 年 12 月出版。该书由傅书遐主编，中国科学院植物研究所编著。该书依据秦仁昌系统排列，共选载蕨类植物 42 科 130 属 437 种，其中 345 种有插图。图版皆为局部小插图，或为抄绘，或为转引相关书刊文献。

《中国主要植物图说·禾本科》，1959 年 4 月出版，由耿以礼主编，南京大学生物学系、中国科学院植物研究所共同编著。该书共收录我国竹类及禾草共 201 属 774 种，其中包括引种栽培有经济或观赏价值的外来种类 12 属 45 种。除了极个别种外，书中几乎每种都有一幅由实物绘成的插图，竹类植物甚至每种有 2 幅插图，全书共有插图 799 幅。绘图人员包括史渭清、仲世奇、冯晋庸、冯钟元、蒋杏墙。本书的绘图皆依据标本而绘，图版精良。尤值一提的是，图版、图注中，还包括该图所依据的标本及其标本采集人和采集号，体现了编著者严谨的治学态度。

《中国主要植物图说·豆科》书影

《中国主要植物图说·蕨类植物门》
书影

《中国主要植物图说·禾本科》书影

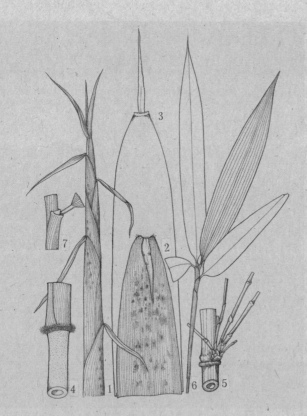

斑苦竹 *Arundinaria maculata* 何冬泉／绘
《中国主要植物图说·禾本科》插图

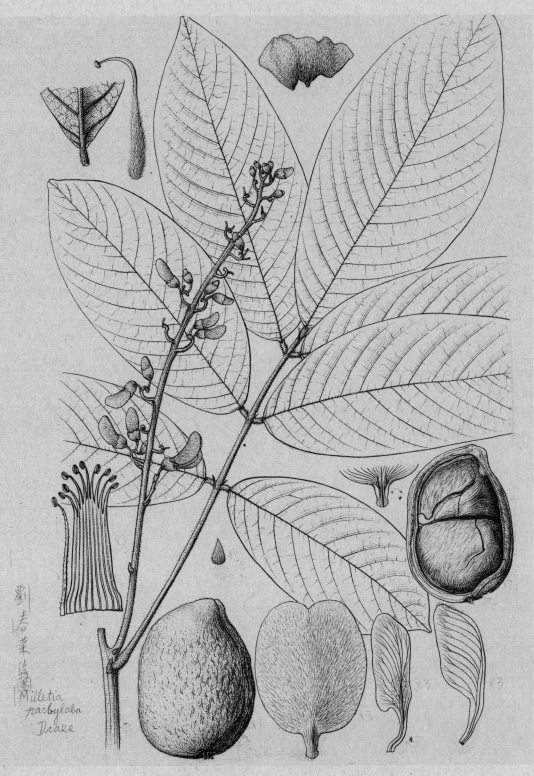

海南崖豆藤 *Callerya pachyloba* 刘春荣／绘

《中国主要植物图说·豆科》插图

2）《中国植物志》

早在 1934 年，在江西庐山召开的第二届中国植物学会上，会长胡先骕首次提议编写《中国植物志》。1956 年，中国科学院在科学技术发展远景规划中正式将《中国植物志》列入。1958 年 6 月，在中国植物学会扩大理事会上，组成了中国植物志编辑委员会，经过酝酿，蕨类、莎草科、玄参科率先启动。1958 年国庆节，天安门举行了献礼游行，科学院专门制作了《中国植物志》的大书封面参加游行方阵。该封面由冯晋庸设计，深绿色，图案为银杏。1959 年 9 月，中国科学院正式成立中国植物志编委会。1959 年 9 月，《中国植物志》的第二卷（蕨类植物）率先出版，秦仁昌主编，张荣厚绘制了全部插图。《中国植物志》的编写工作于 1959 年全面铺开。这部巨著基于全国 80 余家科研教学单位的 312 位作者、164 位绘图人员，历经 45 年的时间编纂才得以最终完成，是一部总结中国维管束植物（蕨类和种子植物）系统分类的巨著。全志共 80 卷，计 126 分册，包括了 300 科 3 434 属 31 180 种，共包含 9 000 余幅图版，除了全国各地科研院所的 100 多位绘图人员参加绘图工作，部分植物分类学者也参与了绘图。英文版的《Flora of China》对中文版《中国植物志》进行了修订，由中外科学家共同完成，中国科学院吴征镒院士和美国科学院彼得·雷文（Peter Raven）院士共同主编，2001 年增补中国科学院洪德元院士为副主编主持中方工作，前后历时 25 年，于 2013 年 9 月全部出版。书中收录了我国维管束植物 312 科 3 328 属 31 362 种，文图各自成册，其中文字 25 卷、图版 24 卷。《中国植物志》留下的近万张图版，凝结了几代中国植物学者、绘者的巨大心血，是中国植物学的一笔宝贵财富。就图版数量而言，第一名为刘春荣，共绘制 454 幅；第二名为冀朝祯，共绘制 345 幅；第三名为张泰利，共绘制 335 幅。

《中国植物志》第 2 卷
（1959）书影

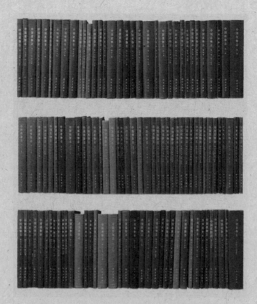

《中国植物志》是目前全世界体量最大的植物志

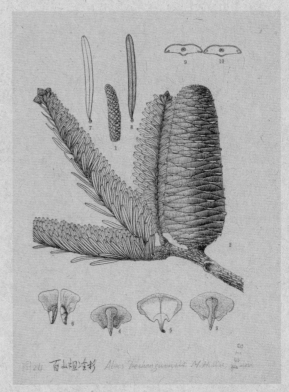

百山祖冷杉 *Abies beshanzuensis*
刘春荣／绘 《中国植物志》插图

1~4.优秀杜鹃 *Rhododendron praestans*;
5~9.无柄杜鹃 *R. watsonii*
冯先洁／绘 《中国植物志》插图

1961年9月，中国植物志编辑委员会第二次（扩大）会议合影留念。（黎兴江/供图）

1	2	3	4	5	6	7	8	9	10	11	12	13	14	15	16	17	18	18	20	21	第三排左起
陈心启	陈介	吴兆洪	李安仁	陈艺林	俞德俊	李树刚	诚静蓉	匡可任	乔曾鉴	张宏达	吴征镒	马毓泉	吴长春	汪发缵	王宗训	冯晋庸	张荣厚	刘春荣	郑斯绪	马成功	

1	2	3	4	5	6	7	8	9	10	11	12	13	14	15	16	17	18	19	20	21	第二排左起
钟补求	崔友文	裴鉴	孔宪武	关克俭	林镕	秦仁昌	张肇骞	陈封怀	胡先骕	陈焕镛	钱崇澍	陈嵘	刘慎谔	耿以礼	方文培	唐进	郑万钧	陈邦杰	姜纪五	蒋英	

1	2	3	4	5	6	7	8	9	10	11	12	13	14	15	16	17	第一排左起
石铸	张佃民	傅立国	张芝玉	戴伦凯	杨汉碧	李沛琼	陆玲娣	梁松筠	谷粹芝	陶君蓉	黎兴江	朱格麟	吴鹏程	汤彦承	江万福	金存礼	

1959年9月，召开了中国植物志编辑委员会第一次编委会。1961年9月，为了总结三年的工作，修订编写规格，安排编写计划，组织协作力量，交流编写工作经验等，在北京举行了中国科学院中国植物志编辑委员会第二次（扩大）会议。出席会议的除了23名委员外，还邀请各有关大专院校及植物研究机构的代表20余人参加，其中有中国科学院植物研究所王文采、关克俭，南京药学院孙雄才，北京师范大学乔增建，杭州大学吴长春，中国林业科学院吴中伦，厦门大学何景，南京师范学院陈邦杰，华东师范大学郑勉，中山大学张宏达，中国科学院西北生物土壤研究所崔友文，东北林学院杨衔晋，北京医学院诚静容等（胡宗刚，2016）。

参加《中国植物志》第一届绘图工作会议的代表合影（史云云/供图）

第三排左起														
1 钟秀辉	2 张荣生	3 张春芳	4 马建生	5 陈荣道	6 （佚名）	7 （佚名）	8 杨司机	9 肖溶	10 罗安国	11 （佚名）	12 何顺清	13 （佚名）	14 郭木森

第二排左起															
1 冀朝祯	2 邓晶发	3 （佚名）	4 吴彰桦	5 宁汝莲	6 张泰利	7 （佚名）	8 张培英	9 张桂芝	10 王金凤	11 蔡淑琴	12 陈莳香	13 路桂兰	14 （佚名）	15 佘汉平

第一排左起											
1 张本能	2 （佚名）	3 （佚名）	4 刘春荣	5 （佚名）	6 田旭	7 崔鸿宾	8 冯晋庸	9 史渭清	10 蒋祖德	11 仲世奇	12 刘宗汉

1975年4月5—11日，《中国植物志》编委会组织了《中国植物志》第一届绘图工作会议。会议在广西桂林甲山饭店举行。这次会议提出"一图多用"，力求改变全国志、地方志缺少绘图人员的紧张局面；明确植物志图长宽的比例为19.8cm×14cm与23cm×16cm的规格，此二种比例的绘图缩制图版效果较好（胡宗刚，2016）。

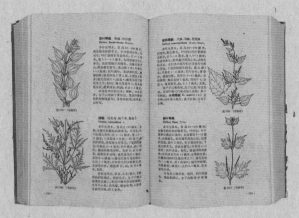

《中国高等植物图鉴》第二册书影　　　　《中国高等植物图鉴》书影

3）《中国高等植物图鉴》

《中国高等植物图鉴》是《中国植物志》编修工作启动后的又
一部重要著作。1965—1975年完成前5册，后又完成补编2册，全
书图版共计9 109幅，采用一页两图的版式。图版主要由中国科学院
植物研究所绘图组人员完成，中国科学院华南植物园、中国科学院
昆明植物所、中国科学院南京植物研究所以及贵州植物园、中国科
学院林业土壤研究所、中国科学院新疆水土生物资源综合研究所、
甘肃师范学院生物系、庐山森林植物园和浙江瑞安卫生局等单位的
有关人员也参与了绘图工作，其中第2册还得到中国科学院动物研
究所绘图人员的支援。

（2）地区性植物志书及其插图绘制

中华人民共和国成立后，随着《中国植物志》的编写，地方植物志工作得以全面展开，并在20世纪90年代
和21世纪初达到高峰。截至2019年10月，除陕西省之外，全国各省区均有了自己的植物志，除黑龙江、吉林、
甘肃、湖南、江西和四川未完成外，都已完成，有的甚至出版了第二版、第三版。对于一个现代植物分类学历史
不足百年的发展中国家来说，是一项非常了不起的成就。这些地方植物志大多和《中国植物志》一样采用恩格勒
系统，但也有采用哈钦松系统，如《广东植物志》《广西植物志》《海南植物志》《云南植物志》等。这些地方
植物志中，部分还记载了本地区的采集历史与研究概况，其中较全面的是《江西植物志》《内蒙古植物志》《浙
江植物志》（《中国地方植物志评述》，刘全儒、于明、马金双，2007）。这里仅对其中部分图志简略记述。

《广州植物志》：是中华人民共和国成立后出版的第一部地方性植物志，主编侯宽昭，1956 年 11 月科学出版社出版。由侯宽昭、陈焕镛、吴印禅等 16 位植物学家历时 6 年编写完毕。全志收载广州市区及郊区的野生和栽培的高等植物 198 科 871 属 1 561 种（含 80 个变种），共收录植物图版 415 幅，绘图人员包括冯钟元、黄少容等。

中国科学院林业土壤研究所（现中国科学院沈阳应用生态研究所）于 20 世纪 50 年代末，在刘慎谔的带领下陆续开始《东北木本植物图志》（1955）、《东北草本植物志》《东北植物检索表》等重要志书的编撰。《东北草本植物志》共 12 卷，1958—2005 年陆续出版。第 1 卷（1958）、第 2 卷（1959）刘慎谔主编，前后历经三四代人近半个世纪的努力才得以完成。第 1、2 卷插图皆为随文小图，绘图人员包括张桂芝、许芝源和毛云霞，第 3 卷（1975）绘图人员有张桂芝、冯金环等。自第 3 卷（1975）起为一图一页，印刷质量也大为提高。《东北植物检索表》也是刘慎谔主编。这本书记载了东北三省、内蒙古自治区东部地区及河北省部分地区所产的野生及部分栽培植物共计 148 科 820 属 2 775 种，附有图版 234 幅，计 1 567 种附有植物图。对于在《东北木本植物图志》（1955）、《东北草本植物志》（1、2 卷）已发表的植物图都从略，所绘植物图大部分都是根据所存实物标本绘制。绘图人员包括张桂芝、许芝源、毛云霞。该书一图一页，皆为多种植物的拼图。

《广州植物志》书影

《广州植物志》书影

《东北草本植物志》书影

北乌头 *Aconitum kusnezoffii*
《东北草本植物志》插图

《东北植物检索表》书影

《东北植物检索表》插图

《江苏南部种子植物手册》
书影

红花 *Carthamus tinctorius*
《江苏南部种子植物手册》插图

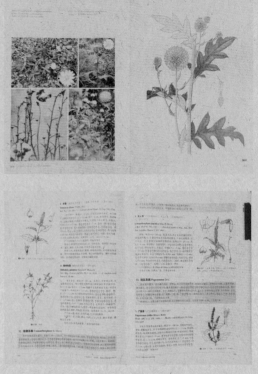

《江苏植物志》（第2版）书影

《江苏植物志》（第2版）书影

《江苏南部种子植物手册》：科学出版社 1959 年出版，主编人员包括裴鉴、单人骅、周太炎、刘玉壶、陈守良等。该手册收载了江苏省长江以南地区常见的野生种类或常见栽培类种子植物 125 科 700 属 1 340 种（含变种）。该手册每种均附图版，少量图版转引自《中国药用植物志》《柯蒂斯植物学杂志》等国内外著作。绘图人员包括韦光周、蒋杏墙、冯晋庸、史渭清等。

《海南植物志》：第 1 卷和第 2 卷分别于 1964 年和 1965 年出版，陈焕镛主编；第 3 卷和第 4 卷由广东省植物研究所编著，分别于 1974 年和 1977 年出版。该志的绘图人员主要是中国科学院华南植物园的冯钟元、黄少容、邓盈丰、余汉平等。

《秦岭植物志》：中国科学院西北植物研究所编著，共 3 卷，科学出版社于 1973—1985 年陆续出版。第 1 卷为种子植物，共 5 册，第 2 卷为石松类和蕨类植物，第 3 卷为苔藓植物。绘图人员包括仲世奇、钱存源、傅季平、李志民、王鸿青等。本志图版虽然皆为小插图，也仅绘制了部分植物种类，但皆为单种图，绘图简约、工整、精良。

《湖北植物志》：共 4 卷，傅书遐主编，第一版仅出版第 1 卷（1976）、第 2 卷（1979），湖北人民出版社出版。第二版《湖北植物志》（全 4 卷），2002 年由湖北科学技术出版社出版。绘图人员包括蒋祖德、夏杏萍等。

《江苏植物志》：第一版为上、下卷，分别于 1977 年和 1992 年由江苏科学技术出版社出版，江苏省植物研究所编写，绘图人员包括蒋杏墙、史渭清、陈荣道、韦力生等。全志包括蕨类和种子植物，其中被子植物采用恩格勒

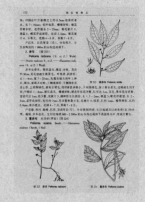

《云南植物志》第二卷书影　　　　　《湖北植物志》书影　　　　　《湖北植物志》书影

分类系统。第二版（全5卷）于2013—2016年由江苏凤凰科学技术出版社出版，主编刘启新。由全省10个单位25位专家历时8年完成。全志被子植物采用克朗奎斯特分类系统，增加苔藓植物，共收载高等植物297科391属3 483种，达到一种一图，图文对排，书中植物图主要是墨线图，一部分取自第一版，一部分为新绘，其中有少量彩绘图。第一版绘图人员主要有史渭清、陈荣道、韦力生等。第二版绘图人员主要有崔丁汉、顾子霞、刘然、朱运喜、刘启新、褚晓芳等，尤其是"高等植物常用形态特征术语"的彩色图解300余幅图和各卷扉页上的彩色植物图（由刘然完成）不同于国内其他地方植物志。

《云南植物志》：吴征镒主编，科学出版社出版，1977—2006年历时29年出版完成。该志编研工作从1973年开始，种子植物共7卷率先出版，之后在吴征镒主持下，于2005年12月完成了第8至第21卷，共14卷的编写。全志共21卷，收载云南已知野生及习见栽培高等植物433科3 008属16 201种，其中苔藓植物110科421属1 611种、蕨类植物60科193属1 266种、裸子植物11科33属92种、被子植物252科2 361属13 232种。中国科学院昆明植物研究所等24个单位、112位老中青三代植物分类学专家参与编写、来自全国多个院所及高校的近80名植物科学画工作者参与绘图。仅8～21卷就收录图版2 677幅，参与绘图者共计79位，他们分别是：白学良、白占奎、蔡淑琴、曹同、陈革新、陈笺、陈丽、陈荣道、邓盈丰、冯金环、高谦、顾健、郭木森、郭玉彬、何冬泉、何平、何强、何顺清、何思、胡人亮、冀朝祯、黎兴江、李爱莉、李登科、李健、李楠、李锡畴、李振宇、李植华、林邦娟、林泉、刘金儒、刘玲、刘怡涛、吕发强、马平、马永盛、史渭清、宋文珠、苏美灵、田虹、汪楣芝、王东焱、王红兵、王凌、王伟民、王颖、王幼芳、韦力生、文波、吴鹏程、吴锡麟、吴玉环、肖溶、谢华、谢焱、辛茂芳、徐文宣、杨建昆、杨丽琼、杨林、杨世雄、杨正鼎、余峰、余汉平、臧敏烈、臧穆、曾淑英、曾孝濂、张宝福、张春方、张大成、张光初、张培英、张泰利、张瀚文、朱俊、朱瑞良、邹桂贤。该书大部分种类均附形态特征比较图或植株全貌图，图版均采用一图一页，绘图严谨、精良。该志获"云南省自然科学特等奖"（集体）（2010）。

大萼葵 *Cenocentrum tonkinense*
《云南植物志》第一册插图

《内蒙古植物志》：第一版、第二版皆由马毓泉主编。第一版共8卷，1979—1985年由内蒙古人民出版社出版。第一版记载了内蒙古自治区所产维管束植物共131科660属2 167种，图版共1 036幅。第二版共5卷（精装），1986—1994年出版，收录植物2 442种，图版1 225幅。该志的绘图人员包括马平、张海燕、田虹。该志书的插图均为一图一页，多为单种图，拼图也尽量限制在2、3种，绘图精良，有的图版甚至还绘制了物种生境，开创了我国植物志插图的新风格。

《内蒙古植物志》
第二版第一卷书影

偃松 *Pinus pumila*
马平 / 绘
《内蒙古植物志》插图

《内蒙古植物志》编辑委员会成立会议的与会代表合影1981年1月10日

第一排左起：马恩伟 杨锡麟 朱亚民 孙岱阳 张陆德 马毓泉 富象乾 莎希荣 徐诚 郭新清 蒋佩华 王朝品
第二排左起：田虹 张海燕 吴秀英 王六英 温都苏 刘钟龄 秦梅枝 孙玉荣 徐嫦 吴庆如 姜海楼 罗布桑
第三排左起：（佚名） 吴高升 包贵珠 雷喜亭 马平 石月吉 音扎布 童成仁 曾泗弟 赵一之 朱宗元 那剑卿 曹瑞

《四川植物志》：共 15 卷，从 1981 年起由四川人民出版社陆续出版（仍未完成）。这部著作包括苔藓植物（布罗氏系统）、蕨类植物（秦仁昌系统，1978）、裸子植物（郑万均系统，1961）和被子植物（恩格勒系统，1964）共计 4 000 多种，图版 1 700 余幅（截止到目前），第一卷方文培主编。60% 以上的种均附有图版。本志命名了 200 多个新种，5 个新属，1 个新科（芒苞草科，这是我国植物学家首次发现和建立的一个新科）。本志一图一页，绘图精良，绘图人员包括冯先洁、杨再新、马建生、吕发强、李伟、李健、胡涛、陈笺、何宗荀、何启超、陈志良、岳韫璋、杨玉培等。

《贵州植物志》：共 4 卷，贵州人民出版社 1982—1989 年出版，共收载贵州被子植物 10 科 148 属 515 种（含 1 亚种 25 变种 5 变型），附有墨线图 163 幅，含 292 种有形态特征的比较图或全貌图，还有野生植物彩图 57 幅，绘图者为王兴国、张培英、屠玉麒、谢华等。

《西藏植物志》：由中国科学院青藏高原综合考察队编著，主编吴征镒，科学出版社 1983—1987 年出版。该志共 5 卷，是基于第一次青藏综合科考的研究成果出版的"青藏高原综合科学考察丛书"之一。该志集合了包括中国科学院植物研究所、昆明植物研究所等众多科研机构 100 多位科研人员，50 多位绘图人员之力而成，收录植物 5 766 种，为青藏高原维管植物分类学史研究奠定了重要基础。

玫红省沽油
Staphylea holocarpa var. *rosea*
吕发强 / 绘　《四川植物志》插图

木姜子
Litsea pungens　马建生 / 绘
《四川植物志》插图

灯台树 *Bothrocaryum controversum*
冯先洁 / 绘
《四川植物志》插图

《贵州植物志》第三卷书影

百合花杜鹃
Rhododendron liliiflorum
谢华 / 绘
《贵州植物志》第二卷插图

菝葜、小果菝葜
Smilax china、*S. davidiana*
屠玉麟 / 绘
《贵州植物志》第二卷插图

普通鹿蹄草
Pyrola decorata
张培英 / 绘
《贵州植物志》第二卷插图

《四川植物志》书影

《西藏植物志》第二卷书影

长蕊木兰 *Alcimandra cathcartii* 邓盈丰 / 绘
《西藏植物志》插图

《中国沙漠植物志》第一卷书影

《浙江植物志》书影

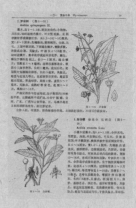

《浙江植物志》书影

《浙江植物志》编委合影。左起：何冬泉、裘宝林、韦直、王景祥、林泉、何业祺、郑朝宗、孙晓霞（工作人员）、李卓凡

《中国沙漠植物志》：由中国科学院兰州沙漠研究所编著，主编刘媖心，1985—1992 年由科学出版社出版。本志共分 3 卷，共收录 90 科 570 属 1 693 种，第 1 卷包括裸子植物、被子植物的单子叶植物和双子叶植物（到防己科为止），第 2 卷由罂粟科到伞形科，第 3 卷由报春花科到菊科为止。三卷共包括图版 530 幅，图版皆一图一页，拼图大多为 2 或 3 种。图版绘制细腻、工整、严谨，具有较高的欣赏价值。绘图人员有陶明琴、曹宗钧。

《浙江植物志》：共 8 卷，浙江科学技术出版社于 1989—1993 年出版。该书由浙江植物志编辑委员会编著，编委包括王景祥、方云亿、韦直、张朝芳、何业祺、郑朝宗、林泉、章绍尧、裘宝林。该志一种一图，绘图人员包括何冬泉等。

《黄土高原植物志》：傅坤俊主编，计划出版 5 卷，现出版 3 卷。按照出版时间顺序，第 3 卷（1989）由陕

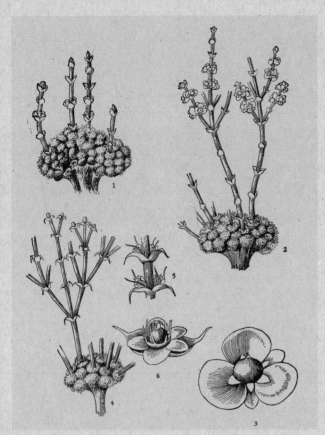

1.白垩假木贼 *Anabasis cretacea*；2、3.展枝假木贼 *A. truncata*；
4~6.毛足假木贼 *A. eriopoda*
《中国沙漠植物志》（第一卷）插图

1~3.山东耳蕨 *Polystichum shandongense*；4~6.镇康耳蕨
P. oblongum
《甘肃植物志》插图 白建鲁／绘

《黄土高原植物志》书影

《新疆植物志》第一卷书影

《湖南植物志》书影

《黄土高原植物志》插图
傅季平 / 绘

北建设委员会、西北植物研究所（1999 年并入西北农林科技大学）编著，科学技术文献出版社出版；第 2 卷（1992）西北植物研究所编著，中国林业出版社出版；第 1 卷（2000）科学出版社出版。一图一页，多为拼种图，绘图风格简洁、规整，印刷较为精良。绘图人员包括钱存源、傅季平、李志民等。

《新疆植物志》：共 6 卷 7 册，新疆植物志编辑委员会编著，新疆科技卫生出版社 1993—2011 年陆续出版，沈观冕、崔乃然等编著。该志突显出新疆植物特色，文字记载简明扼要，每种皆附有黑白墨线图。绘图人员有张荣生、谭丽霞、冯金环、张桂芝等。

《湖南植物志》：计划出版 7 卷，第 1、2、3 卷分别于 2000 年、2004 年、2010 年由湖南科学技术出版社出版。除了注明转引出处的图版，该志所有的插图都由湖南师范大学植物分类学者刘林翰绘制完成。

《香港植物志》（*Flora of Hong Kong*）：英文版，由香港渔农自然护理署香港植物标本馆和中科院华南植物园合作完成，胡启明、吴德邻主编，2007—2011年由香港特别行政区政府书店出版发行。全志共4卷，收录近3 000种原生及引进植物。第1卷（2007）含香港植物研究历史；第2卷（2008）含香港的植被，包括56科615种；第3卷（2009）为菊亚纲；第4卷（2011）为百合纲。每卷都有项目简介、缩写范例及彩色形态术语插图，编写体例简洁，描述简练，有文献和标本引证，绝大多数种类有墨线图和彩色照片。因其编纂精良，于2014年获得国际植物分类协会（IAPT）颁发的"恩格勒银奖"。该志的图版由余汉平、马平、曾孝濂、刘运笑、崔丁汉等绘制。中文版《香港植物志》于2015年出版了第1册。

《澳门植物志》（*Flora de Macau/Flora of Macao*）：邢福武主编，叶华谷、潘永华、陈玉芬副主编，由澳门特别行政区民政总署园林绿化部、中国科学院华南植物园合作出版。全志共3卷：第1卷（2005）包括111科282属446种，第2卷（2006）蝶形花科至菊科，第3卷（2007）为单子叶植物以及对前两卷的增补。该志除苔藓植物配有马平绘制的黑白线描图版，其余插图皆为彩色照片。《澳门苔藓植物志》（*Flora Briofita de Macau/Bryophyte Flora of Macao*）为其姊妹篇，张力主编，潘永华副主编，由澳门特别行政区民政总署园林绿化部、深圳市仙湖植物园于2010年联合出版。该志收录苔藓植物34科63属103种，每种均附有马平绘制的黑白线描图，约97%的种类附有至少一幅彩色照片，这在中国植物志书的编写模式上为首创。

《香港植物志》书影

《香港植物志》书影

《澳门苔藓植物志》书影

《澳门苔藓植物志》书影

《台湾植物志》：是对台湾维管束植物记述最详尽的著作，先后出版两版，皆为英文版。第 1 版全 6 卷，1975—1979 年陆续出版；主编李惠林，内容涵盖 233 科 1 355 属 4 220 种，是台湾植物学研究的里程碑。第 2 版共 6 卷，黄增泉主编，1993—2003 年陆续出版。共收录 4 339 种植物，其中 4 077 种原产于台湾，1 067 种为台湾特有，对于台湾植物的组成、特有性及其亲缘关系也作了详细阐释。第 2 版于 2004 年获"恩格勒银奖"。

《台湾木本植物志》：刘业经主编，1972 年出版。该书包含绝大多数台湾自生、引种的木本植物及部分大陆种类，共计 129 科 573 属 1 516 种，书中松科、杉科及樟科的插图为王仁礼所绘，其余插图则多仿自各名著。

《台湾植物志》第3卷书影

《台湾植物志》第3卷书影

《台湾木本植物志》书影

《台湾木本植物志》书影

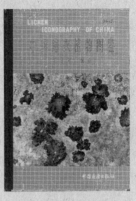

《中国鞘藻目专志》书影　　　　《西藏苔藓植物志》书影　　　　《中国食用菌志》书影　　　　《中国地衣植物图志》书影

2. 各类专著与志书的插图

（1）分类群研究专著

1）真菌、藻类、苔藓等（广义）植物类群专著

苔藓类、蕨类以及曾被列入植物、如今自立学科的
真菌（含地衣）在我国都有专门志书陆续出版。苔藓类
如《西藏苔藓植物志》（1985）、《东北藓类植物志》
（1977）、《东北苔类植物志》（1981）、《内蒙古
苔藓植物志》（1997）、《山东苔藓植物志》（1998）、
《横断山区苔藓志》（2000）、《澳门苔藓植物志》
（2010）等；蕨类有《贵州蕨类植物志》等；真菌类
有英文版《中国药用真菌图鉴》（*Icones of Medicinal
Fungi from China*，1987）、《中国食用菌志》（1991）、《横断山区真菌》（1996）等；地衣类有《中国地衣植
物图志》等。1955年，中国科学院植物研究所与南京师范学院在该校共同创办了苔藓植物研究室，在陈邦杰的主持
下，还举办了我国第一个苔藓植物进修班，学员共8人，来自全国各地，后均成为我国苔藓研究的骨干力量。

《中国鞘藻目专志》：由我国藻类学的奠基者之一、中国科学院水生植物研究所研究员饶钦止主编，1979年
科学出版社出版。邬华根绘制了全部插图。该书是淡水藻科学绘画的典范。

《西藏苔藓植物志》：黎兴江主编，科学出版社1985年出版，绘图人员包括黎兴江、王幼芳、张大成等，其
中黎兴江、高谦皆为苔藓植物分类学者。该书绘图精良，解剖细致，部分作品堪称苔藓植物科学画的典范。

《中国地衣植物志》：吴金陵编著，中国展望出版社1987年出版。这志以鉴别我国常见地衣种类为主要内容。
共记载我国常见地衣351种（其中含1亚种、8变种），隶属34科76属。图志中有解剖构造插图164幅，大部分
由仲世奇（中国科学院西北水土保持所）绘制，吴继农（南京师范学院）、汤怀安也绘制了部分插图。

《湖南大型真菌志》书影　　　　　　　　　　《湖南大型真菌志》插图

《横断山区真菌》：1996 出版，臧穆等编著。该
书对第一次青藏综合科考横断山区采集和调查获得的
大量真菌标本和资料进行了整理和鉴定，收录共 81 科
353 属 1 830 种，其中不少是新发现的分类群，不少标
本是首次在无人区中采到的。该书附有图版 25 幅，绘
图者为臧穆、张大成等。

《湖南大型真菌志》：李建宗、胡新文、彭寅斌著，
刘林翰绘图，由湖南师范大学出版社于 1993 年出版。
全书概述了湖南地区的大型真菌，共 530 种（含变种），该志有彩色图 49 幅、墨线图 218 幅，以及彩色和黑白色片
18 幅，其中银耳目插画由胡雅玲绘制，绪论以及银耳目（刺皮属）、隔担菌目、花耳目的墨线图由胡新文绘制，其
余各目的墨线图及所有彩图、照片均由刘林翰绘制或拍摄，并负责全部插图的编审。该志反映了湖南大型真菌资源
的概貌，是对湖南大型真菌全面系统的描述。

2）专科专属植物的专著

《华东禾本科植物志》：陈守良编著，江苏人民出版社 1962 年 12 月出版。这是陈守良在 1954 年参加耿以礼主
编的《中国主要植物图说·禾本科》一书的编著工作基础上完成的一本地区性的专科植物志，共包括 104 属 219 种
34 变种。全书附插图 334 幅，除部分引自《中国主要植物图说·禾本科》和《江苏南部种子植物手册》外，其余则
主要由蒋杏墙、韦光周、倪昌遇、冯晋庸及史渭清绘制。

《华南杜鹃花志》：谭沛祥主编，广东科技出版社 1983 年出版。本书主要介绍华南五省区杜鹃花的种类及其
分布等，以及地区植物资源开发利用参考。绘图人员包括黄少容、吴栋成、邓晶发。

《金花茶彩色图集》：广西壮族自治区环境保护局、广西植物研究所编著，广西科学技术出版社1992年12月出版。这本彩色图集收录了21种金花茶组植物，每种皆有形态描述，由李瑞高撰文，并附一幅彩色绘图以及一幅解剖墨线图，共计42幅图版，均由广西植物研究所何顺清绘制，刘宗汉审图。图版精美准确，彩色形态图与局部解剖墨线图搭配，信息丰富。

《中国木兰》：由中国科学院华南植物园华南植物园编著，主编刘玉壶，北京科学技术出版社2004年出版。该书基于华南植物园木兰园引种栽培资源，系统收录了我国木兰科植物11属170种1杂交种1亚种6变种，其中46种和1变种为第一次收录（未正式发表，作者注）。全书共有彩绘图93幅、墨线图44幅、彩色照片552幅，其中大多数植物都附有花、果解剖图和整株景观。绘图人员为邓盈丰和余峰。该书的图版精美，具有很高的艺术观赏性。

《丹青囊荷：手绘中国姜目植物精选》：由余峰主编，华中科技大学出版社2012年出版。全书共收录姜目植物111多种（含变种、栽培种），其中我国姜目野生种类约70种（含变种）。该书共有手绘彩色及钢笔线描图87幅，绘图者为余峰、余汉平、邓盈丰和邓晶发。

《金花茶彩色图集》书影

《华南杜鹃花志》书影

忍冬杜鹃
Rhododendron loniceraeflorum
《华南杜鹃花志》插图

淡黄金花茶

Camellia flavida　何顺清／绘

《金花茶彩色图集》插图

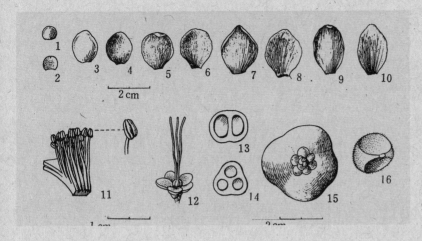

淡黄金花茶解剖图

Camellia flavida 何顺清／绘

《金花茶彩色图集》插图

3）植物分支学科专类图书

《种子植物形态学辞典》：施浒编著，胡先骕审，科学出版社1962年出版。这是一本实用的工具书，收词约720条，插图396幅，包括种子植物形态学中重要的词汇和与形态学有密切关系的基本词汇。各词汇均以简明扼要的文字加以说明，部分附有图片。由于施浒具有很高的绘画水平，曾编绘了多套生物教学挂图（详见后文），故而虽然本书未注明绘图者，但是所有插图很有可能都是由施浒本人所绘制。

《中国木兰》书影

《丹青蘘荷》书影

郁金 *Curcuma aromatica* 余峰/绘 《丹青蘘荷》插图

黄兰 *Cephalantheropsis obcordata* 邓盈丰／绘

《中国木兰》插图

1961年，胡先骕与他的忘年
至交施浒（右）合影。图片引
自刘金《他们与庐山绿色共久
长——胡先骕、秦仁昌、陈封
怀三位先师往事追记》（《植物
杂志》1994年第4期）

《种子植物形态学辞典》书影

《种子植物形态学辞典》书影

《生物史·植物的发展》书影

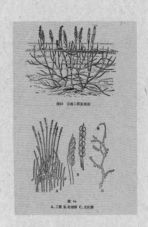

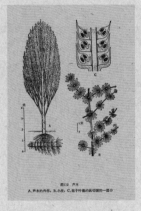

《生物史·植物的发展》插图

《生物史·植物的发展》插图

《生物史·植物的发展》插图

　　《生物史·植物的发展》：徐仁编著，科学出版社
1980年6月出版。本书通俗地叙述植物发展的历史，
介绍了植物与动物的区别、植物系统分类法、地质年表
以及植物进化的各主要阶段。本书插图除翻拍照片之外，
采自张景钺、梁家骥编著的《植物系统学》，部分插图
由王秀琴、刘景先绘制。

　　《广西石灰岩石山植物图谱》：钟济新主编，广西人民出版社1982年出版。本书收载生长于广西石灰岩石山
上的维管植物共320种，以被子植物为主，计有300种，裸子植物9种，蕨类植物选载其有代表性的11种。绘图人
员包括刘宗汉、何顺清、黄门生、邹贤桂、林文宏。

《广西石灰岩石山植物图谱》
书影

《中国水生维管束植物图谱》
书影

水菜花 *Ottelia cordata*
《中国水生维管束植物图谱》
插图

薜荔 *Ficus pumila*
《广西石灰岩石山植物图谱》插图

　　《中国水生维管束植物图谱》：中国科学院武汉植物研究所编著，湖北人民出版社 1983 年出版。编著者为王宁珠、张树藩、黄仁煌、马芳莲。这本书收录沉水植物、漂浮植物、浮叶植物、挺水植物及沼生（湿生）植物 61 科 145 属 371 种，按恩格勒系统排序。书中共有图版 317 幅，一种一图，一图一页，图版绘制精良，绘图者为蒋祖德、夏杏萍、陈革新、刘宏斌、程玉等。

　　《杂草种子图鉴》：关广清、张玉茹、孙国友、丁守信、王延波著，科学出版社 2000 年 10 月出版。这本书历经 13 年完成。书中描述杂草种子（或小型果实）69 科 820 种。每种均较详尽地描述了鉴别特征，简要记述了生境、分布和经济用途，并配以精心绘制的种子图。每图刻意突出照片难以表达的细微鉴别特征，并以 1 mm 杆标示其大小。该书前言及简介言，"在解剖镜下，有的种子玲珑剔透，有的饰纹精美，有的如虫鱼，有的似鸟兽，使人产生唯我才有如此享受的喜悦" "种子多种造型和精美纹饰可给建筑设计和美术工作者以灵感"。本书绘图精美，由冯金环等完成。

（2）资源类志书

1）中药类志书及实用手册

中药资源是中医药科学和中药产业发展的物质基础，是国家战略性资源。中华人民共和国成立后，共进行了4次全国性的中药资源普查。1960—1962年第一次全国中药资源普查，普查对象以常用中药为主。1969—1973年第二次全国中药资源普查，调查收集各地的中草药资料，是全国中草药普查的群众运动。在"备战、备荒、为人民"思想路线指导下，各省、自治区、市出版或编印了一大批供基层医务人员及相关群众参考使用的中草药手册，多为小型便携尺寸，并附插图。此处依时间顺序，进行部分介绍。1983—1987年第三次中药资源普查，由中国药材公司牵头完成，调查结果表明我国中药资源种类达12 807种。历次中药资源普查获得的基础数据资料为我

《杂草种子图鉴》书影

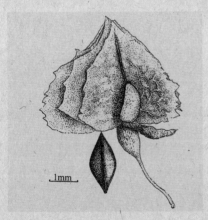

皱叶酸模 *Rumex crispus*
《杂草种子图鉴》插图

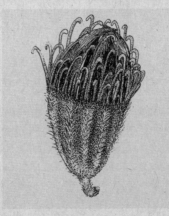

龙芽草 *Agrimonia pilosa*
《杂草种子图鉴》插图

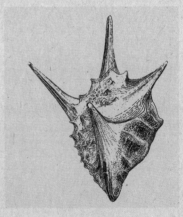

蒺藜 *Tribulus terrester*
《杂草种子图鉴》插图

国中医药事业和中药产业发展提供了重要的依据。

在这几次全国性的中药资源普查过程中，为鉴定大量中草药植物标本，植物分类学研究工作得到了促进。各地的重要研究机构出版了一批比较重要的重要中药类志书。如《中国药用植物志》《中药志》《东北药用植物志》《东北植物药图志》《广西中药志》《东北药用植物原色图志》《四川中药志》等，为中医药学的发展打下了坚实基础。

经过7年的试点，第四次全国中药资源普查于2018年全面开始，目前全国有数万人参与，此次普查采用了GPS卫星定位系统、手机PPA、轨迹记录设备等技术手段，已取得了巨大进展。

《中国药用植物志》：该志的编写始于中华人民共和国成立前。该书共9册，由科学出版社于1951—1965年陆续出版。第1册裴鉴主编，第2册起裴鉴、周太炎共同主编，第9册周太炎、郭荣麟主编。该志以介绍中草药和习用药用植物为主，每册记载50种药用植物，并详细描述了植物的原形、分布、药用部分、化学成分及主要效用等。每种都有专门绘制的图版，主图一图一页，绘图精良，印刷效果也较好。尤值一提的是，这部著作在主图之外还附以《本草纲目》《植物名实图考》等古代本草图书所刊载的附图作为比较。该志的绘图人员有

《中国药用植物志》第3册书影

《中药志》书影

《东北植物药图志》书影

《四川中药志·第一卷 图集》书影

《东北药用植物志》书影

《东北药用植物志》书影

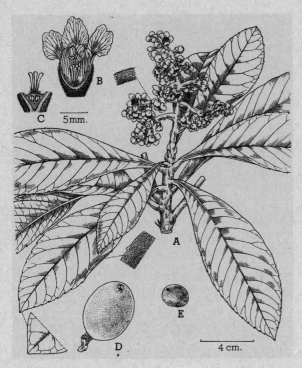

枇杷 *Eriobotrya japonica*
《中国药用植物志》（第1册）插图

杜仲 *Eucommia ulmoides*
《中药志》（第2册）插图

天南星 *Arisaema heterophyllum*
《中药志》（第1册）插图

天仙子 *Hyoscyamus niger*
《东北药用植物原色图志》插图

第三篇　中国植物科学画史略

《新疆药用植物志》第一册书影　　《新疆药用植物志》第一册插图　　《新疆药用植物志》第一册插图　　《新疆药用植物志》第一册插图

韦光周、蒋杏墙、史渭清、冯晋庸等。

《中药志》：中国医学科学院药物研究所编著，1979—1994年由人民卫生出版社出版。以墨线图为主，每册均收录少量彩色植物画，绘图精美，主要由医药系统的绘图人员绘制。

《东北药用植物志》：刘慎谔主编，中国科学院林业土壤研究所编著，科学出版社1959年出版。该志记载了东北野生及栽培的药用植物253种60个亚种变种及变型，并附有图243幅，部分图版转引自《中国药用植物志》《中国北部植物图志》等著作，绘图人员包括毛云霞、许春泉、许芝源、张桂芝。虽然该志的插图皆为小图，受当时条件所限，印刷质量较为粗糙，但是仍可见绘图精细优美。

《东北植物药图志》：中国医学科学院药物研究所肖培根、冯瑞芝等编著，人民卫生出版社1959年出版。该图志共收载东北地区植物药209种。该图志插图主要为墨线图，也有少量彩色图，绘图人员为椿学英、张惠霞。

《广西中药志》：广西壮族自治区卫生厅编著，广西人民出版社出版。该书共2辑，第1辑1959出版，第2辑1963年出版，包括平装和精装两个版本。墨线图为主，有少量彩色图。

《东北药用植物原色图志》：沈阳药学院编著，米景森、郭允珍等编写，科学普及出版社1963年出版。该书收录了东北地区200余种药用植物。每种植物皆附有彩色手绘图，许春泉完成了该书的全部绘图。这些彩图都是根据新鲜标本绘制，包括植物全形、花果解剖和药用部位等，图版绘制较为精良，印刷效果也较好。

《四川中药志·第1卷·图集》：四川人民出版社1979年出版。共2卷3册，其中第1卷图集单列1本，共收载中草药3000余味，文稿400万字，彩图3000余幅。本卷图集包括彩色插图333幅，一页一幅，故可详尽表现所绘物种的细节特点。

　　《新疆药用植物志》：共3册，中国科学院新疆生物土壤沙漠研究所编，新疆人民出版社1977—1984年陆续出版。每册各收载分布于新疆的药用植物100种，并附图对照。插图大部分为墨线图，也有极少量的彩色插图，张荣生、谭丽霞等绘图。

　　《中国民族药志》：人民卫生出版社出版，共4卷。第1卷和第2卷的出版时间分别为1984年和1990年。有彩图也有墨线图，绘图人员有曾孝濂、宁汝莲、肖溶、孙玉荣、王利生、潘鸿森、王晓萌、郭向民、邵建初、韦家福、李灵、张洪溢、吴栋成、王有志、黄增任、冯晋庸、马平、牛云平、邵建初、段金廒、阎翠兰、李振起、廖信佩、陈代贤、宋玉成、张荣生、谭丽霞、程雪雁、吴继岑、孙炳范、李锡畴、岳锡璋、韦家福、曹宗钧、张荣生、王祖祥等。这部著作由中国药品生物制品检定局、云南省药品检验所牵头，使用民族药较多的17个省、区药检机构联合编著，整理出1200多种常用的、来源清楚、药效确切的民族药，对其药名、药用经验、药材检验进行了调查研究。每种植物都绘制了专门的形态图，根部或茎、叶部横切面简图和详图，药用部位粉末图，薄层层析图谱，插图由冯晋庸、王利生审阅。此志收入少量

巴东过路黄 *Lysmiachia patungensis*

《四川中药志》插图

精美的彩图，彩图的印刷也较为精良。

    三次全国中草药大普查期间，各地出版了大量的实用性的中草药实用图鉴手册。在"大跃进"及"文化大革命"时期出版这些图志或手册，不少是各地革命委员会卫生部门、卫生部队后勤部联合一些科研单位编著，多为64开，软精装，大多都未注明具体的标注者及绘图者。如：1959年中华人民共和国卫生部药政管理局主编的《中草药手册》；甘肃省革命委员会卫生局编著的《甘肃中草药手册续编》（甘肃人民出版社，1959）；湖北省卫生厅1960年编印的《湖北中药手册》；1962年湖南中医学院编著、人民卫生出版社出版的《临床常用中草药手册》；1967年北京市卫生局药品检验所革命委员会编印的《北京中草药手册》；1969年广西壮族自治区革命委员会政治工作组卫生小组编印的《广西民间常用中草药手册》；1969年广州部队卫生部后勤部编印、人民卫生版出版的《常用中草药手册》；湖北省中药材处革命委员会编印的《中草药手册》；
湖北省恩施地区中草药研究小组1970年编印的《恩施中草药手册》；《山东中草药手册》编写小组编、山东人民出版社1970年出版的《山东中草药手册》；还有《北方常用中草药手册》，北京、沈阳、兰州、新疆部队后勤部卫生部合编，人民卫生出版社1970年出版；《湛江地区常用中草药手册》，广东省湛江专区卫生战线革命委员会1970年4月编印；《河北中草药手册》，河北省革命委员会商业局医药供应站等编，科学出版社

《中国民族药志》书影

镰形棘豆 *Oxytropis falcata* 宁汝莲 / 绘

《中国民族药志》插图

《青藏高原药物图鉴》书影　　　　　《青藏高原药物图鉴》插图　　　　　《青藏高原药物图鉴》插图

1970 年 4 月出版，插图为墨线图；《河南中草药手册》，
河南省革命委员会文教卫生局中草药调查组 1970 年编
印；《陕西中草药土、单、验方手册》，中国人民解放
军总医院编印，1970 年出版；《湖南农村常用中草药
手册》，湖南中医学院、湖南省中医药研究所编，湖南
人民出版社 1970 年出版；《常用中草药彩色图谱》（全
3 册），广东省农林水科学技术服务站经济作物队编绘，
广东人民出版社 1970—1979 年出版；《甘肃中草药手册》
（第 1、2、3 册），甘肃省卫生局编，甘肃人民出版社
1970—1973 出版；《高原中草药治疗手册（人畜共用）》
（供内部参考），若尔盖县革命委员会生产指挥组编，
人民卫生出版社 1971 年出版；《广西本草选编》（上、
下全 2 册），广西壮族自治区革命委员会卫生局主编，
广西人民出版社 1974 年出版，全精装，上册是墨线图，下册为全彩图，收录本草千种、处方 544 条、大量医例。这
里对其中较有代表性的略作记述。

　　《青藏高原药物图鉴》（全 3 册）：青海省生物研究所、同仁县隆务卫生所编，青海人民出版社 1972—1978 年
陆续出版。1970—1974 年，中国科学院西北高原生物研究所组织了多次藏药科考，在鉴定、研究基础上，出版了 3

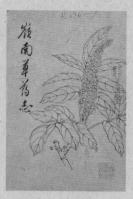

《岭南草药志》书影　　曼陀罗 *Datura stramonium*　　《山西中草药》书影　　福州版《中草药手册》书影
　　　　　　　　　　　　《岭南草药志》插图

册的用型手册《青藏高原药物图鉴》（1972 第 1 册、
1975 第 2 册、1978 年第 3 册）。

　　《岭南草药志》：广东省名中医赵思兢编著，广东
中医研究所、华南植物研究所合编，上海科学技术出版
社 1961 年出版。赵思兢主持广东省中医研究所中药室
工作期间，亲自编写各地市县的草药著述藏书目录，收
录著作 114 部。《岭南草药志》共有正、续两集。正集
收载药物 88 味，并配以插图，帮助读者鉴别采录。

　　《中草药手册》：1970 年 2 月中国人民解放军福
州军区后勤部卫生部编印（内部发行），皆为彩色手绘插图。

　　《东北常用中草药手册》：辽宁省新华书店 1970 出版。该书由沈阳部队后勤部卫生部编著，在吉林中医中药
研究所、沈阳药学院、辽宁中医学院等单位参与下，收集整理常用中草药 300 余种，常见病防治处方 480 余张，每
种都附有插图，有墨线图，也有彩色图。

　　《西藏常用中草药》：由西藏自治区革命委员会卫生局和西藏军区后勤部卫生处，在中国科学院植物研究所和
中国医学科学院药物研究所的协助下编写，西藏人民出版社 1971 年出版，收录西藏常用中草药 367 种，附彩图 424 幅，
并收录 200 余张中医藏医验方。

　　《山西中草药》：由山西省革命委员会卫生局主编，山西人民出版社 1972 年出版。收载山西省土产中草药 447
种、478 味，绘制彩图 302 幅。据山西大学史秉有教授出版的《岁华春朝》一书，可知他参与了此书的绘图。

A. 牵牛 *Ipomoea nil*;

B. 达乌里秦艽 *Gentiana dahurica*;

C. 木槿 *Hibiscus syriacus*

史秉有／绘

《山西中草药》插图

引自史秉有著《守护丹青》（山西人民出版社，2015）

《全国中草药汇编 彩色图谱》：是此间中草药手册中集成之作。该书由人民卫生出版社 1977 年出版，是在编写《全国中草药汇编》（人民卫生出版社，第一版全 2 册，1975；第二版全 4 册，2014）的过程中，根据一些地区赤脚医生和医药卫生人员的要求，在《汇编》收载品种的范围内选编、选绘而成，依序收录藻类、菌类、地衣类、苔藓类、蕨类、裸子植物、被子植物、动物类等各类中草药的原植物或原动物，共 1 152 幅图，其中，植物药 1 121 幅图，动物药 31 幅图。图版来源除直接参加《汇编》编绘的单位外，还包括各省区卫生局、植物研究所、部队卫生部等近 20 个单位。本书为纯粹图谱，一页四图，皆为彩绘。图版多能清晰反映出所绘物种主要形态特征和用药部位形态，部分图版还包括了局部解剖图。不少画作用色准确、构图讲究、绘制精细、栩栩如生，具有较高的观赏价值。

《全国中草药汇编 彩色图谱书影

《全国中草药汇编 彩色图谱》书影

《全国中草药汇编 彩色图谱》书影

白花钩石斛
《常用中草药彩色图谱》 插图

《中国本草彩色图鉴》全八册封面书影

罂粟 Papaver somniferum
赵晓丹 / 绘
《原色中国本草图鉴》插图

浙贝母 Fritillaria thunbergii
《原色中国本草图鉴》插图

1982年8月，《原色中国本草图鉴》第二次编委扩大会议在长春中国中药研究所举行，图为参会人员合影 （史云云/供图，陈月明/注）
第1排左起：于惠琳 （佚名）（佚名） 郭允珍 贾同彪 徐国均 钱信忠 周太炎 曾育麟 刘德仪 谢竹藩 （佚名）
第2排左起：（佚名） 于 普 刘雪明 史渭清 曾孝濂 代天伦 许春泉 裕载勋 严仲铠 仇良栋 徐振文 井枫林 孙祖基
第3排左起：张效杰 （佚名） 刘洪久 佚名 夏光成 刘铁成 陈月明 李德华 （佚名）（佚名）（佚名）

《中国本草彩色图鉴》：共8卷，由时任卫生部部长钱信忠担任主编，人民卫生出版社2003年出版。这部图鉴集合了全国药学、本草学、植物学、药物化学、药理学和中医学等众多机构的研究力量及科学植物画绘图人员集体编纂而成。该图鉴收载药物5 000种，较为全面地反映了中华人民共和国成立以来中药研究整理的成果。整部图鉴完稿后，在日本株式会社雄浑社协作下，全部翻译成日文，1982年在日本京都正式发行，日文版书名为《原色中国本草图鉴》，原计划出版25册，1983—1986年完成1～8册的出版，后因日方出版发行存在困难，故于1987年日文版中断出版。1993年钱信忠主持召开了编修会议，将原计划的25册合并调整为"常用中药篇""草药篇""民族药篇"三大篇共8卷，并进行了图文内容的重新审定和增补。前后共有138位专业人员参与撰稿，98位绘图人员参加绘图。冯晋庸、邓盈丰、曾孝濂、陈月明等多位植物科学画专家担任编委。全书插图皆为彩图，采取一物一图的方式，参考新鲜标本绘制，细微特征则附局部放大，内部结构有鉴别意义的，则附放大的解剖图。全书彩图共计5 000幅，图版形态真实，色泽自然，特征鲜明，大部分画作都有着较高的科学性与艺术观赏性，更不乏佳作精品，可称中国现代植物彩色图谱的集大成之作。

藏医药学历史悠久，内容丰富，具有独特的理论体系和浓厚的民族特色，并且留存下以《四部医典》为代表的多部传统藏药学典籍。在1970—1974年藏药科考基础上，通过进一步鉴定、考证并吸收最新研究成果，由杨永昌主编、中国科学院西北高原生物研究所编著了《藏药志》，由青海人民出版社于1991年出版。该志共收载常用藏药431种，其中植物药287种，动物药91种，矿物药53种，原植物、动物、矿物1 152种。附墨线图282幅，其中植物图224幅。中国科学院西北高原生物研究所绘图组的王颖、阎翠兰、刘进军等承担了植物图绘制，王祖祥、陈晓暖、王家义、祁慧泉、吴翠珍等承担了动物图绘制。此外，附录部分收录了由该所王为义所绘的112幅植物药材解剖及粉末鉴定墨线图。该书绘图细腻、美观，印刷效果精良。

《藏药志》书影

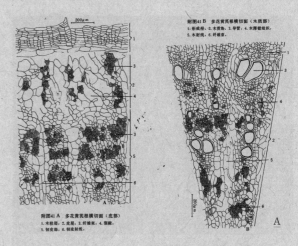

唐古红景天 *Rhodiola tangutica* 根横切面　王为义／绘
《藏药志》插图

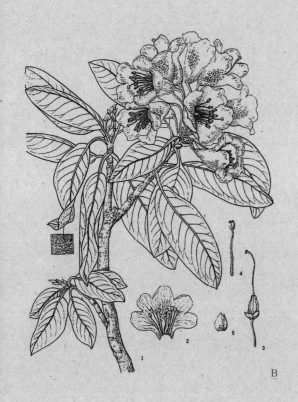

陇蜀杜鹃 *Rhododendron przewalskii* 王颖/绘　《藏药志》插图

葵花大蓟 *Cirsium souliei* 刘进军/绘　《藏药志》插图

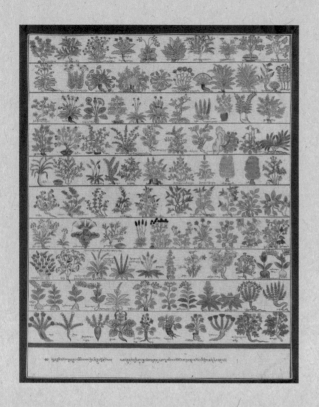

《四部医典系列挂图》第29图 药物（5）
引自《四部医典·曼唐画册》（青海民族出版社，2011）

公元8世纪末，宇妥宁玛·元丹贡布等著成《四部医典》。其中共收藏药物1 002种，分为珍宝药、石类药、土类药、木类药、膏汁药、汤剂类、草药类、禽畜类等八类。17世纪末，第司桑结嘉措组织洛扎丹增诺布和黑巴格涅等画家共同绘制《四部医典系列挂图》。至1704年，79幅挂图才被绘成。6幅药图中，共收载药物900余种。有些药物，如乌奴龙胆、矮莨菪、瑞香狼毒等，形象颇逼真，使人见图即可识药。（《藏药志》前言，1991）

2）林木植物类图谱

a. 分类志

《中国树木志》：共4卷，分别于1983年、1985年、1997年和2004年由中国林业出版社出版，郑万均主编。全国有23个省市地区共500余人参加了以上两部著作的编写工作，并且按区域分为东北、华北、西北、华东、西南、华南6个编写组。部分插图由中国科学院林土所、北京市农科院林研所、浙江丽水林校、吉林松江河林业局、北京市农校协助绘制，部分图版借自《中国植物志》《中国高等植物图鉴》《海南植物志》《云南植物志》《秦岭植物志》等书。

《中国树木学》：由郑万钧主编，第一分册由江苏人民出版社1961年出版。这本书收录了各省区造林用乔木、灌木树种和天然林的主要树种，也收录了部分习见树种、建群灌木以及部分形态上有代表性的树种。本书每属至少有一个树种的形态图，部分树种附幼苗形态图，插图多仿绘或选自有关图书，少数为新绘图。绘图者有施自耘、王昌、刘岳炎、胡长龙等。

《中国树木志》书影　　　　　《中国树木学》书影

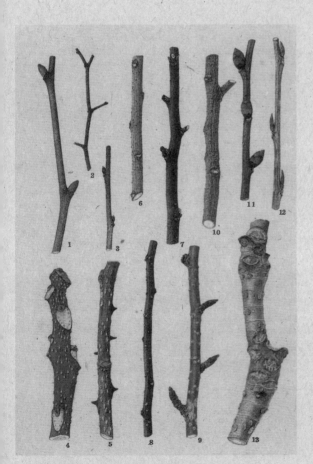

各种小枝形态（示小枝颜色及皮孔的类型）
《中国树木学》（第一分册）插图

金叶含笑 *Michelia foveolata* 邓盈丰 / 绘
《中国树木志》（第一卷）插图

b. 林木类

《主要树木种苗图谱》：由南京林产工业学院（现南京林业大学）林学系马大浦教授及黄宝龙、黄鹏成等编写，农业出版社 1978 年出版，施自耘绘图。该书选取我国各地区主要栽培树种、少数从国外引进树种和某些科属的代表性树种，共 100 种，在对育种、苗木生产技术进行扼要介绍的同时，每种都附以精详生动的墨线插图，完整描绘了该种植物从种子（果实）到幼苗的发育过程。

《中国主要树种造林技术》（上下册）：由中国树木志编委会在编写《中国树木志》的同时编写的，农业出版社 1978 年出版。该书收录全国各地 210 个主要造林树种，绝大多数为我国乡土速生和珍贵的优良树种，也有少数从国外引进的优良树种。每个树种均附有形态图，这些图版均一图一页。

《浙江树木图谱》：浙江农业大学林学系编著，1975 年印行。这是一本力图适于该省情况的森林植物学教材，旨在以图为要，更为直观地弥补文字描述的不足。在绘图过程中，编著者根据树种物候期，采集新鲜花枝、果枝标本而进行绘制，并且在图中标明标本采集日期。这本图谱共列入树木图 204 幅，隶属 60 个科，除 99 幅仿绘自其他书刊，且标注来源之外，其余 105 幅皆为该系葛克俭绘制。为了便于育苗、植被调查及森林天然更新调查时识别树木幼苗形态，并为研究植物系统发育及亲缘关系提供资料，该书还附有树木幼苗形态图 146 幅。

《主要树木种苗图谱》书影

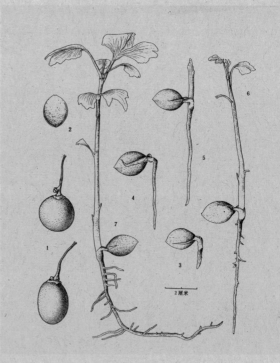

银杏 *Ginkgo biloba* 施自耘 / 绘

《主要树木种苗图谱》插图

《中国主要树种造林技术》书影　　《浙江树木图谱》书影

刺槐 *Robinia pseudoacacia*
《中国主要树种造林技术》插图

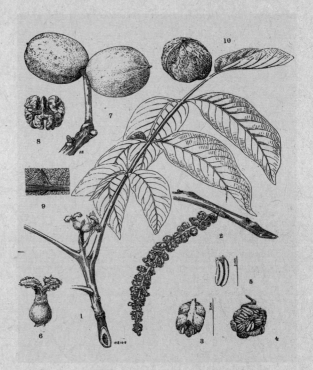

核桃 *Juglans regia* 葛克俭／绘
《浙江树木图谱》插图

南山茶 *Camellia semiserrata* 葛克俭/绘 《浙江树木图谱》插图

《浙江树木图谱》书影

《树木嫁接图说》：由齐宗庆主编，中国林业出版社1988年出版。这本书以图文并茂的方式，介绍了人工繁育植物的重要方法之——嫁接。树种插图由宗维诚、张若江绘制。

3）经济植物图志

1958年至1960年，全国各地出版了众多经济植物图谱，不少甚至附以彩色手绘图版。这些图谱大多以实用为主，学术性较弱，加之当时物质条件匮乏，印刷质量欠佳。其中较有代表性的包括：

a. 分类志

《中国经济植物志》（上、下卷）：由中华人民共和国商业部土产废品部、中国科学院植物研究所编著，科学出版社1961年出版。该志是我国第一部经济植物志，所收植物主要是野生植物中利用价值较大的纤维类、淀粉及糖类、油脂类、鞣料类、芳香油类、树脂及树胶类、橡胶及硬橡胶类、药用类、土农药类及其他类共10类2 411种植物。绝大部分植物都附有插图，图版转引自《江苏南部种子植物手册》等书。第二版由科学出版社2012年出版。

《贵州经济植物图说》：共12册，有精装版和平装版，1960—1962年陆续由贵州人民出版社出版，第

《树木嫁接图说》书影

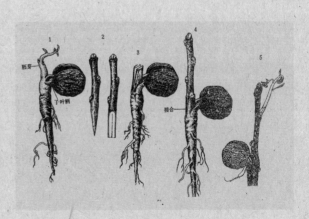

《树木嫁接图说》插图——子苗砧接

《贵州经济植物图说》书影

麻栎 *Quercus acutissima*
《贵州经济植物图说》插图

1～5册由贵州省野生植物普查办公室编，林修灏、王
兴国等主编；第6册起由于机构更替，改为贵州省野生
植物联合研究室编著，王兴国、张秀实主编。每册收录
纤维、油料、芳香油料、淀粉、栲胶、药材等六类各
50种植物，每种均附图版，每册收录少量彩色插图。

《吉林省野生经济植物志》：由吉林省野生经济植
物志编辑委员会编著，吉林人民出版社1961年出版。
该书在1959年吉林省野生植物重点普查基础上编纂而
成，共收录吉林省出产的651种植物，按用途分为木材、
中药、单宁、纤维、油料、淀粉等24大类。该书文字和图版各成独立部分，共收录图版218幅，除了个别种类无
标本及原色图参考的，则用墨线图描绘，绝大部分植物都附以彩色图版。

b. 土农药志类图谱

利用植物资源防治害虫是农业生产中最古老、最原始的途径。在1958年全国大搞土农药运动和1959年消灭农
作物病虫害运动的基础上，由商业部生产资料局，农业部植物保护局，化工部技术司，中国科学院的昆虫研究所、
植物研究所和微生物研究所，中国农业科学院植物保护研究所，中国医学科学院药物研究所、流行病研究所，北京
农业大学等10个单位联合组成中国土农药志编辑委员会，近40位专家参加，共同编著完成《中国土农药志》一书，
科学出版社1959年5月出版。该志较为全面地总结了1958年全国土农药运动的成果，是一本大众化的科学著作，

共收集土农药 523 种，其中单用土农药 404 种、矿物源农药 19 种及其他土农药合剂 100 种。全志附植物彩色图谱 220 幅，以便识别，但是一般常见的药物如桃、蒜等，以及尚未确定学名的药物，未做图谱。在当时的时代背景下，全书除了时为中国科学院院长郭沫若序言署名外，具体编著人员与绘图人员皆无署名。但据档案资料记载，当时中国科学院植物研究所的冯晋庸等参与了绘图工作。在当时，《中国土农药志》所配的彩色插图已经算得上极为精美。

《浙江杀虫植物图说》（第一册）：由浙江省卫生厅主编，1958 年 12 月由当时的科技卫生出版社出版，由邵公佑、祝如佐、乐焕钰、孙芝斋编写，搜集了浙江省内 26 科 40 种对于消灭农作物病虫害有显著功效的杀虫植物。每种都附有专门的单页彩色插图，图谱的绘制大部分都是采集了新鲜标本进行实物描摹，也有一部分标本因采集季节关系不完整，参考了其他出版物的图版并以实物校对，这些出版物主要有裴鉴、周太炎的《中国药用植物志》（1 ~ 5 册），贾祖璋、贾祖珊的《中国植物图鉴》、牧野富太郎的《日本植物图鉴》和村越三千男的《内外植物原色大图鉴》等。书中未列出具体的绘图人员名单。总体来说，这部图说的插图虽然因时代条件所限，印制效果一般，但仍可见大部分都绘制精良、栩栩如生。

c. 经济果树类

《江苏果树综论》：中国科学院南京植物研究所（现江苏省中国科学院植物研究所）左大勋、汪嘉熙、张宇

《中国土农药志》书影

《中国土农药志》插图

《浙江杀虫植物图说》书影

算盘子 *Glochidion puberum*
《浙江杀虫植物图说》插图

和著，上海科学技术出版社 1964 年 8 月出版。该书基于该所自 1954 年起，历年来在江苏各地进行的果树调研结果编写而成，详细分析了江苏果树生长和分布情况，较为系统地总结整理了各地果树栽培经验、技术以及果树种类和品种。插图由该所蒋杏墙、韦光周、史渭清、冯晋庸等绘制，以墨线图为主，亦附少量彩色图，插图精美、细腻。该书是果树栽培类图书的精良之作。

《中国果树分类学》：俞德浚编著，第一版由农业出版社于 1979 年 2 月出版。全书 37 万余字，附图 166 幅。这本书是作者历经多年野外调查、考证汇集编著而成。全书分上、下两编。每一类举出重要的属，每一属举出我国野生的和栽培的种，每一个种举出重要的品种及其主要产区。本书荣获 1982 年度优秀科技图书一等奖。书中绘图主要由许梅娟完成，游光琳参与部分绘图。

d. 野菜、饲料类植物图谱

《中国饲料植物图谱》：由农业部主编，科学普及出版社 1958 年出版。全书搜集较为常见的饲料植物共 500 种，简要地介绍物种的科属、别名、学名、形态、用途及其他，每种配有彩色插图一幅，大概地展示物种的植株样貌。

《云南地区野菜图谱》：昆明军区后勤部编，1965 年印行。1959—1961 年，为了解决部队行军野营之需，于野

《江苏果树综论》书影　　　　　《中国果树分类学》书影

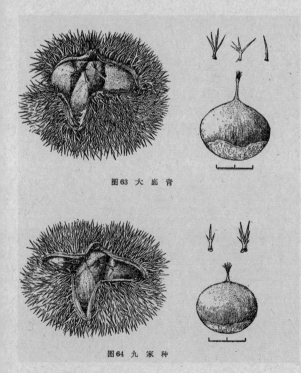

图63　大底青

图64　九家种

《江苏果树综论》插图

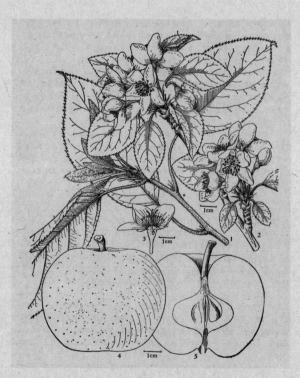

苹果 *Malus pumila* 许梅娟／绘
《中国果树分类学》插图

菜采食季节，在滇南、滇西边境地区调查分析基础上，汇集绘为图谱，以便识别野菜参考。这本图谱收录79种产量高、口味佳、使用方法简便和营养价值较高的野菜，并经由中国科学院植物研究所和云南省药用植物研究所进行标本及学名鉴定，每种都绘制了彩图。

《中国野菜图谱》：由军事医学科学院卫生学环境医学研究所和中国科学院植物研究所共同完成，1989年5月由解放军出版社出版。全书共收录157种野菜植物，中国科学院植物研究所刘春荣、冯晋庸、吴樟桦、张泰利、冀朝祯、王金凤、郭木森、张春方等参与绘图，全书插图皆为彩图，主要呈现该种植物可食用部位及形态特征。该书荣获中国人民解放军科技进步二等奖。

《热区骡马代用饲料图谱》：由中国人民解放军兽医大学军马卫生研究所，中国科学院所属北京、昆明、华南、广西、云南等多家植物研究所共同编著，科学出版社1992年出版。这本手册式图谱共收录73种可食植物及5种有毒植物，一种一图，皆为彩图。参与绘图的人员包括冯晋庸、曾孝濂、邓盈丰、余汉平、何顺清等，皆为各所绘图主力。该书插图精美，遗憾的是未标明每幅图的绘者。

3. 植物教学挂图

在摄影技术尚未普及、数字传媒还未产生的很长一段历史时期，手绘教学挂图在大、中、小学教育中一直

《中国饲料植物图谱》书影

《云南地区野菜图谱》书影

番荔枝 *Annona squamosa* 《云南地区野菜图谱》插图

《中国野菜图谱》书影

《热区骡马代用饲料图谱》书影

辣蓼 *Polygonum hydropiper*
《云南地区野菜图谱》插图

多花野牡丹 *Melastoma affine* 《热区骡马代用饲料图谱》插图

扮演着重要角色，生物教学挂图是其中重要部分。中小学的生物教学挂图大都与教材匹配，由专门的出版社编印发行。大学的生物挂图则往往是由专门人员自行绘制。中国生物科学画的奠基人冯澄如与科学画的渊源，便始于1922年在南京高等师范学校担任图画手工课教师时进行的生物教学挂图绘制。

　　民国时期出版的生物教学挂图中具有代表性的画家是戈湘岚。他在国画界以画马享有盛名，却少有人知道他也是一位生物绘画艺术大师。从民国时期起到中华人民共和国成立后，他绘制了数量惊人的动物、植物、生理等精美的教学挂图。他的科学绘画神形兼备，严谨细致而又生趣盎然。其中最具代表性的生物科学画挂图有《生产知识挂图》《生活知识挂图》《人体是座工厂》等。

　　中华人民共和国成立之后，生物挂图大量出版。在20世纪七八十年代，上海教育出版社、北京师范大学出版社、人民教育出版社等生物教材的出版单位，也专门培养过一批年轻的美术编辑人才，专门为各类中小学生物教材绘制教学挂图。此外，在农作物栽培、农林植保等领域，生物挂图也应用广泛。

百合（百合科）　马楚华／绘
引自《绿色开花植物的分类11⑪》（初级中学课本植物学教学挂图）
上海教育出版社，1983

戈湘岚（1904—1964），江苏东台安丰人。1919年以考试第一名成绩被上海美专西画系录取。1920年从上海美专肄业，进入商务印书馆印刷所学习设计。1921年起在上海商务印书馆印刷所图画部从事装帧设计。1932年与友人创办学友图书社，从事教学挂图编绘与出版经营。1949年后先后任职大中国书局、上海科学技术出版社、上海教育出版社。在中国画方面，他以画马名世，与徐悲鸿并称为"北徐南戈"，代表作有《白马图》等。

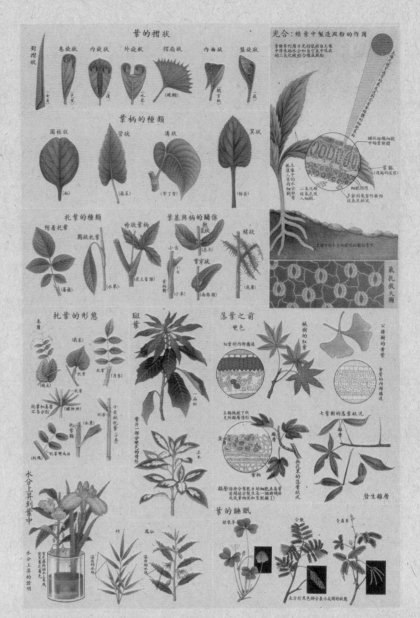

植物的叶　石汉生／编，戈湘岚／绘，辛树帜／校
引自《生产知识挂图（一）植物组·五·叶（一）》　大中国书局

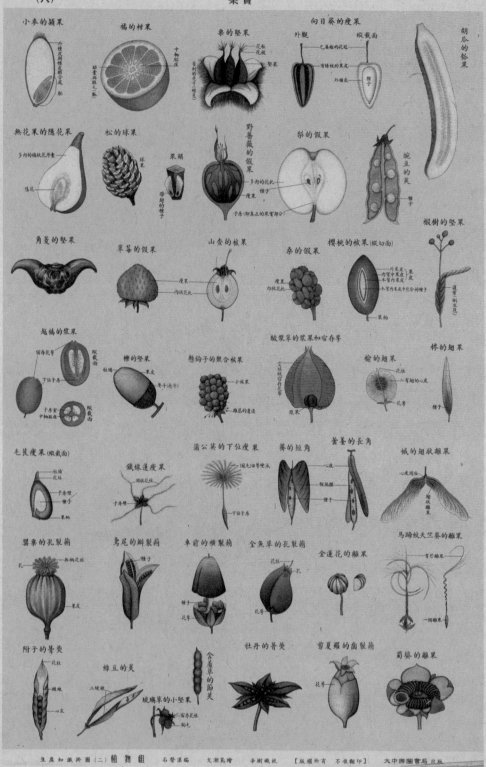

果实　石汉生／编，戈湘岚／绘，辛树帜／校

引自《生产知识挂图（二）植物组·八·果实》，大中国书局

插秧、植株的生长　施浒／编、绘

引自《栽培植物挂图·水稻》，上海教育出版社，1959.12

桃花的构造　褚圻／编、王强昌／绘

引自《植物的繁殖（第二辑）·种子繁殖（上）》，上海教育出版社

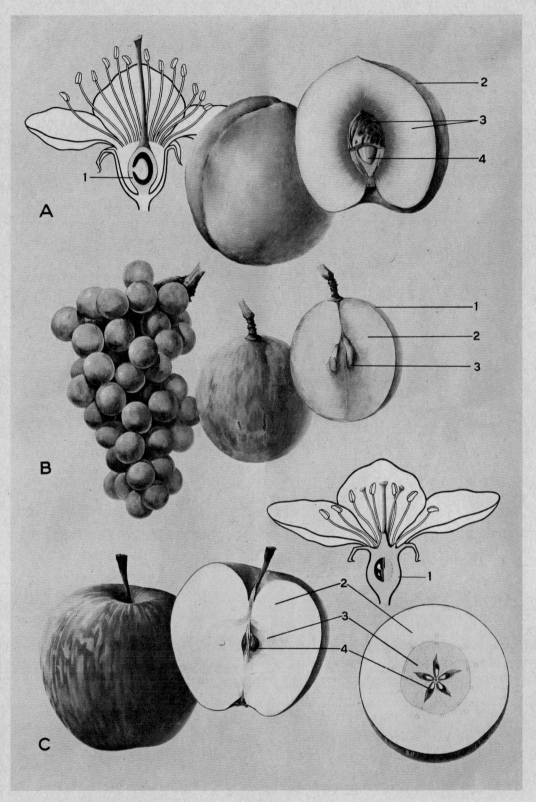

果实的种类（一）肉果 林楚先／绘

选自《初级中学课本植物学教学挂图——花和果实》，上海教育出版社

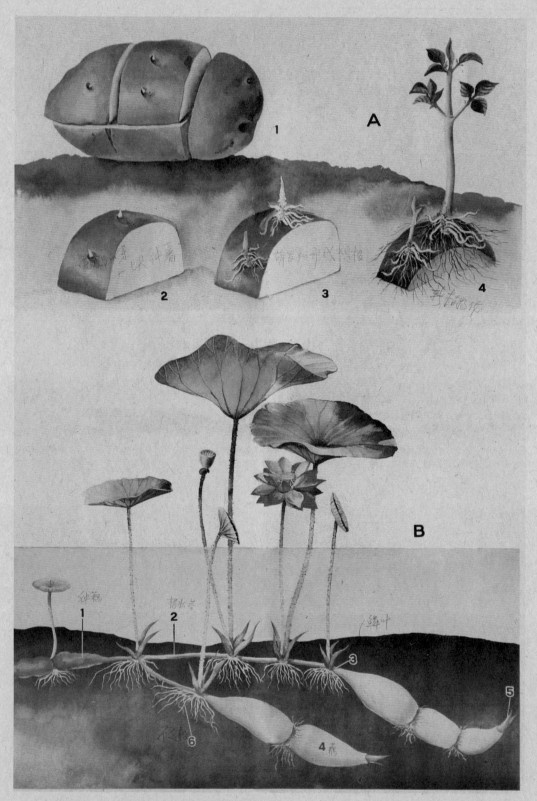

地下茎的繁殖　陆时万/编，高峰/绘

引自《初级中学课本植物学教学挂图——茎》，上海教育出版社

无种子植物

引自《小学课本生物教学挂图》，上海教育出版社

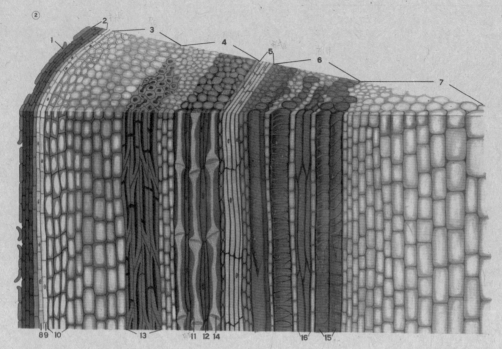

双子叶植物茎的纵横切面　陆时万/编，马楚华／绘

引自《初中课本生物教学挂图　茎4（2）》，上海教育出版社

4. 科学画理论与技法专著

关于植物科学画理论、技法类的专著，在我国除了20世纪50年代冯澄如所著《生物绘图法》（1959）外，还有刘林翰编著的《生物科学绘画》（1988）、陈荣道编著的《怎样画植物》（2002）、钱存源的《艺用花卉形态图谱》（2008）等书出版。

（1）《生物绘图法》

该书是中国第一本生物科学绘画专著，冯澄如著，科学出版社1959年1月出版。这本书从生物画的理论、不同画笔的性能介绍、观绘仪器的功能介绍、主要绘图技法的总结，以及不同印刷方法的特点及优劣都进行了系统、详细地阐述，是对中国生物科学绘画的系统总结，具有重要意义。

全书共有七章。第一章首先阐明生物绘画的特点和要求，明确提高技术的目标，并以此作为选择工具、材料以及采用工作方法的准绳。第二章谈到工具、材料的选择使用及仪器设备的操作方法；详述作者的心得，列举性能功效和特点。对于工具、材料，作者主张中西兼备，更想利用中国毛笔之长，补西方钢笔之短，希望绘制出正确、精致，含有民族风格、东方艺术的生物图。第三章谈到生物绘画的基本法则，从透视浅说、阴影与衬阴、怎样绘好线条以及怎样绘生物彩色图四个小节展开探讨。生物绘画的描绘标本，与一般的绘画确有相同的地方，如着重于透视、阴影和色彩等，但生物绘画自有其特殊之点，并且是以黑白线条图为主，本章因此特别指出怎样绘好线条的方法。第四章谈几种工作方法，即灯光投影描稿法、植物标本直接印描法、植物标本拓印起稿法、幻灯反光勾轮廓法、玻璃示迹器法、九宫格实物描绘器法和炭精复写法，以及几件应注意的事，包括画桌的采光、怎样爱护标本、怎样爱护仪器、图的编号、登记、收藏、与原标本的对照以及画纸的裁切。这几种工作方法都是作者在实际工作中摸索出来的，对于增加图面的正确性有所裨益。第五章谈到动物图的画法，从昆虫和鱼类两个方面展开讨论。第六章讲述植物图的画法，以显花植物和藻类植物为例，加以说明，举一反三，以供参考。第七章介绍了生物绘画与制版的关系。生物绘画技术水平的高低，当以印刷出版的成绩为衡量的标准，所以生物画绘制者，不仅要能够绘好一张图，而且还要求这张图能够制出优良的图版；因此，最后谈到生物绘图与制版技术的联系性，例举出最普通习用的锌版、铜版、石印的制版技术与绘画技术的关系，加以说明。作者所喜用而加以改进的毛石制图法，以及毛石套印彩色图法亦在本章中详细阐述。

在《生物绘图法》一书中，冯澄如认为，生物图就其形式上来看，似与西洋画的静物写生图，中国画花卉、翎毛的画法，极相类似，究其实，则大相径庭。首先，就它的绘画动机与出发点来加以分析：艺术性的绘画，是从艺术的创作观点出发，而生物图则从生物研究的要求出发；所以绘生物图，是站在科学的立场上，以科学的观点、角度观察事物。其次，就表现的方法，以及工具、

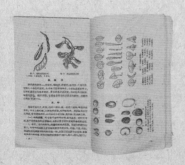

《生物绘图法》书影

《生物绘图法》书影

《生物绘图法》一书的编写，始自1929年，冯澄如于第一批以带徒弟的方式培养生物绘图人员时就有片段的记载。至抗日战争期间，冯澄如在故乡江苏宜兴的荒僻农村中创办"江南美术专门学校科学绘画专修班"时，曾作系统地编写。后在1955年春，应南京农学院的特约讲演，又一度加以修改。1955年冬，冯澄如于南京退休，开始抽出时间复加修订。由于生物绘画的研究专著甚为缺乏，他屡次易稿修订，又采纳其子冯钟元诸多意见，更由次子冯钟琪代写阿培实物绘图器及玻璃视迹器两文，方得完成。书中的插图，因冯澄如当时年老多病，未亲自执笔，皆由其子女，就职于中国科学院华南植物园的冯钟元、就职于中国科学院海洋研究所的冯钟琪、冯明华，以及他的学生，就职于中国科学院植物研究所的冯晋庸、就职于中国医学科学院华东寄生虫病研究所的许厦中完成绘制。胡先骕担任了这本书的校阅，中国科学院动物研究所的张春霖教授校阅了《鱼类的画法》一文，浙江农学院的程淦藩教授校阅了《昆虫的画法》一文。

材料、设备等项来说：生物绘画，是依据生物学研究的要求，以生物绘画特备的工具、材料、设备来描绘物体的形象；而艺术性的绘画，则以艺术的手法、工具、材料、设备，根据作者的灵感和体会，来表现以时代为背景的典型事例的形象。如果以作品的效果而言：生物图是与研究的文字记载相互辅助，相得益彰，是辅助生物学研究的科学图；而艺术性的绘画，则作为艺术品的鉴赏之用，是现实主义的艺术品。因此，鉴赏和评价的标准亦是不同。生物图必须符合生物学研究的要求，艺术性的绘画，则以艺术的条件，如构图、笔触、色调等趣味及感染性之强弱为标准。所以要做好生物绘画工作，必须具备相当的生物专业知识。虽然少一些艺术的表现能力，只要画面上充满着科学的正确性，尚不失为正确的生物图。倘使只擅长艺术而缺乏生物专业知识，则对于物体的观察，往往好像眼睛上罩着一层轻纱，视若无睹，故所绘的图，很难把每一分类特征一一画出，这样的画，即使合乎美的条件，却因正确性不够，科学上的价值亦因之较逊。由此可见，生物绘画的特点，是以生物的研究内容为主，艺术的表现手法为辅，是二者相互结合的产物。

在谈到绘图工具时，冯澄如写道：生物绘图导源于科学先进的国家，绘画的工具，就是钢笔，所以我们谈到了生物画，就会产生钢笔图的概念及联想，我们还可

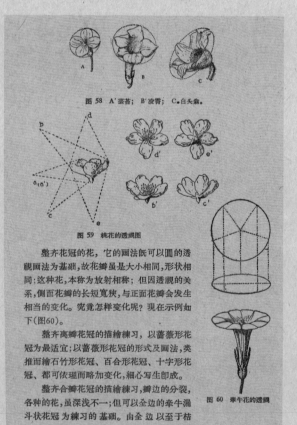

图 58　A′葶苈；B′凌霄；C。白头翁。

图 59　桃花的透视图

整齐花冠的花，它的画法倘可以圆的透视画法为基础，故花瓣虽是大小相同，形状相同；这种花，本称为放射相称；但因透视的关系，侧面花瓣的长短宽狭，与正面花瓣会发生相当的变化。究竟怎样变化呢？现在示例如下（图60）。

整齐离瓣花冠的描绘练习，以蔷薇形花冠为最适宜；以蔷薇形花冠的形式及画法，类推描绘石竹形花冠、百合形花冠、十字形花冠、都可依据而略加变化，细心写生即成。

整齐合瓣花冠的描绘练习，瓣边的分裂，各种的花，虽深浅不一；但可以全边的牵牛漏斗状花冠为练习的基础。由全边以至于桔

图 60　牵牛花的透视

《生物绘图法》书影

整齐花冠的花瓣，不论离瓣或合瓣，大小总是相等，左右总是相对称；花瓣或花被的数目，不论为三、为四、为五、为六，总形成一个圆的形状，如图58。所以凡是整齐花冠的花，它的画法应以圆的透视画法为基础。现在再以桃花为例，试从a、b、c、d，e的五个角度来观察，按照圆的透视画理，勾出五种画的形式（如图59）。

藻类绘图的衬阴，一般习用点点衬阴法。但是，这是指制锌版而言。如制胶版或铜版等，亦可用炭精粉或水墨衬阴，其效果则远较锌版细致、美观。这类图如制锌版，最好就用点点的方法，根据藻体凹凸、厚薄情况点衬。

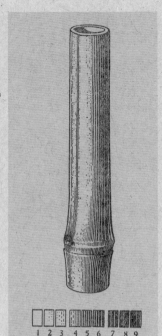

图22 把衬阴由对光、斜光、背光三个阶层中，每一个阶层，再各分为三个层次，用綫条衬阴的方法示例。

《生物绘图法》书影

光线射在物体上，就发生了阴影，分出明暗不同的调子。大致为对光、斜光、背光三个阶层；每一阶层中，还可以细细分出几个层次。因此为了适应这许多阶层明暗的调子，可把线条依由细而粗，由疏而密的法则，也分为许多浓淡的阶层。图22是把衬阴的线条，组织为9个浓淡的阶层，分隶于对光、斜光、背光三个阶层中，来应用在物体的上面，使物体显出立体的感觉。

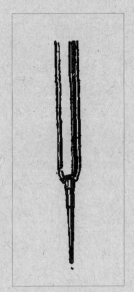

冯澄如改造制成的小毛笔
引自冯钟琪论文《怎样画生物画》

以感觉到各国艺术的特点和风格。我国的毛笔，亦可以利用它来描绘生物图，刻画出正确、精致、清秀而含有民族风格和高度艺术的生物图。在1931年的春天，冯澄如为北平研究院植物学研究所绘画旋花科植物图谱，当时是用石印药纸描绘上石，旋花科植物形体较大，绘原大的图，并没有遇到多少困难。到最后绘画四种菟丝子植物图时，因花很小很密，绘原大的图，竟无法下笔，乃采用毛笔，得顺利地绘出。以后，即又用毛笔勾画了中国植物图谱及中国蕨类植物图谱等属，在我国生物绘画的进程上，就开始使用了毛笔。最初使用的毛笔，是普通中国画所用于描绘仕女须眉及衣纹皱褶的小描笔。后来参照日本的石印小描笔，经多次研究，才做出了现在大家习用的小毛笔，这细微的改进，是很多人努力的结晶。这种小毛笔的笔头可自由伸缩，不过十数根毛，用最具有弹性的紫狼毫做成，基部结了一根线，把毛笔拖入一个很小而长仅2cm的主管内，使笔锋留在管外8～10mm长，作尖针形，使用时，可以自由伸缩。

在比较传统的小钢笔和小毛笔这两种生物绘图的主要工具中，冯澄如认为，小毛笔线条细而光滑，能够表现细微，线条清单潇洒，有东方艺术趣味，且可任意粗细，小钢笔线条稍粗，不如毛笔线条光滑，不可画超过其胜任的粗细线条，但是，小钢笔适于点点衬阴的画法，小毛笔则不适合。

《生物科学绘画》书影

刘林翰工作照

刘林翰为湖南师范大学生命科学院教授，主要从事植物分类学教学及研究。同时，他从事植物科学画绘画也已50余年，现已耄耋之年的他仍为《湖南植物志》余卷坚持绘制插图。他还为自然环保活动绘制科普环保卡片，希望更多的人认识到植物科学画的价值，通过这种美与科学相统一的方式，理解自然、认知自然。

（2）《生物科学绘画》

《生物科学绘画》一书由湖南师范大学刘林翰编著，湖南大学出版社 1988 年出版。刘林翰根据多年相关工作经验及历次讲座的讲稿，并参考有关资料，编写出《生物科学绘画》讲义；在讲义基础上，文稿又做了大量增删修改，成为华中地区学习植物绘画的教材。由于冯澄如的《生物绘图法》已经绝版且因时代变迁亟待更新，此书正好起到了新陈代谢之用。该书显露出作者对生物科学绘画感性与理性高度结合的真诚认识。全书层次分明，简要而细致。

该书开篇概述生物科学绘画不可取代的原因、概念、目的和意义、主要特点、基本要求几大主要内容。作者认为，生物科学绘画不能被科学摄影取代——前者能在严守科学性原则的前提下更好地发挥人的主观能动性，最大限度满足作者对被描绘物体所希望获得的理想要求；在科学性之外，绘画者需要思考构图设计，在有限画面里将所要表现的各部分加以恰当组合，使其成一幅有机的完整画面，其艺术效果是摄影后期不能媲美的；最后，生物科学绘画只需要简单的器材设备，这在资金缺乏、条件困难的环境或年代中无疑能支持画师继续创作。关于什么是生物科学绘画，作者从表现题材的性质、使用范围、表达形式、画法几方面共分出 14 种，其下甚至还有细分。在生物科学绘画的目的和意义上，作者完整地讲述了其在科学研究、交流传播、习惯培养、教学辅助上的存在价值。将生物科学画与艺术画、工程设计图、地理历史地图等类别稍作比较，把生物科学绘画的主要特点从题材、最高准则、根本任务、主要存在形式总结为 4 条。相应地，就这一画种的基本要求，作者提出严格的科学性（包括形体准确、比例协调、特征明晰）、具备质量感、形象生动富有艺术魅力三大要求，且在艺术性这一部分作了翔实的解释。

该书就具体的科学绘画实践，在第二、三、四章从绘画工具、步骤（准备、起稿、定稿、成图、整饰）、主要

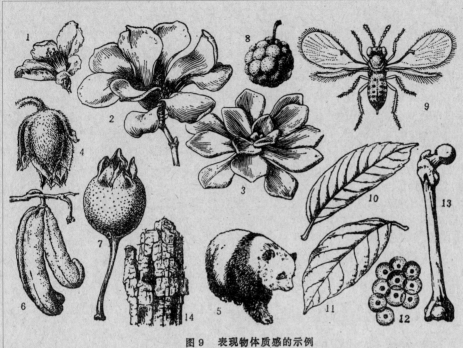

1. 娇嫩绢薄的花瓣
2. 娇嫩稍厚的花瓣
3. 肉质肥厚的石莲花叶
4. 密被短柔毛的花蕾
5. 身披长毛的熊猫
6. 肉质光滑的果
7. 表面稍粗而具有斑点的果
8. 光滑而饱含水分的果
9. 膜质翅
10. 坚厚硬挺的革质叶
11. 薄而稍软的纸质叶
12. 透明胶质的蛙卵
13. 平滑而坚硬的骨骼
14. 表面粗糙干枯的树皮

图 9　表现物体质感的示例

《生物科学绘画》插图，刘林翰/绘

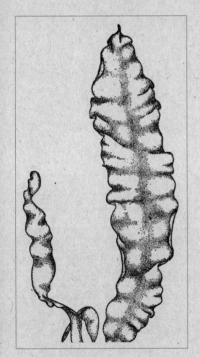

膜状体点点衬阴描法示例
《生物科学绘画》插图

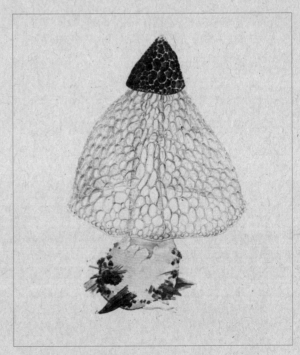

用近实远虚的手法表现长网竹荪
《生物科学绘画》插图

技法（线、点、染、涂）依次展开。第五、六章较为仔细地叙述了两大习画难点：生物体的空间感和衬阴问题，围绕透视和光线层层解说，力求帮助学习者理解、练习而掌握。对此传授，正如作者自己所说解了燃眉之急。最后两章则和彩图有关，一章略谈色彩学基本知识，讲到上色一步中的调色，最后一章则讨论当时兴起的生物摄绘彩色图。

全书各章均由作者亲自绘制插图，包括植物画、动物画、画材、设备、讲解图等，以黑白线图为主，佐以少数黑白、彩色图片，讲解时利用箭头、线条、文字等在图中做出直观、清晰的标示。这些配图及其印刷效果看来简单平实，但绝不显得粗糙。在解释观点时，作者引入不同观点，但给出自己的见解，多处结合亲身实践举例，使观点具有亲和力、说服力，技巧体现出实用性。

（3）《怎样画植物》

《怎样画植物》由陈荣道根据自己多年生物绘画的经验并参考国内外一些专著写成，2002年由中国林业出版社出版。本书对每一种技法先做理论概况，后做实际练习，再提出一些问题，要求习者对作业做自我评论或检查，使习者能在自我检查中有所进步。实用的绘画技巧使这本书对农业、林业、医药卫生、生物教学、植物学工作者，尤其对生物科学画工作者、美术工作者和业余美术爱好者学习绘画都有所帮助。全书共有八章。第一章对透视进行概述。讲述了透视的基本知识和透视规律，介绍了透视画法练习，提到了透视画法的注意事项。第二章讲物体素描，从对不同白色形体表现明暗变化的练习和对不同质地的物体表现方法的练习两个方面，介绍了物体素描的画法练习。第三章讲铅笔画和钢笔画，首先介绍了基本工具——铅笔和钢笔，接着讲述了用铅笔画直线和弧线的练习以及钢笔画练习，最后讲了绘铅笔画和钢笔画的注意事项。第四章讲暗部阴影、色调和明暗的配合，讲解了阴影、色调和结构画法练习，并说明了画阴影、色调和明暗配合的注意事项。第五章讲点画的技法，包括用点画技术表现结构与色调的练习、用点画技术表现

《怎样画植物》书影

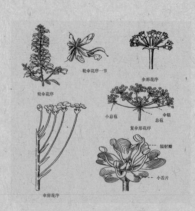

《怎样画植物》插图

《怎样画植物》插图

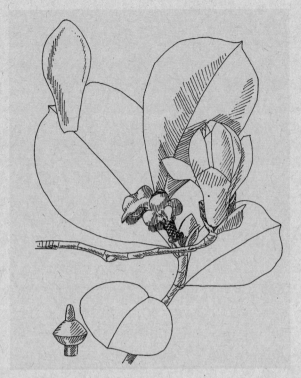

白玉兰草图
《怎样画植物》插图

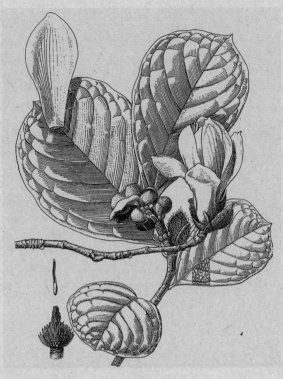

白玉兰成稿
《怎样画植物》插图

白玉兰的绘图法：

白玉兰 *Magnolia denudata*，为落叶乔木，高达15m。冬芽密生灰褐色或淡黄色绒毛。花大，白色，先于叶开放，所以花枝与叶枝只得分开画。花初开时似葫芦形，先勾出轮廓，略衬影再细画，花像羹匙，需另画一片花瓣，因花白色，用线要细而少，衬影暗处稍加斜短线；并以深色叶托之，加深其色，以反衬花的洁白如玉。苞片多绒毛，先用平行曲线画出脉纹，再用极细的短柔曲线描绘绒毛，暗处多画，明处少画，只需数笔即可见毛茸茸的感觉。花枝初春画，叶与果枝秋季画。果形似羊粪，有多个圆球聚会在一起，先画整体外形，再画凸起的子房半球形，并以弧形曲平行线衬影，雄蕊着生部是很规则的，先以交叉网状曲线画出有序排列的交叉点，并以小圆圈勾花药脱落的疤痕便可。果梗有毛。叶倒卵形，或倒卵状长圆形，长10～15cm，顶端突尖，基部楔形或阔楔形，背面有柔毛，主要在叶脉上。表现叶背特点：可卷起正面画叶背，也可在正面叶的叶面光亮处用虚线画一定范围，画出叶背着生的柔毛，以示其特点。枝条较粗，以圆柱体表现，并勾出散生的皮孔和叶痕。

较圆的生物体色调的练习、各种花纹结构画法的练习以及使用点画技术的注意事项。第六章讲刮版插图，介绍了刮版插图的练习和画刮版插画的注意事项等。第七章讲覆盖膜的应用，介绍了点线覆盖膜的练习、字符覆盖膜注记的练习，以及使用覆盖膜的注意事项。第八章讲述植物绘画，分别说明了植物绘画的准备阶段，植物科学画构思与构图，勾绘植物轮廓的练习，绘制全株植物图的练习，绘制植物根、茎、叶、花、果的练习以及绘制植物图的注意事项。

在《怎样画植物》一书中，陈荣道以多个代表性物种为例，结合物种的形态特点和分类特征，以详尽文字讲解了不同类型的植物绘图技巧，并辅以草图、成稿、亲作示范。

（4）《艺用花卉形态图谱》

《艺用花卉形态图谱》由天津人民美术出版社2008年出版。作者钱存源，曾就职于中国科学院西北植物研究所，从事植物科学画绘图工作近30年，具有丰富的实践经验、美术功底和理论知识。作者在前言中阐述了创作该书的初衷，认为虽然关于"花鸟画"的美术书籍已出版众多，但内容大多是关于中国工笔画的线描稿和上彩技法，而关于花卉的形态、分类从理论上论述和形态上科学图解的著作却罕有，该书的出版正是为了弥补这一缺憾。全书分为两篇，共收录作者绘制的122幅精细的钢笔素描。第一篇介绍植物的形态，以图示范，一类一图，扼要介绍花的结构、花的类型、花冠类型、雄蕊的类型、子房的类型、叶尖与叶基的类型、叶缘的基本类型、叶脉的类型、复叶的种类、叶的排列方式、根的变态、茎的变态和地下茎的变态，一类一图，共17类17幅图，将花的形态、分类作了广泛的图解和扼要的文字说明。第二篇介绍植物的形态，介绍常用花卉，分为低等植物、高等植物两章，高等植物部分分为蕨类、裸子植物、被子植物。一种一图，共计105种105幅，既示范植物的外部形态和细部解剖，也对该种植物作了扼要的文字介绍。书中画作精美、细腻，展现了钢笔画的不同技法，充分体现了一位资深科学画画家的科学素养、艺术造诣及谨严求真的创作态度。

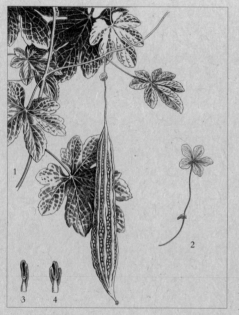

苦瓜　*Momordica charantia*　钱存源 / 绘
《艺用花卉形态图谱》插图

《艺用花卉形态图谱》书影

莲 *Nelumbo nucifera* 钱存源/绘
《艺用花卉形态图谱》插图

二　中国植物科学画的人才与队伍

（一）人才的培养与成长

1. 冯澄如与江南美专

冯澄如对中国生物绘画的又一巨大贡献，是培养了大量的生物绘画人才。在抗日战争之前，他主要是以传统的授徒方式传授其家人，跟随者有五弟冯展如、外甥蒋杏墙、蒋杏生、宗维城，长子冯钟元，经其传授之后，被分别举荐到中国科学社生物研究所、国立北平研究院植物研究所、清华大学生物系、中山大学农林植物研究所和中央大学园艺系等机构从事科学绘画工作。冯展如曾于1929年参加了中央研究院自然历史博物馆筹备处的工作；蒋杏墙曾长期追随刘慎谔，并为其主编的《中国北部植物图志》（2—5 册）绘制全部插图。与他同时任职的绘图员还有蒋杏园。

"七·七"事变后，冯澄如回到故乡江苏宜兴，办学传艺，培养人才。1943 年 7 月，他创办的江南美术专科学校（简称江南美专）招生开学，学制两年，宗旨是为中国生物学培养合格的生物绘图专业人才，先后共有学生 20 余名。这是我国迄今为止唯一的一所专门培养生物科学画高级美术人才的高等学校。开设课程有英文、植物分类学、动物分类学、美术基础、动植物生物画技法、书法、中国画史、画论等。先后延聘静生生物调查所旧同事植物学者唐进、昆虫学者张宗葆任教。冯澄如主要教学生物科学画。他认为，写生是一切绘画的基础，必须严格训练，求求细致精确。在学习上，学生们开始先学铅笔静物写生，接着学水彩静物写生、风景写生和标本写生。每张习作，一定要做到形象、色彩和明暗准确到和标本接近才算结束，才可以开始画新的。在写生时，他会先指出方法和要领，画完后指出缺点和修改意见，学生再修改。这样的教法好处是不影响各人的风格，又可给大家留下改正的余地。对画得好的，指出优点，予以鼓励；画得差的，指出缺点，启发诱导。这些严格要求，对于这批学生影响甚大。从江南美专毕业的学生有冯晋庸、冯钟元、冯钟琪、冯明华、许春泉、蒋祖德、史渭清、邵芾棠、许履中、彭炳元、余鹤松等。这些学生，后来遍及植物学、海洋生物学、中药学、医学等领域主要科研院所，并薪火相传，成为《中国植物志》《中国动物志》《中国孢子植物志》等重要著作绘图工作的中坚力量。

2. 20 世纪五六十年代的"科学画训练班"

20 世纪五六十年代，随着《中国植物志》编写工作的展开，以及各省区、各门类植物学研究工作的逐步恢复，对植物科学画的专业绘画者需求大增。各大院所为适应形势需求，开始办班办学，招收学员，使学员尽快掌握理论知识和绘画技能，并参与编修志书的大潮中。

1958 年，中国科学院植物研究所举办了面向全国的科技干部训练班，其中植物科学画训练班由冯晋庸、刘春荣、张荣厚等担任专业指导教师。该班先后培养了 20 多名学生。进修学员返回原单位后，剩下的十几名学员继续学习，并在 1959 年底进入中国科学院植物研究所实习。实习初期，画训班的学员们以干带学，彩色绘图方面参加了中国科学院植物研究所北京植物园黎盛

宜兴芳桥镇江南美专旧址

冯澄如与家人在宜兴老家合影
第一排左起:冯明华 冯钟骥 王若荫（冯澄如夫人）
第二排左起：冯钟元 蒋杏墙 蒋杏元 冯澄如 冯月 华梅红（保姆）
蒋杏生

臣葡萄新品种栽培项目的绘图工作，黑白绘图方面参加了中国医学科学院药物研究所的中药材鉴别手册的绘图工作（皆为铅笔绘图）。之后，学员分为三个小班，由冯晋庸、刘春荣、张荣厚分别担任指导老师。其中，冀朝祯、张泰利、蔡淑琴、关廷珺跟随张荣厚学习，王金凤、赵宝恒、张荣生等跟随冯晋庸学习，王利生等跟随刘春荣学习。1961年1月，画训班的学员们正式分配，其中大部分都进入了中国科学院全国各地的研究所专门从事科学画绘图工作。1961年分配后，每个星期会有半天时间，由王文采、关克俭等植物分类学专家带领分类室绘图组和搞分类的年轻人到植物园（当时还在动物所）认植物，什么科、什么属、什么种、有什么分类特征，这对于增加绘图人员的分类学知识帮助很大。科技干部训练班植物科学画专业培养出的这批人才，后来大部分都成为《中国植物志》的绘图骨干。

此外，中国科学院华南植物园、昆明植物研究所、广西植物研究所、江苏植物研究所也先后举办了规模较大的科学画训练班。这批科学画工作者后来大都成为《中国植物志》《中国高等植物图鉴》等重要著作以及大量地方植物志书、经济植物志书的绘图骨干力量。

江南美专建校55周年纪念恩师冯澄如座谈会
右三：冯晋庸，右四：史渭清

1959年2月，画训班在展览馆前欢送进修学员回原单位（张泰利/供图）

第一排左起：刘堃　蔡淑琴　冀桂珍　朱秀珍　关廷瑀　刘客青　刘敬勉　王利生　郭木森　鞠维江

第二排左起：冯金环　王金凤　董桂娟　张泰利　（佚名）（佚名）张荣厚　张荣生　刘春荣　赵宝恒　王凤祥　祁世章　杨启明　冯增华

1985年3月中国科学院植物科学画画家研修班学员于首都师范学院（今首都师范大学）合影留念（杨建昆/供图）

中国科学院植物研究所：张春方；中国科学院动物研究所：张一芳；中国科学院昆明植物研究所：杨建昆，张大成 ；中国医科院药物研究所：陈月明；四川大学生物系：颜丹；中国科学院成都生物研究所：马建生；中国科学院西北植物研究所：李志民；贵州中医研究所：杜鸣；中国科学院西北高原生物研究所：王颖；西南林学院：王红兵，李楠；庐山森林植物园：朱玉善

3. 20 世纪 80 年代的人才培养与交流

20 世纪 80 年代对我国植物科学画发展而言是一个重要节点。首先，全国各地如火如荼地展开了多次全国性植物科学画展。这一时期，是中国植物科学画发展的"黄金时代"。除了举行数次全国性的植物科学画学术、经验交流会，各地的植物科学画交流活动也很频繁，极大地促进了植物科学画的繁荣发展。

1980 年 10 月，由中国植物学会、《中国植物志》编委会、北京自然博物馆、北京植物学会在北京自然博物馆联合举办了全国第一届植物科学画展览。这次展出有黑白画、彩色画共 400 余幅。其中包括外形图、解剖图、生态景观图等。这些画以写实为主，形象地描绘出各种植物的外部形态和内部组织结构，以及植被生态景观。其中有中国特有植物：发现于峨眉山的珙桐、伯乐树、钟萼木；被称为"活化石"的银杏；药用植物有人参、当归、灵芝、宁夏枸杞；著名观赏植物有云南茶花及各种兰花等。展出期间还举办了以"如何画好科学画"为题的学术报告会。

1983 年 1 月，中国植物学会在中国科学院昆明植物研究所召开了全国第二届植物科学画学术交流会。与会代表 79 人。

1984 年，中国植物学会植物科学画专业委员会正式成立。冯钟元担任首任主席。之后曾孝濂也曾担任主席。

1986 年 6 月举办了"贵州植物科学画画展"，展出作品 70 余幅，10 人次获奖，7 月，成立了贵州省植物学会科学画委员会，与会代表 21 人。

1987 年 1 月，中国植物学会、广东省植物学会在华南植物园举办了全国第三届植物科学画学术交流会暨全国植物科学画画展。参加此次活动的代表有 80 名，带来的近百幅作品参加了展出，并进行了艺术和学术交流。

冯钟元与学生及同事在一起（余峰/供图）
第一排左起：冯钟元 邓盈丰
第二排左起：邓晶发 陈荣道 余汉平 程式君 卫兆芬 黄少容

①大花老鸭嘴
②叶子花　冯钟元（中国科学院华南植物研究所）画

③百　合
④浙江红花油茶　冯晋庸（中国科学院植物研究所）画
（选自中国植物科学画展）

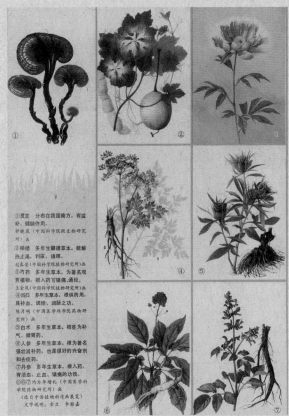

①灵芝　分布于我国南方。有滋补、健脑作用。
邝晓昙（中国科学院微生物研究所）画
②栝楼　多年生蔓援草本。能解热止渴，利尿，镇咳。
刘嘉霁（中国科学院植物研究所）画
③芍药　多年生草本。为著名观赏植物。根入药可镇痛，通经。
王金凤（中国科学院植物研究所）画
④当归　多年生草本。根供药用，具补血、调经、润肠之功。
陈月明（中国医学科学院药物研究所）画
⑤白术　多年生草本。根茎为补气、健胃药。
⑥人参　多年生草本。根为著名强壮滋补药，也是很好的兴奋剂和去痰药。
⑦丹参　多年生草本。根入药，有活血、止血、镇痛的功效。
⑤⑥⑦均为牟瑞礼（中国医学科学院药物研究所）画
（选自中国植物科学画展览）
文字说明：金兰　李顺嘉

1980年10月，全国第一届植物科学画展览在北京自然博物馆举行。《大自然》杂志1981年第一期刊出周先瑜的文章《冯家的花》，对此次画展进行了介绍。这是该期杂志彩页刊出的此次画展展出的部分画作

供展作品有冯晋庸的《大火草》、曾孝濂的《山茶》、张桂芝的《红松》等佳作，还有何健鲁、谭丽霞、马平、吴兴亮等青年绘画者的作品。时任全国植物科学画专业委员会主任的冯钟元分别做了题为"钢笔的特性和使用方法""怎样提高绘植物科学画的技艺"的两个学术报告。中国科学院植物研究所冯晋庸教授和昆明植物研究所曾孝濂教授先后发言。华南植物研究所名誉所长陈封怀教授、著名科学家代表王铸豪教授和刘玉壶教授参加了开幕式并合影。而与会者中除了各科研院校的代表外，还有来自东北、内蒙古、新疆、青海、甘肃、西藏、海南等边远地区的画家代表，其广泛性及代表性是前所未有的。1987年正值《中国植物志》编写工作全面开展、步入高潮之际，植物科学画研讨会、展览会的举办对植物志编写中插图绘画水平的提高起到了促进作用，给一大批投身植物科学画行列的年轻绘者提供了学习交流的平台。

1983年，昆明全国植物科学画交流大会期间，部分与会代表在西山公园合影留念（杨建昆/供图）

第一排左起：冯钟元　蔡淑琴　杨建昆　刘林翰

第二排左起：李锡畴　白建鲁　曾孝濂　陈荣道

1983年，昆明全国植物科学画交流大会期间，部分与会代表在西山公园合影留念（杨建昆/供图）

第一排左起：冯先洁　江无琼

第二排左起：：李锡畴　冯钟元　陈　笈　杨建昆

第三排左起：朱玉善　曾孝濂　马建生

1982年8月《原色中国本草图鉴》第二次编委扩大会议在长春中国中药研究所举行期间，科学画同业者之间进行交流（史云云/供图）

从左起：曾孝濂　许春泉　李德华　井枫林　陈月明，坐者为史渭清

《植物》杂志1987年第3期封面（穆宇/供图）

封面的4幅植物科学画，选自1987年中国植物学会在中国科学院华南植物园举办的第三届全国植物科学画画展参展作品。此次参展画作有油画、油墨画、国画、水彩、水粉等多种形式，可谓百花齐放。

图1 蜡实，青岛植物园游光琳绘

图2 兜兰，中国科学院昆明植物研究所肖溶绘

图3 鸡油菌，贵州省植物学会吴兴亮绘

图4 葡萄，中国科学院植物研究所刘春荣绘

画展现场（余峰/供图）

画展现场（余峰/供图）

冯宗元， 邓　晶发， 冯晋铺， 蔡淑琴， 张泰利， 王金凤， 吴彰华， 曾孝濂，
孙　烟范， 朱玉善， 江芙琼， 贺素英， 张士琦， 孟　玲， 陈荣道， 王伟民，
岳　榀璋， 沙　心苓， 陈克亮， 马　平， 游光粼， 毛云霞， 邢军武， 冯明华，
辛茂芳， 何顺清， 陈兴中， 李志民， 钱存源， 杨再新， 廖信佩， 邬华根，
刘文林， 张知鑫， 刘云平， 张加德， 李德华， 范国才， 顾建新.

所

昆，李锡畴，吴锡鳞，许春泉，蒋祖德，陈月明，李增礼，王利生，达　娃，
卢，石叔珍，何东泉，钟守琦，李　楠，王红兵，王　颖，阎翠兰，蒋兆兰，
录，周光治，白建鲁，何瑞华，刘怡涛，陈　签，马建生，李　玮，刘宗汉，
年，冯金环，张桂芝，曹雅范，张培英，刘林翰，谢　华，杜　鸣，李凤兰，

中国植物科学画学术交流会代表 1983年1月20日　云南·昆明·中国科学院昆明植物研究

1983年1月，中国植物科学画学术交流会在昆明中国科学院昆明植物研究所举行（杨建昆/供图 ）

1987年1月，在广州中国科学院华南植物园举行了中国植物科学画记述学术交流会，近80位来自全国各地的植物科学画画家共聚一堂。这是自1984年中国植物学会植物科学画专业委员会正式成立以来的第一次盛会，几十位画家带来了近百幅作品参加了展出，并进行了艺术和学术交流。与会者中除了各科研院校的代表外，还有来自东北、内蒙古、新疆、青海、甘肃、西藏、海南等边远地区的画家代表，其广泛性及代表性在当时是前所未有的（余峰／文、供图）

冯晋庸学术交流现场（余峰/供图）

曾孝濂学术交流现场（余峰/供图）

1987年全国植物科学画交流会在华南植物园举行（余峰/供图）
自左起：邓盈丰　冀朝祯　余峰　余汉平　黄少容　邓晶发　曾孝濂
廖信佩　李刚（广州微生物研究所）

4. 中国植物科学画开始走向国际

中国植物科学画登上国际舞台，是在 20 世纪 80 年代。在 1980 年全国第一届植物科学画画展的基础上，1981 年 8 月，在澳大利亚悉尼召开的第 13 届国际植物学大会期间，首次举办了"中国植物科学画画展"。此次画展展出了 43 位中国植物科学绘画工作者的 100 幅作品，受到国际植物学界同仁的普遍赞誉，其中包括张泰利的《珙桐》《紫斑牡丹》、陈月明的《白头翁》等。1982 年 9 月，应美国生物地理温带植物区系讨论会的邀请，这批画作再次赴美国密苏里植物园展出 3 个月。

1984 年，美国芝加哥菲尔德自然历史博物馆（Field Museum of Natural History）波兰裔高级科学画家兹比格列夫·亚斯琴布斯基（Zbigniew Jastrzebski）致函中国科学院海洋研究所，邀请中国科学画家与他合作《科学画艺术家入门指导》（*Scientific Illustration: A Guide for the Beginning Artist*）一书。1985 年 9 月，在冯澄如长子冯钟元、长女冯明华和世界各国优秀科学画画家的共同合作下，此著作完成，内收冯氏兄妹的多幅画作，并刊出冯明华撰写的《中国生物科学画技法》一文。这篇文章把中国特有的技法"水墨晕染"和特有的工具"冯氏小毛笔"首次以文字记载的方式介绍到海外，引起了国际同行的关注。亚斯琴布斯基在给中国科学院领导的感谢信中盛赞冯氏兄妹是"最优秀的植物科学画画家"。（汤海若，2019）

《科学画艺术家入门指导》封面书影
（冯明华 汤海若/供图）

Figure 2-12. *Undaria pinnatifida*. Watercolor. Painting by Feng Ming-hua, Institute of Oceanology, Chinese Academy of Sciences, Quingdao, People's Republic of China. Unpublished.

which is quite challenging for both the scientist and the illustrator. For the illustrator, the challenge is comparable to solving a puzzle, as he or she does not know how that particular plant or a section of it really looks. During such a project, a number of sketches will be prepared and the work, the depiction of the actual subject, will be judged by the scientist as the work progresses, with necessary changes implemented to improve and enhance the illustration until the finished product represents the subject to the scientist's and artist's satisfaction.

Many subjects received by the illustrator will be small, such as a section of a root, a cross section of a leaf, a grain of pollen, or a flower. The microscope is the essential tool. Under the microscope the form and exquisite beauty of nature are visible. The world of vegetation abounds in unsolved, undescribed mysteries. Under the microscope,

Figure 2-13. *Thunbergia grandiflora*. Watercolor. Painting by Zhongyuan Feng, South China Institute of Botany, Chinese Academy of Sciences, Guangzhou, People's Republic of China.

an intimate view of the unseen and unnoticed is revealed. As in all major areas of sciences, in botany the specific research will call for a very specialized type of drawing. It is possible to specialize in a technique as well as in a subject. Wherever research is conducted, the results will be published and the need for a botanical illustrator will exist.

It should be remembered that there is a difference between the book publisher's interest in botanical subjects and scientifically prepared drawings for the sole purpose of communicating that very specific data to the other scientists. Botanical illustrations prepared for a scientific purpose must be drawn precisely, the subject must be observed precisely, and the result must be coherently presented, explaining clearly very specific problems perti-

Figure 2-14. *Sterculia nobilis*. Watercolor. Painting by Zhongyuan Feng, South China Institute of Botany, Chinese Academy of Sciences, Quingdao, People's Republic of China.

must be handled very carefully because it is very easy to chip, break, or crack parts of it, damaging the plant. All of the specimens are carefully catalogued and numbered so scientists will have easy access to the collection. The illustrator should note the number visible on the herbarium sheet and make a habit of writing it next to the sketch as well as next to the finished illustration. Such a procedure reassures all involved parties as to the correct placement of a drawing in the appropriate plate. In a number of situations specimens may be a size not easily placed under the microscope. Camera lucida attached to the microscope cannot be used and outlines of the subject cannot be traced.

If a deadline prohibits the old-fashioned, time-consuming technique or triangulation method, the Xerox copier can be quite satisfactory. The subject is placed on the Xerox machine and an image can be instantly obtained in the form of a

Figure 6-12. *Ulva lissa*. Watercolor. Painting by Feng Minghua, Institute of Oceanology, Chinese Academy of Sciences, Quingdao, People's Republic of China. Unpublished.

the pigment. The result is that any mistake you make is correctable.

Prepare the brush. You do not need a variety of brushes, but you need a very good-quality brush with a very finely pointed tip. Avoid brushes with round tips, as they will not produce a fine line. During rendering, you will need a brush that can hold a reasonable quantity of water but at the same time can produce thin lines. Avoid very small brushes, those with two or three hairs. Such brushes are capable of producing a thin line, but because of the small quantity of water they will retain, they will produce a very short, thin line. It is hard to connect short lines into longer ones. I

strongly suggest a number 6 or 8 brush of any make, as long as it ends in a finely pointed tip.

You will need one tube of acrylic white paint. The plastic-base paint will be mixed with water-colors, producing a nonwashable surface, in case you need an over-painted opaque surface; be it as a preparation for further application of colors or as a final statement. Mix colors on a white surface; the illustration board is the most suitable. Try to avoid the plastic containers made for the mixing of paint; they will cause water to bead up, preventing you from making a proper estimate of the proportions between pigment and water and

Figure 5-22. *Laminaria japonica*. Watercolor. Painting by Feng Minghua, Institute of Oceanology, Chinese Academy of Sciences, Quingdao, People's Republic of China. Unpublished.

objective and leaving nothing to the imagination. It is a medium of communication and a form of art that Chinese artists take very seriously. Techniques employed in illustrating are divided into three major categories:

1. Black and white, pen and ink
2. Black and white, wash
3. Color

Black-and-White, Pen-and-Ink Technique: The pen-and-ink technique consists of representation of the image with a combination of

《科学画艺术家入门指导》书影

（冯明华 汤海若/供图）

or coarse, will be the rule. By employing the lines as a medium for representing the tonal ranges, the artist can trace the previously prepared sketch will great speed and accuracy.

Use of Stipples for Tone Application: In general, such technique is most suitable for illustrations representing surfaces of delicate, hyaline subjects such as *Monostroma* and *Porphyra* among the seaweeds. During the tone application, separate dots must be arranged in an orderly and regular manner, with each dot maintaining its rounded shape. In the areas where dark tones predominate, the dots should be large and dense, but for lighter tones, dots smaller in diameter are more suitable. The density of smaller dots will have an influence upon the brightness of lighter values. Redrawing and corrections are not advisable. A steady hand as well as good judg-

ment will help in avoiding redotting the finished illustration.

Black-and-White Wash: In China this technique is known as "coloring with water and ink," and it is the most ancient method of painting. For successful results the traditional Chinese brush must be used. The brush must have a sharp point and has to be made of short but soft hair. Besides a good-quality brush, a good-quality paper is of utmost importance. For this reason, attention must be paid to the choice of the paper. A porous paper will absorb ink easily and will bleed easily. Such paper will allow for a lot of layers of washes, giving as a result the quality and feeling of Oriental painting, but *it is not* suitable for careful rendering of the subject. The proper paper must be well packed and must have a stabilizing influence on applied washes. Only with such surface is it possible to pro-

duce a detailed and well-rendered illustration. The procedure of application of the ink mixed with water must be well planned. The wash is applied in layers, starting with light values first and slowly working toward the darkest areas. The density of blackness is controlled by the quality of water added to the ink as well as by the quantity of placed layers of washes. The illustration will become a better and more realistic representation of the subject if separate washes are applied carefully and the brush does not contain too much water. An excessive amount of water on the brush will have a negative influence on the control of application of ink to the paper. The artist must restrain from using too much water on the brush. The values are built up slowly, layer upon layer, until a satisfactory result is achieved. White paint will be used for highlights, but only after all applications of washes are com-

Figure 6-13. *Cathaya argyrophylla*. Watercolor. Painting by Zhongyuan Feng, South China Institute of Botany, Chinese Academy of Sciences, Sinica, Quingdao, People's Republic of China.

第三篇 中国植物科学画史略

1988 年 4 月 9 日至 7 月 31 日，由美国亨特植物学文献研究所（Hunt Institute for Botanical Documentation）主办的第 6 届国际植物艺术插画展在美国宾夕法尼亚州匹兹堡市（Pittsburgh）卡内基·梅隆大学（Carnegie Mellon University）举行。同年出版《第 6 届国际植物艺术插画展画集》（6th International Exhibition of Botanical Art & Illustration），由詹姆斯·怀特（James White）和唐纳德·温德尔（Donald Wendel）共同编纂。画集展示了来自英国、美国、加拿大、捷克、马来西亚、巴西、日本、澳大利亚、印度、以色列、苏联、中国等多个国家的 93 位绘者的 97 幅画作。其中半数以上为水彩画作，其余则为钢笔墨线图、铅笔黑白图。中国共有 7 位植物科学画画师的作品受邀参展，其中 7 幅作品被收入画集，分别为冯晋庸的《杜仲》、郭木森的《栾树》、冀朝祯的《苦瓜》、刘春荣的《西府海棠》、王金凤的《芍药》、吴彰桦的《玉兰》以及张泰利的《银杏》。

1992 年，南非帕克兰茨埃非拉得美术馆举办了世界植物绘画展。冯晋庸绘制的《浙江红花茶》被选为画展的唯一海报宣传画，并被该美术馆收藏。

《第6届国际植物艺术插画展画集》书影（张泰利/供图）
封面图：Corkscrew Swamp，水彩，59.7 cm×80.5 cm
McCarty，Ronald R./绘

杜仲，水彩，冯晋庸/绘
《第6届国际植物艺术插画展画集》书影（张泰利/供图）

西府海棠，刘春荣／绘
水彩+油画

玉兰，吴彰桦／绘
水彩+油画

银杏，张泰利／绘
水彩+油画

栾树，郭木森／绘
水彩+油画

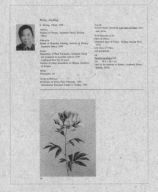

芍药，王金凤／绘
水彩+油画

苦瓜，冀朝祯／绘
水彩+油画

　　1992 年 4 月，陈月明参加了在美国匹兹堡大学举办的第 7 届国际植物画展，同年 8 月在美国加利福尼亚州圣贝纳迪诺市（San Bernardino）举办个人药用植物科学画画展，被授予该市荣誉市民证书，9 月参加美国洛杉矶师范学院画展。

　　1997 年，陈月明等的画作参加了韩国顺天大学举办的植物画展。

　　1997 年，英国著名植物艺术画收藏家雪莉·舍伍德（Shirley Sherwood）来中国访问，她造访了中国科学院植物研究所植物园，得到冯晋庸、许梅娟、吴彰桦接待。她收藏了冯晋庸的《金花茶》《浙江红山茶》、张泰利的《银杏》《兰考泡桐》等中国植物科学画画家的多幅作品。后来部分作品被收在由她编著、英国皇家植物园邱园出版的《当代植物艺术家》等图书中。在邱园，2012 年以其名字命名的雪莉·舍伍德植物艺术画廊（Shirley Sherwood Gallery of Botanical Art）建成开放，这是全世界第一座以植物艺术为主题的美术馆，成为全世界植物艺术爱好者朝圣的殿堂。

《Treasures of Botanical Art（植物
艺术珍品）》封面
邱园出版，2018

银杏　张泰利／绘
收录于《Treasures of Botanical Art》

《芳华修远》书影
江苏凤凰科学技术出版社出版，2018

金花茶　冯晋庸／绘
收录于《植物进化的艺术》

《植物进化的艺术》中文简体版封面

2017 年 7 月，第 19 届国际植物学大会在中国深圳举行。中国作为发展中国家首次举办国际植物学大会，翻开了大会的历史新篇章。国际植物艺术画画展同期在深圳举办，并先后在上海与深圳等地举办了预展和分展，不少市民第一次认识和了解植物科学画，领略到了自然与人文、科学与艺术融合的独特魅力。画展推出中英双语纪念画集《芳华修远》（该书荣获 2017 年中国"最美的书"称号），将此次画展的成果予以保存。画展结束后，国内各地植物园、美术馆、自然博物馆都陆续开始尝试引入植物科学画展览，在《中国植物志》为代表的植物志书陆续编修完成之后，植物科学画开始走出科学院所的大门，走向社会大众，承担与发挥着新的历史作用，焕发出新的生机与活力。中国作为迅速增长的经济体和世界生物多样性研究热点地区之一，植物科学画在建立创新型可持续发展社会和保护生物多样性方面将发挥越来越重要的作用。

《芳华修远》书影

第三篇·中国植物科学画史略

5. 科学画代表人物

中国植物科学画在短短的几十年间从萌芽到快速成长，既有前辈奠基者们的开拓之功，更离不开之后几代科学画画师们的承前启后。这里所记述的几位科学绘画者，仅是其中的代表。他们是植物学家的忠诚伙伴与助手，在科学精神的烛照之下，将严谨理性融入匠心绘笔，在传统与经典中汲取养料，形成了较强的个人风格与特色，各自别开生面。限于篇幅，本文仅记述第二代、第三代植物科学画绘画者的部分代表。

刘春荣（1910—1991），中国科学院植物研究所画师。刘春荣在北平艺专求学期间，曾师从中国画大师齐白石，打下了良好的国画基础。她的丈夫是一位研究真菌的专家，很遗憾30多岁时便因病早逝。刘春荣因夫之故很早就开始画真菌，也因夫早逝，一人承担养儿养老的责任，依靠自己的勤奋、坚韧与朴实，撑起一家之重担。抗战期间她在刘慎谔主持的西北植物研究所绘图，之后回到北平研究院植物学研究所，随后成为北平和平解放留用人员，保持原职、原工资。当时，刘春荣已是技左（相当于高级工程师）。她对待工作极为严谨、敬业，常常承担最难画的科，如后来为林镕主编的《中国植物志》菊科绘制的大量菊科图版，以及为禾本科绘制的图版。在这些图版中，笔法的细腻程度，常常令人惊叹。由于她的分类学基础较好，又结合个人把控画面的节奏技法，所以画面富有亲切感，对植物结构交代得特别清楚。在木荚红豆图版中的坚硬荚果和禾本科毛颖草图版中的小穗解剖图、菝葜的一组叶脉表现中都体现出用线的恰到好处，透出一种亲和力。她的用笔圆润细致，构图丰满，线条婉转之间可见得对呼吸吐纳的自如掌控。细节的精微、清晰的解剖，都可见其严谨质朴的创作态度。她认为线条既代表厚度又代表质感，主张尽量用中国画的白描线条，利用植物本身的特征、特质、特点去表现其本身特有的美，画出其立体感，尽量减少西方绘画的素描衬影，以保持画面的简洁、利落。这在她的禾本科绘图中表现得尤为明显。在培养年轻人才方面，她倾囊相授，诲人不倦。她教导晚辈如何选择绘画工具，在画长线条时如何调整呼吸、利用手肘的力量，避免由于运笔过程中的停顿造成断线。在彩图方面，她的用色深沉老练，并附有装饰风趣，1981年发表于《大自然》杂志的《栝楼》图，即可见其彩绘风格。

张荣厚（1911—1975），中国科学院植物研究所高

刘春荣

年轻时代的张荣厚

冯钟元

年轻时代的冯晋庸

级工程师。张荣厚在中华人民共和国成立前曾经就职报馆，负责刻印。彼时报纸多采用铅字印刷。各家报社在报纸出版前，缺的字需要马上补刻铅字，他一晚通常要跑两三家报社。这也影响了他的墨线绘图风格。他的黑白线条画用墨讲究，线条硬朗而富于变化，且对植物形态刻画细腻精准。他非常善于使用小毛笔。他的线条画既有中国白描的流畅，也融入了西方科学画的严整。他为《中国植物志》所绘制的黄杉属 3 种拼图，球果有理有序、质感鲜明，仿佛可在手中感觉出不同轻重，种鳞和种子的质感尤其明显，种子和翅由坚硬过渡到薄如纸张。他以小毛笔绘制的《红松》，端重挺秀，大气沉稳，更成为中国植物科学画的典范之作。

冯钟元（1916—2011），中国科学院华南植物园高级工程师。幼承家学的冯钟元，从小就受到父亲冯澄如的熏陶和影响，加之自 1937 年就曾入静生生物调查所任绘图员，协助其父工作，并长期追随陈焕镛等植物学大家，深刻了解科学画的规律和制版要求。他善用小钢笔，其绘制的黑白画，线条刚劲有力，且在粗、细、刚、柔之间充满丰富变化。他的彩图，融汇了西方油画的厚重风格，画面丰富深刻。他的黑白画《观光木》，科学性和艺术性结合得很好，在画面中合理利用空间，反映的形态，枝条的角度，聚合果布置的位置等都很讲究，原本很复杂的果枝，经他构图后清晰通透。从水彩画《大花五桠果》中可以看出，对色彩的感受与众不同，色彩从灰的基调中产生一种质感美，叶向老叶转变过程中很协调，花瓣的处理有凹凸感，使得画面整体产生一种超然视角。冲击力很强的《银杉》等作品，都表现出其深厚功力和纯熟技巧，深受植物学家和同道的称誉。

冯晋庸（1925—2019），中国科学院植物研究所高级工程师。他自小就有绘画的天分，早年在江南美专得经冯澄如悉心栽培，后又得胡先骕等植物学大家指导，在科学画、国画、西洋画、植物学方面都打下了坚实的基础。他的黑白科学画既严谨精细，又有洒脱之气，如他为《中国主要植物图说·禾本科》所绘制的图版，微药碱茅看似微不足道的小草，从构图解剖直至最后上墨，将形态相对平淡的禾本科植物，通过简洁有力的线条，描绘得气韵生动。他的彩图尤其能体现其风格，在构图上他善于将中国传统的花鸟折枝画法与中国画的留白相结合，在用色上淡雅精致，西方评论家曾赞叹他的画作，既可见得西方博物画的精研却又有着鲜明的中国特色，即便置之于邱园殿堂，也毫不逊色。他的《浙江红山茶》享誉中外，是不可多得的佳作。这是一幅非常完整的作品，构图舒展大气，红的花瓣、

指导学生绘画的史渭清（中）（史云云/供图）

邓盈丰在华南植物研究所办公室

邓盈丰在野外写生（余峰/供图）

绿的叶，色调饱满细腻，显示出很强的张力，解剖图用
淡墨法使得整体效果既有科学性，又有观赏性。

　　史渭清（1922—2007），江苏省中国科学院植物研
究所高级工程师。史渭清毕业于冯澄如创办的江南美术
专科学校。他善用小毛笔绘制黑白线条图，他的黑白线
条画构图简练，用笔娟细，富于艺术感。他的彩画用色
淡雅，风格上既有西方博物画的精美，又有独特的江南
气韵。严谨、工整、认真，在他的图画中无不透露出其为人的性格。他小毛笔的用线十分劲道，毛笔有时甚至强于
钢笔的力度，有时泛着点点飘逸，或短线重叠以显示毛茸茸的质感。史渭清有时也会因画标本过多而产生些许刻板，
但又会在局部如根部的处理上，使得画面又生动起来。在他绘制的竹类组图中，准确表现出各个生长阶段的竹子的
完整形态，细微地表现出叶色变化、繁复根系。他所绘制的鸢尾组图，既有黑白毛笔线条画，也有彩色写生画，着
重表现了鸢尾的秀丽花姿和多样性。他所绘制的百合科植物，去繁取简，线条舒展。《胡桃科种子》则又点线结合，
用点细密而又富于变化，精细地刻画出了不同生长阶段的种子形态变化，耐人寻味。《竹节蓼》条条工整的线排列
着，这就是此物种的特点。《小连翘》工整中透露出一种平和，《展枝唐松草》果梗的洒脱，《木通》果实成熟开裂、
果皮坚硬而含肉感，非常特殊。《乌壳哺鸡竹》彩绘竹笋如刚顶土而出，色调还原一般，三个叶鞘用线平稳和谐。

　　邓盈丰（1933—2008），中国科学院华南植物园高级工程师。1955年毕业于华东艺术专科学校（今南京艺术学
院）油画专业。他在学习、继承和掌握冯钟元钢笔画技法的同时，发挥自身西洋画所长，把扎实的素描基本功运用
于钢笔画中，所描绘的植物形态自然而富于质感。他的彩画通常使用水粉加水彩作为媒介，在色彩、明暗的过渡中，

并不用常见的渲染法，而使用各种不同形状大小的色块加以表现，加强了其质感表现力，如《红箭蝎尾蕉》清晰表现出红色苞片与叶片的不同反光度，外轮3枚萼片状的花被片与其他内轮花瓣状花被片用了不同的光影处理和色彩对比手法，表现出两种截然不同的质感。画面左上角又用了极概括而明暗对比强烈的色块，表现了初春时节生机勃勃、油光锃亮的新叶。《二乔木兰》是先花后叶种类，画面中既要有姿态健美的花枝，又要加上不同生长期的叶枝及繁多的解剖图，往往容易影响构图和主体物的美感。他处理得十分得当，倒卵形的小段叶枝，用很概括的色块表达了叶面的凹凸感，没有多余及喧宾夺主的描绘，又将解剖图安置于右下角，使花枝主体物始终处于视角中心。《木莲》图中，在处理枝繁叶茂时，把画面前后层次处理得丰满而清爽，既让人有叶茂之感，又不至于觉得凌乱琐碎，他把远处的叶片仍采用最概括简练的色块来表达出前后远近的空间关系。《寒兰》为了表现出寒兰那高挑飘逸、幽香清雅的特点，用了最简练的笔法和纯净的复色来描绘花朵俯仰侧转的灵动姿态，把一丛寒兰画得栩栩如生。《独占春（象牙白）》（*Cymbidium eburneum*）描绘的是生长于我国南方、极具观赏价值的兰花。这幅画他尝试用中国画的构图章法和双勾画法描绘象牙白的纯净色彩，利用前后远近的不同层次表现叶茂的感觉。这是一幅中西画结合的典型作品。作者使用了中国画的构图方式，在表现具有大折皱的叶片时，同样使用了概括又肯定的笔触和形状各异的色块，令植株显得格外鲜活而挺括。受他的影响，原华南植物研究所绘图组的植物科学画形成了一种特有的风格，令我国的植物科学画表现形式更加多姿多彩。

曾孝濂（1939—），中国科学院昆明植物研究所教授级高级工程师。曾孝濂不仅在科学画领域成为第三代的领军者，而且开创了科学画走向艺术画的崭新格局。在蔡希陶、吴征镒等老一辈植物学家的影响下，他很早就树立了科学严谨的创作态度和坚定的职业使命感。天资加之异于常人的勤奋刻苦，使得他很快成熟。在他带领昆明植物研究所绘图组参与《中国植物志》《云南植物志》《西藏植物志》等重要志书的绘图工作时，他坚持"没有标本不绘图"的原则，力保绘图工作的严谨、准确；同时，他主张在保证科学性的前提下，要留给绘者一定的个人创作空间。他鼓励创作，每逢重要展出，

曾孝濂

总是要求学生们创作新的作品。在他的带领下，昆明所的科学画团队创作出大量优秀作品，在中国植物科学画画坛上树立了新的标杆高地。20 世纪 80 年代，他提倡"形神兼备"的科学画发展观深得人心。他注重写生，强调要以绘画表现出植物的勃勃生气和自然之美。在他绘制的云南百花图和中国本草图中，植物的多样性令人叹服，这些画作不仅可见其纯熟深厚的绘画技法，更可见其观绘自然的赤子之心。他通过长期的写生、观察、实践，在植物形态表现、色彩表现、颜料运用上都积累起独特的经验，信笔而来也不失精准，表现出高超的艺术水准和科学素养。难能可贵的是，他不仅擅长植物绘画，还刻苦研究鸟类绘画，成为了花鸟兼擅的生物艺术画大家。在追求科学艺术画的过程中，他纳古今八方之长形成明显的个人风格，如《攀枝花苏铁》《地涌金莲》《寄生花》等作品，构图大气，细节精微；《长叶绿绒蒿》设色优雅，堪称典范；《蒜》《麦冬》用色劲道，画面清新，透出舒心的灵气；《桃儿七》《栝楼》色调从灰度中呈现另一气息的，纷乱中点缀过渡色的美；《水晶兰》生长于阴湿林下的植物如同精灵般闯入人们的眼帘。黑白科学画《华山松》《白花泡桐》《向日葵》，构图大气精妙，解剖图科学性强，作品用线劲道，充满韵律，功力不俗。尤其值得一提的是，他在近年来不遗余力，推广博物画，悉心培养新生代绘画者，为中国植物科学画的薪火相传、发扬光大，做了大量工作。

2017年3月，为筹备即将举行的第19届国际植物学大会植物艺术画展，曾孝濂在北京开办了绘画研修营，为年轻绘者传授技法经验。图为正在为年轻人授课的曾孝濂

陈月明

陈月明在美国匹兹堡举行个人画展时留影

陈荣道自画像

陈月明（1933—），中国医学科学院药用植物研究所副教授。她创作了大量药用植物科学画，88岁高龄仍然绘笔不辍。她注重写生，画风舒展大气而又细腻准确，既追求艺术美感，同时又始终坚持科学性。在绘画材料的选择上，她一般采用水粉画，但视对象而变，如画葡萄，则采用水彩；有时还会用国画颜料，甚至照相色；画鸡蛋花采用丙烯颜料。代表作品有《银杏》《白头翁》《罂粟》《紫苏》等。《银杏》构图稳重，叶的形态各异，画面充满活力，斑斑黄色高光更使画面艺术性增强；《罂粟》一画，红色雍容华丽，用色非常准确；《白头翁》以深色作底，更好地衬托出白色丝状花柱的质感；《紫苏》用色精致典雅，极好地表现出叶色之美。

陈荣道（1934—），江苏省中国科学院植物研究所工程师。陈荣道曾从事过地图测绘工作，这形成了他科学画简练、准确的风格。他还曾就职于中国科学院华南植物园绘图组，在冯钟元、邓盈丰等前辈的影响下，形成他善用钢笔绘制黑白线条图的习惯。陈荣道的黑白线条图构图常常别出新意，在画作主体、解剖细部的布局上，不落窠臼，视觉冲击力强，常使人眼前一亮。他的画作博采众家之长，坚实的钢笔绘图功底又给予其强有力的支撑。如《翠云草》《柱果铁线莲》，钢笔线细腻；《大叶苎麻》完全展示出物种叶脉和花序的感觉；《黄精》构图清爽干练，叶的走向充满活力，叶脉线条纯熟，根部生动；《克鲁兹王莲》生态图反映出物种的质感；最为称道的《银杉》，从构图到解剖图的完成体现了极强的科学性，为达到所表现物种的重要性而用心良苦。他的彩色绘画也深受华南植物所风格影响，用色浓重，构图较满，有着西方绘画的韵致。

以上所述的几位仅仅是中国植物、菌物科学画的少数代表。限于篇幅，还有诸多优秀的科学画绘画者本文无法一一详细述及。他们代代传续、精进努力，共同绘就了缤纷多彩、绵延锦绣的中国植物科学画的精彩长卷。

（二）主要研究机构的植物科学画队伍及绘者记略

《中国植物志》《中国高等植物图鉴》《西藏植物志》均获国家自然科学一等奖。其中，仅参与《中国植物志》编修工作的就包括全国80余家科研教学单位的312位植物分类学专家和164位绘图人员。这些绘图人员大都是各地科研或教学单位的专门绘画人员。中国科学院植物学相关的研究单位多设有专门的绘图组，不少高校也多有专门的科学画绘者，长期为各种植物志、学术专著、实用图谱、科研论文、教学挂图等绘制各类图版。他们与研究人员不同，属于技术支撑岗位，岗位设置有实验师、高级实验师、工程师、高级工程师等。现在，人们习惯用"植物科学画画师"来称呼专职从事这一职业的人们。

植物科学画画师虽然必须遵从严格的科学程式来绘制科学画，但是他们在艺术上也孜孜探求，在传统与经典中汲取养料，力求将科学与艺术完美融合，其中涌现了不少优秀绘者，形成了较强的个人风格与特色，各自别开生面，共同绘就了缤纷多彩、绵延锦绣的中国植物科学画的精彩长卷。随着大型志书编写项目的减少，年轻一代的科学画画师职业经历了艰难的时代瓶颈期，逐渐开拓出以科学艺术服务于当前时代需求的创新发展之路，承担起了新的时代使命。

1. 学术研究机构及其绘图队伍

（1）中国科学院植物研究所的绘图队伍

中国科学院植物研究所，于1952年成立，前身是1928年成立的静生生物调查所和1929年成立的北平研究院植物学研究所，至今已有90多年历史。作为中国植物学领域历史最为悠久的综合性研究机构，不管是新类群的发表或者是专科专属乃至植物志，植物科学画与其相形而长。

20世纪50年代末、60年代初，毕业于江南美术专科学校的冯晋庸，毕业于国立北平艺术专科学校的刘春荣，以及早年就供职于静生生物调查所的张荣厚，共同为《中国植物志》《中国高等植物图鉴》等大型志书项目，培养了十几位专业科学绘画人才，他们成为中国植物绘画队伍的中坚力量。这一时期，植物所专职绘图人员除了上述3位外，还有吴彰桦、张泰利、冀朝祯、王金凤、蔡淑琴、郭木森、许梅娟、路桂兰、张春方、王秀琴等。在《中国植物志》编纂末期，李菁、李爱莉、孙英宝等年轻绘者又接续了植物所科学画岗位和业务，他们承担了《Flora of China》《中国高等植物》《泛喜马拉雅植物志》等志书的绘图工作。

1961年1月18日，画训班的学员们正式分配，其中大部分都进入了中国科学院全国各地的研究所专门从事科学绘图工作。此为分配前在植物所实习的学员与指导老师的合影。（冯晋庸、许梅娟/供图）
第一排左起：吴彰桦 刘春荣 张荣厚 冯晋庸
第二排左起：冀桂珍 关廷瑀 刘敬勉 王金凤 刘客青
第三排左起：蔡淑琴 张泰利 郭木森 杨启明
第四排左起：王利生 鞠维江 冀朝祯 张荣生 王凤祥 赵宝恒

冯晋庸（1925—2019）

江苏宜兴人。1945 年毕业于冯澄如创办的江南美术专科学校，中国美术家协会会员，中国科学院文联副主席、美协主席，中国科学院植物研究所高级工程师，从事植物科学画绘画工作 50 余年。

1958—1959 年，任中国科学院科技干部训练班绘图班指导教师。曾担任《中国植物志》《中国高等植物图鉴》《中国药用植物志》《中国主要植物图说·禾本科》《原色中国本草图鉴》（任编委）等多部重要植物志书的骨干绘图工作。作品《浙江红花茶》荣获第 1 届"全国植物科学画画展"最佳作品奖（1980），并在 1992 年南非举办的国际植物科学画画展上被选为大会海报画；作品《金花油茶》被英国著名植物艺术画收藏家雪莉·舍伍德博士收藏并收入《植物进化的艺术》一书中。在 2017 年中国深圳举行的第 19 届国际植物学大会植物艺术画展上被授予"中国植物科学绘画杰出贡献奖"。

刘春荣（1910—1991）

山东寿光人。中国科学院植物研究所高级工程师。毕业于国立北平艺术专科学校。先后任职于北平研究院，之后就职于中国科学院植物研究所。1958—1959 年，任中国科学院科技干部训练班绘图班指导教师。40 余年之间，为《中国植物志》《中国主要植物图说（豆科）》《中国高等植物图鉴》等专著绘制了 2 000 余幅图版。

张荣厚（1911—1975）

河北人。中国植物科学画第二代画师的代表人物之一。高中毕业后曾先后在清华大学印刷所、静生生物调查所、《北平新报》等处担任绘图技工，1953 年进入中国科学院植物研究所担任专职绘图师，后升为高级实验师。1958—1959 年，任中国科学院科技干部训练班绘图班指导教师。为《中国植物志》《中国高等植物图鉴》等多部重要志书绘制了大量图版，其中，1959 年出版、秦仁昌主编的第一本《中国植物志》（第 2 卷，蕨类植物）全部插图都由其完成。

冀朝祯（1936—2009）

山西汾阳人。中国科学院植物研究所高级工程师，中国植物学会科学绘画专业委员会委员。1955年于山西参军，任部队扫盲班文化教员，1958年7月到中国科学院北京植物园当技工，1959年毕业于中国科学院科技干部训练班绘图班，之后就职于中国科学院植物研究所。曾参加《中国植物志》《中国高等植物图鉴》《江西植物志》《广西植物志》《贵州植物志》等多部著作的绘图工作。为《中国高等植物图鉴》绘制了大量杜鹃花科植物图版，学习西方石版画技法，讲求花叶的立体感，得到专家好评。

吴彰桦（1933—2008）

江苏苏州人。中国美术家协会会员。自1993年起享受政府特殊津贴。从事植物科学画绘画工作40余年，曾任中国植物学会科学画专业委员会副主任。1954年毕业于无锡华东艺术专科学校（现南京艺术学院）美术科，同年进入中国科学院植物研究所工作，后升任高级工程师。曾参加《中国植物志》《中国高等植物图鉴》《西藏植物志》《中国野菜图谱》等多部著作的绘图工作。绘画作品在国际和国内展览中多次获奖并被收藏；《川木莲》《大叶石斑木》《香水月季》在全国植物科学画画展中获优秀作品奖；《金花茶》《罗希万带兰》《牡丹图》参加南非约翰内斯堡国际植物艺术画画展并被南非埃德拉美术馆收藏；《浙江楠》《鹿角杜鹃》参加了于澳大利亚悉尼举行的第13届国际植物学大会中国植物科学画画展（1981）；《川木莲》《浙江楠》参加了美国密苏里植物园举行的中国植物科学画画展（1982）；《旱金莲》《木兰杜鹃》《亮叶杜鹃》《柿》等作品先后多次参加了国内和国际展览。

许梅娟（1937—）

江苏宜兴人。中国科学院植物研究所高级实验师。曾参加《中国植物志》《原色中国本草图鉴》等著作的绘图工作。还曾为中国植物学会主办的《植物》杂志绘制插图。作品《水杉》《飘带兜兰》获1980年第1届中国植物科学画画展优秀奖；作品《中华本草彩色图典》（英文版）参加在美国举办的国际画展（2015）、第19届国际植物学大会植物艺术画画展（2017）、韩国首尔举行的中国植物艺术画画展（2018），受到好评。

张泰利（1938—）

辽宁锦州人。1959 年毕业于中国科学院举办的科技干部训练班绘图班。40 余年来一直从事植物科学画绘画工作，后升任高级工程师。绘制植物专著中图版及插图 2 000 余幅。参编绘图的图书有《全国中草药汇编》《中药材鉴别手册》《江西植物志》《贵州植物志》《浙江植物志》《山西植物志》《中国药用植物图鉴》等。作品《圆叶玉兰》《珙桐》《紫斑牡丹》《银杏》《丹柿》《荷叶铁线蕨》等获全国植物科学画画展优秀作品奖。作品《珙桐》《紫斑牡丹》参加了澳大利亚悉尼第 13 届国际植物学大会中国植物科学画画展（1981）；《丹柿》《紫斑牡丹》参加了美国密苏里中国植物科学画画展（1982）；《银杏》参加了美国匹兹堡第 6 届国际植物艺术展（1988）；《紫斑牡丹》《珙桐》参加了南非约翰内斯堡国际植物艺术展并被收藏（1992）；《银杏》被新加坡出版的英文版《中国种子植物志》用于书目封面（1993）；《银杏》《泡桐》《黄牡丹》3 幅作品被英国出版的《当代植物艺术家》收录（1996）。

蔡淑琴（1939—2017）

北京人。高级工程师。1959 年毕业于中国科学院举办的科技干部训练班绘图班。曾在中国科学院庐山植物园工作近 10 年，后调入中国科学院植物研究所。曾参加《中国植物志》的绘图工作，还曾参加《原色中国本草图鉴》《云南植物志》《西藏植物志》《深圳植物志》等著作的绘图工作。

王金凤（1940—2010）

北京人。中国科学院植物研究所工程师。1959 年毕业于中国科学院科技干部训练班绘图班。曾参与《中国植物志》的绘图工作，此外，还曾参加《中国高等植物图鉴》《西藏植物志》等专著的绘图工作。

郭木森（1940—）

北京人。中国科学院高级实验师，苔藓植物科学画画师。1959 年毕业于中国科学院科技干部训练班绘图班。1961 年 9 月至 1963 年 7 月在南京师范大学美术系进修。曾承担《中国藓类植物属志》（下）全部 208 幅插图的绘制，并参加了《西藏苔藓植物志》《横断山苔藓植物志》《中国常见苔藓植物图鉴》《中国苔藓植物志》等著作的大量绘图工作。作品《卷丹》获 1980 年全国植物科学画画展优秀作品奖，《栾树》获 1990 年全国植物科学画画展优秀作品奖。为 1986 年北京国际蕨类植物系统学会议会徽设计图案。

张春方（1951—2007） 北京人。中国科学院植物研究所高级工程师。1974年始从事植物科学画绘制工作，曾任中国科学院植物研究所分类与进化中心副主任，中国科学院美协（京区理事）。曾参加《中国植物志》《中国高等植物图鉴补编》《原色中国本草图鉴》《中国树木志》《中国蓼科植物图谱》等多部著作的绘图工作。

王秀琴 曾就职于中国科学院植物研究所，1979年调入人民出版社工作。曾为徐仁院士《地质时期中国各主要地区植物景观》一书绘制了全部插图。

路桂兰 北京人。曾任中国科学院植物研究所分类室植物画画师，后调入中国林业出版社工作。曾参加《中国植物志》等植物志书的绘图工作。

李爱莉（1975—） 内蒙古通辽人。中国科学院植物研究所植物绘图工程师。1998年毕业于中央民族大学美术系，2019年取得北京林业大学风景园林学院设计心理学专业在职硕士学位。1998年开始从事植物科学画绘制工作，先后参与《中国植物志》《中国高等植物》《中国药用植物志》《云南植物志》等40余部植物学著作的编绘工作。于2004年5月在布达佩斯与三位欧洲植物科学画画家共同举办艺术与科学画画展。2017年3—5月受邀参与北京植物园举办的植物科学画双人展，同年4—5月受邀参展"上海国际花展首届国际科学艺术画展暨第19届国际植物学大会植物艺术画展预展"。国际树木学研究所（IDRI）特邀植物科学画画师，美国植物艺术家协会（ASBA）会员。

（2）中国科学院华南植物园的绘图队伍

中国科学院华南植物园曾设立专门绘图室，前后有7位专职植物科学画画师在此任职，分别是冯钟元、邓盈丰、黄少容、邓晶发、余汉平、余峰、余志满。为了满足以《中国植物志》为首的植物志书绘图工作之需，华南植物研究所绘图室为中国植物学界培养了几十位来自全国各省市的科学绘画人才。

在冯钟元的影响和引导下，华南植物研究所的植物科学绘画形成了鲜明的个性特色。他们坚持运用钢笔、水彩、水粉等为主要表现手法，强调画面的整体感和出版物的印刷效果，同时运用西洋画中的色彩对比及空间关系的理论去表现千姿百态的植物性状。

在钢笔线描时，多以块面来表现植物体不同部位的结构和质感；在水彩画中，常采用湿画法和干画法相结合的技法，来表现植物体或轻薄或厚重的质感，使得画面上的花瓣色彩艳丽、质感飘逸，果实相对又略显厚重。加之广东地处南亚热带，植物通常生长茂盛，植株较为高大。为在有限的画面里安排整个植株，他们探索出在保持主体植物自然形态及美丽感观的同时，以曲折法或断枝法布局画面构图的创作手法。

（余峰／文）

冯钟元与绘图室同仁（余峰/供图）
自左起：邓盈丰　余汉平　冯钟元　黄少容　余峰

冯钟元与学生（余峰/供图）

自左起：（佚名）（佚名）余汉平（佚名）冯钟元 余峰 廖信佩（佚名）（佚名）

邓盈丰与绘图室同仁（余峰/供图）

自左起：余汉平 黄少容 余志满 邓盈丰 余峰

参展（余峰/供图）

自左起：邓盈丰 余汉平 余峰

冯钟元（1916—2011）

江苏宜兴人。中国植物科学画奠基人冯澄如的长子。1937年起在北平静生生物调查所随父为胡先骕、钱崇澍、秦仁昌等教授进行植物绘图及解剖工作。1951年底，调至华南植物研究所，参加《广州植物志》《中国主要植物图说》等植物志书的绘图工作，并为陈焕镛的科研论文和专著绘制图版。1978年以后，受《中国植物志》编委会之托，为全国各地陆续培养了几十位绘图人员。他是中国植物科学画承上启下的第二代代表人物之一。

邓盈丰（1933—2008）

广东大埔人。1955年毕业于苏州美专（今南京艺术学院）油画系。同年分配到中国科学院华南植物园绘图室，毕生从事植物科学绘画。为研究所的高级工程师。他是《中国木兰》《丹青囊荷》的主要绘者，曾参与《中国植物志》《海南植物志》《广东植物志》《常用中草药彩色图谱》《原色中国本草图鉴》《广东中兽医常用中草药》《中国树木志》《广东中药志》《经济植物志》等专著及多个新种图的图版绘制工作。《海上森林——红树林》科普美术组画获1979年全国科普美术展三等奖，广东省一等奖。

邓晶发（1936—1994）

广东大埔人。毕业于广州林业专科学校。1970年起在中国科学院华南植物园分类室绘图室从事植物科学绘画，后晋升高级工程师。1981年以来承担各类专业著作的绘图任务，共绘制插图1 800余幅，彩色图600余幅，新种图50余幅。参加《中国高等植物图鉴》《中国树木志》《广东植物志》《西藏植物志》《福建植物志》《安徽植物志》《江西植物志》《广西植物志》《沙漠植物志》等专著的绘图工作，以及《中国水生高等植物图说》《中国油脂植物》《中国濒危植物》《华南杜鹃花志》《广东珍稀濒危植物图谱》《中国蜜源植物》《广东中药志》等一般类著作的绘图工作。彩色图谱类包括《常用中草药彩色图谱》《原色中国本草图鉴》《实用中草药彩色图鉴》《福建中草药彩色图谱》等。与邓盈丰合作的彩色画作《海上森林——红树林》荣获1979年第一届全国科普美术展优秀奖。1988年全国农村科技致富展览选送作品《岭南佳果》组画获全国纪念奖。

黄少容（1926—1997）

中国科学院华南植物园工程师。1952年起进入绘图室，毕生从事植物科学画绘制工作。曾参与《中国植物志》《广州植物志》《海南植物志》《广东植物志》《岭南中草药》《有毒植物》《食用植物》《广东中药志》《经济植物志》及多个新种图图版和地方植物志、各种专著插图的绘制工作。

余汉平（1931—）

广东中山人。中国科学院华南植物园工程师。1960年起进入绘图室，长期从事植物科学绘画。曾参与《中国植物志》《海南植物志》《广东植物志》《常用中草药彩色图谱》《中国本草图鉴》《丹青囊荷》《广东中兽医常用中草药》《中国树木志》《广东中药志》《经济植物志》《原色中国本草图鉴》及多个新种图图版、地方植物志和各种专著插图的绘制工作。

余峰（1946—）

上海人，祖籍广东顺德。中国科学院华南植物园植物绘画工程师。1963年毕业于上海轻工业学校（现上海轻工业高等专科学校）美术设计专业。1976年开始从事植物科学绘画工作。1984年参与创立首届中国植物学会科学画专业委员会，并任秘书；1994年任中国植物学会植物分类专业委员会委员。在参与完成国家及省市级科研项目中，承担和参加《中国植物志》《广东植物志》《广东中药志》《实用中草药彩色图集》《汉语大词典》《原色中国本草图鉴》《中国油脂植物》《中国珍稀濒危植物》《福建植物志》《广西植物志》《云南植物志》《泰国植物志》《中国木兰》等多部著作的绘图工作。主编《丹青囊荷：手绘中国姜目植物精选》。

余志满（1954—）

广东怀集人。中国科学院华南植物园工程师。曾参加《中国植物志》（第39卷豆科）、《广东植物志》《广西植物志》等著作的绘图工作。发表植物科普文章100多篇，出版《常见草花》《藤蔓及悬垂花卉》等科普书籍6种。

崔丁汉（1972—）

福建闽侯县人。毕业于南京陆军指挥学院。2009 年参加《深圳植物志》绘图，2012 年始就职于中国科学院华南植物园，目前正参加《香港植物志》中文版的绘图工作。

刘运笑（1975—）

广东东莞人。中国科学院华南植物园工程师。2000 年毕业于广州美术学院中国画系，获学士学位。同年 7 月起就职于中国科学院华南植物园标本馆，多年从事植物科学画的绘制工作和科普宣传。参与《广东植物志》《香港植物志》《亚洲黄檀》《乐昌植物志》《中国中草药三维图典》《植物学》等植物学著作的植物科学画绘制工作。2017 年 7 月，其作品入选"第 19 届国际植物学大会植物艺术画画展"、2018 年 5 月中国科学院首届科学画画展、2018 年 6 月深圳基因库科学画画展。

（3）中国科学院昆明植物研究所的绘图队伍

中国科学院昆明植物研究所早期为北京植物研究所昆明工作站，后在其基础上改建为云南农林植物研究所。从工作站到建所初期的植物科学画画师有徐建雄、周秀歧、刘墨丽等人。20世纪50年代，国家开展自然资源大普查，植物分类学迅猛发展，这时期昆明植物研究所的植物科学画团队有凌崇毅、谢良友、李碧璋、王利生、王立苏、曾孝濂、冀桂珍等人。20世纪70年代到20世纪末，是《中国植物志》为首的植物志书时代的关键时期。昆明植物研究所植物科学画画师团队在曾孝濂先生的带领下，克服重重困难，为《中国植物志》多个卷册、《云南植物志》《西藏植物志》等重要志书完成大量插图工作。同时期的植物画画师有肖溶、李锡畴、陈蓉香、吴锡麟、杨建昆、张宝福、张大成、王凌等人。

1980年10月，昆明所绘图组同事参加在北京自然博物馆举行的第一届全国植物科学画画展期间，于北京八达岭长城合影留念（杨建昆/供图）
左起：杨建昆　张宝福　李锡畴　肖溶
吴锡麟

昆明植物研究所的绘画特点是：不去一味地描摹干标本，更不会去直接地拷贝复制；在条件允许的前提下，倡导大家尽可能地画活植物，允许绘制者有一定的个性发挥空间，使作品除了有科学考证的作用外，还具有一定的观赏价值。（杨建昆/文）

曾孝濂（1939—）

云南昆明人。中国科学院昆明植物研究所教授级高级工程师，中国美术家协会会员，中国植物学会前植物科学画协会会长。先后为《中国植物志》等50余部科学和科普著作绘制插画2 000余幅。作品多次参加国内外美术展，1998年在中国美术馆举办个人画展。出版有《花之韵》《曾孝濂作品选》《工笔花鸟画法》《中国云南百花图》《药用植物画集》《曾孝濂彩墨画集》《云南花鸟集》《曾孝濂花鸟小品》（明信片）等。应邀先后为国家邮政局设计《杜鹃花》《杉树》《苏铁》《君子兰》《百合花》《绿绒蒿》《孑遗植物》《中国鸟》等多套邮票。其中《杜鹃花》《杉树》《君子兰》获年度最佳邮票奖，《杉树》获专家奖，《百合花》获年度优秀邮票奖，《中国鸟》获第13届政府间邮票印制者大会"最佳连票奖"。2017年受邀担任第19届国际植物学大会植物艺术画展评委会主席并参展。2019年受北京世界园艺博览会组委会之邀创作大幅主题画作《改变世界的中国植物》，并作为中国馆主题画展出。

周秀歧

毕业于杭州国立艺术专科学校（现中国美术学院），师从潘天寿，攻花鸟写意。20世纪50年代曾就职于云南农林植物研究所（现中国科学院昆明植物研究所）从事植物科学绘画工作。

李锡畴（1937— ）

云南大理人。中国科学院昆明植物研究所高级工程师。曾参加《中国植物志》《云南植物志》《西藏植物志》《中国民族药志》《原色中国本草图鉴》等著作的绘图。

肖溶（1943— ）

生于云南省昆明，祖籍山东济南。本名萧溶，字又丞。高级工程师。云南大学名誉教授，中国美术家协会会员。1964年起就职于中国科学院昆明植物研究所，从事绘图工作。曾参加《中国植物志》《中国高等植物图鉴》《云南植物志》《四川植物志》《云南树木志》《原色中国本草图鉴》等50多部著作的绘图工作。作品多次参加国家级美术展览，并为中国邮政局设计邮票2套。出版有《走进雨林——萧溶工笔花鸟画》《中国书画百杰——萧溶工笔花鸟画作品选》等画集。

吴锡麟（1947— ）

云南巧家县人。高级实验师。1973年进入中国科学院昆明植物研究所工作，30余年间一直从事科学画工作。曾参与《中国植物志》《云南植物志》等重大科研课题，参加《原色中国本草图鉴》绘图。1980年创作的彩图《同色兜兰》入选第一届全国植物科学画画展并荣获优秀奖，随后该作品曾先后在澳大利亚和美国等地巡回展出。

张宝福（1956—）　云南昆明人。中国科学院昆明植物研究所工程师。曾参加《中国植物志》《云南植物志》《原色中国本草图鉴》等著作的绘图工作。

李楠（1951—）　云南鹤庆人。高级实验师。中国林学会会员，云南省美术家协会会员，云南省美术专家协会会员。先后就职于北京林学院、西南林业大学。1980年起先后到华南农学院、中国科学院昆明植物研究所、北京师范学院（现首都师范大学）进修生物绘画。曾为《中国植物志》《中国真菌志》《云南植物志》《云南树木图志》《云南森林病害》《云南瓢虫志》等书绘图，也曾为《云南植物研究》《真菌研究》等学报绘制插图。发表真菌研究论文多篇。1996年获云南省政府科技进步一等奖，1994年获林业部科技进步奖三等奖。在云南省博物馆、云南省图书馆等地多次联合举办过画展，并有画集出版。

张大成（1954—）　陕西西安人。曾就职于中国科学院昆明植物研究所，任实验师。参加过秦岭太白山区野外考察采集，川西石竹科植物野外科学考察采集，横断山区科学考察采集。为《秦岭植物志》《中国植物志》《西藏真菌》《西藏苔藓植物志》《云南树木志》《中国食用菌志》《横断山区真菌》《横断山区苔藓志》《云南植物志》《中国苔藓志》等多部专著及各类科研论文、论著绘制插图。先后参加《横断山区苔藓志》《云南植物志》《中国苔藓志》等专著的编研工作；独立或合作发表论文15篇。获"中国科学院先进工作者"称号（1990）、"云南省自然科学一等奖"（2002）。

刘怡涛（1955—）　云南普洱人。中国科学院昆明植物研究所高级工程师，云南师范大学艺术学院教授、硕士生导师，中国美术家协会会员，云南省工笔画学会会长，中国工笔画学会理事。1997年被中国文联授予"中国画坛百杰画家"荣誉称号，2006年获云南省文学艺术贡献奖。多次参加国际国内重大画展，作品曾获第6届全国美展优秀作品奖、第7届全国美展铜奖、中华杯中国画大奖赛佳作奖（1988）、中国当代工笔画首届大展金钗奖、全国科普美展三等奖（1990）、云南省政府文学艺术创作奖励基金二等奖（1992），出版画集《刘怡涛花鸟画集》《神奇云南·奇花异草》等，著有画论专著《醉艺斋画论随笔》等。

杨建昆（1959—）

中国科学院昆明植物研究所高级实验师。曾参加《中国植物志》《中国高等植物图鉴》《云南植物志》《中国树木志》《西藏植物志》《西藏苔藓志》《四川植物志》《原色中国本草图鉴》《云南山茶图谱》《云南食用菌志》《云南蜜源植物》《云南植物研究》等50多部专著及多种学术专刊的绘图工作。画作参加中国植物学会主办的第1、2、3届"全国植物科学画展"并获"优秀作品奖"（第3届），林业部、国家科委主办的"全国林业科普美展"荣获二等奖（1983），中国美术家协会主办的"首届全国中国画展"和"云南省第3届中国画展"（1993），第19届国际植物学大会植物艺术画展，作品《粉褶菌》荣获铜奖（2017），中国美术家协会主办的第3届全国新钢笔画学术展美术作品展（2018）。1995年、2001年先后两次受邀为云南邮电管理局设计特种邮票《傣族建筑》（1998）、《百合花》（2003），《百合花》特种邮票被评为"2003年度优秀邮票奖"。出版《云南少数民族传统造纸》（2005）、《云南民族生态绘画》（2015）、《漫步自然圣境——西藏冈仁波齐（植物篇）》等著作。

王凌（1977—）

云南昆明人。毕业于云南艺术学院，就职于中国科学院昆明植物研究所标本馆，从事植物科学画的绘制工作22年。曾参加《云南植物志》等专著绘图工作。作品《槲叶雪兔子》于"第19届国际植物学大会植物艺术画展"展出。

（4）江苏省中国科学院植物研究所的绘图队伍

江苏省中国科学院植物研究所植物科学画的起源，始于20世纪40年代的中央研究院植物研究所。当时该所的植物学家裴鉴从事我国植物资源的调查研究，先后完成了《中国药用植物志》（第1卷）、《华东水生维管束植物》（1952，与单人骅合作），绘图者为韦光周。1945年抗日战争结束，中央研究植物研究所由重庆迁至上海。中华人民共和国成立后，中央研究所归属中国科学院并一分为三，成立了植物分类研究所、植物生理研究所和水生生物研究所，其中植物分类研究所从上海迁至南京，更名为中国科学院植物分类研究所华东工作站，之后又先后更名为中国科学院南京植物研究所、江苏植物研究所、江苏省中国科学院植物研究所。随着研究工作规模的扩大，绘图人先后增加了蒋杏墙、冯晋庸、史渭清、韦力生、陈荣道等人，并在分类研究室下成立了专门的绘图组。绘图组为《江苏南部种子植物手册》《中国药用植物志》《中国主要植物图说·禾本科》《中国植物志》《中国高等植物图鉴》《华东禾本科植物志》《全国中草药汇编·彩色图谱》《中国蕨类植物属志》《中国树木志》《中药志》《原色中国本草图鉴》《云南植物志》《辞海》等多部著作绘制了大量插图；同时，还为安徽、青海、新疆、上海、江西、湖南、湖北等许多省市有关单位培养出多位植物科学画人才。随着《江苏省植物志》（第2版，2013—2016，全5卷）的完成，又带动了一批年轻人加入绘图队伍。（韦力生、刘启新／文）

20世纪50年代后期，江苏省中国科学院植物研究所专家在标本馆前合影（韦力生/供图）

第一排左起：裴　鉴　倪昌遇　陈守良　周太炎
第二排左起：韦光周　左大勋　陈贤桢　刘昉勋

韦光周（1902—1962）

安徽舒城人。上海美术专科学校艺术教育专业肄业。先后在中国科学院上海植物研究所、江苏省中国科学院植物研究所担任植物科学画画师。曾参加《中国药用植物志》《江苏南部种子植物手册》《中国植物志》《中国高等植物图鉴》等著作的绘图工作。

蒋杏墙（1910—1982）

江苏宜兴人，曾用名蒋杏嫱。1929年毕业于无锡美术专科学校西洋画科专业。1931年至1947年先后任北平研究院植物学研究所、西北农学院及西北植物调查所绘图员；1952年至1955年任中国科学院植物研究所绘图员；1955年起任中国科学院南京中山植物园绘图员。曾为著名植物学家刘慎谔主编，林镕、郝景盛、孔宪武编著的《中国北部植物图志》（2—5册）绘制全部插图。1953年春曾在北京参加中国科学院动物所、植物所、昆虫所联合举办的俄文学习班，后与张肇骞、汪发瓒、唐进等合译了《资源植物野外调查手册》，并参与了《江苏南部种子植物手册》《中国植物志》《全国中草药汇编彩色图谱》等著作的绘图工作。其为《中国植物志》所绘制的裸子植物，尤为同业者所赞赏。

史渭清（1922—2007）

江苏宜兴人。江苏省中国科学院植物研究所高级工程师。1943—1945年就读于江南美术专科学校，师从冯澄如。1946—1954年期间在宜兴从事小学教育工作。1954年8月经冯晋庸推荐，中国科学院华东局函调南京华东工作站（之后更名为江苏省中国科学院植物研究所暨南京中山植物园）担任绘图工作，直至退休。曾参加图版及插图绘制工作的著作包括《中国主要植物图说·禾本科》《中国藓类植物属志》《中国高等植物图鉴》《中国植物志》《中国树木志》等全国性植物学专著，《江西植物志》《新疆植物志》《安徽植物志》《云南植物志》《广西植物志》等江苏省外地区专志，《中国药用植物志》《中药志》《全国中草药汇编彩色图谱》《原色中国本草图鉴》等本草类著作，《江苏南部种子植物手册》《江苏药材志》《江苏果树综论》《华东禾本科植物志》《江苏植物志》等江苏省内各类著作。此外，还为大量伞形科、禾本科、薯蓣科等植物分类学论文绘制插图。在从事植物科学画的30余年时间里，共绘制植物科学画3 000余幅。植物科学画作品《倭竹》和《粉绿竹》参加1981年在澳大利亚举行的第13届国际植物学大会画展，获中国植物学会颁发的纪念奖。

陈荣道（1934—）

安徽无为人。1959 年毕业于地质部南京地质学校航空摄影测量专业；1959 年起就职于武汉测量制图研究所，主要负责湖北省地图集的编制工作；1962 年 12 月起调至中国科学院广州地理研究所，担任广东省综合自然地图集及华南综合考察成果图编制的部分工作；1969 年 3 月起调入中国科学院华南植物园，担任植物科学画绘图工作；1974 年调至江苏省中国科学院植物研究所，从事植物科学画绘图工作，后升任至高级实验师。参加了《中国植物志》《云南植物志》等多部著作的绘图工作，绘制了大量极具个人风格的优质插图；同时还编著有广受好评的《怎样画动植物》《怎样画植物》两部专著。

韦力生（1941—）

安徽舒城人。江苏省中国科学院植物研究所高级工程师，曾任南京中山植物园科普组组长。1985 年于南京师范大学美术系进修。曾参加《中国植物志》《江苏植物志》《中药志》《中国药用植物志》《中药大辞典》《内蒙古植物志》《安徽植物志》等著作的绘图工作，共绘制约 600 幅科学画；完成《本草学》一书的封面设计及全部插图绘制；在《科技日报》《大众花卉》《南京日报》等报刊上发表科普文章 20 余篇。出版有《插花的技法与鉴赏》一书。

（5）广西壮族自治区中国科学院广西植物研究所（简称广西植物研究所）的绘图队伍

该所绘图室始建于20世纪50年代初。60多年间，广西植物研究所专业绘画人员为《中国植物志》《Flora of China》《广西植物志》《中国经济植物志》《广西中兽医药用植物》《广西植物资源》《湖南树木志》《广西绿化植物》《广西实用中草药新选》《广西草本选编》《广西石灰岩石山植物图谱》《金花茶彩色图集》《中国广西杜鹃花》《花坪杜鹃》《蜜源植物》《蜘蛛抱蛋属植物》等植物学专著、植物学刊物以及科普读物绘制了大量植物科学画。

广西植物研究所的专职植物画画师主要有李哀、刘宗汉、何顺清、黄门生、林文宏、邹贤桂、辛茂芳、朱运喜等（按入职先后排序）。此外，张恩元、李素芬、赵庆堂、欧信昌、马定乡、王自力等也曾先后在绘图室工作；李光照研究员也曾为自己研究的类群绘制了部分科学画。绘图室先后举办过4期植物科学画短期培训班，培养出10多位优秀的科学画绘图人员。（林文宏／文）

广西植物研究所绘图人员合影（邹贤桂／供图）
左起：李素芬 赵庆堂 刘宗汉 何顺清

广西植物研究所绘图人员合影（邹贤桂／供图）
第一排左起：刘宗汉 秦小英（短期聘用）
第二排左起：黄门生 何顺清 廖信佩（广西中医药研究所绘图员，当时在广西植物研究所培训）

广西植物研究所绘图人员合影（邹贤桂／供图）
左起：邹贤桂 林文宏 辛茂芳 何顺清

左 济新杜鹃 *Rhododendron chihsinianum*
右 广福杜鹃 *R. kwangfuense*
刘宗汉／绘 引自《花坪杜鹃》（钟济新编）

刘宗汉（1925—2002）

广西桂林人。广西壮族自治区中国科学院广西植物研究所高级工程师。毕业于桂林美专，1957年调入广西植物研究所绘图室工作，先后参加《广西中兽医药用植物》《中国经济植物志》《中国植物志》《广西石灰岩石山植物图谱》《花坪杜鹃》《广西植物志》等植物学专著科学画的绘图工作。举办了4期植物科学画短期培训班，为所内外培养了10多名植物科学画绘画人员。

何顺清（1941—）

广西隆林人。广西壮族自治区中国科学院广西植物研究所高级实验师。1959年到广西植物研究所绘图室从事植物科学画绘图工作，在绘图岗位上工作了40余年。先后参加了《中国经济植物志》《中国植物志》《中国树木志》《广西石灰岩石山植物图谱》《广西植物志》《广西本草选编》《金花茶彩色图谱》《湖南树木志》《热区骡马代用饲料图谱》《板栗嫁接图说》《蜘蛛抱蛋属植物》《中国广西杜鹃花》《植物分类学报》《广西植物》等多部植物学专著和期刊植物科学画图版、插图的绘画工作。

辛茂芳（1940—）

广西玉林人。高级实验师。国家一级美术家、中国美术家协会广西分会会员、中国科学植物画专业委员会会员。毕业于广西艺术学院。20世纪70年代在广西植物研究所从事科学植物画绘画工作。曾参加《广西植物志》等10余部著作的绘图工作，共发表了数百幅插图，出版两本插图著作。参加的课题曾获"广西科学院科技进步特等奖""广西科技进步二等奖"等。水彩画《鸢尾》获全国植物科学画展优秀奖。

邹贤桂（1955—）

广西全州人。高级实验师。1978年进入广西植物研究所绘图室，主要从事植物形态解剖学、植物科学画绘画工作。先后参加了《中国植物志》及其英文版、《中国高等植物图鉴》《中国油脂植物》《蜜源植物》《中国检疫杂草》《广西植物志》《安徽植物志》《琅琊山植物志》《湖南树木志》《广西石灰岩石山植物图谱》《广西经济昆虫图谱》等著作编研出版工作，发表植物科学画作品3 000余幅；发表《植物科学画在植物学研究中的意义》等多篇论文，其中《兰科植物彩色图画法初探》获广西植物学会优秀论文二等奖。

黄门生（1954—）

广东翁元人。1974 年进入广西植物研究所绘图室学习植物绘图，之后参加各种植物志的绘图工作。1982 年调入广西科学院生物研究所，继续从事动物和昆虫的绘画工作，直至退休。

林文宏（1959—）

广西桂林人。1977 年入职广西植物研究所，至今从事植物科学画绘画工作达 40 年，现任广西植物研究所工程师，广西美术家协会会员，中国书法家协会会员。擅长腊叶标本的复原绘制。作品出版于《中国植物志》《广西植物志》《湖南树木志》及植物分类学相关期刊，发表千余幅。

1~3.油渣果 Hodgsonia macrocarpa；
4.南瓜 Cucurbita moschata；
5.黄瓜 Cucumis sativus
黄门生 / 绘

1~3.水茄 Solanum torvum；
4~6.海南茄 S. procumbens
辛茂芳 / 绘，引自《广西植物志》

（6）中国科学院西北高原生物研究所（简称西北高原生物研究所）的绘图队伍

西北高原生物研究所植物绘画室是所里植物研究室的一个小组，绘图人员都属于植物研究室的成员，包括王秀明、宁汝莲、李玉英、阎翠兰、王颖、刘进军、宋文珠。植物室研究员潘锦堂先生也曾为自己的研究类群绘制了一些植物科学画。自1962年起，该所植物研究室的植物科学画画师为《青海中草药》《青藏高原药物图鉴》《中国植物志》《西藏植物志》《青海经济植物志》《藏药志》《青海植物志》《原色中国本草图鉴》《中国龙胆科植物的研究》《中国高等植物》《云南植物志》《四川植物志》《青海省志·高原生物志》《西宁树木志》《西宁植物志》等植物科学专著绘制了大量的植物科学画。此外，绘图组人员还承担了所内植物学专家发表的各种期刊新物种论文的植物科学绘画画工作。西北高原生物研究所是一个多学科的综合性研究所，因此绘图组也为植物学之外的科研人员绘制了诸多的生物科学画。（王颖／文）

阎翠兰（1939—）　　河南项城人。西北高原生物研究所副研究员。从事植物科学画绘画工作23年，为《中国植物志》等13部专著绘制1 021幅黑白图（单种图），部分图版被《Flora of China》采用。为26篇学术论文绘制新种图56幅、系统分类图14幅。《唐菖蒲》《全缘绿绒蒿》等6幅画作曾参加1980年全国植物科学画展，画作《麻花艽》参加于澳大利亚悉尼举行的第13届国际植物学大会中国植物科学画画展（1981）及美国密苏里植物园举行的中国植物科学画画展（1982）。编绘《青海花卉》（1990）一书，为该书绘制图版86幅，该书获"青海省科学技术进步奖"。

刘进军　　生卒年、籍贯不详。西北高原生物研究所绘图师。曾参加《中国植物志》《藏药志》等著作的绘图工作。

王颖（1941— ）

青海西宁人。1964年毕业于青海大学师范学院艺术美术专业，1985年结业于中国科学院与北京师范学院（现首都师范大学）美术系联合举办的科学画进修班。是西北高原生物研究所专职从事植物科学画绘图的资深研究员。曾任青海省美术家协会荣誉副主席。20多年的职业生涯里，曾参加《西藏植物志》《原色中国本草图鉴》《中国植物志》《四川植物志》《中国高等植物》等多部专著的绘图工作，绘制插图累计超过2 200幅。彩色植物画作《水母雪莲》《密花角蒿》《陇蜀杜鹃》分别参加了第一届（1980）、第二届（1990）、第三届"全国植物科学画展"，分获优秀作品奖；绘制的"青藏高原野生花卉"专题邮票（18枚）由中国邮政集团公司印制发行。著有《青藏高原——王颖写生集》。

宁汝莲（1941—1995）

山西太原人。1959年从太原三中调入中国科学院山西分院地球物理研究所工作，后又调入西北高原生物研究所担任绘图工作。曾参加《中国植物志》《中药志》等著作的绘图工作。

（7）陕西省中国科学院西北植物研究所的绘图队伍

陕西省中国科学院西北植物研究所建立于 1965 年，是以西北水保所兰州分所部分研究室为基础合并建立的。1972 年下放陕西省，先后由宝鸡市和陕西省科技局领导。1978 年 10 月划归陕西省科学院领导。1991 年 1 月，经中科院与陕西省政府商定，对该所实行双重领导，以陕西省领导为主。1999 年 9 月并入西北农林科技大学。

仲世奇（1930—2008）

陕西省长安人。1946 年 8 月考入陕西省眉县农业职业学校，学习花卉专业。1947 年肄业之后，到汽修厂当学徒。1950 年正式到中国科学院植物研究所西北工作站（注：1954 年该站与其他单位合并成立中国科学院水土保持研究所，1999 年与其他 6 个科教单位合并组建西北农林科技大学）工作，任见习员。1953 年参加中国科学院黄河流域水土保持综合考察队（甘肃、青海考察支队）考察工作。1954 年赴南京参加中国科学院组织编写的《中国主要植物图说·禾本科》的绘图工作。此外，参加绘图及编修的还有《秦岭植物志》《中国植物志》《秦岭苔藓志》《中国常见地衣图说》《中国西北野生有用植物图说》等著作。多年来为该所和西北各省植物研究单位培养了多位绘图人才，是西北植物科学画的领军人。曾赴甘肃、青海、陕南、新疆等地山区从事植物标本采集工作。此外，还摄制了《黄土高原水土流失及黄河泥沙录》等大量水土保持科研影像资料。1987 年 2 月晋升为高级实验师。作品曾获第一届全国植物科学画展优秀作品奖（1980）。

傅季平（1953—　）

甘肃兰州人。1978—1986 年就职于西北植物研究所植物分类研究室，从事植物分类及植物绘画工作。在此期间，制作了一大批西北地区典型植物的标本，并参与了《中国植物志》《秦岭植物志》《黄土高原植物志》等著作的插画绘制及显微绘图工作。作品《太白红杉》入选第 13 届国际植物学大会中国植物科学画画展，赴美国密苏里植物园展出。1986 年调至陕西省中医药研究院，至今一直从事药用植物标本的绘画工作。

钱存源（1947—）

上海人。1973年起在西北植物研究所从事植物标本绘图工作。1990年调入中国农业出版社，从事绘图及设计工作直到退休。受业于中国植物科学画老前辈仲世奇、河北师范大学生物系毛云霞教授及北京工艺美术学校高宗水教授。曾参加《秦岭植物志》《中国植物志》《中国农业百科全书》《农业大辞典》等著作的绘图工作。所设计图书作品曾入选第二届北京书籍装帧艺术探索展等书籍设计展。《农业大辞典》《中国农业百科全书　观赏园艺卷》荣获全国第5届装帧艺术设计展览铜奖（1990）。1998年5月获《中国植物志》成果奖（集体）。

李志民（1955—）

陕西西安人。1973年进入中国科学院西北植物研究所工作，担任植物科学画绘图师。曾担任《深圳植物志》《秦岭植物志》《宁夏植物志》主绘；承担《中国蜜粉源植物志》全部绘图工作；参与《中国植物志》《中国高等植物图鉴》《甘肃植物志》《陕西树木志》等著作的绘图工作。

（8）中国科学院新疆生态与地理研究所的绘图队伍

中国科学院新疆生态与地理研究所（以下简称新疆生地所）的前身是创建于 1961 年的中国科学院新疆水土生物资源综合研究所。该所是在中国科学院新疆分院生物室、土壤室、地理室及中国科学院 3 个考察队留疆人员的基础上建立的。自 1961 年以来，历经多次调整。1998 年 7 月，中国科学院新疆水土生物资源综合研究所与中国科学院新疆地理研究所联合重组，成立了中国科学院新疆生态与地理研究所。新疆生地所的植物科学绘画人员为《新疆植物志》等专著的编绘作出了重要贡献。《新疆植物志》自 1981 年立项以来，经过项目主持单位新疆生地所和编著人员 30 年的集体奉献，完成全志 6 卷 7 册的出版。他们还参加了《新疆主要饲用植物志》《新疆维吾尔药志》等专著的绘图工作。（张荣生／文）

张荣生（1939—）　江苏启东人。1958 年考入中国科学院植物研究所科技干部训练班（画训班），开始完整系统地学习植物科学绘画。1961 年分配到中国科学院新疆生态与地理研究所，参加了《中国植物志》《中国高等植物图鉴》《新疆植物志》《新疆药用植物志》《新疆主要饲用植物志》《新疆维吾尔药志》等著作的绘图工作。

谭丽霞（1957—）　新疆乌鲁木齐人。1978 年始就职于新疆生地所，因工作需要，改学植物科学绘画，曾在江苏省中国科学院植物研究所师从史渭清、陈荣道等前辈学习植物科学绘画。参加了《中国植物志》《新疆植物志》《新疆主要饲用植物志》《新疆经济植物及其利用》等著作的绘图工作。担任《新疆珍稀濒危植物》一书的副主编并绘制该书全部插图。

（9）中国科学院水生生物研究所的绘图队伍

1954年，根据科研工作需要，有相当绘画水平的中国科学院水生生物研究所藻类学家饶钦止研究员亲自招考了邬华根、周锡福、任仲年、谢才葆4位美工至水生所工作。之后，邬华根长期跟随饶钦止，毕生从事淡水藻科学绘图工作。

邬华根设计的中国科学院水生生物研究所所徽，通过抽象的图案和巧妙的设计，准确地诠释了水生生物学研究内涵。

邬华根（1922—2003）

浙江绍兴人。1954年进入中国科学院水生生物研究所，长期跟随著名藻类学家饶钦止先生从事藻类标本的实物素描并配合研究工作。先后完成《中国淡水藻类》《中国淡水藻志》《中国鞘藻目专志》3部重要志书的全部插图绘制工作。此外，还参加了《西藏藻类》等多部著作的绘图工作。所绘制的图版和插图被广泛引用。先后参与或负责湖北省和全国科技展览会等美工设计工作，由其设计的"中国科学院水生生物研究所所徽"沿用至今。

蒋祖德（1926—）

江苏宜兴人。早年于江南美术专科学校师从冯澄如学习科学画，1949年毕业于苏州美术专科学校（现南京艺术学院），深受写实画家颜文梁、胡粹中等熏陶。历任中南卫生部技师，从事卫生宣传画创作。

1953年在湖北省实验师范学校从事美术教育工作。1956年后在中国科学院水生生物研究所、武汉植物所担任绘图工作，历任绘图员、工程师、高级工程师。中国美协湖北分会会员，湖北省科技美术研究会理事。曾参加《中国水生维管束植物图谱》《中国植物志》等著作的绘图工作。与冯晋庸一起为《中国植物学史》（1994）一书撰写了《中国植物科学画史》一文，此文是中国植物科学画的珍贵文献。

20世纪50年代中国科学院水生生物研究所（武汉）的同事合影。前排自左至右依次为饶钦止（藻类学家）、水生所所长王家辑（原生动物学家）和伍献文（鱼类学家），后排自左2至右2依次为邬华根、刘肖芳、李尧英、刘佩林（邬红娟／文、供图）

1963年10月24日，中国植物学会30年年会菌藻地衣组摄影纪念（张晓良／供图）

前排左起：周贞英　王云章　朱浩然　（佚名）　饶钦止　钱澄宇

后排左起：韩树金　徐连旺　黎尚豪　曾呈奎　赵继鼎　刘　波

　　　　　（佚名）

因为微型藻类的墨绘需要从显微镜中观察和描述研究对象的细节特征，邬华根的绘画也由常人视野进入了微观世界。为了精确地描绘和凸显出微型藻类微观特征和立体感，除显微镜外，他还自制了绘图专用的放大镜、绘图尺和镇纸等，这些工具无不展现出绘者的匠心巧意（邬红娟／文、供图）

（10）中国科学院海洋研究所的绘图队伍

中国科学院海洋研究所植物室分类组始建于 1950 年 8 月 1 日。近 70 年间，分类组专业绘画人员为《中国经济海藻志》《Common Seaweeds of China》《中国海藻志》《盐碱荒漠与粮食危机》等专著、论文以及科普读物绘制了大量植物科学画，为中国海藻学研究作出了不可替代的重要贡献。曾任植物分类组专职植物画画师的主要有王壁曾、冯明华、邢军武 3 位（按入职先后排序）。王壁曾因工作需要转图书馆供职，后任馆长至退休。邢军武转向盐生植物研究，任课题组长。二人均先后脱离植物分类组，唯冯明华专职从事植物画直至退休。（邢军武／文）

冯明华（1929— ）

出生于北平，籍贯江苏宜兴。海藻类植物科学画家，中国科学院海洋研究所高级工程师，冯澄如先生的女儿。因家学渊源，自幼在父亲的指教下习画作画，1956 年调入中国科学院海洋研究所，在植物室担任绘图工作。绘制插图有《海带养殖学》《中国经济海藻志》《石花菜人工养殖》《中国黄渤海海藻》《中国常见海藻》中红褐藻的全部插图及各类学术论文配图数十种。此外，多年不断进行切片、检查的工作，先后发现过 10 余种海藻的新种。

邢军武（1956— ）

山东文登人。中国科学院海洋研究所盐生植物与盐碱农业研究组组长，曾任中国科学院 STS 计划"滨海盐碱地高耐盐经济植物筛选与规模化繁育"负责人。20 世纪 70 年代师从曾呈奎、张德瑞先生，从事海洋植物分类绘图绘制工作，为《中国海藻志》《中国常见海藻》等专著绘制了大量分类图稿。20 世纪 80 年代参加中国首届植物科学画学会成立大会，并提交作品参展。

（11）中国科学院沈阳应用生态研究所的绘图队伍

中国科学院沈阳应用生态研究所成立于1954年（原中国科学院林业土壤研究所），其植物研究室下设有绘图组。在刘慎谔教授的带领下，绘图室几代画师共同努力，有力地支撑了东北地区维管束植物系统分类、苔藓植物多样性、高等真菌、地区植物资源的开发利用等研究工作。其中，张桂芝、冯金环、许芝源、毛云霞、董立石、丑力、阎宝英等同志作为骨干参加了《东北木本植物图志》《东北植物检索表》《东北草本植物志》《辽宁植物志》《东北植物检索表（第2版）》《中国植物志》《东北资源植物手册》《东北经济植物志》《辽宁经济植物志》《东北药用植物志》《辽宁野生经济植物》《东北藓类植物志》《东北苔类植物志》等专著以及《辽宁野菜图谱》《辽宁野菜100种》等科普读物的编撰工作。张桂芝、冯金环的多幅作品获全国植物科学画展览优秀作品奖。《东北草本植物志》的不同卷册获中国科学院、辽宁省科技进步一至三等奖8次，《辽宁植物志》获辽宁省科技进步二等奖（1997）。20世纪90年代中期，因研究项目结束、技术人员退休、新技术兴起等原因，植物科学画需求减少，绘图组解散。（孙雨/文）

冯金环（1941—）

河北宁河人。实验师。1958年参加工作，就职于中国科学院林业土壤研究所（现中国科学院沈阳应用生态研究所）植物研究室，专业从事植物科学画绘制工作。毕业于中国科学院植物研究所举办的植物科学画训练班，作为骨干参加了《东北草本植物志》《辽宁植物志》《东北植物检索表》《中国植物志》等著作的绘图工作。此外，还曾参加《原色中国本草图鉴》《中国本草彩色图鉴》等著作的绘图工作。

张桂芝（1938—2017）

辽宁北镇人。实验师。1956年参加工作，就职于中国科学院林业土壤研究所（现中国科学院沈阳应用生态研究所）植物研究室，专职从事植物科学画绘制工作。作为骨干参加了《东北草本植物志》《辽宁植物志》《东北植物检索表》《中国植物志》等著作的绘图工作。此外，还曾参加《原色中国本草图鉴》《中国本草彩色图鉴》等著作的绘图工作。多幅作品荣获中国植物科学画画展览优秀作品奖。

（12）中医药系统的绘图队伍

中国医学科学院药物研究所（以下简称"药物所"）成立于1958年，是以中草药和天然产物研究为基础，应用化学合成、生物合成等手段进行新药研究与开发为特色的国家重点药物研究机构之一。在总结、普及推广科研成果方面，尤其在继承发扬中国本草的悠久历史方面，药物所绘图室人员做出了积极贡献。早期药物所绘图人员隶属于植物室，包括前辈椿学英，以及陈月明、赵晓丹、李增礼、纪真等人。20世纪60年代，为国家之需，全国范围内掀起了对中草药普查、汇编的热潮，植物科学画是其中不可或缺的组成部分，药物所绘图人员参与了大量工作，做出了重要贡献。为了更好地开发利用我国药用植物资源，1981年，国家从原药物所植物室、栽培室及部分药理、合成、植物化学等科室挑选部分人员，单独成立中国医学科学院药用植物研究所，下设科室与原药物研究所相同，但更着重中草药的研究利用，肖培根院士任所长，绘图人员有陈月明、匡柏生、过立农、张力民、蔡癸等。

1983年，国家卫生部牵头启动《原色中国本草图鉴》编纂项目，该项目工程宏伟，卷册浩繁，所涉及药用植物、海洋药物、昆虫等5 000多种，由人民卫生出版社和日本雄浑社合作出版。这部著作最大的特色之一是为每种药物都配以彩色手绘图。全国各地诸多科研单位、大专院校的科研人员、绘画人员都积极参加了汇编工作。卫生部中央药检所王利生、李振起、中国药学科学院基础研究所石淑珍、翟德莲，北京中国中医学院中药研究所冯增华，沈阳药学院许春泉，吉林省中药研究所张效杰、井枫林，江西中医学院袁春林，广西中医学院廖信佩，重庆中药研究所江无琼，中国科学院多个植物所的绘图人员，以及青岛海洋研究所相关绘图者参与了绘图工作。

截至1986年，卫生系统从事植物科学画人员达到70余人，但多数已近退休年龄。为使本草科学绘画领域后继有人，在肖培根院士的支持下，该所向卫生部申请，与首都师范大学美术系合作，在卫生系统在职人员中招收二年制的大专班。这一申请很快得到当时卫生部部长崔月犁的批准，由卫生部直接拨款办班所需费用至中国医学科学院药用植物研究所。通过国家正式高考，最终录取了18名学生，经过系统学习，这些学生都以优异的成绩毕业。随着《中国植物志》等志书编纂编绘工作的结束，加之科技的发展，植物科学画从业人员锐减，这18名学生后来也大都转行至其他行业，现今中国医学科学院药用植物研究所也没有植物绘图人员编制。

椿学英

中国医学科学院药物研究所科学画画师。曾参加《常用中草药》《中药志》《新编中药志》《全国中草药汇编》《原色中国本草图鉴》《叶类生药鉴定图说》（1990）等著作的绘图工作。

陈月明（1933—）

浙江绍兴人。中国医学科学院药用植物研究所副研究员。中国植物学会植物科学画专业委员会委员。毕业于绍兴师范学校，后曾进修于首都师范大学美术系。从事药用植物科学画近30年，先后参加《江西中草药》《常用中草药》《全国中草药彩色图谱汇编》《中药志》《新编中药志》《原色中国本草图鉴》（任编委）《中国本草彩色图鉴》《中国药用植物栽培学》《世界常用植物指南》等著作的绘图编辑工作。主编《中华本草彩色图典》（英文精华版）。1991年应美国加州世界生命研究所所长布鲁斯的邀请赴美为该所完成《Chinese Adaptogenic Nutritional Therapy for Radiation Sickness in Preparation（中药制剂对放射病的适应性营养治疗）》和《Chinese Materia in Preparation（中药制剂）》两书的绘图工作。1992年4月参加在美国匹兹堡大学举办的第七届国际植物画展，同年8月在美国加州圣贝纳迪诺市（San Bernardino, California）政府举办个人药用植物科学画画展，被授予该市荣誉市民证书，9月参加美国洛杉矶师范学院画展。1997年参加韩国顺天大学举办的画展。在澳大利亚悉尼召开的国际第13届植物画展中，作品《白头翁》获奖。《藏红花》等多幅作品被外国友人收藏。

翟德莲（1942—）

1962—1992年就职于中国医学科学院基础医学研究所。曾参加《中药志》《原色中国本草图鉴》等著作的绘图工作。现居美国。

李增礼（1941—）

北京人。中国医学科学院药物研究所研究员。中央美术学院毕业后到该所从事植物科学画工作直至退休。多年致力于中国画创作及植物科学画绘画工作，在长期的实际工作中将美术理论及中国画技法与植物科学相结合，创造出自己独特的绘画风格。曾参加《中药志》《新编中药志》《全国中草药汇编》《中草药现代研究》《原色中国本草图鉴》《宫廷汉方料理》等多部著作的绘图工作。1982年受联合国卫生组织的委托绘制《世界常用植物指南》植物科学画，受到好评。1980年获全国首届植物科学画优秀奖，同年参加在昆明举办的科学画展。1981年参加在澳大利亚悉尼举办的第13届国际植物学大会植物科学画展。出版了《妙笔生花》《笔墨抒怀》《中国市花》等个人美术专辑、挂历。

王利生 　　　浙江东阳人。中国药品生物制品检定所高级工程师。曾于中国科学院美术班进修。任中国植物学会科学画专业委员会委员，《中国民族药志》《中国本草彩色图鉴》编委会委员。为《中国植物志》《中国民族药志》《中药志》《藏药志》《原色中国本草图鉴》《中国高等植物图鉴》《中华大辞典》等10余部重要著作绘制了上千幅植物插图。画作参加第1届（1980）、第2届（1990）、第3届"全国植物科学画展"，分获优秀作品奖。作品曾参加于澳大利亚悉尼举行的第13届国际植物学大会植物科学画展（1981）、美国密苏里植物园举行的中国植物科学画画展（1982）。曾多次为全国卫生系统科学画人员开班授课。

江无琼 （1951—2001） 　　重庆人。毕业于北京师范学院美术系国画工笔花鸟专业，后就职于四川省中药研究所（现四川省中医药科学院）。曾参加《中国植物志》《原色中国本草图鉴》等著作的绘图；在《四川中草药研究》等期刊发表《伪品天麻的原植物研究》等论文。

井枫林 　　　就职于吉林省中药研究所。曾参加《原色中国本草图鉴》绘图工作。

张效杰 　　　曾就职于吉林省中药研究院，1978—1980年参加长白山药用植物资源调查工作，参与发表了《长白山药用植物资源调查报告》。曾参加与日本株式会社雄浑社合作出版的《原色中国本草图鉴》绘图工作。编有《中华保健中草药原色图谱》（与孙晓波合编，2000）等书。

石淑珍（1941—2018） 　　中国药学科学院、中国医科大学副教授。1962—1995年在中国药学科学院从事科学画绘画工作，特别是为绘制大型黑白、彩色中药图谱，奉献了巨大精力。是《中国本草彩色图鉴》编委。

匡柏生（1954—2017）

北京人。1971年12月参加工作，受其父、植物科学家匡可任的影响，自幼对植物科学画耳濡目染，并在其父培养下打下了科学绘画基础，后就职于中国医学科学院药用植物研究所栽培室，任绘图员、技师。

曾参加《中国药用植物栽培学》《实用中药种子技术手册》《药用昆虫饲养与应用》《中药志》《原色中国本草图鉴》等著作的绘图工作，同时也为部分药用植物论文绘制插图，以及承担相关科研工作的绘图工作。

赵晓丹（1955—2018）

出生于北京，祖籍山西。中国医学科学院药物研究所专职科学画画师。1971年9月至1973年7月在中国医学科学院中等卫生技术专业班学习。1973年7月毕业分配到中国医学科学院药物研究所植化室工作，任技术员。1975年调到该所植物室美术组工作，师从椿学英，从事植物科学画绘画工作。

廖信佩（1955—）

广西贺州人。1974年始至今就职于广西中医药学院，高级实验师。1989年毕业于北京师范学院（现首都师范大学）美术系，参与《原色中国本草图鉴》《中华本草彩色图典》《广西植物志》《广西珍稀濒危植物树种》等书绘图工作。1980年《萝芙木》等作品参加北京自然科学博物馆举办的植物科学画展；1983年《千日红》等作品参加昆明举办的植物科学画展；1987年《金花茶》等作品参加广州举办的植物科学画展。

李振起（1956—）

北京人。1985年进修结业于中国科学院与北京师范学院（现首都师范大学）美术系联合举办的科学画进修班。就职于中国食品药品检定研究院中药室，从事植物科学画工作。先后参加《中药材手册》《中药鉴别手册》《中国民族药志》《常用中药材组织粉末图解》《原色中国本草图鉴》等书的编绘工作。

过立农（1960—）

北京人。1980—1985 年，就职于中国医学科学院药物研究所植物室，从事绘图工作。1985—2003 年，就职于中国医学科学院药用植物研究所资源室，从事绘图工作。2003 年至今，就职于中国食品药品检定研究院中药民族药检定所。曾参加《中药志》《原色中国本草图鉴》《中国大百科全书·农业卷》等著作的绘图工作。

孙西（1957—）

重庆人。曾于四川省中药研究所从事《四川省中药志彩色图谱》《原色中国本草图鉴》的绘图工作，于重庆市工艺美术研究所从事美术设计工作。参与整理出版清代刘善述原著《草木便方》（重庆出版社，1988）。

童弘（1968—）

云南景洪人。就职于中国医学科学院药用植物研究所云南分所，曾先后参加《西双版纳药用植物名录》《中国佤族医药》《基诺族医药》《西双版纳哈尼族医药》等民族药志图书的绘图工作。

（13）高等院校的绘图队伍

高等院校生物学相关院系过去一般都有专门的科学画绘图人员，一方面为日常教学工作绘制挂图，一方面为研究人员的专著、论文等绘制相关插图。这里所介绍的，仅仅是其中部分单位的绘图者简况。

葛克俭（1923— ）

浙江温州人。毕业于上海美术专科学校。版画家，我国早期新兴木刻运动的代表人物之一。1960年调入浙江农业大学（现浙江农林大学）林学系，从事植物科学画创作。他绘制的《浙江树木图谱》堪称植物图谱的典范，备受赞誉。出版有《葛克俭画集》（2003）等。

许春泉

江苏宜兴人。1945年毕业于江南美术专科学校。历任山东大学植物系技术员，山东医学院药学系助教，沈阳药学院中药系高级工程师、中药鉴定教研室主任等职。曾参加《东北药用植物志》《新编中药志》等著作的绘图工作，担任中日合作的《原色中国本草图鉴》编委并参与绘图工作。独立完成《东北药用植物原色图志》（1963）的全部绘图。

宗维诚

江苏宜兴人。毕业于江南美术专科学校，后就职于北京林学院（现北京林业大学）任美术教师。曾参与《中国植物志》《树木嫁接图说》等著作的绘图。

施自耘

曾就职于南京林产工业学院（现南京林业大学），参与《中国树木学》等专著的绘图工作，并为《主要树木种苗图谱》（1978）绘制了全部插图。后调入南京博物院工作。

孙玉荣（1935—2006）

河北昌黎人。生前就职于内蒙古农业大学。曾参加《中国民族药志》等著作的绘图工作。

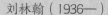

刘林翰（1936—）

湖南长沙人。湖南师范大学生命科学学院高级工程师，从事植物学工作60余年。20世纪80—90年代曾自编教材为本校生物系本科学生开设"生物科学绘画"课程。1980年和1983年曾两度应邀参加中国科学院植物研究所在北京和昆明举办的第1届、第2届植物科学绘画学术交流会及植物科学画展览。1988年1月编著出版《生物科学绘画》一书。1994年应邀参加中国"生物学技术"高等学校教材（有关生物科学画方面）的编撰并绘制图版。自1972年以来，先后参加了《植保手册》《中国经济植物志》《中国珍稀濒危植物》《湖南主要食用菌和毒菌》《湖南大型真菌志》《湖南植物志》等专著的图版绘制工作。

冯先洁（1939—2013）

四川南充人。四川省美术家协会会员，中国出版协会四川省书籍装帧艺术研究会常务委员。1961年毕业于西南师范大学（现西南大学）美术系，师从苏葆桢等先生学习国画、油画等。1975年调入四川大学工作，先后在生物系从事绘制动植物标本工作和四川大学出版社从事图书装帧设计工作，被评为副编审。在生物系工作期间，先后为多种植物专著、论文绘制了大量的动物、植物标本插图。主要担任《中国植物志》《四川植物志》多卷本、《西藏植物志》《中国高等植物图鉴》《西南树木志》《峨眉山杜鹃花》《绿肥》《米丘林学说基本原理》《遗传学实验原理及方法》《昆虫天敌图册》《仓库昆虫》等著作的绘图工作。其中，《中国植物志》第46卷、第52卷获1987年国家教委科技进步一等奖；《中国高等植物图鉴及中国高等植物科属检索表》获1987年国家自然科学奖一等奖；《中国四川杜鹃花》一书获1987年国家教委科技进步二等奖；《四川植物志》第1卷获1984年四川省政府重大科技成果三等奖。1980年至1987年，曾3次参加全国植物科学画展，其《鸡油菌》《长蕊杜鹃》《杜鹃》等作品获优秀奖。同时为四川大学生物系几届植物进修班讲授植物绘图课，为省内外8个单位培训植物标本画绘图员13人。在四川大学出版社从事图书装帧设计期间，其设计作品在全国性装帧艺术评奖中获奖50余次，其中获一等奖4个、二等奖10个。

白建鲁（1950—）

山西太胡人。西北师范大学生命科学学院高级工程师。曾参加《中国植物志》《甘肃植物志》《沙棘属植物生物学和化学》等著作的绘图工作。

马平（1953— ）

出生于北京，籍贯江苏苏州。内蒙古大学生物系实验师、香港中文大学生命科学学院访问学者及客座研究员。主持《内蒙古植物志》（第1版，共8卷）（第2版，共5卷）绘图工作并担任主绘，获国家教委科技进步二等奖（1986），内蒙古科学技术一等奖（1988）；主持《内蒙古植物药志》绘图工作并任主绘；担任《中国植物志》（龙胆科等）、《中国珍稀濒危保护植物红皮书》《内蒙古珍稀濒危植物图谱》部分绘图。1989—2006年在香港中文大学生物系任访问学者、客座研究员，参加美国哈佛大学胡秀英博士及香港中文大学生命科学院毕培曦教授植物学研究项目并担任全部绘图工作，专科研究包括菊科、禾本科、兰科、冬青科、锦葵科、大戟科及100个科专科教学研究；参加《香港植物志》（2007）绘图工作，其间作为共同作者在《Arnoldia》等期刊发表数十篇论文及多个新种。参加《深圳植物志》绘图工作（2006-2009）。承担《澳门苔藓植物志》全部绘图工作。曾在香港中文大学、深圳市仙湖植物园、北京植物园举行画展；2017年受邀担任第19届国际植物学大学植物艺术画展评委并参展；2019年作品《湖南衡山柳杉林》受邀在北京世界园艺博览会植物馆贵宾厅作为唯一大幅墙画展出。

颜丹（1956— ）

四川成都人。四川农业大学生命科学学院教师。从小习画，后跟随父亲、著名遗传育种学家颜济先生学习动植物科学画。为《四川植物志》《北美植物》《小麦族生物系统学》《四川土壤背景值图》《中国农业广播学校教学挂图》和国内外多种学报、期刊、新种论文绘制解剖图。作品多次获得国内外美术作品展览优秀作品奖。

胡冬梅（1959— ）

北京人。毕业于北京林业大学艺术设计专业，1985年进修结业于中国科学院与北京师范学院（现首都师范大学）美术系联合举办的科学画进修班，现任北京林业大学生物科学与技术学院工会主席、高级实验师。从事本科、研究生实验教学工作，主讲生物绘图技法课程。参加《中国植物种实（解剖）图谱》《河北树木志》《中国木本植物种子》《中国落叶树木冬态图谱》《造林工》《中国野生果树》《中国树木志（第一卷）》《中国树木志（第四卷）》《树木学（北方本）》《东灵山树木学实习手册》《树木学实习手册》等专著、教学、科研、科普类的植物绘画工作。曾获得北京市科技进步成果二等奖，北京市教学成果二等奖，北京林业大学教学成果一、二、三等奖。

（14）其他植物科学画绘者

周先璞（1922—）

安徽合肥人。1941年毕业于北平国立艺术专科学校国画系。作品曾参加"北平艺专女校友暨徐悲鸿女弟子画展"等。此外也擅科学绘图，曾受邀为《原色中国本草图鉴》绘制多幅彩图，为《吉林省野生动物图鉴》一书绘制多幅鸟类、哺乳类彩图。出版有《周先瑜周先璞画集》（1999）。

王兴国（1926—2004）

山东人。中国科学院贵州分院高级工程师、贵州省植物学会副理事长、《贵州植物志》编委会主任。曾任贵州省植物学会科学画委员会主任。主编《贵州经济植物图说》（共12卷）。参与《中国植物志》《贵州植物志》《贵州经济植物图说》等多部著作的绘图工作。多次参加全国植物科学画画展，是贵州植物科学画的领头人。

何冬泉（1934—2017）

浙江金华人。出生于书画世家。1963年转至中国科学院华南植物所绘图室，师从冯钟元先生，专门学习植物科学画。同时参与《海南植物志》绘图工作，之后参加了《浙江药用植物志》（1971）的绘图工作。1982年，《浙江植物志》编辑委员会成立，担任主管绘图，全面负责新图的绘制、旧图的修改、借用图的扫描加墨工作。此外，还承担了《中国植物志》（第45卷黄杨科、第40~42卷豆科、第59卷1分册报春花科、第44卷3分册大戟科）的绘图工作。1990年后，继续为植物分类同行绘制新种或新记录种的插图，发表在《植物分类学报》《植物研究》《云南植物研究》《杭州大学学报》等期刊上。此外，还先后为《中药志》《中药辞海》《中国药用植物栽培学》《安徽植物志》等著作绘制插图，《天目山植物志》（2010）共4卷中的插图，很大一部分也是借用自《浙江植物志》和《浙江药用植物志》的原图。编印有个人作品集《冬泉植物科学画选编》（2011）。

张培英（1943—1996）

原贵州省生物研究所高级工程师。曾参加《中国植物志》《贵州植物志》等著作及刊物的绘图工作。

王红兵（1949—）

云南洱源人。云南省林业科学院高级实验师。先后为《中国植物志》《云南植物志》《云南树木图志》《植物分类学报》《云南植物研究》《树木学（南方本）》等科学专著、杂志和教材绘制植物图近千幅。

在音乐、盆景艺术领域造诣深厚，云南省音乐家协会会员。创作颇具云南民族风格及地域特色的各类歌曲 200 余首，代表作品有《高原明珠香格里拉》、西南林业大学校歌等。参编和出版了《盆景艺术与制作技法》《中国盆景技法大全》《云南盆景赏石根艺》《石材风景名胜古树名木》《园林植物识别与应用教程》等专著和教材多部，先后荣获国家级奖 3 项、省部级奖多项。

孟玲（1952—）

北京人。1976 年进入中国林业科学研究院从事绘图工作，后升任副教授。曾参加《中国树木志》等多部著作的插图绘制。曾在北京医科大学参加由陈景荣教授主讲的植物分类学专门辅导班。曾参加第一届全国植物科学画展；画作《银杏》《怎样识别树皮》参加由全国科普协会、中国科学院等多家单位联合主办的第一届全国科普画展；参加在中国美术馆举办的林业科学画展。《广西青冈》荣获英国皇家园艺协会（RHS）国际植物画展金奖（1995），是截至目前唯一参加过此画展的中国画家。

马建生（1953—）

四川成都人。1972 年入职中国科学院成都生物研究所，1975 年到云南植物研究所拜曾孝濂老师为师学习植物科学画。1985年进修结业于中国科学院与北京师范学院（现首都师范大学）美术系联合举办的科学画进修班。曾参加《中国植物志》《四川植物志》《四川油类植物》《中国苦荞麦研究》等著作的绘图工作。

谢华（1954—）

贵州贵阳人。中国科学院贵州分院高级工程师。曾参加《中国植物志》《云南植物志》《贵州蕨类植物志》《贵州植物志》等著作的绘图工作。

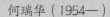
何瑞华（1954—）

重庆人。原中国科学院西双版纳植物园高级实验师。中国美术家协会会员、云南勐腊县书画家协会会长、中国热带雨林艺术研究院常务理事、英国威尔士大学访问学者。

吴兴亮（1954—）

贵州江口人。研究员、二级教授。1980年毕业于贵州师范大学生物系。先后在贵州师范大学、贵州科学院、海南省农科院及海南大学生命科学与农学院工作，主要从事海南、贵州、广西的大型真菌野外调查。主持国家自然科学基金资助项目"贵州大型真菌资源调查研究""海南岛多孔菌分类研究""广西大型真菌资源调查研究""海南岛真菌与地衣多样性研究""滇黔桂大型真菌分类研究"和科技部重大专项子课题1项。获教育部自然科学二等奖1项，省科技进步奖一等奖2项、二等奖3项、三等奖2项。发表学术论文100余篇。主编《贵州大型真菌》《灵芝及其他真菌图志》《中国灵芝图鉴》《中国热带真菌》《中国药用真菌》《中国海南岛大型真菌》《中国广西大型真菌》《中国梵净山大型真菌》《中国虫草图志》《中国茂兰大型真菌》《中国宽阔水大型真菌》等专著。因工作而结缘水彩画，曾任贵州美术家协会水彩水粉艺术委员会秘书长、贵州水彩画研究会秘书长，2005年聘为海南大学艺术学院教授、清华大学水彩画高级访问学者，现任北京水彩艺术研究院常务副院长。主编全国高等院校通用教材《园林水彩》，著有《水彩艺术表现》《吴兴亮水彩艺术》等。

马楚华（1955—2006）

出生于上海。1973—1988年间任上海教育出版社美术挂图创作编辑。1988年毕业于上海教育学院，1993年毕业于日本武藏野美术学院，1995年获得日本和光大学研究生学位。1994年、1995年2次在东京举办个人画展。1995年任上海美术馆教育部主任。1998年参加第四届全国工笔画展。2001年作品《花祭》参展上海纪念建党80周年美术大展。2003年调任上海刘海粟美术馆任副馆长。

黄介民（1956—）

福建厦门人。毕业于中国书画函授大学国画专业、武汉理工大学法学专业，就职于福建省亚热带植物研究所植物分类室。1979年10月师从中国科学院华南植物园冯钟元先生学习植物科学绘画。曾参加《中国植物志》《福建植物志》的绘图工作。

陈笈（1959—）

四川成都人。就职于中国科学院成都生物研究所。自幼喜爱绘画，20世纪80年代开始师从冯钟元先生从事植物科学绘画，曾参加《中国植物志》《四川植物志》等著作的绘图工作。此外，对爬行类动物科学画亦有涉猎。

童军平（1959—）

浙江杭州人。1983年在中国科学院江苏省植物研究所学习植物科学画。曾为《浙江植物志》槭树科、山茶科、唇形科等植物绘制100多幅科学画，为《中国竹谱彩色图鉴》彩绘80多幅。现就职于杭州植物园。

朱玉善（1960—）

河南商水人。中国科学院庐山植物园绘图工程师。1979年进修于中国科学院华南植物园，师从冯钟元先生，是冯先生的关门弟子。曾参加《江西植物志》《江西树木志》《江苏树木志（英文版）》《新疆植物志》《杜鹃花展》（耿玉英著）等植物专著的绘图工作，以及承担华中师范大学、江西农业大学等高校大部分插图任务，并多次参加植物科学画展。

顾建新（1961—）

云南昆明人。毕业于首都师范大学美术系。曾任《中国食用菌》杂志常务副主编兼美术编辑。在云南多年野外调研基础上，著有中国首部自然生态环境蘑菇手绘专著《中国云南野生菌手绘百菌图》，该书获2014年中国西部地区优秀科技图书奖。2019年9月，在深圳市仙湖植物园举行个人真菌主题画展。

孙英宝（1977—）

山东禹城人。曾在中国科学院植物研究所工作，从事植物科学绘画工作22年，所绘植物涉及128科，有3幅作品被美国匹兹堡卡耐基梅隆大学博物馆收藏。参与了《中国植物志》《中国树木志》《中国高等植物》的绘图工作；主编《手绘濒危植物》（1、2卷）、《蛇岛老铁山保护区植物图谱》等书；翻译《雷杜德手绘花卉图谱》《玛蒂尔达手绘木本植物图谱》；参加了《王文采院士论文集》（上、下卷）、《中国楼梯草属植物》《中国唐松草属植物》的绘图工作。

（三）新时代涌现的植物绘画新人

近年来，随着生态文明的发展，自然环保意识的增强，博物教育、自然教育、生态教育成为一股极具活力的社会文化思潮。越来越多的年轻人以绘画的方式来记录生物多样性，从万物有灵的视角展现自然之美。植物科学绘画也成为越来越多的人认识植物、关怀生态的重要媒介。第19届国际植物学大会植物艺术画展为年轻的植物画绘者打开了一扇认识中国植物科学画的大门，为过去、现在和未来植物绘画的交流、融合，提供了诸多可能性。此后，各地纷纷举行各种形式的植物艺术画展、巡展，大有方兴未艾之势。这些年轻的绘者，展示了中国植物绘画界的当代生气，他们是中国植物绘画继往开来的希望所在。

田震琼（1969—）

黑龙江绥滨人。毕业于原中央工艺美院服装设计系。1998年在北京创建自己的服装设计工作室，曾为北京各大五星级饭店及团体设计职业制服，从事职业装设计十多年。2012年移居云南大理从事植物绘画，2015年在大理第一次举办个人植物画展，同年在大理举办第二次个人植物画展。2016年参加曾孝濂植物画高级研修班。2017年参加"第19届国际植物学大会植物艺术画展"，获金奖。曾为《人与自然》杂志绘制植物画专栏。为《森林与人类》《中国国家地理》等杂志绘制生态画和植物画插图。多次参与NGO组织的绘制保护区生态图工作，参与云龙天池的"自然观察节"任自然导师。

徐丽莉（1978—）

广东丰顺人。2001年毕业于仲恺农业工程学院园艺系，2001—2009年在深圳市园林科学研究所从事园林景观设计工作，2009年至今任职于深圳市中国科学院仙湖植物园。2014年起参与由苔藓学家张力博士发起的苔藓植物科学画工作，共完成40多幅以苔藓为主题的画作，大部分画作于2017年7月在深圳会展中心举办的"苔藓之美"科普展中展出，相关作品收录在《苔藓之美》（中英文版、中葡文版）中。作品《柔叶真藓》曾获2017年"第19届国际植物学大会植物艺术画展"优秀奖。

李诗华（1979—）　　广东梅州人。2003 年毕业于深圳大学艺术学院环境艺术系，毕业后至今供职于深圳市中国科学院仙湖植物园。2014 年起参与由苔藓学家张力博士发起的苔藓植物科学画绘画工作，共完成 40 多幅以苔藓为主题的画作，大部分画作于 2017 年 7 月在深圳会展中心举办的"苔藓之美"科普展中展出，相关作品收录在《苔藓之美》（中英文版、中葡文版）中。作品《狭叶曲柄藓》和《一种泽藓》曾获 2017 年"第 19 届国际植物学大会植物艺术画展"优秀奖。

贺亦军（1969—）　　山西太原人。曾从事 IT 行业。由于热爱植物绘画，于 2015 年开始学习植物绘画，从临摹大师的作品起步，并逐步创作和提升。

严岚（1976—）　　云南人。植物爱好者，兰科植物画家，致力于兰科植物及野生花卉创作绘画，擅长超写实风格水彩花卉植物画。2016 年在上海辰山植物园举办"人与自然"科艺画个人展；2016 年参与全国五大植物园巡回画展"兰之魅——兰科植物手绘"；2017 年获"第 19 届国际植物学大会植物艺术画展"优秀奖；2018 年参加"美丽中国·自然 LIAN 接自然博物绘画全国巡展"全国 13 个植物园巡回画展。

李聪颖（1977—）　　河南人。辽宁省葫芦岛市科技馆副馆长，业余博物手绘爱好者。2013 年开始习画，2014 年开始手绘植物，作品达 200 余幅，经常参展并获奖。在工作之余，致力于各类线上和线下的博物教育传播活动，并创作博物文章百余篇，先后为多部博物书籍手绘插画或封面。

陈利君（1980—）　　广东梅州人。高级工程师，地方级领军人才，享受深圳市政府特殊津贴。现任深圳市兰科植物保护研究中心资源管理部部长，从事兰科植物研究和科学绘画工作 20 年。出版专著（合著）6 部共 200 多万字，在《Nature》《PLOS ONE》《Plant and Cell Physiology》等学术期刊发表论文 77 篇。参与和承担过国家林业局、省、市级项目多项。曾获深圳市自然科学奖、国家梁希林业科学技术奖，3 次获深圳市科技创新奖。2013 年参加美国匹兹堡卡内基梅隆大学举办的国际植物艺术与绘画展赛，作品被该校博物馆收藏。

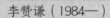

李赞谦（1984—）　　黑龙江哈尔滨人，祖籍河北昌黎。毕业于鲁迅美术学院并于2012年取得该校硕士学位。辽宁省美术家协会会员。2017年"第19届国际植物学大会植物艺术画展"评审。2006年画作《回望》获辽宁省首届水彩画双年展学会提名奖；2007年画作《果实系列二》入选上海青年美术大展；2008年画作《幸福系列》赴英国伦敦展出；2011年于鲁迅美术学院举办"李赞谦绘画作品个人展"；2014年画作《石榴》获"首届中国国家地理自然影像大赛"金奖。《寒号鸟》等画作收录于人民教育出版社统编语文教材。出版《兔子作家》《沈石溪动物故事注音本》《高铁下班后》《黑龙江正在说》《奇妙的中国植物》等书籍。多幅画作被海内外人士收藏。

李小东（1984—）　　陕西安康人。酷爱绘画，同时对自然尤其是昆虫充满极大的好奇，乐于描绘大自然中的物种和生态。现从事自然类绘本和插图创作，参与多部自然类图书插图的绘制。2014年获得"首届中国国家地理自然影像大赛"手绘银奖；参加2017年"第19届国际植物学大会植物艺术画展""极致之美·中国国家地理自然科学艺术展"、2018年"美丽中国·自然LIAN接自然博物绘画全国巡展""北京动物园生物多样性自然艺术展""植物艺术全球联展"（北京站）、"重庆昆虫手绘展""浙江自然博物馆馆藏绘画精品展暨LIAN博物绘画特展"。

吴秀珍（1985—）　　河南新乡人。插画师，曾参与《利尔手绘鹦鹉高清大图：装裱册页与临摹范本》《原来乔木这么美》《手绘观赏植物》《万物记》等图书插图的绘制，现致力于自然类绘本和博物类插图创作。曾参加2017年"极致之美·中国国家地理自然科学艺术展""北京798自在博物绘画展"、2018年"美丽中国·自然LIAN接自然博物绘画全国巡展""植物艺术全球联展"（北京站）、"北京动物园生物多样性自然艺术展""浙江自然博物馆馆藏绘画精品展暨LIAN博物绘画特展"等画展，2018年8月在北京植物园举办个人画展。

钟培星（1985—）　　江西赣州人。植物爱好者，喜欢摄影、绘画。摄影作品《瓦上松》曾获中国科学院植物研究所植物摄影展银奖，水彩作品《宜昌胡颓子》曾入选"植物艺术全球联展"（北京站）。目前就职于江西省赣州市林业科学研究所，从事林业科研及科普等工作。

顾子霞（1985—）　江苏常熟人。本科毕业于南京大学生物科学系，硕士就读于江苏省中国科学院植物研究所植物学专业，毕业留所后在标本馆（NAS）从事标本馆管理、植物采集以及植物分类学研究工作。热爱植物绘画。工作期间参与了新版《江苏植物志》的编写，主持植物科学画绘制，并为该书绘制部分墨线图。

戴越（1985—）　青海西宁人。青海省环境教育协会讲师，新生代自由绘者。擅长博物绘画与插画，插画作品有儿童环保教材《家住三江源》《西宁周边野花野草》等。《西宁文化》杂志2018年度专栏约稿人。参展经历：2017年北京植物园植物画展、2017年西双版纳植物园植物画展、2018年世界植物绘画联展、2019年南阳月季画展等。

高栀（1985—）　江苏无锡人。出版《色铅笔浓情花鸟绘》（亚洲篇）、《色铅笔浓情花鸟绘》（欧美篇）等绘画教程。在花瓣网和中国青年出版社举办的"诗意生活从花儿开始"水彩画比赛中获得一等奖。

钱斌（1986—）　浙江宁波人。2009年毕业于中国美术学院工业设计专业，2009—2013年从事珠宝设计工作。2013—2018年投入博物艺术绘画与植物插画的工作。2017年作品《一串彩色玉米》入选参展"第19届国际植物学大会植物艺术画展"，获优秀奖，且于2018参展北京《生物多样性·自然艺术》画展；2018年植物插画系列作品《家》入围第6届全国插画双年展评委奖，作品在深圳、太原、山东和上海展出，且于2019年参选中国插画师协会获原美术馆特展；2018年作品《菠萝》入选英国AOI Awards全球插画比赛科普组，并在伦敦展出；2018年作品《百山祖冷杉》入选由美国植物艺术家协会（ASBA）发起的"植物艺术全球联展"。

李玉博（1987—）

黑龙江人。笔名三淼。2012年毕业于黑龙江科技大学财务管理专业，同年8月自学绘画至今。曾与国家地理杂志、人民卫生出版社、化学工业出版社、人民邮电出版社、电子工业出版社和一些期刊合作，进行绘画创作，绘画作品收录于第19届国际植物学大会植物艺术画展画集。参与植物艺术全球联展（北京站）、"美丽中国·自然LIAN接自然博物绘画全国巡展"、生物多样性自然艺术展等展览，绘画作品的复制艺术品曾作为国礼赠予格鲁吉亚大使馆和埃及大使馆。已出版《水彩不孤单》《水彩的秘密》等技法类图书。

陈钰洁（1988—）

浙江杭州人。浙江大学风景园林专业研究生，现为园林景观工程师，就职于杭州植物园，参与各类花展、庭院的规划设计工作。同时也是一名植物绘画爱好者，擅长彩铅、素描，曾参加《杭州植物志》封面绘制。作品曾入选"第19届国际植物学大会植物艺术画展""美丽中国·自然LIAN接自然博物绘画全国巡展""植物艺术全球联展"、生物多样性博物绘画展、南阳月季画展等多个展览。

贾展慧（1988—）

广西南宁人。2011年毕业于西北农林科技大学园艺学院，2015年于江苏省中国科学院植物研究所取得植物学硕士学位，毕业后就职于该所，主要从事果树研究工作。2015年开始接触植物科学画并参与新版《江苏植物志》的绘图工作。

刘然（1988—）

江苏南京人。华南农业大学风景园林专业硕士研究生。毕业后一直从事景观设计工作。喜爱绘画，尤其擅长动漫类题材。缘于专业，对植物格外关注，在校期间已开始接触植物科学画，毕业后曾参与新版《江苏植物志》的绘图工作，包括植物墨线图、全书各卷扉页的彩图，以及高等植物常用形态术语彩色图解的绘制。目前正在参与《华北植物志》的绘图工作。

王宇（1989—）

北京人。笔名青川。毕业于首都师范大学中文系。2014年始自学绘画，现为职业插画师。绘画主题以自然收集物和动植物为主。2017年入选为曾孝濂高阶绘画班学员。2017年作品《二乔玉兰》《云南肺衣》入选"第19届国际植物学大会植物艺术画展"，其中《云南肺衣》获优秀奖。

陈丽芳（1989—）

福建莆田人。大学主修环境艺术设计专业。2012年起在四川汶川布瓦寨上启蒙学堂支教一年。2014年在江西美术专修学院编辑部负责庐山国际水彩节，并兼庐山手绘特训营动漫班教师。2015年赴云南文山感古小学支教，负责绘本及绘画课。2015年8月起参加国际基金会鞍子河保护地自然保护项目。2017年起就职于上海小路自然教育中心，担任课程研发及游学导师。现为自由职业，北京博物绘画发展中心签约画师。曾参与多家自然保护组织的公益绘画项目。《峨眉树蛙》获"第2届两栖爬行绘画摄影大赛"一等奖。2017年入选曾孝濂高阶绘画班。2017年作品《壳斗科果实》获"第19届国际植物学大会植物艺术画展"银奖。2017年参加自在博物798博物画展。2018年参与"美丽中国·自然LIAN接自然博物绘画全国巡展"。

朱运喜（1989—）

广西桂林人。2007年入聘广西植物研究所实习并从事植物科学绘画工作，师从何顺清、林文宏。2011年转聘至中国科学院植物研究所担任植物科学绘画工作。2012年师从万京民，学习国画工笔花鸟，2015年离聘归乡创业。曾承担《广西植物志》《Flora of China》《Flora of Pan-Himalaya》等著作的部分绘图工作。创作了用于新分类群发表的画作百余幅，其他原创画作数百幅。2014年由传统介质作画转向电子介质作画，并获首届"中国国家地理自然影像大赛·自然手绘组"铜奖；2017年作品于"第19届国际植物学大会植物艺术画展"展出；植物科学绘画科普文章《我为雪莲画像》发表于《森林与人类》（2018年4月第334期）。

梁惠然（1992—）

广东中山人。毕业于中央美术学院。自由插画师、绘本创作者，擅长细腻精致的写实画风。曾出版《中国民间童话系列——火童》《乐乐游名画》《儿童历史百科绘本》等绘本。毕业作品收藏于中央美术学院美术馆。

刘丽华（1995—）

广东汕头人。毕业于华南农业大学，热爱植物与绘画，擅长彩铅。作品《全缘叶绿绒蒿》荣获"第19届国际植物学大会植物艺术画展"银奖。

余天一（1996—）

北京人。北京林业大学环境设计系学士，英国邱园植物学硕士。IBE影像生物调查所摄影师。2012年起师从曾孝濂学习植物科学画。作品《大白杜鹃》获2014年首届中国国家地理自然影像大赛手绘自然组银奖，《红花羊蹄甲》2017年获"第19届国际植物学大会植物艺术画展"银奖。在邱园求学期间，受邀为著名的《柯蒂斯植物学杂志》（*Curtis's Botanical Magazine*）绘制插图。

鲁益飞（1999—）

浙江绍兴人。杭州师范大学硕士，主要从事植物分类和系统进化的研究。目前参与《泛喜马拉雅植物志》（*Flora of Pan-Himalaya*）第12卷莎草科薹草属、《浙江植物志》（第二版）莎草科和鼠李科的编写工作及相关类群的绘图工作。

特别收录一

·

科学家的科学画

物种形态是分类学家鉴别物种的重要依据，素养深厚的分类学家对于相似物种之间细微的形态区别极具敏感性。在某种意义上，优秀的分类学家，也是天生的"图案视觉艺术家"。

中国老一辈的知识分子、科学家，大都有着深厚的文化素养，是"文理兼通"的多面手。许多老一辈的分类学家都兼善书画。他们有的会亲自绘制墨线图版，有的保持着写生记录的习惯，以便为研究工作保存第一手的资料。如苔藓植物学泰斗陈邦杰先生、苔藓植物学家胡人亮教授、兰科植物学泰斗陈心启先生、广西植物研究所李光照研究员、西北高原生物研究所潘锦堂研究员、植物学家刘全儒教授等都曾为自己研究的类群绘制过科学画。这一传统，在之后的分类学者中，也得到了承继和传续。由于编辑力量有限、图书篇幅所限，本书所收录的仅是各个历史时期部分学者的少量科学画作。这些作品有的是黑白图版，有的是野外考察写生，或彩或墨，无不体现着科学家们严谨的治学精神与深厚的治学情怀，值得我们学习和传承，并致以深深的敬意。

饶钦止（1900—1998）

重庆人。藻类学家，中国淡水藻学奠基人。1920年毕业于国立成都高等师范学校（现四川大学），1922年毕业于北京师范大学研究生科，后留校任教，1935年获美国密执安大学哲学博士学位。1936年回国后就职于国立中央研究院。中华人民共和国成立后任中国科学院水生生物研究所研究员，1961—1981年任该所副所长。20世纪50年代率队进行湖泊调查，致力于利用湖泊、水库等水体中的天然食料放养鱼类的研究，对中国淡水藻类的系统分类、生态和地理分布进行了深入研究，发表1个新科10个新属615个新种。主编《湖泊调查基本知识》《中国淡水鱼类养殖学》（第1版）。主编的《中国鞘藻目专志》《中国淡水藻志·双星藻科》分别荣获国家自然科学二等奖和三等奖。1996年荣获香港求是基金会杰出科技成就奖（集体奖）。饶钦止出生于书画世家，自幼与水墨丹青结下了不解之缘。18岁报考成都高等师范学校，以优异的成绩考上了化学系。不巧的是，化学系的考生很少，无法开班。学校考虑到饶钦止画得一手好画，就调配他到博物系学习。1928年，因局势动荡，北京多所大学纷纷停课，在北京师范大学生物学系任教的饶钦止应暨南大学（上海）中国艺术学系主任陶冷月之聘前往教授篆刻。当时，国画大师黄宾虹在该校任教，书画名家谢公展、谢玉岑、马孟容、郑曼青等人也在上海执教。饶钦止与他们同台授艺，笔砚往来，情谊深厚。（胡征宇、朱红／图、文）

1943年4月9日，英国著名生物化学家、科学史学家李约瑟博士在重庆访问前中央研究院动植物研究所。第一排左四为饶钦止，第二排左二为李约瑟

左图为饶钦止博士毕业照（1935），右图为其博士论文《Marine Algae》（《海洋藻类》，1935）的封面，他亲自绘制了其中60幅墨线图版

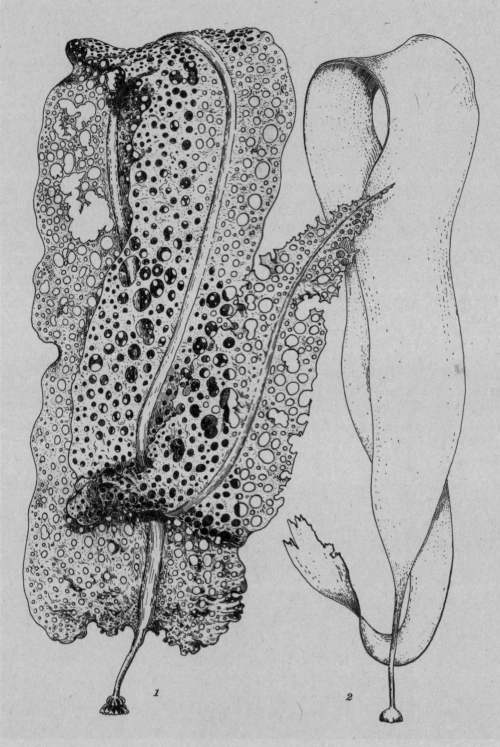

1. 孔叶藻 *Agarum cribrosum*; 2. *Saccorhiza dermatodea*　饶钦止／绘

《Marine Algae》（1935）

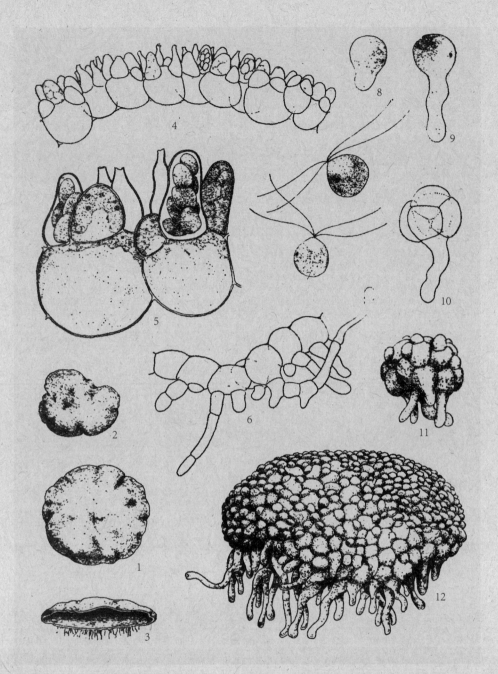

饶氏藻 *Jaoa prasina* 饶钦止/绘

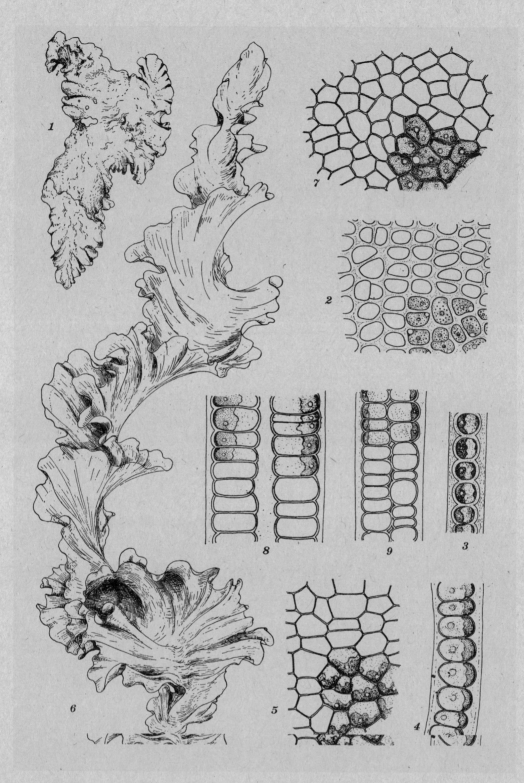

1~3.尖种礁膜 *Gayralia oxysperma*；4、5.肠浒苔 *Enteromorpha intestinalis*；6~9.石莼 *Ulva lactuca*

饶钦止／绘

杨金书（1902—1978）

广东潮安人。1924 年赴日本，就读于东京帝国大学农科。1929 年学成回国，先后应聘到广东省立金山中学、韩山师范学校、潮安一中等校教授生物学。1957 年调往广东师范学院任教，1962 年调回韩山师专任生物科主任，1964 年调往潮州劳动大学直至退休。中华人民共和国成立后当选为潮州市人大代表，潮安县第一、二、三届政协副主席，多次被评为县劳动模范、模范教师、省优秀教师。教学之余，潜心调查、搜集、编撰潮汕药用植物资料，1947 年与夫人翟肇庄（同为韩山师范学校教师）应《潮州志》总纂饶宗颐之请，编写《潮州志·物产志三·药用植物》，为潮汕药用植物研究提供了很有价值的参考资料。1958 年参与编写《潮汕草药》一书。1978 年 4 月 24 日病逝。1985 年，翟肇庄整理了杨金书遗著《潮汕植物图集》，详细记载潮汕数百种植物的属名、产地、形态特征、经济价值、医药用途、分布情况及其拉丁文名称，使潮汕植物名称与世界通用植物学名得以统一，进一步加强了潮汕生物学科研工作的基础。该书由广东省汕头生物学会印行出版。

翟肇庄（1907—2012）

1907 年生于广东海阳县城（今湘桥区）。1927 年赴日本，就读于东京东亚日语学校。1930 年进北京中国大学*生物学系学习。1934 年起任省立第二师范学校、韩山师范学校教员，历 30 年。1964 年调潮州劳动大学任教至退休。长期从事生物学的教学和研究，治学严谨，师德高尚，博得众多学子的尊敬和爱戴；积累了丰富的植物资料，制作大量植物标本和写生插图。与丈夫杨金书共同编写《潮州志·物产志三·药用植物》、合著《潮汕植物图集》。曾任潮安县、潮州市人大代表、政协委员，汕头市生物学会名誉理事长，潮州市环境科学学会顾问。汕头市生物学会鉴于她从事生物学教学 30 多年，对培养人才和发展生物科学作出了突出贡献，特于 1994 年 10 月授予荣誉证书。

*中国大学初名国民大学，1917年改名为中国大学，是孙中山等人为培养民主革命人才而创办。该校于1913年4月13日正式开学，1949年停办，历时36年。

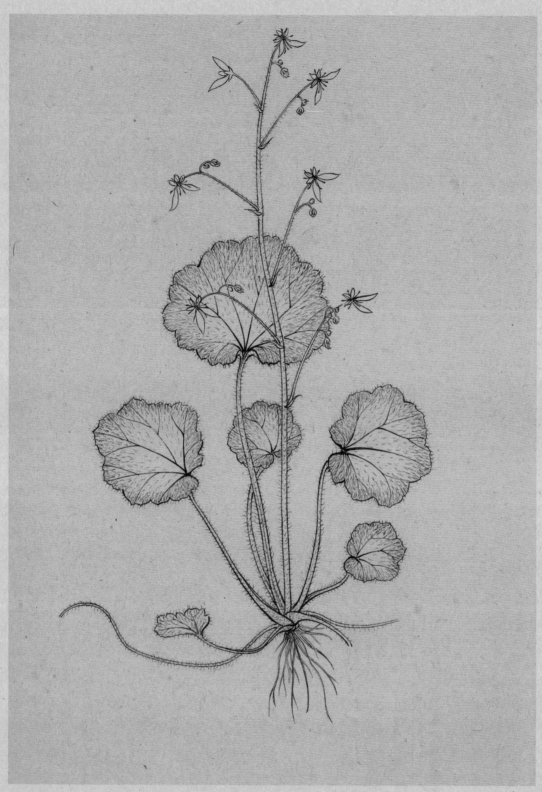

虎耳草 *Saxifraga stolonifera* 杨金书、翟肇庄／绘

杠板归 *Polygonum perfoliatum*　杨金书、翟肇庄/绘

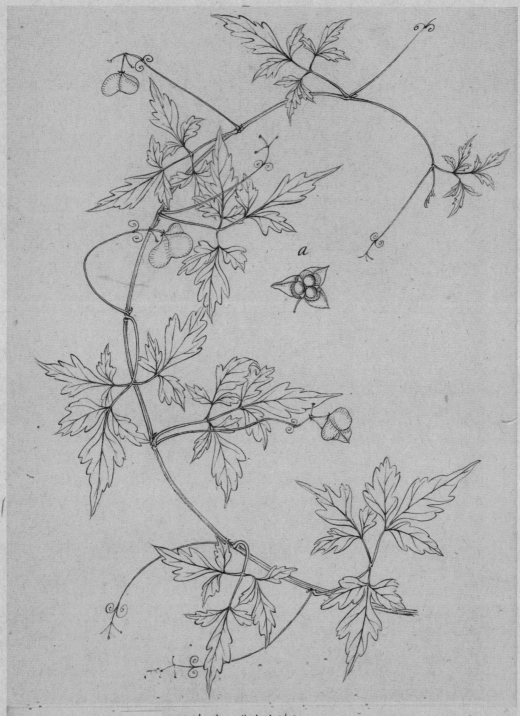

a

图116 倒地铃（带藤苦楝）

生山埔近水湿地，一年生蔓性草本。长1～2米。有卷须缠绕它物。叶二回三出复叶，小叶近菱形。夏秋花轴着生白色小花。结绿色膜质蒴果。全草治两胁打伤，皮肤疮疖热毒，飞蛇卵等症。

倒地铃 *Cardiospermum halicacabum* 杨金书、翟肇庄／绘

陈邦杰（1907—1970）　字逸尘，江苏镇江人。1931年南京中央大学生物系毕业。后任教于重庆乡村建设学院。1936年赴德国柏林大学植物系学习，1940年获博士学位。同年回国，先后任中央大学、同济大学、南京大学教授，南京师范学院生物系主任，中国科学院植物研究所兼任研究员。毕生从事植物学的教学和研究工作。著有《中国藓类植物属志》《中国植物图鉴》(苔藓植物部分)、《黄山植物研究》(苔藓植物部分)、《珠穆朗玛峰科学考察报告》(苔藓植物部分)等。主编的《中国藓类植物属志》(上、下册)获中国科学院1985年重大成果二等奖。主编高等学校教学用书《植物学》，并发表《东亚丛藓科》等多篇学术论文。曾任江苏省植物学会副理事长，中国植物学会理事，兼任《植物学报》《植物分类学报》编委。

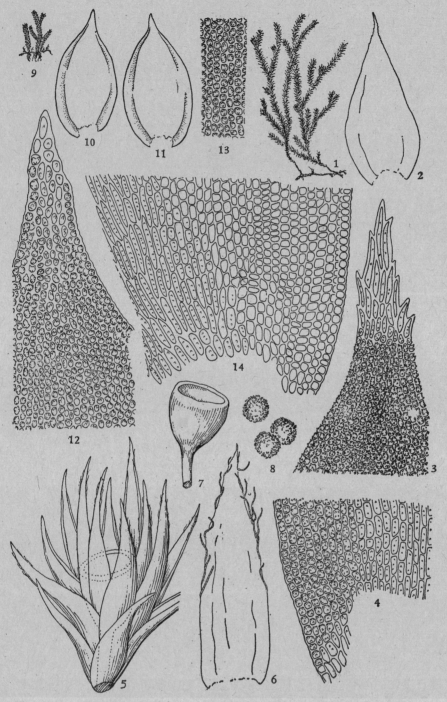

1~8.虎尾藓 *Hedwgia ciliata*；9~14.云南赤枝藓 *Braunia delavayi*　陈邦杰 /原绘

曾呈奎（1909—2005）

福建厦门人。中国海藻学研究、海带栽培业的奠基人和海藻化学工业的开拓者。中国科学院院士、第三世界科学院院士。曾任中国科学院海洋研究所研究员、所长，中国海洋湖沼学会及其藻类学分会理事长，国际藻类学会主席。毕业于厦门大学，岭南大学理学硕士、美国密歇根大学博士，曾任美国加州大学斯格里普海洋研究所副研究员（1943—1945），1946年底回国。作为海藻分类学家，先后发现了百余个新种、1个新属、1个新科，为中国海藻志的编写提供了基本资料。作为海洋学家，在1954年于青岛建立我国第一个以马尾藻为原料的褐藻胶加工厂；20世纪60年代倡导在我国实施建立了一批以海带为主要原料的海带制碘工厂；创新发明的海带"夏苗培育法"和"陶罐海上施肥法"，推动中国的海带栽培业迅速发展，使我国海带产量跃居世界第一；率先提出"海洋水产生产农牧化"的科学理念，为我国现代海洋农业的科学发展奠定了坚实基础。一生践行"爱国敬业、耕海泽农、前瞻布局、甘为人梯"的科学精神，为我国海洋科学事业的创立和发展作出了杰出贡献。

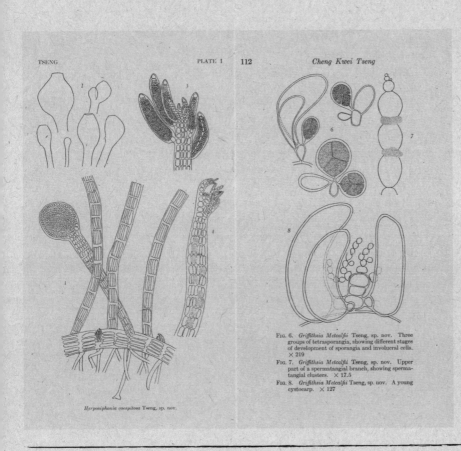

左图 *Herposiphonia carspotosa*
右图 *Griffithsia metcalfii*
曾呈奎/绘

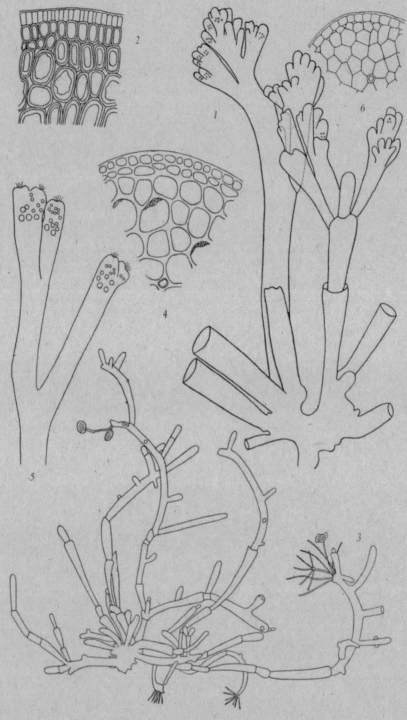

Marine algae of the genus Laurencia

长枝栅凹藻 *Palisada longicaulis*、节枝软凹藻 *Laurencia articulata*、柔弱凹顶藻 *L. tenera*　曾呈奎/绘

匡可任（1914—1977）

江苏宜兴人。植物分类学家。1937年毕业于日本北海道帝国大学农学部，同年回国。曾任云南农林植物研究所研究员、中国医药研究所副研究员。中华人民共和国成立后，历任中国科学院植物分类研究所助理研究员、副研究员及研究员。曾在云南、贵州等地从事伊桐属及其他植物的研究。精通植物拉丁文学名。1955年，由钟济新教授带领的科学考察队在广西砦胜县花坪林区采到球果的植物标本后，银杉才由匡可任和陈焕镛定名发表。活化石银杉属是我国残遗植物中的一大发现。匡可任一生都在从事中国植物科属检索及中国主要植物图说的编纂及研究，为中国植物分类学的发展做了大量奠基性的工作。编译有《高等植物器官图解》（1959），译有《国际植物命名法规》（1965）。

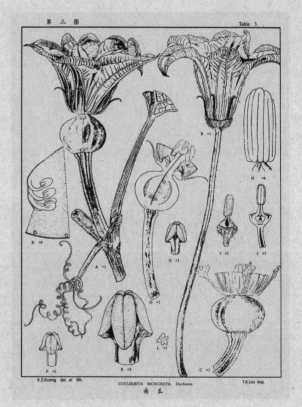

南瓜 *Cucurbita moschata* 匡可任/绘

忽地笑（大一支箭）*Lycoris aurea*　匡可任／绘
《滇南本草图谱》插图，1943，石版印刷

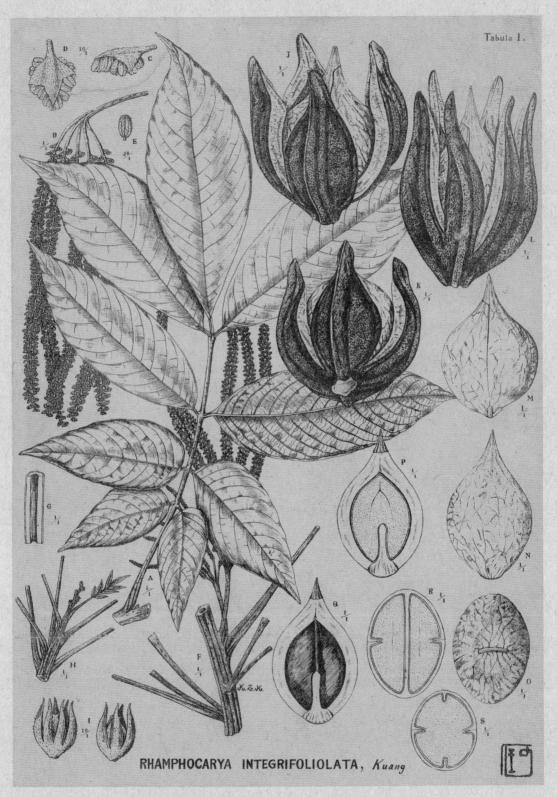

RHAMPHOCARYA INTEGRIFOLIOLATA, *Kuang*

喙核桃 *Annamocarya sinensis* 匡可任/绘

吴征镒（1916—2013）

江苏省扬州市人。植物学家，中国科学院院士。1937年毕业于清华大学生物系。参加并领导中国植物资源考察，开展植物系统分类研究，发表和参与发表的植物新分类群共1 766个，是中国植物学家发现和命名植物最多的一位，改变了中国植物主要由外国学者命名的历史。系统全面地回答了中国现有植物的种类和分布问题，摸清了中国植物资源的基本家底，提出"被子植物八纲系统"的新观点。荣获2007年度国家最高科学技术奖。2011年12月10日，国际小行星中心将第175718号小行星永久命名为"吴征镒星"。抗战期间，受中国医药研究所委托，整理明朝茂兰《滇南本草》，与经利彬、匡可任、蔡德惠合作编著、绘制完成《滇南本草图谱》第一集。该书为中国植物现代考据学的滥觞之作。这位植物学大家自小便喜欢阅览《植物名实图考》《日本植物图鉴》，中学时期的生物老师唐寿、唐耀，引导学生观察植物，采集标本，解剖画图，奠定了吴征镒日后的志趣。

大蓟 *Cirsium japonicum*
吴征镒／绘
《滇南本草图谱》插图
1943，石版印刷

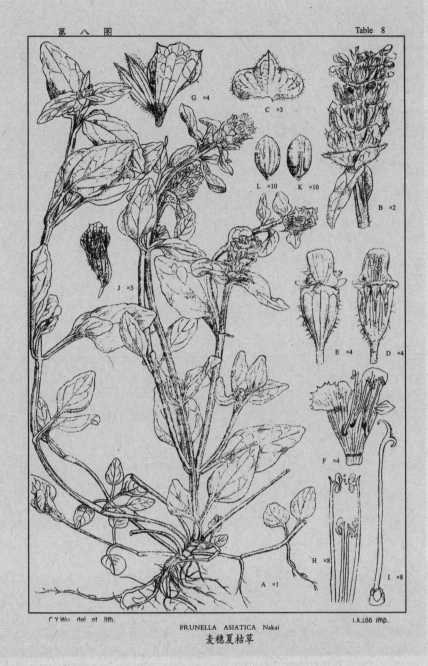

G ×4

C ×3

L ×10   K ×10

B ×2

J ×3

E ×4   D ×4

F ×4

H ×8   A ×1   I ×8

C.Y.Wu del. et lith.   I.K.Löo imp.

PRUNELLA ASIATICA Nakai

麦穗夏枯草

麦穗夏枯草 *Prunella asiatica*

吴征镒／绘

王文采（1926—）

山东济南人，原籍山东掖县（今山东莱州）。植物分类学家，中国科学院院士。主要研究毛茛科、荨麻科、紫草科、苦苣苔科、山龙眼科、葡萄科、虎耳草科、十字花科、大戟科和金丝桃科。迄今已发表论文 200 余篇，主编植物分类学专著 9 部。发现 20 个新属、540 个新物种。主持编写《中国高等植物图鉴》，是《中国植物志》主要编委之一，主编毛茛科、紫草科（第 64 卷）、苦苣苔科（第 69 卷）。1987 年和 2009 年两次荣获国家自然科学一等奖。他在探明中国植物的种类、分布状况、经济用途等方面作出了突出的贡献。中学时代即迷恋绘画，1939 年考取北京第四中学。1941 年，师从王心竞先生学习国画。1944 年与老师王心竞和同学在中山公园举办"正风画展"。长期保持笔记习惯，带领学生野外识别和采集植物时，要求学生解剖和观察花的结构和绘制花图式。在英国邱园访学时期，做了大量研究笔记，许多植物类群描述的原文全部手工抄录。甚至有些难以获取的系统学研究文献，也整整齐齐地抄写一遍，文中的图版用笔原样绘制在笔记本上，连植物孢粉孔沟与表面纹饰细节都画得清清楚楚。

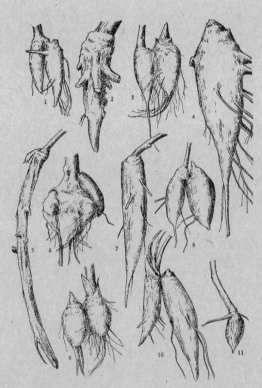

乌头属 *Aconitum* 王文采/绘

金莲花 *Trollius chinensis*　王文采 / 绘
绘于1956—1962年

白头翁 *Pulsatilla chinensis*　王文采 / 绘
1956—1962年

　　"有图就可以鉴定标本了，很好的图能够很好地了解标本。有时只是一些花序的差别，就是一个新物种，通过科学绘图可以一目了然。"（王文采）

颜济（1924年—）

四川成都人。1943年秋，考入成都华西协和大学牙医学院牙科就读。1944年秋，他毅然投笔从戎，考入空军军官学校24期飞行班学习飞行。1945年，日本投降，他离开空军，重返华西大学学习，改学农学。1948年毕业后，留校在生物系任助教。1952年院系调整，他由华西大学调整到四川大学农学系任讲师。1956年农学系独立建院为四川农学院，随院迁至雅安。1965年任副教授。1982年任教授。后四川农学院扩大并更名为四川农业大学。他筹建小麦研究所并任所长。1994年7月，以高龄辞去所长职务，仍任终身教授。国际小麦族协作组成员，第八届国际小麦遗传学会议地方组织委员会委员，第二届国际小麦族会议第三次大会主席。曾任联合国粮农组织、国际植物遗传种质资源委员会小麦族资源普查中国大区普查一队队长。在国内外科学期刊发表科学论文150余篇。曾获成都市先进工作者及全国先进工作者称号；曾获四川省科学大会奖，全国科学大会奖，四川重大科技成果一等奖，农业渔业部技术改进一等奖，农业部科技进步二等奖，国家科技进步二等奖，国家发明一等奖。

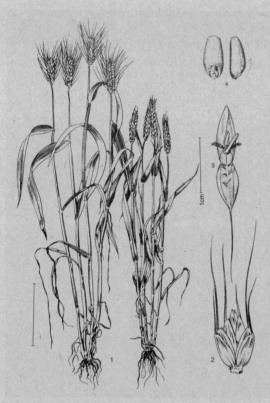

普通小麦 Triticum aestivum 颜济/绘

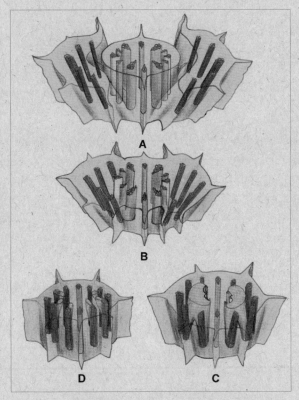

薯蓣的对生叶节维管束系统，不同设色示不同节轴关系　颜济／绘

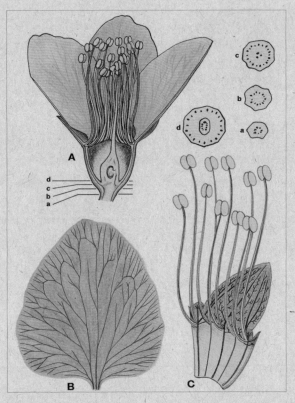

桃花的维管束系统　颜济／绘

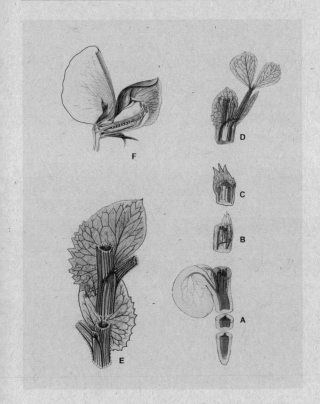

豌豆的维管束系统　颜济／绘

臧穆（1930—2011）

山东烟台人。真菌学家。1953年毕业于东吴大学生物系，1954—1973年于南京师范大学任教，1973年6月调至中国科学院昆明植物研究所，历任该所副研究员、研究员。创立昆明植物研究所隐花植物标本馆，曾任该馆馆长、中国科学院真菌地衣开放实验室副主任、中国真菌学会副理事长，在真菌系统学与生态地理学领域，对我国西南高等真菌的许多类群进行了开创性的研究，奠定了我国西南高等真菌研究的基础。主编和编著《中国真菌志》（牛肝菌科I-II卷）、《中国隐花（孢子）植物科属辞典》《横断山区真菌》《中国食用菌志》《西藏真菌》及《西南大型经济真菌》等专著12部，发表论文150余篇，发现和发表3个新属、5个新（亚）组和140余新种。书画兼善，生前留下20余册图文并茂的珍贵野外科考笔记《山川纪行》。

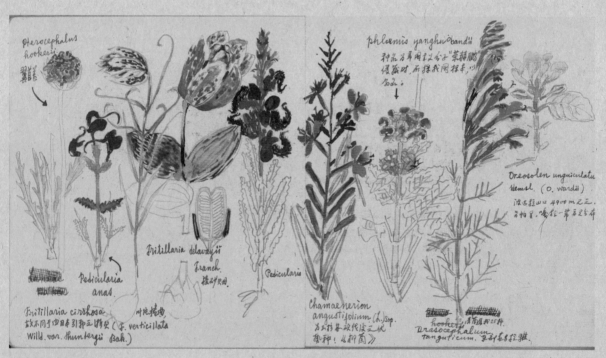

引自臧穆科考笔记

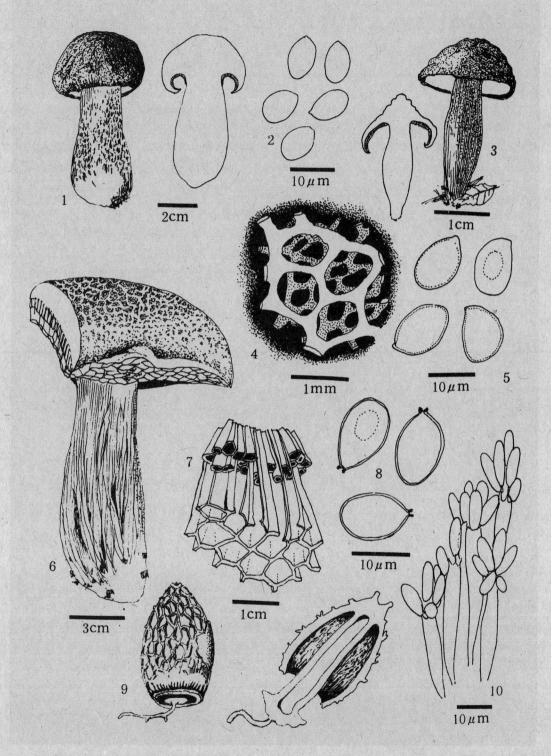

1、2. 短管牛肝菌 *Boletus brevitubus*；3～5. 重孔华牛肝菌 *Sinoboletus duplicatoporus*；6～8. 巨孔华牛肝菌 *S. magniporus*；9、10. 云南内笔菌 *Endophallus yunnanensis* 臧穆/绘

黎兴江（1932— ）

重庆人。苔藓植物学家，中国科学院昆明植物研究所研究员，《中国苔藓植物志》（英文版）中方编委、《中国孢子植物志》编委。毕业于四川大学生物系，师从方文培教授；之后就职于中国科学院植物研究所，又赴南京师范大学跟随陈邦杰教授学习苔藓植物分类学。主要研究方向为苔藓植物系统分类学和地理区系学，对青藓科、绢藓科、四齿藓科、泥炭藓科、黑藓科、虾藓科、丛藓科、提灯藓科等多数科进行了深入的研究，为我国苔藓学研究和《中国苔藓志》的编写作出了突出贡献。主编《西藏苔藓植物志》《中国苔藓志》第3、4卷和《云南植物志》第18、19卷，与臧穆共同主编《中国隐花（孢子）植物科属辞典》，与陈邦杰合著《中国藓类植物属志》。《西藏苔藓植物志》获中国科学院科技进步特等奖（集体奖，1986）；《中国藓类植物属志》获中国科学院科技进步二等奖(1983)；《中国苔藓志》第1、2卷获中国科学院科技进步二等奖（第二主编，1997年）。

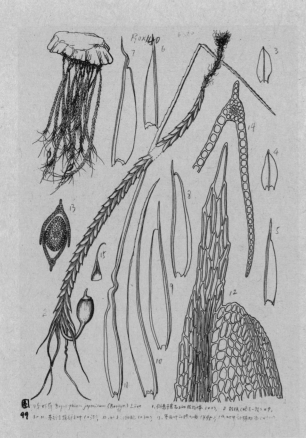

虾藓东亚亚种
Bryoxiphium norvegicum subsp. *japonicum*
黎兴江/绘

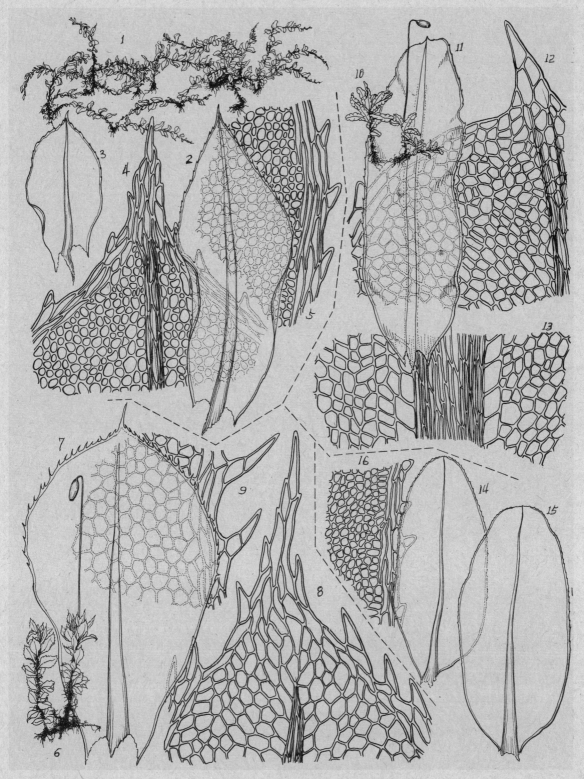

1~5. 湿地匍灯藓 *Plagiomnium acutum*；6~9. 日本匍灯藓 *P. japonicum*；10~13. 侧枝匍灯藓 *P. maximoviczii*；
14~16. 钝叶匍灯藓 *P. rhynchophorum* 黎兴江/绘

吴继农 江苏南京人。地衣学家，南京师范大学生物系教授，一生从事地衣分类学和地衣教学工作。发表多个地衣新种和多篇学术论文。编著有《水藻和水草》《中国地衣志》（第11卷地卷目），著有《中国地衣植物图鉴》《新疆地衣》（与阿不都拉·阿巴斯 Abdulla Abbas 合著）等图书。

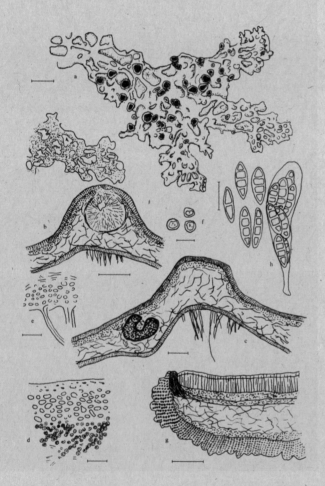

东方肺衣 *Lobaria orientalis*

吴继农 / 绘

高谦（1929—2016）

黑龙江宁安人，祖籍河北献县。苔藓植物学家，中国科学院沈阳应用生态研究所（原中国科学院林业土壤研究所）研究员。1952年毕业于东北大学（现东北师范大学）生物系，1956年考入中国科学院林业土壤研究所，师从刘慎谔、陈邦杰从事苔藓植物学研究。曾任辽宁省植物学会理事长、中国植物学会理事和苔藓植物专业委员会副主任、中国科学院孢子植物志编委会编委、《中国藓类植物志》（英文版）编委。主编《中国苔藓志》（中文版）第1卷、第2卷、第9卷、第10卷，《中国苔藓植物图鉴》等，曾为《西藏苔藓植物志》《中国苔纲和角苔纲植物属志》（2010）等著作绘制多幅科学画。

卷边管口苔 *Solenostoma clavellate*；
深绿叶苔 *Jungermannia atrovirens*
高谦 / 绘

卯晓岚（1939— ）　　甘肃武都人。菌物学家。1964年毕业于兰州大学生物系，之后就职于中国科学院微生物研究所，长期从事大型真菌分类及物种资源考察、地理分布及生态区系的研究。任中国真菌学会秘书长，中国菌物学会秘书长、常务副理事长，中国食用菌协会副会长等职。主编《中国经济真菌》《西藏大型经济真菌》《秦岭真菌》《中国大型真菌》《真菌王国奇趣游》等；合著《西藏真菌》《香港蕈菌》《中国药用真菌图鉴》《食用菌栽培手册》《灵芝现代研究》等。主编的《中国大型真菌》，记述菌物1 700多种，填补了我国大型真菌彩色图谱的空白，被公认是"中国第一部可以媲美于世界上任何国家同类出版物之真菌巨著"，2003年获"中国图书奖"，是菌物学首次获此大奖的著作。自20世纪60年代开始，野外考察研究大型真菌标本，绘制彩图1 500多幅。1981年由中国植物学会推荐，参加首届北京中国植物科学画画展，其画作被评为优秀作品。1982年，部分画作送澳大利亚参加悉尼13届国际植物学大会展览。1982年应美国植物学会邀请展出。1990年被推荐参加第二届中国植物科学画画展，被评为优秀作品。2003年在香港中文大学参展，并受到香港媒体好评。2004年参加由7个国家级组织在中国科技馆举办的科学画等画展，获最高荣誉奖。2005年300多幅彩绘再次在中国科技馆展出。

卯晓岚是一位菌物分类学家，同时又十分擅长绘画，是学者兼画师的复合型人才。他绘制了大量的彩色菌物图，他的许多著作中的插图和彩绘都是由他本人亲自完成的，如《中国蕈菌》《Icones of Medicinal Fungi from China（中国药用真菌图鉴）》等，就是他具有代表性的手绘彩色图版，得到中外学术界的高度赞誉，并有很高的科普价值，在植物科学画界也拥有一席之地。其代表作《白牛肝菌》构图大气，有种舍我其谁之感，生境烘托主题恰到好处，色彩细腻，地面反光更加强了牛肝菌的质感，菌柄纹理活跃了整体效果。他的灵芝、黄伞、松口蘑、毛头鬼伞、白耳侧灵多数都是写生画，之后略加修改。手绘彩色画之外，他还绘制了大量黑白线条科学画。

白灵侧耳 *Pleurotus tuoliensis*　卵晓岚/绘

黄伞 *Pholiota adipose*　卯晓岚/绘

白牛肝菌 *Boletus bainiugan* 卯晓岚/绘

灵芝 *Ganoderma lucidum* 卯晓岚/绘

263

毛头鬼伞 *Coprinus comatus* 卯晓岚/绘

王幼芳（1953—）　江苏无锡人。苔藓植物学专家，华东师范大学教授，博士生导师。上海市植物学会理事、中国植物学会苔藓专业委员会委员、中国孢子植物编委会委员。主编《中国苔藓志》（第7卷，灰藓目）参编《西藏苔藓植物志》《隐花植物科属辞典》等著作。

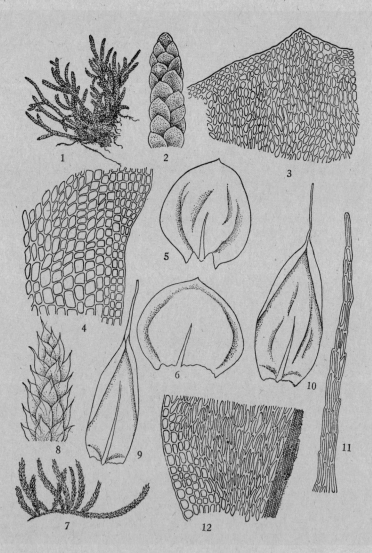

1～6. 鼠尾藓 Myuroclada maximowiczii；7～12. 毛尖藓 Cirriphyllum piliferum
王幼芳/绘

左：程式君
右：唐振缁

程式君（1935—2012）

原籍广东中山，出生于澳门。自幼喜爱诗词、绘画和植物。1956 年毕业于北京农业大学园艺系造园专业（现中国林业大学园林学院）。大学期间就在素描和水彩方面出类拔萃，还跟随宗维诚先生学习了画植物标本的理法。先后在中国科学院北京植物园和中国科学院华南植物园负责兰科及其他温室植物和阴生植物的研究和管理工作达 45 年。在 1962—1986 年这段时间里，利用繁忙工作的间隙和业余时间共绘制植物标本画手稿 300 多幅。与唐振缁合著《中国野生兰手绘图鉴》一书。

唐振缁（1934—）

北京人，籍贯江苏无锡。自幼喜欢画画，热爱花鸟虫鱼。1956 年毕业于北京农业大学园艺系造园专业（现中国林业大学园林学院）。先后在中国科学院北京植物园和中国科学院华南植物园负责创园、建园规划设计和兰科、天南星科等植物的研究工作 45 年，曾任华南植物园主任。1980 年初，以中国科学院与英国皇家学院学者交换名义在英国皇家植物园邱园进修 3 年，在该园标本馆的兰科植物标本部进修兰科植物分类并合作研究。1986 年赴美国加州大学（额文分校）学习 2 年，以研究教授身份合作研究兰科分类。几十年来，与夫人、大学同学兼终身同事程式君，合力克服种种障碍，发表了 15 个兰科新物种。2016 年两人共同合著的《中国野生兰手绘图鉴》一书出版，书中收录二人 200 多幅兰科画作。

兰科植物由于肉质多汁，在制作腊叶标本的过程中容易腐烂。而且由于压制时往往各部分互相粘连，位置改变，颜色更是与新鲜时大不相同，使得活植物清晰易辨的一些形态特征也变得难以区分。这就是以往兰科植物分类识别难度非常大，种类鉴别混乱易错的主要原因。除标本外，描绘兰科植物形态和构造解剖的图是分类鉴定的一个重要工具，然而，要观察描绘正在盛花的活植物机会难得，所以绝大部分供分类参考的兰科植物图都是以腊叶标本为描绘对象。用这样的图，最多只能与观察干标本差不多。而根据活植物解剖并绘制的兰科植物图，虽然对分类鉴别最有帮助却极为珍贵、难得。自1961年以来近50年，程式君不论在多么艰难的条件下，不论是在野外还是在引种栽培场地，只要见到正在开花且比较特别的兰科植物，就一定要立即描绘记载下来。但由于和丈夫唐振缁一起研究兰花分类并非她的主要工作，她只能挤出自己有限的就餐和休息时间，夜以继日地工作，有时为了趁花朵尚未凋萎时及时将它们描绘下来（有的兰花寿命只有几十分钟），只好在野外采集营地昏暗的灯光下，在当时唯一能够得到的一小片废纸上，把这株兰花及其花的细部解剖仔细画下来。这片废纸也因而由腐朽化为神奇。（唐振缁／文）

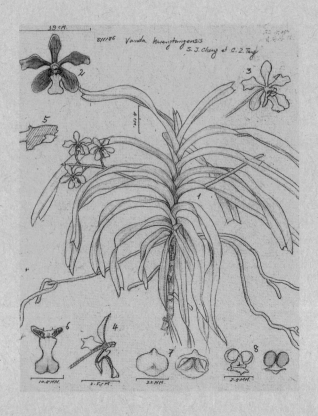

广东万代兰 *Vanda fuscoviridis*
程式君 / 绘

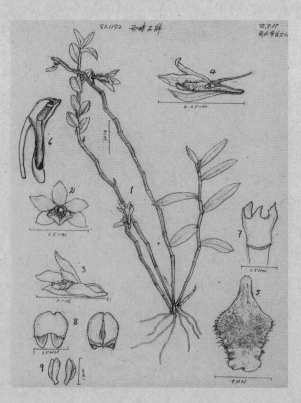

西畴石斛 *Dendrobium xichouense*
程式君 / 绘

海南鹤顶兰 *Phaius hainanensis*
唐振缢/绘

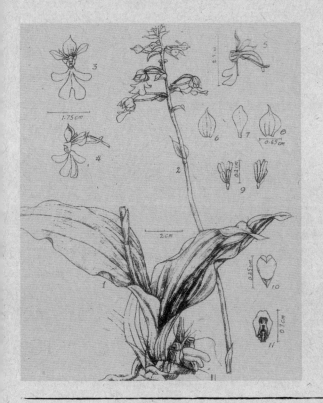

银带虾脊兰 *Calanthe argenteostriata*
唐振缢/绘

特别收录一　科学家的科学画

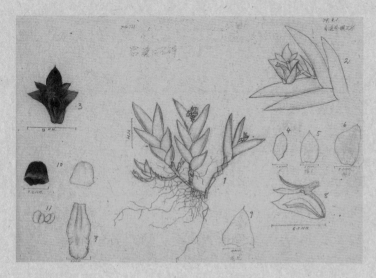

昌江石斛
Dendrobium changjiangense
程式君/绘

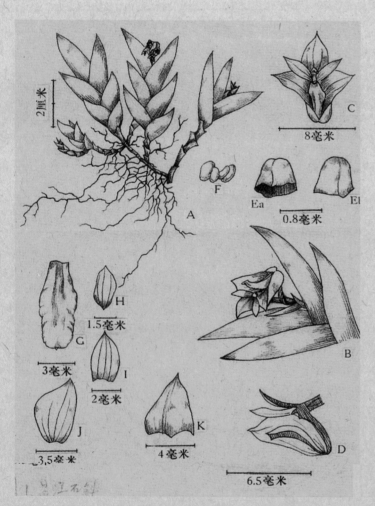

昌江石斛
Dendrobium changjiangense
唐振缙/绘

吴鹏程（1935—）浙江海宁人。1952 年 9 月考入上海复旦大学生物系。1956 年毕业后分配到中国科学院植物研究所，师从中国苔藓植物学奠基人陈邦杰先生。

1956 年以来历任实习研究员、助理研究员、副研究员、研究员、植物分类与进化研究中心主任等，兼任中国孢子植物志编委会副主编、中国植物学会苔藓植物专业委员会主任、中国科学院科学出版基金专家委员会生命科学组组员、国家名词审定委员会植物学委员、中国苔藓植物志英文版国际合作编委会中方主席、《植物分类学报》常务编委、《CHENIA（隐花植物生物学）》主编。1997 年、2005 年和 2010 年 3 次主持国际苔藓研讨会。获国务院政府特殊津贴。自 1956 年起，在研究苔藓植物时开始从事苔藓植物画图工作，1964 年和 1965 年即在学报发表苔藓植物近 30 幅图版，获得好评。迄今已在植物志或论著中发表苔藓植物图 600 余幅，合作发表 200 余幅，待发表作品 200 余幅。

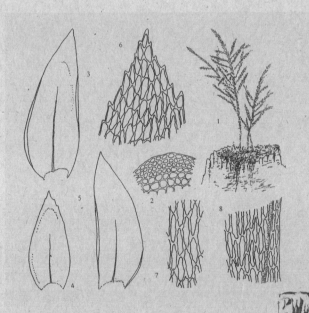

亮蒴藓 *Shevockia inunctocarpa*
吴鹏程／绘

赵大昌（1927—）　　　　　　吉林省吉林市人。1951 年毕业于东北农学院，就职于中国科学院沈阳应用生态研究所（原林业土壤研究所）植物室，从事植物及植被等方面的科学研究。退休后，在有关植物图方面编著有 1 546 个植物种的·《长白山植物图谱》《长白山木本植物冬态图谱》等专著。

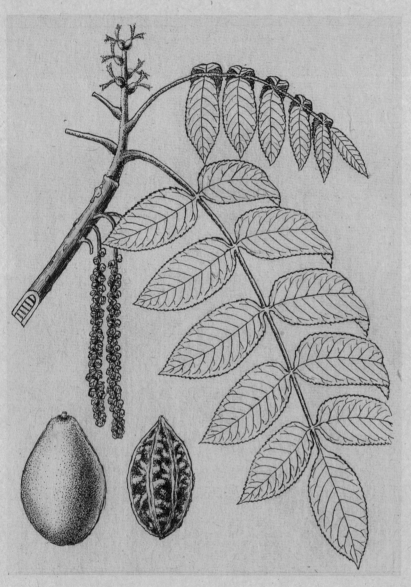

胡桃楸 *Juglans mandshurica*
赵大昌/绘

红松　*Pinus koraiensis*
赵大昌/绘

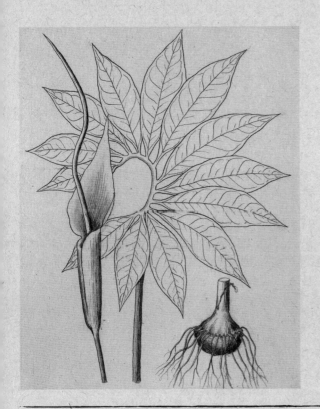

天南星　*Arisaema heterophyllum*
赵大昌/绘

特别收录一　科学家的科学画

刘启新（1958—）

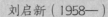

安徽合肥人。江苏省中国科学院植物研究所二级研究员，江苏省植物学会植物分类专业委员会主任，曾任江苏省中国科学院植物研究所植物系统与演化中心主任和植物标本馆馆长、中国植物学会植物分类专业委员会委员、中国植物学会药用植物及中药专业委员会委员。主要研究领域和方向为植物系统分类学和植物资源调查，主攻伞形科和植物多样性，主持过4项有关伞形科分类的国家自然科学基金面上项目以及省级科研项目10余项。主编了《江苏植物志》（第2版，共5卷）、《中国药用植物志》（第8卷），参编《安徽植物志》《中国中药原色图谱》《中药大辞典》《植物化学分类学》《中国生物物种名录》等著作10余部。现主持编写《泛喜马拉雅植物志》（*Flora of Pan-Himalaya*）（伞形科）、《华北植物志》《华东植物志》（第13、14卷）。

太行阿魏 *Ferula licentiana*

刘启新/绘

王立松（1963—）　辽宁大连人。中国科学院昆明植物研究所高级工程师，研究方向为地衣分类学及生物地理学。任中国科学院东亚植物多样性与生物地理学重点实验室中国西南地区地衣生物多样性及生物地理学研究组组长，承担地衣分类学及生物地理学研究，建设中国西南地区的地衣研究平台。著有《多彩的植物世界》（与管开云、施宗明合著，2007）、《中国云南地衣》（2012）、《中国药用地衣图鉴》（与钱子刚合著，2013）等。承担多项国家基金项目，"横断山主要大型地衣系统分类研究及食药用价值评价"获2016年云南省科学技术奖励自然科学类二等奖，《多彩的植物世界》获2011年云南省科学技术进步三等奖。

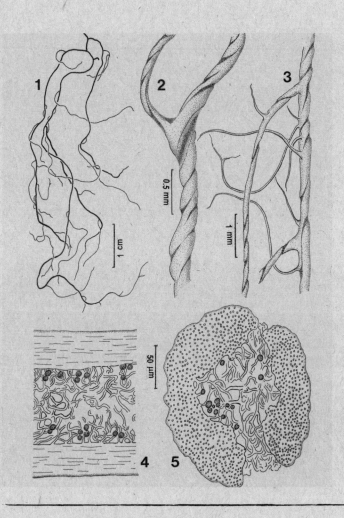

横断山小孢发 *Bryoria hengduanensis*
王立松/绘

金孝锋（1978—）

浙江海盐人。杭州师范大学教授，浙江省植物学会副理事长兼秘书长。主要从事种子植物分类和系统演化的研究。出版专著《杜鹃花属映山红亚属的分类研究》、英文专著《Taxonomy of *Carex* sect. *Rhomboidales* (Cyperaceae)（薹草属菱形果薹草组分类研究）》，编著教材8部（册），现主持编写《泛喜马拉雅植物志》（*Flora of Pan-Himalaya*）第12卷莎草科薹草属、《浙江植物志》（第2版）第8卷和第10卷。

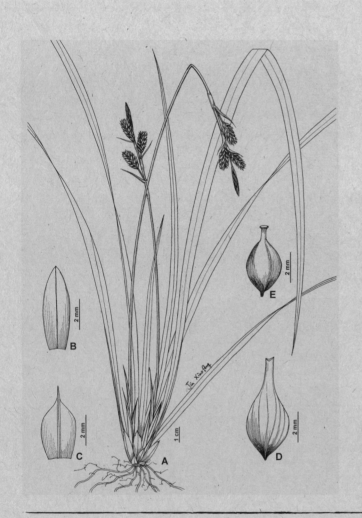

浙南薹草 *Carex austrozhejiangensis*
金孝锋 / 绘

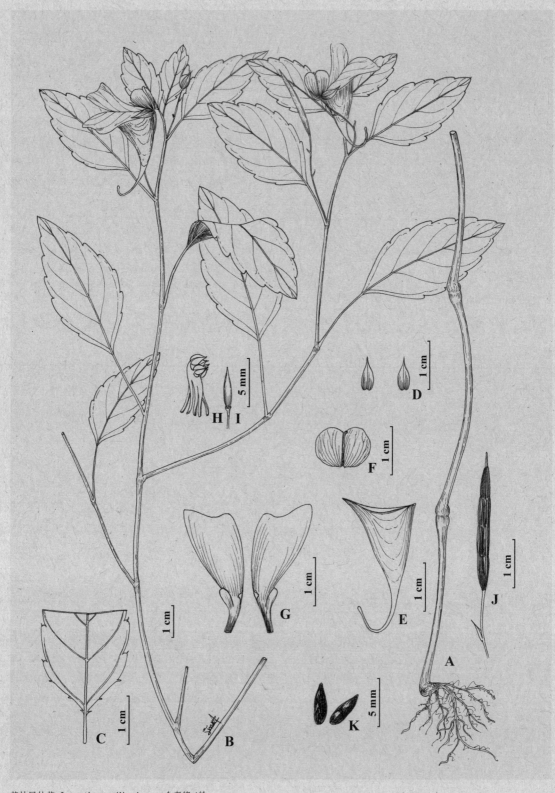

艺林凤仙花 *Impatiens yilingiana*　金孝锋/绘

牛洋（1984— ）

中国科学院昆明植物研究所植物学博士、副研究员。自然摄影师。现于昆明植物研究所高山植物多样性研究组工作，从事高山植物进化生态学研究。图文作品见于国内科普及摄影杂志，曾获中国国家地理"花影炫色"摄影大赛及"惊艳·新视野"科学摄影比赛大奖。喜爱观察和拍摄植物，热衷于记录和研究自然之美。

拟刺棒南星 *Arisaema echinoides*　牛洋/绘

特别收录二

◆

中国古代植物图像简史

王　钊

文

辛店彩陶
广东佛山知隐博物馆藏

甲骨文中的禾字

　　中国地处亚洲东部，幅员辽阔，在多样化的地貌和气候下，生长着超过 35 000 种植物，占全世界植物总数的十分之一，其中约 15 000 种为中国特有。自古中国人可以在相对封闭的区域内繁衍生息，拥有如此丰富多样的植物资源是重要原因之一。

　　中国人对植物的探究和利用具有悠久的历史。就古代中国的农耕文明看，植物是先民定居式生活中重要的生存物资来源。人们定居一地之后，按照季节循环稳定地采集到各类具有实用价值的植物，其中部分植物还被驯化，农业也逐渐发展起来。中国古代植物知识的承载除了大量散见于各类文献的文字记载，许多植物知识是以图像的形式被承载流传，它们是对文字记载的重要补充。

　　先秦时代

　　最早可追述的植物图像是远古时代的各类壁画和彩陶。先民通过简易制作的矿石颜料，在岩壁或烧制的陶器表面绘制他们观察到的植物世界。

　　距今 3 000 多年的甘肃辛店文化遗址中出土了外壁描绘太阳和植物纹饰的陶罐，表明当时人们已经认识到了植物生长与太阳之间的关系。到了商周时期，人们将对植物的观察概括化地融入甲骨文这样的象形文字中，比如"禾"字，就表现了成熟期种穗下垂的谷子形象。夏商时代是国家形成的初期阶段，已有朝贡制度，地方诸侯需按时节向中央进贡当地物产。

《春秋左传注》载："昔夏之有德也，远方图物，贡金九牧，铸鼎象物，百物而为之备……"这表明，当时的统治者就已要求各地诸侯上呈本地物产图像，然后由其将这些图像铸造在象征王权的大鼎上。这些贡物中便包括植物，如《尚书·禹贡》便记载，荆州需要进贡当地的菁茅用于"苞茅缩酒"的祭典。

先秦时期未流传下太多的植物图像，这一时期的植物图像多为简单图案，作为器物的装饰。春秋战国时期丝织业繁荣，织工已经可以在丝织品中展示出自然物象，尤以楚国织工擅长。楚人观藤蔓类植物纤细茎蔓的卷曲舒展，将这种具有柔曲自然美的形象抽象化地融入丝织品的纹样之中。这种借助藤蔓植物形象创作的纹样被称为"缠枝花"，成为中国植物图案纹饰中最大的类别，并且不断被继承创新。

秦汉时期

秦汉时期植物的形象仍处于器物装饰的层面，不过此时描绘的植物越来越体现出现实的特征。国家博物馆藏有一块展示东汉庄园内种植油桐的画像砖。画面中庄园内种满了结着果实的油桐树。用油桐子榨取的桐油是一种常用于传统木工业的优良干性植物油。东汉时期在地主占据的庄园内大量种植这类具有经济价值的植物。《史记·货殖列传》就载："千亩卮茜，千畦姜韭，此其人皆与千户侯等。"当时经济作物可以为地主带来丰厚的经济效益，除了文献记载当时人们大量种植这类植物的情况，这块描绘有油桐图像的画像砖，更能直观地反映出当时盛大的种植场景。

东汉　桐园画像砖　中国国家博物馆藏

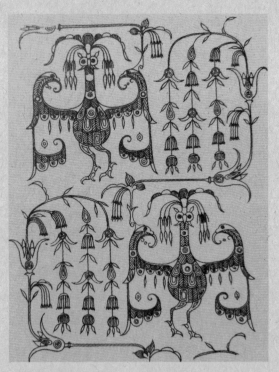

战国中期　楚国丝绣绢袍上的凤鸟花卉纹摹绘图

东汉 新疆民丰县出土绮缎上的葡萄纹摹绘

汉时葡萄传入中国，当时的丝织品也反映出了这种西域水果进入中原的事实。新疆民丰县就曾出土过东汉时期描绘有葡萄纹饰的织物，在一块葡萄纹绮缎上清晰地展示着葡萄蜿蜒的藤蔓、掌状的叶片和密实的果序。

以上这些实用器物上的植物图像虽然还不是真正意义上的植物绘画，但它们已通过具象的形态，展示出当时的人们对植物的观察和描摹。这些装饰艺术在不经意间为之后的研究者提供了这些植物的历史线索。

唐代

随着本草学的发展，汉代之后出现了许多本草类书籍。为方便辨识药用植物，一些本草图书中还绘制了图谱。《隋书·经籍志》中就记载了几部自汉代起流传的本草图谱，据李约瑟统计，有《神农明堂图》1卷、《芝草图》1卷，原平仲撰《灵秀本草图》6卷。这些本草图谱显然是以手绘图像的抄本流传，虽然现在已经亡佚，但它们不失为中国有记录以来真正意义上最早的植物图谱。

唐显庆四年（659）苏敬等奉敕纂修了中国历史上第一部政府颁布的药典《新修本草》。这部具有重要意义的本草著作中包含了25卷药图和7卷图经。这些图像虽然已不可考，但依据残存于后世各类本草图书中的文字部分，可知《新修本草》对后世的本草研究贡献甚大，书中的绘图无疑也会影响后来本草书籍的图绘风格。

在印刷术还未流行的唐代，本草书籍中的图谱仍需人工描绘，这就和当时绘画中描绘的植物并无二致。实际上，草药植物也是唐代花鸟画家喜爱描绘的对象，唐代著名花鸟画家刁光胤和滕昌佑就分别创作过《药苗戏猫图》和《药苗鹅图》。这一题材在五代和宋仍为许多花鸟画家所喜爱，只可惜并无画作传世。

唐 牡丹芦雁图壁画 北京海淀博物馆藏

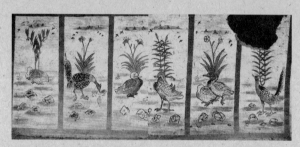

吐鲁番阿斯塔纳墓六屏花鸟壁画

　　中国传统花鸟画是在唐代逐渐独立成科的，这除了与画家绘画技巧的提高有关外，人们对植物装饰美化功能的极大关注也是一个重要的原因。唐时人喜爱观花，尤其是长安、洛阳等大城市，更将牡丹推崇为一种具有明星效应的观赏植物。当时两京著名的寺观和豪族之家均栽植牡丹名种，每至花时人们倾城而观。这种观花风气推动了花鸟画的发展。虽然这个时期极少有花鸟画留存至今，但从出土唐墓中保存的大量花鸟壁画还是能一窥当时画工描绘植物图像的风格。至今出土的最大幅唐墓植物主题壁画为北京海淀区八里庄王公淑墓的牡丹芦雁图壁画。依据墓志铭，该画作完成于唐大中六年（852）。画面正中描绘一株长势健壮的单瓣白色牡丹。牡丹枝叶舒展，硕大的花朵错落有致地散落在枝叶之间。画家将牡丹花瓣处理得正反转折有致，甚至仔细描绘出了内部花瓣基部的深色花斑。这幅场景使人仿佛置身于牡丹盛放的庭院之中，这或许也是墓主人所希望享有的装饰效果。吐鲁番阿斯塔纳215号古墓曾出土一组六屏花鸟壁画。六幅屏风式壁画均在画面正中央偏下描绘一只禽鸟，在禽鸟后方画面中央上部描绘一株高耸的花卉。这些植物的特征描绘得很明显，分别是玉竹、鸢尾、萱草、百合等植物。以上两幅壁画在画面设计上，植物均采用了几乎对称的构图方式，这似乎是之前以植物为装饰图案的风格遗存，稍后的辽代也继承了这种对称构图的花鸟画。1974年辽宁省法库县叶茂台七号辽墓出土了1件《竹雀双兔图》。画面正中上部描绘有一丛竹枝，稍下则对称描绘了3种中国北方常见的野生植物，分别是蒲公英、地黄和白头翁。下方草地上停卧着两只野兔；草地上近乎对称地点缀着几丛车前草，由此可见，远在草原的辽代画家也深受中原地区花鸟画设计风格的影响。

花鸟画在唐代仍是起步阶段，虽然折枝花等独立的植物描绘已经出现，但留存至今更多的植物图像还是用来装饰人物画，美丽的植物充当了肖像的背景。在敦煌石窟第130窟有一幅盛唐时期创作的《都督夫人太原王氏供养像》。画面中除了装扮艳丽的礼佛侍女外，最醒目莫过于人物身边的植物。在都督夫人前方绘有一株蜀葵，女儿十一娘身后绘有两株貌似川百合的植物，而最后边的婢女身后则绘有两株石竹。此外，十一娘手上持一花束，身后两婢女捧一满盘花卉。整幅图中的花卉既是对人物的装饰，又展现了供养人对佛的虔诚。画家通过将植物不按比例的放大或缩小而将画面填满，使人物处于一个由植物包围的密闭空间内。

　　更多的植物图像还出现在金银器、丝织物上面。唐人很擅长将花卉的形象处理为极具装饰性的图案，团花类花卉图案是极具唐代风貌的一种植物装饰纹饰，硕大的花冠

唐 都督夫人太原王氏供养像壁画
段文杰/摹绘

竹雀双兔图
辽宁省博物馆藏

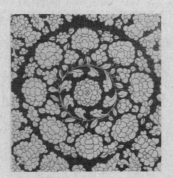

唐 团花纹摹绘
原物日本正仓院藏

唐 宝花纹锦
美国大都会艺术博物馆藏

随着柔曲的茎蔓盘旋成团花。另有一种称为"宝相花"式的团花图案。它是将荷花、牡丹类花瓣层叠起的花朵抽象化为一种中心对称式的团花花纹，这种花纹保留了部分花瓣的特征，通过规律性的组合和色彩搭配，呈现出唐代特有的富丽华美气息。唐代的植物纹饰更多是与禽鸟搭配在一起，许多丝织物中有鸟衔花枝和鸟踏花朵的图案组合。前者常为一展翅飞翔的禽鸟，口衔一茎柔曲蜿蜒的花枝，通过飞动的禽鸟将卷曲的花茎自然地衔接起来，整个画面充满了自然的生机感；后者一般为对称式地将两只鸟置于莲花座式的花头上面，这种造型与唐代佛教的兴盛有着很大的关系，也成为这个时代很具特征性的花鸟组合纹饰。

五代时期

如果说花鸟画在唐代只是起步，那么从五代至宋就是花鸟画最为辉煌的时期。唐末藩镇割据，至五代，中国各地都被地方强权所占据，偏居西南的西蜀和偏居东南的南唐两个小朝廷，为中国花鸟画的发展起到极大的推进作用。西蜀前后两个王朝君主均雅好丹青，许多著名画家都入蜀避难谋生。尤其是后蜀时期，孟知祥建立了中国历史上第一个宫廷画院——翰林图画院，这一举措使得此区域花鸟画创作进入繁荣时期。画院中涌现出一大批善绘植物的画家，其中以滕昌佑与黄筌最为知名。滕昌佑是一位自然写实派的花鸟画画家，他并无师承，史料记载："（他）常于所居树竹石杞菊，种名花异草木，以资其画……初攻画无师，唯

晚唐 鸟衔花枝纹刺绣
法国吉美博物馆藏

唐 花树对鸟纹刺绣
美国大都会艺术博物馆藏

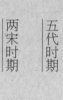

五代时期

两宋时期

五代 黄筌/绘 写生珍禽图
故宫博物院藏

五代 徐熙/绘 豆花蜻蜓图

写生物以似为功而已。" 虽然现今他已无画作传世，但是通过《宣和画谱》中记载他的 65 幅作品名录，我们可知滕昌佑擅长描绘包括花卉、蔬菜、草药、水草等在内的各类植物。黄筌受聘于后蜀画院，经常有机会见到宫廷里种植的奇花异卉，他用勾勒晕染之法层层描绘，呈现出花卉的色泽和形态，使人观之能感到富丽堂皇的气息，因此世人称其画风为"黄筌富贵"。据北宋《宣和画谱》记载，当时御府藏有他的作品 349 件，绝大多数都是花鸟画。他所描绘的植物多是牡丹、芍药、荷花、海棠等庭院栽植的著名观赏花卉。他的作品仅有一幅《写生珍禽图》传世，我们可由此一窥他的绘画风貌。

南唐政权下的三位君主均崇尚文教，所以南唐境内文化风气浓厚，中主李璟也建立了翰林图画院以供内廷装饰之需。与后蜀画院相比，南唐画院绘画风格更具有文人气息，画作淡雅闲适。南唐花鸟画名手当推处士徐熙，他虽未入画院，但其常为宫廷作画，其画风也深受南唐宫廷喜爱。与黄筌善于描绘宫苑内的奇花异草不同，徐熙不为官职所累，可以经常去大自然中感受自然的生机，他擅长描绘汀花野竹、苗圃菜畦间具有野趣的植物。徐熙的画作呈现出一派自然野逸的风格，他表现的不是观赏植物艳丽的姿色，而是平凡植物焕发的勃勃生机，这种被称为"徐熙野逸"的绘画风格受到了后世文人画家的推崇。

两宋时期

西蜀和南唐的宫廷画院制度，为之后统一的北宋王朝建立画院奠定了基础。北宋肇建伊始就建立了宫廷画院，至徽宗朝画院的地位更是得到了无以复加的提升。徽宗赵佶雅好丹青，尤其钟爱花鸟画，在他统治的时期，花鸟画的创作水平达到历史的高峰期。徽宗时期的宫廷画院注重画师的文化修养，画师经考核进入画院之后，还需要专门进行画学训练，平时画师按照士流和杂流的区别学习儒学、道学经典，《尔雅》《说文解字》等典籍是画师的必修内容。画家学习这类经典以熟知名物，包括草木虫鱼之名，对于严谨的绘画创作，这是必不可少的知识。宋徽宗也极其关注画家对植物生气的把握。《画继》载："徽宗建龙德宫成，命待诏图画宫中屏壁，皆极一时之选。上来幸，一无所称，独顾壶中殿前柱廊拱眼斜枝月季花。问绘者为谁，实少年新进。上喜赐绯，褒赐甚宠。皆莫测其故，近侍尝请于上，上曰：'月季鲜有能绘者，盖四时、朝暮，花、蕊、叶皆不同。此作春时日中者，无毫发差，故厚赏之。'" 就是在这样的创作氛围下，宋代的花鸟画水平得到了极大提升，以至于后世再难有企及。

通过《宣和画谱》的记录，可知北宋时期画院创作了大量优秀的花鸟画作品。这一时期植物并不多单独呈现，而常是配合禽鸟一起出现在画面中。这实际展现了中国古老的美学观念：鸟类好动为阳性，植物静止为阴性，动静相交、阴阳相融，使人在欣赏画面定格的瞬间美丽时，感觉到自然中孕育的勃勃生机。现今传世的《芙蓉锦鸡图》为徽宗画院的代表性花鸟画之一。这幅作品虽被归于赵佶名下，然而现在研究界倾向于认为此画应为当时画院其他高手所作。这幅作品采用"黄筌富贵"式的艺术手法，展现出锦鸡（杂交种）栖于芙蓉花枝上的唯美意境，加上赵佶题写的诗句，向观者呈现出中国花鸟画艺术与文学交互融合的特征。崔白的《双喜图》中，兔与灰喜鹊的互动生动有趣，土坡上槲栎树在秋风的吹拂下枝叶披离。画家很好地展现出了槲栎树衰败黄焦的叶子、苍老粗糙的树干。北宋传世的数幅花鸟画中，植物均在画面中占据较大的面积，通过植物的衬托，展示出禽鸟的灵动与活泼。

北宋 赵佶/绘 芙蓉锦鸡图
故宫博物院藏

北宋 崔白/绘 双喜图
台北"故宫博物院"藏

南宋 佚名/绘 出水芙蓉图
故宫博物院藏

南宋 冯有大/绘 太液荷风图
台北"故宫博物院"藏

北宋 赵昌/绘 岁朝图
台北"故宫博物院"藏

北宋还出现了一种被称为"铺殿花"的装饰性绘画。北宋郭若虚《图画见闻志》载："江南徐熙辈有于双缣幅素上画丛艳叠石，傍出药苗，杂以禽鸟蜂蝉之妙，乃是供李主宫中挂设之具，谓之铺殿花，次曰装堂花，意在位置端正，骈罗整肃。多不取生意自然之态，故观者往往不甚采鉴。"赵昌的《岁朝图》正是这类铺殿花风格绘画的代表。画面中水仙、山茶、蜡梅、月季、碧桃等各类鲜花纷繁密布，赭色坡地与太湖石分置前景与中景，背景不做留白处理而补之以蓝色衬底。这类画作虽不为鉴赏家所重视，但确是当时用植物形象装饰室内空间的典型代表。

靖康二年（1127）北宋灭亡，南宋朝廷偏安江南。南宋虽然承继了北宋文化，但气质更加内敛深化。南宋画院是在北宋徽宗朝画院旧制的基础上建立起来的，建立之初也画过一些鼓舞河山收复意寓的画作，但随着政治环境渐趋和缓稳定，画院逐渐创作出一些展现优裕精致生活的画作。这个时期花鸟画的画幅缩小，植物的形象大量以折枝花的形式出现在团扇或方斗式的小型页面之上。南宋的植物绘画大多刻画精致、设色典雅，有些植物绘图的细腻程度甚至可与现代科学绘图媲美。

佚名画师创作的《出水芙蓉图》中，画作中央描绘了一朵盛放的荷花，花瓣层层渲染，甚至可以看到清晰的花脉，荷花子房半露，周围环列着繁密的雄蕊群，嫩黄的花丝、乳白的花药层叠而不乱。画家对荷花花冠的把握准确到位。在花冠的后部，一片侧展的荷叶将粉嫩的花瓣包围烘托得恰到好处。

另一幅由南宋画家冯有大创作的《太液荷风图》则展现了一幅生气勃勃的夏日荷塘生态图景。满池舒展翻卷的荷叶间点缀着红白两色的荷花，水面上浮满浮萍，数只赤麻鸭和绿头鸭在水中安逸地觅食。有限的留白处，画家也仔细绘出两只红蛱蝶和一只燕子。画作尺幅虽小，但内容丰富、气韵生动，深得宋画精微之实。

除了单独的折枝式构图，南宋画家也善于采用组画描绘各种时令花卉。画家李嵩依据季节描绘的一套四幅植物画作《花篮图》中有两幅传世。《夏景花篮图》中，编制精巧的花篮中，蜀葵、夜香木兰、萱草、黄花菜、栀子和石榴花，花朵繁密而不紊乱。画家多用白粉进行花瓣的提染，使得花朵形象饱满而醒目。《冬景花篮图》则展示了冬季开放的时令花卉。花篮里插放着山茶、蜡梅、瑞香、水仙和绿萼梅。这幅画作中花卉的色彩更见丰富，除了花瓣的提染外，画家在描绘山茶的叶片和绿萼梅的萼片时，运用了大量的石绿颜料，不同色度的石绿准确地表现出叶片的质感。

南宋画家还运用高超的绘画技巧，将植物器官的某些特殊结构处理得惟妙惟肖，如卫昇所绘的《写生紫薇图》。紫薇花花瓣褶皱极多，传统画法均是意笔点染，但卫昇在这幅作品中却用工笔细致地刻画出紫薇花瓣复杂的褶皱。每一褶皱处，均用重色从瓣缘起进行提染。整体上紫薇花瓣繁密而不紊乱，花朵在花枝上处理清晰，完全可以作为科学观察紫薇花冠的示范画。

另一组由南宋画家李迪所绘的《红白芙蓉图》展示了两种颜色的芙蓉花。这实则是画家对芙蓉花不同花期颜色渐变的准确观察记录：芙蓉花初开乳白，等到盛放之时花瓣就会出现红色晕斑。

艾宣的《写生罂粟图》中展示出一株花芽分化变异的虞美人。图中描绘的虞美人均是两花并蒂，这种罕见的植物变异现象在古代被认为是祥瑞，因此被画家及时记录描绘了下来。

南宋 李嵩/绘 夏景花篮图
故宫博物院藏

南宋 李嵩/绘 冬景花篮图
台北"故宫博物院"藏

南宋 卫昇/绘 写生紫薇图
台北"故宫博物院"藏

南宋 李迪/绘 红白芙蓉图之白芙蓉
日本东京国立博物馆藏

南宋 李迪/绘 红白芙蓉图之红芙蓉
日本东京国立博物馆藏

南宋 艾宣/绘 写生罂粟图
台北"故宫博物院"藏

南宋 林椿/绘 果熟来禽图
故宫博物院藏

南宋 林椿/绘 橙黄橘绿图
台北"故宫博物院"藏

南宋 佚名/绘 荔枝图
上海博物馆藏

　　南宋画家在描绘水果方面，技法也很高超，已经能够运用各种绘画技法来处理各类植物器官的外形和质感。林椿《果熟来禽图》描绘了　枝花红果。这种小型水果在秋天成熟之时，因为果皮表面受光不均匀，会形成渐变的红色晕色，常在一颗果实上既有受光面红色果皮，也有淡黄色果皮。画家不仅以细腻的笔法描绘出成熟果实丰富的渐变颜色，还描绘了一颗半绿半红的半熟果实。为表现出果实成熟的秋季叶片开始衰老的情形，他用不同赭色的浓淡变化处理叶缘上的焦枯缺刻和虫洞。林椿在另一幅画作《橙黄橘绿图》中，以点画方式由浓及淡地展现出未熟果实表皮的粗糙质感，成熟的柑橘则以白色打底，局部稍用淡黄晕染出立体感，再以淡黄色点出橘皮上的凹点。同样是描绘果皮粗糙的水果，在一幅佚名画家所绘的《荔枝图》中，画家不仅要处理果实表皮的粗糙质感，还要展现果实表皮颜色的变化。画家通过混合运用点画和细笔勾勒蜂巢式纹样的方式来处理不同成熟度的荔枝果实。更为难得的是，画家还绘出一颗果肉（植物学上称其为"假种皮"）和种子外露的果实。光滑丰腴而呈半透明的果肉采用留白和淡白色浅晕染的技法表现得恰到好处。

南宋 佚名/绘 百花图卷（局部）
故宫博物院藏

南宋 佚名/绘 百花图卷（局部）
故宫博物院藏

南宋 佚名/绘 百花图卷（局部）
故宫博物院藏

　　南宋画家除了采用小幅画面表现植物的局部美感外，《百花图卷》也说明当时的画家已经具备了创作大型植物画卷的能力。《百花图卷》是一幅采用墨线勾勒各种花卉的长卷。画中由梅花起始，以油点草止，共描绘植物达60余种。不仅描绘了常见的园林观赏植物，如牡丹、芍药、海棠、芙蓉、蜀葵等，甚至还描绘了许多不常入画的野生植物和蔬菜，如鳢肠、决明、大火草、油点草等。有专家依据画幅末端的切割痕迹推断，此幅画卷应该是按季节描绘四季花卉，最末的冬景花卉被人为截取，由此推断画家在如此长卷上描绘植物近百种。完成如此画作，不仅需要画家具有精湛的绘画技法，更需要其拥有充足的植物学知识。画面中的植物均是淡墨勾勒而成，在花瓣局部和叶片部分用淡墨晕染，虽然画中未用色彩点染，但每一种植物的结构都准确而生动，充分展示了宋人对植物精准的观察和描绘。

南宋 佚名/绘 百花图卷（局部）
故宫博物院藏

南宋 佚名/绘 百花图卷（局部）
故宫博物院藏

南宋 杨无咎/绘 四梅图卷（局部）

对植物的观察细致不仅仅体现在对植物的外观方面，此时期的画家也更细腻地观察并记录植物的物候变化。在杨无咎的《四梅图卷》中可以感受到画家对梅花由开放到凋落的仔细观察。这幅画卷由四幅画面组成，分别是现蕾、初绽、盛放和凋落。画家在创作梅花时并没有采用同时期画院画家勾勒晕染的技法，而是以意笔圈点出梅花、墨笔直接皴擦出枝干。这种写意画法在后世文人花鸟画中很盛行，虽在表现物象上稍逊工细笔法，但却很容易通过笔墨情趣展现出植物的生机和神韵。

宋代印刷术的流行直接推进了植物图像的传播。宋仁宗嘉祐二年（1057），朝廷下令编写一部官方的本草学著作，令所有地方郡县长官将本区域内重要的药用植物绘制成图上呈朝廷。之后，各地共上交1 000余幅药用植物的绘图。在这些绘图的基础上，苏颂于嘉祐六年（1061）编辑成《本草图经》一书。该书以图配文的形式对宋朝疆域内的药用植物

南宋 杨无咎/绘 四梅图卷
故宫博物院藏

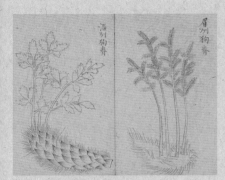

南宋 《绍兴校定经史政类备急本草》摹本

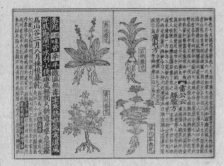

《重修政和经史政类备急本草》插图

进行了系统记录。借助印刷术的便利，陈承在元祐七年（1092）将《本草图经》和另一本《嘉祐补注神农本草》合为一书，取名为《重广补注神农本草图经》。自此，这些药用植物图像就以木刻版画的形式广为流传。至绍兴二十九年（1159），南宋官方在北宋徽宗时期修订的《大观经史政类备急本草》和《政和经史政类备急本草》两书基础上，重新编纂了一部本草著作《绍兴校定经史政类备急本草》。这部著作绘有精美的木刻植物版图。李约瑟认为，这是中国古代同类著作中最为精美清晰的绘图。

在同时期的蒙古族地区，出版商张存惠于1249年编辑出版了《重修政和经史政类备急本草》，该书是后世流传最广的本草著作，书中附有的植物刻图成为后来许多本草著作摹刻的范本。

此外，古老的手绘彩色草药图像的传统在宋代也被继承了下来。曾为宫廷内侍的画家王介在嘉定十三年（1220）绘制了一部地区性草药图鉴《履巉岩本草》。该书收录的本草植物均源自画家生活的杭州凤凰山慈云岭附近。全书共有彩色植物绘图202幅，同时配以简单药方，目的在于"或恐园丁野妇，皮肤小疾，无昏暮叩门入市之劳，随手可用"。现存本据考证为明代转绘版本。书中绘图多用矿物类石绿颜料，颇似南宋院体花鸟画中的植物绘画风格。在描绘一些植物的关键部位时，画家敢于舍弃整体性的植物构图，而采用细致刻画关键部位的做法。

南宋理学兴盛，儒士多能以"格物致知"的方式对待生活中的各种现象。这一时期的学者对植物的研究也进入一个高潮，陆续有许多记录某种植物的谱录出版问世，其中最具代表性的为宋伯仁的《梅花喜神谱》。这部著作分为上下两册，是中国第一部介绍梅花各种姿态的木刻图谱。全书共100幅图，每幅图均以物象比喻的方式为梅花生长的造型命名。《梅花喜神谱》实质上并不是一部梅花画谱，而是作者为记录其爱梅、格梅的过程而创作的一套图像谱。宋伯仁将梅花的各种外观与名物相关联，升华出对儒家倡导的人伦道德之体验，这也正是宋代儒生通过"格"外物而"致知"的一种具体做法。

元代

蒙古人入主中原建立了元朝，曾一度将南宋统治下的汉民划为最低一个等级的人群。异族的统治使得传统读书人感觉到天崩地裂、道德沦丧，他们拒绝与元朝政府合作。更为残酷的是，元代取消了科举制度，这也打破了传统士大夫安邦济世的理想。入仕无门、无法实现儒家理想的文人们通过各种手段逃避现实，讥讽元朝。这一时期各种艺术门类的兴盛与不得志的文人群体有很大的联系。

南宋 王介/绘
《履巉岩本草》插图

南宋 王介/绘
《履巉岩本草》插图

元代

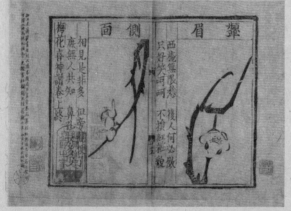

南宋 宋伯仁/绘
《梅花喜神谱》插图

元 王冕/绘 南枝早春图
台北"故宫博物院"藏

元 郑思肖/绘 墨兰图
日本大阪市立美术馆藏

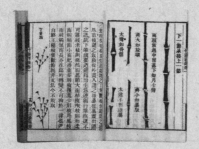

元 李衎《竹谱详录》书影

元 李衎/绘 沐雨图轴
故宫博物院藏

在绘画方面，元代开始流行写意笔法的文人画，这种绘画追求笔墨趣味和文学化的画面意境。文人画家常用具有书法展示性的笔法描绘具有道德比附性的植物，梅、兰、竹成了当时最受欢迎的植物绘画题材。

梅画大家王冕画梅枝干善作长枝，枝干末端收笔如鼠尾，其上以淡墨圈画梅瓣，花枝繁密如万朵碎玉。这种梅花的写意画法之后成为文人画梅的典范。兰画名家郑思肖为遗民画家，他对元朝充满强烈的反感，自称所画兰花无根是因故土沦丧，无土可依。竹画名家李衎采用双钩画法，生动地表现出竹子在阴、晴、雨、风中的各种姿态变化。他利用外任各地之便，深入竹乡观察各类竹子，在此基础上创作了一部专门介绍竹子博物学知识和画法的专著《竹谱详录》。书中记载竹子种类达 300 余种，还以木刻版画的形式介绍不同竹子各部分结构间的差别。李衎的例子即告诉人们，元代的文人画虽然重视笔墨，但这并不意味着画家忽视了对客观自然的观察。他们都是在不违背自然物特性的基础上，将主观思想和物象融合于画面上。大量文人画家通过简率笔法描绘具有象征性的植物图像，在他们的审美引导下，这种写意式的画法自元代起就被中国画家奉为圭臬，至今仍是多数中国人印象中的中国画样貌。

在文人写意画流行的同时，仍有许多文人画家传承着前代画家的细致技法，其中最知名的莫过于钱选和王渊。

钱选虽仍采用工笔画法描绘植物，但他对南宋后期院体花鸟画的匠气风格很不满意，主张绘画中要有"士气"，即一种气韵生动的书卷气息。他所创作的植物形象淡雅生动，以纤细流畅的淡墨线条绘出植物结构，再施以淡彩。其代表作《八花图卷》依此法描绘了 8 种花木（从右至左分别是楸子、梨花、杏花、九里香、垂丝海棠、栀子、玫瑰和中国水仙），每

元 钱选/绘 八花图卷
故宫博物院藏

元 杏花 八花图卷局部

元 王渊/绘 折枝牡丹图
故宫博物院藏

种植物都刻画得极为仔细：梨花枝干每节明显的叶痕和嫩叶边缘的赭红色、杏花徒长而不着花的一年生枝干、精心刻画的九里香大小叶脉、栀子花依照叶脉晕染以显示其叶片凹凸质感、玫瑰的较大托叶、水仙花叶片宛若游丝般平行排列的叶脉。以上这些细致刻画的植物结构细节在古代画家的作品中是难得一见的，由此也可以展示出钱选仔细入微的观察能力和精湛画技。

　　王渊是另一种绘画风格，他是自然写实主义画家。他擅用墨色描绘花鸟。虽然墨仅有一种本色，中国古人却提出"墨分五色"的观点，将墨色分为焦、浓、重、淡、清5种色度，通过不同色度的墨色来展示动植物丰富多彩的颜色变化。王渊的花鸟画展示了他仅通过墨色变化就可以呈现植物多变色彩的精湛技能。其所绘的《折枝牡丹图》描绘了两枝淡色牡丹，一朵正在盛放，另一朵则刚现蕾，主宾搭配使画作更显生动自然。画家分别用淡墨和清墨以没骨法绘出叶片，浓墨勾出叶脉，花瓣则用淡墨勾出，再用极淡的清墨稍稍晕染花瓣，最后用清墨细致地勾出整齐的花脉。画面中，牡丹花心中部雄蕊瓣化的花瓣，高高耸立如同起楼，花冠中部正常的雄蕊环绕中央花瓣之下，如同金带环腰，很可能就是

古籍中记载的"金系腰"品种。

　　中国画被认为在元代出现了一次大的转变，即由宋代对客观物象的追摹转向简率唯心的主观性表达。但通过钱选与王渊的植物绘画可以看出，一些元代画家仍然努力尝试将笔墨展示和物象刻画很好地融合在一起，这也可以视为元代文人画在新绘画风格上的一种成功探索。

　　另一方面，元代还有很多非文人出身的画家仍在传承着宋代流传下来的院体画法。地处江南的毗陵（今常州地区）一直流传着院体风格的草虫画。这类绘画不像文人画主要用以品鉴收藏，而更多地用于实用性的居室装饰。当时毗陵地区聚集了许多这样专为市井百姓创作此类装饰画的画家。这类画作一般都成对展示，采用了古老的对称式构图：画面中央绘制一丛近似对称的植物组合，左右角则对称描绘两株较小的植物；为烘托画面生趣，常会在植物周围描绘各类草虫。因这类画作是售卖给文化程度不高的富裕市民作为居室装饰，与当时的文人审美趣味并不相符，故而大都散佚，逐渐消失在历史的长河中。今天可见的毗陵草虫画几乎都是当时来中国的日本僧侣带回日本的作品。

元　佚名/绘　草虫画之一
日本东京国立博物馆藏

明代

明代，汉人重新夺回统治权，宫廷从南宋故地招募许多画家进宫服务。这些画家以宋代院体画的风格创作了许多精美的花鸟画作品，其中最著名的莫过于吕纪。吕纪擅长描绘植物与禽鸟搭配的大型装饰性画作，其创作的《秋景珍禽图》展示了许多美丽的鸟雀停歇在象征秋季的芙蓉和桂花周围，技法上仍然保持着宋代精致的院体画风格。另一方面，吕纪也受到了元代文人意笔绘画的影响，在其《残荷鹰鹭图》一作中，就用简略的枯笔皴擦点染和书法性的墨线描绘出干枯多皱的残败荷叶。

明代绘画的主流依然是文人写意画。一些文人画中的植物形态已经被简化到极致，成为某种象征性符号。这种好尚使得可以描绘的植物范围缩小，文人们都以同样的范式描绘着诸如梅、竹、松等少数几种被赋予君子情操的植物。明代中叶的画坛以江南地区的吴门画派最有影响力，代表性画家有沈周、文徵明和唐寅。他们都擅长中正雅和的文人花鸟画，画家不用观察自然，只需要内心的思索就可以默写绘制。三人之中沈周算是擅长观察生活的大师，他常以"写生图"的形式描绘所观察到的自然世界，画作更具生活气息。

明 吕纪/绘 秋景珍禽图
私人藏

明 沈周/绘 写生册页之秋葵
故宫博物院藏

明 吕纪/绘 残荷鹰鹭图
故宫博物院藏

明 周之冕/绘 百花图卷
故宫博物院藏

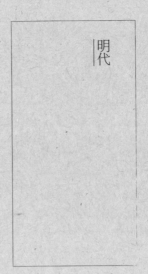

明 仇英/绘 水仙蜡梅图
台北"故宫博物院"藏

明 陈洪绶/绘 荷花鸳鸯图
故宫博物院藏

明 周之冕/绘 百花图卷局部

　　吴门画派另一位画家仇英是专业画师,绘画承宋代院
体画风格,而又融入文人画的优长,作品雅致,颇受时人
推崇。其所绘《水仙蜡梅图》精细地描绘了两种冬日开放
的应景花卉:高挑舒展的水仙绽露出雅致的花朵,单瓣为
"金盏银台",重瓣为"玉玲珑",上方一枝蜡梅横斜入
画,稀疏的淡黄色的花蕾与水仙繁盛的花序形成鲜明对比。
画面设色淡雅,物象刻画准确,在线条的勾勒上也展示出其骨法用笔的技巧。

　　明中后期除了主流画坛的文人画绘画外,许多画家都在装饰性的植物绘画方面不断摸索。画家周之冕开创了"勾花点叶"
的植物画画法,且经常将几十种花卉描绘于一幅长卷之上,如《百花图卷》。他用线条来勾勒花朵,而后或施以淡色,再
用点染方式直接画出叶片。这种具有小写意风格的"勾花点叶"画法很适合快速展示各类花卉的形象,之后也成为传统绘
画表现植物形象的主要方法。

　　另一位明末版画大家陈洪绶,也在植物绘画方面形成了鲜明的个人风格。他用圆润的线条描绘出夸张而又不失物象特
征的植物形象,如《荷花鸳鸯图》中充满了个性化的变形画法:荷叶波纹式的褶皱、规律化的叶脉、莲座般的荷花、

明 佚名/绘 钱选款苏州片花鸟册页之一
台北"故宫博物院"藏

明 孙艾/绘 木棉图
故宫博物院藏

近乎椭圆的浮叶以及羽毛鳞次栉比排列的鸳鸯，画面极具装饰味道。

明代后期，江南地区繁荣的经济催生出强大的书画市场。当时苏州地区画工集聚，许多画工以制作签有名家画款的伪作为生，苏州生产的这类伪作后来被称为"苏州片"。在这些伪作之中出现了许多写实画风的植物绘画。这些作品虽与托名画家风格迥异，但也不乏绘制优良者。"苏州片"中描绘的植物图像一般都设色鲜艳、造型准确，实际是对宋代院体花鸟画风格的继承。

与此同时，画家也在用植物绘画表现一些新认识的植物。画家孙艾便在其画作《木棉图》中绘制了当时江南地区大量种植的新作物——棉花。作品中，画家以实物写生的方式描绘了棉花一枝，画中既有花朵，也有果实和绽开的棉絮，不啻为一幅展示棉花科学特征的标本示意绘图。

明代植物知识大量积累，推动了本草书籍的出版，其中最为著名的当属李时珍编纂的旷世巨著《本草纲目》。《本草纲目》原书并未附图，之后出版商为了利于销售，从各类书籍中拼凑了现在可见的插图。这些植物图像刻画简略粗糙，并不能代表当时本草类植物插图的创作水平。

明弘治十八年（1505），明孝宗命太医院院判刘文泰等编纂本草学专著《本草品汇精要》。这部书共绘有彩图1358幅，多数绘图是依据《重修政和经史政类备急本草》中的墨线图设色重绘，也有根据实物重绘者。书中许多药用植物都采用全株描绘，尤其是药用部位为根部者，画家都会将其画出，重点强调。这是明代唯一的官修大型本草图鉴，也是中国古代最大的一部彩色本草图谱。著名英国科学家李约瑟（Joseph Needham）评价此书和《本草纲目》均是16世纪伟大的本草学著作。《本草品汇精要》的影响力之所以远不如后者，是因为一直没有被出版过。书成之后，因太医院牵涉宫廷内斗，就深锁内廷一直未能出版刊行。清康熙年间，宫廷曾对这部本草进行过重绘，乾隆年间在宫中服务的法国传教士汤执中临摹了这部书的重绘本，并将书稿寄回法国，后来这部辗转摹绘的书稿由巴克霍兹在法国整理出版，书中植物图像以彩色铜版画的形式呈现给了欧洲读者。

《本草品汇精要》虽未出版，但它的图稿在明代就传播到了民间。明代女画家文俶依据此书图稿，费时3年临摹绘制了《金石昆虫草木状》一书。此书仅存手绘孤本，现藏台湾图书馆。该书共绘彩图1 316幅，但有图无文，只在每幅图的右上角注明本草药名，推测可能是因画家仅对《本草品汇精要》的图像感兴趣而临摹，故对其药物知识并未抄录。因《本草品汇精要》原本和清代重绘本现今均已流失欧洲，这部仍存我国的《金石昆虫草木状》就显得极为珍贵。

另一部图像值得称颂的明代本草学著作是李中立在万历四十年（1612）出版的《本草原始》。李中立因对现有本草书籍中绘图错误频出不满，所以在撰写《本草原始》时亲自绘制了书中的插图。与其他本草书中依照传统惯例摹绘前人插图不同，他从辨别药物的实际目的出发，舍弃了传统本草绘图通常会绘出整株植物形象的方式，而大都只对植物的药用部位进行描绘，如根部入药的植物，只绘该植物的根部，甚至将不同产地的类似药用植物根部绘在一起进行比对，很多时候出现在画面中的只有种子、果实、枝干、根部截面图。《本草原始》的植物绘图已经颇具科学比对说明的特点，这是我国传统本草插图在明代出现的一个新趋向。

明代植物学的大发展还展现在另一个新的应用领域——专门研究救灾、救荒植物知识的"荒政"类书籍。"荒政"是中国古代农书独一无二的门类，对人民在饥荒时期的生存有着重要的指导作用。我国古代底层人民大多识字

明 刘文泰等/绘
《本草品汇精要》插图

法国 巴克霍兹/绘
《植物标本集》插图

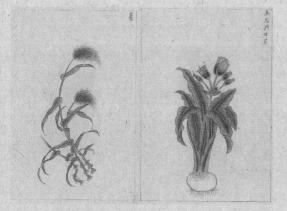

明 文俶/绘 《金石昆虫草木状》插图

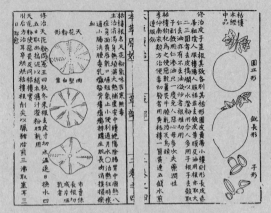

明 李中立 《本草原始》中的植物结构图

明 李中立
《本草原始》中的药物比对插图

明 朱橚 《救荒本草》插图

不多，所以这类"荒政"书籍多附大量植物图像，可以直观地指导人民依据植物图像寻找与识别可食用的野生植物。这类书籍在明代多次出现，现存最早也最为有名的当属明代皇子周定王朱橚在永乐四年（1406）主持出版的《救荒本草》。这部书是朱橚在其封地开封创作完成。他在自己的花园中种植具有食用价值的野生植物，观察其形态，品尝其滋味，再聘请画师按照植物形态对其进行准确的描绘。书中所附的植物图像接近实物，多数都可以作为物种鉴定的依据。《救荒本草》开创了中国传统植物学的新领域，对后世农学和植物学都有很大影响。此书之后，明代又陆续出版了此类极为重视植物图像描绘的书籍，如鲍山的《野菜博录》和王磐的《野菜谱》等，使得传统本草图书的物种鉴别功能的工具性和实用性大为增强。

清代

　　1644 年清军入主中原，汉族知识分子开始反思晚明流弊，他们认为正是空疏浮华的学风导致明代灭亡。故而自清初几位思想家起，学界一直都讲求经世致用的实学。实学要求知识分子不能只沉醉于书籍中空虚的义理，而需面对现实世界，为实际生活贡献自己的才智。这种思潮也影响到了艺术领域，尤其在花鸟画方面，以恽寿平为代表的常州画派开创了崭新的绘画风格。恽寿平等画家受北宋徐崇嗣绘画技法的启发，开创了以没骨法描绘植物的新技法，更注重观察现实中植物的美感和生机。常州画派力求规避院体画讲求精细刻画却易拘谨，文人写意画疏于造型的缺陷，而是结合了两者之优点，在仔细描绘植物的同时，保持文人画重视气韵生动的写生风格。恽寿平需要在仔细观察之后描绘植物，他善于用水来控制画面中植物色彩的变化，画成的植物色彩明净，给人以清爽生动的感觉。这种新的植物画法很快流行了起来，当时的《国朝画征录》载"近日无论江南江北，莫不家家南田，户户正叔，遂有'常州派'之目。"

　　恽氏花卉画技法也随着江南文官和画师进入了清宫。从康熙时代开始，宫廷就采用恽氏没骨法创作了许多植物绘画作品，除了大量用于宫室装饰外，许多作品都是为了记录新发现的植物。康熙时代的翰林学士蒋廷锡在陪同康熙帝塞外巡幸的途中，对生长在草原上的野生花草进行了描绘记录，他在康熙四十四年（1705）为皇帝献上了一幅《塞外花卉图》长卷。画作展示了 66 种塞外花卉，以四五种植物为一个组合，在长卷上将各种植物穿插搭配，形成了具有律动感的波浪线式构图。画中植物大多描绘准确，很容易就能辨识到属，通过植物科属统计，与北温带草原植物科属分布比例完全契合。此后，塞外花卉题材陆续出现在清宫绘画中，如乾隆时文臣张若澄绘有《塞外花卉二十四种》册，钱维城也在进献乾隆的画作中经常融入塞外花卉元素。

清代

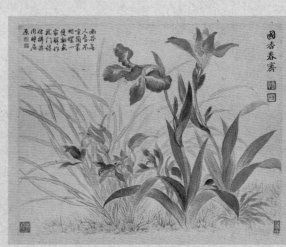

清 恽寿平/绘 花卉册页之一开
故宫博物院藏

清 蒋廷锡/绘 塞外花卉图

故宫博物院藏

清 张若澄/绘 塞外花卉二十四种之一开

故宫博物院藏

清 钱维城/绘 花卉图

天津艺术博物馆藏

　　乾隆帝也尝试用绘画的形式保存流入清宫的植物图像。乾隆十二年（1747）左右，他命宫廷画家余省创作《嘉产荐馨》册。这是一套描绘满族萨满祭祀使用香料的植物绘画。画中描绘了宽叶杜香、细叶杜香、兴安杜鹃等祭祀香料。画家依据宁古塔将军呈送宫中的植物枝叶如实地描绘植物。凭借画家谨慎地绘制，这幅植物绘图具有了和西方植物科学绘图类似的特征，《嘉产荐馨》册也成为乾隆皇帝对本民族文化的一种记录。乾隆十五年（1750），乾隆帝甚至外派宫廷画家王幼学等去东北地区寻找一棵瑞树。画家最终以绘画的形式向皇帝再现了自己所见的这一景观。此外，他还将采集的 8 种树叶标本绘图记录。这种具有自然考察性质的植物绘图在中国历史上是极为少见的。通过这些植物图像，后人了解到 18 世纪的中国统治者在疆域内的自然探索活动。

　　乾隆对欧洲园林景观感兴趣，当时有许多西洋趣味的植物流入宫廷，乾隆帝在欣赏之余，也命画家将其描绘下来。现存的《海西集卉》册正是对这些来自域外的植物图像的记录。这套画册共描绘了 8 种常见于欧洲的观赏植物，画家除了绘制细致的图像外，在画面对侧又题写有关这些植物法文名称和形态描述的知识，这可以看作是清宫一套典型的植物志图鉴集册。

　　清宫中还曾尝试用讲究透视的西方绘画技法来描绘植物，承担这些特殊绘画任务的主要是当时服务于宫廷的耶稣会士

清 王幼学/绘 瑞树图
台北"故宫博物院"藏

清 余省/绘 《嘉产荐馨》册之白茅香（宽叶杜香）
台北"故宫博物院"藏

1

2

3

4

5

6

7

8

清 王幼学/绘 瑞树图册页之八样树叶图
故宫博物院藏

桂竹香

旱金莲

罗勒

冠状银莲花（栽培品种）

罗勒紫色叶（栽培品种）

花毛茛（栽培品种）

清 余省/绘 海西集卉册之檀罗结
绢本设色
台北"故宫博物院"藏

清 郎世宁/绘 聚瑞图
台北"故宫博物院"藏

清 郎世宁/绘 仙萼长春图 第九开 罂粟（观赏种）
台北"故宫博物院"藏

画家，这其中以郎世宁取得的成就最大。郎世宁在康熙时代就已就职于宫廷画院，但他真正开始创作植物类绘画可能要到雍正时期。雍正元年（1723），郎世宁为庆贺新帝登基特意绘制了《聚瑞图》。这幅画中，在一个汝窑花瓶中荷花并蒂、谷子双歧，一派传统祥瑞的图景。郎世宁采用削弱明暗对比的西方绘画技法来处理画面，使得画中植物极其逼真。到了乾隆朝，郎世宁创作了更多这类写实逼真的植物画作，最有名的莫过于《仙萼长春图》册。此画册共16开，描绘各类花卉禽鸟。画家采用中式的构图，以中西折中的绘画技法，生动、逼真地展现了各种花卉的形态和色泽。

清宫创作了大量这类题材的植物装饰绘画，从蒋廷锡的《群芳撷秀》册，到董诰的《画夏花十帧》册，再到沈振麟的《十二花神》册，从清初到清末，清宫一直都延续着植物绘画的传统。

在清宫进行植物绘画创作的同时，宫城外的百姓也越来越迷恋植物绘画的魅力。清代时扬州流传一句歌画谣："金脸银花卉，要讨饭画山水。"这就说明当时的市民阶层已经逐渐厌倦了展现文人归隐山林、消极避世的山水画，他们更喜爱充满生活气息的人物画和花鸟画。正是这种新的审美风尚，使得植物绘画在清中期以后得到了蓬勃的发展。画家们开始将目光投向生活世界，将许多很少入画的植物描绘出来。扬州八怪之一的华喦曾描绘家乡闽中山区的8种野生花卉。许乃穀在游览黄山之后饶有兴致地描绘了《黄山异卉图》册，册中记录了黄山杜鹃、四照花、天女花、金缕梅等二十几种黄山的野生花卉，画左其叔许乃济对画中植物进行文字描述。清末避难温州的官员赵之谦深为当地物产所吸引，他将在温州地区见到的奇花异草以及海产品描绘为长卷，取名《瓯中物产图》卷。在这幅画中，赵之谦采用他惯用的写意画法，生动地描绘出动植物的形体，再施以醒目的颜色。为了便于观者了解画中之物，他还特意考据典籍，将这些介绍性的文字题于所绘

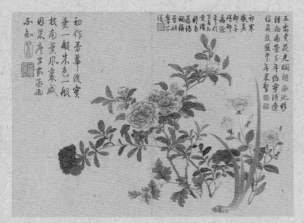

清 董诰/绘 画夏花十帧之一开
台北"故宫博物院"藏

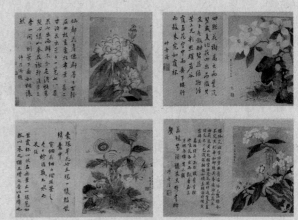

清 许乃穀/绘 黄山异卉图册之四开
浙江省博物馆藏

动植物左右。从以上三位文人画家创作的植物图册可以看出，当时的人们已经逐渐重视对野生植物的观察和图像描绘，这既出于画家对自然的热爱，也显示出清代文人已经投入更多精力来研究自然世界。

清代中期兴盛的考据学也推动了学者对植物的研究。著名的皖派考据学家程瑶田在对名物进行考据的过程中，也关注到了植物。他的考据并不是埋头于故纸堆的文献查验，而是通过观察记录植物来验证古代文献的真实性。很

清 赵之谦/绘 瓯中物产图卷
荣宝斋博物馆藏

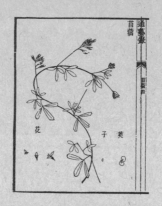

清 程瑶田/绘
《释草小记》中的苜蓿图

多时候，他为了更清晰明了地说明问题，会将植物的图像描绘在书中。在他所著的《九谷考》《释草小记》等书中都有准确描绘的植物图像。在《释草小记·苕苜蓿纪伪兼图草木犀》一文中，他描绘了苜蓿的植物形态图，在图的周边还仔细地绘出苜蓿的花结构以及种子和果实的图像。这种将植物各部分结构置于一图的方法已经与西方标准的植物科学绘图极为类似，显示出程瑶田在考证时具备一种科学思维。

清代植物学著作的集大成者是吴其濬的《植物名实图考》。这部书撰于 19 世纪中期，书未成而作者先逝于山西巡抚任上，道光二十八年（1848）书稿由其继任巡抚陆应谷初刊于太原。该书共 38 卷，收录植物多达 1 714 种，这是中国古代收录植物最多的著作。书中共绘刻植物插图 1 805 幅，这些图多是吴其濬多年游宦各地，对当地植物观察、描绘积累而来。此书并不同于一般的本草书籍只重视植物的药用价值，它将对植物的观察记录和文献整理融合在一起，其中包含了植物的名称考证、地理分布说明、实用价值和文化史等多方面的内容，显示了作者的探索精神。书中的植物插图，也是历代植物木刻图中的佼佼者，植物形态不仅刻画准确，从艺术视角来看，它的线条流畅、布局美观也是很值得称道的。《植物名实图考》标志着中国传统植物研究已经逐渐摆脱本草学的附属地位，开始走向独立。这部著作对后来的欧美及日本学界研究中国植物帮助甚大，也对中国现代植物学产生了深远的影响。

明末清初起西方势力就逐渐渗入中国，同时期的欧洲人正在全球进行地理大探索，中国也成为他们渴望征服的地区之一。西方人很渴望获得中国的物产资源，尤其是丰富的动植物资源一直是他们希望探索的宝矿。在清代国力强盛之时，西

方人只能在广州这一个贸易口岸通商，这里成为他们获取中国信息的重要渠道。对于中国植物资源信息，他们也只能通过广州口岸有限地获得，之后他们就大量收集中国画家描绘的植物图像来了解中国的物产。此时广州口岸的画师成了这些西方人重要的合作伙伴。他们按照西方人的订单要求描绘各种植物图像。广东地区画家绘制植物的技法也是伴随着明清以来广州地区经济的崛起而发展起来的。当地繁荣的经济滋养着绘画市场。本地区画家很擅长描绘花鸟画，尤其是以居廉、居巢为代表的岭南画家，他们可以通过丰富的色彩和用笔技巧，将当地丰富的动植物资源描绘下来。

清 吴其濬 《植物名实图考》插图

广东画家要描绘符合西方人审美的植物绘画，还需要调和一些西方艺术元素，在这种交融影响下，诞生了专门为外国人绘制的外销画。许多外销画是依据专业植物学家的要求，并在其指导下完成的。这类画一般都是技艺高超的画师单独制作于特供的欧洲水彩纸上，植物描绘准确生动，完全符合植物学家的鉴定要求。

此外，还有另一类外销画——通草画。通草画的制作并不是用于科学鉴定，而主要是在摄影术未发明之前，来华的西方人将其作为礼物赠送朋友以了解中国。这类画一般描绘在通草片上。这是用五加科植物通脱木的茎髓制作的白色片状物，在其上描绘中国植物，不仅廉价便携，更重要的是，可以展示出鲜艳的色泽和透视的机理。在通草片上，作者有时也会效仿水彩纸上的植物绘画风格描绘植物，但更多时候其上描绘的植物装饰性大于科学性。这些为西方人制作的外销画中描绘的植物图像融合了中西绘画的特点，它们是中国植物科学绘画在近代出现前的重要过渡形态，具有重要的研究价值，不应为我们所遗忘。

　　中国古人将植物的图像应用于各个方面，从上述简述中，只能管中窥豹般了解中国古代植物图像的大体发展脉络。古代的植物图像并没有同今天的现状完全割裂。本书主要介绍了近代以来我国植物科学画艺术的成就，而这些近现代所取得的成就，正是老一辈画家在深厚的中国美学传统上，融入了自己对科学绘画的理解，一步步辛苦耕耘获得的。今天，我们在欣赏这些为中国植物学现代化发展作出重要贡献的植物科学绘画时，更应该审视一下在这之前更久远的中国古代植物图像传统，她就像肥沃的土壤一直滋养着我们。

　　（本文图片除署名供图者外，均为王钊供图）

清 居廉/绘 花卉奇石册之酢浆草

19世纪约翰·里夫斯聘请中国画师创作的两幅牡丹图，之后他将其赠送托马斯·哈德维克上校
大英博物馆藏

山茶图
通草画 私人藏

山茶与卷丹
通草画 私人藏

特别收录二 中国古代植物图像简史

INDEX OF ILLUSTRATORS

✦

绘者名索引

绘者名索引

INDEX OF CHINESE NAMES

✦

中文名索引

中文名索引

INDEX OF LATIN NAMES

✦

拉丁名索引

MAIN REFERENCES

◆

主要参考文献

《贵州植物志》编辑委员会.贵州植物志 [M].贵阳：贵州人民出版社，1982.

《湖南植物志》编辑委员会.湖南植物志 [M].长沙：湖南科学技术出版社，2010.

《全国中草药汇编彩色图谱》编写组.全国中草药汇编彩色图谱 [M].北京：人民卫生出版社，1977.

《热区骡马代用饲料图谱》编写组.热区骡马代用饲料图谱 [M].北京：科学出版社，1992.

《四川植物志》编委会.四川植物志 [M].成都：四川人民出版社，1981.

《四川中药志》协作编写组.四川中药志 [M].成都：四川人民出版社，1978.

陈邦杰.中国藓类植物属志 [M].北京：科学出版社，1978.

陈焕镛，匡可任.银杉：中国特产的松柏类植物 [J].植物学报，1962，10(3)：241-246.

陈荣道.怎样画植物 [M].北京：中国林业出版社，2002.

陈守良.华东禾本科植物志 [M].南京：江苏人民出版社，1962.

陈镱文.《亚泉杂志》与近代西方化学在中国的传播 [M].北京：科学出版社，2017.

第 19 届国际植物学大会组织委员会，深圳市中国科学院仙湖植物园.芳华修远——第 19 届国际植物学大会植物艺术画展画集 [M]南京：江苏凤凰科学技术出版社，2017.

方文培.峨眉植物图志 [M].成都：四川大学出版社，1944.

冯澄如.生物绘图法 [M].北京：科学出版社，1959.

冯钟琪.怎样绘生物图 [J].动物学杂志，1960，4(3)：185-187.

傅坤俊.黄土高原植物志 [M].北京：科学出版社，1989.

关广清，张玉茹，孙国友，等.杂草种子图鉴 [M].北京：科学出版社，2000.

广西植物研究所.花坪杜鹃 [M].南宁：广西人民出版社，1979.

广西壮族自治区环境保护局，广西植物研究所.金花茶彩色图集 [M].南宁：广西科学技术出版社，1992.

侯宽昭，陈焕镛，吴印禅，等.广州植物志 [M].北京：科学出版社，1956.

胡人亮，马炜榛.初中课本生物教学挂图 [M].上海：上海教育出版社，1979.

胡先骕，陈焕镛.中国植物图谱 [M].上海：商务印书馆，1927.

胡先骕.中国山茶属与连蕊茶属新种与新变种（一）[J].植物分类学报，1965，10(2)：131-142.

胡宗刚，夏振岱.中国植物志编纂史 [M].上海：上海交通大学出版社，2016.

胡宗刚.静生生物调查所史稿 [M].济南：山东教育出版社，2005.

胡宗刚.北平研究院植物学研究所史略 [M].上海：上海交通大学出版社，2011.

黄国振，邓惠勤，李祖，等.睡莲 [M].北京：中国林业出版社，2009.

姜虹.植物绘画大师埃雷德 [J].生命世界，2016，12：84-91.

姜玉平，张秉伦.从自然历史博物馆到动物研究所和植物研究所 [J].中国科技史料，2002，23(1)：18-30.

经利彬，吴征镒，匡可任，等.滇南本草图谱 [M].昆明：云南科技出版社，2007.

军事医学科学院卫生学环境医学研究所，中国科学院植物研究所.中国野菜图谱 [M].北京：解放军出版社，1989.

孔庆莱，吴德亮，李祥麟，等.植物学大辞典 [M].上海：商务印书馆，1918.

李建宗，胡新文，彭寅斌.湖南大型真菌 [M].长沙：湖南师范大学出版社，1993.

李楠，姚远.《博物学杂志》办刊思想探源 [J].编辑学报，2011，23(5)：398-400.

林德利.植物学 [M].韦廉臣，艾约瑟，译.上海：上海交通大学出版社，2014.

林修灏，王兴国，张秀实，等.贵州经济植物图说 [M].贵阳：贵州人民出版社，1962.

刘冰，叶建飞，刘凤，等．中国被子植物科属概览：依据 APG Ⅲ 系统 [J]．生物多样性，2015，23(2)：225-231．

刘林翰．生物科学绘画 [M]．长沙：湖南大学出版社，1988．

刘启新．江苏植物志 [M]．南京：江苏凤凰科学技术出版社，2015．

刘全儒，于明，马金双．中国地方植物志评述 [J]．广西植物，2007，27(6)：844-849．

刘慎谔．东北植物检索表 [M]．北京：科学出版社，1959．

刘玉壶．中国木兰 [M]．北京：北京科学技术出版社，2004．

吕建伟．生物彩色绘图技法 [J]．生物学杂志，2003，20(3)：39-40．

马毓泉．内蒙古植物志 [M]．呼和浩特：内蒙古人民出版社，1994．

南京大学生物科学系，中国科学院植物研究所．中国主要植物图说·豆科 [M]．北京：科学出版社，1955．

南京大学生物科学系，中国科学院植物研究所．中国主要植物图说·禾本科 [M]．北京：科学出版社，1959．

南京林产工业学院《主要树木种苗图谱》编写小组．主要树木种苗图谱 [M]．北京：农业出版社，1978．

裴鉴，周太炎，郭荣麟，等．中国药用植物志 [M]．北京：科学出版社，1965．

钱崇澍．中国森林植物志 [M]．南京：中国科学社生物研究所，1937．

钱存源．艺用花卉形态图谱 [M]．天津：天津人民美术出版社，2008．

钱信忠．中国本草彩色图鉴 [M]．北京：人民卫生出版社，1995．

秦仁昌．中国蕨类植物图谱 [M]．北京：北京大学出版社，2011．

上海农业科学院．中国食用菌志 [M]．北京：中国林业出版社，1991．

沈阳药学院．东北药用植物原色图志 [M]．北京：科学普及出版社，1963．

施浒．种子植物形态学辞典 [M]．北京：科学出版社，1962．

史秉有．守护丹青·史秉有 [M]．太原：山西人民出版社，2015．

孙英宝，马履一，覃海宁．中国植物科学画小史 [J]．植物分类学报，2008，46(5)：772-784．

谭沛祥．华南杜鹃花志 [M]．广州：广东科技出版社，1983．

唐振缁，程式君．中国主要野生兰手绘图鉴 [M]．北京：科学出版社，2016．

王介．南宋珍稀本草三种 [M]．郑金生，整理．北京：人民卫生出版社，2007．

王立松，钱子刚．中国药用地衣图鉴 [M]．昆明：云南科学技术出版社，2012．

卫生部药品生物制品检定所．中国民族药志 [M]．北京：人民卫生出版社，1990．

温太辉．中国竹类彩色图鉴 [M]．台北：淑馨出版社，1993．

沃尔夫冈，罗布．植物王国的奇迹：果实的奥秘 [M]．明冠华，译．北京：人民邮电出版社，2015．

吴金陵．中国地衣植物图鉴 [M]．北京：中国展望出版社，1987．

吴其濬．植物名实图考 [M]．北京：商务印书馆，1933．

夏纬昆．国产之芍药属 [J]．中国植物学杂志，1936，3(4)：4-5．

新疆生物土壤沙漠研究所．新疆药用植物志 [M]．乌鲁木齐：新疆人民出版社，1977．

《新疆植物志》编辑委员会．新疆植物志 [M]．乌鲁木齐：新疆科技卫生出版社，1992．

徐仁．生物史 第二分册 植物的发展 [M]．北京：科学出版社，1980．

颜济．高等植物器官结构的建成：多级次生节轴学说 [M]．北京：中国农业出版社，2017．

余峰．丹青蘘荷 [M]．武汉：华中科技大学出版社，2012．

余永年，卯晓岚．中国菌物学 100 年 [M]．北京：科学出版社，2015．

俞德浚. 中国果树分类学 [M]. 北京：农业出版社，1979.

元旦尖措. 藏文化荟萃：四部医典曼唐画册 [M]. 西宁：青海民族出版社，2011.

《原色中国本草图鉴》编辑委员会. 原色中国本草图鉴 [M]. 北京：人民卫生出版社，1983.

臧穆. 中国真菌志（第二十二卷）：牛肝菌科（Ⅰ）[M]. 北京：科学出版社，2006.

曾孝濂. 中国·云南百花图 [M]. 昆明：云南美术出版社，2002.

张丽兵. 蕨类植物 PPGI 系统与中国石松类和蕨类植物分类 [J]. 生物多样性，2017，25(3)：340-342.

张孟闻. 中国科学史举隅 [M]. 上海：中国文化服务社，1947.

张宪春. 中国石松类和蕨类植物 [M]. 北京：北京大学出版社，2012.

浙江农业大学. 农业植物病理学 [M]. 上海：上海科学技术出版社，1978.

浙江省卫生厅. 浙江杀虫植物图说 [M]. 上海：科技卫生出版社，1958.

《浙江植物志》编辑委员会. 浙江植物志 [M]. 杭州：浙江科学技术出版社，1989.

郑万钧. 中国树木志 [M]. 北京：中国林业出版社，1983.

中国科学院昆明植物研究所. 云南植物志 [M]. 北京：科学出版社，2006.

中国科学院兰州沙漠研究所. 中国沙漠植物志 [M]. 北京：科学出版社，1992.

中国科学院青藏高原综合科学考察队. 横断山区真菌 [M]. 北京：科学出版社，1996.

中国科学院青藏高原综合科学考察队. 西藏苔藓植物志 [M]. 北京：科学出版社，1985.

中国科学院青藏高原综合科学考察队. 西藏植物志 [M]. 北京：科学出版社，1987.

中国科学院沈阳应用生态研究所. 东北草本植物志 [M]. 北京：科学出版社，2005.

中国科学院西北高原生物研究所. 藏药志 [M]. 西宁：青海人民出版社，1991.

中国科学院西北植物研究所. 秦岭植物志（第一卷）：第5册 [M]. 北京：科学出版社，1985.

中国科学院植物研究所. 江苏南部种子植物手册 [M]. 北京：科学出版社，1959.

中国科学院植物研究所. 中国高等植物图鉴 [M]. 北京：科学出版社，1983.

《中国植物志》编辑委员会. 中国植物志 [M]. 北京：科学出版社，2004.

《中国树木志》编委会. 中国主要树种造林技术 [M]. 北京：农业出版社，1978.

《中国土农药志》编辑委员会. 中国土农药志 [M]. 北京：北京科学技术出版社，1959.

中国医学科学院药物研究所. 中药志 [M]. 北京：人民卫生出版社，1961.

中国植物学会. 中国植物学史 [M]. 北京：科学出版社，1994.

钟济新. 广西石灰岩石山植物图谱 [M]. 南宁：广西人民出版社，1982.

邹贤桂. 植物科学画在植物学研究中的意义 [J]. 广西植物，1998，18(3)：309-312.

左大勋，汪嘉熙，张宇和. 江苏果树综论 [M]. 上海：上海科学技术出版社，1964.

JASTRZEBSKI Z T. Scientific Illustration: A Guide for the Beginning Artist [M]. New Jersey: Prentice-Hall, 1985.

MAO Xiaolan. Icones of Medicinal Fungi from China [M]. Beijing: Science Press, 1987.

WHITE J J, WENDEL D E. 6th International Exhibition of Botanical Art & Illustration [M]. Pittsburgh: Hunt Institute for Botanical Documentation, 1988.

POSTSCRIPT

后　记

"第19届国际植物学大会植物艺术画展"筹备之初，江苏凤凰科技出版社编辑周远政女士便倡议应趁此难逢之机，阐发中国植物科学画百年以来的发展历程，科普知识，掇录菁华。对此，画展专家委员会皆为赞许。于是在办会的同时，著书也就成为了重要任务。植物科学画既非显学，又暗默多年；前辈画师，多已隐没；资料寥寥，囊括匪易。所幸得益于周女士的策划构思、多方搜集，以及画展专家委员、国内外参展画家、植物学专家以及诸多热心人的努力和帮助，在时间极为仓促的情况下，荟萃成了一本双语著述、文质兼优的画集——《芳华修远》。该书在画展召开前付梓刊布，作为赠送给所有参展画家的珍贵礼物。中国植物科学画也迈出了走向世界的重要一步。

　　《芳华修远》因为独特的纪念价值、中英双语体例、通俗易懂的图文、前卫的设计以及精良的印制，获得了社会各界人士的一致好评，并获得"2017中国最美图书""平面设计在中国（GDC17）双年展出版类专业组最佳奖""2017凤凰传媒十大好书""2018纽约字体设计指导协会优秀奖"和"2018首届南京书展'南京最美的书'"等诸多重要奖项。

　　古人云，"太上立德，其次立功，其次立言。"时过境迁，再回顾这三年，固然觉得这次画展的成功举办为植物绘画带来了新的机遇，但也深知这不过是千里之行的跬步。盛筵已矣，画展背后的故事已不足为外人道，而那些笑和泪，心血和汗水，也只有手捧画册时才历历分明。再回想植物科学画在过去百年的浮沉，画师们的才华和辉煌，又何尝不是只在那些泛黄的画作中方显岁月钩沉。

　　作为一本纪念画集，《芳华修远》为植物科学画的普及开了个好头，但其能承载的内容有所局限。周远政女士策划在《芳华修远》的基础上出版一本通行版的植物科学画著作，让大家进一步了解植物科学画的发展和沿革、了解更多具有代表性的植物科学画作品。这也成了植物科学画界新的目标。

　　中国作为植物多样性最丰富的国家之一，伴随着各类植物志书的编研，产生了大量的植物画插图，而在中国植物科学画百年的发展历程中，也涌现了许多优秀植物科学画作。因此，尽可能多地展示国内优秀画作，进一步丰富画作的植物种类，让读者更好地理解画师们的创作思路，学会欣赏画作的科学价值和艺术内涵，了解我国丰富的植物多样性，探索植物不为人知的生存智慧和进化奇迹，是编写本书的主要目的。

　　作为《芳华修远》的姊妹篇，这本书以《嘉卉　百年中国植物科学画》名之，形成承上启下的关系。书中吸收了最新的植物学研究理论成果，在体例上沿用了《芳华修远》介绍植物科学画作的惯例，在目录编排上则根据画作描绘的植物，采用了最新的分类系统进行排序；在内容上依然突出其可读性，力求通俗易懂、生动活泼；在画作方面从艺术、人文的角度予以剖析，增加了画作点评，引导读者如何看懂科学画、欣赏画中植物；为了增强科学性，对每种植物均概述了植物科学信息。

　　本书成书时间紧迫、任务繁重。在近三年的时间中，主编马平先生与周远政女士，多次奔走于北京、昆明、深圳、广州、南京和香港等地，在多个科研机构与专家的支持与协助下，从逾以万计的图版中，精选了本书所用图版；马平先生搁置宝贵的创作时间，辗转联系几十位植物科学画画家或已故画家的家属，解决图版授权事宜，并承担本书的选图、图注、画评等诸多工作，其间的辛劳，可想而知，在此深表敬意。中国科学院植物研究所、江苏省中国科学院中山植物园、中国科学院昆明植物所、中国科学院华南植物园、中国科学院微生物研究所、中国科学院西北高原生物研究所、中国科学院沈阳生物研究所、中国科学院新疆地理与生态研究所、中国科学院武汉植物园、中国科学院庐山植物园、中国科学院海洋研究所、深圳市中国科学院仙湖植物园、广西壮族自治区中国科学院植物研究所、香港中文大学胡秀英标本馆、上海辰山植物园和浙江省自然博物馆等多家单位的相关专家，均给予了大力支持；编委会同仁在繁忙的公务之间，四次集聚凤凰出版传媒集团，共商编务，在此深表敬意与感谢。

中国科学院院士王文采，虽然身体抱恙，仍欣然接受编委会之托撰写序言；北京大学汪劲武教授慷慨授权本书选用其发表在各类书刊上的科普文章；中国生物艺术画泰斗曾孝濂先生从选题策划之初便大力支持，予以诸多帮助，在繁重的创作任务之余，仍抱持巨大热忱和责任感，为本书撰写序言，提供及帮助画作使用授权。三位先生的高风亮节体现了老一辈科学工作者谦逊朴质、无私严谨的可贵品质，是我们后辈学习的典范。

中国药用植物研究所陈月明老师已年逾八旬，仍不顾辛劳，亲自执笔该所植物画历史简介，积极协调各方，为本书提供了珍贵资料，并且热心帮助联络医学、卫生和林业等多个单位的多位绘者，其间诸多人员名单的确认、资料的搜集整理，极费周折，令人感佩。香港中文大学毕培曦教授、香港中文大学胡秀英标本馆馆长刘大卫博士，为本书提供热情、慷慨的支持与帮助。中国科学院植物研究所冯晋庸先生（已故）、许梅娟女士、张泰利女士、冯旻正高级工程师、马欣堂先生、李爱莉女士、李敏先生、俞强先生、李建霞女士、薛艳丽女士等诸位老师，中国科学院华南植物园唐振缔研究员、佘峰女士、陈峰女士和刘运笑女士，中国科学院昆明植物研究所黎兴江研究员、杨建昆先生、王凌女士、张大成先生，中国科学院西北高原生物研究所王颖女士、闫翠兰女士、王文娟女士，广西壮族自治区中国科学院植物研究所邹贤桂先生、何顺清先生、辛茂芳女士、林文龙先生，江苏省中国科学院植物研究所曾虹女士、李梅女士、刘飞先生、顾子霞女士等老师，中国科学院武汉水生生物研究所张晓杨先生等老师，北京大学刘华杰教授，中国科学院沈阳生物研究所孙雨先生、韩山师范学院朱慧先生、邢杨女士以及潮州陈明丰先生为选图工作与图版授权工作，提供了诸多帮助；冯明华女士、卯晓兰研究员、张荣生先生、陈荣道先生、韦力生女士、钱存源先生、顾建新先生、陈笺先生、孙西先生、马建生先生、童军平先生、朱玉善先生、童弘女士、朱运喜先生等多位画家，汤海若女士、史荣荣女士、沈骅先生、冀军女士、马洁如女士等多位画家后人，慷慨授权使用画作，或帮助提供画作授权。没有他们的信任与支持，本书不可能呈现如此丰富、多样、完整和精彩的中国植物科学画的风华面貌。著名中国生物学史学者胡宗刚先生慷慨授权本书收录其重要文献，并提供珍贵历史文献、帮助审读。周浙昆研究员、刘培贵研究员、杭悦宇研究员、李梅博士、张林海研究员、金孝锋教授、顾有容博士、王钊博士、姜虹博士、钟伯坚博士、孙海先生、吴昌宇先生等老师，或慷慨赐稿，或拨冗相助。仙湖植物园王青、李姗、张卫哲、龚宇青、王文广、姚张秀、陈瑞龙、郎校安、莫佛艳和陈露等以及仙湖植物园的自然教育团队承担了部分植物信息描述的撰稿工作。中国科学院植物研究所张宪春研究员，中国科学院昆明植物研究所杨祝良研究员、王立松研究员，深圳市中国科学院仙湖植物园张力研究员、左勤博士，华中科技大学邬红娟教授，中国科学院海洋研究所王永强研究员、邢军武先生，中国科学院武汉水生生物研究所胡征宇研究员、朱红博士，上海辰山植物园马金双研究员、钟鑫工程师，为本书各部分文字撰写或审读，做了大量工作。他们以极大的热忱和严谨的态度确保了本书的科学性，在此对各位专家、老师及作者的辛劳付出，一并表示深挚的谢意。

特别要感谢江苏省中国科学院植物研究所刘启新研究员为本书的编撰体例，全书审核工作付出大量心血，并撰写了精严凡例；并携同该所惠红研究员为本书的审核工作付出巨大辛劳。在此深表敬意。

本书自始至终得到凤凰出版传媒股份有限公司总经理佘江涛先生的鼎力支持与热忱关切；江苏凤凰科学技术出版社傅梅社长、郁宝平总编辑、左晓红副社长为本书编纂工作投注极大热情并予以极大支持；江苏凤凰科学技术出版社的多位编辑承担了本书数量巨大的图版、画作、资料等基础文献的整理工作；赵清先生及其团队继《芳华修远》之后，再次以极致创想，赋予本书隽永、朴素与厚重的气质；上海雅昌艺术印刷有限公司及其南京办事处的工作团队、凤凰制版团队为本书的排校、印制付出巨大辛劳，在此深表敬意与谢意。

特别要感谢为中国植物多样性调查与编目、中国植物科学画辛勤耕耘默默奉献的科学家和艺术家，是他们的努力才使《嘉卉 百年中国植物科学画》一书成为现实。

百年不短，却也不长。植物科学画历经浮沉，故人之风华，今人之风姿，后人之风采，唯有付诸笔墨，列印纸张，方成永恒。愿您享受这趟科学与艺术之旅。

张寿洲

2019 年 8 月 15 日，于深圳仙湖

图书在版编目（ＣＩＰ）数据

嘉卉 百年中国植物科学画 / 张寿洲，马平主编 .—
南京：江苏凤凰科技技术出版社，2019.10

ISBN 978-7-5537-9327-6

Ⅰ.①嘉… Ⅱ.①张… ②马… Ⅲ.①植物—普及读
物 Ⅳ.① Q94-49

中国版本图书馆 CIP 数据核字 (2018) 第 123885 号

嘉卉 百年中国植物科学画

主　　编　张寿洲　马 平

副 主 编　刘启新　杨建昆

责任编辑　周远政

责任校对　杜秋宁

责任监制　曹叶平　周雅婷

书籍设计　KJ Design Studio

出版发行　江苏凤凰科学技术出版社

出版社地址　南京市湖南路1号A楼，邮编：210009

出版社网址　http://www.pspress.cn

印　　刷　上海雅昌艺术印刷有限公司

开　　本　787 mm×1092 mm　1/16

插　　页　4

印　　张　56.75

版　　次　2019年10月第1版

印　　次　2019年10月第1次印刷

标准书号　ISBN 978-7-5537-9327-6

定　　价　698.00元（精）